Paul Kemp · Bemannte Torpedos und Klein-U-Boote im Einsatz 1939 – 1945

Ins Deutsche übertragen von Wolfram Schürer

Paul Kemp

Bemannte Torpedos und Klein-U-Boote im Einsatz 1939 – 1945

Einbandgestaltung: Andreas Pflaum, unter Verwendung der Orginalvorlage

© Copyright Paul Kemp

Die englische Originalausgabe erschien 1996 unter dem Titel
Underwater Warriors bei Arms & Armour Press, 125 Strand, London WC2R 0BB.

Ins Deutsche übertragen von **Wolfram Schürer**
Deutsche Bearbeitung: **Helma und Wolfram Schürer**

ISBN 3-613-01936-1

1. Auflage 1999
Copyright © by Motorbuch Verlag, Postfach 103743, 70032 Stuttgart.
Ein Unternehmen der Paul Pietsch Verlage GmbH & Co.
Das Urheberrecht und sämtlichen weiteren Rechte sind dem Verlag vorbehalten.
Übersetzung, Speicherung, Vervielfältigung und Verbreitung einschließlich Übernahme
in elektronische Medien wie Bildschirmtext, Internet usw. ist ohne vorherige schriftliche
Genehmigung des Verlages unzulässig und strafbar.

Lektorat: Anja Behrendt und Martin Benz M.A.
Hersteller: Bernd Peter
Gesamtherstellung: Fotolito LONGO, Bozen
Printed in Italy

Inhalt

Vorwort – Danksagungen	7
1 Apparate zum Angriff auf Schiffe	10
2 Schock auf Schock	20
3 Die Säulen des Herkules	33
4 Vom Schwarzen Meer zum Hudson River	46
5 Im Land der »Aufgehenden Sonne«	63
6 Die Geburt einer Legende	74
7 Von Madagaskar nach Sydney	82
8 Das Sterben der Kleinunterseeboote	95
9 »Jeeps« und »Chariots«	112
10 Eine höchst wirksame Kriegswaffe	125
11 Kühler Wagemut und Entschlossenheit	141
12 Unglaubwürdige und undurchführbare Entwürfe	155
13 Von Bergen in die Normandie und wieder zurück	162
14 Kreuzer und Telefonkabel	173
15 Der deutsche K-Verband	181
16 Verzweifelte Maßnahmen	193
17 »Götterdämmerung«	206
18 Die Zukunft	215

Anhang:

Von Klein-U-Booten und bemannten Torpedos versenkte oder beschädigte Kriegs- und Handelsschiffe	232
Anmerkungen	234
Bibliographie	264
Abkürzungsverzeichnis	267
Sachregister	273

Vorwort

Das Kleinunterseeboot ist eine der wirksamsten Waffen des Seekrieges, die im 20. Jahrhundert entwickelt wurden. Dennoch ist dies eine außerordentlich alte Form der Seekriegsführung, denn der erste, wenn auch erfolglose Angriff fand im Jahre 1776 statt. In den Anfangstagen der Unterseebootskriegführung dieses Jahrhunderts waren alle Unterseeboote Kleinfahrzeuge. Doch je größer das Unterseeboot wurde, um so mehr ergab sich die Forderung nach einem kleinen Fahrzeug, das in einen verteidigten Hafen eindringen und die sich darin befindlichen Schiffe angreifen konnte. Diese ursprüngliche Forderung ist seitdem erweitert worden und eine große Anzahl weiterer Aufgaben kam hinzu. Die Erfahrungen mit dem Kleinunterseeboot zeigten, daß dieses Fahrzeug Operationen von beträchtlicher strategischer Bedeutung mit Auswirkungen durchführen konnte, die zu seiner geringen Größe in keinem Verhältnis standen.

Im Verlaufe des Zweiten Weltkrieges setzten die großen Marinen mit Ausnahme der Vereinigten Staaten, Frankreichs und der UdSSR Kleinunterseeboote oder besonders ausgebildete Kampfschwimmer ein. Die Nichtbeteiligung Frankreichs ist leicht erklärbar; die Kapitulation des Landes im Juni 1940 hielt es aus dieser Art Kriegführung heraus. Die Vereinigten Staaten besaßen konventionelle Streitkräfte in Hülle und Fülle und brauchten daher nicht auf diese Form der Kriegführung zurückzugreifen. Das Nichtbeteiligen der Sowjetunion auf diesem Operationsgebiet ist rätselhaft, eingedenk der Pionierarbeit russischer Ingenieure bei der Entwicklung des Unterseebootes. Der höchst individuelle Charakter der Operationen von Kleinunterseebooten paßte jedoch einfach nicht zur zentralisierten sowjetischen Kommandostruktur.

Drei Arten von Kleinunterseebooten tauchten im Verlaufe des Zweiten Weltkrieges auf:
- bemannte Torpedos, wie das italienische »Maiale« und das britische »Chariot«;
- kleine tauchfähige Torpedos, wie der deutsche »Neger« einschließlich der Weiterentwicklungen und der japanische »Kaiten«; sowie
- richtiggehende Kleinunterseeboote, wie das japanische »Ko-Hyoteki«, der italienische »CA/CB«-Typ, das britische »X-Craft« und der deutsche »Seehund«.

Eine andere Einteilung dieser Kleinkampfmittel ergibt folgendes Bild:
- praktische und daher erfolgreiche Fahrzeuge, wie das britische »X-Craft« und das italienische »Maiale«;
- mit Begeisterung entworfene, aber sinnlose Typen, wie das britische »Chariot«, das japanische »Ko-Hyoteki« und der deutsche »Biber«; sowie
- die Fahrzeuge, deren Einsatz von der Unfallgefährdung oder vom Entwurf her einem Selbstmord gleichkam, wie der britische »Welman«-Typ, der deutsche »Neger« und der japanische »Kaiten« sowie deren verschiedene Abkömmlinge.

Es waren die Italiener, die den Weg zu dieser Form der Kriegführung mit der Entwicklung des bemannten Torpedos – des »Maiale« mit zwei Mann Besatzung – beschritten und dieses Kampfmittel mit tödlicher Wirksamkeit in Alexandria und Gibraltar einsetzten. Die Aktivitäten der italienischen Kleinunterseeboote vom »CA/CB«-Typ sind weniger bekannt, aber des Interesses wert, besonders das Unternehmen, um Schiffe im Hafen von New York anzugreifen

– ein Erfolg hätte ernsteste Auswirkungen in Amerika gehabt, aber die Operation wurde aufgrund des italienischen Waffenstillstandes widerrufen.

Japan leistete auf diesem Gebiet ebenfalls frühzeitig Pionierarbeit. Schon vor dem Krieg entwickelte die japanische Marine den ausgezeichneten »Ko-Hyoteki«-Typ mit zwei Mann Besatzung, ein außerordentlich fortgeschrittenes Kleinunterseeboot. Die japanischen Kriegspläne konzentrierten sich auf die große Seeschlacht zwischen der amerikanischen und der japanischen Schlachtflotte, die den Verlauf eines Krieges – so wurde erwartet – entscheiden würde. Um die amerikanische Überlegenheit an Großkampfschiffen herabzusetzen, sollten die »Ko-Hyoteki«-Boote massive Torpedoangriffe unternehmen.

Dies war eine sinnreiche Idee und sie hätte sicher durchgeführt werden können. Doch die japanische Entscheidung, die amerikanische Schlachtflotte durch einen überraschenden Trägerangriff zu vernichten, ließ diese Angriffe überflüssig werden. Statt dessen wurden diese Kleinunterseeboote zum Eindringen in Häfen verwendet – eine Aufgabe, für die sie nicht geeignet waren und bei der sie nicht erfolgreich sein konnten. Als sich das Kriegsglück gegen Japan wendete, griff die japanische Marine auf reine »Selbstmordwaffen« wie die »Kaiten« und die »Kairyu« zurück. Sie sollten die Amerikaner durch ihre große Anzahl überwältigen. Doch im Einsatz waren sie den weitreichenden U-Abwehrmaßnahmen der US-Marine nicht gewachsen.

Es waren die italienischen Erfolge im Mittelmeer, welche die britische Marine anspornten, auf diesem Gebiet der Kriegsführung tätig zu werden. Großbritannien hatte traditionsgemäß keinen Versuch unternommen, diese Art Waffen zu entwickeln. Da die Royal Navy die in der Welt vorherrschende Seestreitkraft war, gab es hierfür kein Erfordernis. Erst die Notwendigkeit, das deutsche Schlachtschiff TIRPITZ anzugreifen, drängte eine widerstrebende britische Admiralität in diese Richtung. Anfänglich kopierten die Briten das italienische »Maiale« mit zwei Mann Besatzung und entwickelten den »Chariot«-Typ, der sich jedoch als nicht gelungen erwies. Zu keinem Zeitpunkt rechtfertigte er Zeit und Mittel, die für seinen Bau aufgewendet wurden. Weitaus gelungener war das »X-Craft«, ein überzeugendes Kleinunterseeboot mit vier Mann Besatzung, das auf vielfältige Weise eingesetzt werden konnte. Andererseits gab es noch den »Welman«-Typ, ein nutzloses Kleinunterseeboot, dessen Entwurf die Auswirkungen aufzeigt, wenn die Begeisterung über die praktische Anwendbarkeit triumphiert. Britische Kleinunterseeboote kamen auf allen drei Kriegsschauplätzen zum Einsatz und ihr herausragendster Erfolg war im September 1943 die schwere Beschädigung des deutschen Schlachtschiffes TIRPITZ.

Die deutsche Marine betätigte sich als letzte auf diesem Gebiet der Kriegsführung. Solange die deutschen U-Boote im Atlantik bemerkenswerte Erfolge erzielten, zeigte die Kriegsmarine kein Interesse an derartigen Fahrzeugen. Erst als sich die deutsche Marine der Gefahr einer alliierten Invasion auf dem europäischen Kontinent gegenübersah, änderte sich ihre Haltung. In vielerlei Hinsicht spiegelte die deutsche Haltung die der Japaner wider. Sie stellte ein stillschweigendes Eingeständnis dar, daß die deutsche Strategie zur See fehlgeschlagen war. Die deutschen Kleinunterseeboote waren Waffen der Verzweiflung, auf der Hoffnung beruhend, wenn sie in ausreichender Anzahl eingesetzt würden, könnten sie die Nachschublinien der Alliierten über den Kanal unterbrechen. Mit Ausnahme des ausgezeichneten »Seehund«, einem Kleinunterseeboot mit zwei Mann Besatzung, waren alle übrigen Fahrzeuge dieser Art von mangelhafter Konstruktion, und die meisten von ihnen waren für ihre Besatzungen genauso tödlich wie sie das für die Gegenseite hätten sein sollen.

Die Operationen der verschiedenen Kleinunterseeboote während des Zweiten Weltkrieges bleiben eines der herausragendsten Beispiele der Geschichte für kaltblütigen Wagemut. In einem Krieg, den die Technik und die Massenvernichtungswaffen beherrschten, stechen die Leistungen der Klein-U-Bootsfahrer aller Länder hervor und greifen auf ein früheres und ehrenwerteres Zeitalter zurück, in dem die Tapferkeit des einzelnen und das Können im Umgang mit Waffen die Eigenschaften waren, um Kriege zu gewinnen. Im Gefolge des fehlgeschlagenen japanischen Angriffs im Hafen von Sydney zollte Rear-Admiral Stuart Muirhead-Gould, verantwortlich für die dortige Hafenverteidigung, den japanischen Offizieren und Mannschaften, die bei diesem Angriff umkamen, seinen Tribut:

> »Sie waren von einem Mut erfüllt, der nicht das Besitztum oder die Tradition oder das Erbe einer Nation ist. Es ist der Mut, den die tapferen Männer unserer eigenen Länder mit jenem des Gegners teilen, und es ist die Art Mut, so schrecklich der Krieg und seine Folgen auch sein mögen, die anerkannt und allgemein bewundert wird. Diese Männer waren Patrioten höchsten Ranges. Wie viele von uns sind wirklich darauf vorbereitet, ein Tausendstel des Opfermutes zu erbringen, den diese Männer erbracht haben?«

Diese Worte sind die angemessene Grabschrift für all jene, die mit ihren Kleinkampfmitteln umkamen.

Danksagungen

Tief empfundene Dankbarkeit schulde ich den folgenden Damen und Herren für ihre Unterstützung bei der Vorbereitung dieses Buches:

Marija Batica für die Herstellung der Zeichnungen in den Kästen mit den technischen Angaben; Harvey Bennette; Admiral Gino Birindelli; Dick Boyle, verantwortlicher Offizier für das einzige Kleinunterseeboot der US-Marine, die unglückliche *X-1*; Gus Briton vom Royal Navy Submarine Museum für seine Kommentare (sowohl profaner wie konstruktiver Art) zum Manuskript; Colin Bruce und Allison Duffield vom Department of Printed Books des Imperial War Museum; Dr. John Bullen; Mrs. Eve Compton-Hall für die Erlaubnis, aus dem Tagebuch ihres verstorbenen Gatten zu zitieren; Commander Donald Cameron, VC, RN; Ed Finney vom US Navy Historical Service; Lieutenant-Commander Ian Fraser, VC, DSC, RNR; Oberfähnrich z.S.a.D. Klaus Goetsch; Frank Goldsworthy; Eric Grove; Peter Hart vom Sound Archive des Imperial War Museum; David Hill für die Herstellung der Zeichnung von HMS TROOPER; Lieutenant-Commander George Honour, DSC, RNVR; Peter Jung vom Kriegsarchiv in Wien; Klaus Mathes; Jane Middleton, Dott. Achille Rastelli; Simon Robbins vom Department of Documents des Imperial War Museum; Captain Richard Sharpe, OBE, RN, Redakteur von »Jane's Fighting Ships«; Marco Spertini; Commander J.J. Tall. MBE, RN, Direktor des Royal Navy Submarine Museum; Captain A.V. Walker, DSC, RN; und dem verstorbenen Commander H.P. Westmacott, DSO, DSC, RN. Die zuständigen Stellen der Demokratischen Volksrepublik Korea und der Islamischen Republik Iran fühlten sich nicht imstande, meine Anfragen bezüglich Informationen über die Kleinunterseeboote ihrer Marinen zu beantworten.

Besonders dankbar bin ich Commander Richard Compton-Hall, MBE, RN, ehemaliger Direktor des Royal Navy Submarine Museum, für seinen Zuspruch und Rat – trotz unserer Arbeit an ähnlichen Projekten; David Gibbons und Tony Evans von der DAG Publications sowie Roger Chesneau, meinem geduldigen Lektor. Schließlich gilt mein Dank auch meiner Frau Kitty für ihre Geduld mit ihrem Ehemann, der in den vergangenen drei Jahren mit nichts anderem als diesem Buch beschäftigt war.

Paul Kemp

Kapitel 1

Apparate zum Angriff auf Schiffe

Welche Seekriege werden dann entstehen und wo sind die Seeleute zu finden, um Kriegsschiffe zu bemannen, wenn es eine physische Gewißheit ist, daß sie jeden Augenblick durch ein Tauchboot in die Luft fliegen können, vor dem sie keine menschliche Voraussicht bewahren kann? – Der *Naval Chronicle*, 1802.

Im Juli 1802 veröffentlichte der *Naval Chronicle* einen Bericht aus Paris über eine neue Erfindung des amerikanischen Konstrukteurs Mr. Robert Fulton: das »Bateau Plongeur« (Tauchboot). Nach einer Beschreibung der Fähigkeiten des Fahrzeugs blickte der *Naval Chronicle* voraus:

»Mr. Fulton hat an seinem Boot bereits einen Apparat angebracht, mit dem er im Hafen von Brest ein großes Boot vernichtete. Wenn durch zukünftige Versuche dieselbe Wirkung bei Fregatten oder Linienschiffen erzielt werden könnte, welche Seekriege werden dann entstehen und wo sind die Seeleute zu finden, um Kriegsschiffe zu bemannen, wenn es eine physische Gewißheit ist, daß sie jeden Augenblick durch ein Tauchboot in die Luft fliegen können, vor dem sie keine menschliche Voraussicht bewahren kann?«[1]

Der Korrespondent des *Naval Chronicle* war sich nicht der Tatsache bewußt, daß er Wesen und Form der Kriegsführung mit Kleinunterseebooten im Ersten und Zweiten Weltkrieg genau vorausgesagt hatte. Eine Kriegsführung, die darauf ausgerichtet war, Schiffe auf verteidigten Ankerplätzen und in verteidigten Häfen anzugreifen. Folglich gingen Operationen mit Kleinunterseebooten der U-Bootkriegsführung auf hoher See zeitlich voraus.

Fultons »Erfindung« war jedoch ein anderes Fahrzeug etwa dreißig Jahre früher vorangegangen. Der amerikanische Konstrukteur David Bushnell hat den größten Anspruch darauf, für seinen Angriff auf HMS EAGLE vor dem Hafen von New York während des amerikanischen Unabhängigkeitskrieges als »Vater« der Kriegsführung mit Kleinunterseebooten bezeichnet zu werden. Bushnell hatte einen lebhaften und wißbegierigen Geist, war aber von wenig einnehmendem Wesen und litt unter einer schwachen Gesundheit. Er hatte bereits landwirtschaftliche Maschinen verbessert, dehnte aber sein Interesse während des Studiums an der Yale-Universität auf andere Gebiete aus. Bushnell führte eine Anzahl von Versuchen durch, um die zerstörenden Auswirkungen von Unterwasserexplosionen nachzuweisen. Diese Experimente mit Minen (oder mit »Torpedos«, wie der damalige Sprachgebrauch war) führten ihn unweigerlich zur Entwicklung eines Fahrzeuges, um diese Waffen ans Ziel zu bringen. Ein kleines Boot kam genauso wenig in Frage wie die schwerfälligen Taucheranzüge von damals. Die Antwort lag in einem Tauchboot – einem Fahrzeug, das sich seinem Ziel unbemerkt nähern konnte. Bushnells Experimente fanden zu einem Zeitpunkt wachsender Spannungen in Nordamerika statt: zwischen jenen Kolonisten, die eine Selbstregierung wünschten, und der britischen Regierung, welche die Bindung an Großbritannien aufrechterhalten wollte. Diese politischen Entwicklungen verliehen Bushnells Werk ein Gefühl der Dringlichkeit und Zweckmäßigkeit. Während sich die politische Lage zu einem offenen Krieg verschlechterte, arbeiteten Bushnell und sein Bruder Ezra auf ihrer Farm in Saybrook an dem Fahrzeug. Wir wissen sehr wenig über die TURTLE (Schildkröte), wie Bushnells Fahrzeug genannt wurde, hauptsächlich deswegen, weil Bushnell selbst die Pläne vernichtete, um zu verhindern, daß sie den Briten in die Hände fielen. Bushnells eigene Darstellung ist das umfassendste Dokument. In einem vom 13.

Oktober 1787 datierten Brief an Thomas Jefferson beschrieb Bushnell sein Tauchboot wie folgt:

> »Das äußere Bild des Tauchfahrzeuges erinnerte an zwei hochkant gestellte, nach Art von Schildkrötenpanzern gekrümmte Schalen gleicher Größe, die zusammengefügt wurden. ... Das Innere konnte den Steuermann und genügend Luft für 30 Minuten aufnehmen.«[2]

Die TURTLE war ein von Hand angetriebenes Einmannfahrzeug. David Bushnell war nicht kräftig genug, um das Fahrzeug zu bedienen, so daß sein Bruder Ezra der erste war, der es im Wasser erprobte. Die »Waffe«, d.h. die Sprengladung, bestand aus 68 kg Schießpulver und war wasserdicht in zwei hohle Eichenholzstücke verpackt, ausgestattet mit einem Uhrwerkzünder.[2a] Die Sprengladung war mit einer starken Leine an einem Bohrer befestigt, einer großen spitz zulaufenden Holzschraube, die aus dem Inneren der TURTLE bedient werden konnte, um in den hölzernen Schiffsrumpf des Zieles einzudringen und die Sprengladung zu verankern. War der Bohrer tief genug in die Schiffsplanke eingedrungen, wurden sowohl er als auch die Sprengladung gelöst und die TURTLE konnte sich zurückziehen. Die einzigen Instrumente waren ein Kompaß, beleuchtet durch »Fuchsfeuer« (»Foxfire« – verrottendes Strunkholz, das im Dunklen von selbst leuchtet), und ein primitiver Tiefenmesser, eine Glasröhre von ca. 46 cm Höhe und 2,5 cm Durchmesser. Die Glasröhre war nach unten zur See hin offen und die Tiefe zeigte in Verbindung mit einer Skala ein je nach Wasserdruck auf- oder absteigendes phosphoreszierendes Korkstückchen an.

Für die Vorwärts- oder Rückwärtsfahrt sorgte ein zweiflügeliger Propeller, der durch eine Propellerwelle über Fußpedale angetrieben wurde. Trat der Steuermann mit voller Kraft in die Pedalen, war eine Geschwindigkeit von 3 kn möglich. Doch im Ernstfall wäre dies eine kräftezehrende Arbeit gewesen, die ihn zu sehr ermüdet hätte, um noch etwas anderes zu tun. Einige Berichte sprechen von einem handbetriebenen Propeller, aber es besteht kein Zweifel daran, daß es sehr viel einfacher gewesen sein mußte, die Füße statt der Hände zu benutzen. 90 kg Bleiballast hielten die TURTLE in einer stabilen Lage. Er konnte an einem 15 m langen Tau abgesenkt und wieder gehoben werden. Das Gewicht des Ballastes zusammen mit dem des Steuermanns reichte auch aus, die TURTLE im Wasser so tief zu trimmen, daß nur noch der obere Teil des Einstiegluks mit den gläsernen Bullaugen über Wasser sichtbar waren. Das Tiefertauchen des Fahrzeugs erfolgte mittels eines senkrechten Propellers und durch Einlaß von Wasser in einen kleinen Tank im Boden des Fahrzeugs, das, falls erforderlich, auch von Hand wieder ausgepumpt werden konnte. In der Theorie war es möglich, mit diesem Fahrzeug einigermaßen genau kontrolliert eine Tiefe von mehreren Fuß (ca. 1-2 m) zu erreichen. Die Luftzufuhr für den Steuermann erfolgte über zwei Ventilationsrohre im oberen Teil des Einstiegluks, die mit Verschlußventilen gegen Wassereinbrüche ausgestattet waren. Ein interessantes Merkmal des Entwurfs bestand darin, daß alle Ein- und Auslässe mit Lochplatten versehen waren, um ein Blockieren durch eingedrungene Fremdkörper zu verhindern.

Im Sommer 1775, als der erste bewaffnete Zusammenstoß zwischen den Kolonisten und den britischen Truppen bei Lexington stattfand, war die TURTLE nahezu fertig. Plötzlich einsetzende starke Fröste im Herbst verhinderten jedoch eine Versorgung mit »Foxfire«, das erst im Frühjahr 1776 wieder verfügbar sein würde. Außer einer Kerze – die nicht verwendet werden konnte, da sie zu viel an kostbarer Luft verbrauchte – gab es keine andere Möglichkeit zur Beleuchtung des Kompasses. Infolgedessen mußte der erste Einsatz der TURTLE verschoben werden. Zu dem Zeitpunkt, als sich im Frühling 1776 wieder »Foxfire« gebildet hatte, bedurfte die TURTLE umfangreicher Reparaturen, da das Fahrzeug im Winter sehr gelitten hatte. Außerdem hatte während des Winters auch Ezra Bushnells körperliche Verfassung nachgelassen, und er mußte erst wieder längere Zeit trainieren. Die Reparatur des Fahrzeuges und das Training für den Steuermann wurden rasch in Angriff genommen. Danach wurde die TURTLE auf dem Wasserweg hinunter nach New York gebracht, wo die britischen Schiffe bekanntermaßen vor Anker lagen und wo die Aufständischen einen sicheren Stützpunkt an der Battery (der Südspitze der Insel Manhattan) besaßen. Am 13. Juli 1776 traf das britische Linienschiff HMS EAGLE (64 Kanonen), das die Flagge von Admiral Lord Howe führte, aus England ein und warf vor Staten Island Anker. Die Entfernung zwischen dem Flaggschiff und dem Lager der aufständischen Streitkräfte auf den Brooklyn Heights jenseits von The Narrows war so gering, daß diese behaupteten, sie könnten das Englische riechen! Ein augenfälligeres oder geeigneteres Ziel konnte sich nicht darbieten. Gerade als die TURTLE einsatzbereit war, trat erneut ein Problem auf. Ezra Bushnell erkrankte und es wurde rasch klar, daß er das geplante Unternehmen nicht durchführen konnte. Angesichts des Drucks, den die Generale Putnam und Washington ausübten, die Operation in Angriff zu nehmen, mußte ein Freiwilliger gesucht werden, um Ezra Bushnells Platz einzunehmen.

Dies war ein schwerwiegendes Unterfangen, denn es war notwendig, einen Mann zu finden, der innerhalb von Wochen bis zur Vollkommenheit das lernen konnte, wozu Ezra Bushnell fünf Jahre seines Lebens gebraucht hatte. Ungeachtet dessen meldete sich ein Sergeant Ezra Lee als Freiwilliger, ein Soldat mit gutem Charakter aus Old Lyme in Connecticut, und wurde angenommen. Auch wenn sich Lee im Long-Island-Sund einem anstrengenden Training unterzog, war es unvorstellbar, daß er es mit der Geschicklichkeit seines Vorgängers aufnehmen könnte. In der Nacht vom 5. auf 6. September 1776 stieg Lee jedoch in die TURTLE ein. Ein Ruderboot kam längsseits und brachte die TURTLE bei Vollmond und Ebbstrom im Schlepp flußabwärts dorthin, wo die EAGLE lag, und machte in etwa 8 km Entfernung die Leinen los.

Ab diesem Zeitpunkt weichen die zweifelhaften Berichte über Lees Fahrt von dem ab, was wir von bekannten Fakten und Erfahrungen aus Operationen mit Kleinunterseebooten ableiten können. Die allgemein angenommene Version ist die, daß Lee sein Fahrzeug flußabwärts steuerte, bis er die EAGLE erreichte. Der Ebbstrom war jedoch so stark, daß er am Flaggschiff vorbeigetrieben wurde und mit den Pedalen harte Arbeit leisten mußte, um wieder an die EAGLE heranzukommen. Sobald er sich unter ihrem Heck befand, versuchte er, die Sprengladung am Schiffsrumpf zu verankern. Der Kupferbeschlag, der das Unterwasserschiff überzog (um es gegen Zerstörungen durch den Schiffsbohrwurm zu schützen), vereitelte aber seine Absicht. Nach einer anderen Version waren es Eisenbänder zur Verstärkung des achteren Teils, die seine Anstrengungen zunichte machten. Was auch immer der Wahrheit entspricht, angesichts der beginnenden Morgendämmerung und der einsetzenden Flut gab Lee auf und trat den Rückzug flußaufwärts an. Unterwegs wurde er entdeckt und von einem britischen Wachboot gejagt. Im Bemühen, seine Verfolger abzulenken, warf Lee die Sprengladung ab, die vermutlich nach Norden abgetrieben wurde und am Eingang zum East River detonierte. Inzwischen war die TURTLE von den eigenen Streitkräften gesichtet worden und ein Boot wurde entsandt, um den erschöpften Lee zurück zur Battery und in Sicherheit zu bringen. In der Folge wurden zumindest noch zwei Angriffe auf Schiffe im Hudson River oberhalb von New York unternommen, die aber ebenfalls erfolglos blieben.

Dies ist die Version, die jeder Schuljunge kennt und die in die Literatur des amerikanischen Unabhängigkeitskrieges Eingang gefunden hat. Wenn wir jedoch unser Wissen nutzen, das aus Operationen mit Kleinunterseebooten im Zweiten Weltkrieg stammt, können bestimmte Fakten widerlegt werden. Es ist zunächst einmal unvorstellbar, daß Lee den Weg zur EAGLE hätte zurücklegen und die TURTLE direkt unter ihrem Schiffsrumpf in Position bringen können. Selbst für moderne Klein-U-Bootfahrer ist es schwierig, ihr Boot mit Unterstützung zuverlässiger Motoren, Steuereinrichtungen und genauem Kompaß in die richtige Position zu bringen. Lee hätte hierfür sein eigener Kommandant, Steuermann, Rudergänger, Ausguck, Antriebsingenieur und schließlich sogar Waffenoffizier sein müssen. Er hatte einfach zu viel zu tun; dies war ein allgemeiner Nachteil bei allen Fahrzeugen, die nur von einem Mann bedient wurden. Es ist möglich, daß es Lee gelang, eine Art kontrolliertem Zusammenstoß mit der

EAGLE herbeizuführen. Das Schiff wurde aber von Wachposten der Royal Marines – d.h. der Königlichen Marineinfanterie – zu gut bewacht, deren ständiger Befehl lautete, alle zehn Minuten »All's Well!« – »Alles wohlauf!« – mit lauter Stimme zu melden. Um die Wachsamkeit der Posten zu gewährleisten, wurden sie außerdem regelmäßig und in kurzen Zeitabständen abgelöst. Es ist undenkbar, daß sich die TURTLE unter den Augen der wachsamen Posten hätte annähern und sehr geräuschvoll tauchen können. Zudem gibt es im Logbuch der EAGLE keinen Hinweis auf einen Angriff durch ein Unterwasserfahrzeug oder auch nur auf etwas Außergewöhnliches – auch nicht auf die Detonation der Sprengladung am Eingang zum East River.[3] Schließlich stimmt auch die Geschichte nicht, daß der Angriff Lord Howe gezwungen hätte, die enge Blockade New Yorks aufzuheben; die Flotte blieb bis zum Januar 1777 vor New York.

Was war nun wirklich geschehen? Es besteht kein Zweifel, daß die TURTLE existierte und daß Angriffe auf britische Schiffe in Gang gesetzt wurden. Die übertriebenen Berichte von Lees Unternehmungen waren jedoch vermutlich den Streitkräften der Aufständischen zuzuschreiben, die eine Gelegenheit zur Propaganda gut nutzten. Lee zog sich wahrscheinlich während des Unternehmens eine Kohlendioxydvergiftung zu. Der Luftvorrat von 30 Minuten hätte angesichts der körperlichen Anstrengung, die notwendig war, um die TURTLE zu bedienen, zusammen mit dem zunehmend heftigeren Atmen als Folge seiner Besorgnis bei der Durchführung des Auftrags zu keinem Zeitpunkt ausgereicht. Eine CO_2-Vergiftung würde Lees Symptome – Verwirrtheit, Angst und ein allgemein geschwächter Zustand – erklären, welche die Historiker aus den verschiedenen Berichten über die Operation entnehmen können. Mit den Worten eines Kommentators: Lee hätte nicht gewußt, »ob es Weihnachten oder Marble Arch war« das Eingangstor zum Hyde Park.[4] Am wahrscheinlichsten geschah folgendes: Lee setzte sich in Bewegung und bummelte dann, als die CO_2-Vergiftung einsetzte, immer schwächer werdend lediglich in The Narrows umher, bis er sich entschloß, aufzugeben und zurückzukehren versuchte. Auf dem Rückweg funktionierte sein Kompaß nicht und er mußte das Einstiegsluk öffnen, um zu sehen, wohin er fuhr. Die frische Luft rettete ihm das Leben. Nichts davon schmälert die Tatsache, daß Lee ein sehr tapferer Mann und die gesamte Operation ein wagemutiges Unternehmen war. Es war die Legende dessen, was sich in der Nacht vom 5./6. September 1776 in The Narrows ereignete, die die frühen Pioniere des modernen Unterseebootes inspirierte. Heute ist es zweifelhaft, ob auch nur einer von tausend unter den vielen Arbeitnehmern, die nach Manhattan hineinströmen, die Bedeutung dessen erkennt, was unterhalb ihrer Büro-Wolkenkratzer vor zweihundert Jahren stattfand.

Danach erlahmte die Entwicklung von Kleinunterseebooten bis zum Ende des 19. Jahrhunderts. In der Royal Navy wurde Bushnells Initiative mit Sicherheit nicht sehr hoch eingeschätzt. 1812 wurde ein Bootsmann, der vorschlug, eine französische Fregatte durch Anbringen einer Sprengladung am Schiffsrumpf zu vernichten, wegen »eines Vorschlags, der nicht mit den höchsten Traditionen Seiner Majestät Marine in Übereinstimmung steht«, entlassen.[5/5a] Später gab es dann in den 70er Jahren des 19. Jahrhunderts mit den Aktivitäten von J.P. Holland in den Vereinigten Staaten, von Reverend Garrett in Großbritannien und mit verschiedenen russischen Entwürfen ein Wiederaufleben der Entwicklung von Unterseebooten. Mit dem Fortschritt der Unterseebootstechnik und ihrer Verbesserung (angesichts der frühen Unterseebootstechnik nur relative Begriffe) bewegte sich der Schwerpunkt der Entwicklungsarbeit in Richtung hochseefähige Boote und weg von Bootsentwürfen für das Eindringen in Häfen. Dessenungeachtet gab es auf diesem Gebiet interessante Entwürfe, darunter ein russisches Boot, 1879 in St. Petersburg gebaut. Dieses Boot war mit zwei 50-kg-Minen bewaffnet, mitgeführt in Vertiefungen im oberen Teil des Bootskörpers und mit Eisenspitzen ausgestattet. Die Minen sollten unterhalb eines Zieles abgeworfen werden, um anschließend aufzusteigen und sich im Schiffskörper zu verankern. Anschließend sollten die Sprengladungen über ein am Unterseeboot befestigtes Kabel elektrisch gezündet werden. Nicht überraschend, daß

13

> ## Russische Klein-U-Boote vom »Holland«-Typ
>
> | | |
> |---|---|
> | **Verdrängung:** | 33 ts über/44 ts unter Wasser. |
> | **Länge:** | 20,5 m. |
> | **Breite:** | 2,3 m. |
> | **Antriebsanlage:** | 1 Dieselmotor mit 50 PSe, 1 E-Motor mit 35 PSe. |
> | **Geschwindigkeit über Wasser:** | 8 kn. |
> | **Geschwindigkeit unter Wasser:** | 6 kn. |
> | **Bewaffnung:** | Zwei 45-cm-Bugtorpedorohre. |
> | **Besatzung:** | 4 Mann. |
> | **Abgelieferte Einheiten:** | 3 Boote. |
>
> **Bau:** Alle drei Boote 1913 auf der Newskij-Werft in St. Petersburg im Auftrag des Heeresministeriums für den Einsatz zur örtlichen Verteidigung am Schwarzen Meer gebaut, aber 1914 an die Marine übergeben.
>
> **Schicksal:** »Nr. 1« 1916 in die Arktis gebracht und bei der Kollision mit dem Unterseeboot DELFIN am 16.04.1917 vor Murmansk gesunken. »Nr. 2« 1915 in die Arktis gebracht und nach Strandung am 15.10.1915 bei Swjatoj aufgegeben. »Nr. 3« an die Donau verlegt und am 12.03.1918 von österreichisch-ungarischen Streitkräften bei Reni erbeutet; weiteres Schicksal unbekannt.

ein solcher Entwurf eine hohe Todesrate unter den Besatzungen bedeutete, und die meisten der fünfzig bestellten Boote wurden als Bojen oder Pontons verwendet. Die Russen behielten ihr Interesse an kleinen Unterseebooten zur Hafenverteidigung. 1913 bestellte das russische Heer drei nur bedingt auf dem »Holland«-Entwurf beruhende Unterseeboote mit vier Mann Besatzung für örtliche Verteidigungsaufgaben am Schwarzen Meer. Diese Boote wurden 1914 an die russische Marine übergeben. Zwei von ihnen wurden in die arktischen Gewässer transportiert, wo sie Unglücksfällen zum Opfer fielen. Das dritte wurde an die Donau gebracht. Dort hatten die Russen die Absicht, das Boot gegen die Schiffe der k.u.k. Donauflottille einzusetzen. Bedauerlicherweise erbeuteten die Österreicher das Boot am 12. März 1918 bei Reni. Pläne wurden gefaßt, das Unterseeboot nach Budapest und Wien zu senden, um unterstützend für Kriegsanleihen zu werben. Doch diese Pläne kamen nicht zur Ausführung und das letztliche Schicksal des Bootes ist unbekannt.

Bis 1914 hatte die Unterseebootsentwicklung einen Punkt erreicht, an dem die bei den verschiedenen kriegführenden Marinen in Dienst gestellten Boote ausreichend groß waren, um einen längeren ozeanischen Einsatz durchzuführen und auf hoher See zu operieren. An die Entwicklung von Booten für das heimliche Eindringen in verteidigte Häfen wurde kaum ein Gedanke verschwendet. Die Franzosen hatten jedoch die Vorstellung der Verwendung von Unterseebooten für einen derartigen Zweck noch nicht vollständig aufgegeben. In der Anfangsphase des Ersten Weltkrieges bewiesen französische Unterseeboote in der Adria beim Eindringen in die stark verteidigten österreichischen Kriegshäfen Cattaro (heute Kotor) und Pola (heute Pula) großen Mut. Der damalige Oberbefehlshaber der k.u.k. Marine, Großadmiral Anton Haus, beschrieb diese Einsätze als einen Akt »puren Wahnsinns«.[6] Ende November 1914 drang das französische Unterseeboot CUGNOT (Lieutenant de Vaisseau[6a] Dubois) in die Bucht von Cattaro ein, während am 8. Dezember das französische Unterseeboot CURIE (Lieutenant de Vaisseau Gabriel O'Byrne) bei dem Versuch, die Netzsperre zum Hafen von Pola zu überwinden, versenkt wurde. Der Verlust der CURIE machte diesen tapferen, aber riskanten Unternehmungen ein Ende.

Erst das Patt in der Adria ließ das Interesse an dieser besonderen Form der Kriegsführung wieder aufleben. 1915 hatte Italien seine Verpflichtungen gegenüber seinen bisherigen Bündnispartnern Österreich-Ungarn und Deutschland aufgekündigt und sich der britisch-französischen Entente angeschlossen.[6b] Der Grund hierfür lag weitgehend in der Erwartung, das ein britisch-französischer Sieg seine territorialen Ansprüche gegenüber Österreich-Ungarn befriedigen würde. Die italienische Marine war geringfügig größer – und beträchtlich größer, wenn eine Unterstützung durch britisch-französische Streitkräfte eintrat – als die k.u.k. Kriegsmarine jenseits der Adria. Doch beide Seiten verfochten eine passive Strategie und warfen sich aus ihren Positionen hinter den stark befestigten Häfen Tarent und Pola nur wilde Blicke zu.

Die Vorstellung, die österreichisch-ungarische Flotte hinter ihren Verteidigungsanlagen in Pola am Nordende der Adria anzugreifen, zogen zum erstenmal zwei italienische Marineoffiziere in Betracht: der Kapitänleutnant (Ing.) Raffaele Rossetti und der Marineoberassistenzarzt Raffaele Paolucci.[7] Rossetti kam die Idee Anfang Juni 1915 – kurze Zeit nach der Kriegserklärung Italiens –, als der Maschinist Luigi Martignoni, ein technischer Portepee-Unteroffizier an Bord des Kreuzers POERIO, ihn frug, ob es möglich sein könnte, einen Torpedo für »bemannte Lenkung« herzurichten, um einen gegnerischen Stützpunkt anzugreifen. Rossetti war von der Idee fasziniert, brachte sie aber erst im September 1915 zu Papier. Sein Vorgesetzter, der Colonello del Genio Navale[7a] Giovanni Scialpi, war davon weniger beeindruckt und lehnte den Plan ab, gab aber zu verstehen, daß er nicht gekränkt sein würde, wenn Rossetti den Vorschlag dem Flottenkommando unterbreitete.

Daher ließ sich Rossetti am 24. September 1915 bei Vizeadmiral Alberto de Bono anmelden, dem Befehlshaber des Marinedistriktes La Spezia. De Bono war gleichermaßen skeptisch, riet aber Rossetti, die Angelegenheit mit Capitano di Corvetta[7b] Guido Cavalazzi zu besprechen, dem Chef der Torpedoversuchsanstalt in La Spezia. Cavalazzi sah sich den Vorschlag lediglich an und unternahm nichts, so daß Rossetti am 3. November 1915 noch einmal bei De Bono vorsprach, diesmal mit einer detaillierten Denkschrift über sein Projekt. Die Denkschrift betonte die geringen Kosten des Projektes und wies darauf hin, daß lediglich zwei Mann in Taucheranzügen und ein umgebauter Torpedo B 57 mit einer Laufstrecke von 30 sm gebraucht würden. Diese Einschätzung war ein wenig zu optimistisch – wie Rossetti nach dem Krieg einräumte – und führte dazu, daß De Bono das Projekt ablehnte. Als Anfang 1916 Vizeadmiral Leone Viale den letzteren ablöste, versuchte es Rossetti erneut, aber wieder vergebens.

In den nächsten beiden Jahren setzte Rossetti die Arbeit an seinem Projekt fort, weitgehend ohne Wissen seiner Vorgesetzten, und »entwendete« Material und Arbeitskräfte von anderen in Arbeit befindlichen Projekten, die genehmigt waren. Im Mai 1916, als Rossetti Marineinspekteur der Werft in Sestri Levante/Genua war, gelang es ihm, sich zwei Torpedos B 57 zu verschaffen, die er nach Genua bringen ließ. Dieser Ort war jedoch für seine Zwecke nicht geeignet. Doch im Mai 1917 glückte es Rossetti, sich zur Materialerprobungs-Kommission nach La Spezia versetzen zu lassen. Dort in La Spezia begann danach die wirkliche Entwicklungsarbeit. Zwei Torpedos – deren Verschwinden aus Sestri Levante zweifellos durch fragwürdigen Papierkram getarnt war – wurden in dem Umkleideraum versteckt, der den Arbeitern auf dem U-Bootstützpunkt gehörte. Einige der Arbeiter beteiligten sich eifrig an dem Projekt, aber noch ehe die Mittel in diesem Umkleideraum zur Verfügung standen, erwies sich dieser als unzureichend. Rossetti trat dann an den Kommandeur der Marinefliegerstation heran, weihte ihn in das Geheimnis ein und erhielt von ihm einen Hangar zur Nutzung. Das Netz der Täuschung, daß dieses Projekt umgab, wurde erweitert, aber die höheren Dienststellen blieben in seliger Unwissenheit. Die ersten Erprobungen des Apparats fanden am 18. Januar 1918 statt, weitere folgten am 24. Januar und am 27. Februar. Der Verbrauch an Preßluft wurde gemessen und verschiedene Propellertypen und Taucheranzüge wurden erprobt. Die letzte Erprobung, durchgeführt am 9. März 1918, überzeugte Rossetti, daß seine Erfindung einsatzbereit war.

Bemannter Torpedo »Mignatta« (2 Mann Besatzung)

Beschreibung: Torpedo B 57 (die Bezeichnung »B« gibt an, daß der Torpedo aus Bronze war) vom Kaliber 35,6 cm mit Haltegriffen für die zweiköpfige Besatzung.
Länge: 4,5 m.
Fahrbereich: 8-10 sm bei 3-4 kn.
Antriebsanlage. Torpedo-Kühlluftmaschine, gespeist von Preßluft mit 205 atü.
Bewaffnung: Zwei abnehmbare 170 kg-Sprengladungen (TNT), Befestigung am Ziel mit Magnetklemmen.
Besatzung: 2 Mann.
Abgelieferte Anzahl: Zwei (*S 1* und *S 2*), beide vom Arsenal in Venedig gebaut.
S 1 am 31.10./1.11. 1918 beim Angriff auf Pola verbraucht.
S 2 aufbewahrt im Marinemuseum von La Spezia.

Die Grundlage seines Apparates, unter dem Namen »Mignatta« (Blutegel) bekannt, bildete ein standardmäßiger Torpedo B 57 vom Kaliber 35,6 cm, der aber mit einem größeren 450-mm-Propeller ausgestattet worden war. Mit einem Torpedoboot sollte die »Mignatta« bis zu einem bestimmten Punkt nahe an Pola herangebracht werden. Nach dem Zu-Wasser-Bringen hatte ein Motortorpedoboot den Apparat so dicht wie möglich ungesehen an den Wellenbrecher zu schleppen. Die zweiköpfige Besatzung saß rittlings auf dem torpedoähnlichen Schwimmkörper und trug Taucheranzüge, aber keine Helme, da sich ihre Köpfe über Wasser befinden würden. Der Fahrbereich des Apparats betrug 10 sm in fünf Stunden. Die Bewaffnung bestand anstelle des üblichen Torpedogefechtskopfes aus zwei 170-kg-Sprengladungen mit Zeitzündern, die am Zielschiff mit Magnetklemmen befestigt werden sollten. Danach hatten die beiden Männer mit der »Mignatta« die Zielzone zu verlassen.

Jetzt, da die Arbeit beendet war, mußte Rossetti die Täuschungsmanöver der vergangenen zwei Jahre zugeben, um die Billigung des Projektes zu erreichen. Seine Denkschrift ging bis zum Flottenchef, Admiral Paolo Thaon di Revel, der den jungen Ingenieuroffizier am 1. April 1918 nach Rom kommen ließ. Für Rossettis zweiten Versuch waren die Umstände weit günstiger. Erstens hatte er ein funktionsfähiges Fahrzeug, daß den Skeptikern auch »vorgeführt« werden konnte. Zweitens befand sich Italien im Frühjahr 1918 seit drei Jahren im Krieg und hatte außer immer länger werdenden Verlustlisten kaum etwas vorzuweisen. Für Thaon di Revel und den italienischen Admiralstab schien die »Mignatta« das Mittel zu sein, um den Österreichern direkt im Herzen ihres am besten geschützten Ankerplatzes einen Schlag zu versetzen. Thaon di Revel gab seine Zustimmung und versetzte Korvettenkapitän (Ing.) Rossetti nach Venedig. Dort traf er am 5. April ein. Als er sich beim Hafenkommandanten, Capitano di Vascello[7c] Constanco Ciano, meldete, erfuhr Rossetti, daß in Venedig eine Gruppe junger Offiziere an etwas Ähnlichem arbeitete. Überdies entwickelten die Italiener ein mit Torpedos bewaffnetes und mit Raupen versehenes Angriffsfahrzeug, die GRILLO, um die Hafenverteidigungsanlagen von Pola zu überwinden. Der erste Einsatz der GRILLO fand in der Nacht vom 13./14. Mai 1918 statt und erwies sich als Fehlschlag. Das Fahrzeug wurde außer Gefecht gesetzt und seine Besatzung geriet in Gefangenschaft.

Rossetti hatte die Befürchtung, daß es in Venedig zu viele lose Zungen gab und daß die so nahe an der Frontlinie liegende Stadt zu gefährlich war. Infolgedessen kehrten er und die »Mignatta« nach La Spezia zurück. Letztere wurde immer weiter verbessert und vervollkommnet. Ein leichterer Taucheranzug wurde entworfen und erprobt. Am 31. Mai 1918 unternahm Rossetti mit dem Fahrzeug eine 8 km lange Fahrt, ohne den Luftvorrat zu erschöpfen. Er wählte auch seine »Nummer 2« aus, einen jungen Marinearzt namens Raffaele Paolucci. Dessen erster Ritt auf der »Mignatta« endete fast mit einer Katastrophe, als er unter ihr eingeklemmt wurde. Paoluccis Rettung gelang nur, weil ein in der Nähe befindliches Bergungsschiff in der Lage war, unter der »Mignatta« einen Stropp durchzuziehen und das ganze Fahrzeug aus dem Wasser zu heben. Doch es gab auch Personalprobleme. Rossettis Verhältnis zu KptzS. Ciano in Venedig verschlechterte sich immer mehr. Ciano wollte den Angriff auf Pola voranbringen, während Rossetti abzuwarten wünschte, bis die »Mignatta« vervollkommnet war.

Die Ereignisse drohten jetzt Rossetti zu überrollen. Am 6. Oktober 1918 unterbreiteten die Mittelmächte den Vereinigten Staaten ein Verhandlungsangebot für einen Waffenstillstand. Thaon di Revel erkannte klar, daß das Unternehmen jetzt oder nie gestartet werden mußte, und befahl den Angriff in der nächsten Neumondperiode Anfang November, und zwar ohne Rücksicht auf den Entwicklungsstand. Rossetti und die »Mignatta« (von ihrem Typ gab es jetzt zwei Fahrzeuge, offiziell als S 1 und S 2 bezeichnet) kehrten nach Venedig zurück und führten am 25. Oktober 1918 eine erfolgreiche Erprobungsfahrt durch. Das Fahrzeug legte am Arsenal ab und griff ein vor der Kirche Santa Maria della Salute festgemachtes Schiff an, ohne entdeckt zu werden. Alles war nunmehr bereit.

In den Abendstunden des 31. Oktober 1918 verließ das Torpedoboot *PN 65* mit *S 1* an Deck in Begleitung des Motortorpedobootes *MAS 95* Venedig. Vor der Insel Brioni an der dalmatinischen Küste wurde *S 1* zu Wasser gebracht und von *MAS 95* bis zu einem Punkt geschleppt, der außerhalb des Hafens von Pola 66 m vom Hauptwellenbrecher entfernt war. Um 22.13 Uhr löste *S 1* die Schleppverbindung mit *MAS 95* und befand sich kurz nach 02.00 Uhr am 1. November mit seiner Besatzung innerhalb des Hafens. Vorher hatte die Besatzung den Wellenbrecher passiert und – die »Mignatta« hinter sich herziehend – mühsam drei Reihen Netze überstiegen. Wären die Posten der Verteidigungsanlagen wachsam gewesen, hätten sie die beiden Italiener sicherlich entdeckt. Doch die Verhältnisse innerhalb des Hafens von Pola waren alles andere als normal.

Der vorhergehende Tag, der 30. Oktober 1918, hatte das Ende der k.u.k. Kriegsmarine gebracht, als der österreichische Kaiser Karl I. die Flotte an den kurz zuvor gebildeten »Nationalrat der Slowenen, Kroaten und Serben« übergab. Die tatsächliche Übergabe erfolgte am 31. Oktober, als der letzte k.u.k. Flottenchef, Konteradmiral Nikolaus Horthy, um 16.45 Uhr nach dem letzten Niederholen der k.u.k. Kriegsflagge von Bord seines Flaggschiffes, der VIRIBUS UNITIS, ging. Mit Horthy verließen auch der größte Teil der Offiziere und Mannschaften deutsch-österreichischer, tschechischer und ungarischer Nationalität die Flotte; sie hatten in der multinationalen österreichisch-ungarischen Flotte die meisten Offiziere und das gesamte technische Fachpersonal gestellt. Auf den Schiffen blieben die jubelnden, aus Südslawen bestehenden Restbesatzungen zurück. Funkpersonal des britischen geheimen Marinenachrichtendienstes im italienischen Hafen Brindisi, das den österreichischen Funkverkehr abhörte, fingen einen Funkspruch des Hafenkommandanten in Cattaro mit der Frage auf, wer in Pola die Führung hätte. Die Antwort kam im Klartext und in voller Sendestärke: »Wir haben sie!«[8] Linienschiffskapitän Janko Vukovic de Podkapelski übernahm die Flotte als Befehlshaber, unterließ aber das Wiederherstellen der Ordnung. Die Schiffe waren voll illuminiert, während ihre Restbesatzungen feierten. Es gab keine Wachposten und bei keinem der Schiffe war Lecksicherheit gegeben, d.h. alle wasserdichten Schotte standen offen.

Rossetti und Paolucci hatten von den politischen Vorgängen, die um sie herum stattfanden, keine Ahnung, als sie die »Mignatta« zwischen zwei Reihen hell erleuchteter Schlachtschiffe hindurch steuerten. Unglücklicherweise trat jetzt bei der »Mignatta« eine Funktionsstörung ein. Ein Flutventil am Heck öffnete sich und verursachte ein Absinken des Fahrzeuges. Der Auftrieb konnte nur durch einigen Verbrauch an kostbarer Preßluft, erforderlich für den Antrieb des Fahrzeuges, wiederhergestellt werden. Zudem hatten sie mehr Preßluft als ursprünglich angenommen für das Eindringen in den Hafen verbraucht. Rossetti war somit bekannt, daß nicht mehr genug Luft vorhanden war, um nach dem Angriff vom Hafen freizukommen. Die beiden Männer wollten daher die »Mignatta« aufgeben, um den Versuch zu unternehmen, über Land zu entkommen. Hierbei wollten sie auf die örtliche Bevölkerung vertrauen, denn viele der Einwohner waren von italienischer Volkszugehörigkeit, die mit der alliierten Sache sympathisierten.

Um 04.30 Uhr brachte Rossetti die »Mignatta« an die Backbordseite der VIRIBUS UNITIS. Als er jedoch ein Motorboot bemerkte, das die Balkensperre überwachte, entschloß er sich, unter Ausnutzung der Strömung um den Bug des Schlachtschiffes herum an die Steuerbordseite zu gehen, ehe die Sprengladung angebracht wurde. Rossetti nahm eine der beiden Sprengladungen von der »Mignatta« ab und befestigte sie an der Bordwand des Schlachtschiffes vor dem vierten und fünften 15-cm-Geschütz. Er stellte den Zeitzünder auf eine zweistündige Verzögerung ein, schwamm zur »Mignatta« zurück und lief mit voller Fahrt ab, eine hell fluoriszierende Heckwelle hinter sich zurücklassend. Inzwischen war es 05.15 Uhr geworden und ein Hornsignal riß die Besatzung der VIRIBUS UNITIS aus ihrem Schlummer. Zu diesem Zeitpunkt wurden die beiden Italiener entdeckt und mit einem Scheinwerfer beleuchtet. Die Männer trugen eine unvollkommene Tarnung, die sie wie Blattwerk aussehen lassen sollte. Doch die Täuschung gelang nicht. Als ein Motorboot auf sie zukam, stellten sie den Zünder der anderen Sprengladung ein, ließen die Maschine langsame Fahrt laufen und versetzten der »Mignatta« einen Stoß.

Die Italiener wurden aus dem Wasser gefischt und an Bord der VIRIBUS UNITIS gebracht, wo sie zwar seltsam, aber nicht feindselig empfangen wurden. Rossetti erzählte De Podkapelski, sie wären über dem Hafen aus einem Flugzeug abgesprungen, und teilte ihm zudem mit, was mit seinem Schiff passieren würde, ohne auf Einzelheiten einzugehen. De Podkapelski befahl sofort »Schiff verlassen!« und führte – ungewöhnlich für einen Kommandanten – seine Besatzung und die beiden Italiener von Bord. Rossetti und Paolucci hatte ein Boot der TEGETTHOFF aufgenommen, eines Schwesterschiffes der VIRIBUS UNITIS. Als keine Detonation erfolgte, wurden sie wieder zurück auf die VIRIBUS UNITIS gebracht, wo ihr Empfang nunmehr sehr feindselig war. Ihnen wurden ihre Uniformen und ihre Rangabzeichen heruntergerissen. Genau um 06.20 Uhr detonierte die Sprengladung und das Schiff erhielt sofort Schlagseite um 20° nach Steuerbord. Aus ihrer Wut heraus forderten einige aus der Besatzung, Rossetti und Paolucci unter Deck einzuschließen und sie ertrinken zu lassen. De Podkapelski verhinderte das und die beiden Italiener verließen die VIRIBUS UNITIS zum zweitenmal an diesem Morgen. Fünfzehn Minuten später kenterte das 21 730-ts-Schlachtschiff[8a] und sank.

Inzwischen hatte die »Mignatta« in der Strömung einen Kreis geschlagen und war unter dem Schiffskörper des Passagierschiffes WIEN auf den Grund gesunken. Die WIEN diente damals als Tender für die deutschen U-Bootbesatzungen. Dort detonierten zwei Stunden später ihre Sprengladungen, woraufhin die WIEN auf ebenem Kiel sank. Die genaue Anzahl der Verluste an Menschenleben auf der VIRIBUS UNITIS ist nicht bekannt. Schätzungen sprechen von annähernd 400 Toten. Doch diese Angabe ist angesichts der verringerten Besatzungsstärke und der Tatsache, daß sich die meisten Besatzungsangehörigen im Augenblick der Detonation an Oberdeck aufhielten, zweifelhaft. Mit Sicherheit befand sich unter den Opfern De Podkapelski, der auf der Brücke seines Schiffes blieb, bis es unter ihm kenterte.

Rossetti und Paolucci blieben als Gefangene auf der HABSBURG und später auf der RADETZKY bis zu ihrer Befreiung, als die italienischen Streitkräfte am 5. November 1918 nach dem Waffenstillstand Pola besetzten. Beide wurden später zusammen mit KptzS. Ciano mit dem Kreuz des Militärordens von Savoyen ausgezeichnet. Ein späteres Dekret belohnte sie mit 1 300 000 Lire in Gold. Die Summe sollte unter Ciano, Rossetti und Paolucci aufgeteilt werden. Rossetti war empört, daß er und Paolucci diese Belohnung mit Ciano teilen sollten, und nach einer längeren Auseinandersetzung erreichte er eine Aufteilung zwischen ihm und Paolucci. Es

Klein-U-Boote ALFA sowie der A- und B-Klasse

Technische Daten:	ALFA	A-Klasse	B-Klasse
Wasserverdrängung:	–	31,25/36,7 ts	40/46 ts
Länge:	6,03 m	13,5 m	15,12 m
Breite:	–	2,2 m	2,32 m
Antriebsanlage:	1 E-Motor	1 E-Motor mit 40/60 PS	1 Petroleummotor mit 85 PSe, 1 E-Motor mit 40-60 PS
Geschwindigkeit über Wasser:	8 kn	6,8 kn	6,9 kn
Geschwindigkeit unter Wasser:	–	5,08 kn	5 kn
Fahrbereich über Wasser:	–	12 sm bei 7 kn	128 sm bei 6 kn
Fahrbereich unter Wasser:	–	8,5 sm bei 4,6 kn	9 sm bei 5 kn
Torpedos:	–	zwei 43,2 cm, außen mitgeführt	zwei 45-cm-Rohre
Besatzung:	1 Mann	4 Mann	5 Mann
Abgelieferte Einheiten:	Zwei[1]	sechs[2]	sechs[3]

Bemerkungen:
1. ALFA und BETA 1915/16 ohne formelle Indienststellung gestrichen.
2. *A 1* bis *A 6* zwischen Dezember 1915 und März 1916 im Arsenal von La Spezia gebaut. Allesamt am 26. September 1918 gestrichen.
3. *B 1* bis *B 3* zwischen Juli und November 1916 im Arsenal von La Spezia gebaut. Alle drei Boote am 23. Januar 1919 gestrichen. *B 4* bis *B 6* im Juli 1916 bei derselben Werft auf Kiel gelegt, 1917 Baustopp, am 23. Januar 1919 gestrichen und ab 1920 verschrottet.

wäre ein angenehmer Gedanke, daß auch der Maschinist Luigi Martignoni etwas davon erhalten hätte, aber es gibt keine Aufzeichnung über eine Anerkennung für seine Rolle bei dieser Angelegenheit. Später trafen die beiden Männer ein Arrangement, um einiges von dem Geld an die Witwen der auf der VIRIBUS UNITIS Getöteten zu verteilen. Dies war eine Geste, die typisch für den ehrenhaften, fast ritterlichen Geist war, dem die italienischen Unternehmungen auf diesem Gebiet der Seekriegsführung unterlagen.

In diesem Bereich gab es noch weitere italienische Entwicklungen. Die Königlich Italienische Marine, die *Regia Marina*, hatte elf Kleinunterseeboote – ALFA, BETA und neun Boote der A- und B-Klasse – zu ihrer Verfügung. Diese Boote fanden bei Küstenverteidigungspatrouillen um die Häfen an der italienischen Adriaküste Verwendung.[9] Ein Foto von einem der Boote der B-Klasse – leider nicht identifizierbar – zeigt das Fahrzeug mit etwas ausgestattet, das nur als Raupenketten beschrieben werden kann, vermutlich um ein Überwinden von Netz- und Balkensperren zu ermöglichen. Vermutlich war das Kleinunterseeboot für einen amphibischen Angriff auf den Hafen von Pola vorgesehen. Diesem Zweck sollten auch das umgebaute Unterseeboot ARGO zum Transport von Kampfschwimmern und das zum Angriffstransporter umgebaute alte Schlachtschiff RE UMBERTO dienen. Das Unternehmen wurde annulliert, als Österreich-Ungarn um Waffenstillstand nachsuchte. Das Konzept bestätigt jedoch das italienische Interesse an dieser Art der Seekriegsführung – ein Vorteil, den die italienische Marine im nächsten Weltkrieg in vollem Umfange ausnutzen sollte.

Kapitel 2

Schock auf Schock

Sie sind die kämpfende Speerspitze unserer Marine.
– Admiral de Courten, Marineminister, in einem Grußwort
an die Offiziere und Mannschaften der *Decima MAS*, September 1943.

Am Morgen des 19. Dezember 1941 schien auf dem Achterdeck des Schlachtschiffes HMS QUEEN ELIZABETH, dem Flaggschiff der britischen Mittelmeerflotte, alles normal zu sein. Von der Signalrah wehte das »Ankündigungssignal«. Es verkündete, daß die morgendliche Flaggenparade, die den Beginn des Arbeitstages einleitete, gerade anfangen sollte. Der Signalmaat und ein Signalgast standen am Flaggenstock bereit, um die Kriegsflagge zu setzen, während der wachhabende Offizier und weitere Mannschaften der diensthabenden Wache angetreten waren. Die Kapelle der Royal Marines wirkte in der frischen Morgenluft nervös, während die Wache der Royal Marines unter den Adleraugen des Colour Sergeant unbeweglich in Rührt-Euch-Stellung wartete. Eine ähnliche Geschäftigkeit auf dem Achterdeck der HMS VALIANT, die voraus der QUEEN ELIZABETH festgemacht hatte, zeigte an, daß dieselben Vorbereitungen im Gange waren. Kurz vor 08.30 Uhr kam Admiral Sir Andrew Cunningham, der Oberbefehlshaber der Mittelmeerflotte, den Achterdecksniedergang herauf. Kapelle und Wache hatten Grundstellung eingenommen und unter den Klängen von »God Save the King« wurde die britische Kriegsflagge, das »White Ensign« gehißt. Für einen Beobachter hatte es den Anschein, als ob für die Mittelmeerflotte gerade ein weiterer normaler Tag begonnen hätte.

Dennoch wußte Cunningham und mit ihm jeder Offizier und Mann an Bord der beiden Schlachtschiffe, daß die Zeremonie nur eine Farce darstellte – mit der Absicht, die alles sehenden Augen der gegnerischen Luftaufklärung und der Agenten des Gegners an Land zu täuschen. In Wahrheit waren in der Nacht bemannte Torpedos der Italiener durch die Hafenverteidigungsanlagen eingedrungen und hatten unter zwei Schlachtschiffen und einem Tanker Sprengladungen gelegt. Die nachfolgenden Detonationen setzten die beiden schweren Schiffe außer Gefecht und beschädigten sie erheblich, so daß umfangreiche Ausbesserungsarbeiten erforderlich wurden. Über Nacht hatte sich im Mittelmeer das Gleichgewicht zur See zwischen den Gegnern verändert.

Die für dieses verwegene Unternehmen verantwortlichen Italiener stammten von der 10. Leichten Flottille, der *Decima MAS*, einer Elite-Einheit, die auf Unternehmungen unter Einsatz von bemannten Torpedos und Kampfschwimmern spezialisiert war.[1] Marinehistoriker, die als »Schnellschreiber« die Kriegsoperationen der *Regia Marina* behandeln, würden gut daran tun, sich zu erinnern, daß die *Decima MAS* in drei Kriegsjahren für die Versenkung oder Beschädigung von vier Kriegsschiffen und 27 Handelsschiffen mit insgesamt 265 352 BRT[1a] bei Operationen verantwortlich war, die sich von Alexandria bis Gibraltar erstreckten. Bei Kriegsende im September 1943 stand die *Decima MAS* im Begriff, ihren Einsatzraum bis nach New York auszuweiten. Was die Hochachtung der Alliierten vor dieser Einheit betrifft, so gibt es hierfür keinen besseren Beweis als die Geschichte eines jungen Offiziers der *Decima MAS*, der von den Briten in Gibraltar gefangengenommen worden war. Er bekam später Tuberkolose und das Rote Kreuz wollte ihn aus humanitären Gründen nach Italien repatriieren. Der Offizier befand sich nur noch einen Schritt vom Repatriierungsschiff entfernt, als er entführt und in ein Kriegsgefangenenlager in die Vereinigten Staaten gebracht wurde. Die britische Admiralität hatte seinen Namen verspätet auf der Liste entdeckt und war nicht gewillt, ihn gehen zu lassen. Er hätte der italienischen Marine auch weiterhin als Ausbilder für die Besatzungen bemannter Torpedos oder sogar als Einsatzleiter dienen können.[2]

Ehe die bemerkenswerte Geschichte der *Decima MAS* berichtet wird, kann es von Nutzen sein, einige allgemeine Gesichtspunkte darzulegen und die Frage zu beantworten, warum diese Einheit so leistungsfähig war, als die italienischen Streitkräfte – dies muß eingeräumt werden – in ihrer Leistungsfähigkeit abfielen, je weiter der Krieg voranschritt und das Kriegsglück sich gegen sie wandte. Erstens kam ihre Leistungsfähigkeit – und dies ist nicht einfach zu erklären – aus ihrem romanischen Temperament. Den Italienern mangelte es nicht daran, persönlichen Mut zu entfalten; sie waren freudig und willens, freiwillig gefährliche Aufgaben zu übernehmen, bei denen die persönliche Tapferkeit eines Mannes hervortreten konnte. Andererseits waren sie nicht glücklich darüber, ein kleines Rädchen in einer großen Organisation zu sein. Zweitens war die *Decima MAS* bemerkenswert frei von Klassenunterschieden, die die italienischen Streitkräfte belasteten, durchweg von Offizieren geführt, die sich außergewöhnlicher Privilegien erfreuten (selbst auf den Unterseebooten hatte die Offiziersmesse ihre eigene Kombüse). In der *Decima MAS* lagen die Verhältnisse jedoch völlig anders; Offiziere und Mannschaften standen in enger Beziehung zueinander. Paradoxerweise kamen viele Offiziere der *Decima MAS* aus dem Adel, während eine große Anzahl ihrer Männer aus einem vergleichsweise bescheidenen Milieu stammten. Loyalität sowohl nach oben als auch nach unten war ein absolutes Gebot. Drittens war die *Decima MAS* kein Opfer der logistischen Probleme, die im italienischen Militär ständig auftraten. Dies war in nicht geringem Maße der königlichen Protektion zuzuschreiben. Die Einheit kommandierte der Herzog von Aosta, ein Vetter des Königs, der seinen königlichen Einfluß rücksichtslos und schamlos ausnutzte, um das anderweitig nicht zu Beschaffende trotzdem zu bekommen.[2a] Die besondere Kehrseite dieser Medaille war jedoch, daß die *Decima MAS* innerhalb der Königlichen Marine sehr viel Ähnlichkeit mit einem privaten Lehen hatte und daß die Möglichkeit, ihre Talente einzusetzen, um zusammen mit konventionelleren Kräften einen entscheidenden Schlag zu führen, nicht so wirksam ausgenutzt wurden, wie dies hätte sein können.[3]

Mit den Taten von Rossetti und Paolucci im Hafen von Pola war der Boden bereits vorbereitet worden. Doch es war das militärische Abenteuer Italiens 1935 in Abessinien (dem heutigen Äthiopien),[3a] das zur Schaffung einer Einheit führte, die derartige Unternehmungen ausführen sollte. Der Krieg in Abessinien brachte der italienischen Regierung ziemlich viel internationale Schmähungen ein und die Lage war sehr gespannt. Aus italienischer Sicht wurde ihre Marine von der britischen Mittelmeerflotte in Alexandria und der französischen Flotte in Toulon zusammen mit den britischen Seestreitkräften, die von der Atlantikflotte entsandt werden konnten, in die Zange genommen. Um deren Erfolgsaussichten gegen die *Regia Marina* zu verringern, war ein Waffensystem erforderlich, das billig und rasch einen Angriff auf Seeziele in einem Hafen durchführen und somit die Anzahl der gegnerischen Einheiten reduzieren konnte.

Im Oktober 1935 legten zwei Marineingenieuroffiziere, die Leutnants (Ing.) Teseo Tesei und Elios Toschi, Admiral Cavagnari, dem Chef der *Supermarina* – des italienischen Admiralstabes –, Pläne für eine verbesserte Version der »Mignatta« vor. Cavagnari billigte den Vorschlag und in La Spezia setzten die Arbeiten zu seiner Ausführung ein. Drei Monate später waren die Prototypen fertig. Toschi beschrieb das Fahrzeug als

> »... in Wirklichkeit ein Kleinunterseeboot mit völlig neuen Formen, elektrischem Antrieb, ähnlich einem Flugzeug. ... Die Besatzung (Pilot und Gehilfe) bleibt, statt mehr oder weniger hilflos im Inneren eingeschlossen zu sein, außerhalb der Konstruktion. Die beiden Männer, richtige Flieger in den Tiefen der See, rittlings auf ihrem kleinen Unterwasserflugzeug sitzend, sind

durch eine gekrümmte Plexiglasscheibe geschützt. ... Bei Nacht werden sie im Schutze der Dunkelheit und nach matt leuchtenden Instrumenten steuernd imstande sein, das Ziel anzugreifen, während sie dem Gegner verborgen bleiben. ... Sie werden in der Lage sein, Netze zu zerschneiden, mit Preßluftwerkzeugen alle Hindernisse zu entfernen und jedes Ziel zu erreichen. ... Mit Atemgeräten von großer Ausdauer können sie in Tiefen bis zu 30 m operieren und eine starke Sprengladung in einen gegnerischen Hafen bringen. Unsichtbar und durch die meisten geräuschempfindlichen Detektoren nicht zu entdecken, werden der Pilot und sein Begleiter imstande sein, in das Innere des Hafens einzudringen, ... den Kiel eines großen Schiffes zu finden, die Sprengladung zu befestigen und sicherzustellen, daß ihre Detonation das Schiff versenken wird.«[4]

Während Italiens Abessinien-Abenteuer gab es jedoch keine Erforderlichkeit für ein solches Waffensystem. Daher wurden die Apparate eingelagert und ihre Besatzungen erhielten andere Kommandos. Doch im Sommer 1939 war es absehbar, daß der Krieg unmittelbar bevorstand, so daß im Juni die 1. Leichte Flottille unter der Führung von Capitano di Fregata[da] Paolo Aloisi geschaffen wurde und die Weisung erhielt:

»... hat die Ausbildung eines Personalstamms zur Verwendung von Sonderkampfmitteln zu übernehmen. Unter der Oberaufsicht von Admiral Goiran sind Versuche und Erprobungen im Zusammenhang mit der Vervollkommnung besagter Kampfmittel durchzuführen.«[5]

Bei Kriegsausbruch wurde Capitano di Fregata Mario Giorgini zum Nachfolger Aloisis als Flotillenchef ernannt, den wiederum im März 1941 Capitano di Fregata Vittorio Moccagatta ablöste. Auf Vorschlag Moccagattas wurde die Organisation geändert und die Einheit erhielt die Bezeichnung »10. MAS-Flottille« oder wie sie genau hieß: »Decima Flottiglia MAS«, kurz *Decima MAS*. Auf den folgenden Seiten wird die Kurzbezeichnung verwendet. Moccagatta gliederte seine Sonderkampfmittelgruppe in zwei Abteilungen:

- die *Überwasser-Abteilung* unter Capitano di Corvetta Giobbe mit den schnellen Sprengbooten und ihrer Schule in La Spezia sowie den Motorbootgruppen zu Sabotageunternehmen und
- die *Unterwasser-Abteilung* unter Führung von Capitano di Corvetta Fürst J. Valerio Borghese mit der Freitaucherschule in Livorno, der Schule für bemannte Torpedos an der Serchio-Mündung, den Transportunterseebooten und den Kampfschwimmergruppen (»Gamma«-Schwimmergruppen).

Für die bemannten Torpedos und die »Gamma«-Schwimmer wurde an der Boca di Serchio an einem abgeschiedenen Landstrich ein Stützpunkt eingerichtet und alle Offiziere und Mannschaften, die an den frühen Erprobungen des Waffensystems beteiligt gewesen waren, wurden von ihren Einheiten abberufen. Zu ihnen gehörten auch Tesei und Toschi sowie Luigi Durand de la Penne, Gino Birindelli, Enrico Manisco und Licio Visintini. Sie alle werden in der Geschichte der bemannten Torpedos eine zentrale Rolle spielen. Admiral Cavagnari hatte den Auftrag für zwölf Prototypen gebilligt und zu Beginn des Jahres 1940 fanden die ersten Übungen mit dem alten Kreuzer QUARTO als Zielschiff auf der Reede von La Spezia statt. Diese verliefen erfolgreich, denn obwohl zwei der Apparate Motorenpannen hatten, gelang es dem dritten die Attrappe einer Sprengladung an der QUARTO anzubringen, die mit Sicherheit die Vernichtung des Schiffes zur Folge gehabt hätte. Hiermit war aus dem Konzept eine Realität geworden. Der Verlust von zwei Jahren Forschungs- und Entwicklungsarbeit (1936-1938)

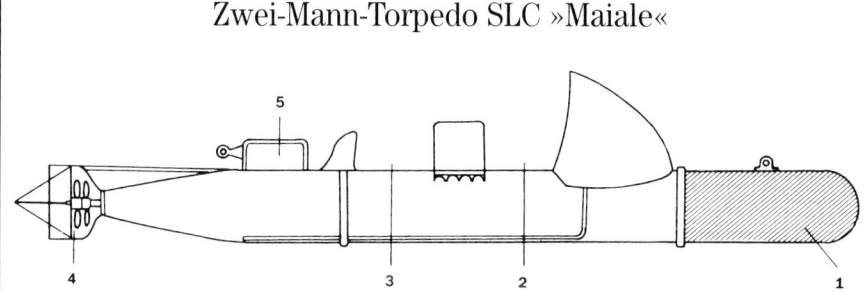

Länge über alles: 8,5 m (6,7 m ohne Gefechtskopf).
Breite: 53,3 cm.
Antriebsanlage: 1 E-Motor mit 1,6 PS.
Geschwindigkeit über Wasser: 4,5 kn.
Fahrbereich über Wasser: 15 sm bei 2,3 kn, 4 sm bei 4,5 sm.
Bewaffnung: 220-kg-Sprengladung (später auf 250 kg und schließlich auf 300 kg gesteigert).
Besatzung: 2 Mann.

Schematische Zeichnung eines frühen »Maiale«-Typs:
1. 220-kg-Gefechtskopf mit Bajonettverschluß vorn.
2. Sitz des Piloten.
3. Sitz der Nummer 2.
4. Propeller mit Seiten- und Tiefenruder.
5. Elektrische Trimmpumpe, verbunden mit beiden Trimmtanks.

bedeutete, daß sich das Waffensystem am Tag der Kriegserklärung Italiens, dem 10. Juni 1940, noch immer im Versuchsstadium befand und kaum für Einsätze zur Verfügung stand.

Von welcher Art war das Fahrzeug, mit dem die *Decima MAS* so erfolgreich operieren sollte? Offiziell lautete seine Bezeichnung SLC – »Siluro a Lenta Corsa«[6] –, bekannt sollte es aber unter dem Namen »Maiale« (Schwein) werden. Bei den frühen Versuchen mußte Tesei eines Tages ein sinkendes SLC aufgeben und kam mit den Worten an die Wasseroberfläche: »Das Schwein ist entwischt!« Dieser Name blieb dem Gerät. Es hatte eine Länge über alles von 8,5 m. Vorn befand sich ein 300 kg schwerer Gefechtskopf von 1,8 m Länge, der mit Hilfe eines Bajonettverschlusses leicht abnehmbar war. Der Durchmesser von 53,3 cm entsprach dem des Standardtorpedos. Die zweiköpfige Besatzung saß rittlings auf dem Fahrzeug mit dem Piloten vorn und der Nummer 2 dahinter. Unter dem Sitz des Piloten befand sich der vordere Trimmtank. Zwischen den beiden Sitzen folgte unter ihnen die Akkumulatorenbatterie, die aus dreißig 60-Volt-Zellen bestand. Darüber lag der Schnelltauchtank mit Entlüftungsrohr. Der Fahrbereich des »Maiale« betrug 4 sm bei 4,5 kn und 15 sm bei 2,3 kn. An die Batterie schloß sich der Motorenraum mit einem E-Motor von 1,1 PS (später auf 1,6 PS gesteigert) und dahinter der achtere Trimmtank an. Am Heck befanden sich der von einem Schutz umgebene Propeller sowie Seiten- und Tiefenruder.[7]

Die zweiköpfige Besatzung saß hinter einem Schutzschild, um den Widerstand des Wassers zu verringern. Der Pilot steuerte das Fahrzeug mit Hilfe eines Steuerknüppels über

Seiten- und Tiefenruder. Ein mit einem Regler verbundenes Schwungrad regulierte die Geschwindigkeit (4-Gang-Widerstandsschaltung). Zwischen dem Piloten und seiner Nummer 2 befand sich der Schnelltauchtank, dessen Fluten von der Position der Nummer 2 aus durch Hebelzug erfolgte, während das Ausblasen durch Preßluft aus seitlich angebrachten Flaschen geschah. Die Rückenlehne des Sitzes der Nummer 2 bildete ein Behälter, der Preßluftnetzheber und Netzscheren sowie Schraubzwingen (sog. »Sergeanten«) und eine 4 m lange, um ein Holzbrett gewickelte Stahlleine (sog. »Fahrstuhl«) zur Befestigung des Gefechtskopfes am Schiffskörper des Zieles enthielt. Die beiden Männer trugen einen einteiligen Taucheranzug, nach dem Erfinder »Belloni-Anzug« genannt, und atmeten über ein Sauerstoff-Tauchgerät mit geschlossenem Kreislauf (Austorespiratore ad ossigeno), das keine verräterische Blasenspur an der Wasseroberfläche hinterließ. Das Gerät bestand aus zwei Sauerstoffflaschen, die für sechs Stunden Atemluft lieferten. Über ein Druckminderventil wurde der komprimierte Sauerstoff einem Atembeutel zugeführt, in den auch die verbrauchte Atemluft gelangte. Beim Atmen strömte sie zusammen mit dem frischen Sauerstoff durch einen Kalzium-Soda-Zylinder, wobei das Gemisch vom Kohlendioxid gereinigt wurde.

Den 300-kg-Gefechtskopf (ein späterer Typ des »Maiale« konnte zwei 150-kg-Sprengladungen mitführen) hielt vorn ein Bajonettverschluß in Position. Um die Sprengladung am Ziel befestigen zu können, mußte der Pilot das »Maiale« direkt unter einen der Schlingerkiele des Zielschiffes bringen. Anschließend brachte die Nummer 2 eine der Zwingen mit der an ihr befestigten Stahlleine am Kiel an. Danach steuerte der Pilot das »Maiale« weiter unter den Schiffskörper, während die Nummer 2 auf die andere Seite schwamm und die zweite Zwinge (ebenfalls mit der daran befestigten Leine) am Schlingerkiel auf der anderen Seite des Schiffskörpers anbrachte. Im Anschluß daran kehrte er zum Fahrzeug zurück, verband beide Leinenenden fest mit dem Gefechtskopf und setzte den Zeitzünder in Gang. Eine Einstellung bis zu zweieinhalb Stunden Verzögerung war möglich. Nachdem alles sicher befestigt war, gab er dem Piloten ein entsprechendes Signal, der den Bajonettverschluß des Gefechtskopfes löste, so daß die an den Schlingerkielen angeheftete Sprengladung nunmehr ca. 1,5 m unter dem Boden des Zielschiffes hing. Anschließend steuerte der Pilot das »Maiale« vom Ziel frei.

Ursprünglich hatte die Absicht bestanden, das »Maiale« im Lufttransport mit einem Flugboot Cant. Z 501 in das Einsatzgebiet zu bringen. Dieser Gedanke wurde jedoch rasch wieder aufgegeben, obwohl es interessant ist, festzustellen, daß Briten und Deutsche später die Möglichkeit des Lufttransports von Unterwasser-Angriffsfahrzeugen diskutierten. Statt dessen wandte sich Aloisi dem Unterseeboot als aussichtsreichstem Transportmittel zu. Das ältere Unterseeboot AMETISTA erhielt auf seinem Deck druckfeste Transportbehälter zur Aufnahme von je einem »Maiale«.

War das Unterseeboot in Zielnähe angekommen, fuhr das »Maiale« im halbgetauchten Zustand des Bootes aus dem Behälter heraus und setzte seine Fahrt aus eigener Kraft fort. Nach den erfolgreich verlaufenen Versuchen mit der AMETISTA erhielten die Unterseeboote IRIDÉ, GONDAR, SCIRÉ und AMBRA je drei dieser Druckbehälter (einer vor und zwei hinter dem Turm). Anfänglich fuhren die SLC's aus den Behältern im Tauchzustand des Unterseebootes bis knapp unterhalb des Turmluks aus. Doch die Italiener entwickelten schnell eine Schleusenkammer-Technik, so daß die Besatzungen das Mutterboot durch das vordere Luk auch bei vollgetauchtem Zustand verlassen konnten. Dies verringerte natürlich für das Unterseeboot das Risiko, gestoppt an der Wasseroberfläche mit geöffneten Behältern und den SLC's und ihren Besatzungen an Deck überrascht zu werden. Ein wichtiges Merkmal der »Maiale«-Behälter bestand darin, daß sie genauso druckfest wie der Druckkörper des Unterseebootes waren, so daß der Kommandant des Mutterbootes in seiner Operationsfreiheit nicht beschränkt war.

Eng verbunden mit der Geschichte des »Maiale« ist die der »Gamma«-Sturmschwimmer, da diese Kampfschwimmer dieselbe Ausrüstung benutzten und an vielen Operationen ebenfalls beteiligt waren. Die Italiener besaßen ein anscheinend unerschöpfliches Reservoir an hervorragenden Schwimmern und hatten für diese anstrengenden Aufgaben keinen Mangel an Freiwilligen. »Gamma«-Schwimmer trugen ebenfalls den Belloni-Anzug und benutzten dasselbe Atemgerät wie die »Maiale«-Männer. Die Taucheranzüge der »Gamma«-Männer waren oft mit Blattwerk getarnt, um ihr Erscheinen zu verschleiern. Diese Kampfschwimmer führten Haftminen mit, die sie am Schiffskörper des Zieles befestigten. Es gab zwei Arten von Minen: Der kleinere Typ war die »Mignatta« (Blutegel) mit einer 2-kg-Sprengladung, die anfangs durch Luftkissen (Saugwirkung durch Unterdruck) und später durch Magnete am Schiffskörper hafteten. Ein »Gamma«-Schwimmer konnte an einem Gurt um den Leib vier bis fünf dieser Minen mitführen. Der zweite Typ war die größere »Kofferladung«, ein Stahlbehälter mit 4,5 kg Sprengstoff, der durch zwei kleine Zwingen am Schlingerkiel des Zielschiffes befestigt wurde. Dieser Minentyp besaß neben einer Zeitzündereinrichtung auch eine Fahrtstreckenzündung, d.h. ein kleiner Propeller drehte sich mit, wenn das Zielschiff Fahrt aufnahm, und ließ die Sprengladung nach etwa fünf zurückgelegten Seemeilen detonieren. Mit dieser besonders sinnreichen Erfindung sollte sichergestellt werden, daß die Mine in See und nicht im Hafen detonierte, um Verwirrung hinsichtlich der Ursache der Explosion herbeizuführen. Als die Briten begannen, die Schiffskörper der Kriegs- und Handelsschiffe als Antwort auf die Aktivitäten der »Maiale«- und »Gamma«-Männer regelmäßig abzusuchen, wurden diese Minen mit Bügeln ausgestattet, damit die Leinen, die unter dem Kiel entlanggezogen wurden, darüber hinwegglitten. Zudem erhielten die Minen Fallen in Form von Zugzündern, die sie beim Lösen vom Schiffskörper detonieren ließen.

Alexandria bildete das erste Ziel für einen »Maiale«-Einsatz. Der Hafen war der Hauptstützpunkt der britischen Mittelmeerflotte, seit die französische Marine nach den Vorkriegsvereinbarungen für den Schutz des westlichen Mittelmeeres verantwortlich war. Im August 1940 wurden vier SLC's und ihre Besatzungen unter dem Befehl von Tenente di Vascello[8] Gino Birindelli auf dem Torpedoboot CALIPSO in die Bucht von Tomba bei Tobruk an der nordafrikanischen Küste gebracht, wo das Depotschiff MONTE GARGANO wartete. Am 16. August traf das Unterseeboot IRIDÉ (Tenente di Vascello Francesco Brunetti) dort ein, nachdem es am 12. aus La Spezia ausgelaufen war. Der Angriff war für die Nacht vom 25./26. August geplant, wenn Vollmond herrschte. In der Zwischenzeit übten die »Maiale«-Besatzungen und bereiteten ihre Fahrzeuge vor. Am 21. August kurz nach Mittag – die IRIDÉ lief gerade aus, um mit den SLC's an Bord ein Prüfungstauchen durchzuführen – erschienen jedoch vier »Swordfish«-Maschinen der 824. FAA-Squadron des Flugzeugträgers HMS EAGLE über dem Ankerplatz und begannen blitzschnell mit einem Torpedoangriff. Brunetti versuchte, den Bug der IRIDÉ auf die Angreifer auszurichten, um ein kleineres Ziel zu bilden, aber die Torpedos waren mit CCR-Magnetpistolen ausgestattet. Die Detonation schleuderte alle auf der Brücke sich aufhaltenden Seeleute ins Meer, während die IRIDÉ rasch sank. Bei der Rettung der Überlebenden von der IRIDÉ zeigten die SLC-Besatzungen große Tapferkeit.[8a] Die bereits auf der IRIDÉ verstauten SLC's wurden geborgen und nach Italien zurückgebracht. Doch für die Operation »GA 1« hieß das Urteil »Missione annullata«.

Einen Monat später unternahmen die Italiener einen zweiten Versuch. Diesmal sollte das Unterseeboot GONDAR (Tenente di Vascello Francesco Brunetti) drei SLC's transportieren. Die GONDAR lief am 21. September 1940 aus La Spezia aus und nahm am 23., vor Messina auf und ab stehend, sechs »Maiale«-Männer (plus eine Reservebesatzung) unter der Führung von Tenente di Vascello Alberto Franzini an Bord. Am 29. September um 22.15 Uhr sichtete der australische Zerstörer HMAS STUART, vom Gros der Schlachtflotte infolge eines Bruchs in der

25

Hauptdampfleitung detachiert, die nur noch 100 sm von ihrem Ziel entfernte GONDAR und griff sie an. Das italienische Unterseeboot tauchte, wurde aber von der Fühlung haltenden STUART, dem Zerstörer HMS DIAMOND (H 22) und einer Korvette im Laufe der Nacht wiederholt mit Wasserbomben belegt. In den Morgenstunden des 30. September mußte die GONDAR auftauchen und wurde sofort von den Schiffen und von einem sich ebenfalls an der Jagd beteiligenden »Sunderland«-Flugboot der 230. RAF-Squadron angegriffen. Brunetti war sich im klaren darüber, daß die Operation »GA 2« nicht fortgeführt werden konnte, und versenkte sein Boot selbst. Bis auf einen E-Maat wurden alle 48 Besatzungsmitglieder einschl. der »Maiale«-Besatzungen von der STUART und der Korvette gerettet und gingen in Kriegsgefangenschaft. Darunter war auch der Kptlt.(Ing.) Elios Toschi, einer der Schöpfer des »Maiale«. Für die Italiener war dies im doppelten Sinne tragisch, da die GONDAR in den frühen Abendstunden einen Funkspruch erhalten hatte, der den Abbruch der Operation und den Rückmarsch nach Tobruk befahl, weil die britische Flotte aus Alexandria ausgelaufen war. Zum Zeitpunkt der Sichtung durch die STUART befand sich das italienische Unterseeboot bereits auf dem Rückmarsch. In Kriegsgefangenschaft war Toschi alles andere als ein Mustergefangener. Er unternahm zahlreiche Fluchtversuche und schließlich gelang ihm die Flucht in die portugiesische Kolonie Goa, von wo aus er repatriiert wurde.

Der Start der *Decima MAS* vollzog sich gewiß nicht unter einem glücklichen Stern: zwei Operationen fehlgeschlagen, zwei wertvolle Transportunterseeboote versenkt und vier SLC-Besatzungen in Kriegsgefangenschaft. Über ein Jahr lang unternahm die Flottillenführung der *Decima MAS* keine Operationen mehr ins östliche Mittelmeer, sondern konzentrierte ihre Unternehmungen auf Gibraltar. Erst im Winter 1941 wandte sie sich wieder Alexandria im Osten zu. Die Beute, die sie dort erwartete, waren die Schlachtschiffe HMS QUEEN ELIZABETH (das Flaggschiff von Admiral Sir Andrew Cunningham) und HMS VALIANT.

Die Planung für die Operation »GA 3« erfolgte mit peinlicher Genauigkeit. Informationen über die Netzsperren wurden aus Meldungen der Luftaufklärung und von italienischen Agenten an Land sorgfältig zusammengetragen. Mit den neuesten geheimdienstlichen Informationen versehen, schlüpfte das Unterseeboot SCIRÉ (Capitano di Fregata Julio Valerio Borghese[9]) mit drei SLC's an Bord am 3. Dezember 1941 leise aus dem Hafen von La Spezia. Am 9. Dezember traf das Boot im Hafen von Lago auf der Insel Leros ein. Dort wurde das Gerücht ausgestreut, es hätte auf See Gefechtsschäden erlitten und wäre zur Reparatur eingelaufen. Wenige Tage später brachte ein italienisches Flugboot genauso diskret zehn Marineoffiziere und Mannschaften zur Insel Leros. Dies waren die »Maiale«-Besatzungen, die direkt von Italien hierher geflogen worden waren, damit sie für die Operation voll ausgeruht und frisch waren. Zur Durchführung der Operation waren ausgewählt worden:

- *SLC 221*: Tenente di Vascello Luigi Durand de la Penne und Capo Palombaro I[10] Emilio Bianchi,
- *SLC 222*: Capitano Genio Navale[11] Antonio Marceglia und Sottocapo Palombaro[12] Spartaco Schergat,
- *SLC 223*: Capitano Armi Navale[13] Vincenzo Martelotta und Sottocapo Palombaro Mario Marino.

Nachdem die SCIRÉ am 14. Dezember Leros verlassen hatte, stand das Unterseeboot programmgemäß am 18. um 19.40 Uhr Ortszeit[13a] 1,3 sm vor dem Leuchtfeuer auf der Westmole des Hafens von Alexandria. Um 20.47 Uhr tauchte die SCIRÉ an dieser Stelle auf. Nacheinander wurden die SLC's aus ihren Behältern geholt und ein letztes Mal überprüft, ehe sie von ihren Besatzungen bestiegen wurden. Nach einem letzten Austausch guter Wünsche stiegen Borghese und die Decksmannschaft ins Boot, während die SCIRÉ langsam tauchte und die SLC's ablegten. Die drei bemannten Torpedos steuerten entlang des Wellenbrechers direkt auf die Hafensperre zu und ihre Besatzungen trafen die erforderlichen Vorbereitungen, um sich den Weg durch das Netz freizuschneiden. Doch wie das Glück es wollte, fanden im Verlaufe der Nacht vom 18./19. Dezember eine Reihe von Schiffsbewegungen statt, so daß die Hafensperre bei drei Gelegenheiten für das Passieren von Schiffen geöffnet wurde: zwischen 20.17 Uhr und 20.31 Uhr für das Einlaufen des Schleppers ROYSTERER mit der Sloop FLAMINGO im Schlepp, von 00.40 Uhr bis 01.50 Uhr für das Einlaufen des 7. Kreuzergeschwaders und der 4. Zerstörerflottille sowie von 02.42 Uhr bis 03.15 Uhr für das Einlaufen der 14. Zerstörerflottille in den Hafen. Als sich Kptlt. de la Penne und die anderen der Hafensperre näherten, konnten sie auf dem Wellenbrecher Männer sprechen hören und beobachteten abwartend, während Wachboote 2,3-kg-Sprengpatronen warfen. Kurz nach 03.00 Uhr gingen jedoch im Hafen die Navigationslichter an, um das Einlaufen des Kreuzergeschwaders zu erleichtern. Die drei SLC's glitten einfach durch die offene Sperre; die Briten hätten es ihnen nicht leichter machen können.

De la Penne und Bianchi hatten als Ziel das Schlachtschiff VALIANT zugewiesen erhalten. Sie zerrten ihr SLC über das Torpedoschutznetz, das das Schlachtschiff umgab. Hierbei verursachten sie einigen Lärm, wurden aber nicht entdeckt. Während sich das SLC dem Schlachtschiff näherte, bekam Bianchi Schwierigkeiten mit seinem Atemgerät, rutschte ohnmächtig vom Gerät herunter und schwamm schließlich, wieder zu sich gekommen, zu einer Ankerboje, an der er sich festklammerte, um das weitere Geschehen abzuwarten. Inzwischen setzte De la Penne seinen Weg allein fort und gelangte langsam längsseits des Schiffskörpers der VALIANT. Doch jetzt sackte sein SLC unter ihm weg und sank auf den 17 m tiefen Grund ab. Er tauchte und fand das SLC, aber alle Versuche, seinen Motor in Gang zu bringen, schlugen fehl. Das, was nun folgte, läßt sich nur als ein Bravourstück an kaltblütigem Mut und Ausdauer beschreiben. In einem lecken Taucheranzug arbeitete De la Penne inmitten von Schlammwolken, die seine übermenschlichen Anstrengungen aufwirbelten, allein weiter und schleppte das SLC zentimeterweise auf dem Grund des Hafens voran. Er hatte keine Vorstellung von der Richtung, in der er sich bewegte. Ihn leiteten lediglich Geräusche, die von der VALIANT ausgingen, insbesondere die einer Kolbenpumpe. Schließlich brachte er das SLC direkt unter die Kielmitte, von wo das Geräusch herkam. Ihm fehlte die Kraft, den Gefechtskopf so am Schiffskörper zu befestigen, wie er dies geübt hatte. Daher ließ er das SLC einfach auf dem Grund liegen, etwa 1,5 m unterhalb des Schiffskörpers der VALIANT. Er stellte den Zeitzünder ein, tauchte auf und kam in Höhe des Turms B der VALIANT an die Wasseroberfläche. Danach schwamm er weiter und an der Ankerboje, an der das Schlachtschiff vorne festgemacht war, fand er zufällig Bianchi wieder. De la Penne hätte entkommen können, aber – dem Geist folgend, der die Operationen der *Decima MAS* prägte – war er nicht bereit, Bianchi im Stich zu lassen, und so blieb er bei ihm, um auf die Gefangennahme zu warten.

Inzwischen hatten Marceglia und Schergat programmgemäß ihren Angriff durchgeführt und den Gefechtskopf wie bei einer Übung unter der QUEEN ELIZABETH befestigt. Martelotta und Marino hatten den Tanker SAGONA (7554 BRT) zum Ziel, an dem der Zerstörer JERVIS längsseits gegangen war. Eine sehr zweifelhafte Darstellung behauptet, Martelotta hätte sein SLC am Heckfallreep des französischen Schlachtschiffes LORRAINE[14] längsseits gebracht, um nach der Richtung zu fragen, wobei der Fallreepsposten zuvorkommend auf die VALIANT und die QUEEN ELIZABETH gedeutet hätte. Zusätzlich zum 300-kg-Gefechtskopf führte Martelotta noch eine andere Fracht mit: eine Anzahl von Brandminen, die das aus dem Tanker nach der Detonation der Hauptsprengladung ausströmende Heizöl entzünden sollten. Sowohl Marceglia/Schergat als auch Martelotta/Marino gelangten nach der Versenkung ihrer Geräte an

Land, wurden aber später gefangengenommen. Martelotta und Marino wurden ziemlich schnell aufgegriffen, aber die beiden anderen gelangten immerhin bis Rosetta, ehe ihre Gefangennahme erfolgte. Unterwegs gerieten sie mehrmals in Verlegenheit, da sie kein Geld in einheimischer Währung bei sich hatten; die Planer der *Decima MAS* hatten ihnen nur britische Pfundnoten mitgegeben, die nicht im Umlauf waren. Ein britischer Heeresoffizier erbot sich freundlich, ihnen beim Geldwechseln zu helfen, nicht wissend, daß die beiden Männer, die er unterstützte, ihn gerade seiner Chance beraubt hatten, von See her Artillerieunterstützung zu erhalten, wenn er in die Westliche Wüste zurückkehrte!

Doch kehren wir zu De la Penne und Bianchi zurück, die sich an der vorderen Ankerboje der VALIANT festklammerten. De la Penne war von einem Wachposten auf dem Schiff beim Wegschwimmen entdeckt worden, der Alarm schlug. Die Hafenpatrouillen wurden verstärkt und alle Schiffe erhielten Befehl, Kielholleinen an ihren Schiffskörpern entlangzuziehen, um Sprengladungen aufzustöbern. Im Falle der VALIANT wurde nichts gefunden, keineswegs überraschend, da die Sprengladung auf dem Grund des Hafens lag. Um 04.25 Uhr barg eine Motorbarkasse die beiden Männer von der Boje ab und brachte sie an Bord des Schlachtschiffes. Engineer-Lieutenant[14a] Louis le Bailly war der Zweite Ingenieur (Senior Engineer) des Flakkreuzers HMS NAIAD:

> »In dieser Nacht sollte es keinen Schlaf mehr geben. Als die Morgendämmerung anbrach, ruderten unsere erschöpften Seeleute rund um das Schiff (die Motorbarkasse war von Splittern durchsiebt worden), während unser Artilleriemeister Sprengladungen warf, die für die Nerven meiner Wachgänger im E-Werk viel zu dicht am Schiff lagen.«[15]

Die beiden Gefangenen wurden auf dem Achterdeck der VALIANT kurz verhört und nach ihrer Weigerung, Informationen preiszugeben, an Land gebracht und nahe dem Leuchtfeuer Ras el Tin dem Gewahrsam des Heeres übergeben. Während der kurzen Bootsfahrt warnte De la Penne den jungen Midshipman,[15a] der das Wachboot führte, wenn er eine Entschuldigung finden könnte, nicht an Bord der VALIANT zurückzukehren, so sollte er dies tun – eine seltsame und ziemlich ehrenwerte Handlungsweise. Nach einem kurzen und völlig ergebnislosen Verhör durch Heeresoffiziere wurden De la Penne und Bianchi auf den direkten Befehl von Admiral Sir Andrew Cunningham hin wieder auf die VALIANT zurückgebracht. Cunningham hatte von den Ereignissen Kenntnis erhalten und befohlen, die beiden Männer zum Schiff zurückzubringen und unter der Wasserlinie einzusperren.[16]

Wieder auf dem Achterdeck der VALIANT angekommen, wurden die beiden Männer erneut befragt, wo sich die Sprengladung befände, diesmal von Captain[16a] Charles Morgan, dem Kommandanten der VALIANT. Nach ihrer Verweigerung jeglicher Informationen wurden sie beide nach vorn gebracht und getrennt. De la Penne wurde im Kettenkasten eingesperrt – wie es sich ergab, gefährlich nahe dem Ort, wo sein SLC mit dem Gefechtskopf lag. Den Zeitzünder hatte De la Penne auf 06.00 Uhr eingestellt und als nach seiner Berechnung nur noch zehn Minuten blieben, ersuchte er darum, zu Captain Morgan geführt zu werden. Er wurde wieder auf das Achterdeck gebracht. Dort teilte er Morgan mit, daß nur noch wenige Minuten verblieben und daß er versuchen sollte, seine Besatzung zu retten. Morgan unternahm nichts dergleichen. Als sich De la Penne erneut weigerte zu sagen, wo sich die Sprengladung befände, wurde er wieder nach unten in den Kettenkasten geführt.

Captain Morgan hatte bisher davon Abstand genommen, die Besatzung seines Schiffes zu alarmieren; denn ein großer Teil von ihr schlief noch fest in ihren Kojen und Hängematten. Nunmehr, da es nur noch Minuten bis zur Detonation der Sprengladung waren, ließ er Alarm geben. Midshipman Adrian Holloway gehörte zu jenen, die noch schliefen, als der Alarm erfolgte:

»John Cardew rüttelte mich plötzlich wach und sagte mit drängender Stimme: »Komm schon! Mach schnell und geh' an Deck! Die italienischen Unterwasser-Radfahrer sind da!« Das war so eine Art Spitzname, den wir den feindlichen Froschmännern gegeben hatten, und weil er diesen Ausdruck benutzte, glaubte ich ihm zuerst nicht. Ich glaubte aber den Lautsprechern, die den Befehl durchgaben: »Alle X- und Y-Schotte dicht!«. Ihm folgte der ungewöhnlichste Befehl an Bord eines Schiffes: »Alle Mann an Deck!« Dieser Befehl bedeutete, was er besagte: Egal, was man gerade tut oder wo man ist, alles bleibt liegen und stehen, und dann weg wie der Teufel an Oberdeck. Die Lage mußte ernst sein. Es war 05.55 Uhr. ... Ich hatte gerade den Fuß auf den Niedergang gesetzt, als es irgendwo vorn eine heftige Explosion gab. Ich wurde fast vom Niedergang geschleudert. Dann kam ich auf dem Achterdeck an, mitgenommen, verwirrt, aber seltsamerweise nicht erschreckt.«[17]

De la Penne erinnerte sich an die kahle Umgebung im Inneren des Kettenkastens, in den er wieder gebracht worden war:

»Es vergehen einige Minuten – wahre Höllenqualen: wird sie wirklich losgehen? – und dann erfolgt die Detonation. Das Schiff bekommt einen gewaltigen Stoß. Die Beleuchtung erlischt, der Raum füllt sich mit Rauch. Ich bin umgeben von Schäkeln, die von der Decke heruntergefallen sind. Ich bin nicht verwundet...«[18]

Als De la Penne feststellte, daß seine Abteilung unbewacht war, machte er sich auf den Weg hinauf zur Back. Dort versuchte der Erste Offizier der VALIANT, Commander[18a] Reid, Ordnung in das Chaos zu bringen. Er hatte eine schwierige Nacht hinter sich und das plötzliche Erscheinen von De la Penne, unangekündigt und unbewacht, hatte Reid gerade noch gefehlt. Kurz angebunden befahl er, De la Penne zum Achterdeck zu bringen. Midshipman Holloway erinnerte sich:

»Ich blickte den Feind, der nur ein paar Schritte von mir entfernt stand, mit faszinierendem Interesse an. Er hatte seinen Taucheranzug abgelegt und trug jetzt wie unsere U-Bootfahrer eine dunkelblaue Marineuniform und einen Rollkragenpullover. Er schien ziemlich durchnäßt zu sein. Ein gut aussehender Mann, dachte ich – jetzt steht der Mann vor mir, ein Gefangener, der versucht hat, mich und alle anderen an Bord der VALIANT zu töten. Trotzdem fühlte ich keine Feindseligkeit gegen ihn, nur Neugier und die Hoffnung, daß er nicht noch etwas im Schilde führte.«[19]

Tatsächlich war die Sprengladung unter der SAGONA um 05.58 Uhr zuerst losgegangen, darauf hinweisend, daß Martelotta gute Arbeit geleistet hatte. Dieser Detonation folgte das Auftauchen der Kalziumkarbid-Brandminen, die aber keinen Brand hervorriefen. Die SAGONA hatte schwere Beschädigungen erlitten. Dies galt auch für den längsseits liegenden Zerstörer JERVIS. Lieutenant le Bailly beobachtete von der NAIAD aus den Gang der weiteren Ereignisse:

»Bald darauf, nachdem sich die VALIANT auf Grund gesetzt hatte, ertönte ein entsetzlicher dumpfer Schlag und eine riesige Rauchwolke entstieg dem Schornstein der QUEEN ELIZABETH, während das Flottenflaggschiff schwere Schlagseite nach Steuerbord bekam.«[20]

Admiral Cunningham erinnerte sich wie folgt an diesen Augenblick:

»Ich fühlte einen dumpfen Schlag und wurde durch das Aufbäumen des Schiffes etwa anderthalb Meter in die Luft geschleudert. Ich war froh, nicht ausgestreckt herunterzukommen. Aus dem Schornstein und den Aufbauten unmittelbar davor sah ich eine große schwarze Rauchwolke emporschießen und wußte sofort, daß das Schiff schwer beschädigt war.«[21]

Die an beiden Schlachtschiffen angerichteten Schäden waren schwer. Bei der VALIANT detonierte die Sprengladung unter dem Backbordseitenwulst nahe dem Turm A. Die Detonation riß ein 18,3 m x 9,1 m großes Loch in den Seitenwulst und die inneren Beschädigungen waren beträchtlich. Die Granat- und Pulverkammern des Turms A mußten geflutet werden und der Turmdrehkranz hatte sich verzogen. Das Schiff saß mit dem Bug auf Grund und die gesamte Munition sowie die weniger wichtige Ausrüstung mußten an Land gebracht werden, um die Beanspruchung der Schiffsverbände zu verringern. Nichtsdestoweniger hätte die VALIANT in einem Notfall auslaufen können. Die Notreparaturen erfolgten in Alexandria und danach lief das Schlachtschiff nach Durban in Südafrika aus. Dort dauerte seine vollständige Ausbesserung bis zum Juli 1942.

Die Beschädigungen der QUEEN ELIZABETH waren noch schwerer. Marceglia hatte seine Sprengladung unter dem Kesselraum B aufgehängt. Die Detonation riß in diesem Bereich den Doppelboden auf und die weiteren Schäden erstreckten sich bis unter die Kesselräume A und X sowie die beiden Seitenwülste. Der gesamte beschädigte Bereich umfaßte nahezu 1023 m². Die Kesselräume A, B und X liefen bis zum Hauptdeck voll und das Schiff setzte sich auf den Grund des Hafens. An der Maschinenanlage entstanden ausgedehnte Schäden und die gesamte hydraulische Kraft war ausgefallen. Nach einer Notreparatur im Schwimmdock von Alexandria verlegte die QUEEN ELIZABETH zur vollständigen Ausbesserung in die Marinewerft Norfolk in Virgina/USA. Fast achtzehn Monate war das Schlachtschiff außer Gefecht.

Als einen interessanten Nebenaspekt zum Angriff führten die Briten eine Untersuchung durch, um genau festzustellen, wie die Italiener so leicht in den Hafen eingedrungen waren. Rear-Admiral[21a] R.C. Cresswell, verantwortlich für die Hafenverteidigung von Alexandria, hatte sich edelmütig als Sündenbock für die Angelegenheit angeboten. Cunningham erinnerte sich jedoch daran, daß er wiederholt Cresswells Forderungen nach mehr Menschen und Material für die Verteidigungssperren in Alexandria abgelehnt hatte, wobei er den Stützpunkt und seinen Stab als »weicharschig« beschrieb – eine bevorzugte Redewendung von »ABC«,[21b] wenn er sich auf die nicht zur See fahrenden Bereiche seines Kommandos bezog. Cunningham war ein Befehlshaber mit dem Ansehen eines Frontkämpfers wie kein zweiter. Er legte jedoch ein merkwürdiges Desinteresse an den Tag, wenn es um so gewöhnliche Dinge wie Hafensperren ging. Jetzt, da das Kind in den Brunnen gefallen war, stellte Cunningham sicher, daß die Brunnenöffnung gut und sicher abgedeckt wurde. Cresswell behielt sein Kommando und die Hafensperren erfuhren eine beträchtliche Verstärkung.

Von den materiellen Schäden einmal abgesehen, waren die strategischen Folgen ungeheuer. Nachdem kurz zuvor am 25. November 1941 *U 331* (ObltzS. v. Tiesenhausen) das britische Schlachtschiff HMS BARHAM torpediert und versenkt hatte, veränderte das Bewegungsunfähigmachen der beiden noch verbliebenen britischen Großkampfschiffe das Gleichgewicht der Kräfte im Mittelmeer über Nacht. Im östlichen Mittelmeer stand den fünf italienischen Großkampfschiffen kein einziges britisches mehr gegenüber. Admiral Cunningham schrieb an Admiral Sir Dudley Pound[22]: »Wir haben hier draußen Schock auf Schock erlitten. Die Beschädigung der Schlachtschiffe zu diesem Zeitpunkt ist eine Katastrophe.«[23/23a] Dies alles war das Werk von sechs tapferen Männern. Das Lahmlegen der beiden Schlachtschiffe verschaffte den Italienern einen beträchtlichen Vorteil im Mittelmeer. Die Feststellung, daß die *Regia Marina* zu diesem Zeitpunkt die unbestrittene Seeherrschaft ausübte, dürfte der Wahrheit entsprechen. Die *Force K*, der britische Angriffsverband in Malta, der für die Truppen- und Nachschubgeleitzüge der Achse eine große Bedrohung dargestellt hatte, bestand nur noch aus einem Leichten Kreuzer und wurde in der Folge aufgelöst, nachdem der Verband im Dezember 1941 schwere Verluste erlitten hatte.[24/24a] Obwohl die auf Malta stationierten Unterseeboote und Flugzeuge fortfuhren, die Geleitzüge der Achse anzugreifen, waren sie nicht so wirksam, wie dies die *Force K* gewesen war. In Alexandria bestanden die einzigen zur Verfügung stehenden Seestreitkräfte aus den vier Leichten Kreuzern des 7. Kreuzergeschwaders unter Rear-Admiral Vian, während am anderen Ende des Mittelmeeres der *Force H* nur noch das ältere Schlachtschiff MALAYA,[25] der veraltete Flugzeugträger ARGUS und der Leichte Kreuzer HERMIONE verblieben waren. Die Royal Navy im Mittelmeer war wirksam neutralisiert worden. Die Achsenmächte beherrschten die See und konnten die Gelegenheit ergreifen, in großer Menge Truppen und Nachschub nach Nordafrika zu bringen.

Für Großbritannien hätte der SLC-Angriff zu keinem schlimmeren Zeitpunkt erfolgen können. Von allen Fronten kamen schlechte Nachrichten. Im westlichen Mittelmeer hatte *U 81* (Kptlt. Guggenberger) am 13. November den Flugzeugträger HMS ARK ROYAL torpediert und versenkt. Die Japaner stießen durch Malaya vor und ihre Flugzeuge versenkten am 10. Dezember vor der Malaienhalbinsel die Großkampfschiffe HMS PRINCE OF WALES und REPULSE. Im Atlantik stiegen die Verluste an Handelsschiffen. Der Erste Lord der britischen Admiralität (d.h. der Marineminister), der Hon. A.V. Alexander, sprach nie ein wahreres Wort, als er die Monate November und Dezember 1941 als »die Krise unseres Schicksals zur See« bezeichnete.

Warum machte dann die italienische Marineführung nicht mehr aus der Gelegenheit, die ihr die *Decima Mas* verschafft hatte? Es stimmt nicht, daß der italienischen Seite die verursachten Beschädigungen nicht bekannt waren und daß sie deshalb nicht handeln konnte. Der offenkundige Beweis lag ihren Luftbildauswertern vor, die die Ergebnisse eines am 20. Dezember unternommen Aufklärungsfluges überprüften, Ergebnisse, die der SCIRÉ übermittelt wurden, während sie noch in See stand. Diese Luftbildaufnahmen erzählten ihre eigene Geschichte. Auf ihnen war eines der Schlachtschiffe auf Grund sitzend zu erkennen, umgeben von einer großen Ölschicht und längsseits gegangenen Unterseebooten (der einzige Grund hierfür war die Versorgung mit elektrischem Strom), während eine Armada von Hafenfahrzeugen das andere Schlachtschiff umgab, um im Bemühen, das Schiff zu leichtern, Ausrüstung aller Art zu übernehmen.

Admiral Gino Birindelli, ein hervorragender »Maiale«-Pilot, der bei einem Unternehmen gegen Gibraltar in Gefangenschaft geraten war, machte hierfür als einen der Gründe geltend, daß die Unternehmung zu sehr geheimgehalten wurde;[26] Kenntnis von dieser Operation hatten nur ein paar auserwählte Offiziere in der *Supermarina*, d.h im italienischen Admiralstab, und in der Flottillenführung der *Decima MAS*. Der Angriff war als drastischer Schlag gegen die Royal Navy geplant worden, ohne einen Gedanken daran zu verschwenden, wie er in die gesamte Operationsplanung der Achse paßte. Ein noch wahrscheinlicherer Grund liegt jedoch darin, daß es der italienischen Marine an Kraft fehlte, aus dieser Situation das Beste zu machen. Vor dem Kriege hatte die italienische Regierung keine Anstrengungen unternommen, um strategische Vorratslager, wie z.B. für Heizöl, anzulegen. Als die Feindseligkeiten begannen, waren daher die Wirtschaft und die Kriegsanstrengungen Italiens wirksam gelähmt.[26a]

Nichtsdestoweniger hatte der Erfolg dieses Angriffs FKpt. Borghese ungeheuer ermutigt, und so ging er daran, diese Leistung zu wiederholen. Nachdem neue SLC-Besatzungen ausgebildet worden waren, entsandte er im Mai 1942 das Unterseeboot AMBRA (Tenente di Vascello Mario Arillo) mit drei SLC's an Bord erneut nach Alexandria (Operation »GA 4«), um das Unternehmen zu wiederholen und die QUEEN ELIZABETH im Trockendock und den U-Boottender HMS MEDWAY anzugreifen. Der letztere war eine der wertvollsten Einheiten der Royal Navy im Mittelmeer hinsichtlich der Unterstützung, die das Schiff den britischen

Unterseebooten der 1. U-Flottille zu leisten imstande war. Zwei der SLC's – geführt von Guardiamarina[27] Giovanni Magello mit Tauchmaat Memoli sowie von Sotto Tenente Medicale[28] Giorgio Spaccarelli mit Tauchmaat Borbelli – sollten das Schwimmdock mit der QUEEN ELIZABETH und der dritte SLC – geführt von Tenente Genio Navale[29] Luigi Feltrinelli mit Tauchmaat Favale – die MEDWAY angreifen. Wie bei dem früheren Angriff führten alle drei SLC's Kalziumkarbid-Brandminen mit, um das in das Hafenwasser auslaufende Öl zu entzünden.

Der Angriff fand am 14. Mai statt und wurde zum Glück für die britische Seite ein Mißerfolg. Ehe die AMBRA auftauchte, um ihre SLC's auszusetzen, entsandte Kptlt. Arillo drei Taucher an die Wasseroberfläche, um aufzuklären. Die Taucher verließen um 20.05 Uhr das Boot durch das vordere Luk und meldeten um 20.25 Uhr: »Alles klar!« Sieben Minuten später tauchte die AMBRA auf und in weniger als fünf Minuten waren die SLC's ausgesetzt. Keinem der bemannten Torpedos gelang es, die Hafeneinfahrt zu finden. Daher versenkten die Besatzungen vor dem Einbruch der Morgendämmerung ihre Fahrzeuge und schwammen an Land bzw. versteckten sich in einem Wrack. Kurze Zeit später wurden LtzS. Magello und Marineassistenzarzt Spaccarelli mit ihren Tauchermaaten gefangengenommen. Auch Oblt. (Ing.) Feltrinelli und seine Nummer 2, Sottocapo Palombaro Luciano Favale, fanden die Hafeneinfahrt nicht und mußten ebenfalls ihr SLC versenken. Ihnen gelang es jedoch, nach Alexandria hineinzukommen und mit dort lebenden, patriotisch gesinnten Landsleuten Verbindung aufzunehmen, die sie versteckten. Am 29. Juni 1942 verließ sie das Glück, als sie in eine Falle der britischen Polizei gerieten und ergriffen wurden.

Nach dem Einlaufen der AMBRA am 24. Mai in La Spezia vermerkte Kptlt. Arillo in seiner Einsatzmeldung, daß die SLC's infolge einer ziemlichen Strömung zwei Seemeilen weiter westlich der vorgesehenen Position ausgesetzt wurden. Außerdem berichtete er von wesentlich verstärkten Verteidigungsmaßnahmen, die den SLC-Besatzungen seiner Meinung nach viel Zeit gekostet haben müssen, um Scheinwerfern und ständig patrouillierenden Wachbooten auszuweichen – Zeit, für die angesichts der zurückzulegenden Distanz und der verhältnismäßig geringen Geschwindigkeit der Geräte die zur Verfügung stehenden Stunden der Dunkelheit nicht ausreichten. Vom Standpunkt der Royal Navy aus war dies gut so; denn wäre es Magello und Spaccarelli gelungen, ihre beiden 300-kg-Gefechtsköpfe unter dem Schwimmdock anzubringen, hätte das Dock mitsamt dem Schlachtschiff abgeschrieben werden müssen.

Im August 1942 unternahm FKpt. Borghese den nächsten Versuch für eine Operation im östlichen Mittelmeer. Die SCIRÉ (nunmehr unter Führung von Capitano di Corvetta Bruno Zelich) erhielt den Befehl, neun Kampfschwimmer zu transportieren, um Schiffe im Hafen von Haifa/Palästina anzugreifen. Mit der sich verschlechternden militärischen Lage in der Westlichen Wüste hatte dieser Hafen für die Briten plötzlich eine außerordentliche Bedeutung bekommen. Die SCIRÉ war am 27. Juli 1942 aus La Spezia ausgelaufen, hatte in Leros »Gamma«-Schwimmer an Bord genommen und war am 2. August in Richtung Haifa in See gegangen. Der letzte Funkspruch des Unterseebootes traf am 9. August ein. KKpt. Zelich meldete, daß eine Sehrohr-Aufklärung eine große Anzahl von Zielen im Hafen ergeben hätte: Transportschiffe, Tanker, Unterseeboote und Zerstörer. Dies war das letzte Lebenszeichen der SCIRÉ. Erst nach dem Kriege erfuhren die Italiener, daß der britische U-Jagdtrawler ISLAY am 10. August das Unterseeboot mit Wasserbomben und Artillerie versenkt hatte. Mit dem Boot gingen 48 Offiziere und Mannschaften der Besatzung sowie neun »Gamma«-Schwimmer unter. Der Verlust der SCIRÉ bedeutete das endgültige Ende der Operationen der *Decima MAS* im östlichen Mittelmeer. Mit dem Zusammenbruch der Achsenstreitkräfte im Gefolge des britischen Sieges bei El Alamein verlor dieser Kriegsschauplatz viel von seiner Bedeutung und die Aufmerksamkeit wandte sich wieder Gibraltar am westlichen Ende des Mittelmeeres zu, wo die *Decima MAS* seit Beginn des Krieges einen unbarmherzigen Feldzug führte.

Kapitel 3

Die Säulen des Herkules

Ein Gentleman rasiert sich stets, ehe er am Morgen ausgeht.
Wenn wir heute ein britisches Schlachtschiff versenken,
dann laßt uns zusehen, daß wir ordentlich rasiert sind.
– Tenente di Vascello Gino Birindelli beim Beginn der Operation »BG 2«, Oktober 1940.

Am anderen Ende des Mittelmeeres liegt Gibraltar, Marinestützpunkt und Festung, der Heimathafen für einen beträchtlichen Teil der britischen Mittelmeerflotte und für die berühmte *Force H*,[1] die unter dem direkten Befehl der britischen Admiralität im westlichen Mittelmeer und im Ostatlantik operierte. Gibraltar war auch ein wichtiger Geleitzughafen und der Ausgangspunkt für viele Geleitzüge, die ostwärts nach Malta und Alexandria gingen. Mit einer solchen Ansammlung von Zielen, die von der Boca di Serchio aus leicht erreicht werden konnten, war es unvermeidlich, daß die Planer der *Decima MAS* ihre Augen westwärts richteten. Drei Jahre lang führte die *Decima MAS* einen unablässigen Feldzug gegen die Schiffe in Gibraltar. Lieutenant[1a] Frank Goldsworthy, ein britischer Taucher und Abwehroffizier in Gibraltar, schrieb später:

> »Dies war der Beginn eines dreijährigen Krieges, der in der Bucht von Gibraltar geräuschlos unter Wasser stattfand. Mit dem Verlust von drei Toten und drei Gefangenen versenkten oder beschädigten Angriffseinheiten der italienischen Marine 14 alliierte Schiffe mit insgesamt 73 000 BRT. ... Jede ihrer sieben Operationen forderte von den Angreifern Wagemut und physische Ausdauer; in jeder Marine der Welt hätten sie sich Respekt errungen.«[2]

Anfänglich litten die Unternehmungen gegen Gibraltar an derselben Erfolglosigkeit wie jene gegen Alexandria. Das erste Unternehmen, die Operation »BG 1«, fand Ende September 1940 statt, ausgeführt vom Unterseeboot SCIRÉ (KKpt. Borghese) mit drei »Maiali« an Bord. 50 sm vor Gibraltar wurde es abgeblasen, da die Luftaufklärung ergeben hatte, daß der Kriegshafen leer war. Die britische Flotte war zur Operation »Menace« ausgelaufen, dem ziemlich fruchtlosen Versuch, die Vichyfranzosen in Dakar zu überzeugen, sich der alliierten Sache anzuschließen. Der Mißerfolg der Operation »BG 1«, fast unmittelbar nach dem Verlust der Unterseeboote IRIDÉ und GONDAR eingetreten, verursachte an der Boca di Serchio ziemliche Diskussionen über die Durchführbarkeit dieser Angriffsform. Tenente di Vascello Gino Birindelli war an Bord der IRIDÉ und beim ersten Unternehmen der SCIRÉ für ein »Maiale« verantwortlich gewesen. Er erinnerte sich wie folgt:

> »In unserem Stützpunkt an der Boca di Serchio gab es eine Art Kriegsrat mit uns selbst und unserem Kommandeur. Wir gelangten zur Auffassung, daß wir einen weiteren Versuch unternehmen müssen, um zu sehen, ob das Konzept, gegnerische Schiffe in Häfen anzugreifen, durchgeführt werden konnte. Hierbei wurde der Entschluß gefaßt, daß wir versuchen würden, einen weiteren Angriff gegen Gibraltar zu unternehmen, um den objektiven Beweis zu erhalten, ob es dem »Maiale« möglich ist, erfolgreich zu handeln oder nicht.«[3]

Demgemäß nahm das Unterseeboot SCIRÉ unter Führung von Capitano di Corvetta Julio Valerio Borghese drei »Maiali« und ihre Besatzungen an Bord. Die »Maiale«-Besatzungen waren die erfahrensten, die bei der *Decima MAS* zur Verfügung standen: Tenente di Vascello Gino Birindelli mit 2o Capo Palombaro[3a] Damos Paccagnini, Capitano Genio Navale Teseo Tesei mit Sergente Palombaro[3b] Alcide Pedretti sowie Sottotenente di Vascello[3c] Luigi Durand de la Penne mit 2o Capo Palombaro Emilio Bianchi.

Am 21. Oktober 1940 ging die SCIRÉ von La Spezia aus in See und lief in der Nacht vom 28./29. Oktober in die Straße von Gibraltar ein. KKpt. Borghese hatte sich entschlossen, die »Maiali« auf einer Position weit im Inneren der Bucht von Algeciras auszusetzen, und legte getaucht am 29. die sehr schwierige Passage in die Bucht hinein zurück. Da auf der spanischen Seite die Seezeichen nicht entfernt worden waren, erwies sich das Navigieren auf dem Anmarsch als verhältnismäßig einfach. Schließlich erreichte die SCIRÉ um 01.30 Uhr am 30. Oktober die richtige Position vor der Mündung des Flusses Guardarranque. Zu diesem Zeitpunkt gingen von der *Supermarina* die letzten Aufklärungsergebnisse ein. Sie enthielten die Mitteilung, daß sich das Schlachtschiff BARHAM und der Schlachtkreuzer RENOWN zusammen mit anderen Einheiten im Kriegshafen befanden. Infolgedessen wurden die BARHAM Birindelli und die RENOWN Tesei als Ziele zugewiesen, während De la Penne kurzfristig nach einem Gelegenheitsziel zu suchen hatte. Nach der Durchführung ihres Unternehmens sollten die »Torpedoreiter« nicht mehr zur SCIRÉ zurückkehren, sondern zur spanischen Küste schwimmen, wo sie italienische Agenten erwarten würden. Den Rückzug beschrieb Birindelli so:

»Wir besaßen [in Spanien] eine Organisation. Sollten wir imstande sein, einen Angriff durchzuführen, und danach die spanische Küste erreichen, würden uns zwei italienische Agenten erwarten, um uns mit dem Auto nach Sevilla zu bringen. Von da aus sollten wir nach Rom fliegen, so daß wir am nächsten Morgen um 1 Uhr im Offiziersklub in La Spezia sein würden.«[4]

Am 30. Oktober kurz nach 02.00 Uhr tauchte die SCIRÉ für wenige Augenblicke auf, die »Maiale«-Besatzungen begaben sich an Oberdeck, bestiegen ihre Fahrzeuge und danach tauchte das Unterseeboot wieder weg.

De la Penne mußte einige Zeit später infolge von Motorstörungen das Unternehmen abbrechen. Dieses Schicksal ereilte auch Tesei und seine Nummer 2, da sich bei beiden Defekte an den Atemgeräten einstellten. Nach dem Abwerfen der Gefechtsköpfe gaben sie ihre SLC's auf und schwammen zur Küste. Während beim »Maiale« von De la Penne die Selbstzerstörungseinrichtung wie vorgesehen funktionierte, endete das Fahrzeug von Tesei bei La Linea an der spanischen Küste auf dem Strand.

Infolge außerordentlicher Schwierigkeiten beim Herausziehen ihres »Maiale« aus dem Behälter auf dem Oberdeck der SCIRÉ starteten Birindelli und Paccagnini etwas später als die anderen Besatzungen:

»Ich hatte viele, viele Schwierigkeiten, mein »Maiale« aus dem Zylinder herauszuziehen. Doch als ich an die Wasseroberfläche kam, stellte ich fest, daß De la Penne und Tesei nicht mehr da waren, und zwar aus dem einfachen Grund, da sie – wie versprochen – nur fünfzehn Minuten auf mich gewartet hatten. Daher war ich nunmehr allein – mit Gibraltar in der Ferne. Das Problem bestand nicht nur darin, daß ich Schwierigkeiten gehabt hatte, das »Maiale« aus dem Zylinder zu ziehen, sondern auch darin, daß es nicht richtig arbeitete, weil in den Batterieraum Wasser eingesickert war. Der Trimm war schwierig herzustellen und zudem waren Geschwindigkeit und Seeausdauer sehr stark reduziert.«[5]

Dessenungeachtet setzte Birindelli das Unternehmen fort:

> »Ich drang auf die Außenreede über Wasser vor und begann den Annäherungsmarsch. Bedauerlicherweise konnte das »Maiale« nicht auf Tiefe laufen und war nur mühsam bei leeren Tanks schwimmend zu erhalten. Es sank auch zu rasch bei gefluteten Tanks. Daher blieb ich bis zu den Hafensperren über Wasser und konnte überhaupt nicht begreifen, warum die Wachposten auf der Mole uns nicht sahen. Ich hörte von den Molenköpfen ihre Stimmen und sah ihre Schatten. Dann brachten wir das »Maiale« in Überwasserfahrt über die erste und die zweite Sperre, nahmen Kurs auf die BARHAM und tauchten.«[5a]

Zu diesem Zeitpunkt bekam Paccagnini Probleme mit seinem Atemgerät. Es hatte keinen Sauerstoff mehr, was wohl darauf zurückzuführen war, daß er auch während der Überwasserfahrt infolge des mangelhaften Trimmzustandes häufig zum »Untertauchen« gezwungen worden war. Birindelli gab nicht auf und befahl seiner Nummer 2, das »Maiale« zu verlassen und an die Wasseroberfläche zu schwimmen, während er selbst den Angriff fortsetzte:

> »Ich fuhr am Grund langsam allein weiter auf das Ziel zu. Nach einer gewissen Zeit stellte ich fest, daß sich das »Maiale« nicht mehr vorwärtsbewegte. Als ich noch etwa 60 m von der BARHAM entfernt war, hatte ich jede Fähigkeit verloren, klar zu denken, mein Atem ging sehr schnell, und ich war sehr müde. Dann erkannte ich die Anzeichen einer nahenden Ohnmacht, stellte den Zeitzünder ein und und schwamm an die Wasseroberfläche. Mein großes Ziel lag vor mir, war aber für mich verloren. Daher bestand das einzige, was ich noch tun konnte, darin, aus dem Hafen herauszukommen.
> Um 7 Uhr gelangte ich auf die Pier und ging auf den Handelshafen zu. Soldaten und Seeleute blickten den fremden Menschen an, aber niemand sprach mich an. Ich wußte den Sinn für Privatsphäre zu schätzen, den die Briten an den Tag legten!«[6]

Birindelli gelang es, an Bord eines kleinen spanischen Dampfers zu gehen, aber hierbei wurde er gesehen. Die Wache wurde herbeigerufen, die ihn zum Verhör brachte. Birindelli versuchte dem vernehmenden Offizier zu erklären, daß er die Nacht im Hafen von Gibraltar zugebracht und ihn ein Zerstörer über Bord geworfen hätte. Sein Fahrzeug wäre mit einem auf der Karte nicht verzeichneten Wrack kollidiert, und er hätte es aufgeben müssen. Der britische Offizier frug ihn jedoch: »Sie wollen mir glauben machen, daß ein Mann, der sich die ganze Nacht mit einem Schiff und einem Wrack herumgeschlagen hat wie Sie, um 7 Uhr morgens voll rasiert ist?«[7]

Seine letzte Rasur an Bord der SCIRÉ erwies sich als Verhängnis. Birindelli wurde in ein Lazarett für Kriegsgefangene gebracht. Dies geschah auch mit Paccagnini, der ebenfalls aufgefischt worden war. Birindelli hatte sich als Folge seiner Unterwassertätigkeiten Tuberkolose zugezogen und es dauerte längere Zeit, ehe er wieder gesund war. Es gelang ihm jedoch mit Hilfe eines vorher vereinbarten Chiffrierschlüssels die Übermittlung einer Nachricht in einem privaten Brief. Er ließ den Stützpunkt an der Boca di Serchio wissen, daß er in den Hafen eingedrungen und das »Maiale«-Konzept durchführbar war.[7a]

Vom Beweis abgesehen, daß das »Maiale«-Konzept machbar war, stellte dieses Unternehmen das erste dar, bei dem spanisches Territorium von den Italienern genutzt wurde. Über die nächsten drei Jahre hinweg sollten die Italiener regelmäßig unter vollständiger Mißachtung der spanischen Neutralität von Stützpunkten in Spanien aus operieren. Wieviel die spanischen Behörden von diesen Operationen wußten, ist schwierig zu ergründen. Es ist klar, daß es eine Beteiligung auf zwei Ebenen gab. Auf höchster Regierungsebene war es augenscheinlich, daß die Spanier wußten, was vor sich ging. Doch sie waren gewillt, die Augen zuzumachen, solange sie nicht in Verlegenheit gebracht wurden; denn nach der vorausgegangenen Unterstützung des Franco-Regimes im Bürgerkrieg hatte die spanische Regierung allen Grund, den Italienern dankbar zu sein. Auf örtlicher Ebene war die spanische Komplizenschaft viel größer. G. Pistono, der italienische Konsul in Algeciras, war außerordentlich tatkräftig, die örtlichen Behörden zu bestechen. Die Folge hiervon war, daß er für seine Unternehmungen ziemlich freie Hand hatte. Es war Pistono, der den »Empfang« für Tesei und De la Penne organisierte und der mit der örtlichen »Guardia Civilia« – der paramilitärischen Polizei, die auch für den Küstenschutz verantwortlich war – verhandelte, daß der in Frage kommende Strandabschnitt in dieser Nacht unbeobachtet blieb.

Im Mai 1941 wurde die Operation mit einem neuen und raffinierten Trick wiederholt. Die Flottillenführung der *Decima MAS* war stets darauf bedacht zu gewährleisten, daß sich die »Maiale«-Besatzungen in guter körperlicher Verfassung befanden, wenn sie zu einem Unternehmen aufbrachen. Sie betrachtete den langen Anmarsch mit dem Unterseeboot nach Gibraltar mit Mißfallen, denn der »Mief« und die beengten Verhältnisse an Bord eines Unterseebootes waren keine gute Vorbereitung für eine Angriffsoperation unter Wasser. Seit den Unternehmungen gegen Alexandria versuchten die Italiener stets, die »Maiale«-Besatzungen erst im letzten Augenblick dem Unterseeboot zuzuführen – entweder auf dem Luftwege oder mit einem Überwasserschiff. Im Falle Gibraltars stand keine dieser Möglichkeiten zur Verfügung, aber es bot sich ein dritter Weg an, der fast ideal war. Im Hafen von Cádiz lag der italienische Tanker FULGOR, der nach der Kriegserklärung Italiens interniert worden war. Die »Maiale«-Besatzungen sollten auf dem Luftwege nach Spanien und von dort über Land nach Cádiz reisen und getarnt als Besatzungsangehörige oder Reedereivertreter an Bord der FULGORE gehen. Die SCIRÉ hatte sie dann nachts aufzunehmen und das Unternehmen wie gehabt fortzusetzen.

Zum erstenmal wurde die FULGOR bei der Operation »BG 3« im Mai 1941 benutzt. Am 15. Mai lief die SCIRÉ aus La Spezia mit den »Maiali« an Bord aus, aber ohne Besatzungen. Nach dem Passieren der Straße von Gibraltar in der Nacht vom 22./23. Mai traf das Unterseeboot vor Cádiz ein und nahm in den Abendstunden des 23. die sechs »Maiale«-Männer auf. Die SLC's wurden zum letztenmal überprüft. Nach einem vergeblichen Versuch am 25. Mai drang die SCIRÉ am 26. in die Bucht von Algeciras ein und erreichte am späten Abend die Position zum Aussetzen der SLC's. Diesmal übermittelte die *Supermarina* als letztes Aufklärungsergebnis, daß sich im Hafen keine Kriegsschiffe befänden. Statt dessen sollten die bemannten Torpedos die auf Reede liegenden Handelsschiffe angreifen.

Fast von Anfang an lief das Unternehmen schief. Trotz des erfolgreichen Aussetzens aller drei »Maiali« um 23.20 Uhr am 26. Mai sprang unmittelbar darauf der Motor des von Tenente di Vascello Amadeo Vesco und Tenente Genio Navale Antonio Marceglia gerittenen SLC trotz aller Bemühungen nicht an. Daher befahl Tenente di Vascello Decio Catalano, der als Einsatzführer fungierende dienstälteste »Maiale«-Pilot, den Gefechtskopf abzunehmen, der auf dem von Tenente di Vascello Licio Visintini gesteuerten SLC mitgeführt werden sollte, und das

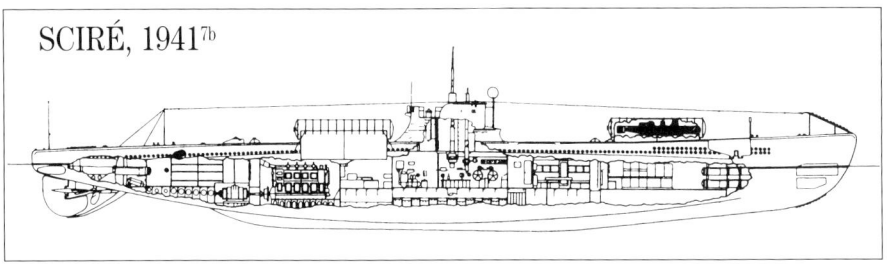

SCIRÉ, 1941[7b]

defekte »Maiale« zu versenken. Vesco wurde Visintini als drittes Besatzungsmitglied zugeteilt, während Marceglia bei Catalano verblieb. Weiteres Unheil trat ein, als Marceglia unter dem Heck eines angegriffenen Schiffes plötzlich einen Zusammenbruch erlitt. Catalano und seine Nummer 2, Sottocapo Palombaro Giovanni Giannoni, versuchten, ihn wiederzubeleben. Dies gelang schließlich, wobei sie jedoch von einem Posten auf dem Handelsschiff entdeckt wurden. In diesen Augenblicken der Verwirrung sackte das verlassene »Maiale« nach vorn weg und ging verloren. Giannoni unternahm den Versuch, nach ihm zu tauchen, aber die Wassertiefe war zu groß. Inzwischen hatten auch Visintini, seine Nummer 2, Sottocapo Palombaro Giovanni Magro, und Vesco ein Ziel gefunden und waren damit beschäftigt, die beiden Gefechtsköpfe am Schiffskörper eines Tankers anzubringen. Doch das Pech schlug in dieser Nacht ein drittes Mal zu, als die Leine, die den Gefechtskopf des SLC bereits mit dem Schiff verband, plötzlich zersprang. Das stark achterlastige »Maiale«, an dem noch die beiden Gefechtsköpfe befestigt waren, konnte von Visintini und Vesco nicht mehr gehalten werden und sank in großer Tiefe auf Grund. Das gesamte Unternehmen war rundum ein Fehlschlag, obwohl alle sechs »Torpedoreiter« spanisches Territorium erreichten, von wo aus sie Pistonos ausgezeichnete Vorkehrungen rasch zurück an die Boca di Serchio brachten. Dennoch lag im Mißerfolg der Operation »BG 3« auch noch ein Vorteil: die Briten hatten das Geschehene nicht entdeckt, so daß das Überraschungsmoment gewahrt blieb und ein weiterer Angriff stattfinden konnte. Außerdem hatte sich die Benutzung der FULGOR als vorgeschobener Stützpunkt als außerordentlich gelungen erwiesen.

Licio Visintini war ein Offizier, dem bestimmt sein sollte, eng mit den Gibraltar-Unternehmungen verhaftet zu sein. Er gehörte zu den späteren Bewerbern für die *Decima MAS* und Borghese urteilte über ihn so:

> »Er war ein junger Offizier mit einer sehr guten beruflichen Ausbildung. In Parenzo nahe Triest geboren und aufgewachsen, war er in dem patriotischen Geist erzogen worden, der für die italienischen Grenzgebiete so typisch war, wo die Bewohner jahrhundertelang darum kämpfen mußten, ihre Unabhängigkeit und Nationalität zu bewahren. Er sprach wenig, war aber stets fröhlich, loyal, mutig und kaltblütig in der Gefahr. Als ein erstklassiger und erfahrener Seemann entfaltete er im Verlaufe dieser Unternehmung außergewöhnliche Talente.«[8]

Am 19. September 1941 war die SCIRÉ wieder in die Bucht von Algeciras zur Operation »BG 4« zurückgekehrt, nachdem sie die »Maiale«-Besatzungen in Cádiz von der FULGOR übernommen hatte. Diesmal meldeten die letzten Aufklärungsergebnisse, daß sich ein Schlachtschiff, ein Flugzeugträger, zwei Kreuzer und eine Anzahl weiterer Kriegsschiffe im Innenhafen sowie ein Geleitzug von 17 Handelsschiffen auf der Reede befänden. Um 01.00 Uhr am 20. September führte die Besatzung der SCIRÉ die inzwischen vertraute Routine des Aussetzens der drei »Maiali« durch. Die SLC-Besatzungen waren dieselben wie bereits bei der Mai-Unternehmung.

Das von Tenente di Vascello Amadeo Vesco gerittene »Maiale« (mit Sergente Palombaro Antonio Zozzoli als Nummer 2, der Maeceglia ersetzt hatte) hatte den Befehl erhalten, das Schlachtschiff anzugreifen. Vesco stellte jedoch fest, daß die Hafenverteidigung sehr wachsam war, und sowohl er als auch Zozzoli wurden durch die Detonationen kleiner, aufs Geratewohl ins Wasser geworfener Wasserbomben durchgeschüttelt und erlitten leichte Verletzungen. Um 04.00 Uhr, als es Vesco immer noch nicht gelungen war, in den Innenhafen einzudringen, entschloß er sich, statt dessen eines der Handelsschiffe anzugreifen. Die beiden Männer befestigten ihren Gefechtskopf erfolgreich an der 2444 BRT großen FIONA SHELL und hielten dann auf die spanische Küste zu. Als sie dann den Strand hochstiegen und nach ihrem »Wächter«

Ausschau hielten, wurden sie von zwei »Guardia Civilia« überrascht, die sie festnahmen und ins Arrestlokal von Alegciras brachten. Auch bei dieser Gelegenheit war Pistonos Organisation in der Lage, ein vertrauliches Wort mit ein paar Beamten zu wechseln und die Übergabe eines beträchtlichen Betrages an Peseten stellte sicher, daß Vesco und Zozzoli schnell freikamen.

Inzwischen hatten auch Catalano und Giannoni ein Ziel gefunden. Auch sie hatten festgestellt, daß es unmöglich war, in den Innenhafen einzudringen, und wandten sich daher einem der auf Reede liegenden Handelsschiffe zu. Sie konnten jedoch im Mondlicht den Namen und Heimathafen des Schiffes lesen und erkannten, daß es ein italienisches Schiff war, das die Alliierten beschlagnahmt hatten. In einer merkwürdig sentimentalen Geste holten sie ihren Gefechtskopf wieder ein, da sie kein italienisches Schiff versenken wollten. Statt dessen griffen sie das 10 900 BRT große britische Motorschiff DURHAM an. Beide erreichten danach ebenfalls spanisches Territorium und wurden von Pistonos Organisation weggebracht.

Schließlich gab es noch Visintini und Magro. Was geschah mit ihnen? Visintini, ein Meister seines Fachs, drang direkt durch die Verteidigungsanlagen in den Innenhafen ein. Doch er hatte hierbei sehr viel Zeit verloren, so daß er vor Tagesanbruch nicht mehr imstande war, das Südende des Hafens zu erreichen, wo die Großkampfschiffe vor Anker lagen. Statt dessen wählte er einen Tanker aus, die 8145 BRT große DENBYDALE, und brachte seinen Gefechtskopf unter ihrem Schiffskörper in einem tadellosen Angriff an. Danach entkamen er und Magro aus dem Innenhafen, versenkten ihr »Maiale« und schwammen an Land, wo einer von Pistonos Männern sie erwartete. Die Operation »BG 4« wurde ein herausragender Erfolg: drei Schiffe wurden versenkt und alle »Maiale«-Besatzungen kamen sicher zurück.

Nunmehr wollten die Italiener ihre Unternehmungen intensivieren und auch ihre »Gamma«-Sturmschwimmer vermehrt einsetzen. Die nachlässige Haltung der örtlichen Behörden und Pistonos Anstrengungen, diese Haltung zu fördern, legte den Gedanken nahe, daß auf spanischem Boden ein Stützpunkt eingerichtet werden könnte, von dem aus regelmäßig Angriffe durchgeführt werden konnten. Angesichts der Tatsache, daß die Passage der Straße von Gibraltar zunehmend risikoreicher wurde, hätte die Einrichtung eines Stützpunktes in Spanien viele Vorteile, nicht zuletzt deswegen, weil Einsatzkräfte und Ausrüstung verhältnismäßig ungestraft ins Land und wieder heraus geschmuggelt werden könnten.

Doch wie sollte ein solcher Stützpunkt eingerichtet werden? An der Boca di Serchio mangelte es nicht an Erfindungsreichtum und eine Antwort auf diese Frage wurde schnell gefunden. Antonio Ramognino, ein Offizier der *Decima MAS*, war mit einer Spanierin namens Conchita verheiratet. Da seine Frau angeblich krank war und ihr Seeluft und Baden im Meer verordnet worden wären, mietete Ramognino ein kleines Haus, die Villa »Carmela«, in der Nähe von Punta Mayorga an der Nordküste der Bucht von Algeciras bei La Línea. Von der Villa aus bot sich ein unvergleichlicher Blick über das nur vier Kilometer entfernte Gibraltar und den Ankerplatz der Handelsschiffe. Vom Strand aus war es bis zur Außenreede nur ein kurzer Spaziergang. Eine perfektere Örtlichkeit war nicht vorstellbar.

Sobald die gesetzlichen Förmlichkeiten erledigt und Ramognino und seine Frau eingezogen waren, trafen die ersten Gäste in der Gestalt von zwölf »Gamma«-Schwimmern ein. Sie waren über die Pyrenäen oder direkt von Italien aus an Bord des Handelsschiffes MAURO CROCE nach Spanien gelangt. Unter dem Deckmantel, Handelsschiffsseeleute der FULGOR zu sein, reisten sie nach Cádiz. Von Cádiz aus machten sie sich einzeln oder zu zweit, um keinen Verdacht zu erregen, auf den Weg zu dem alten Tanker OLTERRA, der interniert im Hafen von Algeciras lag, und von da aus weiter zur Villa »Carmela«. In der Nacht vom 13./14. Juni 1942 gelangten die zwölf Kampfschwimmer unter Führung von Sottotenente di Vascello Agostino Straulino unbeobachtet ins Wasser und schwammen in Richtung der auf Reede vor Anker liegenden Handelsschiffe los (Operation »GG 1«). Jeder von ihnen führte drei »Mignatta«-

Haftminen vom Unterdrucktyp mit. Es ist außerordentlich schwierig festzustellen, welche der von den »Gamma«-Schwimmern an einem Schiff befestigten Minen nicht detonierten. Vier Schiffe mit insgesamt 9468 BRT wurden jedoch schwer beschädigt: META, SHUMA, EMPIRE SNIPE und BARON DOUGLAS. Alle zwölf Kampfschwimmer kehrten sicher zurück, aber sieben von ihnen wurden von der »Guardia Civilia« festgenommen, als sie an Land gingen. Erneut machte sich Pistono ans Werk[8a] und die Männer kamen bald wieder unter der Bedingung frei, daß sie sich zur »Verfügung« der spanischen Behörden zu halten hatten, falls noch Fragen notwendig waren. Wir werden weiter unten sehen, wie nichtssagend diese Beschränkung war.

Die bei den Operationen »BG 3« und »BG 4« gewonnenen Erfahrungen hatten die Nützlichkeit erwiesen, nahe bei Gibraltar einen vorgeschobenen Stützpunkt zu besitzen. Tenente di Vascello Licio Visintini wollte noch einen Schritt weitergehen und einen voll einsatzfähigen »Maiale«- und »Gamma«-Stützpunkt einrichten, um den Hafen von Gibraltar zu überwachen. Hierfür war weder die FULGOR noch die Villa »Carmela« geeignet. Die FULGOR lag in Cádiz zu weit entfernt und jeder Versuch, sie näher zu Gibraltar hin zu verlegen, hätte den Verdacht der Briten geweckt. Die Villa »Carmela« war als vorübergehender Aufenthaltsort für »Gamma«-Schwimmer geeignet, konnte aber nicht regelmäßig für Unternehmungen genutzt werden. Außerdem kam ein Einsatz von SLC's von dort aus nicht in Frage. Eine derartige Handlungsweise würde die Geduld der spanischen Behörden überfordern.

Statt dessen richtete Visintini sein Augenmerk auf den italienischen Tanker OLTERRA, der interniert in Algeciras lag. Bei Kriegsausbruch am 10. Juni 1940 hatten der Kapitän und seine italienische Besatzung das auf der Reede von Gibraltar liegende Schiff in spanischen Gewässern auf Grund gesetzt. Ein spanisches Bergungsunternehmen hatte später die OLTERRA wieder flottgemacht und in den Hafen von Algeciras geschleppt. Dort lag sie an der Innenseite am äußersten Ende der Mole verankert. Eine Wache, bestehend aus einem Korporal und vier Gemeinen der »Guardia Civilia«, befand sich an Bord des Schiffes, um jedes unerlaubte Anbordgehen von Personen zu verhindern. Im März 1941 kehrten Angehörige der ursprünglichen OLTERRA-Besatzung, darunter auch der Chefingieneur Paolo Denegri, an Bord des Schiffes zurück, um das Eigentumsrecht zu wahren sowie es zu warten und instandzuhalten. Die Italiener waren für diese Aufgabe mit besonderen Pässen ausgestattet.[9]

Visintini traf am 27. Juni 1942 an Bord der OLTERRA ein, ausgestattet mit Zivilpapieren, die ihn als Lino Valeri identifizierten, den künftigen Ersten Offizier des Schiffes. Er brachte drei Techniker mit sowie einen Techniker, der zugleich Sanitäter war. Diese vier Männer sollten den Kern der *Decima MAS*-Abteilung auf der OLTERRA bilden, die bis zur Einstellung der Operationen im September 1943 an Bord des Schiffes blieb. Visintini verlor keine Zeit und ging ans Werk. Vier Angehörige der eigentlichen Restbesatzung der OLTERRA wurden auf ein anderes Schiff versetzt, da sie als unzuverlässig galten. Gleichzeitig verbot Visintini den spanischen Wachen das Betreten des vorderen Teils des Schiffes mit der Begründung, daß er den Verdacht hätte, sie würden Proviant stehlen. Die vier »Techniker« erfüllten eine Reihe von Aufgaben. Neben ihrer Funktion als »Ankleider« der »Gamma«-Schwimmer bestand ihre wichtigste Aufgabe im Vorbereiten der »Maiali« auf den Einsatz. Doch sie hatten auch noch eine Anzahl anderer Aufgaben, darunter die Beobachtung des Schiffsverkehrs in Gibraltar bei Tage (hierbei wurden sie oft von britischen Agenten entdeckt) und als »Wachen«, um neugierige Spanier fernzuhalten. Bei einer Gelegenheit erschien ein örtlicher Fischer am Strand, gerade als einer der drei »Gamma«-Schwimmer der Operation »GG 2« am Morgen des 15. September 1942 aus dem Wasser kam. Zuerst versuchten die Techniker, den Mann mit 1000 Peseten zu bestechen, aber als er sich weigerte, das Geld zu nehmen, erhielt er eine ordentliche Tracht Prügel.[10]

Als die unzuverlässigen Seeleute der OLTERRA-Besatzung entfernt und die Wachen zum Heck verbannt waren, instruierte Visintini die an Bord Verbliebenen über die neue Aufgabe des

Schiffes. Die OLTERRA sollte als Stützpunkt für die »Maiale«-Operationen gegen Gibraltar dienen. Um diese Unternehmungen zu erleichtern, wurde eine vordere Schottwand aufgeschnitten und zu einer mit Scharnieren versehenen Türöffnung umgearbeitet, um Zugang zur Vorpiek zu erhalten. Torpedogestelle wurden in Algeciras an Land angefertigt und in der Vorpiek zusammengesetzt. Schließlich wurde der Tanker achterlastig getrimmt, eine 1,52 m x 2,44 m große Öffnung in die Bordwand geschnitten und ein mit Scharnieren versehenes Klapptor angebracht. Dahinter lag ein vollgelaufener Laderaum, der als Schleuse diente. Nach der Wiederherstellung der normalen Trimmlage war die Öffnung unter der Wasserlinie verborgen. Die Arbeiten an der Öffnung verdeckten längsseits des Schiffes festgemachte Pontons als Plattformen zur Ausführung von Malerarbeiten und kleineren Reparaturen an der Bordwand. Stromkabel für das Aufladen der Batterien der SLC's verliefen von den Generatoren im Heck verdeckt im Inneren von Wasserrohren nach vorn.

Die »Maiali« trafen im Straßentransport direkt aus Italien in Algeciras ein. Sie waren in ihre Einzelteile zerlegt und zusammen mit Minen, »Belloni«-Anzügen, Zwingen, Sauerstoffflaschen und der gesamten übrigen Ausrüstung, die für SLC-Einsätze erforderlich war, in Holzlattenkisten verpackt. Einige der Holzkisten waren mit »Maschinenersatzteile« beschriftet und zumindest eine Kiste enthielt Kesselrohre und war zur Befriedigung der Neugier an einer Seite offen. Weiteres Material holte Denegri bei der Italienischen Botschaft in Madrid ab, wohin es durch Kuriere im Diplomatengepäck gegangen war. Darüber hinaus erhielt ein Besatzungsmitglied der OLTERRA Urlaub nach Italien, um bei seiner Rückkehr eine Kiste voller Haftminen mitzubringen. Das Eintreffen einer derartigen Menge an Ausrüstung, offiziell als Material zur Wiederherstellung des heruntergekommenen Tankers deklariert, der verkauft werden sollte, erregte bei den spanischen Behörden nicht den geringsten Verdacht oder gar Besorgnis.

Alle Vorbereitungen für die geplanten »Gamma«-Angriffe gingen weiterhin von der Villa »Carmela« aus. Als Seeleute der Handelsmarine getarnt, trafen zwei »Gamma«-Froschmänner mit dem Handelsschiff MARIO CROCE in Barcelona ein. Dort »desertierten« die beiden als Mitglieder der Besatzung, wurden aber von italienischen Agenten in Empfang genommen und an Bord der OLTERRA gebracht. Am Abend des 14. September 1942 verließen sie mit ihren Anzügen und Minen das Schiff und gingen bei der Villa »Carmela« an Land. In der Villa trafen sie mit drei der sieben »Gamma«-Schwimmer zusammen, die bereits an der Operation »GG 1« teilgenommen hatten. Diese sieben Kampfschwimmer hatten sich theoretisch immer noch »zur Unterstützung der spanischen Behörden bei ihren Untersuchungen« zur Verfügung zu halten, aber die Spanier hatten keine Einwände, daß die drei durch drei Seeleute der FULGOR ersetzt wurden. Nachdem sich jedoch die fünf »Gamma«-Schwimmer in der Villa »Carmela« auf den Einsatz vorbereiteten, wurde entschieden, daß entsprechend der Anzahl der Schiffe in der Bucht nur drei Mann gehen sollten. Es waren die drei, die bereits an der Operation »GG 1« teilgenommen hatten: Tenente di Vascello Agostino Straulino, Sottocapo Palombaro Vago Giari und Sommozzattore Palombaro[10a] Bruno di Lorenzo.

Am 14. September 1942 gingen die drei Männer kurz nach 23.30 Uhr ins Wasser, stellten aber bald fest, daß die drei Schiffe weiter von der spanischen Küste entfernt vor Anker lagen als bei der letzten Unternehmung. Die Briten hatten nur wenige Möglichkeiten zur Auswahl: Alle Handelsschiffe konzentrierten sich jetzt am östlichen Ende der Bucht gegenüber dem Kriegshafen. Aus diesem Grund und da die Strömung stärker als normal war, kehrte Straulino zurück, ohne eine Mine anbringen zu können. Wie sich herausstellen sollte, hatten Giari und Di Lorenzo ihre Minen am selben Schiff angebracht. Giari gelang es, unentdeckt die Villa »Carmela« zu erreichen, wohingegen Di Lorenzo unglücklicherweise am Strand einem Wachposten der »Guardia Civilia« in die Arme lief, als er aus dem Wasser kam, der ihn festnahm. Seine Festnahme war nur von kurzer Dauer, denn die »Guardia Civilia« brachte ihn mit dem Auto in die Villa »Carmela« zurück. Ein britischer Agent des SIS[11] hörte von einem Fischer davon, der Di Lorenzo an Land gehen sah. Der Agent schrieb in seinem Bericht:

> »... ein Fischer namens Gangoso ... sah einen der Flachtaucher gestern morgen [15. September] bei Puente Mayorga aus der See auftauchen und in ein Militärkraftfahrzeug mit der Nr. ET 3829 einsteigen. Hierbei belauschte er zufällig ein Gespräch mit den Karabinieri über seine Erfahrungen. Sie ergriffen ihn (Gangoso) und verabreichten ihm eine ordentliche Tracht Prügel, damit er lernen sollte, seinen Mund zu halten. Noch eine weitere zuverlässige Quelle berichtet, daß am Morgen des 15. September ein Flachtaucher aus der See ... nahe Puente Mayorga kam und sich einem Karabinieri näherte, mit dem er ein kurzes Gespräch führte. Der Karabinieri schien ihm Anweisungen zu geben. Der Flachtaucher begann auf den Treffpunkt bei Puente Mayorga zuzulaufen.«[12]

Der nächste Morgen enthüllte, daß die 1887 BRT große RAVENSPOINT über das Heck absackte und schließlich vor den Augen der ausgelassenen »Gamma«-Männer an ihrer Ankerboje sank.

Bis zum Dezember 1942 war an Bord der OLTERRA für den ersten »Maiale«-Angriff alles fertig. Die drei Geräte standen bereit und waren ausgiebig überprüft worden. Visintini beobachtete angespannt Gibraltar und benutzte hierzu – wie Borghese berichtete – ein aus dem britischen Konsulat in Algeciras gestohlenes Fernglas mit starker Vergrößerung. Die Unternehmung – Operation »BG 5« – war für den 6. Dezember angesetzt, aber am Nachmittag dieses Tages wurde Visintini noch mehr angespornt, als er sah, daß ein starker britischer Kampfverband, bestehend aus dem Schlachtschiff NELSON sowie den Flugzeugträgern FORMIDABLE und FURIOUS, in den Hafen einlief. Mit einer solchen Beute in Reichweite entschloß sich jedoch Visintini, das Unternehmen um 24 Stunden zu verschieben, um die »Maiali« noch ein letztes Mal zu überprüfen.

Am 7. Dezember 1942 steckten die drei »Maiali« um 23.30 Uhr ihre Nasen aus dem Unterwasser-Klapptor am Bug der OLTERRA und hielten auf Gibraltar zu.[12a] Die drei SLC-Besatzungen setzten sich wie folgt zusammen:

- Tenente di Vascello Licio Visintini und Sergente Palombaro Giovanni Magro mit dem Angriffsziel NELSON,
- Tenente Genio Navale Girolamo Manisco und Sottocapo Palombaro Dino Varini mit dem Angriffsziel FORMIDABLE sowie
- Sottotenente Genio Navale[12b] Vittorio Cella und Sergente Palombaro Salvatore Leone mit dem Angriffsziel FURIOUS.

Während seiner Zeit auf der OLTERRA führte Visintini ein ausführliches Tagebuch. Der letzte Eintrag am 7. Dezember lautete:

> »Ich glaube, daß ich an alles gedacht habe. Jedenfalls ist mein Gewissen vollkommen rein, weil ich weiß, daß ich dem Erfolg dieses Unternehmens mein ganzes Ich gewidmet habe. Vor dem Auslaufen werde ich zu Gott beten, daß Er unsere Arbeit mit der Belohnung des Sieges krönt und daß er mit Seiner gütigen Gnade Italien und meine hilflos und verwaist zurückgelassene Familie schützt. Viva l'Italia!«[13]

Von den drei »Maiali« kehrte nur Cella als einziger der sechs tapferen Männer zurück. Er und Leone empfanden die Hafenverteidigung als stark und sehr wachsam. Die beiden Männer verbrachten den größten Teil der Nacht damit, den Wachbooten auszuweichen, die eine beträchtliche Anzahl kleiner Wasserbomben aufs Geratewohl in das Wasser des Hafens warfen. Schließlich entschloß sich Cella zum Abbruch des Unternehmens. Der Tag brach an und sein Sauerstoffvorrat ging zu Ende. Überdies war er am ganzen Körper steif und hatte von den Erschütterungen der detonierenden Wasserbomben Prellungen davongetragen. Als er die OLTERRA erreichte, stellte er leider fest, daß während des Manövrierens in der Nacht Leone vom »Maiale« gefallen und in Verlust geraten war. Manisco und Varini gelangten durch die Wachboote und erreichten die »Abgesetzte Mole«. Dort wurden sie von einem Wachposten entdeckt und beschossen. Von einer Anzahl Motorboote verfolgt, traf Manisco die uneigennützige Entscheidung, hinaus auf See zu steuern – in der Hoffnung, daß die Wachboote ihm folgten, um den Angriff für die beiden anderen SLC's etwas zu erleichtern. Nachdem die beiden Männer gejagt, beschossen und von den Wasserbombendetonationen nahezu betäubt waren, versenkten sie schließlich ihr SLC und kletterten an Bord eines amerikanischen Handelsschiffes. Dort bereiteten ihnen die Italo-Amerikaner der Besatzung einen begeisterten Empfang. Manisco und Varini kamen letztlich in Kriegsgefangenschaft. Doch die Beteiligung des ersteren an Unterwasseroperationen war noch nicht zu Ende. Beide Männer weigerten sich, beim Verhör durch den britischen Marinenachrichtendienst Angaben zu machen. Mit viel Mühsal gelang es den Briten schließlich, Manisco zu überzeugen, und er gab zu, daß er mit dem Unterseeboot AMBRA gekommen war, das sein »Maiale« in der Bucht von Algeciras ausgesetzt hatte. Dieses Eingeständnis, das nach langen Verhören erfolgte, stellte die befragenden Geheimdienstoffiziere ausreichend zufrieden. Das Geheimnis der OLTERRA blieb jedoch gewahrt.

Was geschah mit Visintini und Magro? Visintini erreichte die Hafensperre, drang tatsächlich in den Innenhafen ein und stand im Begriff, sein Ziel auszuwählen, als sein »Maiale« entdeckt wurde. Vom Licht eines Scheinwerfers erfaßt, wurde das kleine Fahrzeug durch den einsetzenden Artilleriebeschuß und durch Wasserbomben versenkt. Ein paar Tage später entdeckten die Briten die Leichen von Visintini und Magro. Die beiden Männer wurden mit vollen militärischen Ehren auf See bestattet. Darunter war auch ein Kranz, der von den Angehörigen des Unterwasser-Sicherungskommandos Gibraltar (Gibraltar Underwater Working Party) stammte. Diese Organisation war als Antwort auf die Unterwasserangriffe der Italiener geschaffen worden und ihre Aufgabe bestand darin, die Rümpfe der im Hafen liegenden Schiffe nach Sprengladungen abzusuchen. Die Einheit in Gibraltar führte der damalige Lieutenant Lionel Crabbe, genannt »Buster«.[13a]

Das Ergebnis der Operation »BG 5« entmutigte die Italiener nicht. Obwohl nur ein Mann und ein »Maiale« zurückkehrten, hatte sich das Konzept, die OLTERRA als vorgeschobenen Stützpunkt zu verwenden, als brauchbar erwiesen. In den ersten drei Monaten des Jahres 1943 wurden daher zwei weitere »Maiali« zusammen mit neun Gefechtsköpfen – sechs davon mit halber Sprengladung (150 kg) – aus Italien hergebracht. Auch eine Lieferung von zwanzig Haftminen traf in der Italienischen Botschaft in Madrid ein. Noch vor Ende April kam Capitano di Corvetta Ernesto Notari an, um anstelle des gefallenen Visintini das Kommando über die Gruppe zu übernehmen, unmittelbar gefolgt von drei SLC-Besatzungen. Als Angestellter der italienischen Zivilfluglinie getarnt, war Notari nach Spanien geflogen, während die »Maiale«-Besatzungen über Irún an der spanischen Atlantikküste eingeschmuggelt und von dort nach Algeciras gebracht wurden.

Notari hatte eine gelockertere Einstellung zur Geheimhaltung als Visintini, denn er erlaubte den »Maiale«-Männern auf der OLTERRA tagsüber an Oberdeck zu kommen – etwas, das Visintini niemals gestattet hätte. Außerdem ließ er es am 6. Mai 1943 zu, daß die »Maiale«-Besatzungen ihre Geräte in der Bucht von Algeciras erprobten. Dies geschah zur Vorbereitung der Operation »BG 6«, die in der Nacht vom 7./8. Mai vor sich gehen sollte. Drei »Maiali« nahmen am Einsatz teil, bemannt mit Notari selbst und Sergente Palombaro Ario Lazzari als seine Nummer 2, Tenente Genio Navale Camillo Tadini und Sergente Palombaro Salvatore Mattera sowie Sottotenente Genio Navale Vittorio Cella mit Sergente Palombaro Eusebio Montalenti.

Dieser Angriff wurde ein vollständiger Erfolg. Alle drei »Maiali« kehrten am 8. Mai um 04.15 Uhr in die OLTERRA zurück, nachdem sie ihre Sprengladungen an drei in der Bucht vor Anker liegenden Handelsschiffen angebracht hatten. Um die Briten in die Irre zu führen, verstreuten auf Anweisung von Pistono handelnde italienische Agenten reichlich überzählige Stücke von Taucherausrüstungen über den Strand an der Bucht von Algeciras. Die »Maiale«-Besatzungen kehrten so schnell wie möglich auf demselben Weg, auf dem sie hergekommen waren, wieder nach Italien zurück. Obwohl diesmal jedes »Maiale« mit zwei 150-kg-Sprengladungen ausgerüstet worden war, scheinen die Besatzungen beide Ladungen jeweils am selben Schiff angebracht zu haben. Die Ergebnisse dieses Angriffs waren beeindruckend; drei Schiffe mit insgesamt 19 606 BRT wurden schwer beschädigt: die PAT HARRISON (ein »Liberty«-Schiff[13b] von 7191 BRT), die MAHSUD (7540 BRT) und die CAMERATA (4875 BRT). P.J. Jackson war damals der Zweite Offizier der MAHSUD:

> »Während meiner Wache in der Nacht vom 7./8. Mai 1943 sah und hörte ich nichts Verdächtiges, obwohl es natürlich unmöglich war, unter Wasser irgend etwas zu erkennen oder zu hören. Wir hatten keine Drahtleine unter dem Schiffsboden entlang gezogen, um festzustellen, ob Minen befestigt worden waren, weil seit langer Zeit nichts Derartiges passiert war und weil wir dazu neigten, diese Vorsichtsmaßnahme als ein wenig unnötig zu betrachten. Die ganze Nacht hindurch konnten wir patrouillierende Motorboote hören, die von Zeit zu Zeit Wasserbomben warfen. Wir waren überzeugt, daß gegen einen Unterwasserangriff entsprechende Maßnahmen ergriffen worden waren. Am nächsten Morgen jedoch wurde das Schiff um 06.10 Uhr, während wir auf 62 m ankerten, durch die Detonation einer Sabotagemine beschädigt. Ich schlief in meiner Kammer, als ich eine heftige Explosion hörte, die wie ein ungeheures Donnerrollen klang. Ich stürzte auf die Knie, während der Chefingenieur aus seiner Koje geschleudert wurde. Alles Bewegliche flog in meiner Kammer umher. Ich raste an Deck, wo ich feststellte, daß sich die Explosion unter der Mitte des Laderaums 4 ereignet hatte. Das Schiff sackte sofort über das Heck ab und erhielt eine leichte Schlagseite nach Backbord. Es schien wahrscheinlich, daß es rasch sank.«[14]

Durch den Erfolg dieses Unternehmens ermutigt, schmiedete Notari bereits Pläne für ein weiteres: die Operation »BG 7«. Ende Juli 1943 kehrte er mit denselben SLC-Besatzungen, die bereits an der Operation »BG 6« teilgenommen hatten, zur OLTERRA zurück. Lediglich Sottocapo Palombaro Andrea Gianoli hatte als Notaris Nummer 2 Ario Lazzari ersetzt.

Diese letzte »Maiale«-Operation fand in der Nacht vom 3./4. August 1943 statt. Cella und Montalenti plazierten ihre Sprengladung unter dem 9444 BRT großen Tanker THORSHOVDI, während Tadini und Matera die 5975 BRT große STANRIDGE angriffen. Notari und Gianoli richteten ihren Angriff gegen das 7176 BRT große »Liberty«-Schiff HARRISON GRAY OTIS. Doch ihr Einsatz wurde vom Verlust Gianolis überschattet. Die beiden Männer sahen sich einer neuen Gefahr gegenüber: unter dem Schiff herabhängender Stacheldraht. Dessenungeachtet manövrierte Notari sein »Maiale« unter den Schiffsboden, während sich Gianoli darauf vorbereitete, den Gefechtskopf anzubringen. Nachdem er die Zwinge am Backbord-Schlingerkiel befestigt hatte, fiel ihm jedoch die zweite Zwinge aus der Hand, so daß der Gefechtskopf vom Schlingerkiel an Backbord nach unten hing. Nunmehr half ihm Notari, die Sprengladung direkt am Schiffskörper anzubringen. Gerade als Notari losfahren wollte, verlor er die Kontrolle über das »Maiale«, das zu steigen begann und aufzutauchen drohte. Er öffnete das Entlüftungsventil zum Schnelltauchtank. Offensichtlich hatte er es zu stark geöffnet, denn der SLC sank wie ein Stein auf 34 m – dreimal so tief wie die zulässige Tiefe bei normaler Tauchfahrt –, um plötzlich nach oben zu schießen. Als Notari die Wasseroberfläche erreichte, war er erstaunt, daß ihn niemand entdeckte, stellte aber fest, daß Gianoli verschwunden war. Der letztere kam auf der anderen Seite des Schiffes an die Wasseroberfläche, wurde später aufgefischt und als Gefangener an Land gebracht. Notaris SLC lief auf dem Rückmarsch nur noch Höchstfahrt. Glücklicherweise verdeckte eine Gruppe Delphine das phosphoreszierende Kielwasser. Die detonierenden Sprengladungen beschädigten alle drei Schiffe so schwer, daß sie auf seichten Grund gesetzt werden mußten. Ein Angehöriger des Unterwasser-Sicherungskommandos Gibraltar hatte das Glück davonzukommen; denn gerade als er im Begriff stand, ins Wasser zu gehen, um den Schiffskörper der HARRISON GRAY OTIS zu untersuchen, detonierte unter ihm die Sprengladung.

Der Erfolg dieses Angriffs ermutigte Notari, Pläne auszuarbeiten, die zum bisher größten Angriff gegen Gibraltar führen sollten. Er beabsichtigte, unter dem Schiffskörper des Wassertankers BLOSSOM, der einmal täglich von Gibraltar nach Algeciras und wieder zurück fuhr, zwei »Maiali« zu befestigen. »Gamma«-Schwimmer, die sich die BLOSSOM von unten angesehen hatten, waren zur Feststellung gelangt, daß es möglich wäre, die »Maiali« mit Zwingen an den Schlingerkielen des Schiffes zu befestigen. Da die Geschwindigkeit der BLOSSOM die eines »Maiale« weit überstieg, müßten an den Geräten Spezialschilde angebracht werden, um die Besatzung während der Überfahrt zu schützen. In seiner Einfachheit war der Plan elegant: Die BLOSSOM würde die »Maiali« in den Innenhafen von Gibraltar bringen. Hierdurch entfiele das Problem, die Hafensperren zu überwinden. Zum selben Zeitpunkt arbeitete die Flottillenführung der *Decima MAS* an einem noch originelleren Plan. Das Unterseeboot MURENA sollte drei MTR-Sprengboote[14a] aussetzen, die die Schiffe in der Bucht von Alegciras anzugreifen hatten. In der durch diesen Angriff hervorgerufenen Verwirrung sollte eine Anzahl SSB's (eine verbesserte Version des SLC)[14b] in den Innenhafen eindringen und die dort festgemachten Kriegsschiffe angreifen. Beide Pläne waren von Kühnheit geprägt und ihre Durchführung hätte den Briten zweifellos eine Menge Schwierigkeiten bereitet. Die Verkündung des italienischen Waffenstillstandes am 8. September 1943 machte jedoch allen derartigen Plänen ein Ende.

Hiermit schloß sich der Vorhang für einige Zeit vor der OLTERRA und ihren geheimen Aktivitäten. Colonel[14c] Medlam, der für die Verteidigung verantwortliche Sicherheitsoffizier (Defence Security Officer) in Gibraltar, hatte in Spanien ziemlich viel Geld bei dem Versuch aufgewandt, geheimdienstliche Mitteilungen darüber zu erhalten, von wo aus die Angriffe ausgingen. Seine Bemühungen förderten eine Menge zufälliger Informationen zutage, aber darunter war nichts Schlüssiges. Die Villa »Carmela« war zweifellos verdächtig. Im Mai 1943 führte Lieutenant W. Baily, ein Angehöriger des Unterwasser-Sicherungskommandos, eine heimliche Aufklärung rund um Punta Mayorga durch und sprach mit einer Reihe von Agenten. Sie bestätigten, daß die Villa »Carmela« der Ort war, von dem aus die Angriffe ausgingen. Auch die OLTERRA stand im Verdacht. Am 26. August 1943 schrieb Medlam: »Die Möglichkeit, daß die Angriffe vom Tanker ausgehen könnten und nicht vom Strand, ist eine der Hypothesen, die wir oft in Betracht gezogen haben.«[15] Lieutenant Frank Goldsworthy, ein Geheimdienstoffizier in Gibraltar, erinnerte sich später daran, daß Crabbe überzeugt war, der Ausgangspunkt der Angriffe wäre die OLTERRA. Er schlug vor, das Unterwasser-Sicherungskommando Gibraltar sollte den Italienern etwas von ihrer eigenen Medizin verabreichen und an der OLTERRA Minen anbringen. Goldsworthy zufolge gelangte dieser Vorschlag bis ins Kriegskabinett, wo er mit der Begründung abgelehnt wurde, eine solche Aktion würde gegen die spanische Neutralität verstoßen![16]

Als letzten Ausweg richtete Medlam Strandpatrouillen zwischen Alegciras und La Línea ein und brachte Beobachter auf spanischen Fischerbooten unter, die bei Nacht dicht unter der Küste operierten. Falls einer dieser Beobachter etwas Verdächtiges erspähte, wie zum Beispiel einen Froschmann oder eine »Höllenmaschine« (wie Medlam das »Maiale« bezeichnete), sollte er signalisieren, und zwar mit einer elektrischen Lampe, die eigens zu diesem Zweck ausgegeben wurde, vier lange Lichtblitze an das patrouillierende Motorboot aussenden. Gleichzeitig rekrutierte Medlam weitere Agenten, um bekannte italienische Sympathisanten zu überwachen, und der SIS machte sich daran, Funksprüche aus dem italienischen Konsulat an die Italienische Botschaft in Madrid abzuhören.

Schließlich löste der Waffenstillstand am 8. September 1943 das Problem für die Briten. Außerdem erkannte die spanische Regierung im August 1943, daß ein Sieg der Achse in weite Ferne gerückt war, und entschloß sich, die Neutralität des Landes durchzusetzen. Am 5. August 1943, kurz nachdem Notari und seine Leute nach Italien zurückgekehrt waren, kam ein spanischer Marineoffizier an Bord der OLTERRA und verhängte über alle Personen an Bord des Schiffes eine strenge Sperre; niemand durfte das Schiff verlassen. Am 15. August ordneten die Spanier an, daß mit Ausnahme von Amoretti, dem Kapitän, der am Ort verheiratet war, und Denegri die gesamte Besatzung das Schiff zu verlassen hätte. Der Posten der »Guardia Civilia« an Bord des Schiffes wurde durch ein Wachkommando der spanischen Marine abgelöst. Am 22. September kehrte der spanische Marineoffizier zurück und teilte Denegri mit, alle Spuren auf der OLTERRA, die auf ihre Benutzung als »Maiale«-Stützpunkt hinwiesen, müßten entfernt werden. Diese Instruktionen kämen von höchster Stelle aus Madrid. Um die Arbeiten zu beschleunigen, setzten die Italiener zwei »Gamma«-Kampfschwimmer, die in Huelva stationiert gewesen waren (ihre Aktivitäten werden in diesem Buch an anderer Stelle behandelt), und ein Arbeitskommando des in Cartagena internierten Zerstörers UGOLINO VIVALDI ein.[16a] Den Spaniern ging die Arbeit jedoch nicht schnell genug, woraufhin Pistono nach Madrid abreiste, um die Angelegenheit mit der Italienischen Botschaft zu besprechen. Pistono legte dar, daß die örtlichen spanischen Behörden in Algeciras den Kopf verloren hätten. Wenn Italien die OLTERRA intakt an die Briten übergäbe, könnten die letzteren von der Genialität der Vorkehrungen überzeugt und zur Einsicht gebracht werden, daß die Spanier nichts mit der Angelegenheit zu tun hatten. Diese Argumentation wurde akzeptiert. Die Beseitigungsarbeiten auf der OLTERRA kamen fast sofort zum Stillstand. Denegris Entschluß, dem britischen Vizekonsul in Algeciras die Vorgänge vollständig und ungeschminkt zu berichten, machte jedoch diese Täuschung nutzlos. Am 11. Oktober 1943 wurde die OLTERRA im Schlepp von Algeciras in den Handelshafen von Gibraltar verbracht und dort verankert. Hier enthüllten sich die Geheimnisse dieses Schiffes. Goldsworthy erinnerte sich wie folgt:

> »Natürlich gab es damals ein großes Interesse daran, warum wir die Wahrheit nicht schon früher entdeckt hatten. Ich ging alle Agentenmeldungen durch, aber es gab nichts – abgesehen von einer, die sich mit dem Eintreffen der Kesselrohre befaßte –, was die Angriffe mit der OLTERRA in Verbindung brachte. Das Geheimnis war gut gewahrt worden.«[17]

Die Unternehmungen der *Decima MAS* in Gibraltar waren höchst erfolgreich verlaufen. Wenn ihnen auch der überwältigende Erfolg fehlte, wie er in Alexandria gelungen war, so hatte die Anwesenheit der Sondereinheit nahezu drei Jahre lang einen ständigen Druck auf die Briten ausgeübt. Überdies demonstrierte die Benutzung der Villa »Carmela« und der OLTERRA (während sie gleichzeitig eine vollständige Mißachtung der spanischen Neutralität offenbarte) die Entschlossenheit, keine Gelegenheit außer acht zu lassen, um dem Gegner den Krieg zu bringen.

Kapitel 4

Vom Schwarzen Meer zum Hudson River

Würdige Wahrer der Traditionen, die der Sturmeinheit der italienischen Marine zu eigen sind.

– Fregattenkapitän Ernesto Forza über das Einsatzkommando der ehemaligen *Decima MAS*, das am britisch-italienischen Angriff auf La Spezia teilnahm.

Neben den Unternehmungen gegen Alexandria und Gibraltar richtete die Flottillenführung der *Decima MAS* ihre Aufmerksamkeit auf die Insel Malta. Malta war der Dorn im Fleisch der Achsenmächte. Auf der Insel stationierte britische Schiffe, Unterseeboote und Flugzeuge forderten von den Schiffen, die die Armeen der Achse in Nordafrika mit Nachschub versorgten, einen hohen Tribut. Fregattenkapitän Vittorio Moccagatta, der damalige Chef der *Decima MAS*, entwarf einen Plan für einen Angriff auf den Hafen von La Valetta (heute Valletta) durch Sprengboote vom Typ MT. (Dieser Bootstyp war bereits erfolgreich beim Angriff auf den britischen Schweren Kreuzer YORK am 26. März 1941 in der Suda-Bucht/Kreta zum Einsatz gekommen.)

Das Boot mit der Typ- und zugleich Tarnbezeichnung MT (»Motoscafo Turismo«) war aus Mahagoni in Kraweel-Bauweise gefertigt und hatte die Abmessungen 5,62 m x 1,65 m x 0,4 m. Angetrieben wurde es von einem Alfa-Romeo-6-Zylinder-Motor mit 95 PS, der dem Boot eine Höchstgeschwindigkeit von 33 kn bei einem Fahrbereich von 80 sm verlieh. Nach dem Prinzip des Außenbordmotors war der Motor über ein Kegelrad-Z-Getriebe mit einer Propeller/Ruder-Kombination verbunden. Die Bedienung erfolgte durch einen einzigen Bootssteuerer im Heck von einem Holzsitz aus, ausgestattet mit einer Rückenstütze, der durch einen Zughebel aus dem Fahrzeug katapultiert werden konnte. Der Steuermann richtete das Boot auf das Ziel aus, blockierte die Steuerung und warf sich etwa 100-200 m vor dem Ziel mit seinem Sitz, der gleichzeitig als Floß diente, aus dem Boot. Traf das Boot auf das Ziel auf, zerriß ein um die vordere Bootshälfte führender Fender aus kleinen Sprengladungen das Boot in zwei Teile, die rasch versanken. Die im Bug untergebrachte Hauptsprengladung aus 330 kg Tritolital zündete ein Wasserdruckzünder (bei dessen Versagen ein Zeitzünder), wenn die vorher eingestellte Wassertiefe erreicht war, und ließ sie detonieren. Es konnte jedoch auch Aufschlagzündung eingestellt werden. Der Bootssteuerer schützte sich vor den Auswirkungen der Detonation, indem er auf seinem Holzsitz lag.

Die Einfahrt nach La Valetta war gut verteidigt. Zwischen Fort St. Elmo und Fort Ricasoli schützte die Haupteinfahrt in den Hafen zwischen zwei Wellenbrechern eine vierfach gestaffelte Netzsperre. Der Wellenbrecher auf der Seite von Fort Ricasoli war aus Bruchsteinen ohne Lücke erbaut, während die Mole auf der Seite von St. Elmo eine 70 m breite Nebeneinfahrt für die Passage kleinerer Schiffe aufwies. Diese Fahrrinne überspannte eine eiserne Brücke, unterstützt durch drei Backsteinpfeiler: der 18 m hohe Viadukt von St. Elmo. Von der Brücke hing zum Schutz der Fahrrinne ein starkes Torpedoschutznetz aus Stahl herab, das bis zum Grund reichte.

Der Angriffsplan sah zunächst keinen »Maiale«-Einsatz vor. Das Durchbrechen des Netzes an der St.-Elmo-Brücke schien der einfachste Weg zu sein, in den Hafen einzudringen. Dieser

Plan sah deshalb vor, daß das erste MT-Boot das Netz sprengen sollte, um für die nachfolgenden Boote eine Durchfahrt zu schaffen. KKpt. (Ing.) Teseo Tesei, einer der Schöpfer des »Maiale«, argumentierte jedoch, daß der Einsatz eines »Maiale«, um ein Loch in das Netz zu sprengen, weitaus besser sein würde, da das Fahrzeug sich ungesehen annähern, seine Sprengladung anbringen und danach entkommen könnte. Trotz einigen Widerstandes wurde Teseis Plan akzeptiert. In der Zwischenzeit sollte ein zweites »Maiale« in die nahe gelegene Bucht von Marsa Muscetto bis zur Unterseebootsbasis eindringen und unter den dort hintereinander festgemachten britischen Unterseebooten seine Sprengladung hinterlassen. Dahinter stand die Erwartung, daß eine 300-kg-Sprengladung ausreichend sein würde, um mehrere der im Päckchen liegenden Unterseeboote zu versenken.

Das erste »Maiale« führte Maggiore del Genio Navale[0a] Teseo Tesei, einer der Pioniere für diese Art Kriegsführung, mit 2o Capo Palombaro Alcide Pedretti als seine Nummer 2, während die Besatzung des zweiten SLC aus Tenente di Vascello Franco Costa und Sergente Palombaro Luigi Barla bestand. Offen gestanden, war Tesei für dieses Unternehmen nicht in der geeigneten körperlichen Verfassung. Jahre des Tauchens unter gefährlichen Bedingungen hatten bei ihm in beträchtlichem Maße Herz und Lunge geschwächt. Obwohl ihm der Sanitätsoffizier der *Decima MAS* das Tauchen verboten hatte, bestand er auf seiner Teilnahme und es gelang ihm, FKpt. Vittorio Moccagatta, den Flottillenchef, hiervon zu überzeugen. Teseis Geist war von einer Art, den kein ärztlicher Rat davon abhalten konnte, das zu tun, was er als seine Pflicht betrachtete.

Nach zwei mißglückten Versuchen im Mai und Juni 1941 wurde die Operation endgültig für die Nacht vom 25./26. Juli festgesetzt, eine mondlose Nacht, die gute Deckungsmöglichkeiten bot. Am 25. Juli drehte der Angriffsverband um 23.00 Uhr in Sichtweite der Insel bei. Er bestand aus dem Aviso DIANA mit neun MT-Sprengbooten an Bord und dem MTL, einem Spezialmotorboot mit den beiden »Maiali« in den Davits, im Schlepp, den beiden Schnellbooten *MAS 451* und *MAS 452* sowie einem MTS-Kommandoboot. Fast sofort ergaben sich Probleme, denn nach dem Aussetzen der »Maiali« zeigte sich, daß der Motor von Costas SLC unregelmäßig lief. Tesei versuchte fast eine Stunde, den Schaden zu beheben, und befahl schließlich Costa, zum MTL zurückzukehren und das SLC zu versenken.[0b]

Die Italiener waren der Meinung, daß die Dunkelheit sie vor den Augen der Ausguckposten an Land verbergen würde, aber die Verteidigung von Malta war – bedauerlich für die Angreifer – mit dem alles sehenden Auge des Radars ausgerüstet. Um das Ausmaß des Unglücks für die Italiener vollzumachen, gab es in der Nacht vom 25./26. Juli einen Temperaturumschlag, der die Radarstrahlen leicht über den Horizont krümmte und zu einer größeren Reichweite der Geräte führte. Bereits um 22.30 Uhr am 25. Juli hatte die Radarstation 502 der RAF ein starkes Echo etwa 72 km nordostwärts von Malta auf dem Schirm. Sie verfolgte die DIANA auf ihrem Anmarschkurs und die Verteidigungsanlagen wurden in Alarmbereitschaft versetzt. Gegen 23.00 Uhr entfernte sich das Echo zurück in Richtung Nordost. Es hinterließ ein kleines, unklares Echo, das anschließend verblaßte. Bei dem sich zurückziehenden Echo handelte es sich um die DIANA, die sich nach dem Aussetzen der MT-Boote entfernte. Diese brachten das unklare Echo hervor. Für sich allein waren die Boote zu klein, um ein deutliches Echo auf dem Radarschirm abzugeben. Doch eine Gruppe von mehreren Booten erzeugte ein Echo der beobachteten Art. Als sich die Boote trennten, verblaßte auch dieses Echo. Die Geschützbedienungen traten ab, bekamen aber den Befehl, sich bereitzuhalten.

Das Aussetzen von Tesei erfolgte gegen 03.00 Uhr; von da an wurde nichts mehr von ihm vernommen. In See warteten die MT-Boote auf die Detonation, die ihnen die Zerstörung des Netzes signalisieren würde. Zum verabredeten Zeitpunkt um 04.30 Uhr war keine Detonation zu hören und FKpt. Giobbe, der Einsatzführer der Sprengboote, erteilte Frasetto und Carabelli den Befehl, mit ihren MT-Booten das Netz zu zerstören.[0c] Kurz nach 04.45 Uhr gingen die beiden Sprengboote auf Angriffskurs. Als er noch 50 m vom Netz entfernt war, warf sich Frasetto über Bord. Doch sein Sprengboot war nicht schnell genug, um die Sprengladungen des Fenders auszulösen, und so blieb es im Netz hängen. Carabelli hatte beobachtet, was passiert war, stellte seinen Zünder auf »Aufschlag« ein und steuerte sein Sprengboot direkt in das Netz. Carabelli hatte sein Boot nicht verlassen und flog mit ihm in die Luft. Hierdurch zündete auch die Sprengladung in Frasettos Boot. Diese doppelte Detonation zerstörte nicht nur das Netz, sondern bewirkte auch den Einsturz des rechten Teils der Brücke, deren Eisenkonstruktion die Einfahrt nunmehr weit wirksamer als das Netz blockierte.

Doch die Hafenverteidigung paßte jetzt auf. Die MT-Boote rasten in einen Geschoßhagel und wurden bis auf zwei versenkt. Als Giobbe auf dem MTS-Boot das Geschützfeuer hörte, erkannte er, daß das Schlimmste eingetreten war, und gab den Befehl zum Rückzug. Mit Tagesanbruch am 26. Juli verfolgten Flugzeuge die Überlebenden. Jagdflugzeuge der RAF versenkten in der Folge die beiden Schnellboote, das MTL-Trägerboot und das MTS-Kommandoboot.[0d] Entscheidender war die Tatsache, daß an Bord des Schnellbootes *MAS 452* die gesamte Führung der *Decima MAS*, u.a. auch Moccagatta und Giobbe, getötet wurde. Doch was war mit den SLC's geschehen?

Von Tesei wurde nichts mehr gehört. Nach dem Angriff fanden die Briten in der Nähe des St.-Elmo-Viaduktes eine Tauchermaske ähnlich der, die die »Maiale«-Besatzungen trugen. An ihr klebten menschliche Fleischreste und Haare. Daher scheint die Vermutung gerechtfertigt, daß Tesei sein Ziel erreichte. Eine Theorie besagt, daß Tesei und seine Nummer 2 durch die doppelte MT-Bootdetonation getötet wurden. Nach der Detonation von Carabellis Sprengboot sah Sergeant Zammit vom Fort St. Elmo aus ein kleines Objekt, das von Wasser überflutet auf die Brücke zuhielt. Auf eine Entfernung von etwa 300 m gab er aus seinem 6-Pfünder-Geschütz einen Schuß ab und das Objekt explodierte. Dies war vermutlich Teseis »Maiale«. Nachdem er versucht hatte, Costas »Maiale« zu reparieren, müßte er etwa eine Stunde hinter seinem Zeitplan zurückgelegen sein, zudem ihn noch eine seewärts laufende Westströmung weiter nach See zu versetzt haben dürfte. Andererseits starb Tesei, wie er es sich gewünscht hätte: in See und im Dienst seines Landes. Es gibt die Vermutung, daß er seinen Tod bei dieser Unternehmung vorausgeahnt hat. Ein vom 17. Juli 1941 datierter Brief an einen Freund schloß mit den Worten:

> »Wenn Du diesen Brief erhältst, werde ich der höchsten Ehre teilhaftig geworden sein. Ich werde nämlich mein Leben für den König und die Ehre unserer Fahne geopfert haben. Du weißt, daß dies den größten Wunsch und die erhabenste Freude für einen Mann bedeutet...«[1]

Sein Tod war jedoch zusammen mit dem von Moccagatta und Giobbe ein schwerer Verlust für die *Decima MAS*. In der Führung der *Decima MAS* folgte dem gefallenen Moccagatta als Interimslösung KKpt. Borghese nach, der bereits die Unterwasser-Abteilung führte. Kurze Zeit später wurde Borghese von Capitano di Fregata Ernesto Forza abgelöst. Die Führung der Überwasser-Abteilung erhielt für den gefallenen Giobbe der Capitano di Corvetta Salvatore Todaro.

Die Landungen der Alliierten im November 1942 in Französisch-Nordafrika eröffneten der *Decima MAS* weitere Möglichkeiten. Die Luftaufklärung des Hafens von Algier ergab eine massive Konzentration von Kriegs- und Handelsschiffen. Die Flottillenführung entschied daher, das Unterseeboot AMBRA, das einzige für den Transport von SLC's noch vorhandene Boot, mit drei »Maiali« und zehn »Gamma«-Kampfschwimmern an Bord zum Einsatz gegen Algier zu entsenden. Bei dieser Unternehmung, der Operation »NA 1«, sollten Handelsschiffe das Hauptziel sein. Daher brauchten die Sprengladungen der »Maiali« nicht so groß zu sein und statt der 300-kg-Ladung wurden zwei 150-kg-Ladungen mitgeführt.

Die AMBRA, noch immer unter der Führung von Capitano di Corvetta Mario Arillo, lief am 4. Dezember 1942 aus La Spezia aus. Die Besatzungen der »Maiali« bildeten Giorgio Badesi, Carlo Pesel, Guido Arena, Ferdinando Cocchi, Aspirante[1a] Giorgio Reggioli und Colombo Pamolli. Zur Reservebesatzung gehörten Augusto Jacobacci und Amando Battaglia. Jacobacci hatte bei diesem Unternehmen noch eine weitere Aufgabe: Er sollte für die Froschmänner als »Führer« fungieren. Hierzu sollte er das Unterseeboot über die Ausstiegsschleuse verlassen und an die Wasseroberfläche schwimmen. Zu seiner Ausrüstung gehörte ein Telefon, das mit dem Unterseeboot über ein wasserdichtes Kabel verbunden war und mit dem er die Lage der Ziele melden sollte, ehe die Kampfschwimmer ausstiegen, so daß das Unterseeboot in die vorteilhafteste Position gebracht werden konnte. Dies war eine von der *Decima MAS* neu entwickelte Taktik; sie spiegelte offensichtlich die Schwierigkeiten wider, die die Kampfschwimmer beim Ausmachen der Ziele erfahren hatten. Außerdem hatte der »Führer« den »Gamma«- und »Maiale«-Männern beim Wiederfinden des Unterseebootes nach dem Unternehmen Unterstützung zu gewähren.

Der Einsatzplan für die Nacht vom 11./12. Dezember 1942 sah für die »Gamma«-Schwimmer vor, die auf der Reede liegenden Handelsschiffe anzugreifen, während die drei SLC's in den Innenhafen eindringen sollten. Die AMBRA würde bis 02.00 Uhr am 12. Dezember auf die Rückkehr der »Maiale«- und »Gamma«-Männer warten, ehe das Boot den Rückmarsch nach La Spezia antrat.

In den Abendstunden des 11. Dezember näherte sich die AMBRA der Reede von Algier und Jacobacci wurde an die Wasseroberfläche entsandt. Er meldete, daß das Unterseeboot noch näher an die Reede herangehen sollte, und so schob sich die AMBRA mit langsamer Fahrt weiter voran, Jacobacci mit sich nehmend. Um 21.45 Uhr meldete Jacobacci, daß sich das Unterseeboot unter einer Gruppe von sechs Handelsschiffen in einer prächtigen Position befände. Der erste »Gamma«-Schwimmer verließ das Unterseeboot um 22.30 Uhr und bis 23.00 Uhr waren alle zehn draußen. Ihnen folgten die drei »Maiale«-Besatzungen. Nunmehr kehrte Jacobacci in das Unterseeboot zurück. Kurz nach 02.30 Uhr am 12. kehrte er jedoch wieder an die Wasseroberfläche zurück, um den Schwimmern bei der Rückkehr beizustehen. Inzwischen war der Zeitpunkt, an dem die AMBRA den Rückmarsch antreten sollte, schon lange verstrichen. Doch da die Angriffsgruppen infolge von Schwierigkeiten beim Anlegen ihrer Ausrüstung verspätet aus dem Unterseeboot ausgestiegen waren, hatte sich Arillo entschlossen, noch zuzuwarten. Als Jacobacci auftauchte, konnte er hören, wie einige der »Gamma«-Schwimmer nach ihm riefen, aber es war ihm nicht möglich, Kontakt mit ihnen aufzunehmen. Die Rufe waren auf einem Dampfer in der Nähe gehört und mit Schüssen beantwortet worden. Widerstrebend kehrte Jacobacci in das Unterseeboot zurück und um 03.00 Uhr trat die AMBRA den Rückmarsch an. Sie lief am 15. Dezember wieder in La Spezia ein.

Badessi und Pesel stellten bald fest, daß ihr »Maiale« nicht richtig funktionierte, und waren daher außerstande, ihren Angriff durchzuführen. Danach versuchte Badessi, Jacobacci ausfindig zu machen, aber es gelang ihm nicht. So hielten er und Pesel nunmehr auf die Küste zu und nahmen unterwegs noch den erschöpften Kampfschwimmer Lugano auf, dem es nicht gelungen war, ein Ziel zu finden. Als sie nach der Zerstörung ihres SLC an Land gingen, wurden die drei Männer prompt von einer französischen Patrouille gefangengenommen. Arena und Cocchi hatten mehr Glück, trotzdem sich Arena infolge von Übelkeit in schlechter körperlicher Verfassung befand. Jeder »Maiale«-Besatzung waren zwei Ziele zugewiesen worden, um die beiden von jedem Fahrzeug mitgeführten Gefechtsköpfe anzubringen. Während sich das SLC seinem Ziel näherte, hörte und fühlte Arena Wasserbombendetonationen und hörte auch den

Motorenlärm schneller Motorboote. Dessenungeachtet entschloß er sich, seinen Angriff fortzusetzen, befestigte aber seine beiden Sprengladungen unter einem Schiff. Wie Badessi, so gelang es auch Arena nicht, Jacobacci zu finden. Daher nahm auch er zusammen mit den »Gamma«-Männern Luciani und Ghiglione Kurs auf die Küste. Die beiden Kampfschwimmer hatten keine Ziele gefunden und trugen ihre Haftminen noch bei sich. Auch diese vier Männer wurden fast unmittelbar, nachdem sie an Land gegangen waren, von in der Nähe lagernden schottischen Soldaten gefangengenommen.

Das letzte »Maiale« mit Reggioli und Pamolli führte einen lehrbuchartigen Angriff durch. Reggioli brachte seine erste Sprengladung unter einem Tanker an, den er auf 9000 BRT schätzte – das Schiff besaß keine Schlingerkiele und so mußte er die Ladung an der Schraubenwelle befestigen –, um anschließend die zweite Sprengladung an einem Frachter anzubringen. Als sich Reggioli mit seinem SLC absetzte, erfaßte ihn der Lichtkegel eines Scheinwerfers und aus einer Maschinenwaffe wurden mehrere Feuerstöße in seine Richtung abgegeben, die aber nicht trafen. Wie den beiden anderen »Maiale«-Besatzungen, so gelang es auch Reggioli und Pamolli nicht, Jacobacci zu finden. So nahmen sie gezwungenermaßen mit ihrem SLC ebenfalls Kurs auf die Küste und gingen an Land. Dort mußten sie sich später einer Schwadron französischer Spahis ergeben. Anschließend waren sie für kurze Zeit auf dem Depotschiff HMS MAIDSTONE eingesperrt, ehe sie in ein Kriegsgefangenenlager gebracht wurden. Reggioli hörte aber mit Befriedigung, wie seine Sprengladungen detonierten, und konnte später von der HMS MAIDSTONE aus die Ergebnisse seiner Arbeit sehen:

»Die Detonationen begannen um 5 Uhr und dauerten bis 7 Uhr. Wir konnten von dort, wo wir waren, infolge der Dunkelheit und des leichten Nebels nichts sehen. Später am Tage sichteten war aber vom Hilfskreuzer MAIDSTONE, auf den man uns gebracht hatte, bei der Hafeneinfahrt, dort, wo wir das erste Schiff angegriffen hatten, einige treibende Wrackstücke. Als war dann von Algier nach Lager 203 geschafft wurden, sahen wir, daß das Motorschiff, das wir angegriffen hatten [die »59«, unter amerikanischer Flagge], mit abgesprengtem Heck auf einer Untiefe saß.«[2]

Was die »Gamma«-Schwimmer anbetraf, so brachten Morello, Botti und Feroldi ihre Haftminen am selben Schiff an, wie dies auch Rolfini, Evangelisti und Boscoli taten. Unglücklicherweise wurde Lucchetti gefangengenommen und auf das Schiff gebracht, das Morello gerade verminte. Luciani, Lugano und Ghiglione gerieten in den Zustand der Erschöpfung, während sie versuchten, ein Ziel zu finden, und wurden von den »Maiale«-Männern an Land gebracht. Alle zehn »Gamma«-Kampfschwimmer kamen in Gefangenschaft.

Offensichtlich hatten die Italiener keine Vorstellung von der Identität der von ihnen angegriffenen Schiffe. Daher ist es außerordentlich schwierig, die Schiffsverluste bestimmten Angreifern zuzuschreiben. Die Ergebnisse des nächtlichen Angriffs bestanden aus vier schwer beschädigten Handelsschiffen: OCEAN VANQUISHER (7174 BRT), BERTO (1493 BRT), EMPIRE CENTAUR (7041 BRT) und HARMATTAN (4558 BRT). Vier beschädigte Schiffe waren kein sehr bedeutender Erfolg für ein Unternehmen, an dem drei »Maiali« und zehn »Gamma«-Kampfschwimmer beteiligt waren.

Ein umstrittener Bereich für Operationen der *Decima MAS* war das Führen von ausgewählten Schlägen gegen die alliierte Handelsschiffahrt unter Benutzung getarnter Stützpunkte, die in Portugal, Spanien und der Türkei eingerichtet wurden. Sie ließen eine muntere Mißachtung der Neutralität dieser Länder erkennen. Die Einrichtung derartiger Stützpunkte erfolgte in Huelva, Málaga, Barcelona, Lissabon und Porto. Hierzu wurde gewöhnlich wie im Falle der OLTERRA in Algeciras ein interniertes italienisches Handelsschiff benutzt. Dieses Schiff benutzten dann »Gamma«-Schwimmer, um an britischen Schiffen Haftminen anzubringen. In Huelva befand sich ein solcher Stützpunkt an Bord der GAETA und von ihr aus wurden eine Reihe von Schiffen angegriffen. Es gibt keine Aufzeichnungen darüber, inwieweit diesen Unternehmen Schiffe zum Opfer fielen. Doch im Gefolge der Angriffe in Gibraltar führten die Briten ein rigoroses System der Schiffsrumpf-Überprüfung bei allen Schiffen ein, die spanische Häfen anliefen. Die Haltung der spanischen Regierung gegenüber den Aktivitäten der *Decima MAS* ist bereits erörtert worden, aber in der Türkei und in Portugal lagen die Verhältnisse anders.

Das herausragendste Beispiel dieser Art Unternehmen fand am östlichen Ende des Mittelmeeres in den türkischen Häfen von Alexandrette (heute Iskenderun) und Mersina (heute Mersin) statt. Dort luden britische Schiffe Chromerz, das als Stahlveredler ein wichtiges strategisches Handelsgut bedeutete. Die Aufmerksamkeit der Flottillenführung der *Decima MAS* lenkte Tenente di Vascello Giovanni Roccardi auf Alexandrette, ein Offizier des geheimen Marinenachrichtendienstes, der in diesem Hafen unter der Tarnung eines Konsulatssekretärs im italienischen Konsulat arbeitete. Roccardi wies darauf hin, daß die Handelsschiffe während der Übernahme der Ladung, die auf Leichtern zu ihnen gebracht wurde, auf Reede lagen. Daher stellten die auf der Reede ankernden Schiffe für die Aufmerksamkeiten der *Decima MAS* ein leichtes und auch verführerisches Ziel dar.

Für diese Operation fiel die Wahl auf Sottotenente di Vascello Luigi Ferraro, der ein hervorragender Schwimmer war. Er erhielt – ohne Unterstützung oder Einverständnis des Außenministeriums – Diplomatenpapiere, die ihn als Beamten des Konsulats in Alexandrette mit »Sonderauftrag« auswiesen. Der Vizekonsul, der ebenfalls keine Ahnung von der geplanten Operation hatte, wurde mit einem gefälschten Schreiben des Außenministeriums gebeten, seinem neuen Mitarbeiter jede nur mögliche Unterstützung zu gewähren. Als Gepäck brachte Ferraro vier außerordentlich schwere Handkoffer mit, die deutlich mit dem italienischen Diplomatensiegel gekennzeichnet waren und somit nicht der Zollinspektion unterlagen.

Ferraro traf Anfang Juni 1943 in Alexandrette ein und der Konsul führte ihn in die kleine, aber überaus neugierige diplomatische Gesellschaft der Stadt ein. Neben Italien unterhielten auch die Vereinigten Staaten, Großbritannien, Griechenland und Frankreich diplomatische Vertretungen in dieser Hafenstadt. Am Abend des 30. Juni schlüpfte Ferraro nach einem langen Boccia-Spiel am Strand in seinen Taucheranzug und schwamm, mit zwei Haftminen ausgerüstet, zur 7000 BRT großen ORION hinaus, die auf Reede lag. Er befestigte die Haftminen an den Schlingerkielen des Schiffes und kehrte dann zum Strand zurück. Die von Ferraro benutzten Minen waren »Kofferladungen« mit Fahrtstreckenzündung, d.h. sie waren mit einem Propeller ausgestattet, der sich bei Fahrtaufnahme des Schiffes mitdrehte und die Sprengladung nach etwa fünf Seemeilen detonieren ließ. Auf diese Weise gab es in neutralen Häfen keine peinlichen Detonationen und mit etwas Glück würden die Briten annehmen, daß das Schiff einem konventionellen Unterseebootsangriff oder einem Minentreffer zum Opfer gefallen war. Am 6. Juli detonierten die an der ORION angebrachten Minen vorschriftsmäßig und das mit Chromerz beladene Schiff sank wie ein Stein. Auf ähnliche Weise gerieten am 9. Juli die 4915 BRT große KAITUNA, ausgelaufen aus Mersina, und am 1. August die 7000 BRT große FERNPLANT in Verlust. Eine der an der KAITUNA angebrachten Sprengladungen detonierte jedoch nicht und das schwer beschädigte Schiff wurde an der zyprischen Küste auf Grund gesetzt. Bei der Untersuchung wurde dort die zweite Ladung gefunden. Das System des Überprüfens der Rümpfe von Handelsschiffen wurde auch auf die Schiffe ausgeweitet, die aus türkischen Häfen ausliefen. Dies rettete zweifellos den 5000-BRT-Frachter SICILIAN PRINCE.

Nach dem Angriff auf die FERNPLANT hatte Ferraro den verfügbaren Bestand an Sprengladungen aufgebraucht. Daher kehrte er nach Italien zurück, zumal sich passend hierzu ein Anfall von Malaria einstellte, der seine Heimreise aus medizinischen Gründen erforderlich machte. Seine Einsätze hatten die Versenkung von zwei Schiffen und die Beschädigung eines dritten samt dem Verlust ihrer wertvollen Ladungen zur Folge gehabt. Wenig spektakulär, aber außerordentlich erfolgreich, war dies eine der wirkungsvollsten Operationen der *Decima MAS* gewesen.

Kehren wir zurück ins zentrale Mittelmeer. Die Reaktion der *Decima MAS* auf die alliierte Invasion Siziliens bestand im Ansetzen eines Angriffsunternehmens gegen die Invasionsflotte, die vor dem Hafen von Syrakus vor Anker lag. Zur Durchführung dieser Operation wurde die AMBRA ausgewählt, nunmehr unter dem Kommando von Tenente di Vascello Ferrini. Statt der SLC's enthielten die Behälter auf dem Oberdeck drei Hochgeschwindigkeits-Sprengboote vom Typ MTR, jedes von einem Mann gesteuert. Ferrini näherte sich geschickt der Absetzposition längs der sizilianischen Küste. Als er aber auf der Höhe von Syrakus auftauchte, ortete ein Flugzeug das Unterseeboot und es setzte eine schwere Wasserbombenverfolgung ein. Obwohl es der AMBRA gelang zu entkommen, hatten die Wasserbomben die Tore der Behälter mit den MTR-Booten so schwer beschädigt, daß die Boote nicht ausgesetzt werden konnten. Widerstrebend brach Ferrini das Unternehmen ab. Dies war die letzte Operation der *Decima MAS* von einem Unterseeboot aus.

Neben den bemannten Torpedos und Sprengbooten der *Decima MAS* hatte die *Regia Marina* auch zwei Typen von Kleinunterseebooten gebaut. Sie sollten im Rahmen einer konventionelleren Kriegsführung eingesetzt werden. Hierbei handelte es sich um die Kleinunterseeboote vom Typ CA und CB, gebaut von den Caproni-Werken in Mailand (Werft Montecollino am Iseo-See), die das hinreichende Interesse der *Regia Marina* fanden, um weitere Bauaufträge zu erteilen. Zwischen 1938 und 1943 wurden vier Einheiten des CA-Typs und 22 des CB-Typs gebaut, obwohl die Bauaufträge für 72 Einheiten des CB-Typs erteilt worden waren. Die vier Boote der CA-Klasse entstanden in zwei Gruppen: *CA 1* und *CA 2* sowie *CA 3* und *CA 4*. Beide Versionen waren in etwa gleich groß, aber *CA 1* und *CA 2* hatten einen Diesel- und einen E-Motor als Antrieb, während *CA 3* und *CA 4* lediglich einen E-Motor besaßen. Die beiden ersten Einheiten konnten entweder Sprengladungen oder zwei 45-cm-Torpedos mitführen, wohingegen das zweite Paar nur mit Sprengladungen bewaffnet war: acht 100-kg- und zwanzig 2-kg-Ladungen.

Aufgabe dieser Kleinunterseeboote waren der Hafenschutz und Patrouillen zur Küstenverteidigung. Die CA-Klasse unterlag höchster Geheimhaltung und tauchte daher nicht einmal in der Flottenliste der Königlich Italienischen Marine auf. Soweit bekannt ist, kam keines dieser Boote zum Kriegseinsatz. Allerdings war für *CA 2* ein groß angelegter Einsatz vorgesehen. Das Boot erfuhr einen Umbau, damit es an Bord des Unterseebootes LEONARDO DA VINCI mitgeführt werden konnte, um im Winter 1943 einen Angriff auf New York durchzuführen – eine Operation, die weiter unten beschrieben wird und die durch den Waffenstillstand Italiens am 8. September 1943 vereitelt wurde. Zum Zeitpunkt des Waffenstillstandes befanden sich *CA 1*, *CA 3* und *CA 4* in La Spezia, während *CA 2* in Bordeaux lag. Alle Boote versenkten sich selbst, obwohl *CA 2* 1949 gehoben und abgebrochen wurde.[2a] Die CB-Klasse war in den Abmessungen etwas größer und mit dieselelektrischem Antrieb ausgestattet. Vom äußeren Erscheinungsbild her unterschied sich dieser Typ von der CA-Klasse durch einen Sehrohraufbau und eine Verkleidung um das obere Luk für den Kommandanten, um sich bei Überwasserfahrt dort aufhalten zu können. Die Bewaffnung bestand aus zwei 45-cm-Torpedos in außerhalb des Druckkörpers liegenden Torpedorohren oberhalb der Wasserlinie. Diese Anordnung war außerordentlich praktisch, denn das Boot mußte zum Nachladen der Torpedorohre nicht aus dem Wasser gehoben werden.

Auch die CB-Klasse wurde in zwei Gruppen bei den Caproni-Werken in Mailand gebaut. Zwischen Januar und Mai 1941 lieferte die Werft *CB 1* bis *CB 6* an die *Regia Marina* ab. Nach einem zweijährigen Stopp des Bauprogramms gelangte die nächste Einheit – *CB 7* – erst am 1. August 1943 zur Ablieferung. Die restlichen 15 Einheiten folgten bis Ende 1943. Die Gefahr einer Invasion nach dem Zusammenbruch der Achsenstreitkräfte in Nordafrika kurbelte zweifellos das Wiederaufleben des Interesses am Bauprogramm an.

Der Kriegseinsatz der Einheiten der CB-Klasse war verschiedenartig. *CB 1* bis *CB 6* bildeten ab Mitte 1941 das 1. Klein-U-Bootgeschwader, das Anfang 1942 im Straßen- und Eisenbahntransport zum rumänischen Hafen Konstanza am Schwarzen Meer verlegt wurde. Dort trafen die Boote bis zum 2. Mai 1942 ein. Von Konstanza aus operierend, unterstützte das

Klein-U-Boot Typ CA (1. Gruppe – zwei Mann Besatzung)

Wasserverdrängung:	13,5 ts über/16,4 ts unter Wasser
Länge:	10,0 m
Breite:	1,96 m
Antriebsanlage:	1 MAN-Dieselmotor mit 60 PSe, 1 Marelli-E-Motor mit 25 PS, 1 Welle
Geschwindigkeit über Wasser:	6,25 kn
Bewaffnung:	Zwei 45-cm-Torpedos in außen gelegenen Ablaufrohren (*CA 1* später umgebaut zum Mitführen von acht 100-kg-Sprengladungen)[2b]
Besatzung:	2 Mann
Abgelieferte Einheiten:	2

Schicksal:
CA 1: 1938 bei den Caproni-Werken in Mailand gebaut. Umbau 1941 und am 9. September 1943 in La Spezia selbstversenkt.
CA 2: 1939 bei den Caproni-Werken in Mailand gebaut. Umbau 1941/42. Sollte mit dem großen Unterseeboot LEONARDO DA VINCI zu Operationen vor der Ostküste der USA eingesetzt werden. 1944 in Bordeaux selbstversenkt, 1949 gehoben und abgebrochen.

Klein-U-Boot Typ CA (2. Gruppe – drei Mann Besatzung)

Wasserverdrängung:	12,8 ts über/14 ts unter Wasser
Länge:	10,47 m
Breite:	1,9 m
Antriebsanlage:	1 Marelli-E-Motor mit 21 kW (28,6 PS), 1 Welle
Geschwindigkeit über Wasser:	7 kn
Geschwindigkeit unter Wasser:	6 kn
Bewaffnung:	Acht 100-kg- und zwanzig 2-kg-Sprengladungen
Besatzung:	3 Mann
Abgelieferte Einheiten:	2

Schicksal:
CA 3, CA 4: Beide Boote 1942 bei den Caproni-Werken in Mailand gebaut und am 9. September 1943 in La Spezia selbstversenkt.

Klein-U-Boot Typ CB (vier Mann Besatzung)

Wasserverdrängung:	35,96 ts über/45 ts unter Wasser
Länge:	14,99 m
Breite:	3,0 m
Antriebsanlage:	1 Isotta-Fraschini-Dieselmotor mit 50 – 80 PSe, 1 Brown-Boveri-E-Motor mit 80 PS, 1 Welle
Geschwindigkeit über Wasser:	7,5 kn
Geschwindigkeit unter Wasser:	6,6 kn
Bewaffnung:	Zwei 45-cm-Torpedos in außen gelegenen Ablaufrohren oder zwei Minen
Besatzung:	4 Mann
Abgelieferte Einheiten:	22 (sämtlich bei den Caproni-Werken in Mailand gebaut)

Geschwader den ganzen Sommer 1942 hindurch die rechte Flanke des deutschen Heeres und verstärkte die Seeblockade Sewastopols. Am 15. Juni 1942 griff *CB 3* (Tenente di Vascello Giovanni Sorrentino) ein sowjetisches Unterseeboot erfolglos an, aber drei Tage später griff Sottotenente di Vascello Attilio Russo mit *CB 2* das sowjetische Unterseeboot *ŠČ 208* an und versenkte es.[2c] Am 28. August 1943 versenkte das von Tenente di Vascello Armando Sibille geführte *CB 4* das sowjetische Unterseeboot *ŠČ 207* südlich von Tarahankut. Andererseits fiel *CB 5* am 13. Juni 1942 einem sowjetischen Luftangriff im Hafen von Jalta durch Lufttorpedotreffer zum Opfer.

Nach dem Waffenstillstand Italiens wurden die noch verbliebenen fünf Boote am 9. September 1943 der rumänischen Marine übergeben und nach der Kapitulation Rumäniens übernahmen sie am 30. August 1944 die Sowjets. Berichten zufolge sollen sie bis 1955 bei der sowjetischen Marine in Dienst geblieben sein. *CB 8* bis *CB 12* wurden im September 1943 vollständig intakt den Briten in Tarent ausgeliefert. *CB 7* befand sich zum Zeitpunkt der Kapitulation Italiens in Pola, wurde von den Deutschen am 12. September 1943 erbeutet und der Sozialistischen Republik Italien – des von den Deutschen gestützten Regimes Mussolinis in Norditalien – übergeben. Später wurde das Boot zur Fertigstellung von *CB 13* ausgeschlachtet. Alliierte Luftangriffe vernichteten 1944/45 *CB 13* bis *CB 15* sowie *CB 17*. *CB 16* wurde an die Sozialistische Republik Italien übergeben und in Dienst gestellt. Am 1. Oktober 1944 lief das Klein-U-Boot nahe Sennigallia an der Adriaküste auf Grund. Dort erbeuteten es britische Streitkräfte. *CB 18* und *CB 19* wurden nach dem Krieg in Venedig abgebrochen. *CB 20* erbeuteten gegen Kriegsende jugoslawische Partisanen in Pola; sein weiteres Sckicksal ist unbekannt. Ein deutscher Marinefährprahm (MFP) versenkte im September 1943 *CB 21* durch Rammstoß, als das Klein-U-Boot zur Übergabe an die Alliierten auf dem Wege nach Ancona war. Schließlich wurde noch *CB 22* bei Kriegsende in Triest erbeutet. Viele Jahre lang lag der Bootskörper verlassen auf einem Kai, wurde aber etwa um 1950 restauriert und in das Kriegsmuseum von Triest verbracht. Dort befindet sich das Boot als Ausstellungsstück bis heute. Die Typen CA und CB waren sehr gelungene Entwürfe. Sie erwiesen sich bei den Operationen im Schwarzen Meer als sehr leistungsfähig. Wären sie im Zeitpunkt der Invasion Italiens in größerer Anzahl zur Verfügung gestanden, hätten sie sich gut halten und die Landungen stören können.

Anfang September 1943 hatte sich die Lage, der sich die italienische Regierung gegenübersah, erheblich verschlechtert. In Nordafrika hatten die Streitkräfte der Achse eine

Schicksal der abgelieferten Klein-U-Boote vom Typ CB

Kennung:	Abgeliefert:	Schicksal:
CB 1	27.01.41	Nach dem 08.09.43 an Rumänien übergeben und am 30.8.44 von der sowjetischen Marine übernommen.
CB 2	27.01.41	Wie *CB 1*.
CB 3	10.05.41	Wie *CB 1*.
CB 4	10.05.41	Wie *CB 1*.
CB 5	10.05.41	13.06.42 in Jalta durch sowjetischen Lufttorpedotreffer versenkt.
CB 6	10.05.41	Wie *CB 1*.
CB 7	01.08.43	12.09.43 von den Deutschen in Pola erbeutet, übergeben an die Sozialistische Republik Italien und ausgeschlachtet.
CB 8	01.08.43	1948 in Tarent verschrottet.
CB 9	01.08.43	Wie *CB 8*.
CB 10	01.08.43	Wie *CB 8*.
CB 11	24.08.43	Wie *CB 8*.
CB 12	24.08.43	Wie *CB 8*.
CB 13	1943	11.09.43 von den Deutschen im Ausrüstungszustand in Pola erbeutet, übergeben an die Sozialistische Republik Italien und mit Teilen von *CB 7* fertiggestellt, 23.03.45 durch alliierten Luftangriff in Pola versenkt.
CB 14	1943	11.09.43 von den Deutschen im Ausrüstungszustand in Pola erbeutet, übergeben an die Sozialistische Republik Italien, 1944/45 durch alliierten Luftangriff zerstört.
CB 15	1943	Wie *CB 14*.
CB 16	1943	Wie *CB 14*, 01.10.44 nahe Sennigallia auf Grund gelaufen, von den Briten erbeutet, weiteres Schicksal unbekannt.
CB 17	1943	10.09.43 von den Deutschen im Ausrüstungszustand in Triest erbeutet, übergeben an die Soz. Republik Italien, umbezeichnet in *CB 6*, 03.04.45 durch ein alliiertes Flugzeug vor Cattolica versenkt.
CB 18	1943	10.09.43 von den Deutschen im Ausrüstungszust. in Triest erbeutet, übergeben an die Sozialistische Republik Italien, 31.03.45 versenkt vor Pesaro, 1946 gehoben und anschließend in Venedig abgebrochen.
CB 19	1943	10.09.43 von den Deutschen im Ausrüstungszustand in Triest erbeutet, übergeben an die Sozialistische Republik Italien und 1947 in Venedig abgebrochen.
CB 20	1943	10.09.43 von den Deutschen im Ausrüstungszustand in Triest erbeutet, übergeben an die Sozialistische Republik Italien und wahrscheinlich Ende April 1945 von jugoslawischen Partisanen erbeutet.
CB 21	1943	Im September 1943 von den Deutschen in Mailand erbeutet, im Eisenbahntransport nach Pola gebracht und an die Sozialistische Republik Italien übergeben, 29.04.45 auf dem Wege nach Ancona zur Übergabe von einem deutschen MFP gerammt und versenkt.
CB 22	1943	Im September 1943 von den Deutschen in Mailand erbeutet, im Eisenbahntransport nach Pola gebracht und an die Soz. Republik Italien übergeben, nie fertiggestellt (Wrack lag bis etwa 1950 auf einem Kai in Triest und wurde anschließend ins Kriegsmuseum Triest verbracht).

Niederlage erlitten und es war deutlich geworden, daß im Gefolge der alliierten Invasion Siziliens, die am 10. Juli 1943 begonnen hatte, die Landungen auf dem italienischen Festland als nächstes folgen würden. Mitte Juli 1943 wurde Mussolini bedrängt, Hitler mitzuteilen, daß Italien den Krieg nicht länger fortsetzen könnte. Hierzu konnte sich Mussolini jedoch nicht durchringen; an der Lage Italiens änderte dies jedoch nichts. Schließlich wurde Mussolini am 25. Juli gestürzt und unter Arrest gestellt. Eine neue Regierung, geführt von Marschall Pietro Badoglio, trat mit den Alliierten sofort in Verhandlungen ein und am 3. September wurde ein Waffenstillstand unterzeichnet und am 8. September 1943 verkündet.

Der Waffenstillstand Italiens wurde in der *Decima MAS* mit Bestürzung aufgenommen. Am 1. Mai 1943 hatte Borghese von Forza die Führung der 10. MAS übernommen, als dieser ein Bordkommando erhielt. Borghese, ein energischer und rastloser Flottillenchef, war sich der Tatsache bewußt, daß die *Decima MAS* in Anbetracht der kritischen Brennstofflage, die sich auf den Großteil der italienischen Überwasserflotte auswirkte, der einzige offensive Arm der *Regia Marina* war. Er ging sofort daran, weitere Pläne zur Verwirrung des Gegners vorzubereiten. Das bereits oben erwähnte Anbringen von Sprengladungen an Handelsschiffen in neutralen Häfen war nur einer von ihnen. Gleichzeitig wurden größere Angriffe auf Gibraltar unter Einsatz neuer Waffen geplant. Eines dieser neuen Waffensysteme war der bemannte Torpedo vom Typ SSB, eine verbesserte Version des SLC, bei dem die Besatzung im nach oben offenen Inneren des Fahrzeuges in einem Kockpit saß. Drei neue, mit Behältern zum Transport von SLC's, SSB's oder MTR-Sprengbooten ausgestattete Unterseeboote – GRONGO, SPARIDE und MURENA – waren ausgerüstet und würden kurzfristig für Unternehmen zur Verfügung stehen.

Unvermeidlicherweise zogen auch die Kleinunterseeboote vom Typ CA und CB das Interesse der *Decima MAS* auf sich, auch wenn diese nicht für Sonderoperationen entworfen waren. Im Sommer 1942 hatten die Hafenverteidigungen im Mittelmeer einen derart hohen Stand erreicht, daß die Verwendung eines Fahrzeuges, dessen Einsatzfähigkeit noch nicht erprobt war, fast einem Selbstmord gleichgekommen wäre. Demgemäß richteten sich die Blicke der Flottillenführung an der Boca di Serchio weiter nach draußen, dorthin, wo die Ostküste der Vereinigten Staaten winkte. Dieses Gebiet bot nicht nur Ziele in Hülle und Fülle, sondern es hatte auch noch keinen Angriff von Unterwasser-Sturmeinheiten erlebt. Infolgedessen war die Verteidigung – in den Vereinigten Staaten lag die Verantwortung für die Hafenverteidigung in den Händen des US-Heeres – überhaupt nicht mit der im Mittelmeer vorhandenen zu vergleichen. Ein erfolgreicher Angriff auf einen amerikanischen Hafen wie New York hätte ungeheure politische und psychologische Auswirkungen und zwänge die Amerikaner, beträchtliche Ressourcen zur Hafenverteidigung zu verwenden. Borghese entschloß sich, ein Kleinunterseeboot der CA-Klasse und eine Anzahl »Gamma«-Kampfschwimmer einzusetzen. CA 2 und die Kampfschwimmer sollten in einiger Entfernung außerhalb des Hafens ausgesetzt werden. Die Kampfschwimmer hatten das Kleinunterseeboot beim Überwinden etwaig vorhandener Netzsperren und beim Eindringen in den Hudson River zu unterstützen. Danach sollten sie Ziele angreifen, die sich ihnen darboten.

Doch wie war das winzige CA-Boot über den Atlantik zu bringen? Die offensichtliche Lösung bestand darin, es an Deck eines großen Unterseebootes mitzuführen. Hierzu wurde die LEONARDO DA VINCI ausgewählt. Vor dem Kommandoturm erfolgte auf dem Oberdeck der Einbau einer aufgesetzten Vertiefung, in der das CA-Boot geborgen untergebracht werden konnte, festgehalten durch Klampen, die aus dem Inneren des Unterseebootes zu bedienen waren. In diesem Planungsstadium frugen die Italiener an, ob die deutsche Marineführung gewillt wäre, auch ein U-Boot beizusteuern, so daß zwei CA-Boote eingesetzt werden könnten. Nach eingehender Betrachtung lehnte Großadmiral Dönitz ab. Er bot jedoch der italienischen Seite volle Zusammenarbeit bezüglich der Weitergabe von geheimdienstlichen Informationen über die Verteidigungsmaßnahmen an der amerikanischen Ostküste an.

Im Juli 1942 passierte die LEONARDO DA VINCI (Tenente di Vascello Gianfranco Gazzana-Prioroggia) ohne Zwischenfälle die Straße von Gibraltar und lief danach in Bordeaux ein. Dorthin wurde auch *CA 2* im Eisenbahntransport gebracht. Der Umbau des großen Unterseebootes zur Aufnahme des Klein-U-Bootes erfolgte unter der Bauaufsicht von Maggiore del Genio Navale Fenu ebenfalls in diesem Hafen. Im September 1942 war die LEONARDO DA VINCI für Erprobungsfahrten bereit. Diese Erprobungsfahrten fanden von La Pallice und Le Verdon aus in der Biskaya statt und erwiesen sich als voller Erfolg. Hierbei wurde festgestellt, daß das Aussetzen des CA-Bootes völlig sicher war, wenn sich die LEONARDO DA VINCI in einer Wassertiefe von zwölf Metern befand. Das kleine Boot, das genügend Auftrieb besaß, stieg einfach zur Wasseroberfläche empor. Dann ging die in einem ausgesetzten Schlauchboot wartende Besatzung an Bord. Um das CA-Boot wieder aufzunehmen, brachte sich die LEONARDO DA VINCI in eine Position unterhalb des Kleinunterseebootes und tauchte unter Beobachtung des gesamten Vorganges durch das Sehrohr langsam auf. Dies war ein Manöver, das einiges an Gewandtheit und Geschicklichkeit erforderte und persönlich von keinem anderen als Borghese selbst überwacht wurde. Er hatte für die Erprobungsfahrten die Führung des großen Unterseebootes übernommen. Die Ausbildung wurde auch weiterhin fortgesetzt, und während noch Änderungen an der *CA 2* erfolgten, ging für die Italiener bedauerlicherweise die LEONARDO DA VINCI am 25. Mai 1943 in einem Wasserbombenangriff des britischen Zerstörers HMS ACTIVE und der britischen Fregatte HMS NESS verloren.[2] Danach reichte die Zeit nicht mehr, um ein anderes Unterseeboot für die beabsichtigte Unternehmung umzubauen, da der Waffenstillstand alle Operationen zum Erliegen brachte.

Am 8. September 1943 nahm Borghese die Verkündung des Waffenstillstandes wie betäubt zur Kenntnis:

> »Mit diesen Aufgaben [Angriffe auf New York und den britischen Flottenstützpunkt Freetown/Sierra Leone sowie ein kombinierter Angriff mit MTR-Sprengbooten und bemannten Torpedos vom Typ SSB auf Gibraltar] waren wir eifrig beschäftigt, als ich am 8. September im Flottillenkommando in La Spezia war. Ich hatte das Rundfunkgerät eingeschaltet, um den Kriegsbericht zu hören. Wie ein Blitz aus heiterem Himmel kam die Nachricht vom erfolgten Waffenstillstand, die unsere Pläne, unsere Kampftätigkeit und unsere ganzen Hoffnungen zerstörte.
>
> Auf diese Weise erfuhr ich, der Kommandeur der *Decima MAS*, der Führer von Männern, die an allen Fronten Europas kämpften, der Hüter wichtigster Geheimnisse und ganz neuer Waffen, der vor seinem König und seinem Volk für die Erfüllung seines Dienstes und für das Leben der ihm anvertrauten Männer Verantwortliche, durch eine krächzende Stimme aus dem Rundfunkgerät ganz zufällig, daß unser Land, für das wir unter Waffen standen und kämpften, einem Waffenstillstand zugestimmt hatte.
>
> Keiner meiner zahlreichen unmittelbaren und mittelbaren Vorgesetzten hatte es für nötig befunden, mich hiervon, sei es nur in ganz vertraulicher Form, vorher in Kenntnis zu setzen.«[3]

Der Waffenstillstand versetzte die Offiziere und Mannschaften der *Decima MAS* in eine schwierige Position. Die von Marschall Badoglio geführte rechtmäßige Regierung Italiens verhandelte jetzt mit den Alliierten und sollte am 13. Oktober Deutschland den Krieg erklären. Diese Entscheidung – von der Haltung her ähnlich jener, die die italienische Regierung im Ersten Weltkrieg traf, sich aber jetzt von den Umständen her radikal unterschied – wurde in der Hoffnung gefällt, daß Italien in den Nachkriegsabmachungen bevorzugt behandelt werden würde. Letztlich wurde jedoch Italien nie als vollwertiger Partner im britisch-amerikanischen Bündnis akzeptiert; es war lediglich ein »mitkriegführender Staat« ohne Bestehen eines Bündnisvertrages. Nachdem die Deutschen am 12. September 1943 Mussolini aus seiner Haft befreit hatten, setzten sie ihn in Norditalien an die Spitze der sog. »Sozialistischen Republik Italien« (Repubblica Sociale Italiana). Dies war das Dilemma, dem sich die Angehörigen der *Decima MAS* gegenübersahen: Sollten sie bei der Badoglio-Regierung bleiben und sich in die Front gegen ihre ehemaligen Verbündeten einreihen oder sich Mussolini im Norden anschließen? Welchen Weg sie auch gingen, sie standen stets den eigenen Landsleuten gegenüber. Viele wählten einen dritten Weg: untertauchen und die Ereignisse abwarten, um sich aus allem herauszuhalten. Borghese begab sich nach Norden, schloß sich Mussolini an und ließ jene zurück, die bei der Badoglio-Regierung unter Führung von Capitano di Fregata Ernesto Forza bleiben wollten. Interessant ist die Tatsache, daß auch die aus den Kriegsgefangenenlagern entlassenen Offiziere und Mannschaften zu den Badoglio-Streitkräften stießen, unter ihnen der respekteinflößende De la Penne.

Die Operationen der Mussolini-Anhänger aus der *Decima MAS* können rasch abgehandelt werden. Bei ihrer Flucht nach Norden hatten sie den Großteil ihrer Ausrüstung zurückgelassen. Ihre Unternehmungen beschränkten sich auf ein paar wirkungslose Angriffe gegen alliierte Schiffe durch schnelle Motorboote. Ständig wurden ihre Pläne durch alliierte Angriffe und durch die Aktivität der Partisanen durchkreuzt. Andererseits eröffnete sich für die bei der Badoglio-Regierung verbliebenen Offiziere und Mannschaften der *Decima MAS* – nunmehr unter der Bezeichnung »Mariassalto« – ein völlig neues Betätigungsfeld: die Zusammenarbeit mit ihren früheren Gegnern. Die Kapitulation Italiens brachte die italienischen und britischen Praktiker der Unterwasserkriegsführung zusammen. Es war der Aufmerksamkeit der Briten nicht entgangen, daß sie in der *Mariassalto* eine Einheit von beispielloser Kenntnis und Erfahrung besaßen, und Forza war nicht abgeneigt, diese Leistungsfähigkeit für seine ehemaligen Gegner zu entfalten. Auf britischer Seite gab es auch die bemannten Torpedos vom Typ »Chariot« und ihre Besatzungen, die seit ihren Einsätzen zur Aufklärung und Erkundung der Landungsstrände auf Sizilien vor der Operation »Husky« kaum noch Unternehmen durchführten. Im September 1943 befand sich eine Unternehmung gegen die italienische Flotte – zweckmäßig mit dem Decknamen »Bottom« (Meeresgrund) bezeichnet – im Planungsstadium, wurde aber widerrufen. Ein kritischer Umstand für die Entwicklung britisch-italienischer Operationen dieser Art war die Erkenntnis, daß die Landfront in Kürze bis zu den Häfen Livorno und möglicherweise La Spezia an der italienischen Westküste voranschreiten würde. Die Benutzung dieser Häfen wäre für die Alliierten von beträchtlicher Bedeutung und deshalb war es unbedingt erforderlich, die Deutschen daran zu hindern, die Einfahrten zu diesen Häfen vor ihrem Rückzug zu blockieren. Die Luftbildaufklärung ließ erkennen, daß die Deutschen Blockschiffe in Livorno und La Spezia vorbereiteten, um sie zu diesem Zweck einzusetzen.

Forza unterbreitete seinen Plan dem alliierten Seebefehlshaber Westitalien (FOWIT) mit dem Vorschlag, daß Sprengboote und »Gamma«-Schwimmer eingesetzt werden sollten, um die Blockschiffe zu zerstören. Doch FOWIT war versessen darauf, die damals in Tarent stationierten britischen »Torpedoreiter« zum Einsatz zu bringen, und so wurde Commander Heathfield, RN, aus Algier abberufen, um diesen Aspekt der Operation zu beurteilen. Letztlich gab auch der C-in-C Mittelmeer, Admiral Sir John Cunningham, seine Einwilligung zu diesem Unternehmen und bestimmte für die Ziele folgende Prioritäten: erstens die Blockschiffe in Livorno, zweitens die Blockschiffe in La Spezia und drittens die in Muggiano – ebenfalls La Spezia – stationierten Unterseeboote. Während sich das Unternehmen noch in der Planungsphase befand, wurde Livorno aus der Liste der Ziele gestrichen; denn alliierte Bomber hatten die Blockschiffe vernichtet, noch ehe sie zur Sperrung der Hafeneinfahrt versenkt werden konnten. Statt dessen wurde eine kombinierte Operation vorgeschlagen: Einsatz britischer »Chariots« gegen die Schweren Kreuzer BOLZANO und GORIZIA[3a], die in La Spezia als Blockschiffe versenkt werden sollten, sowie von »Gamma«-Kampfschwimmern gegen die Unterseeboote in Muggiano.

Die Operation erhielt die würdelose Tarnbezeichnung »QWZ«. An ihr waren beteiligt: Der italienische Zerstörer GRECALE (Capitano di Fregata Benedetto Ponza di San Martino), der als Führungsschiff für das gesamte Unternehmen dienen sollte. Zwei britische »Chariots« mit Sub-Lieutenant[3b] M.R. Causer und Petty Officer Cook[3c] Conrad Berey sowie als jeweilige Nummer 2 mit Able Seaman[3d] Harry Smith bzw. Stoker[3e] Ken Lawrence als Besatzungen. Das italienische Schnellboot *MS 74* (Tenente di Vascello Pietro Carminati), ein besonders für den Transport von bemannten Torpedos ausgerüstetes S-Boot der MS-II-Serie[3f], sollte die beiden »Chariots« mitführen.

Außerdem hatte die GRECALE zwei MTSM-Boote[3g] an Bord. Eines von ihnen sollte die drei »Gamma«-Schwimmer transportieren. Diesen Teil des Unternehmens hatte niemand anderer als Tenente di Vascello Luigi Durand de la Penne und Guardiamarina Girolamo Manisco zu überwachen, die gerade erst aus dem Kriegsgefangenenlager gekommen waren.

Der Operationsplan sah das Auslaufen der GRECALE aus Bastia auf Korsika am 21. Juni 1944 um 17.00 Uhr und die anschließende Ansteuerung einer bestimmten Position nahe La Gorgona vor. Von dort aus sollten um 20.30 Uhr die beiden MTSM-Boote und *MS 74* den Weitermarsch allein antreten, bis sie eine Position drei Seemeilen südlich der Hafenmole erreichten, um die beiden »Chariots« auszusetzen. Die beiden MTSM-Boote hatten zudem bis auf etwa 400 m an die Mole heranzugehen, um die »Gamma«-Schwimmer von Bord gehen zu lassen. Danach sollten *MS 74* und die zwei MTSM-Boote zur GRECALE zurückkehren, die vor der Küste auf und ab stehen würde. Nach der Durchführung des Unternehmens hatten sich die britischen »Torpedoreiter« an das westliche Gestade des Golfes von La Spezia zu begeben. Dort war in der folgenden Nacht ein Zusammentreffen mit einem MTSM-Boot vorgesehen, um sie aufzunehmen. Die »Gamma«-Schwimmer blieben sich selbst überlassen; ihnen war aber gesagt worden, wie sie Verbindung zur nächsten Partisaneneinheit herstellen könnten.

Am 21. Juni liefen die GRECALE und *MS 74* um 17.30 Uhr aus Bastia aus und trafen um 20.30 Uhr auf der Aussetzposition ein. Das Auslaufen hatte sich infolge einer Maschinenstörung auf der GRECALE verzögert. Die verlorene Zeit wurde durch eine höhere Geschwindigkeit wieder aufgeholt. Es folgten das Aussetzen der beiden MTSM-Boote sowie das Umsteigen der »Torpedoreiter«, ihrer Ankleider und von Commander Heathfield von der GRECALE auf *MS 74*. Während die GRECALE begann, vor der Küste auf und ab zu stehen, hielten die drei kleinen Boote mit 23 kn auf La Spezia zu. Als sie sich diesem Hafen näherten, wurde die Geschwindigkeit allmählich auf 6 kn verringert. Um 23.50 Uhr folgte das Aussetzen der »Chariots«. Die britischen »Torpedoreiter« beeindruckte die Art und Weise außerordentlich, wie die Besatzung von *MS 74* ihre »Chariots« über einen Slip am Heck zu Wasser ließen. Inzwischen hatten die MTSM-Boote eine Position etwa 300 m von der Hafenmole entfernt erreicht und die »Gamma«-Schwimmer ließen sich über Bord fallen. De la Penne entließ die Kampfschwimmer um 23.50 Uhr. Auf dem Rückmarsch zur GRECALE passierten die beiden Boote die einlaufenden »Chariots«.

Die »Torpedoreiter« waren der Auffassung, daß sie viel weiter draußen als vorgesehen ausgesetzt worden wären. In Wahrheit war das Aussetzen auf der richtigen Position erfolgt. Doch da ihre Batterien nicht voll aufgeladen waren, liefen die beiden bemannten Torpedos nicht mit der üblichen Höchstgeschwindigkeit. Causer und Smith führten einen lehrbuchartigen Angriff durch und befestigten ihren Gefechtskopf unter dem Schiffskörper der BOLZANO. Causer erinnerte sich wie folgt:

»Gleich darauf blickten wir nach oben und erkannten deutlich die Umrisse der BOLZANO. ... Danach schrappten wir an dem riesigen Rumpf entlang, stellten den Motor ab, setzten Haftmagnete an und zogen uns und die »Chariots« weiter, wobei wir jedesmal einen Magneten lösten. So ging es, bis ich glaubte, wir hätten den halben Weg zurückgelegt und müßten uns unter den Kesselräumen befinden.
Von da ab brachte ich weitere Magnete am Schiffsboden an, blieb aber auf dem »Chariot« sitzen. Die von den Magneten herabhängenden losen Enden befestigte ich am Gefechtskopf. Sobald mehrere von ihnen sicher befestigt waren, stieg ich aus. Das war insofern ein Fehler, als ich in diesem Augenblick einen schweren Magneten in der Hand hielt. Prompt sackte ich nach unten, bis ich den schweren Gegenstand schleunigst fallen ließ und langsam wieder nach oben stieg, da ich ein wenig Auftrieb hatte. Smith war zu diesem Zeitpunkt auch vom Sitz geklettert und überzeugte sich von der sicheren Anbringung des Gefechtskopfes. So etwas konnte nicht genau genug überprüft werden. Es war fast 04.30 Uhr, als wir zufrieden waren und als Beweis dafür ziemlich pathetisch den Daumen nach oben hielten. Ich drehte den Griff der Zeitzünder-Einstellung, bis ich es zweimal deutlich klicken hörte. Zwei Klicks bedeuteten zwei Stunden. Daher sollte die Sache verdammt nahe an 06.30 Uhr steigen. Wieder auf unserem »Chariot« sitzend, folgte eine letzte Überprüfung und dann zog ich den Hebel, der den Gefechtskopf vom »Chariot« freigab.«[4]

In der Zwischenzeit war es Berey nicht gelungen, die Hafeneinfahrt zu finden, und als die Morgendämmerung anbrach, entschloß er sich widerstrebend, sein »Chariot« zu versenken. Da beide Besatzungen eine sehr lange Zeit brauchten, um an Land zu kommen, gelang es ihnen nicht, das in den Nachtstunden des 23. Juni 1944 vorgesehene Zusammentreffen mit dem MTSM-Boot einzuhalten. Statt dessen gelang es ihnen durch einen merkwürdigen Zufall, mit demselben Partisanentrupp in Verbindung zu treten. Berey schaffte es, im August 1944 den Arno zu überqueren und zu britischen Truppen durchzukommen. Doch Lawrence, Causer und Smith gerieten bei dem Versuch, diesen Fluß zu überqueren, in Kriegsgefangenschaft.

Bis Berey durch die britischen Linien kam, wußten Forza und Heathfield nichts Genaues über den Erfolg des Unternehmens; sie mußten sich auf die Luftbildauswertung verlassen. Nach einem Aufklärungsflug am Morgen nach dem Angriff teilte diese Dienststelle mit: »Luftbildaufnahmen am 22. um 10.15 Uhr zeigten die BOLZANO an ihrem Liegeplatz gekentert. Gehen davon aus, daß dies das Ergebnis der kombinierten britisch[-italienischen] Angriffseinheit am 22. gegen 01.00 Uhr war.«[5] Offensichtlich waren jedoch sowohl die GORIZIA als auch die Unterseeboote in Muggiano unbeschädigt geblieben. In seinem Gefechtsbericht schrieb Commander Heathfield:

> »Unter Beachtung der Tatsache, daß vom Zeitpunkt des erstmaligen Zu-Wasser-Bringens der Fahrzeuge in Tarent bis zur Verladung an Bord des MS für das Unternehmen weniger als eine Woche verstrichen war und daß die Fahrzeuge ausgesprochen aus »zweiter Hand« waren, ist den Angehörigen des Instandsetzungskommandos großes Lob zu zollen. Sie arbeiteten Tag und Nacht, um die Fahrzeuge einsatzbereit zu machen. Es ist üblich, mit diesen Waffen eine Tiefenerprobung durchzuführen, aber die Zeit war so begrenzt, daß dies nicht möglich war. Es gab jedoch keine Anzeichen dafür, daß einer der Besatzungsangehörigen aus diesem Grunde vom Unternehmen zurücktreten wollte.
> Geheimdienstliche Informationen ließen erkennen, daß La Spezia ein außerordentlich gut verteidigter Hafen war, und ich kann nur noch einmal betonen, daß die beiden Besatzungen große Kühnheit und großen Wagemut zeigten. Es bleibt zu hoffen, daß diese Qualitäten gebührend belohnt werden.

Soweit es die »Gamma«-Schwimmer betrifft, ... möchte ich gerne bemerken, daß auch sie bei der Durchführung des Unternehmens große Kühnheit und Tapferkeit bewiesen haben. Angesichts der Tatsache, daß ihnen bekannt war, sie würden mit ziemlicher Sicherheit erschossen werden, falls sie in Gefangenschaft geraten sollten, verdienen sie ebenfalls ein hohes Lob.«[6]

In seinem eigenen Bericht über die Ereignisse schrieb Forza durchaus korrekt am Schluß: »Würdige Wahrer der Traditionen, die der Sturmeinheit der italienischen Marine zu eigen sind.«

Fast ein Jahr sollte verstreichen, ehe das nächste und zugleich das letzte Unternehmen italienischer Unterwasser-Sturmeinheiten im Zweiten Weltkrieg stattfand. Hierbei handelte es sich um die Operation »Toast«, ausgeführt im April 1945 in Genua. Das Ziel sollte der nicht fertiggestellte italienische Flugzeugträger AQUILA sein, da die Alliierten befürchteten, die Deutschen könnten ihn als Blockschiff versenken. Diese Unternehmung war rein italienischer Natur; denn sämtliche verfügbaren britischen Kampfschwimmer waren entweder mit Hafenräumungen in Nordwesteuropa beschäftigt oder unterwegs in den Fernen Osten. Erneut führte Forza die Planungsarbeit durch. Ihn unterstützte jedoch geheimdienstliche Arbeit, geleistet durch die britische SOE[7]. Sie beschaffte nicht nur die neuesten geheimdienstlichen Informationen über die Hafenverteidigung, sondern es gelang ihr auch, einen sympathischen Hafenbeamten zu finden, der dazu bereit war, aus Genua herausgeschmuggelt und nach Florenz geflogen zu werden. Die SOE lieferte auch detaillierte Informationen über die befreundeten Partisanengruppen im Raum Genua und über »sichere Häuser« in der Stadt.

Der Angriffsverband glich dem beim Unternehmen gegen La Spezia eingesetzten und bestand aus dem italienischen Zerstörer LEGIONARIO, der zwei MTSM-Boote mitführte: *MTSM 230* und *MTSM 232*. Jedes der MTSM-Boote hatte einen britischen »Chariot« an Bord, da der *Mariassalto* keine SLC's zur Verfügung standen. Sie wurden durch das italienische *MS 74* und das britische *MTB 177* (Lieutenant B.H. Smith, DSO, RNR) gesichert. Aufgrund der beim Unternehmen gegen La Spezia gewonnenen Erfahrungen gab es bei der Durchführung dieser Operation eine Reihe von Änderungen. Während die LEGIONARIO nach dem Aussetzen der MTSM-Boote vor der Küste auf und ab stand, sollten *MTB 177* und *MS 74* mit je einem MTSM-Boot im Schlepp die Position für das Aussetzen der »Chariots« ansteuern. Um Ungenauigkeiten in der Navigation zu vermeiden, hatte das *MTB 177* sein Radar zu benutzen, das Risiko einer Entdeckung durch Radarbeobachtungsgeräte in Kauf nehmen, um sicherzustellen, daß der Verband vor dem Aussetzen der »Chariots« auf der richtigen Position stand. Anschließend sollten die MTSM-Boote die bemannten Torpedos bis auf eine Seemeile vor die Hafeneinfahrt schleppen. Von diesem Punkt aus hatten die »Chariots« ihren eigenen Weg zu suchen, aber die beiden MTSM-Boote sollten auf und ab stehen, um auf ihre Rückkehr zu warten.

Der Angriffsverband unter der Bezeichnung »Forzamento del Porto di Genova« (Unternehmen gegen den Hafen von Genua) verließ Livorno am Nachmittag des 18. April 1945 und erreichte um 23.30 Uhr den Ablaufpunkt. Die »Chariots« wurden zu Wasser gebracht und die MTSM-Boote zogen mit ihnen im Schlepp in die Dunkelheit davon. Beim ersten »Chariot«, bemannt mit Guardiamarina Girolamo Manisco und Sottocapo Palombaro Dino Varini, fiel eine halbe Seemeile vor dem Hafen der Motor aus. Eine abgeblendete Handmorselampe benutzend, nahm Manisco Verbindung mit dem MTSM auf und die beiden Männer wurden an Bord genommen. Dem anderen »Chariot« mit der Besatzung Sottotenente di Vascello Nicola Conte und Sergente Palombaro Evolino Marcolini gelang es durch die Netzsperre in den östlichen Teil des Hafens zu gelangen. Die beiden »Torpedoreiter« hatten ein stellenweise durchlöchertes und schlecht gewartetes Netz vorgefunden. In der Planungsphase für dieses Unternehmen war

61

Forza empfohlen worden, die »Chariots« durch eine leicht zu erreichende Lücke im Seeuferdamm zu senden. Er hatte diesen Rat mit der Begründung abgelehnt, daß dies »zu einfach« wäre und daß es versteckte Probleme geben könnte. Ohne Schwierigkeit fand Conte die AQUILA längsseits des Ausrüstungskais der Canzio-Werft liegend. Doch die beiden Männer waren nicht imstande, den Gefechtskopf am Schiffskörper der AQUILA anzubringen. Daher legten sie ihn auf dem Grund des Hafenbeckens etwa drei Meter unterhalb des Kiels und leicht nach Backbord versetzt ab. Danach verließen sie den Hafen auf demselben Wege wieder, auf dem sie gekommen waren, und trafen gegen Mittag des 19. April wieder mit ihrem MTSM-Boot zusammen. In technischer Hinsicht hatten Conte und Marcolini einen fehlerfreien Angriff ausgeführt.

Der Zeitzünder der Ladung war so eingestellt, daß sie um 07.00 Uhr am 19. April hochgehen sollte. Doch der erste eintreffende Satz Luftbildaufnahmen machte deutlich, daß die AQUILA noch schwimmend an ihrem Liegeplatz lag, eine Tatsache, die später am Tag schräg aufgenommene Fotos bestätigten. Der britische Tauch- und Bergungsoffizier Lieutenant Frank Goldsworthy erhielt die undankbare Aufgabe, Forza mitzuteilen, daß der Angriff ein Fehlschlag gewesen war. Forza weigerte sich, dies zu akzeptieren, und wies darauf hin, daß die AQUILA in Wirklichkeit in flachem Wasser auf ebenem Kiel gesunken wäre. Goldsworthy befrug danach Conte, ob er sicher wäre, den Gefechtskopf unter der AQUILA und nicht unter einem anderen Schiff abgelegt zu haben. Doch der Italiener erwiderte empört, daß er den Unterschied zwischen einem Handelsschiff und einem Flugzeugträger durchaus kenne. Auch die Möglichkeit wurde untersucht, daß die Sprengladung nicht detonierte, aber Forza zog diese Möglichkeit nur mit Vorsicht in Betracht, da dieser Fall vorher noch nie eingetreten wäre. Welche Ursache auch immer vorlag, es war zu spät, um noch etwas zu unternehmen, denn am 27. April 1945 drangen vorgeschobene Teile der 5. US-Armee in Genua ein.

Goldsworthy war entschlossen herauszufinden, was passiert war. In der Zwischenzeit hatte er festgestellt, daß die Deutschen die AQUILA so verlegt hatten, daß sie die Einfahrt in den neuen Hafen blockierte. Dies war in der Nacht vom 23./24. April geschehen. Sie war jedoch nicht versenkt worden und es hatte an Bord auch keine Explosionen gegeben. Ein deutscher Offizier teilte ihm mit, daß die Sprengladung am Morgen des 19. tatsächlich detoniert wäre. Doch die Sprengkraft der Detonation hätte der Torpedowulst auf der Backbordseite aufgefangen. Die Untersuchung bestätigte dort beträchtliche Schäden.[8]

Mit dem Ausgang der Operation »Toast« nähert sich die Geschichte der *Decima MAS/Mariassalto* ihrem Ende. Am 8. Mai 1945 kapitulierte die deutsche Reichsregierung in Reims und der Krieg war vorüber. In den drei Jahren, in denen die *Decima MAS* Operationen gegen die Alliierten durchführte, hatte sie sich als Meister in der Kunst der Unterwasserkriegsführung erwiesen. Sie bewies nicht nur in höchstem Grade Mut sondern auch beträchtlichen Erfindungsreichtum, um immer neue und raffiniertere Wege zur Verwirrung des Gegners zu ersinnen. Dennoch muß gesagt werden, daß ihre Anstrengungen auf den Gesamtverlauf des Krieges wenig Auswirkungen hatten. Was war die Ursache hierfür, insbesondere angesichts der Tatsache, daß die *Decima MAS* zu einem bestimmten Zeitpunkt die Royal Navy im Mittelmeer praktisch eliminiert hatte? Die Antwort liegt in der wirtschaftlichen Unfähigkeit Italiens, einen totalen Krieg zu führen. Das Verhältnis zwischen der *Decima MAS* und der italienischen Marine als Ganzes kann mit dem innerhalb einer Fußballmannschaft verglichen werden. Es nützt nichts, einen herausragenden Spieler zu haben, wenn die restlichen zehn nicht die entsprechende Leistung erbringen. Der Fußballstar kann noch so viele Tore erzielen, aber wenn die gesamte Mannschaft nicht miteinander harmoniert, ist der Meistertitel nicht zu gewinnen. Doch nichts dergleichen schmälert die Tatsache, daß der *Decima MAS* die Reputation bleibt, die ersten und erfolgreichsten Praktiker der Unterwasserkriegsführung gewesen zu sein.[9]

Kapitel 5

Im Land der »Aufgehenden Sonne«

Alle Marineschriftsteller haben von der Handhabung der Unterseeboote durch die Japaner und von den Opfern, auf deren Erbringen sie sich vorbereiten, eine hohe Meinung.
– Captain M.D. Kennedy, RN, 1928

Auf der anderen Seite der Welt hatte die Kaiserlich Japanische Marine (KJM) seit 1918 die Entwicklung der Kleinunterseeboote verfolgt. Der Erste Weltkrieg zerstörte die vertrauten Beziehungen, die Japan bis dahin mit dem Westen gepflegt hatte. Überdies wurde Japan 1922 auf der Washingtoner Konferenz zur Begrenzung der Flottenstärken gezwungen, ein quantitatives Mißverhältnis zwischen seinen Seestreitkräften und jenen Großbritanniens und der Vereinigten Staaten hinzunehmen. Der japanische Marinegeneralstab [d.h. der Amiralstab] griff das Kleinunterseeboot als eine Möglichkeit begierig auf, womit dieses Ungleichgewicht korrigiert werden könnte.

Die japanische Vorstellung von einem Krieg mit den Vereinigten Staaten ging von einer sich zuspitzenden Auseinandersetzung zwischen den beiden Schlachtflotten aus – mit einer Seeschlacht im Stile von Tsushima 1905 und vor dem Skagerrak 1916 als Höhepunkt. In dieser Auseinandersetzung sollten Kleinunterseeboote Verwendung finden, um den amerikanischen Vorteil der Überlegenheit vor dem Zusammentreffen der beiden Flotten zu verringern. Sie konnten zu diesem Zweck mit Spezialschiffen ins Operationsgebiet verbracht und eingesetzt werden, sobald sich die Gelegenheit bot. Die Voraussetzung für ihren erfolgreichen Einsatz hing jedoch von der Tatsache ab, daß der Gegner von ihrer Verwendung keine Kenntnis hatte. Daher war völlige Geheimhaltung in allen Stadien ihres Entwurfs, ihres Baus und ihres Einsatzes von wesentlicher Bedeutung.

Die japanischen Kleinunterseeboote mit der Tarnbezeichnung »Ko-Hyoteki« (Zielscheibe) waren hinsichtlich ihrer Entwicklung eine Klasse für sich. Jedoch im Einsatz waren sie nicht besonders erfolgreich, und als sich im Verlaufe des Zweiten Weltkrieges das Kriegsglück gegen Japan wandte, wurden sie aus dem offensiven Einsatz zurückgezogen und zur Hafen- und Küstenverteidigung verwendet. Diese Aufgabe stand im Widerspruch zu ihrer Zweckbestimmung – Kleinunterseeboote sind Offensivwaffen, zu überraschendem Einsatz bestimmt –, und sie erlitten hierbei durch die amerikanische Luft- und Seeüberwachung beträchtliche Verluste. Dies war ein trauriges Ende für eine Waffengattung, die so vielversprechend gewesen war und deren volles Potential nicht genutzt wurde.

Obwohl der Washingtoner Flottenvertrag von 1922 und das Londoner Flottenabkommen von 1930 der KJM Beschränkungen in der Gesamttonage auf 60 % bei Großkampfschiffen, Flugzeugträgern und Schweren Kreuzern sowie von 70 % bei Leichten Kreuzern und Zerstörern im Verhältnis zur Royal Navy und zur US-Marine auferlegten, erhielten die Japaner bei der Unterseebootstonnage Parität. Es gab viele Japaner, die über diesen Stand der Dinge voller Groll waren, und als Japans Chinapolitik in den 20er und 30er Jahren zu einer Abkühlung der Beziehungen zu Großbritannien und zu den Vereinigten Staaten führte, gab es nicht wenige, die darüber nachdachten, wie die Vertragslage umgangen werden könnte. Der Bau von Schiffen, mit dem heimlich die Vertragsbeschränkungen gebrochen wurden, war eine Lösung, während die Politik des Bauens von Schiffen mit maximaler Offensivkraft bei minimaler Wasserverdrängung eine andere darstellte. Der Ausbau der Marineluftwaffe, die nicht den Abrüstungsverträgen unterlag, war eine dritte Möglichkeit und die Einführung einer einheitlichen Taktik in Verbindung mit einer rigorosen Ausbildung in Manövern bedeutete eine vierte.

Die japanischen Pläne für eine Auseinandersetzung mit den Amerikanern gingen davon aus, daß die US-Flotte den Pazifik überqueren würde, um den Japanern in deren heimischen Gewässern eine Entscheidungsschlacht zu liefern. Da die Amerikaner zahlenmäßig an Schiffen überlegen waren, planten die Japaner eine Reihe von Zermürbungsgefechten, um mit Torpedoangriffen durch Überwasserschiffe und Unterseeboote die Anzahl der US-Schiffe zu verringern. Danach wollten die Japaner die amerikanische Schlachtflotte im Seegebiet westlich der Ogasawara-Inseln abfangen und in einem entscheidenden Artillerieduell vernichten. In der Nacht vor dieser großen Schlacht sollten die Amerikaner das Ziel weiterer Torpedoangriffe werden, um die Schlachtordnung der Amerikaner durcheinanderzubringen und die Waagschale noch mehr zugunsten der Japaner zu neigen. Für diese Strategie hatten die Japaner zwei Waffensysteme in der Hinterhand. Das eine war ein verbesserter Torpedo, bekannt unter der Bezeichnung Typ 93 oder »Long Lance«,[0a] der aus großer Entfernung geschossen werden konnte, und das zweite war das Kleinunterseeboot »Ko-Hyoteki«.

Die Entwicklung eines Kleinunterseebootes war die Idee von Kapitän zur See Takeyoshi Yokoo, KJM.[0b] Yokoo bezog seine Erfahrungen aus dem Russisch-Japanischen Krieg und überlegte sich, daß gesteuerte Torpedos bei der Versenkung von Schiffen innerhalb eines verteidigten Ankerplatzes von beträchtlichem Wert sein könnten. Seine Vorstellungen griff Kapitän zur See Kanji Kishemoto auf, der Leiter des 2. Referats in der I. Hauptabteilung des Technischen Amtes der Marine [d.h. des Marinekonstruktionsamtes] und somit für die Torpedoentwicklung verantwortlich war. Er verwandelte ein theoretisches Projekt in die Realität. Zweifellos kamen einige der Anregungen für das »Ko-Hyoteki«-Konzept von einem Fahrzeug mit dem Namen DEVASTATOR her, entworfen von Lieutenant Godfrey Herbert, RN, einem britischen U-Bootfahrer. Über die DEVASTATOR ist wenig bekannt, hauptsächlich deswegen, weil ein Großteil der ihren Entwurf betreffenden Diskussionen in der Bar der Offiziersmesse von HMS »Dolphin«[0c] stattfand. Es handelte sich um ein kleines Boot, das imstande war, eine 1-ts-Sprengladung mitzuführen. Fahrzeuge dieses Typs sollten bei der großen Entscheidungsschlacht zur See eingesetzt werden, die das Marinedenken vor dem Ersten Weltkrieg und in seinen Anfangsphasen beherrschte. Sie konnten von Großkampfschiffen mitgeführt und in großer Anzahl zu Wasser gebracht werden, kurz bevor die beiden Schlachtflotten in Artilleriereichweite gelangten.

Die DEVASTATOR war keine Selbstmordwaffe, wenn auch die Überlebenschancen für ihren Steuermann nicht hoch waren. Dieser saß in einer abtrennbaren Auftriebskammer und löste nach dem Einsteuern des Fahrzeuges auf den Angriffskurs eine Halterung, die die Auftriebskammer mit Hilfe von Druckluft ausstieß. Der übrige Teil des Fahrzeuges mit dem Gefechtskopf blieb zurück, um selbständig auf das Ziel zuzulaufen. Danach sollte ein Zerstörer die Kammer mit dem Steuermann auffinden und an Bord nehmen. Dies war eine fantastische Idee, aber gänzlich undurchführbar. Dessenungeachtet erweckte 1923 Captain Max Horton, damals Captain (S) der 2. U-Flottille,[0d] die Idee zu neuem Leben. Horton war ein begeisterter Mitarbeiter von Herbert am ursprünglichen DEVASTATOR-Projekt gewesen (vermutlich wollte er das Gerät selbst steuern). Sein Vorschlag wurde jedoch aus einer Reihe von Gründen abgelehnt, unter anderem aufgrund der Kosten sowie des konservativen Denkens, das einer Marine anhaftete, die noch immer an das Geschütz großen Kalibers gekettet war. Diese Idee war aber nicht für immer verloren. Auch als in den 20er Jahren das britisch-japanische Bündnis in seinen letzten Zügen lag, nahmen japanische Marineoffiziere noch an Lehrgängen in Großbritannien teil. Die

Rechts: Eine ausgezeichnete Nachbildung der TURTLE von Bushnell, die im Unterseebootsmuseum der Royal Navy in Gosport ausgestellt ist. (Royal Navy Submarine Museum)

Unten links: Das K.u.K Schlachtschiff VIRIBUS UNITIS sinkt am 1. September 1918 im Hafen von Pola. Dieses Unternehmen war der Anlaß für die späteren italienischen Entwicklungen auf diesem Gebiet.

Unten rechts: Kptlt.(Ing.) Raffaele Paolucci, der die Pionierarbeit für die späteren italienischen Einheiten zur Unterwasserkriegsführung leistete. (Museo Storico Navale, Venedig)

Oben: Ein russisches Kleinunterseeboot, lediglich als »Nr. 3« bekannt, von österreichisch-ungarischen Truppen im März 1918 bei Reni an der Donau erbeutet. (Kriegsarchiv Wien)
Unten: Tenente di Vascello Birindellis »Maiale« in Gibraltar nach der Bergung durch die Briten im Hafen.
Rechts oben: Eine lockere Runde von Offizieren und Unteroffizieren der *Decima MAS* 1941 an der Boca di Serchio bei La Spezia. Hinten stehend (von links nach rechts): Martellotta, Notari, Forza, Borghese, Cella, Chersi und Feltrinelli. Vorn sitzend (von links nach rechts): De la Penne, Spaccarelli, Manisco, Magello und Marceglia.
Rechts unten: Das Unterseeboot AMBRA im April 1942 in La Spezia. Die Anordnung der SLC-Behälter an Oberdeck ist deutlich zu erkennen.

Rechts: Das äußere Erscheinungsbild aufrechterhaltend, salutiert Admiral Sir Andrew Cunningham bei der morgendlichen Flaggenparade. Das Foto wurde für die Presse aufgenommen und verbarg die Tatsache, daß sein Flaggschiff, die HMS QUEEN ELIZABETH, auf Grund saß.

Unten: Eine Aufnahme der Luftaufklärung von Gibraltar zeigt vor Anker liegende Kriegsschiffe innerhalb des Hafens sowie ankernde Handelsschiffe in der Bucht von Algeciras. Zu beachten ist, wie die Nähe der spanischen Küste den Italienern ihre Aufgabe außerordentlich erleichterte.

Oben: Der italienische Tanker OLTERRA nach dem Waffenstillstand im September 1943 in Gibraltar.
Unten links: Das verborgene Klapptor im Vorschiff der OLTERRA, durch das die »Maiali« den Tanker verließen und wieder zurückkehrten. Normalerweise befand sich das Klapptor unter der Wasserlinie. Dieses Foto nahmen die Briten auf, als die achterlastig getrimmte OLTERRA ihr Geheimnis preisgab.
Unten rechts: Sottotenente di Vascello Licio Visintini, der für den Umbau der OLTERRA zu einem vorgeschobenen Stützpunkt für die Operationen der *Decima MAS* verantwortlich war.

Links oben: Ein Blick vom Strand an der Punta Mayorga landeinwärts zeigt die Villa Carmela (A) und den Wasserlauf (B), an dem die »Gamma«-Schwimmer auf ihrem Weg zum Strand und wieder zurück entlang gingen.

Links Mitte: Ein Blick auf den Strand an der Punta Mayorga läßt den in die Bucht von Algeciras mündenden Wasserlauf erkennen. Die »Gamma«-Schwimmer brauchten nur noch zu den im Hintergrund des Bildes erkennbaren Schiffen hinauszuschwimmen.

Links unten: Lieutenant Lionel Crabbe, RN, der Chef des Unterwasser-Sicherungskommandos Gibraltar. (IWM A.23270)

Rechts: Zwei Ansichten des in La Valletta/Malta aus dem Wasser gehobenen Kleinunterseebootes *CB 9*, als es im Oktober 1944 von Fachleuten der Royal Navy gründlich untersucht wurde.

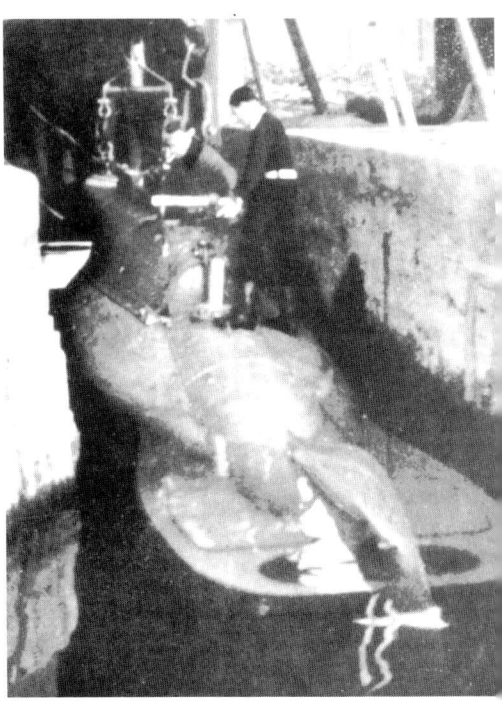

Oben links: *CB 5* im Mai 1942 in Konstanza am Schwarzen Meer.

Oben rechts: Ein seltenes Foto des Kleinunterseebootes *CA 2* während der Erprobungen 1942 bei der geheimen Versuchsanlage am Lac d'Iseo.

Links oben: Der auf dem Oberdeck des Unterseebootes LEONARDO DA VINCI hergerichtete »Trog« für den Transport eines Kleinunterseebootes der CA-Klasse über den Atlantik, um die Schiffe im Inneren des Hafens von New York anzugreifen.

Links unten: Ein von der britischen Admiralität hergestelltes Schnittmodell zeigt die Innenanordnung eines japanischen Kleinunterseebootes vom Typ »Ko-Hyoteki«. Die Bewaffnung des Fahrzeuges bestand aus zwei Torpedorohren, die im Bug zu erkennen sind.

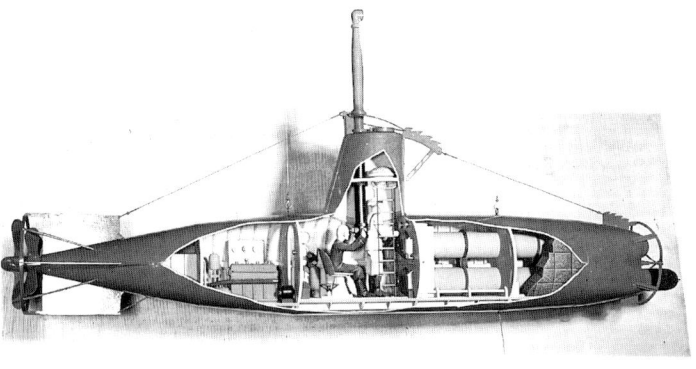

Oben: Das an der Küste der Insel Oahu angetriebene Ha 19 nach dem japanischen Angriff auf Pearl Harbor am 7. Dezember 1941. Der Zerstörer USS WARD griff Ha 19 an, ehe das Boot auf ein Riff lief und später an die Küste trieb. Sein Kommandant, Leutnant zur See Kazuo Sakamaki, geriet in Gefangenschaft und wurde der erste Kriegsgefangene der USA.

Rechts oben: Eines der in Pearl Harbor geborgenen »Ko-Hyoteki«. Dieses Boot wurde später in einen Wellenbrecher eingemauert.

Rechts unten: Vier Tage nach dem Angriff auf Sydney wird das »Ko-Hyoteki« von Matsuo im Hafen gehoben.

Oben: Die sieben »Ko-Hyoteki«-Besatzungen, die an den Angriffen auf Sydney und Diégo Suarez teilnahmen, aufgenommen Anfang 1942 an Bord der CHIYODA.

Links: Das Innere des »Ko-Hyoteki« von Matsuo, nachdem es zur Untersuchung durch die Fachleute der australischen Marine gehoben worden war. Die Aufnahme zeigt den vorderen Teil der Zentrale mit dem Sehrohr und dem Sehrohrschacht in der Mitte.

Rechts oben: Das Schlachtschiff HMS RAMILLIES, das größte Opfer japanischer »Ko-Hyoteki«-Angriffe. (IWM A.25722)

Rechts unten: Auf den Aleüten aufgegebene »Ko-Hyoteki« im Juni 1943. Diese Kleinunterseeboote waren für den Einsatz zu Verteidigungsaufgaben kein gelungener Entwurf.

Links oben: Eine Rauchsäule markiert die Stelle, an der ein »Kaiten« am 20. November 1944 in der Ulithi-Lagune sein Ziel gefunden hat. Von den fünf zum Angriff gestarteten »Kaiten« fand lediglich eines ein Ziel: den Tanker MISSISSINEWA. (USN)

Links unten: Ein Trockendock 1945 in der Marinewerft Kure, vollgepackt mit »Ko-Hyoteki« vom Typ D, besser unter der Bezeichnung »Koryu« (Schuppendrachen) bekannt. Von diesen Fahrzeugen konnten monatlich 180 gebaut werden, aber die amerikanischen Luftangriffe und die Verknappung an Rohstoffen führten dazu, daß von den im Juni 1944 in Auftrag gegebenen 540 Booten nur 115 fertiggestellt wurden.

Rechts oben: Ein »Kaiten« (Himmelserschütterer) wird über das Heck des besonders hierfür ausgerüsteten Leichten Kreuzers KITAKAMI ausgesetzt.

Rechts Mitte: Auf dem Oberdeck des japanischen Unterseebootes *I 370* untergebrachte »Kaiten« beim Auslaufen am 20. Februar 1945, um die amerikanische Schiffahrt anzugreifen. Die auf ihren Fahrzeugen stehenden »Kaiten«-Besatzungen tragen das traditionelle *Hachimaki*-Stirnband und führen ihre Schwerter. Drei Tage später versenkte der US-Zerstörer FINNEGAN *I 370* vor Iwo Jima; die »Kaiten« kamen nicht zum Einsatz.

Rechts unten: Ein japanisches Kleinunterseeboot vom Typ »Kairyu« mit zwei Mann Besatzung steht im September 1945 aufgegeben auf dem Gelände der Marinewerft Kure.

Oben: Das »Chariot« war die britische Antwort auf die Aktivitäten der *Decima MAS*. Das Fahrzeug glich dem italienischen »Maiale« sehr; denn es war die Kopie eines aus dem Hafen von Gibraltar geborgenen SLC.

Links: Der Sitz des Piloten in einem »Chariot«, die Steuereinrichtungen zeigend: In der Mitte der »Steuerknüppel« zur Bedienung des Seitenruders und der Tiefenruder, davor der Magnetkompaß. Die Schalter rechts und links vom Steuerknüppel bedienen die Pumpen für die Tauchzellen, während der Handgriff dahinter für die Bedienung des E-Motors da ist. Der Zensor hat die Markierungen auf den beiden Tiefenmessern aus Geheimhaltungsgründen unkenntlich gemacht.

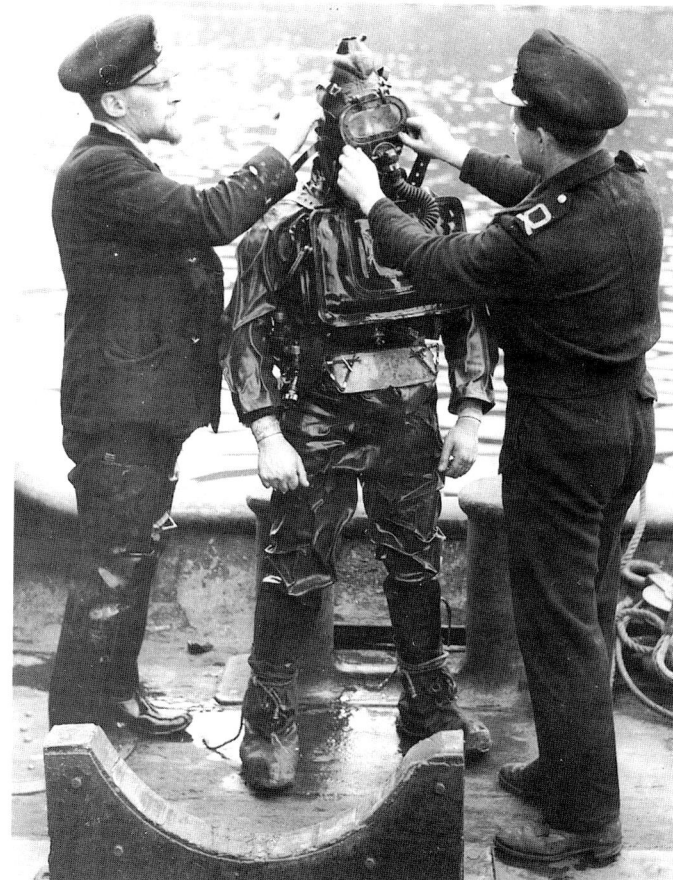

Oben: Die Briten entwickelten auch das im Bild zu sehende »Chariot« Mk.II. Bei diesem Fahrzeug sitzt die Besatzung Rücken an Rücken in einer Art Kockpit statt rittlings auf dem Gerät. »Chariots« vom Typ Mk.II führten am 27. Oktober 1944 einen Angriff auf zwei japanische Handelsschiffe in Phuket/Thailand durch.

Rechts: Ein »Chariot«-Fahrer wird in seinen Tauchanzug eingekleidet, dem »Sladen-Anzug«, benannt nach Commander Geoffrey Sladen, der ihn entworfen hat – aber besser bekannt unter dem Namen »Clammy Death«-Anzug (Anzug »Klebriger Tod«). Das vor der Brust des Tauchers sichtbare Atemgerät beruhte auf dem Davis-Tauchretter, der damals allgemein in der Flotte in Gebrauch war. Die verbrauchte Atemluft wurde über ein chemisches Absorptionsmittel geleitet und wieder gereinigt.

Oben: Eine sehr seltene Aufnahme von einem der beiden Prototypen des »X-Craft«: entweder *X 3* oder *X 4*. Die Unterschiede im Aussehen zwischen den Prototypen und den Frontbooten waren leicht zu erkennen; denn die ersteren hatten das Luk für die Tauchkammer in der Bootsmitte und das Nachtsehrohr befand sich im vorderen Bootsteil.

Unten: Ein X-Boot aus der Serie *X 5* bis *X 10* ist in HMS »Varbel« zur Wartung aus dem Wasser gehoben. Beachte die an Backbord angebrachte seitliche Sprengladung.

mit Bleistift geschriebene Randbemerkung eines Offiziers aus dem Stab des C-in-C Portsmouth auf Hortons Denkschrift lautete: »Dieses Papier ist nicht als „Geheim" eingestuft." Obwohl es keinen direkten Beweis für diese Verbindung gibt, besteht eine große Wahrscheinlichkeit, daß die Japaner von Hortons Vorschlag Wind bekamen; denn das »Ko-Hyoteki«-Konzept spiegelte das DEVASTATOR-Projekt bis auf den Namen genau wider.

Kishemoto gab seinen Vorschlag an Fregattenkapitän[0e] Toshihide Asama weiter, einem Spezialisten für die Entwicklung von Torpedos, und befahl ihm, mit der Erarbeitung eines Vorentwurfs unter großer Geheimhaltung zu beginnen. Kishemotos Vorschlag betraf, kurz gesagt, einen »Mutter-Torpedo«, der sich der gegnerischen Schlachtflotte nähern und sie mit hoher Geschwindigkeit und auf kurze Entfernung angreifen sollte. Nach eingehender Beurteilung mußte das Fahrzeug die folgenden Grundmerkmale aufweisen: Erstens mußte es, um wirkungsvoll zu sein, eine Geschwindigkeit haben, die 1,5mal höher war, als die Durchschnittsgeschwindigkeit der amerikanischen Schlachtflotte – oder anders ausgedrückt, die Geschwindigkeit unter Wasser sollte 30 kn betragen. Zweitens mußte es mit zwei Torpedorohren ausgestattet sein. Drittens war sein Fahrbereich durch die Reichweite der Geschütze beider Flotten vorgegeben (d.h. es mußte außerhalb der Reichweite der Schweren Artillerie der japanischen Schlachtflotte einsetzbar sein) und wurde daher auf 35 sm festgesetzt. Viertens mußte es eine ausreichende Wohnlichkeit bieten, um bis zu seiner späteren Wiederaufnahme im Operationsgebiet bleiben zu können.

Das Ergebnis dieser Denkschrift war die Fertigung eines unbemannten Versuchsfahrzeuges, das imstande sein sollte, eine Geschwindigkeit von 30 kn unter Verwendung kleiner, leichter Batterien von hoher Leistungsfähigkeit sowie eines E-Motors von ähnlichen Merkmalen zu erreichen. Die Erprobungsfahrten mit dem Versuchsfahrzeug verliefen erfolgreich und im Sommer 1932 hatte Kishemoto die Gelegenheit, seinen Plan Admiral Fushimi-no-mya-Hiroyasu, dem Chef des Marinegeneralstabes und zugleich Bruder von Kaiser Hirohito, vorzutragen. Sich an den Oberbefehlshaber der Marine direkt zu wenden, war ungewöhnlich, aber Kishemoto fühlte sich dazu gezwungen, um die Geheimhaltung des Projektes zu erhalten. Außerdem wollte er sich einen ausreichenden Rückhalt sichern, um es durch die Marinebürokratie zu bringen.

Fushimi gab seine Zustimmung, nachdem er angemerkt hatte, daß die Besatzung die Möglichkeit zum Entkommen haben müsse. An diesem Punkt ist durchaus die Bemerkung angebracht, daß dieses Waffensystem nicht als Selbstmordwaffe – oder in japanischer Ausdrucksweise »Tokko Heiki« (Sonderangriffswaffe) – klassifiziert war. Der Selbstmord war ein integrierter Bestandteil der japanischen Militärdoktrin; er blieb aber nur Fällen höchster Dringlichkeit vorbehalten, um die Schande des Mißerfolgs oder die Ehrlosigkeit der Gefangennahme zu vermeiden.

Erst als im Sommer 1944 der japanischen Regierung die Niederlage ins Gesicht starrte, wurden Selbstmordwaffen als letztes Mittel eingeführt, um den amerikanischen Vormarsch aufzuhalten.

Fushimis Zustimmung bedeutete, daß mit der Entwurfsarbeit für einen Prototyp begonnen werden konnte. Vizeadmiral Sugi, der Chef des Technischen Amtes der Marine, erhielt den Befehl, unter dem Vorsitz von Kishemoto eine Projektgruppe zu bilden, die unter außergewöhnlichen Geheimhaltungsbedingungen zusammentreten sollte. Die vier Mitglieder der Projektgruppe waren: Fregattenkapitän Arika Katayama, verantwortlich für die Entwicklung des Bootskörpers, Fregattenkapitän Toshihide Asama, beauftragt mit der Torpedo-Entwicklung, und die Fregattenkapitäne Takeshi Nawa und Kiyoshi Yamata, verantwortlich für die Entwicklung der Antriebsanlage. Es ist von Interesse festzustellen, daß diese Offiziere später sämtlich in den Flaggoffiziersrang aufstiegen.

Die Projektgruppe sah sich bald einer Reihe von Schwierigkeiten gegenüber. Hierbei konnte sie, um ihnen zu begegnen, nicht auf Erfahrungen zurückgreifen. Wie konnten die tödlichen Batteriegase abgezogen werden? Wie konnte die Steuerung vereinfacht werden? Wie konnte bei Tauchfahrt der Trim aufrechterhalten werden? Dies waren nur einige der Probleme, die von der Gruppe gelöst werden mußten. Dessenungeachtet hatte die Gruppe in der aus heutiger Sicht erstaunlich kurzen Zeit von zwei Monaten die Parameter für den Prototyp erarbeitet: ein durch Batterien angetriebenes, torpedoähnliches Fahrzeug mit einer Höchstgeschwindigkeit von 25 kn und einem Aktionsradius von 60 km.

Bis zum August 1933 hatte die Torpedoversuchsabteilung in Kure den Prototyp fertiggestellt. Unter größter Geheimhaltung wurden in der Inlandsee die Erprobungsfahrten durchgeführt, die anfangs unbemannt erfolgten, wobei eine automatische Tiefensteuerungsanlage das Fahrzeug steuerte. Die Leistung war mit einer aufgezeichneten Geschwindigkeit von 24,85 kn zufriedenstellend.[1] Dies war – und ist es heute noch – die höchste Geschwindigkeit, die je ein durch Batterien angetriebenes Kleinunterseeboot erbrachte.

Im Oktober erhielten Kapitänleutnant Ryonosuke Kato und Leutnant (Ing.) Shin Harada als erste Marineangehörige den Auftrag, das Kleinunterseeboot zu fahren. Die Erprobungsfahrten wurden den Winter 1933/34 hindurch bis in den Sommer 1934 hinein fortgesetzt und erbrachten den Beweis, daß das Fahrzeug eine beträchtliche Leistungsfähigkeit besaß. Es gab jedoch auch einige Probleme, deren Lösung erforderlich war: Die Sehrohrtiefe mußte vergrößert werden, da das Boot dazu neigte, auf dieser Tiefe die Wasseroberfläche zu durchbrechen. Die Tiefensteuerungsanlage arbeitete unzuverlässig und beide Besatzungsangehörige waren der Auffassung, daß eine Vergrößerung des Fahrbereiches wünschenswert wäre. Das erstere Problem wurde beseitigt, indem das Sehrohr verlängert wurde und der torpedoähnliche Bootskörper einen Kommandoturm erhielt. Die Ausrüstung mit einem Turm führte aber auch bei Tauchfahrt zu einer Erhöhung des Widerstandes und setzte die maximale Unterwassergeschwindigkeit um zwei Knoten herab. Die Tiefensteuerungsanlage erfuhr die erforderlichen Verbesserungen, aber der Fahrbereich konnte nicht vergrößert werden. Im Dezember 1934 kamen die Erprobungsfahrten zum Abschluß. Der Prototyp wurde an Land gesetzt und in einem plombierten Lagerhaus der Torpedoversuchsabteilung untergebracht. Alle Dokumente und Pläne, die sich auf das Projekt bezogen, verschwanden ebenfalls in plombierten Panzerschränken. Die Marine hatte sich entschlossen, die Leistungsfähigkeit des Fahrzeuges durch den Bau eines zweiten Bootes zu überprüfen und dann die Ergebnisse zu vergleichen.

Gleichzeitig entwickelte die Marine die taktische Doktrin weiter, unter der die Kleinunterseeboote eingesetzt werden sollten. Das ursprüngliche Konzept, mit diesen Booten massierte Torpedoangriffe auf kurze Entfernungen durchzuführen, war weiterhin gültig, aber das Problem blieb, wie die Boote in das Operationsgebiet transportiert werden sollten. Die Lösung lag im Bau von Schiffen, die speziell für das Mitführen von Kleinunterseebooten entworfen waren. Diese Schiffe hatten die Schlachtflotte zu begleiten, sollten aber erst zu gegebener Zeit eingesetzt werden. Unter dem Zweiten Flottenergänzungsplan von 1934 ergingen für drei dieser Schiffe die Bauaufträge. Im Dritten Ergänzungsbauprogramm von 1937 kam eine vierte Einheit nach einem geänderten Entwurf hinzu; seine Fertigstellung erfolgte als Seeflugzeugtender. Die drei ursprünglichen Einheiten erhielten die Namen CHITOSE, CHIYODA und MIZUHO und wurden als Seeflugzeugtender klassifiziert. Hierdurch unterlagen sie nicht den im Washingtoner Flottenvertrag festgesetzten Beschränkungen. Die vierte Einheit erhielt den Namen NISSHIN.[1a] Jedes Schiff konnte als Seeflugzeugtender dienen, aber nach Durchführung eines schnellen Umbauprogramms konnte jede dieser Einheiten zwölf Kleinunterseeboote mitführen. Da jedes dieser Boote mit zwei Torpedos bewaffnet war, standen insgesamt 96 Torpedos zur Verfügung. Diese Anzahl wurde als ausreichend angesehen, um die amerikanische Überlegenheit, insbesondere an schweren Schiffen, zu verringern. Inzwischen gingen die Erprobungsfahrten weiter. Der Kommandant der Marinewerft Kure erhielt nur die notwendigsten Informationen über das Kleinunterseeboot – trotz der Tatsache, daß alle Erprobungen die Torpedoversuchsabteilung durchführte, eine Einrichtung, die offiziell seiner Verantwortung unterlag. Nur besonders ausgewähltes Personal durfte das Gebäude betreten. Außerdem wurde dieser Personenkreis mit Sonderausweisen ausgestattet, die ein Lichtbild und die Fingerabdrücke aufwiesen. Das Projekt betreffende Dokumente wurden ausschließlich durch verläßliche Kuriere zugestellt, niemals durch die Post. An den Erprobungen in der Inlandsee waren keine Offiziere unterhalb eines Stabsoffiziersranges beteiligt; so hoch wurde das Sicherstellen der Geheimhaltung eingestuft.

Gelegentlich verriet diese Geheimhaltung fast das gesamte Projekt. Das Kleinunterseeboot mußte einen Namen haben, daher wurde eine Reihe von Decknamen eingeführt: »TB Mokei« (TB-Modell), »Tokushu Hyoteki« (Sonderziel), »A Hyoteki« (A-Ziel) und »Taisen Bakugeki Hyoteki« (U-Jagd-Bombenziel). Dieser letztere Name hatte beinahe unvorhergesehene Folgen:

>»Bedauerlicherweise kam diese Bezeichnung zur Kenntnis des Stabes der 1. Luftflotte, die hierin ein ideales Fahrzeug für ihre Flugzeugbesatzungen sah, um Angriffe auf Unterseeboote zu üben. Eine dementsprechende Anforderung des Fahrzeuges nahm ihren Weg durch die Marinebürokratie und erst nach einigen Schwierigkeiten gelang es, die Flieger zu überzeugen, daß sie ihre Anforderung zurückzogen.«[2]

Das Ergebnis der ersten und zweiten Versuchsserie mit den beiden Prototypen bestand darin, daß der Marinegeneralstab ein Fünf-Punkte-Programm für die zukünftige Entwicklung des Projektes annahm:

1. Auf der Grundlage der Erprobungsfahrten mit den Prototypen waren zwei weitere Versuchsboote in Kure zu bauen, um Erprobungsfahrten unter Einsatzbedingungen durchzuführen, soweit diese nachgestellt werden konnten.
2. Wenn diese Erprobungen erfolgreich verliefen, dann sollten die Besatzungen Verfahren erarbeiten, um die Boote von ihren Trägerschiffen auszusetzen.
3. Bei gutem Gesamtverlauf sollten danach so schnell wie möglich 48 dieser Kleinunterseeboote gebaut werden.
4. Einrichtungen für die Unterbringung und Wartung der Boote waren in Kure zu bauen, wobei die Geheimhaltung von größter Wichtigkeit war.
5. Die Auswahl und Ausbildung des Personals sollten sofort beginnen, um genügend ausgebildete Besatzungen zur Verfügung zu haben.

Es sollte jedoch fast vier Jahre dauern, ehe dieses Programm weitere bedeutsame Entwicklungen erfuhr. In der Zwischenzeit hatte sich Japans Position innerhalb der internationalen Staatengemeinschaft dramatisch verändert. Japan war aus dem Völkerbund ausgetreten, hatte seine Absicht bekanntgegeben, das System der vertraglichen Flottenbegrenzungen aufzugeben und setzte seinen Eroberungsfeldzug in China fort – unter erheblicher, aber wirkungsloser internationaler Mißbilligung. Gleichzeitig war die KJM im Gefolge des Kenterns des Torpedobootes TOMOZURU,[3] des »Vierten Flotten-Zwischenfalls« im September 1935[3a] und des Versagens der Beschaufelung bei der Mitteldruckturbine auf dem Zerstörer ASASHIO im Dezember 1937 mit einem dringenden und grundlegenden Umbauprogramm beschäftigt. Oder anders ausgedrückt, es standen weder die Zeit noch die Ressourcen für den Bau von Kleinunterseebooten zur Verfügung.

Erst im Sommer 1939 vergab der Marineminister die Bauaufträge für die beiden Versuchsboote an die Marinewerft Kure. Das erste Boot lief im April 1940 und das zweite Ende Juni vom Stapel. Sofort nach der Fertigstellung begannen die Erprobungsfahrten in der Inlandsee. Die Besatzung bestand aus Oberleutnant zur See Yoshimitsu Sekido und Oberleutnant (Ing.) Toshio Hori.

In der nächsten Phase folgten die Erprobungen für das Aussetzen der Boote mit der CHIYODA, die im Dezember 1938 fertiggestellt worden war. Während sich die beiden Versuchsboote der Fertigstellung genähert hatten, war auch das Heck der CHIYODA umgebaut worden. Das Schiff besaß jetzt am Heck eine schräge Rampe ähnlich wie sie ein Walfangmutterschiff hatte. Beim Aussetzen sollten die Boote mit dem Heck zuerst über diese Rampe gerollt werden, bis sie im Wasser aufschwammen. Die ersten Erprobungen bei Iyo-Nada in der Bucht von Hiroshima verliefen zufriedenstellend und von Anfang Juli an bis Ende August 1940 wurden in den rauheren Gewässern der Bungo-Straße die Angriffserprobungen durchgeführt.

Zu Anfang erfolgte ein mehr als zehnmaliges Aussetzen über die Heckrampe der CHIYODA mit einem unbemannten Boot, ehe Sekido und Hori das erste bemannte Aussetzen unternahmen. Diese Erprobungen waren ein völliger Erfolg. Die CHIYODA setzte das Boot bei verschiedenartigem Seegang und bei wechselnden Fahrtstufen zwischen zwölf und zwanzig Knoten aus. Jedesmal wurde ein verhältnismäßig flacher Winkel für den Eintritt ins Wasser gemessen und das Boot tauchte etwa 1000 m achteraus des »Mutterschiffes« wieder auf. Dann setzte es die Fahrt aus eigener Kraft fort.

Sekido stand jedoch einigen Aspekten des Fahrzeuges kritisch gegenüber, die seine Leistungsfähigkeit betrafen. Viele Instrumente vertrugen den rauhen Vorgang des Aussetzens nicht. Außerdem stellte er fest, daß das Boot auf Sehrohrtiefe bei Seegang sehr auffällig stampfte und rollte, wodurch das Auffassen des Ziels sehr erschwert wurde. Überdies zeigte das Boot auch eine bedauerliche Neigung, im ungeeignetsten Augenblick die Wasseroberfläche zu durchbrechen:

> »...Der Kommandoturm ragte stets heraus. das konnte in der Tat nicht als untergetaucht bezeichnet werden. ... Ich hatte lange Zeit den Eindruck, daß ein Angriff auf dem Ozean sehr, sehr schwierig wäre.«[4]

Dessenungeachtet waren die Beobachter, darunter Vizeadmiral Soemu Toyoda, der Chef des Technischen Amtes der Marine, günstig beeindruckt. Bis dahin stand Toyoda dem gesamten Projekt sehr skeptisch gegenüber. Doch nachdem er die Versuche von der CHIYODA aus gesehen hatte, änderte er seine Auffassung beträchtlich.

Ein Merkmal des japanischen Kleinunterseebootprogramms war seine ständige Modifizierung und die Zeit nach den CHIYODA-Versuchen stellte keine Ausnahme dar. An den Motoren für die Tiefenruder erfolgten Änderungen, um die Tiefensteuerung bei Tauchfahrt zu verbessern. Die Instrumente wurden robuster gefertigt und es gab noch zahlreiche weitere Änderungen. In dieser Phase gab es zwischen den Technikern und der Besatzung einen Konflikt. Die ersteren drängten auf weitere Verbesserungen und Modifizierungen, die zu einer Steigerung in der Größe und der Wasserverdrängung geführt hätten, wohingegen die letzteren argumentierten, daß jede Steigerung in der Größe beträchtliche Auswirkungen auf die Mutterschiffe, die Unterbringung, das Aussetzen sowie auf zahlreiche andere Bereiche mit sich bringen würden. Überdies erlaube es die Weltlage nicht, die Erprobungsphase aus rein akademischen Gründen weiter auszudehnen. Das Kleinunterseeboot wäre ein Waffensystem und würde für den Einsatz in See gebraucht.

Die Erprobungsbesatzung trug den Sieg davon. Am 15. November 1940 führte die Marine das Kleinunterseeboot formell ein und gab ihm die Tarnbezeichnung »Ko-Hyoteki« (Zielscheibe). Von nun an schritt das Programm rasch voran. Am 10. Oktober 1940 ergingen die Bauaufträge für weitere zehn Boote: Nr. 3 bis Nr. 12; und im Dezember folgten die Aufträge für nochmals 13 Einheiten: Nr. 13 bis Nr. 26. Jetzt waren ausreichend Bauaufträge für »Ko-Hyoteki«-Boote vergeben, um drei Trägerschiffe umzubauen und zu bewaffnen. Gleichzeitig begann die Ausbildung der Offiziere und Mannschaften, geleitet von Fregattenkapitän Ryanosuke Kato unter der Gesamtverantwortung von Kapitän zur See Kaku Harada, dem Kommandanten der CHIYODA.

Die erste Gruppe von 13 Offizieren und Unteroffizieren meldete sich im November 1940 an Bord der CHIYODA. Nach der theoretischen Unterrichtung im Hörsaal begann im Januar 1941 die praktische Seeausbildung. Bis März 1941 war die Ausbildung abgeschlossen und die zweite Gruppe von 22 Offizieren und Unteroffizieren traf im April zusammen mit zwölf Mechanikern ein. Zu diesem Zeitpunkt wurde die Ausbildung nach Karasukojima bei Kure verlegt. Die theoretische Unterweisung erfolgte in der Torpedoversuchsabteilung der Marinewerft Kure, während der Unterricht in Taktik und Einsatz an der Unterseebootsschule erteilt wurde. Anschließend folgte eine Grundschulung in See an Bord des Schleppers KURE MARU, ehe die späteren Besatzungen zur eigentlichen Ausbildung auf die CHIYODA oder NISSHIN kamen. Von diesen Schiffen aus übten sie ihre Aufgabe mit den Originalgeräten. Die Ausbildung der zweiten Gruppe schloß im August ab. Infolge der Verschlechterung der Beziehungen zu den Vereinigten Staaten wurde das Fortschreiten des Programms von diesem Zeitpunkt an plötzlich beschleunigt, und für drei weitere »Ko-Hyoteki«-Boote, nur für die Ausbildung bestimmt, ergingen Bauaufträge, um die Beschleunigung umzusetzen.

Doch was war dies für ein Boot, das so geheimgehalten wurde und für das so große Anstrengungen unternommen worden waren? Äußerlich glich es einem Torpedo mit sich verjüngenden Enden, mittschiffs von einem Kommandoturm überragt. Vom Turm abgesehen, gab es keinerlei Aufbauten. Um den Wasserwiderstand zu verringern, gab es auf dem Bootskörper als Beschläge nur eine Anzahl Klampen, aus 12-mm-Stahl gefertigt und angeschweißt. Nach vorn und achtern waren die Torpedorohre und Propeller mit Schilden ausgestattet, um sie zu schützen, während ein 9,5 m langer Ballastkiel mit der Unterseite des Bootskörpers verschweißt war.

Der einhüllige Druckkörper des »Ko-Hyoteki« war aus 8 mm dicken, kalt gewalzten Stahlplatten der MS-44-Qualität gefertigt. In allen Fertigungsstadien war die Gewichtsverringerung von außerordentlicher Wichtigkeit. Fregattenkapitän Arika Katayama erwies sich als wendig und einfallsreich, um dies zu erreichen, ohne die für den Einsatz erforderliche Leistungsfähigkeit oder den Sicherheitsstandard des Bootes zu gefährden. Die Ganzschweißbauweise war nur ein Mittel, mit dem Katayama Gewicht einsparte. Ein anderes war die Verwendung von 2,6-mm-Stahl statt 8-mm-Stahl für die nicht druckfesten, tragenden Teile des Festigkeitsverbandes. Die Innenquerschotte, die das »Ko-Hyoteki« in mehrere Abteilungen unterteilten, waren gas- aber nicht wasserdicht, da die Platten zwischen den Versteifungen nur 1,2 mm Dicke aufwiesen. Das »Ko-Hyoteki« war in sehr engen Toleranzgrenzen gebaut und trotz der Notwendigkeit, Gewicht einzusparen, war die Zerstörungstiefe immerhin mit 200 m berechnet und die Sicherheitstauchtiefe lag bei 100 m. Diese Parameter ergaben einen Sicherheitskoeffizienten, der 1,4mal höher war als der bei den anderen japanischen Unterseebooten.

Im Vergleich zur Versuchsversion des Bootes hatte sich die Länge um 6 cm und der Innendurchmesser in der Zentralabteilung um 2,6 cm vergrößert. Ein Verbreitern der Seiten am Bug, um im Querschnitt eine mehr ovalere als kreisrunde Formgebung zu erreichen, verbesserte die hydrodynamische Leistung. Vorn und achtern verschlossen den Druckkörper konvexe Querschotte und jenseits von ihnen gab es im Bug und im Heck je eine außerhalb gelegene Abteilung. Im Bug diente diese Abteilung zum Unterbringen des Haupt- und des Reserveballasttanks, während die Abteilung im Heck ein freiflutender Raum war.

Der Bootskörper war in drei Sektionen unterteilt, um Bau und Ausrüstung zu erleichtern. Die vordere Sektion enthielt die Daseinsberechtigung des »Ko-Hyoteki«: zwei übereinander eingebaute 45,7-cm-Torpedorohre. Die Prototypen hatten noch 53,3-cm-Torpedorohre für den Torpedo vom Typ 89 geführt. Doch die Einführung des 45,7-cm-Torpedos vom Typ 97 mit Sauerstoffantrieb schien eine weitere Gelegenheit zur Gewichtseinsparung zu gewähren, und so wurde diese Bewaffnung gewählt. Die Torpedorohre hatten eine Länge von 5,4 m – etwa der Länge des Torpedoraums entsprechend – und waren von einem sehr ungewöhnlichen Entwurf. Im Gegensatz zu konventionellen Torpedorohren, die mit Bug- und Heckverschlüssen ausgestattet sind, handelte es sich bei jenen des »Ko-Hyoteki« um einfache Rohre, die anstelle der Verschlußklappe am hinteren Ende mit einem kugelrunden Gußstück vernietet waren, das als Halt für das Schwanzstück des Torpedos mit einen dicken Gummidämpfer ausgestattet war und ein Luftabsperrventil enthielt. Es gab keine Mündungsklappen. Die Torpedos glitten beim Laden lediglich mit dem Schwanzstück voraus in die Rohre. Die Einfachheit der Konstruktion bedeutete, daß die Rohre freiflutend waren, so daß keine Erforderlichkeit für ein kompliziertes Flutungs- und Entlüftungssystem bestand (eine weitere Gewichtseinsparung). Der Gefechtskopf des Torpedos ragte etwa 30 mm aus der Rohrmündung heraus und bildete auf diese Weise einen stromlinienförmigen Abschluß.

Die Einstellung des Schußwinkels und des Tiefenlaufs der Torpedos erfolgte aus der Zentrale mit Hilfe von mechanischen Verbindungsgestängen und Wellen zum Geradlauf- und Tiefensteuerungsapparat des Torpedos im Rohr. Anzeigegeräte in der Zentrale übertrugen die eingestellten Werte. Das Abfeuern der Torpedos geschah durch Druckluft. Hierfür besaß jedes Rohr einen Abschußbehälter mit 69,4 l Luft. Allerdings ergab dieses Abschußsystem ein Problem, eine Quelle bitterer Klagen durch die Besatzungen: Es gab keine Einrichtung, um das Innere der Torpedorohre zu entlüften, und so erschien jedesmal beim Abfeuern eines Torpedos ein Blasenstrom an der Wasseroberfläche – kaum ideal für ein Kleinunterseeboot, das verdeckt operieren sollte, aber die unvermeidliche Folge der Notwendigkeit, beim Entwurf Gewicht einzusparen.

Den Hauptballasttank des »Ko-Hyoteki« stellte der Raum um die beiden Torpedorohre dar. Er faßte 1336 l Wasser. Üblicherweise wurde der Tank vor dem Aussetzen auf dem Trägerschiff gefüllt, da die geringe Größe des Flutventils Schwierigkeiten bereitete, den Tank in See zu fluten. Wurde der Hauptballasttank ausgeblasen, kam der Bug des »Ko-Hyodeki« sehr schnell nach oben, während das Heck unverändert blieb – in Anbetracht der Tatsache, daß der Heckbereich keine Ballasteinrichtungen aufwies und das Gewicht des Motors hinzukam, nicht überraschend. Infolge des extrem steilen Auftauchwinkels dauerte es gewöhnlich einige Zeit, ehe der Kommandoturm die Wasseroberfläche durchbrach. Um dieses Problem zu beheben, befand sich unter der Zentrale ein 416-l-Behelfstank.

Hinter dem Torpedoraum mit den Torpedorohren und den mit ihnen verbundenen Abschußbehältern lag der Reserveballasttank, eine Art Trimmtank, der automatisch geflutet wurde, um nach dem Abfeuern der Torpedos den hierdurch entstandenen Gewichtsverlust auszugleichen. Sein Flutventil war jedoch nicht groß genug, um ein rasches Vollaufen zu gewährleisten. Daher war es nur zu oft der Fall, daß ein »Ko-Hyoteki« nach dem Torpedoschuß an die Wasseroberfläche kam. Die Besatzungen versuchten Abhilfe zu schaffen, indem sie beim Abfeuern die Geschwindigkeit erhöhten – eine weitere Quelle von Klagen.

Die Mittelsektion des Bootes bestand aus drei voneinander getrennten Abteilungen: der vordere Batterieraum, die Zentrale mit dem Kommandoturm und der achtere Batterieraum. Im

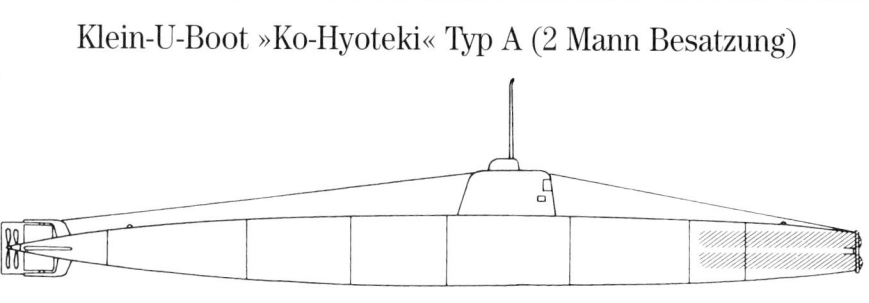

Klein-U-Boot »Ko-Hyoteki« Typ A (2 Mann Besatzung)

Wasserverdrängung (unter Wasser):	46 ts
Länge:	23,9 m
Breite:	1,85 m
Antriebsanlage:	1 E-Motor mit 600 PS, 1 Welle (aber mit zwei gegenläufigen Propellern ausgestattet)
Geschwindigkeit über Wasser:	23 kn
Geschwindigkeit unter Wasser:	19 kn
Fahrbereich über Wasser:	80 sm bei 2 kn
Fahrbereich unter Wasser:	55 sm bei 19 kn
Bewaffnung:	Zwei 45,7-cm-Torpedorohre
Besatzung:	2 Mann
Abgelieferte Einheiten:	20

Bau: Zwei nicht nummerierte Prototypen, danach *Ha 1* und *Ha 2* sowie *Ha 3 – Ha 44* und *Ha 46 – Ha 61*. Von 1934 an auf der Marinewerft Kure gefertigt, danach auf einer Spezialwerft nur für den Bau dieser Boote in Ourazaki bei Kure.

Kriegsverluste: Fünf vor Pearl Harbor am oder um den 7.12.41; drei bei Diégo Suarez am 30.5.42; vier im Hafen von Sydney am 31.5.42; acht vor Guadalcanal 1942; drei in den Gewässern der Aleuten 1942/43.

Gegensatz zu vielen Kleinunterseebootstypen anderer Marinen lieferte ein E-Motor die Antriebsleistung sowohl für die Überwasser- als auch für die Unterwasserfahrt. Die Hauptbatterie war daher die einzige Energiequelle des »Ko-Hyoteki«. Sie bestand aus 192 Batterien zu je zwei 2-V-Zellen. Die Batterien waren in Parallelschaltung miteinander verbunden. 136 Batterien (75 %) befanden sich im achteren Batterieraum und die restlichen 56 im vorderen. Sie waren längs der Außenwände des Bootes angeordnet, um unterwegs die Prüfung und Wartung zu erleichtern. Die Batterie-Entlüftung erfolgte durch Absaugen der Luft aus dem vorderen Batterieraum. Hierbei strömte sie durch einen Behälter, der eine Wasserstoffabsorptionsreagenz enthielt, und floß nach Kühlung und Vermischung mit Druckluft in den achteren Batterieraum. Dies war kein ideales Wasserstoffabsorptionssystem, wurde aber als brauchbar angesehen, da das Boot nur wenige Stunden in See sein sollte. Wenn die Batterien an Land oder an Bord des Trägerschiffes aufgeladen wurden, gewährte ein Luk in der Bordwand des »Ko-Hyoteki« zusätzliche Entlüftung.

Der vordere und der achtere Batterieraum enthielten auch die Trimmtanks: ein 357-l-Tank vorn und ein 257-l-Tank achtern. Fluten und Auspumpen geschah mit Hilfe einer Bilgenlenzpumpe. Diese besaß jedoch die bedauerliche Nebenwirkung, das System mit Schlamm zu verstopfen. Zur Abhilfe wurde eine zusätzliche, durch den Sehrohrmotor angetriebene Pumpe eingebaut. Das Trimmen des Bootes war schwierig, da der Abstand zwischen den beiden Trimmtanks verhältnismäßig gering war. Zur Korrektur wurden 1421 kg Blei im vorderen Batterieraum auf Karren mitgeführt, die von Hand verschoben werden konnten, um Gewichtsveränderungen des Bootes auszugleichen. Außerdem gab es noch zwei Ausgleichstanks, je einer vorn und achtern, mit 232 l bzw. 180 l Inhalt. Der vordere Tank befand sich unter den Torpedorohren und der achtere unter dem Hauptmotor.

Die Zentrale befand sich zwischen den beiden Batterieräumen direkt unter dem Kommandoturm. Es gab nur ein einziges Ein- und Ausstiegsluk. Sie enthielt alle Bedienungselemente für das »Ko-Hyoteki« wie die automatische und von Hand bediente Tiefensteuerungsanlage, das Ruder, die Kreiselmutter und den Kurskreisel-Anzeiger, die Torpedo-Abfeuerung, den Sehrohrmotor, die Trimmpumpe, den Druckluftverdichter, ein kleines Kristalldetektor-Funkgerät, den Wasserstoffmelder und das Sehrohr.

Das Sehrohr war ein Wunderwerk der Verkleinerung, hergestellt bei der Optik-Manufaktur-Gesellschaft Japan nach einem Entwurf des Marinetechnischen Laboratoriums. Die allgegenwärtige Geheimhaltung, die das Projekt umgab, erforderte, daß dieses Sehrohr den Decknamen »Toku Megane« (Spezialgläser) erhielt. Es wies eine Länge von 3,05 m auf und hatte einen Durchmesser von 9,2 cm. Seine Vergrößerungsstärke betrug x 1,5 und x 6. Das Sehrohr umschloß ein 30 cm hohes, stromlinienförmiges Gehäuse, um den Wasserwiderstand zu verringern. Neben dem Sehrohr besaß das »Ko-Hyoteki« noch ein Echolot – seine Benutzung verriet ungewollt die Anwesenheit des Bootes, so daß es schwierig ist einzusehen, warum damit ein Boot ausgerüstet wurde, das verdeckt operieren sollte – sowie ein einfaches, nicht richtbares Unterwasserhorchgerät. Der Navigation diente ansonsten nur noch ein winziger Kartentisch. Nichtsdestoweniger reichten Sehrohr, Unterwasserhorchgerät und Kartentisch für verdecktes Operieren in begrenzten Gewässern aus. Oberhalb der Zentrale befand sich der druckdichte Kommandoturm, bestehend aus zwei hintereinander angeordneten Vertikalzylindern. Der vordere Zylinder enthielt das Luk für den Ein- und Ausstieg, während sich im achteren Zylinder das Sehrohr befand. An der Achterkante des Kommandoturms befand sich die Antenne für das UHF-Funkgerät; sie konnte durch ein Schneckengetriebe in der Zentrale bis zu 8 m Höhe ausgefahren werden.

Eine Anzahl von »Ko-Hyoteki«-Booten wurde zu Ausbildungszwecken umgebaut und geringfügig modifiziert. Der achtere Batterieraum wurde in der Größe verringert und der eingesparte Platz diente der Unterbringung von zwei Ausbildungsoffizieren und einer Gruppe von sechs bis sieben Auszubildenden. Dies führte zum Einbau eines zusätzlichen Ballasttanks, um den Gewichtsverlust durch das Entfernen von Batterien auszugleichen. Außerdem wurde der Kommandoturm vergrößert und zur Benutzung durch den Ausbilder kam ein zweites Sehrohr an Bord.

In der Hecksektion befand sich der Motorenraum mit nur einem E-Motor, getrennt vom achteren Batterieraum durch ein Querschott. Den Motor mit etwa 1,5 ts Gewicht hatte die Toshiba-Korporation hergestellt. Mit 1800 U/m leistete er 600 PS und wurde von der Zentrale aus durch Handschaltung bedient. Entsprechend der jeweiligen Batterieschaltung trieb der Motor das »Ko-Hyoteki« mit der Höchstgeschwindigkeit von 24 kn oder mit halber Fahrt von 12 kn an; auch Rückwärtsfahrt von 5 kn stand zur Verfügung. Ein Untersetzungsgetriebe im Verhältnis von 5:5:1 übertrug die Umdrehungen auf nur eine Propellerwelle. Der Getriebekasten lag achteraus des Motorenraums im freiflutenden Raum der Heckabteilung. Am Ende der Welle befanden sich zwei gegenläufige Propeller, wobei der vordere links und der hintere rechts herum drehte. Der vordere Propeller war etwas größer als der hintere: 1,35 m im Durchmesser gegenüber 1,25 m. Direkt vor den Propellern waren vertikale und horizontale Stabilisierungsflossen mit Vertikalrudern und horizontalen Tiefenrudern angebracht. Die gesamte Baugruppe war sorgfältig durchdacht und entworfen, so daß sie keine Vorsprünge bot, die sich in einem Netz verhaken konnten.

Das »Ko-Hyoteki« war möglicherweise das komplizierteste und am besten durchkonstruierte Kleinunterseeboot aller kriegführenden Marinen des Zweiten Weltkrieges. Die Konstrukteure waren aufgrund klarer und genauer Einsatzforderungen vorgegangen, die sie auch erfüllten. Natürlich wies der Entwurf einige Mängel auf: mangelhafte Steuerung bei Tauchfahrt und das Fehlen einer inneren Entlüftung bei den Torpedorohren waren zwei derartige Aspekte. Doch keinem Entwurf war es je beschieden, insgesamt den Anforderungen seiner Konstrukteure und der Besatzungen zu entsprechen; Konflikte waren unvermeidlich. Oft ist ein Vergleich mit dem britischen »X-Craft« zu dessem Nachteil erfolgt. Ein solcher Vergleich ist ungerecht; denn das »X-Craft« wurde für weitreichende Operationen entworfen, wohingegen das »Ko-Hyoteki« nur für einen kurzzeitigen Entscheidungsangriff ausgelegt war. Diese verschiedenen Zweckbestimmungen spiegeln sich in den Entwürfen wider. Der Bau dieses Kleinunterseebootes stellte für die Kaiserlich Japanische Marine eine genauso bedeutende technische Leistung dar wie die Superschlachtschiffe YAMATO und MUSASHI, die sich zur gleichen Zeit im Bau befanden.

Sogar im Frühjahr 1941 dachte die japanische Marineführung immer noch an einen Einsatz dieser Kleinunterseeboote in einer Entscheidungsschlacht zur See. Am 1. Februar 1941 legte Admiral Isoruku Yamamoto, der Chef der Vereinigten Flotte, erstmals seinen Plan für einen Luftangriff auf den amerikanischen Flottenstützpunkt Pearl Harbor vor. Welche Aufgabe würde es für die Kleinunterseeboote vom Typ »Ko-Hyoteki« noch geben, sollte die amerikanische Schlachtflotte an ihrem Ankerplatz versenkt werden?

Kapitel 6

Die Geburt einer Legende

Der erste Schlag ist die halbe Schlacht! – Japanisches Sprichwort

Während Westeuropa in den Zweiten Weltkrieg verwickelt war, herrschte im Fernen Osten ein beunruhigender Frieden. Japan verfolgte eine ausgesprochene Eroberungspolitik in China – und hatte sich damit international in einen Aussätzigen verwandelt. Die Amerikaner wiederum übten wirtschaftlichen Druck auf Japan aus. Dieser drohte das Land seiner lebenswichtigen Einfuhren, besonders an Öl, zu berauben. Die sich verschlechternde diplomatische Lage fiel mit dem steigenden Einfluß der japanischen Militärs, besonders jener des Heeres, auf die japanische Politik zusammen. Die »Falken« unter den Heeresoffizieren sahen zunehmend die Eroberung wirtschaftlicher Ressourcen in Südostasien und einen Krieg mit den Vereinigten Staaten als den einzigen Ausweg an, um die Probleme zu lösen und Japans Lage zu verbessern. Im Falle eines Krieges mit den Vereinigten Staaten würde sich die Kaiserlich Japanische Marine in vorderster Front befinden – und so war es ein Zufall, daß am 1. Februar 1941 Admiral Isoruku Yamamoto den Oberbefehl über die Vereinigte Flotte der Kaiserlich Japanischen Marine übernahm.[0a]

Der 1884 geborene Yamamoto hatte seine Ausbildung in den USA erhalten und war dort Marineattaché gewesen. Infolgedessen war er mit dem Land, seiner Bevölkerung und – am wichtigsten – seiner Industrie vertraut. Er kannte die gewaltige, wenn auch verborgene industrielle Muskulatur, die Amerika besaß, und er wußte auch, daß Japan niemals darauf hoffen konnte, mit ihr gleichzuziehen. Infolgedessen leistete er unter Lebensgefahr den radikalen Elementen im japanischen Heer Widerstand, die den Krieg mit Amerika als die einzige Lösung für Japans Lage ansahen. Tatsächlich mußte er unter abrupter Beendigung seiner Amtszeit als Vizemarineminister rasch zur Vereinigten Flotte kommandiert werden, um ihn vor den Meuchelmördern zu schützen, die die Regierungspolitik mit Kugel oder Messer formulierten. Doch welche Befürchtungen er auch immer hegte, Yamamoto war Offizier der Kaiserlichen Marine, und er widmete seine beträchtlichen Fähigkeiten der Planung des Sieges. Mit der Planung eines möglichen Krieges mit den USA konfrontiert, erkannte er deutlich, daß es sich Japan nicht leisten konnte, auf die sich zuspitzende Entscheidungsschlacht zu warten, auf die das Land lange gehofft hatte. Die amerikanische Pazifikflotte mußte durch einen raschen und überwältigenden Schlag an ihren Liegeplätzen vernichtet werden. Aus dieser Erkenntnis heraus entstand der Plan für den Flugzeugträgerangriff auf Pearl Harbor.

Somit schien das »Ko-Hyoteki« mit einem Schlag überflüssig zu sein, da die Umstände für seinen Einsatz, für den es entworfen worden war, nicht mehr gegeben waren. Doch die Zielstrebigkeit, mit der die Konstrukteure und die Besatzungen das Entwicklungs- und Erprobungsprogramm durchgezogen hatten, sollte nicht einfach beiseitegefegt werden. Leutnant zur See Naoji Iwasa, einer der Klein-U-Bootkommandanten, zog die Möglichkeit in Betracht, das »Ko-Hyoteki« einzusetzen, um Kriegsschiffe auf verteidigten Ankerplätzen anzugreifen. Warum, so folgerte er, könnte das »Ko-Hyoteki« nicht amerikanische Kriegsschiffe in Pearl Harbor, Manila, San Francisco und in zahlreichen anderen Stützpunkten angreifen? Iwasa diskutierte seine Vorstellungen mit Fregattenkapitän Ryanosuke Kato, verantwortlich für die Ausbildung der »Ko-Hyoteki«-Besatzungen, der den Plan an Kapitän zur See Harada weiterleitete.

Als nächstes ersuchte Iwasa um eine Unterredung mit Yamamoto; und es spricht sehr für den letzteren, daß er bereit war, sich die Zeit zu nehmen, um den gewissenhaften Leutnant zur See ausreden zu lassen. Trotz Iwasas Beredsamkeit und seiner offensichtlichen Begeisterung lehnte Yamamoto jedoch den Plan ab. Nicht weil er die Möglichkeiten des Kleinunterseebootes anzweifelte, sondern weil er der Auffassung war, die Besatzung könnte nicht gerettet werden. Dies entmutigte aber die »Ko-Hyoteki«-Fahrer nicht. Im September 1941 verlegte Harada die CHITOSE in die Aki-See, die zur Inlandsee gehörte, ein Gebiet, das eine flüchtige Ähnlichkeit mit Pearl Harbor aufwies. Hier wurden die Möglichkeiten des »Ko-Hyoteki« auf Herz und Nieren geprüft: Eindringen in einen ähnlich verteidigten Hafen und Rückkehr zur völlig abgedunkelten CHITOSE. Obwohl die Übungen ein Erfolg waren, wurde auch klar erkannt, daß der geringe Fahrbereich des Bootes bedeutete, daß es die CHITOSE nicht riskieren konnte, nahe an eine gegnerische Küste heranzugehen. Ihre Anwesenheit würde ein klares Anzeichen für einen bevorstehenden Angriff darstellen und nur mit vier 12,7-cm-Geschützen bewaffnet war sie kaum in der Lage, sich zu verteidigen.

Die Lösung lag im Mitführen eines »Ko-Hyoteki« auf dem Oberdeck eines großen Unterseebootes der C/I-Klasse.[1/1a] Das »Ko-Hyoteki« ruhte mit dem Bug achteraus auf einer eigens konstruierten Lagerung an Oberdeck hinter dem Kommandoturm. Dies war keineswegs ein ungewöhnliches Verfahren für das Mitführen eines Kleinunterseebootes; Italien, Großbritannien und Deutschland verwendeten ähnliche Verfahren. Außerdem ist es überaus logisch, ein anderes Unterseeboot als Träger zu verwenden, um sich auf diese Weise des Vorteils der dem Unterseeboot innewohnenden Eigenschaft der Heimlichkeit zu bedienen. Die Einzigartigkeit des japanischen Verfahrens lag im Entwurf eines Verbindungswulstes zwischen dem »Ko-Hyoteki« und dem Mutterboot. Zwei nahtlos anliegende Zylinder ermöglichten den Verkehr zwischen dem Kleinunterseeboot und dem Träger-Unterseeboot, während sich das letztere unter Wasser befand. Hierdurch konnte das Kleinunterseeboot auf dem Marsch ins Zielgebiet gewartet werden – eine sehr wichtige Überlegung. Am wichtigsten war jedoch die Tatsache, daß das »Ko-Hyoteki« vom Träger-Unterseeboot unter Wasser ausgesetzt werden konnte, da alle Vorrichtungen und Klampen, die das Kleinunterseeboot in seiner Lagerung auf dem Oberdeck festhielten, von der Zentrale im Inneren des großen Unterseebootes aus gelöst werden konnten. Bei anderen Marinen führte die Tatsache, daß das Träger-Unterseeboot auftauchen mußte, um das Kleinunterseeboot auszusetzen, in diesem Augenblick des Unternehmens zu einer sehr großen Verwundbarkeit. Harada, Kato und Iwasa waren diesem Problem sauber ausgewichen.

Schließlich war es die Verwendung von Unterseebooten als Träger, die Admiral Yamamoto letztlich überzeugte. Bei einer Reihe von Stabsbesprechungen zwischen dem 11. und dem 13. Oktober 1941 an Bord des Flottenflaggschiffes NAGATO gab Yamamoto seine Zustimmung für die Teilnahme von »Ko-Hyoteki«-Booten am Angriff auf Pearl Harbor – sie sollten seine Speerspitze sein. In einem Punkt blieb Yamamoto unnachgiebig, die »Ko-Hyoteki«-Fahrer hatten ihr Äußerstes zu geben, um ihren Auftrag durchzuführen und danach zum Träger-Unterseeboot zurückzukehren.

Die Besatzungen von eben erst fertiggestellten fünf großen Unterseebooten erhielten faktisch »Hausarrest«. Gleichzeitig begannen Arbeiter des Arsenals Kure das achtere Oberdeck freizumachen sowie Lagerungen und Halterungen einzubauen. Damit war klar, daß die Unterseeboote im Begriff standen, »etwas« zu transportieren:

»Am 6. November waren diese Umbauten abgeschlossen und alle fünf Unterseeboote verlegten nach Kame-Ga Kubi in die Nähe der Torpedoversuchsanstalt außerhalb von Kure. Nachdem wir festgemacht hatten, kam an jedem Unterseeboot ein Leichter längsseits. Die Leichter hatten seltsame Objekte an Bord, vor neugierigen Augen durch schwarze Planen geschützt und von bewaffneten Seeleuten und Polizei bewacht. Die Objekte wurden auf das Oberdeck gehievt und in den Lagerungen gesichert – noch immer mit den Planen bedeckt. Wir, die Besatzung des Unterseebootes, wurden nicht informiert, was dies für Objekte waren. Erst als wir in die Aki-See zu Erprobungsfahrten ausliefen, erfuhren wir, was wir da mitführten. Die Moral auf dem Unterseeboot war unglaublich groß.«[2]

Die fünf Unterseeboote erhielten nunmehr die formelle Bezeichnung »Erste Sonderangriffsgruppe«. Am 28. November 1941 glitten die fünf Boote geräuschlos hinaus auf See und nahmen Kurs auf Hawaii. Der diesen Verband führende Offizier war Kapitän zur See Hanku Sasaki auf I 22. Die Besatzungen der Kleinunterseeboote setzten sich wie folgt zusammen:

I 16   (Fregattenkapitän Kaoru Yamada, KJM)
        Leutnant zur See Masaharu Yokoyama, KJM
        Maschinenmaat Sadamo Ueda
I 18   (Fregattenkapitän Kiyonari Otani, KJM)
        Leutnant zur See Shigemi Furuno, KJM
        Maschinenobermaat Shigenori Yokoyama
I 20   (Fregattenkapitän Takashi Yamada, KJM)
        Leutnant zur See Akira Hiro-o, KJM
        Maschinenmaat Yoshio Katayama
I 22   (Verbandsführer: Kapitän zur See Hanku Sasaki, KJM;
        Kommandant: Kiyoi Ageta, KJM;
        Operationsoffizier: Leutnant zur See Keiu Matsuo, KJM)
        Oberleutnant zur See Naoji Iwasa, KJM
        Maschinenobermaat Noakichi Sasaki
I 24   (Fregattenkapitän Hiroshi Hanabusa, KJM)
        Leutnant zur See Kazuo Sakamaki, KJM
        Maschinenmaat Kiyoshi Inagaki

Kurze Zeit nach dem Verlassen der japanischen Gewässer unterrichteten die Kommandanten der Unterseeboote ihre Besatzungen über die Operation. Schließlich gab es jetzt kaum noch Anlaß zu der alles beherrschenden Geheimhaltung, die das Projekt und die Operation so lange begleitet hatten.

Der Marsch nach Hawaii verlief nicht ohne Zwischenfall. Schlechtes Wetter mit rauher See erschwerten die Wartung der winzigen Kleinunterseeboote außerordentlich und einer der Torpedos des »Ko-Hyoteki« auf I 24 erlitt Beschädigungen. Dies war ein Problem, das durch die Benutzung des Verkehrstunnels zwischen den beiden Booten nicht gelöst werden konnte; I 24 mußte auftauchen. Die Aufgabe, den Torpedo auf dem Oberdeck des im Nordpazifik stampfenden und schlingernden Unterseebootes herauszuziehen und durch einen anderen zu ersetzen, hätte jeden U-Bootfahrer entmutigt. Für Sakamaki und Inagaki war jedoch der Gedanke, in den pazifischen Hauptankerplatz der Amerikaner mit nur einem Torpedo einzudringen, eine noch erschreckendere Aussicht. Die Torpedomechaniker von I-24 machten sich an die Arbeit. Sie zogen den beschädigten Torpedo heraus, ließen ihn über Bord gleiten und ersetzten ihn durch einen aus dem Bestand des Unterseebootes.

Am 3. Dezember 1941 ging über Funk das verschlüsselte Stichwort »Besteigt den Berg Niitaka!« ein. Es teilte mit, daß die japanische Regierung die Aussicht aufgegeben hatte, auf dem Verhandlungswege ein Übereinkommen mit den Amerikanern zu erreichen, und daß der

Krieg unvermeidlich war. Die eigentliche Kriegserklärung hatte bis zum 7. Dezember um 13.00 Uhr Washingtoner Zeit (08.00 Uhr Hawaii-Zeit) zu warten. Zu diesem Zeitpunkt sollten die beiden japanischen Gesandten in Washington ein Ultimatum übergeben. Bis dahin mußten Yamamotos Flugzeugträger und die Kleinunterseeboote auf ihren Ausgangspositionen stehen. Obwohl die japanische Regierung einen Überraschungsangriff plante, war sie auch entschlossen, am diplomatischen Protokoll festzuhalten.

Was Aufklärungsmeldungen und geheimdienstliche Informationen über das Ziel betraf, so waren die »Ko-Hyoteki«-Besatzungen ausgezeichnet versorgt. Selten sind in der Zeit vor dem Auftauchen der Spionagesatelliten die Teilnehmer an einer Sonderoperation über ihr Ziel so gut unterrichtet gewesen. Der Schlüssel für diesen Aspekt der Operation lag im außerordentlich guten Agentennetz der Japaner auf Hawaii. Außerdem hatten zwei »Ko-Hyoteki«-Kommandanten noch Ende Oktober Hawaii besucht, um letzte Einzelheiten zu sammeln, ehe sie mit dem Passagierschiff TATSUTA MARU nach Yokohama ausliefen.

Einer dieser Offiziere, Leutnant zur See Keiu Matsuo, hatte seine »Ko-Hyoteki«-Ausbildung unterbrochen, um an dieser Aufklärung teilzunehmen. Als Folge dieser Reise wurde er nicht als ausreichend kompetent beurteilt, um ein »Ko-Hyoteki« im Einsatz zu führen. Statt dessen nahm er als Operationsoffizier an der Unternehmung teil und war für die letzten Anweisungen vor dem Angriff verantwortlich.

Am 6. Dezember kurz nach Mitternacht befanden sich alle fünf Unterseeboote auf ihrer Position acht Seemeilen von der engen Hafeneinfahrt nach Pearl Harbor entfernt. Eine nach der anderen stiegen die Besatzungen auf ihre Kleinunterseeboote über und nach letzten Überprüfungen sowie nach guten Wünschen für den Erfolg vom Träger-Unterseeboot wurden die Telefonverbindungen gekappt, die Halteklampen gelöst und die kleinen »Ko-Hyoteki«-Boote gingen auf Angriffskurs. Plangemäß sollten die großen Unterseeboote eine Position vor der Insel Lanai erreichen, 80 sm ostwärts von Pearl Harbor, und dort auf ihre Schutzbefohlenen warten. Nach dem Erscheinen der Kleinunterseeboote am Treffpunkt sollten die Fahrzeuge versenkt werden und die großen Unterseeboote hatten den Rückmarsch nach Japan anzutreten. In Wirklichkeit war jedoch den Offizieren und Mannschaften der Träger-Unterseeboote klar, daß sie wahrscheinlich die »Ko-Hyoteki«-Fahrer nicht wiedersehen würden. Das Unternehmen war zwar kein Selbstmord-Auftrag, aber andererseits waren die Überlebenschancen sehr gering. Jedenfalls bedeutete für diese Männer der Tod nichts Schreckliches. Im Kampf zu sterben, verkörperte das höchste Opfer, wie es im Glaubensbekenntnis des »Bushido« seinen Ausdruck fand: »Es ist wahrer Mut zu leben, wenn es richtig ist zu leben, und zu sterben, wenn es richtig ist zu sterben.« Sie alle hatten ihre Testamente gemacht sowie kleine Haarbüschel und Nagelschnitzel für ihre Angehörigen zurückgelassen, falls ihnen die Rückkehr nicht gelang. Was danach mit den fünf Kleinunterseebooten geschah, ist nicht ganz klar. US-Seestreitkräfte griffen mit Sicherheit drei der Boote an und versenkten sie. Das Schicksal der beiden anderen ist unbekannt.

Vor der Einfahrt nach Pearl Harbor führten drei Minensuchboote der »Bird«-Klasse – CONDOR, CROSSBILL und REEDBIRD – routinemäßige Minenräumarbeiten in dem Gebiet durch, das für zivile Fischereifahrzeuge und Vergnügungsboote gesperrt war. Um 03.57 Uhr sichtete CONDOR (Ensign[2a] R.C. McCloy, USN) ein stockähnliches Objekt nahe der Hafenboje, das westwärts auf Barber's Point zuhielt. Kurze Zeit später meldete der Minensucher seine Sichtung dem Zerstörer USS WARD (Lieutenant William W. Outerbridge, USN), der ein 2-sm-Quadrat außerhalb der Hafeneinfahrt abpatrouillierte. Die WARD schloß an die CONDOR heran und führte eine Sonarsuche durch, fand aber nichts, so daß die Jagd abgebrochen wurde. Später wurde die U-Abwehrsperre um 05.08 Uhr geöffnet, um CONDOR und CROSSBILL das Einlaufen in den Hafen zu ermöglichen. Die Sperrlücke hätte danach geschlossen werden müssen, aber um der Bequemlichkeit willen blieb sie offen, da das Werkstattschiff ANTARES aus Palmyra mit einem 500-ts-Stahlleichter im Schlepp erwartet wurde.

Kurz nach 06.05 Uhr näherte sich die ANTARES der Sperre. Gleichzeitig bemerkte der Seaman[2b] H.E. Raebig an Bord der WARD ein Objekt, das sich in stetigem Tempo zwischen der ANTARES und dem Bug der WARD durch das Wasser bewegte. Als die Morgendämmerung anbrach, wurde das Objekt genauer sichtbar: ein mit Bewuchs überzogener, trommelförmiger Behälter, aus dessem oberen Ende ein Stock herauskam, sich aber mit der stetigen Geschwindigkeit von fünf Knoten vorwärtsbewegte. Zur WARD stieß ein »Catalina«-Flugboot und begann die ANTARES zu umkreisen. Weder der Pilot des Flugzeuges, Ensign William Tanner, noch Outerbridge wollten wahrhaben, was sie sahen.

Outerbridge war sich im Zweifel darüber, was er tun sollte. Das »Objekt« konnte eine neue Erfindung sein, von der er noch nichts gehört hatte, und wenn er es beschädigte oder versenkte, würde sein erstes Kommando auch sein letztes sein. Andererseits wußte er, daß die schwache Bodenbeplattung seines Schiffes höchstwahrscheinlich einen Rammstoß nicht überstehen würde. Trotz seiner Zweifel befahl er um 06.45 Uhr der Besatzung der WARD »Klarschiff zum Gefecht!« und näherte sich mit 25 kn dem Objekt, während er gleichzeitig mit dem vorderen 10,2-cm-Geschütz das Feuer eröffnen ließ.

Der erste Schuß lag zu weit, aber als sich die WARD dem Ziel näherte, kam das 10,2-cm-Geschütz (Nummer 3) auf dem Deckshaus zum Tragen und erzielte am Fuß des Kommandoturms einen Volltreffer:

> »Dies war ein klarer, eindeutiger Treffer. Es gab kein Anzeichen des Abprallens. Das Unterseeboot wurde gesehen, wie es sich nach Steuerbord überlegte. Außerhalb des Bootskörpers wurde kein Detonieren der Granate beobachtet. Es gab auch kein hohes Aufspritzen, das von einer Detonation oder von einem Abpraller hätte herrühren können.«[3]

Das Kleinunterseeboot kenterte und begann zu sinken. Diesen Vorgang beschleunigten noch vier Wasserbomben, eingestellt auf eine Tiefe von 30 m. Infolge des aufwallenden Wassers durch die Detonationen wurden Mengen von Öl und Wracktrümmer beobachtet. Die Meldung der WARD über den Angriff ging um 07.11 Uhr im Lageraum des 14. Marinedistriktes ein. Es war ein Sonntagmorgen und trotz der bedenklichen diplomatischen Situation wurde die Meldung ohne jede Dringlichkeit behandelt. Rear-Admiral Claude C. Bloch, der Befehlshaber des 14. Marinedistriktes, diskutierte den Vorfall mit seinem Chef des Stabes, Captain James B. Earle, USN. Beide Männer waren der Auffassung, daß die Sichtung ein falscher Alarm gewesen sein müsse, aber sie stimmten der Entscheidung zu, die der diensthabende Offizier, Lieutenant Harold Kaminsky, auf eigene Initiative hin getroffen hatte: den in Bereitschaft befindlichen Zerstörer USS MONAGHAN zu alarmieren und zur Unterstützung der WARD in See gehen zu lassen.

Sichtmeldungen von Kleinunterseebooten gingen jetzt massiert und in rascher Reihenfolge ein. Die USS CHEW berichtete ebenfalls die Versenkung eines Kleinunterseebootes, während ein Marineflugzeug eine weitere Versenkung direkt vor der Hafeneinfahrt meldete. Kurz nach 07.00 Uhr kam von der WARD die Meldung über einen Angriff auf einen weiteren Sonarkontakt. Inzwischen hatte Kaminskys Funkspruch die MONAGHAN unmittelbar nach 07.50 Uhr erreicht; gerade als Fregattenkapitän Mitsuo Fuchida, der Kommandeur des Luftangriffsverbandes, mit dem Stichwort »Tora! Tora! Tora!« meldete, daß die vollständige Überraschung gelungen war.

Erst um 08.27 Uhr konnte die MONAGHAN Fahrt aufnehmen. Zu diesem Zeitpunkt war der Luftangriff bereits in vollem Gange. Von der Heereskaserne »Schofield Barracks« an Land stieg Rauch auf und die anderen Zerstörer in der Nähe des Liegeplatzes der MONAGHAN feuerten auf die japanischen Flugzeuge. Als die MONAGHAN durch die Fahrrinne Richtung Hafeneinfahrt lief, sichtete sie den Seeflugzeugtender CURTISS, von dessen Signalrah das Signal »U-Bootsalarm!« wehte, während Seeleute an den Geschützen des Tenders auf nahe Entfernung ein Objekt im Wasser beschossen. Von der Brücke der MONAGHAN aus konnte ein Unterseeboot beobachtet werden, das teilweise aus dem Wasser ragte. Es feuerte um 08.40 Uhr einen Torpedo, der im Nordkanal zwischen der CURTISS und dem Leichten Kreuzer USS RALEIGH hindurchlief, ehe er am Strand von Pearl City detonierte. Als die MONAGHAN zum Rammstoß auf das Kleinunterseeboot zudrehte, feuerte das letztere einen zweiten Torpedo, der am Strand von Ford Island detonierte.

Die MONAGHAN rammte das Kleinunterseeboot nur mit einem Streifstoß. Es glitt danach mit hoch aus dem Wasser ragenden Bug an ihrer Steuerbordseite entlang. Als das Kleinunterseeboot achteraus sackte, warf der Chief Torpedoman[3a] G.S. Hardon zwei flach eingestellte Wasserbomben. Er war gerade dabei, noch eine dritte ablaufen zu lassen, als er merkte, daß die MONAGHAN Grundberührung hatte. Mit dem Hochgehen der Wasserbomben kamen Trümmerstücke und Öl an die Wasseroberfläche. Von anderer Stelle im Hafen meldete der Zerstörer BLUE die Versenkung eines Unterseebootes innerhalb der Hafeneinfahrt, während vom Leichten Kreuzer ST.LOUIS die Meldung kam, von zwei Torpedos knapp verfehlt worden zu sein.

Angesichts des Infernos, das die Luftangriffe verursachten, sind die Abläufe der »Ko-Hyoteki«-Operationen schwierig einzuschätzen. Um die Geschehnisse richtig zu beurteilen, ist es das Beste, die danach – teilweise sogar nach dem Kriege – ans Licht gekommenen Fundstücke zu diskutieren. Einige Wochen nach dem Angriff bargen die Amerikaner ein Kleinunterseeboot. Die Untersuchung ergab ein 12,7-cm-Loch im Kommandoturm sowie einen durch Rammen verursachten tiefen Einschnitt. Daher könnte es sein, daß es sich hier um das von der MONAGHAN versenkte Boot handelte. Die zweiköpfige Besatzung befand sich noch im Inneren des Unterseebootes, war aber bis zur Unkenntlichkeit zerquetscht. Kein Versuch für weitere Untersuchungen wurde unternommen. Dieses »Ko-Hyoteki« wurde zusammen mit seiner Besatzung ohne jede Zeremonie im Fundament der damals im Bau befindlichen Mole versenkt. Auf diese Weise wurde das Boot zu einem sehr soliden Bestandteil des Stützpunktes, den es zu zerstören versucht hatte. Kurz nach dem Angriff wurde der Ärmel eines Uniformjacketts, besetzt mit den Dienstgradabzeichen eines Oberleutnants zur See nach japanischer Art, im Hafen geborgen. Da der einzige Offizier dieses Dienstgrads in der »Ersten Sonderangriffsgruppe« der Oberleutnant zur See Naoji Iwasa war, hat es den Anschein, als ob es dem Kleinunterseeboot von *I 22* gelungen wäre, zum Ankerplatz der Kriegsschiffe vorzudringen. Vielleicht war dies das Boot, das die ST.LOUIS angriff und von der BLUE versenkt wurde. Wir werden es nie erfahren. 1947 wurde der Ärmel an Japan zurückgegeben und befindet sich heute im Yasukani-Schrein.

Fünfzehn Jahre später fanden Sporttaucher ein viertes Kleinunterseeboot vor der Keehi-Lagune im Inneren des Hafens von Honolulu in 23,2 m Wassertiefe mit dem Bug auf Diamond Point gerichtet. Das Boot wurde gehoben; es befand sich in gutem Zustand, wenn es auch mit Seebewuchs überzogen war. In den Batterien war sogar noch elektrischer Strom vorhanden. Von der zweiköpfigen Besatzung fehlte jede Spur und das Turmluk war offen und von innen nicht verriegelt. Dies könnte bedeuten, daß das »Ko-Hyoteki« aufgegeben wurde, möglicherweise nachdem es unbrauchbar geworden war (die Sprengpatronen zur Selbstversenkung waren nicht angeschlagen), und daß die zweiköpfige Besatzung versucht hatte, an Land zu schwimmen, aber ertrunken war – möglicherweise auf dem Weg zur Küste oder abgetrieben hinaus auf See, vielleicht aus ihrem eigenen Willen heraus, um in einem letzten und ehrenvollen Akt Selbstmord zu verüben. Eine fantasiereichere Vermutung will wissen, daß die

Besatzung die Küste erreicht hätte und daß es ihr gelungen wäre, im japanischstämmigen Teil der Bevölkerung Hawaiis unterzutauchen. Das Kleinunterseeboot selbst kehrte später nach Japan zurück und wird heute in der Marineakademie von Etajima aufbewahrt.

Somit wurde von den fünf Kleinunterseebooten eines von der WARD vor der Hafeneinfahrt nach Pearl Harbor versenkt, weiteren zwei – darunter das von Oberleutnant zur See Naoji Iwasa kommandierte – gelang es, in den Hafen einzudringen, wo sie verlorengingen, und ein viertes wurde im Hafen von Honolulu gefunden. Was geschah mit dem fünften »Ko-Hyoteki«? Dieses Boot, geführt von Leutnant zur See Kazuo Sakamaki, ist das einzige, über das präzise Informationen vorliegen. Nachdem das Boot – Ha 19 – sich von I 24 getrennt hatte, stieß Sakamaki auf ernste Probleme, den Trimm zu halten. Sowohl er als auch Maschinenmaat Inagaki waren voll damit beschäftigt, den Bleiballast zu verschieben, um das Unterseeboot in einer stabilen Lage zu halten. Als ob dies nicht genug wäre, begann der Kreiselkompaß Schwierigkeiten zu bereiten. Dies war ein Defekt, der auf dem Marsch von Japan her nicht bemerkt worden war, obwohl er von den Ingenieuren des I 24 ohne weiteres hätte behoben werden können. Sakamaki war entschlossen, trotz des defekten Kompasses den Einsatz fortzusetzen. Doch dann stellte er fest, daß das Boot bei jedem Ausfahren des Sehrohres in eine andere Richtung zeigte. Daher war er gezwungen, mit ausgefahrenem Sehrohr weiterzufahren.

Diese Probleme hatten zur Folge, daß das Kleinunterseeboot verspätet im Begriff stand, in den Hafen einzudringen. Daher ist es wahrscheinlich, daß es sich um dieses Boot handelte, das die WARD kurz nach 07.00 Uhr nach Sonarkontakt angriff. Die Lücke in der Hafensperre stand noch offen, als sich Sakamaki dem Einfahrtskanal näherte. Rauch und Brände von den Luftangriffen waren deutlich sichtbar und Sakamaki und Inagaki jubelten. Doch als sie ihre Annäherung planten, geriet das »Ko-Hyoteki« nahe der Hafeneinfahrt auf ein Korallenriff und war einer Sichtung voll ausgesetzt. Der gerade in See gehende Zerstörer HELM sichtete das Kleinunterseeboot und beschoß es mit seinem vorderen 12,7-cm-Geschütz. Sakamaki und Inagaki mußten übermenschliche Anstrengungen erbringen, um den Trimmballast über die Batterien zu heben, von denen starke elektrische Schläge ausgingen. Schließlich glitt das Boot vom Riff herunter. Bei der Kollision mit dem Riff waren jedoch beide Torpedos beschädigt worden und aus den Batterien begann jetzt Chlorgas in das Bootsinnere zu strömen. Trotz dieser Probleme versuchten Sakamaki und Inagaki, die Erfüllung ihres Auftrages fortzusetzen. Doch dieses Unterfangen war hoffnungslos. Durch das Inhalieren des Chlorgases waren die beiden Männer in einer schlimmen Verfassung und fielen immer wieder in einen Dämmerzustand. Den ganzen 7. Dezember hindurch trieb das Boot mit den beiden hin und wieder bewußtlosen Männern im Inneren auf See hinaus.

Bis zum Abend des 7. Dezember war das »Ko-Hyoteki« bis vor die Insel Kaneohe mit ihrem Seefliegerhorst der US-Marine getrieben. Dort lief das Kleinunterseeboot zum letztenmal auf Grund. Nichts konnte das Boot mehr freibekommen; die Batterien waren erschöpft. So wurden die Sprengpatronen zur Selbstversenkung angeschlagen und die beiden Männer gaben ihr Fahrzeug auf. Inagaki wurde hinaus auf See abgetrieben und ertrank, aber Sakamaki trug die Strömung an einen Strand in der Nähe des Flugplatzes Bellows Field an der Süsostküste Oahus. Dort nahm ihn der Corporal[3b] David Akui, ironischerweise ein japanischstämmiger Amerikaner, gefangen. Der tapfere, aber glücklose Sakamaki hatte mehr geleistet, als von ihm hätte erwartet werden können. Wäre er ein britischer, italienischer oder deutscher Klein-U-Bootskommandant gewesen, so wäre seine Entschlossenheit mit den höchsten Ehren belohnt worden; aber in den Augen der Japaner war der Maschinenmaat Inagaki der Begünstigtere und wurde für seinen Tod durch Ertrinken mehr geehrt. So kam Sakamaki zu der zweifelhaften Ehre, der erste japanische Kriegsgefangene der USA zu sein. Trotz seiner wiederholten Bitten, ihm das Leben zu nehmen, blieb Sakamaki Kriegsgefangener und kehrte 1945 nach Japan zurück.

Die Geburt einer Legende

Was hatte die »Erste Sonderangriffsgruppe« erreicht? Die tatsächlichen Ergebnisse werden wir nie erfahren. Es ist durchaus möglich, daß einer oder mehrere der von den beiden in den Hafen eingedrungenen Booten abgeschossenen Torpedos ein Ziel fanden. In der durch die Luftangriffe hervorgerufenen Verwirrung ist es denkbar, daß ein derartiger Treffer inmitten des allgemeinen Tumults unbemerkt blieb. Die japanische Propagandamaschinerie behauptete, daß das amerikanische Schlachtschiff ARIZONA von einem Kleinunterseeboot versenkt worden wäre – eine Behauptung, die die Marineflieger erbittert bestritten. Die Art und Weise, wie die »Ko-Hyoteki«-Besatzungen ihre Aufgabe in Angriff genommen hatten und wie sie bis auf einen den Tod fanden, nahm die kollektive Vorstellungskraft des japanischen Volkes gefangen. In gewisser Weise gleichen die Japaner sehr den Briten: eine glorreiche Niederlage ist fast so gut wie ein Sieg. Es ist nicht von Bedeutung, daß die Boote die Erwartungen nicht erfüllten; ihre Besatzungen waren nach wahrer Samurai-Tradition in den Kampf gegangen und hatten den Tod gefunden. Jeder der Toten wurde mit einer posthumen Beförderung um zwei Dienstränge ausgezeichnet und mit dem Status von Kriegsgöttern geehrt. Postkarten wurden hergestellt, die vor einer Ansicht von Pearl Harbor die neun Männer zeigten (der unglückliche Sakamaki wurde als nicht existierend betrachtet). Die fünf Kleinunterseeboote der »Ersten Sonderangriffsgruppe« mögen versagt haben; aber sie waren die Geburt einer Legende.

Kapitel 7
Von Madagaskar nach Sydney

Sie wiesen einen Mut auf, der weder das Eigentum noch die Tradition noch das Erbe irgendeiner Nation ist.
– Rear-Admiral G.C. Muirhead-Gould über die beim Angriff auf Sydney gefallenen Besatzungen der japanischen Kleinunterseeboote, Juni 1942.

Die Vernichtung der »Ersten Sonderangriffsgruppe« hinderte nicht die Durchführung weiterer Unternehmungen. Ein geplantes Angriffsunternehmen auf Singapur erwies sich durch die britische Kapitulation der Festung im Februar 1942 als nicht mehr erforderlich. Es war jedoch bekannt, daß die Amerikaner zumindest ein »Ko-Hyoteki« erbeutet hatten. Daher wurden eine Reihe von Modifizierungen durchgeführt, um vermutlichen amerikanischen Gegenmaßnahmen zuvorzukommen.

Die Steuerung der Ruder und Tiefenruder wurde von Druckluft auf Hydraulik umgestellt. Dies war ein großer Schritt nach vorn, da die Batterien, die bei den gegen Pearl Harbor eingesetzten Booten entfernt werden mußten, jetzt bei den anderen Booten wieder eingebaut werden konnten. Damit stieg die Geschwindigkeit unter Wasser wieder auf 19 kn. Ein weiterer Vorteil bestand darin, daß die hydraulische Übertragung weit weniger geräuschvoll als die Verwendung von Druckluft war. Weitere Modifizierungen umfaßten den Einbau von Bugkappen an die freiflutenden Torpedorohre sowie von Kufen am Bug, um es den Booten zu ermöglichen, über den Meeresgrund zu kriechen und Hindernisse zu übersteigen. Einige kleinere Verbesserungen betrafen die Unterbringung der Besatzung, obwohl die geringe Größe des Bootes bedeutete, daß hierfür nur wenig getan werden konnte, von Kleinigkeiten wie verbesserte Sitze abgesehen.

Jetzt plante Admiral Yamamoto zwei gleichzeitig durchzuführende Angriffsunternehmen durch die »Zweite Sonderangriffsgruppe«, die zu diesem Zeitpunkt noch mit intensiver Ausbildung in der Inlandsee beschäftigt war. Die eine Abteilung hatte alliierte Kriegsschiffe im australischen Hafen Sydney anzugreifen, während die andere längs der afrikanischen Ostküste marschieren und nach geeigneten Zielen suchen sollte. Die westliche Abteilung der Gesamtoperation, als »Westliche Vorausflottille« bezeichnet, stand unter der Führung von Konteradmiral Noburo Ishizaki, der seine Flagge auf dem Unterseeboot *I 10* gesetzt hatte. Ishizaki hatte einen erstaunlich weit gefaßten Auftrag erhalten: Er sollte nach Westen in den Indischen Ozean vordringen und entlang der Ostküste Afrikas und der Arabischen Halbinsel nach geeigneten Zielen suchen. Der vorgeschobene Stützpunkt für die »Westliche Vorausflottille« war Penang (heute Pinang) an der Westküste Malayas. Dorthin verlegte auch der Seeflugzeugtender NISSHIN, der eine Anzahl »Ko-Hyoteki«-Boote für die Unternehmung mitführte.

Die für den Vorstoß in den Indischen Ozean ausgewählten drei Träger-Unterseeboote waren *I 16*, *I 18* und *I 20*, sämtlich Veteranen des Einsatzes gegen Pearl Harbor. Jedes der drei Unterseeboote transportierte ein »Ko-Hyoteki«, deren Besatzungen sich wie folgt zusammensetzten:

I 20 (Fregattenkapitän Takashi Yamada, KJM)
Oberleutnant zur See Saburo Akeida, KJM
Maschinenmaat Masami Takemoto

| I 18 | (Fregattenkapitän Kiyonari Otani, KJM)
»Ko-Hyoteki«-Besatzung: ?
| I 16 | (Fregattenkapitän Kaoru Yamada, KJM)
Leutnant zur See Katsusuke Iwase, KJM
Maschinenmaat Takazo Takata

In ihrer Begleitung befanden sich die Unterseeboote *I 10* und *I 30*, jedes mit einem Seeflugzeug Yokosuka E14Y für Aufklärungszwecke an Bord. Zusätzlich fungierte *I 10* bei dem Angriffsunternehmen als Führerboot und führte Ishizakis Flagge. Zwei Hilfskreuzer – die HOKOKU MARU und die AIKOKU MARU – waren zur Unterstützung vorgesehen und sollten für die Unterseeboote als Hilfsschiffe dienen, konnten aber zur selbständigen Handelskriegführung entlassen werden, sollte sich hierzu die Gelegenheit ergeben. Alles in allem stellte der Angriffsverband eine kompakte Kampfgruppe dar. Sie war zwar Admiral Chuichi Nagumos Trägerkampfverband nicht ebenbürtig, der im April 1942 einen Vorstoß in den Golf von Bengalen durchgeführt hatte, war aber kampfstark, selbstversorgend und besaß eine eigene Möglichkeit zur Fernaufklärung.

Am 29. April 1942 lief die »Westliche Vorausflottille« aus Penang aus und kämpfte sich durch die hohe Dünung des Indischen Ozeans. Am 5., 10. und 15. Mai erfolgten Brennstoffversorgungen aus den beiden Hilfskreuzern. Die Unterseeboote *I 10* und *I 30* mit den Aufklärungsflugzeugen an Bord marschierten den Angriffsunterseebooten voraus und führten ab dem 7. Mai mit ihren Flugzeugen Aufklärungsflüge nach Norden und Süden bis zur Ostküste Afrikas durch. Diese Aufklärungsflüge erbrachten keine Ergebnisse, obwohl eine große Anzahl von Handelsschiffen in Durban gesichtet wurde. Diese waren jedoch für Ishizaki nur von geringem Interesse; denn entsprechend der japanischen Doktrin war er hauptsächlich an der Versenkung von Kriegsschiffen interessiert, selbst wenn dies bedeuten konnte, eine vielversprechende Gelegenheit vorübergehen zu lassen. Am 29. Mai kehrte das Flugzeug von *I 10* von einem Aufklärungsflug über Diégo Suarez (heute Antseranana) am Nordende der Insel Madagaskar mit der Nachricht zurück, daß in der Nordostecke des Hafens ein Schlachtschiff der QUEEN ELIZABETH-Klasse zusammen mit anderen Kriegsschiffen und Handelsschiffen vor Anker lag. Allein dieser eine Aufklärungsflug rechtfertigte den Wert der Flugzeuge führenden Unterseeboote wie *I 10* vollständig. Ishizaki entschloß sich, Diégo Suarez anzugreifen, und die Unterseeboote mit den »Ko-Hyoteki«-Booten an Bord wurden entsprechend in Kenntnis gesetzt.

Als Ishizakis Verband mit Westkurs den Indischen Ozean durchpflügte, war es ein rein zufälliges Zusammentreffen der Ereignisse, daß die Briten gerade ihren eigenen Feldzug gegen Madagaskar begonnen hatten. Nominell war Madagaskar eine französische Besitzung, aber der schnelle Vormarsch der Japaner in Malaya und Java rückte die strategische Lage der Insel scharf ins Rampenlicht.

Diégo Suarez lag von Kapstadt, Colombo und Aden ungefähr gleich weit entfernt und es herrschte auf alliierter Seite die Besorgnis vor, daß sich hier, falls überhaupt, Deutsche und Japaner die Hände reichen könnten. Trotz ausgedehnter Verpflichtungen im Nahen und Mittleren Osten befahl Churchill die Besetzung der Insel. Entsprechende Streitkräfte wurden unter dem Befehl von Rear-Admiral E.N. Syfret, CB, zusammengezogen. Am 5. Mai 1942 fanden die Landungen statt. Die vichy-französische Garnison leistete einigen Widerstand, aber zwei Tage später kapitulierte der französische Gouverneur.

Am 24. Mai stellte Rear-Admiral Syfret befriedigt fest, daß sich die Streitkräfte des Heeres und der Luftwaffe gut eingerichtet hatten und daß der Hafen ebenfalls gesichert war, so gut dies erwartet werden konnte. Allerdings gab es noch keine Unterwasserverteidigungsmaßnahmen. Da alle an der Operation beteiligten Schiffe bis auf das Schlachtschiff RAMILLIES und drei Zerstörer der L-Klasse in ihre verschiedenen Kommandobereiche entlassen worden waren, kam Syfret zur Auffassung, daß er das Kommando an den an Land befehlsführenden Offizier (GOC) übergeben und sich auf der RAMILLIES nach Durban in Marsch setzen könnte. Die britische Admiralität gab seinem Vorhaben die Zustimmung mit der Einschränkung, daß die Zerstörer dem Kommando des Oberbefehlshabers der Ostindischen Station, Admiral Sir James Somerville, unterstellt werden. Somerville verlor keine Zeit und befahl den drei Zerstörern – LAFOREY, LIGHTNING und LOOKOUT –, zu ihm in den Seychellen zu stoßen. Gleichzeitig bot er aber Syfret die Zerstörer DUNCAN, DECOY und ACTIVE als Ersatz an – angesichts des Alters der letzteren kaum ein gerechter Tausch! Die Verlegung dieser Streitkräfte bedeutete, daß in der Zeitspanne vom 29. Mai bis zum 4. Juni 1942 lediglich die Korvetten GENISTA und THYME der »Flower«-Klasse in Diégo Suarez für U-Abwehraufgaben zur Verfügung standen.

Am Abend des 29. Mai hatten die großen Unterseeboote die Aussetzposition für die Kleinunterseeboote außerhalb des Hafens von Diégo Suarez nahe an den dicht bewaldeten Hügeln von Kap d'Ambre, der Nordspitze Madagaskars, erreicht. Das Seeflugzeug von *I 10* startete zu einer letzten Aufklärung des Hafens.

Der Aufklärer überflog den Hafen gegen 22.30 Uhr, machte sich aber nach dem Abgeben einer ungenauen Antwort auf den Anruf der RAMILLIES davon. Obwohl eine Anzahl Leute das Seeflugzeug gesehen hatten, konnte es nicht identifiziert werden, Wenn auch der Verdacht bestand, es könnte von einem deutschen Handelsstörer gekommen sein, ergab sich doch die Schlußfolgerung, daß es wahrscheinlich vichy-französisch wäre, um vor einem Unterseebootsangriff aufzuklären. Folglich lichtete RAMILLIES die Anker und dampfte mit langsamer Fahrt im Hafen umher, um bei Tagesanbruch, als die Luftüberwachung der südafrikanischen Luftwaffe einsetzte, wieder Anker zu werfen. Nichts Verdächtiges wurde gesichtet und die Vorsichtsmaßnahmen ließen nach.

In der Behandlung der Meldung von der Sichtung des Flugzeugs scheinen die Briten außerordentlich nachlässig gewesen zu sein. Von den Japanern war bekannt, daß sie mit Flugzeugen ausgerüstete Unterseeboote besaßen, und es war auch bekannt, daß sie beim Angriff auf Pearl Harbor Kleinunterseeboote eingesetzt hatten. Außerdem hatte die Royal Navy durch die Einsätze von Kleinunterseebooten schon mehr als genug gelitten (siehe 2. Kapitel) und hätte sich der Wahrscheinlichkeit eines solchen Angriffs bewußter sein müssen. Es stimmt, daß die RAMILLIES nicht das imponierendste Schlachtschiff der Flotte war, aber dessenungeachtet stellte sie eine wertvolle Einheit dar.

Der Plan sah vor, die »Ko-Hyoteki« in den Abendstunden des 30. Mai etwa neun Seemeilen von der Hafeneinfahrt entfernt auszusetzen. Nach erfolgreicher Durchführung ihrer Angriffe sollten die Besatzungen ihre Unterseeboote aufgeben und sich zu einem Treffpunkt in der Nähe der Stadt Hellville[1] begeben, wo die Träger-Unterseeboote zwei Tage lang auf sie warten würden, ehe sie zur Handelskriegführung in den Indischen Ozean gingen. Als es so weit war, weigerte sich das »Ko-Hyoteki« von *I 18* hartnäckig loszufahren; es war in der schweren See bei der Überquerung des Indischen Ozeans beschädigt worden. Eine Reparatur überstieg die Kapazität des Maschinenraumpersonals von *I 18*, und so mußte Otani seinen Teil an der Operation aufgeben.

Die beiden anderen »Ko-Hyoteki« fuhren am 30. Mai kurz nach 17.00 Uhr los. Die vier Männer hatten ihr Testament gemacht sowie Haarbüschel und Nägelschnitzel hinterlassen. Akeida gehörte zu den Pionieren der »Ko-Hyoteki«-Operationen und hegte über seine Chancen wenig Illusionen. In einem Brief an seine Frau versprach er, falls es ihm nicht möglich wäre, zu seinem Mutterunterseeboot zurückzukehren, würde er mit seinem Schwert weiterkämpfen, bis es zerbräche. Takemoto, ein ruhiger und fähiger Mann, schrieb zwei Briefe: den einen an seinen Vater und den anderen an seine Frau. Iwase und Takata trafen an Bord von *I 16* ähnliche Vorbereitungen.

Die Umstände legen die Vermutung nahe, daß es sich um das »Ko-Hyoteki« von *I 16* handelte, daß kurze Zeit nach Beginn der Einsatzfahrt verlorenging. Die Ursache ist unbekannt, aber Vollaufen durch Wassereinbruch oder eine Batterie-Explosion sind die wahrscheinlichsten Gründe. Es war das von Oberleutnant zur See Akeida geführte »Ko-Hyoteki« von *I 20*, das die lange Fahrt durch die sich windende Fahrrinne zum innen gelegenen Ankerplatz hinter sich brachte – dies allein war schon eine hervorragende Navigationsleistung.

Die Nacht vom 30./31. Mai war eine klare Vollmondnacht. In Oronjia Pass war die THYME auf Patrouille, während die GENISTA in Port Nievre in Sofortbereitschaft zum Dampfaufmachen vor Anker lag. Plötzlich erschütterte um 20.25 Uhr den Hafen eine Detonation auf RAMILLIES. Das Schlachtschiff hatte einen Torpedotreffer erhalten. Der Torpedo traf die Backbordseite auf Höhe des Turms A.[1a] Drei Minuten später meldete der Tanker BRITISH LOYALTY die Sichtung eines Unterseebootes. Danach herrschte ein Höllenlärm, als die Kanoniere der BRITISH LOYALTY das Feuer eröffneten, gefolgt von THYME und GENISTA sowie dem Verkehrsboot der RAMILLIES, die überall im Hafen aufs Geratewohl Wasserbomben zu werfen begannen. Noch während dies im Gange war, wurde die BRITISH LOYALTY achtern von einem zweiten Torpedo getroffen. Der Tanker hatte gerade Fahrt aufgenommen und sank rasch über das Heck; sein Bug blieb über Wasser.

Alle Versuche, den Missetäter zu finden, blieben erfolglos. Die RAMILLIES war schwer getroffen worden. Unter Deck war die gesamte Stromversorgung ausgefallen und das Schlachtschiff hatte eine Schlagseite von 4,5° nach Backbord. Dem Maschinenraumpersonal gelang es jedoch, Dampf aufzumachen, so daß das Schiff auf flacheres Wasser nahe Port Nievre verlegen konnte, sollten die Wassereinbrüche ein gefährliches Ausmaß annehmen. Sein Tiefgang betrug 13,1 m vorn und 8,8 m achtern. Die vordere Munitionskammer für 10,2-cm-Flakmunition sowie die 38,1-cm-Granat- und Pulverkammern für Turm A wurden geflutet bzw. liefen voll. Auch sämtliche Abteilungen zwischen Spant 42 bis Spant 58 oberhalb des Hauptdecks und von Spant 27 bis Spant 42 unterhalb von ihm liefen voll. Dies galt auch für die Abteilungen von Spant 27 bis Spant 42 sowie von Spant 58 bis Spant 72 oberhalb des Hauptdecks. Für einen 45-cm-Torpedo war dies ein beträchtliches Schadensausmaß.

Im Verlaufe der Nacht konnten die Wassereinbrüche unter Kontrolle gebracht werden und weitere Lecks traten nicht auf. Die am nächsten Tag hinunter geschickten Taucher meldeten ein Loch im Schiffskörper mit etwa 6 m im Durchmesser, das sich von Spant 33 bis Spant 43 erstreckte und an der höchsten Stelle 6,7 m unterhalb des Backdecks lag. Eine Stahlplatte des Außenwulstes von etwa 6 m Länge hatte sich im Zentrum des Treffers befunden. An diesen und in den folgenden Tagen wurden Maßnahmen getroffen, um die Querschotte bei Spant 27 und Spant 58 abzustützen und das Schiff vorn zu leichtern. Hierdurch sollte die Buglastigkeit verringert werden. Da die Pulver- und Granatkammern des Turms A geflutet waren, wurde der Entschluß gefaßt, die Pulver- und Granatkammern des Turms B zu leeren sowie die gesamte 15,2-cm- und 2-Pfünder(4-cm)-Munition und etwa 600 ts an Heizöl und Vorräten aus dem vorderen Teil des Schiffes zu entfernen.

Die am 1. Juni eingetroffenen Zerstörer DUNCAN und ACTIVE nahmen sofort die U-Jagd mit ihren Asdic-Geräten auf, die jedoch – keineswegs überraschend – erfolglos blieb. Der Zerstörer DECOY traf am 2. Juni ein und hatte den Constructor Captain[1b] H.S. Pengelly, RCNC, Fleet Constructor Officer Eastern Fleet,[1c] an Bord, der die RAMILLIES für tauglich erklärte, nach Durban auszulaufen und sich einer Grundreparatur zu unterziehen. In seinem Bericht schrieb Syfret, daß

»... die ausgezeichnete Arbeit, die die Besatzung leistete, um die Seetüchtigkeit des Schiffes herzustellen, allen sehr große Ehre macht. Insbesondere verdienen die unermüdlichen Anstrengungen des Maschinenpersonals, der Lecksicherung und der Elektriker des Schiffes ein großes Lob.«[2]

Nach der Durchführung des Angriffs gaben Akeida und Takemoto ihr »Ko-Hyoteki« auf, obwohl die zur Selbstversenkung angebrachten Sprengpatronen versagten, und gingen in die Berge. Am 1. Juni sah sie ein Eingeborener in der Nähe des Dorfes Anijabe und meldete ihre Anwesenheit den britischen Behörden. Eine Patrouille der Royal Marines – der Königlichen Marineinfanterie – wurde hinter den Japanern hergeschickt, die bis zum Morgen des 2. Juni bereits 77 km durch rauhes Gelände zurückgelegt hatten. Zu diesem Zeitpunkt wurden sie auf einem Berg oberhalb der Landenge von Anovondrona in Sichtweite der See gestellt. Die Marineinfanteristen riefen die Japaner an und forderten sie auf, die Hände zu heben, aber die beiden weigerten sich, und schossen auf die Patrouille mit Pistolen. Einer von ihnen, vermutlich Akeida, stürzte mit einem Schwert auf sie zu.

Die beiden Japaner hatten keine Chance. Da Kapitulation für sie nicht in Frage kam, suchten sie einen ehrenvollen Tod. Ihrer Kleidung und Habseligkeiten beraubt, wurden sie in einem nicht gekennzeichneten Grab in der Nähe des Ortes, wo sie fielen, schändlich verscharrt. Die Kleidung und das Gepäck der beiden Männer ergaben eine reiche Beute. Das Kriegstagebuch des Oberbefehlshabers der Ostindischen Station verzeichnete hierzu:

»Die bei den beiden Japanern gefundenen Kleidungsstücke waren von der Art, wie sie von Flugzeug- oder Unterseebootsbesatzungen getragen wurden, aber sie hatten keine Schutzbrillen oder Fliegerhauben dabei. Gefunden wurden eine Uhr und Zigarettenpäckchen, beides mit Marinekennzeichnung, sowie ein beschriebenes Blatt Papier, herausgerissen aus einem Notizbuch. Die Übersetzung ergab, daß es sich bei den erwähnten Notizen um den groben Ablauf des erfolgreichen Torpedoangriffs von Diégo Suarez handelte.«[3]

Die Notizen wurden eiligst von einem eigens zu diesem Zweck eingeflogenen und Japanisch sprechenden Marineoffizier übersetzt. Aus ihnen ergab sich, daß sie an Fregattenkapitän Takashi Yamada, den Kommandanten von *I 20*, gerichtet waren – der Beweis dafür, daß es Akeida und Takemoto waren, denen dieser verwegene Angriff gelungen war. Am selben Tag, an dem Akeida und Takemoto starben, trieb eine Leiche, bekleidet mit einer japanischen Marineuniform, außerhalb der Bucht von Diégo Suarez an den Strand. Nach Wegnahme der Besitztümer wurde auch sie ohne jedes Zeremoniell beerdigt.[4]

Die Gräber von Akeida und Takemoto sowie jenes des unbekannten Besatzungsangehörigen des »Ko-Hyoteki« von *I 16* wurden nicht gekennzeichnet und daher nie aufgefunden. Nach dem Kriege wurde für sie in der Nähe des Ortes ein Denkmal gesetzt und 1976 errichtete ein japanischer Geschäftsmann, Masayoshi Iijima, zu ihrem Gedenken einen Steinhaufen.

Die anfängliche britische Vermutung, daß für den Angriff ein vichy-französisches Unterseeboot verantwortlich wäre, hatte zur Folge, daß an die anderen Kommandobereiche keine Warnung vor der Gefahr japanischer Angriffe mit Kleinunterseebooten erging. Daher fanden die für den Angriff auf den Hafen von Sydney vorgesehenen Unterseeboote, als sie in der Abenddämmerung des 31. Mai 1942 sieben Seemeilen ostwärts von Sydney Heads auftauchten, einen hell erleuchteten Hafen vor.

Den für den Angriff auf den Hafen von Sydney vorgesehenen Verband, bestehend aus den vier Träger-Unterseebooten *I 27, I 22, I 24* und *I 28*, kommandierte Kapitän zur See Hanku

Sasaki, KJM, der bereits den Angriff auf Pearl Harbor geführt hatte. Am 19. Mai 1942 versenkte jedoch das amerikanische Unterseeboot USS TAUTOG (Lieutenant-Commander[4a] Willingham) *I 28* südlich von Truk, dem Ausgangspunkt der Operation, durch Torpedotreffer. Außerdem waren dem Verband die Unterseeboote *I 21* und *I 29* zugeteilt; sie hatten je ein Seeflugzeug Yokosuka E14Y zur Aufklärung an Bord. Die Besatzungen der am Angriffsunternehmen beteiligten »Ko-Hyoteki« setzten sich wie folgt zusammen:

I 27 (Kapitänleutnant Iwao Yoshimura, KJM)
     Oberleutnant zur See Kenshi Chuman, KJM
     Maschinenmaat Takeshi Omori
I 22 Fregattenkapitän Kiyoi Ageta, KJM)
     Oberleutnant zur See Keiu Matsuo, KJM
     Maschinenmaat Masao Tsusuki
I 24 (Fregattenkapitän Hiroshi Hanabusa, KJM)
     Leutnant zur See Katsuhisa Ban, KJM
     Maschinenmaat Momoru Ashibe

Im Gegensatz zu Ishizaki hatte Sasaki einen viel begrenzteren Auftrag: Er hatte lediglich die im Hafen von Sydney gemeldeten Kriegsschiffe anzugreifen. Sein Auftrag schloß keine anschließend durchzuführende Handelskriegführung ein. Am 20. Mai meldete das Seeflugzeug von *I 29* die Anwesenheit einer Reihe von Kriegsschiffen, darunter »Kreuzer und Schlachtschiffe«.[5]

Am 19. Mai tauchte *I 24* auf, um die Batterie aufzuladen. Hierbei wurde die Gelegenheit ergriffen, einige wichtige Wartungsarbeiten bei Yamakis Kleinunterseeboot durchzuführen. Als Yamaki, gefolgt von seiner Nummer 2, Maschinenmaat Shizuka Matsumoto, das Kleinunterseeboot betrat, war ein sehr starker Geruch nach Chlorgas festzustellen. Matsumoto schaltete die Innenbeleuchtung ein und löste hiermit eine schreckliche Explosion aus. Matsumoto flog wie ein Korken durch das Einstiegsluk und ging über Bord. Trotz einer vierstündigen Suche wurde seine Leiche nicht gefunden. Yamaki hatte schwere Verbrennungen erlitten, so daß sich Hanabusa entschloß, nach Truk zurückzukehren. Dort wurde das beschädigte Kleinunterseeboot gegen das ausgetauscht, das für *I 28* bestimmt gewesen war. Leutnant zur See Katsuhisa Ban, der in Truk nach der Versenkung von *I 28* zurückgeblieben war, erhielt eine weitere Chance, am Angriffsunternehmen teilzunehmen. Jahre später sollte Yamaki Sydney einen Besuch abstatten und bedauern, daß es Ban war, der im Hafen umkam, und nicht er.

Es war ein himmelweiter Unterschied, einen nicht verteidigten Hafen wie Diégo Suarez oder einen verteidigten wie Sydney anzugreifen. Die Königlich Australische Marine hatte Maßnahmen ergriffen, um den Hafen von Sydney zu schützen, und so gab es praktisch drei Verteidigungssperren. Die erste war eine elektronische Anzeigeschleife, in tiefem Wasser weit außerhalb von Sydney Heads verlegt. Sie bildete einen Defensivhalbkreis, der sich von North Head bis Bondi erstreckte. Das Kabel war in sechs Abschnitte unterteilt und von jedem Abschnitt führten »Schwänze« an Land zur Hauptempfangsstation auf Outer South Head. Die Anzeigeschleife war imstande, jedes passierende Über- oder Unterwasserfahrzeug zu orten. Den Kontaktimpuls verzeichnete ein Schreibstift auf einem Registrierstreifen. Konnte ein Kontakt nicht identifiziert werden, wurde ein Alarm ausgelöst. Der hauptsächliche Nachteil dieser Anzeigeschleife bestand darin, daß sie nur große Objekte registrierte. Ein kleines Objekt wie ein »Ko-Hyoteki« konnte sie unbemerkt passieren. Weiter innen in Richtung Hafen lag die zweite Sperre. Sie bestand aus zwei empfindlicher reagierenden Anzeigeschleifen. Die eine verlief zwischen Inner South Head und Outer North Head (Nr. 11) und die andere zwischen Inner

87

South Head und Middle Head (Nr. 12). Diese beiden Schleifen konnten ein Kleinunterseeboot orten. Offensichtlich hing aber viel von der Wachsamkeit und dem Können des Bedienungspersonals ab. In einem geschäftigen Hafen wie Sydney, wo es ständig einen starken Schiffsverkehr gab, mußte das Bedienungspersonal besonders wachsam sein, um legitime von verdächtigen Schiffsbewegungen zu unterscheiden. Die letzte Verteidigungssperre war ein Torpedoabwehrnetz. Für den Hafen von Sydney waren Netzsperren bereits 1941 vorgeschlagen worden, als der Plan erörtert wurde, ein doppeltes Schutznetz zwischen Middle Head und Inner South Head anzubringen, das heißt an der engsten Stelle der Hafeneinfahrt. Doch es gab für ein derartig ehrgeiziges Projekt nicht genug Netze, und so wurde zu einer Interimslösung gegriffen: Zwischen George's Head und Green Point auf Inner South Head wurde ein einfaches Torpedoschutznetz angebracht.

Die Arbeiten begannen im Januar 1942 mit dem Versenken von vierzig Duckdalben,[5a] um das Netz zu stützen. Die Netzkonstruktion bezog zwei durch Tore verschließbare Sperrlücken ein: die eine quer zur westlichen Einfahrtsrinne und die andere quer zur östlichen Fahrwasserrinne. Die Tore bestanden aus Netzen, die im Gegensatz zu den zwischen den Duckdalben gespannten von Schwimmern herabhingen, und konnten von Sperrbewachern durch Aufziehen geöffnet werden. Im Mai 1942 war der fest verlegte Mittelabschnitt der Netzsperre fertiggestellt, aber die beiden Sperrtore waren es noch nicht. Somit gab es am westlichen Ende eine 236 m breite Lücke, während die Lücke am östlichen Ende 230 m breit war.

Am 30. Mai startete Oberstabsfeldwebel Susumo Ito mit seiner Yokosuka E14Y vom Unterseeboot *I 21* aus, das etwa 35 sm nordostwärts von Sydney kreuzte. Er flog tief über die Netzsperre, um sie zu skizzieren und die Lücken an ihrem westlichen und östliche Ende zu notieren. Danach überflog er den Hafen, passierte die berühmte Hafenbrücke und dehnte seinen Flug bis zur Marinewerft Cockatoo Island aus, ehe er zurückkehrte. Das Flugzeug kenterte bei der Landung und mußte versenkt werden, aber Ito und sein Beobachter wurden gerettet. Dieser Aufklärungsflug ermöglichte es Sasaki, seinen letzten Einsatzbefehl herauszugeben: Funkspruch Nr. 4 vom 30. Mai, 18.00 Uhr. Darin bestätigte er als Datum für das Unternehmen den 31. Mai. In den Abendstunden dieses Tages versammelten sich die drei Träger-Unterseeboote außerhalb von Sydney Heads. Der Himmel war bedeckt und es herrschte ein rauher Seegang mit einer ziemlichen Dünung. Die Träger-Unterseeboote hatten sich in einem Halbkreis um die Hafeneinfahrt nach Sydney verteilt und befanden sich weit außerhalb der Ortungsreichweite der äußeren Anzeigeschleife, deren Vorhandensein die Japaner argwöhnten, aber von der sie keine Kenntnis haben konnten. *I 27* lag der Küste am nächsten, sechs Seemeilen südostwärts des Hafens. Etwa in der Mitte befand sich *I 22*, während *I 24* seine Position sieben Seemeilen nordostwärts von South Head hatte. Die Träger-Unterseeboote setzten ihre Kleinunterseeboote getaucht unter Wasser aus. Die drei Besatzungen kletterten durch den Zugangstunnel aus dem Unterseeboot in ihr »Ko-Hyoteki« und zogen hinter sich das schwere Stahlluk zu. Ein Handrad an der Innenseite des Luks löste die drei Laschen, die das »Ko-Hyoteki« an das Unterseeboot banden. Das tatsächliche Loslösen erfolgte durch ein kurzes Anblasen des Ballasttanks mit Druckluft, während gleichzeitig der Motor mit Vorausfahrt lief. Um 17.21 Uhr löste sich Oberleutnant zur See Matsuo von *I 22*, gefolgt um 17.28 Uhr von Oberleutnant zur See Chuman von *I 27* und um 17.40 Uhr von Leutnant zur See Ban von *I 24*. Vor Beginn des Einsatzes hatten alle sechs Männer eine besondere Mahlzeit eingenommen, vor dem Shinto-Schrein in jedem Unterseeboot Gebete gesprochen und je nach persönlichem Wunsch ihre privaten Angelegenheiten geregelt.

Obwohl Matsuo sein »Ko-Hyoteki« als erstes löste, forderte der Einsatzplan, daß Chumans Boot die Spitze zu übernehmen hatte, da er der Küste am nächsten war. Die beiden anderen

Boote hatten im Abstand von je 20 Minuten zu folgen. Wenn auch der Himmel bedeckt war, so waren die »Ko-Hyoteki«-Kommandanten doch imstande zu navigieren. Sie richteten sich nach dem vermessenen Lichtstrahl des Macquarie-Leuchtfeuers, das unglaublicherweise – trotz der Kriegszeit – brennen blieb und einen idealen Bezugspunkt für den richtigen Kurs abgab.

Von den drei »Ko-Hyoteki«-Operationen, die von der japanischen Marine durchgeführt wurden, ist das Angriffsunternehmen gegen Sydney am besten dokumentiert, hauptsächlich deswegen, weil zwei der drei Boote geborgen werden konnten. Daher ist es möglich, die Kurse der einzelnen Boote zu verfolgen, als sie das Unternehmen begannen. Oberleutnant zur See Chumans »Ko-Hyoteki« war das erste, das in den Hafen einlief. Er passierte unentdeckt die erste Anzeigeschleife und drehte dann hart nach Backbord ab, um in Richtung Hafen zu steuern. In der schweren See und in der starken südlichen Strömung kam Chuman nur langsam voran. Faktisch lag er fast eine Stunde hinter dem Zeitplan zurück.

Um 20.01 Uhr überlief Chuman die zweite Anzeigeschleife. Diesmal wurde die Signatur seines Passierens auf dem Registrierstreifen aufgezeichnet, aber es wurden keine Maßnahmen getroffen, obwohl die diensthabenden Spezialisten den ständigen Befehl hatten, Alarm auszulösen, wenn der Registrierstreifen einen Kontakt aufzeichnete, der nicht mit dem Hafenverkehr übereinstimmte. Chuman hielt nunmehr im Gefolge einer Fähre auf die westliche Fahrrinne zu, wo es, wie er informiert worden war, eine Lücke in der Sperre gab. Hier verließ ihn das Glück. Aus irgendeinem Grund änderte er den Kurs und statt sicher die Sperrlücke zu passieren, fuhr er direkt in den fest verlegten Mittelabschnitt der Sperre. Chuman versuchte, mit voller Fahrt gegenan zu gehen, in der Hoffnung, daß sich die gezackten Zähne seines Bugschutzes hindurchschneiden würden. Doch seine Anstrengungen waren vergebens und um 20.05 Uhr hatte sich sein »Ko-Hyoteki« fest in das Netz verheddert. Der Bug zeigte nach oben und die vorderen Enden der beiden Torpedorohre ragten aus dem Wasser heraus.

James Cargill, ein Wachmann des Wasser- und Schiffahrtsamtes (Marine Services Board), hatte am Westende des fest verlegten Netzabschnittes Dienst, als er etwas längsseits des Netzes bemerkte, das eine Barkasse ohne Lichter zu sein schien. Er wußte, daß es Fahrzeugen ohne Lichter nicht gestattet war, sich dem Netz zu nähern. Daher ruderte er hinüber, um den Vorgang zu untersuchen. Er fand ein Gebilde vor, das wie zwei Sauerstoff-Azetylen-Flaschen aussah und einer Mine oder einem Unterseeboot glich. Ein sehr beunruhigter Cargill ruderte zurück zur YARROMA, eines der beiden Patrouillenboote, die an diesem Abend am Netz Dienst hatten. Kommandant der YARROMA war Sub-Lieutenant H.C. Eyres, der vor dem Kriege Expedient war. Eyres richtete den Scheinwerfer der YARROMA auf das Objekt und tat es als ein Wrackstück ab. Cargills Sichtmeldung nahm er überaus gleichgültig hin, eine Haltung, die der offizielle Bericht über den Vorfall später als »bedauerlich und unerklärlich« verurteilte. Er weigerte sich, mit der YARROMA zur Untersuchung heranzugehen oder Cargill in seinem Ruderboot zu begleiten, und beschränkte sich darauf zu melden, daß im Netz ein »verdächtiges Objekt« gesichtet worden wäre. Er stimmte jedoch zu, daß ein Besatzungsmitglied der YARROMA Cargill begleitete. Als die beiden Männer kurz nach 22.10 Uhr zurückkehrten, bestätigten sie, daß es sich bei dem Objekt um ein Unterseeboot handelte.

Inzwischen war ein weiteres Hafenschutzboot, die von Warrant Officer[5b] Herbert Anderson geführte LOLITA, auf dem Schauplatz eingetroffen. Anderson untersuchte das Objekt mit Hilfe einer Aldis-Lampe und erkannte ohne Schierigkeiten, daß es ein Unterseeboot war. Das Sehrohr des Bootes war ausgefahren und drehte sich, wobei der Strahl des Handscheinwerfers sich im Prisma widerspiegelte. Um mit dem Unterseeboot fertig zu werden, entschloß sich Anderson zu einer ziemlich drastischen Maßnahme. Statt mit seinem 7,69-mm-Maschinengewehr das Feuer zu eröffnen – wahrscheinlich hätten die Geschosse den dünnen Bootskörper durchschlagen –, warf er drei 160-kg-Wasserbomben. Glücklicherweise war die Wassertiefe zu gering, um die hydrostatischen Zünder der Wasserbomben zu aktivieren; denn sonst hätte ihr Detonieren auch die beiden Torpedos des Unterseebootes hochgehen lassen und für die YARROMA, die LOLITA, das Unterseeboot und für jedermann in der Nähe wäre dies ein apokalyptisches Ende gewesen. Im Inneren des »Ko-Hyoteki« erkannten Chuman und Omori, daß ihre Lage hoffnungslos war und daß ihnen nur noch »Jibaku« als einziger ehrenvoller Weg offenstand. Um 22.35 Uhr zündeten sie die Sprengpatronen zur Selbstversenkung des Bootes und der vordere Teil ihres kleinen Fahrzeuges flog in die Luft. Es gab einen hellen orangefarbenen Blitz und eine Flutwelle, die fast die LOLITA überschwemmte, und Trümmerstücke wurden hoch in die Luft geschleudert.

Mittlerweile war das zweite »Ko-Hyoteki«, von Leutnant zur See Ban geführt, auf Einlaufkurs. Um 21.48 Uhr überfuhr auch dieses Boot unentdeckt die innere Anzeigeschleife (das Passieren zeichnete der Registrierstreifen auf, aber auch diesmal wurden keine Maßnahmen ergriffen) und kurz nach 22.00 Uhr glitt es durch die östliche Lücke in der Netzsperre, gerade als Cargill von der zweiten Untersuchung von Chumans Kleinunterseeboot zurückkehrte. Im Hafen hielt Ban auf die vor Anker liegenden Kriegsschiffe zu. Obwohl zu diesem Zeitpunkt U-Bootalarm ausgelöst worden war, gab es keine Verdunklung und der amerikanische Schwere Kreuzer CHICAGO[5c] war hell erleuchtet. Seine Silhouette hob sich gegen die Flutlichtbeleuchtung eines großen Trockendocks der Werft auf Garden Island deutlich ab. Doch um 20.52 Uhr sichtete ein wachsamer Matrose an Bord der CHICAGO Bans Kleinunterseeboot. Ban hatte offensichtlich Schwierigkeiten mit der Tiefensteuerung. Sein Boot kam immer wieder wellenförmig nach oben und der kleine Kommandoturm, dessen Silhouette kaum sichtbar war, hinterließ ein deutlich erkennbares Kielwasser. Der Scheinwerfer der CHICAGO leuchtete auf und das »Ko-Hyoteki« wurde entdeckt. Die CHICAGO befand sich unter modifizierten Bedingungen nur im Bereitschaftszustand der Stufe III. Der Großteil ihrer Besatzung genoß an Land die Vergnügungen von Sydney. Die einzige gefechtsbereite Geschützbedienung konnte das Rohr ihres 12,7-cm-Geschützes nicht tief genug senken, um das Feuer zu eröffnen. Lediglich eine 12,7-mm-Vierlingsflak eröffnete das Feuer. Der Lichtstrahl des Scheinwerfers hielt das Kleinunterseeboot fest und als es vor dem Lichtstrahl herlief, vergrößerte sich die Entfernung und das 12,7-cm-Geschütz konnte eingreifen. Ein regelrechter Hagel von 12,7-cm-Granaten und 12,7-mm-Geschossen ergoß sich in die allgemeine Richtung von Fort Denison.

Ban setzte seine Fahrt in den Hafen hinein fort, obwohl er wahrscheinlich bereits die CHICAGO als das lohnendste zur Verfügung stehende Ziel ausgewählt hatte. Es war für ihn immer noch sehr schwierig, das Boot in der richtigen Trimmlage zu halten, und als er die Nordwestspitze von Garden Island passierte, sichteten sein Unterseeboot die beiden Korvetten GEELONG und WHYALLA. Seeleute dieser beiden Schiffe sichteten das Kielwasser, das die Netzsäge des »Ko-Hyoteki« hinterließ, und eröffneten mit 2-cm-Oerlikon-Fla-Geschützen das Feuer. Glücklicherweise gelang es Ban und Ashibe jetzt, den Ballast in die richtige Position zu bringen, und das Kleinunterseeboot tauchte weg. Ban erkannte nunmehr, daß er zu weit in den Hafen hineinkam. Daher wendete er sein Boot und fuhr zurück auf Bradley's Head an der Nordspitze zu – eine ideale Position, um die Torpedos auf die CHICAGO loszumachen.

Wie reagierte das Kommando in Sydney auf die Sichtung der beiden Unterseeboote im Hafen? Rear-Admiral Muirhead-Gould war auf einer Abendgesellschaft gewesen, entschloß sich aber kurz nach 22.30 Uhr, die Netzsperre zu aufzusuchen, wo sich Chumans Kleinunterseeboot selbstversenkt hatte, um selbst nach dem Rechten zu sehen. Aus seinem Verhalten wurde deutlich, daß er die Sichtungen mit Skepsis betrachtete, als er an den Kommandanten der LOLITA und an den Rudergänger spaßhafte Fragen richtete. Die Tatsache, daß er auf einer Gesellschaft gewesen war und gut gegessen und getrunken hatte, mag zu seiner nachlässigen Haltung beigetragen haben. Denn erst um 23.14 Uhr erteilte er den Befehl an alle Schiffe im Hafen, die Lichter zu löschen, und sogar erst um 00.25 Uhr befahl er das Abschalten der Flutlichtbeleuchtung am Trockendock der Werft von Garden Island. Selbst dann waren die Fähren noch weiterhin in Betrieb. Muirhead-Gould war der Auffassung, je mehr Boote unterwegs waren, um so wahrscheinlicher war es, daß die Unterseeboote unten bleiben würden.

Um 00.29 Uhr befand sich Ban 800 m von der CHICAGO entfernt in Position. Der Schwere Kreuzer wurde zwar nicht mehr von der Werftbeleuchtung angestrahlt, war aber in der klaren Nacht im Licht des Mondes deutlich zu erkennen. Aus seinen beiden Schornsteinen stieg Rauch auf und Ban vermutete nicht unbegründet, daß er Fahrt aufgenommen hatte. Demgemäß bezog er die mutmaßliche Geschwindigkeit der CHICAGO mit ein, als er für den Torpedoschuß auf das Schiff zielte. Doch der Kreuzer lag immer noch fest verankert an seinen Bojen und der Torpedo lief vor ihm vorbei. Er passierte dicht das niederländische Unterseeboot K IX sowie die Hafenfähre KUTTABUL, die jetzt als Wohnschiff diente, und detonierte an der Ostseite der Werft von Garden Island an der Hafenmauer. Die Detonation hob die KUTTABUL aus dem Wasser und tötete 21 Mannschaftsdienstgrade, die an Bord schliefen. Anschließend sank die KUTTABUL an ihrem Liegeplatz. Die Detonation hallte überall im Hafen wider. Ein Augenzeuge erzählte dem »Sydney Morning Herald«:

> »Ich sah, wie sich die ganze Fähre emporhob, als ob sie auf dem Kamm einer riesigen Welle schwebte. Danach krachte sie wieder herab und sank über das Heck. Ich erblickte durch die Luft fliegende Holzstücke. Das halbe Steuerrad wurde weggefegt.«[6]

Nach dem Schuß geriet Bans Kleinunterseeboot außer Trimm, und er mußte sich einige Minuten lang abquälen, ehe er seinen zweiten Torpedo losmachte. Dieser ging aus demselben Grund wie der erste vorbei und lief an der Ostseite von Garden Island auf Grund. Danach hielt Ban auf die offene See zu und das weitere Schicksal seines »Ko-Hyoteki« ist unbekannt. Um 01.58 Uhr am 1. Juni verzeichnete die Anzeigeschleife ein auslaufendes Fahrzeug. Die »Official History« zieht hieraus die Schlußfolgerung, daß es sich um Ban gehandelt haben könnte, der die Aufnahmeposition auf der Höhe von Port Hacking ansteuerte.

Ban und Ashibe trafen niemals auf dieser Position ein. Es gab Andeutungen, daß die sechs »Ko-Hyoteki«-Fahrer einen gegenseitigen Selbstmordpakt abgeschlossen hätten. Falls es ihnen gelänge, das Unternehmen durchzuführen und aus dem Hafen herauszukommen, würden sie aus der Befürchtung heraus, die Position ihrer Träger-Unterseeboote zu verraten, keinen Versuch unternehmen, mit ihnen in Verbindung zu treten. Viele Jahre später stützte Kapitän zur See Yamaki in einem Gespräch diese Theorie:

> »Admiral Yamamoto sagte zu uns: „Sie müssen zurückkommen. Sie müssen auf ihr Leben achten und es nicht verschwenden." Doch es war sehr schwierig, zum Mutterunterseeboot zurückzukommen. Wir sprachen über dieses Problem. Wir gelangten zur Überzeugung, falls wir nach dem Angriff erfolgreich aus dem Hafen entkämen, würden wir nicht zum Mutterunterseeboot zurückkehren; denn dies hätte das Benutzen des Funkgeräts und das Verraten der Position des Mutterunterseebootes bedeutet. Um das Leben zweier Männer willen, würden 100 Menschenleben aufs Spiel gesetzt werden.«[7]

Realistischer ist jedoch die Vorstellung, daß die Batterien von Bans Kleinunterseeboot erschöpft waren. Wenn auch das Fahrzeug einen nominellen Fahrbereich von 80 sm bei 6 kn hatte, war die Batterieleistung von Bans »Ko-Hyoteki« mit an Sicherheit grenzender Wahrscheinlichkeit bei den mit voller Fahrt durchgeführten Manövern erschöpft, als er im Hafen von

Sydney hin und her fuhr. Unter diesen Umständen dürfte Bans Kleinunterseeboot hinaus auf See getrieben sein, als keine elektrische Energie mehr zur Verfügung stand. Sobald sich die Erkenntnis eingestellt hatte, daß es keine Hoffnung mehr gab, den Treffpunkt zu erreichen, zündeten Ban und Ashibe vermutlich die Sprengpatronen zur Selbstversenkung des Bootes.

Auch das dritte »Ko-Hyodeki«, geführt von Oberleutnant zur See Keiu Matsuo, ging auf Einlaufkurs. Während es sich den Heads näherte, wurde es um 22.52 Uhr von den Patrouillenbooten LAURIANA und YANDRA entdeckt. Das letztere versuchte, das Kleinunterseeboot zu rammen. Doch der YANDRA gelang es lediglich, das Boot zu streifen, ehe sie ein volles Muster aus sechs Wasserbomben warf. Als es keine weiteren Anzeichen von dem Unterseeboot gab, herrschte an Bord der YANDRA die Überzeugung, daß ihr Angriff erfolgreich gewesen war. In Wahrheit hatte Matsuo vermutlich sein Boot auf Grund gelegt und in Sicherheit gebracht sowie sein Unterwasserhorchgerät benutzt, um festzustellen, wann er den Weitermarsch antreten konnte.

Etwa vier Stunden später kam Matsuo mit seinem »Ko-Hyoteki« vom Grund wieder frei und steuerte in Richtung Hafen. Der auslaufende Schwere Kreuzer CHICAGO ortete das Kleinunterseeboot um 03.00 Uhr und um 03.01 Uhr verzeichnete die Anzeigeschleife Nr. 12 ein einlaufendes Fahrzeug. Um 03.50 Uhr eröffnete der an seiner Boje verankerte Hilfskreuzer KANIMBLA das Feuer auf ein Objekt, das für ein Unterseeboot gehalten wurde. Nahezu eine Stunde später beobachtete die Motorbarkasse SEA MIST (Lieutenant Reginald Andrew, RANVR), die an der westlichen Lücke der Netzsperre patrouillierte, vor Taylor's Bay ein dunkles Objekt.

Andrew hatte erst seit zwei Tagen das Kommando über die SEA MIST und obwohl er sich nach seinem eigenen Eingeständnis der Verantwortung nicht gewachsen fühlte, waren seine Maßnahmen sehr anerkennenswert. Als die SEA MIST über die Stelle fuhr, an der das Tauchen des Unterseebootes beobachtet worden war, ließ er eine rote Leuchtkugel schießen und eine Wasserbombe werfen. Der Zünder der Wasserbombe war auf 15 m eingestellt und dies gab der SEA MIST nur fünf Minuten, um von der Detonation freizukommen. Als die Wasserbombe hochging, wurde das kleine Boot dann doch auf einer Flutwelle vorwärts geschleudert.

Doch der Erfolg stellte sich ein. Inmitten des Wasserschwalls war das Unterseeboot mit seinem sich langsam drehenden Doppelpropeller an der Wasseroberfläche zu sehen, ehe es wieder versank. Andrew warf an dieser Stelle eine weitere Wasserbombe und diesmal beschädigte die durch die Detonation hervorgerufene Erschütterung einen der Motoren der SEA MIST, wodurch sich ihre Geschwindigkeit auf 4 kn verringerte. Doch Unterstützung war bereits unterwegs. Die Patrouillenboote YARROMA und STEADY HOUR erschienen kurz danach auf dem Schauplatz und warfen an Ort und Stelle in den nächsten dreieinhalb Stunden über 17 Wasserbomben. Matsuos Lage war hoffnungslos. Zu irgendeinem Zeitpunkt in den frühen Morgenstunden des 1. Juni tötete Matsuo entweder den Maschinenmaat Tsusuki oder dieser erschoß sich selbst mit Matsuos Dienstpistole vom Typ »Taisho 8 mm«. Danach richtete Matsuo die Waffe gegen sich selbst.

Am Morgen des 1. Juni fanden Taucher Matsuos Kleinunterseeboot in 18 m Wassertiefe, aber erst am 4. Juni konnte es an die Wasseroberfläche gebracht werden. Die Netzsäge am Bug war ziemlich verbogen und die Bugschutzkappen waren zerdrückt. Auf der Steuerbordseite mittschiffs befand sich im Bootskörper eine Einbeulung, die von der CHICAGO beim Auslaufen aus dem Hafen oder von einer Wasserbombe verursacht worden sein konnte. Australisches Marinepersonal stieg in das Boot und fand Matsuos Leiche in der Zentrale, während Maschinenmaat Tsusuki im Motorenraum lag. Matsuo trug seinen »Senninbari«-Gürtel und sein Schwert wurde aufgehängt in der Zentrale gefunden. Am nächsten Tag bargen die Australier auch die zerfetzten Überreste von Chumans Kleinunterseeboot.

Die Mittelsektion war durch die Detonation der Sprengladung zur Selbstvernichtung völlig zerstört. Dessenungeachtet waren beide Torpedos noch intakt und mußten gesichert werden.

Die Leichen von Matsuo, Tsusuki, Chuman und Omori wurden am 9. Juni im östlichen Vorstadt-Krematorium von Sydney verbrannt. Eine Ehrenwache der Marine war angetreten, die drei traditionellen Gewehrsalven fielen und der Zapfenstreich erklang. Die Asche der vier Männer kehrte mit dem Repatriierungsschiff KAMIKURA MARU nach Japan zurück und die Urnen wurden in einer Art Staatsbegräbnis beigesetzt. Muirhead-Gould erntete ein beträchtliches Maß an Kritik für die den Japanern gewährten Ehren. Er verteidigte seine Entscheidung in einer Rundfunksendung und seine Worte stellten einen angemessenen Tribut an die vier tapferen Männer dar:

> »Ich bin dafür kritisiert worden, diesen Männern militärische Ehren gewährt zu haben, von denen wir nur hoffen können, daß sie unseren eigenen Kameraden gewährt werden, die im Feindesland gestorben sind. Aber ich frage Sie: „Sollten wir nicht solch tapferen Männern wie diesen volle Ehren erweisen?" Es bedurfte eines Mutes von allerhöchstem Rang, in einem solchen Fahrzeug wie dieser Stahlsarg hinauszufahren. Ich hoffe, ich werde kein Feigling sein, wenn meine Zeit kommt, aber ich bekenne, daß ich mich frage, ob ich den Mut aufbringen würde, auch nur in Friedenszeiten mit einem derartigen Fahrzeug quer durch den Hafen von Sydney zu fahren. Sie wiesen einen Mut auf, der weder das Eigentum noch die Tradition noch das Erbe irgendeiner Nation ist. Es ist ein Mut, der nicht nur tapferen Männern unserer eigenen Länder sondern auch jenen des Gegners zu eigen ist. Wie schrecklich der Krieg und seine Folgen auch sein mögen, es ist ein Mut, der überall anerkannt und allgemein bewundert wird. Diese Männer waren Patrioten höchsten Ranges. Wie viele von uns sind darauf vorbereitet, auch nur ein Tausendstel des Opfermutes zu erbringen, den diese Männer erbrachten?«[8]

Es gab Andeutungen, daß diese Rundfunksendung ein kalkulierter Appell an japanische Gefühle gewesen wäre, um den Versuch zu unternehmen, eine bessere Behandlung der britischen und australischen Kriegsgefangenen in japanischen Händen zu erreichen. Wenn dies so war, dann stellte die Sendung einen bedrückenden Mißerfolg dar; denn es gab keine Verbesserung ihrer Bedingungen.

Die drei Träger-Unterseeboote sowie I 21 und I 29 warteten auf der Höhe von Port Hacking auf die Rückkehr der Kleinunterseeboote. Als es offensichtlich war, daß die Boote nicht zurückkehrten, führten die großen Unterseeboote vor der Ostküste Australiens einen kurzen und wenig aufsehenerregenden Handelskrieg, wobei sie sechs Schiffe mit insgesamt 29 000 BRT versenkten. Außerdem beschossen am 8. Juni mit ihrer Artillerie I 24 Sydney und I 21 Newcastle. Den Japanern war nicht bekannt, was bei dem Angriffsunternehmen erreicht worden war, obwohl die Scheinwerferaktivität im Hafen offensichtlich anzeigte, daß die Kleinunterseeboote entdeckt worden waren. Erst als die Presse die Versenkung der KUTTABUL verkündete, wurde Genaueres über den Angriff bekannt. Das Unternehmen hatte kaum einen aufsehenerregenden Erfolg gebracht.

Sechs Unterseeboote waren an einer Operation beteiligt gewesen, bei der eine ältere Fähre torpediert worden war. Doch es war reines Pech, daß das Angriffsunternehmen nicht mit einem größeren Erfolg abgeschlossen werden konnte. Ban sollte nicht der erste U-Bootkommandant sein und bleiben, der einem Ziel eine höhere Geschwindigkeit zuschrieb. In Anbetracht der Anspannung und der Bedingungen, unter denen er operierte, war sein Irrtum verständlich und kaum überraschend.

Jedenfalls hatten die australischen Verantwortlichen wenig Anlaß, sich selbst zu beglückwünschen. Alle drei »Ko-Hyoteki« hatten Verteidigungsanlagen passiert, die ein solches

Ereignis verhindern sollten. Daher zog die »Official History« der Könglich Australischen Marine auch die Schlußfolgerung:

> »Das Glück stand mit Sicherheit auf der Seite der Verteidiger und war in den Anfangsphasen unverdient, in denen sich Untätigkeit und Entschlußlosigkeit offenbarten.«[9]

Die Überreste von Chumans und Matsuos »Ko-Hyoteki« wurden zu einem Boot zusammengefügt und überall in Australien als Attraktion gezeigt, um die Zeichnung von Kriegsanleihen zu fördern. Heute steht dieses »Kleinunterseeboot« in der Außenanlage des australischen War Memorial in Canberra, wo die verheerenden Auswirkungen des grimmigen Klimas ihren Zoll forderten. 1968 besuchte die Mutter von Oberleutnant zur See Matsuo das Kleinunterseeboot und goß zum Gedenken an ihren Sohn ein Trankopfer aus Sake über das Fahrzeug aus. In einer liebenswürdigen und ergreifenden Zeremonie – nur durch die fremdenfeindlichen Ergüsse der australischen Skandalpresse beeinträchtigt – wurde ihr der »Senninbari«-Gürtel ihres Sohnes überreicht.

Kapitel 8

Das Sterben der Kleinunterseeboote

Könnte ich mehrere Male geboren werden und
Mein Leben für mein Land opfern.
Entschlossen zu sterben, ist mein Geist fest,
Und den Erfolg erwartend
Ginge ich lächelnd wieder hinaus.

– Fregattenkapitän Takeo Hirose, KJM

Der Angriff auf Sydney war die letzte Gelegenheit, bei der »Ko-Hyoteki« offensiv zum Einsatz gelangten. Da die Möglichkeit einer entscheidenden Seeschlacht, auf deren Stattfinden die Japaner eine so große Hoffnung gesetzt hatten, nicht bestand, mußten für diese Kleinunterseeboote andere Einsatzmöglichkeiten gefunden werden. Die Hafenverteidigung war eine solche Aufgabe, eine andere war das Angreifen vor Anker liegender Schiffe. Mit den amerikanischen Landungen am 7. August 1942 in den Salomonen, insbesondere auf der Insel Guadalcanal, erlangten diese Aufgaben eine zunehmende Bedeutung. Hier lag theoretisch ein Kriegsschauplatz, auf dem das »Ko-Hyoteki« lohnend eingesetzt werden konnte. Es gab eine Menge Ziele, und zwar sowohl Kriegsschiffe als auch Transportschiffe. Außerdem lagen japanische Stützpunkte in der Nähe, von wo aus die Angriffsunternehmen gestartet werden konnten. Gleichermaßen wichtig war die Tatsache, daß die Träger-Unterseeboote von der Verpflichtung befreit sein würden, auf das Wiederaufnehmen der »Ko-Hyoteki« zu warten, weil die Angriffe stets verhältnismäßig dicht unter Land stattfinden würden.

Im November 1942 erhielt die »Dritte Sonderangriffs-Flottille« unter der Führung von Kapitän zur See Shinosuke, KJM, den Befehl, in die Indispensable-Straße zwischen den mittleren Salomonen-Inseln Florida Island und Malaita zu verlegen, um Unternehmen gegen amerikanische Transportschiffe auf dem Ankerplatz südlich Lunga Point/Guadalcanal durchzuführen. Die Flottille bestand aus den bereits bekannten Unterseebooten *I 16, I 20* und *I 24*. Unterseeboote mit Flugzeugen an Bord standen nicht zur Verfügung. Es gab auch keine erfahrenen »Ko-Hyoteki«-Besatzungen mehr.

Die »Dritte Sonderangriffs-Flottille« war verhältnismäßig erfolgreich. Am 7. November setzte *I 20* (FKpt. Yoshimura, KJM) vor dem Ankerplatz der Transportschiffe am Südende der Insel Savo ein von Leutnant zur See Nobuharu Kunihiro, KJM, geführtes Kleinunterseeboot aus. Kunihiro torpedierte mit beiden Torpedos das 2227 BRT große Nachschubtransportschiff MAJABA, das dort vor Anker lag. Der Transporter erlitt schwere Beschädigungen und mußte als konstruktiver Totalverlust[0a] auf Strand gesetzt werden. Trotz der sofort einsetzenden Verfolgung durch zwei amerikanische Zerstörer konnten Kunihiro und seine Nummer 2 wieder aufgenommen werden. Dies war die erste »Ko-Hyoteki«-Besatzung, die ein Unternehmen überlebte – den bedauernswerten Sakamaki nicht eingerechnet, der in einem amerikanischen Kriegsgefangenenlager schmachtete.

Wenige Tage nach Kunihiros Erfolg setzte *I 16* ein von Leutnant zur See Teiji Yamaki, der nicht am Angriffsunternehmen gegen Sydney teilnehmen konnte, geführtes Kleinunterseeboot aus. Bei dieser Gelegenheit trat bei den ansonsten stets zuverlässigen »Ko-Hyoteki« ein Störung auf: Das Ruder klemmte und Yamaki mußte sein Boot versenken. Er und seine

Nummer 2 legten schwimmend mehrere Seemeilen bis zur Küste zurück und wurden geborgen. Am 28. November 1942 schoß ein Kleinunterseeboot, geführt von Leutnant zur See Hiroshi Hoka mit dem Maschinenmaat Shinsaku Ikuma als seine Nummer 2, einen Torpedo auf den 6200 BRT großen Nachschubtransporter ALCHIBA der US-Marine. Der Torpedotreffer entfachte einen Brand, der die gesamte Ladung des Schiffes, bestehend aus Sprengstoff und Benzinfässern, zu erfassen drohte. Während eine Reihe von Besatzungsangehörigen den Brand bekämpfte, warfen andere den Sprengstoff über Bord. Fünf Stunden später ereignete sich eine Explosion, die für eine Torpedodetonation gehalten wurde, auf dem Meeresboden unter dem Schiff. Entweder war Hoka zurückgekehrt und hatte seinen zweiten Torpedo geschossen oder es befand sich dort ein weiteres Kleinunterseeboot, dessen Angriffsunternehmen nicht aktenkundig ist. Die ALCHIBA wurde auf Grund gesetzt und die Brände an Bord wüteten vier Tage lang, ehe sie erloschen.

Hoka und Ikuma überlebten dieses Unternehmen nicht. Die Ursache ihres Todes ist nicht bekannt, aber im Juni 1943 bargen die Amerikaner ihr »Ko-Hyoteki« vor Guadalcanal und erlangten eine Fülle geheimer Informationen, darunter auch Anweisungen für die Durchführung eines Angriffs:

> »Nach dem Erhalt der Meldung, daß der Feind entdeckt worden ist, muß der Angriff mit der geringstmöglichen Verzögerung durchgeführt werden. Versäume nicht die Gelegenheit infolge nutzloser Verzögerungen, um dadurch dem Feind zu gestatten, in einen stark verteidigten Hafen zu entkommen. Gewöhnlich werden auf ein starkes feindliches Schiff zwei »Hyoteki« angesetzt. Vier oder mehr kommen normalerweise nicht gleichzeitig an einem Ort zum Einsatz. ... Es ist wichtig, daß der Angriff aus einer Schußposition durchgeführt wird, die nahe genug ist, um einen Volltreffer zu erzielen. Die Grundposition für einen Schuß ist ein Winkel von 70° bis 110° bei 500 Meter Entfernung.«[1]

Während der Kämpfe um die Insel Guadalcanal gingen acht »Ko-Hyoteki« verloren.

Die Hafenverteidigung als Aufgabe für das »Ko-Hyoteki« ergab sich besonders von 1943 an, als die Amerikaner die Offensive ergriffen. Die Übernahme einer solchen Aufgabe bedeutete, daß an dem Kleinunterseeboot wesentliche Änderungen vorgenommen werden mußten. Es erwies sich jedoch als unmöglich, diese Modifizierungen im Bootskörper des »Ko-Hyoteki« Typ A unterzubringen. Daher kam es zum Entwurf einer Variante unter der Bezeichnung »Typ B«. Dieser neue Typ unterschied sich von Typ A in mehreren wesentlichen Punkten. Die beigefügte Tabelle zeigt die technischen Daten im Vergleich.[2]

Die Abmessungen bei Typ B waren nicht wesentlich größer, reichten aber zur Unterbringung eines dritten Besatzungsmitgliedes aus: einen Maschinisten oder Obermaschinisten[2a] – die Erforderlichkeit eines Verantwortlichen für die gesamte technische Ausrüstung an Bord widerspiegelnd. Das zusätzliche dritte Besatzungsmitglied bedeutete in Verbindung mit der geringen Zunahme in der Größe und der Steigerung in der Seeausdauer, daß die Raumverhältnisse sehr beengt sein würden und daß sich dies auf die Leistungsfähigkeit im Einsatz auswirken mußte.

Die andere bedeutsame Änderung waren der zusätzliche Einbau eines Dieselgenerators mit 40 PS (29,4 kW) und eines Brennstofftanks mit 0,6 ts Inhalt. Der Dieselgenerator gestattete sowohl das Aufladen der Batterie in See (obwohl dies nicht hinnehmbare 18 Stunden in Anspruch nahm) als auch den Direktantrieb (maximal 6,5 kn) bei Überwasserfahrt. Hierdurch steigerte sich der Überwasserfahrbereich auf 300-350 sm bei 5-6 kn. Das Gewicht des Dieselgenerators bedeutete jedoch auch eine Verringerung der Höchstgeschwindigkeit unter Wasser von 24 kn auf 18,5 kn. Der Typ B war lediglich ein Prototyp, der als »Ko-Hyoteki« Typ

Vergleich zwischen dem »Ko-Hyoteki« Typ A, B und C

Technische Daten:	Typ A:	Typ B/C:
Entwurfsbeginn:	1938	1942
Erste Einheit fertiggestellt:	1939	1943
Länge über alles:	23,9 m	24,9 m
Breite (maximal):	1,8 m	1,88 m
Höhe (Kommandoturm bis Kiel):	3,1 m	3,1 m
Verdrängung unter Wasser:	46 ts	50 ts
Hauptbatterie:	Spezialtyp D mit 224 Zellen	Spezialtyp D mit 224 Zellen
Hauptmotor:	600 PS	600 PS
Geschwindigkeit unter Wasser (max.):	19 kn	18,5 kn
Tauchtiefe:	100 m	100 m
Torpedorohre:	2 x 45,7 cm	2 x 45,7 cm
Anzahl der Torpedos:	2	2
Druckluftbehälter (Kapazität pro Torpedo):	2 x 430 l	2 x 430 l
Sehrohrlänge:	3,05 m	3,05 m
Dieselgenerator:	–	1 x 40 PS/29,4 kW
Besatzung:	2 Mann	3 Mann
Seeausdauer:	geringfügig	1-2 Tage

C in die Serienfertigung ging. Bis zum Herbst 1944 wurden etwa 36 dieser Kleinunterseeboote in Ourazaki bei Kure gebaut.[3]

Obwohl das »Ko-Hyoteki« nie die Erwartungen erfüllte, die seine Konstrukteure von dem Boot erhofft hatten, gaben die Japaner dieses Waffensystem nie wirklich auf. Verfahren wurden erprobt, um ein »Ko-Hyoteki« nach dem Angriffsunternehmen vom Träger-Unterseeboot wieder an Bord nehmen zu können, wenn auch die Einsatzerfahrungen zeigten, daß die Rückkehr einer »Ko-Hyoteki«-Besatzung ein sehr unwahrscheinlicher Vorgang war. Das Unterseeboot *I 18* wurde mit einem Bergungsapparat ausgerüstet und unternahm 1943 erfolgreiche Versuche, ein »Ko-Hyoteki« während der Tauchfahrt auszusetzen und wieder aufzunehmen. Dieses Verfahren erfuhr jedoch nie eine Verwendung im Einsatz.[3a] Die Entwicklung kam aber nicht zum Stillstand. 1944 wurde ein minenlegendes »Ko-Hyoteki« unter der Bezeichnung »M-Kanamono« gebaut. Es führte vier U-Bootsminen vom Typ 2 oder Typ 3 anstelle der beiden Torpedos mit. Jedoch nur ein »Ko-Hyoteki« des Typs C erfuhr einen derartigen Umbau. Selbst unter Beachtung der Vorteile einer Beurteilung im nachhinein stellte das Nichtfortführen dieses Projektes für die Japaner einen beträchtlichen Verlust an offensiven Gelegenheiten dar. Das »Ko-Hyoteki« als heimlicher Minenleger hätte sehr erfolgreich sein und den Amerikanern eine Menge Schwierigkeiten bereiten können. Die Deutschen begingen mit ihrem Einmann-U-Boot »Biber« denselben Fehler.

Für den Rest des Krieges fanden »Ko-Hyoteki« in den Aleuten, in den Philippinen, vor Saipan und bei Okinawa Verwendung. Ihr Einsatz blieb erfolglos. Drei dieser Boote gingen in den Aleuten, acht in den Philippinen und fünf vor Saipan verloren. Bei Okinawa wurden mindestens zehn Boote vernichtet, obwohl diese Einschätzung schwierig ist, da die genaue Anzahl der eingesetzten und der in Verlust geratenen »Ko-Hyoteki« nicht bekannt ist. Nur ein einziges Mal stand ein »Ko-Hyoteki« dicht davor, einen bedeutenden Erfolg zu erzielen. Am 5. Januar

1945 griff das auf der Philippinen-Insel Cebu stationierte Kleinunterseeboot *Ha 82* den amerikanischen Leichten Kreuzer BOISE beim Marsch durch die Mindanao-See an. Die BOISE war mit der Flaggschiffgruppe (TG 77.1) der 7. Flotte (Admiral Kinkaid) auf dem Weg von Leyte zu den Landungen auf Luzon im Golf von Lingayen. Einen Kreuzer zu versenken, wäre an sich schon eine Leistung gewesen, aber bei dieser Gelegenheit hatte die BOISE auch noch General MacArthur, den Oberbefehlshaber Südwestpazifik, mit seinem Stab an Bord. Das »Ko-Hyoteki« schoß beide Torpedos, aber ihre Laufbahnen wurden vom Leichten Kreuzer USS PHOENIX entdeckt. Sofortige Ausweichmanöver retteten den Kreuzer – und MacArthur –, während das »Ko-Hyoteki« vom Zerstörer USS DAVID W. TAYLOR durch Rammstoß versenkt wurde.

Warum hatten die »Ko-Hyoteki« so wenig Erfolg? Die Antwort ist zweifach: Erstens waren ihre Besatzungen hoffnungslos unerfahren. Die fronterfahrenen »Ko-Hyoteki«-Fahrer kamen von den Angriffsunternehmen gegen Pearl Harbor, Diégo Suarez und Sydney nicht zurück und für die nachgerückten neuen Männer gab es keinen Fundus an Einsatzerfahrungen in Krieg oder Frieden. Zweitens waren die »Ko-Hyoteki« durch die umfassenden Maßnahmen, die die Amerikaner gegen sie entwickelt hatten, außerordentlich verwundbar. Doch so tapfer die Besatzungen auch waren, einem Gegner, der fast auf jedem Gebiet die Überlegenheit hatte, waren ihre Kleinunterseeboote nicht gewachsen.

Das »Ko-Hyoteki« rechtfertigte zu keinem Zeitpunkt die Hoffnungen seiner Konstrukteure. Seine Leistungsfähigkeit wurde in dem Augenblick aufs Spiel gesetzt, als sich seine ursprüngliche Aufgabe in die einer verdeckten Angriffswaffe änderte. Für ein verdeckt operierendes Fahrzeug ist der Torpedo keine geeignete Waffe; denn es muß zum genauen Zielen dicht unter die Wasseroberfläche kommen und verrät damit im allgemeinen seine Position. Doch wer weiß, wie wirkungsvoll das »Ko-Hyoteki« gewesen wäre, wenn das Boot so eingesetzt worden wäre, wie dies seine Konstrukteure vorgesehen hatten? Zumindest hätte es dem widerstrebenden Flottenchef eine Menge zu denken gegeben. Das »Ko-Hyoteki« war ein Kleinunterseeboot von ausgezeichnetem Entwurf und Bau, bemannt mit sehr tapferen Männern, aber auch ein Boot, dessen einsatzmäßige Verwendung seiner Konstruktion nicht entsprach.

Als sich der Verlauf des Krieges gegen Japan wandte, wurden Verzweiflungsmaßnahmen befürwortet, um eine Wende herbeizuführen. Die Japaner konnten nur wenig unternehmen, um Amerikas furchteinflößendem Niveau seiner Kriegsproduktion oder seiner technischen Führungsrolle, wie etwa auf dem Sektor des Radars, zu begegnen. Statt dessen wandte Japan seinen Blick rückwärts und suchte die Eingebung in den eigenen militärischen Traditionen. Selbstmord in der Schlacht, der stets die japanische Militärtradition (und tatsächlich auch die westliche Tradition) als ein Mittel geprägt hatte, um der Gefangennahme und damit der Schande zu entgehen, wurde nunmehr besonders in der Hoffnung befürwortet, daß persönlicher Mut und persönliche Tapferkeit die Oberhand über die quantitative und qualitative Überlegenheit der USA gewinnen könnten. Die Einführung der »Sonderangriffseinheiten« – besser unter der japanischen Bezeichnung »Kamikaze« bekannt, das heißt der »Göttliche Wind«, der 1281 Japan vor der Invasion der Mongolen errettet hatte – war die Bestätigung dafür, daß der Selbstmord die offizielle Billigung hatte (obwohl im japanischen Oberkommando nicht jeder davon begeistert war), und die ersten »Kamikaze«-Angriffe führten Flugzeuge während der Schlacht um den Golf von Leyte im Gefolge der amerikanischen Landung auf den Philippinen Ende Oktober 1944 durch.

Diese Entwicklung ging an der japanischen Unterseebootswaffe nicht unbemerkt vorüber, deren Offiziere durch die ihrem operativen Handeln auferlegten Beschränkungen verärgert waren. Es ist hier nicht der Ort, um über die Verwendung der japanischen Unterseebootswaffe zu diskutieren. Es reicht die Feststellung aus, daß Unzufriedenheit darüber herrschte, die Unterseeboote zu Transportaufgaben oder zu Angriffen auf Landungsverbände einzusetzen, statt sie für den Angriff auf die langen amerikanischen Nachschubrouten freizugeben. Kapitän zur See Kennosuke Torisu, Kommandant eines Unterseebootes, der in der zweiten Hälfte des Jahres 1944 Operationsoffizier im Stab der 6. Flotte[3b] war, erinnerte sich daran, wie die japanischen U-Bootfahrer ihre Lage sahen:

> »... Emsige Studien und Anstrengungen waren in der Heimat darüber gemacht worden, wie die sich immer mehr verschlechternde Lage der Unterseeboote gerettet werden könnte. Darunter war bezeichnenderweise das Projekt eines bemannten Torpedos, das ursprünglich von zwei jungen Offizieren der Unterseebootswaffe stammte: dem Oberleutnant zur See Hiroshi Kuroke, KJM, und dem Leutnant zur See Sekio Nishina, KJM.
> Kuroke und Nishina, beides Absolventen der Marineakademie, haßten es, dem Niedergang der U-Streitkräfte zuzusehen, und entschlossen sich, das zu tun, was sie tun konnten: freiwillig einen großen Torpedo selbst zu bemannen und ein feindliches Schiff zu rammen.«[4]

Das Endergebnis dieser Diskussionen war die Entwicklung des Einmanntorpedos vom Typ »Kaiten« (Himmelserschütterer). Sie erfolgte auf der Grundlage des berühmten Torpedos »Long Lance« (Lange Lanze) vom Typ 93,[5] der unter den alliierten Schiffen in den Anfangsphasen des Krieges große Verheerungen angerichtet hatte. Zu den technischen Daten siehe die beigefügte Tabelle auf Seite 100.[6]

Der Steuermann, oft ein ausgebildeter Marinepilot, saß in der Mitte des Torpedos in einem völlig geschlossenen Fahrstand, der ein fest eingebautes Sehrohr, einen Kreiselkompaß und die Steuerung enthielt. Der »Kaiten« wurde auf einem Träger-Unterseeboot auf ähnliche Art und Weise wie das »Ko-Hyoteki« oder auf speziell umgebauten Kriegsschiffen transportiert, obwohl letztlich nur ein einziges derartiges Schiff für den »Kaiten«-Transport umgebaut wurde.[6a]

Der Leichte Kreuzer KITAKAMI war bereits zu einem Schnelltransporter mit verringerter Bewaffnung (vier 12,7 cm, achtzehn 2,5-cm-Fla-Geschütze, acht 60,9-cm-Torpedorohre) umgebaut worden, um sechs »Daihatsu«-Landungsboote von 14 m Länge an Bord nehmen zu können, als er am 25. Februar 1944 vom britischen Unterseeboot TEMPLAR (Lieutenant Beckley) in der Malakka-Straße torpediert wurde. Obwohl das Schiff schwere Schäden erlitt, war es noch reparaturfähig und wurde später zum »Kaiten«-Träger umgebaut. Nach der Entfernung sämtlicher Torpedorohre wurde die Flakbewaffnung auf 67 Rohre 2,5 cm verstärkt. Außerdem erhielt das Schiff achtern zwei Ablaufschienen, um acht »Kaiten« mitzuführen, sowie eine Heckrampe, um sie auf dieselbe Weise auszusetzen, wie dies mit den »Ko-Hyoteki« auf den Seeflugzeugtendern der Fall gewesen war.[6b] Offensichtlich hatten die Japaner die Vorstellung noch nicht aufgegeben, »Kaiten« als Teil einer entscheidenden Seeschlacht gegen die Amerikaner zum Einsatz zu bringen – wenn auch eine solche Schlacht nur Gegenstand von Träumen war.

Sechzehn Unterseeboote wurden zu »Kaiten«-Trägern umgebaut. Die mitzuführende Anzahl variierte je nach Unterseebootsklasse und der Umbau erforderte im allgemeinen das Entfernen der Deckgeschütze sowie – falls vorhanden – der Hangar- bzw. Katapulteinrichtungen (Siehe Tabelle Seite 101). Auf den Unterseebooten wurden die »Kaiten« in Klampen an Oberdeck mitgeführt. Jeder der bemannten Torpedos war mit dem »Mutteruntersееboot« durch ein bewegliches Rohr verbunden. Dies gestattete dem Steuermann nach Erhalt der letzten Informationen durch den Kommandanten des Unterseebootes den Einstieg durch das untere Luk in den Fahrstand. (Das obere Luk konnte nur bei Überwasserfahrt benutzt werden.) Ein Telefon verband den Steuermann bis zum letzten Augenblick mit der Zentrale des Unterseebootes. Nach dem Loslösen lief der »Kaiten« noch eine gewisse Zeit in einer Tiefe von 6 m auf einem Kurs, den der Steuermann des Träger-Unterseebootes am Gradlaufapparat des

Einmanntorpedo »Kaiten« (Himmelserschütterer)

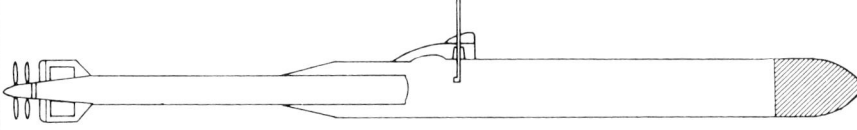

Wasserverdrängung unter Wasser:	8,2 ts
Länge:	14,75 m
Breite:	1 m
Antriebsanlage:	1 Benzin/Flüssigsauerstoff-Torpedomotor mit 550 PSe, 1 Welle
Geschwindigkeit über Wasser:	30 kn
Fahrbereich über Wasser:	12,5 sm bei 30 kn
Bewaffnung:	Gefechtskopf mit 1550 kg TNT
Besatzung:	1 Mann
Abgelieferte Einheiten:	Über 400

Die **technische Daten** beziehen sich auf den »Kaiten I«. Die Version »Kaiten II« war größer (13,4 ts Verdrängung, 16,5 m Länge, 1,35 m Breite) und den Antrieb lieferte eine Wasserstoffsuperoxyd-Walter-Turbine mit 1500 PS für 40 kn. Fertigungsprobleme bei der Turbine führten zu einer Ablieferung von nur wenigen Einheiten. Der »Kaiten III« war ein Versuchsfahrzeug, das nie in die Serienfertigung ging, während der »Kaiten IV« infolge der Turbinenprobleme durch den Einbau des Benzin/Flüssigsauerstoff-Torpedomotors des Typs 93 aus dem »Kaiten II« entstand. Der »Kaiten IV« führte jedoch mit 1800 kg TNT einen größeren Gefechtskopf. Von den Versionen »Kaiten II« und »Kaiten IV« wird angenommen, daß insgesamt nicht mehr als 20 Einheiten fertiggestellt wurden. Etwa 50 »Kaiten« verschiedener Version kamen zum Einsatz. Hunderte von ihnen wurden bei Kriegsende in Japan vorgefunden und später abgebrochen.

Torpedos vorher eingestellt hatte. Danach tauchte der »Kaiten« auf und sein Steuermann war von nun an auf sich selbst gestellt.

Einen »Kaiten« zu steuern, war außerordentlich schwierig. Der Steuermann konnte sich für eine getauchte Annäherung zum Ziel auf einem verdeckten Kurs entscheiden. In diesem Falle hatte er keine Vorstellung von der Lage an der Wasseroberfläche. Außerdem bedeutete die hohe Geschwindigkeit des »Kaiten«, daß der kleinste Fehler beim Steuern möglicherweise verhängnisvolle Folgen nach sich ziehen konnte. Während der Erprobungen dieses Waffensystems im Herbst 1944 in der Tokuyama-Bucht lief ein »Kaiten« bei Tauchfahrt mit 30 kn aus dem Ruder und steuerte direkt zum Boden der Bucht, ohne jede Hoffnung für den Steuermann, geborgen zu werden. Andererseits konnte der Steuermann seinen Weg zum Ziel auch auf Sehrohrtiefe zurücklegen. In diesem Falle war das Kielwasser seines Sehrohres sichtbar und die Geschwindigkeit seines Fahrzeuges war auf nicht mehr als 12 kn beschränkt. Theoretisch war der Steuermann in der Lage, aus dem »Kaiten« durch das untere Luk auszusteigen, wenn er sicher war, daß sein Fahrzeug im Begriff stand, das Ziel zu treffen. Hierzu mußte er seinen Ausstieg in einer Entfernung von 100 m vor dem Aufschlag am Ziel beginnen, um bei 50 m vom

Fahrzeug frei zu sein. Diese Vorkehrung nahm jedoch niemand ernst; alle »Kaiten«-Fahrer hatten die Absicht, bis zum Ende in ihrem Fahrzeug zu bleiben. Jedenfalls besaß ein Mann dicht am Ort der Detonation eines 1550-kg-Gefechtskopfes wenig Chancen zum Überleben. Falls der Steuermann sein Ziel verfehlte, konnte er für einen weiteren Angriffsversuch einen Kreis schlagen, auch wenn das Steuern des Fahrzeuges bei seiner Höchstgeschwindigkeit von 40 kn außerordentlich schwierig sein mußte. Um den Gefechtskopf zur Detonation zu bringen, konnte der Steuermann zwei Zünder durch eine elektrische Schaltung aktivieren, obwohl auch eine Schaltung für Aufschlagzündung vorgesehen war.

Die Überlegungen, die hinter dem Einsatzkonzept des »Kaiten« standen, waren sehr verschwommen. Einige wollten dieses Waffensystem bei jener entscheidenden Seeschlacht einsetzen, die immer noch das Wunschdenken vieler beherrschte; andere erblickten in ihm ein letztes Mittel zur Verteidigung bis zum Äußersten, während wieder andere, darunter viele Angehörige der Unterseebootswaffe, den »Kaiten« als einen Ersatz für fachliches Können betrachteten. Kapitän zur See Kennosuke Torisu erinnerte sich:

> »Es erschien mir wahrscheinlich, daß ein bemannter Torpedo von einem Unterseeboot ausgesetzt und seinen Angriff weit genug vom Unterseeboot entfernt ausführen konnte, um sicherzustellen, daß das aussetzende Boot unentdeckt blieb.«[7]

Torisu hatte 1942 vor Ceylon (heute Sri Lanka) eine Wasserbombenverfolgung britischer Zerstörer überstanden und nicht den Wunsch verspürt, diese Erfahrung zu wiederholen. Trotzdem repräsentierte diese letztere Option eine erschreckende Verschwendung von Menschen und Material angesichts der Tatsache, daß ein wenig mehr an Vorstellungsvermögen, was den Einsatz japanischer Unterseeboote betraf, durchaus Erfolge hätte erbringen können. Ein paar intensive Lehrstunden in einem Angriffssimulator, falls die Kaiserliche Marine etwas Derartiges besaß, wäre vermutlich weit nützlicher gewesen.[8]

Wie ein Ertrinkender nach einem Strohhalm greift, so erwarteten die Japaner von den Selbstmordwaffen Großes. Dennoch konnte der »Kaiten« nie die Wirkung haben, die sein Name andeutete. Dieses Waffensystem war nicht zu selbständigen Operationen fähig. Sein Mangel an Seeausdauer und die nicht vorhandene Wohnlichkeit für das einzige Besatzungsmitglied bedeuteten, daß der »Kaiten« nur eingesetzt werden konnte, wenn ein Ziel gefunden und identifiziert worden war. Außerdem erforderte das Sauerstoff-Antriebssystem eine umfangreiche

Unterseeboote als »Kaiten«-Träger[9a]

Klasse	Boote	Anzahl der »Kaiten«
KD 3	I 118	2
KD 3B	I 156, I 157, I 159, I 160	2
KD 4	I 162	2
KD 5	I 165	2
J 3	I 8	4
B 1	I 36	6
	I 37	4
B 2	I 44	4
B 3	I 56, I 58	4, später 6
C 2	I 47, I 48	4, später 6
C 3	I 53	4, später 6

und fachliche Wartung.[9] Der »Kaiten« konnte daher nicht auf dieselbe Weise zu isolierten Stützpunkten gebracht werden, wie dies mit dem »Ko-Hyoteki« geschah. Er war auf die Unterstützungsleistungen angewiesen, die sein Mutterschiff – sei dies nun ein Kreuzer oder ein Unterseeboot – gewährte.

Eine Vorstellung, die das Verwendungskonzept für die »Kaiten« beherrschte, war ihr Masseneinsatz gegen die amerikanischen Invasionsflotten. Doch es gab niemals genügend Trägerschiffe bzw. -boote, um eine ausreichend große Anzahl von »Kaiten« in den Einsatzraum zu transportieren: nur ein Leichter Kreuzer und sechzehn Unterseeboote waren für ein Mitführen ausgerüstet. Unter Berücksichtigung der Zeit, die für Grundüberholungen/ Reparaturen und für den Transport zwischen Japan und dem Einsatzraum erforderlich war, wird schnell deutlich, daß es unmöglich war, diese Waffen in größerer Anzahl heranzuführen. Außerdem waren die Trägerschiffe bzw. -boote auf dem Transportweg gegenüber amerikanischen Angriffen verwundbar. Es ist äußerst zweifelhaft, ob der Leichte Kreuzer KITAKAMI eine Position hätte erreichen können, um seine »Kaiten« auszusetzen, ohne entdeckt und versenkt worden zu sein. Auch die Träger-Unterseeboote waren nicht weniger verwundbar; sie waren zu groß und zu schwerfällig mit einer zu langen Tauchzeit.

Nach dem ersten »Kaiten«-Einsatz gab es eine Meinungsverschiedenheit darüber, wie das Waffensystem verwendet werden sollte. Die »Stabslösung« sah für sie eine Verwendung zu weiteren Angriffen auf verteidigte Ankerplätze und gegen amerikanische Verbände vor, die an amphibischen Operationen beteiligt waren. Andererseits argumentierte Torisu, daß die »Kaiten« eine flexiblere Verwendung in See gegen amerikanische Geleitzüge hätten erhalten sollen. Im Gefolge des »Kaiten«-Angriffs auf Ulithi[9b] war er der Auffassung, daß sich die Amerikaner der Möglichkeit eines solchen Angriffs bewußt wären und sich darauf vorbereiten würden. Torisu drang mit seiner Argumentation nicht durch und im Januar 1945 wurden Vorbereitungen für einen zweiten Angriff auf Ulithi sowie für Angriffe in der Kossol-Passage und auf den Seeadler-Hafen in den Admiralitäts-Inseln/Bismarck-Archipel getroffen. Sechs Unterseeboote mit 24 »Kaiten« an Bord wurden für diese Angriffe eingesetzt und am 12. Januar 1945 wurden alle bemannten Torpedos wie geplant ausgesetzt.

Das Dilemma, dem sich die Japaner beim Einsatz ihrer Einmanntorpedos gegenübersahen, brachte ein »Kaiten«-Fahrer, der am ersten Angriff auf das Ulithi-Atoll am 20. November 1944 teilgenommen hatte, vollendet zum Ausdruck:

> »Die Beobachtung bei Tageslicht enthüllte über einhundert Schiffe, die in der Lagune des Ulithi-Atolls vor Anker lagen. Obwohl dies eine goldene Gelegenheit für den Einsatz unserer bemannten Torpedos darstellte, standen nur zwei Unterseeboote und acht bemannte Torpedos zur Verfügung – eine sehr bedauerliche Angelegenheit.«[10]

Außerdem bestand noch das Problem der Fertigung. Die Bauweise der »Kaiten« war ziemlich kompliziert; denn die Benzin/Flüssigsauerstoff-Antriebsanlage erforderte eine besondere Aufmerksamkeit. Es brauchte seine Zeit, ehe ein größerer Bestand an Waffen dieser Art einsatzbereit sein würde. Zudem gab es ein Argument, mit Unternehmungen zurückhaltend zu sein, ehe nicht eine ausreichende Anzahl von »Kaiten« für sie zur Verfügung stand, um einen gewaltigen Eindruck zu hinterlassen. Kapitän zur See Torisu erinnerte daran:

> »Meine Stimme war nicht stark genug, um andere Mitglieder des Stabes zu überzeugen, meine Vorstellung von der Verwendung bemannter Torpedos zu Angriffsvorstößen in See zu teilen. Sobald ein Dutzend dieser Waffen einsatzbereit war, wurde der Entschluß gefaßt, den ersten Torpedoangriff auf das Ulithi-Atoll in Gang zu setzen.«[11]

Die Ausbildung der »Kaiten«-Piloten wurde anfänglich auf einem geheimen Stützpunkt betrieben, der auf Otsujima eingerichtet war, einer der Stadt Tokuyama auf Honshu vorgelagerten Insel, und bis zum August 1944 hatten sich dort etwa 30 angehende »Kaiten«-Piloten gemeldet. Ihnen folgte ein Lehrgang, aus 200 künftigen Piloten bestehend, die sich ebenfalls freiwillig für diese Aufgabe gemeldet hatten. Die erste »Kaiten«-Gruppe unter dem Decknamen »Kikumizu«[11a] wurde am 8. November 1944 aufgestellt und zu ihr gehörten die Unterseeboote *I 36, I 37* und *I 47*. Es blieb kaum Zeit für die Ausbildung, da liefen die Unterseeboote dieser Gruppe bereits zur ersten Unternehmung gegen amerikanische Schiffe aus. *I 36* und *I 47* sollten Schiffe im Ulithi-Atoll angreifen, während *I 37* durch die Kossol-Passage nach Palau (heute Belau) bestimmt war. Alle drei Unterseeboote führten die volle Dotation an Torpedos vom Typ 95 für weitere konventionelle Angriffe gegen amerikanische Schiffe mit, sobald die »Kaiten« ausgesetzt worden waren. Die Aussichten für die Unternehmung sahen gut aus. Die japanische Luftaufklärung hatte gemeldet, daß sich in der Lagune des Ulithi-Atolls – groß genug, 800 Schiffe unterzubringen – die Kriegs- und Hilfsschiffe aller Größen nur so drängten.

In den frühen Morgenstunden des 20. November 1944 standen *I 36* und *I 47* vor der Einfahrt in die Lagune. An Bord der beiden Unterseeboote fanden für die »Kaiten«-Piloten, die bereits ihr Testament gemacht und Abschiedsbriefe an ihre Familien hinterlegt hatten, die letzten religiösen Zeremonien statt. In diesem Stadium des Krieges waren nicht alle Träger-Unterseeboote mit den Zugangsröhren ausgerüstet, um vom getauchten Unterseeboot aus in den »Kaiten« zu gelangen. Daher mußten beide Boote für kurze Zeit an die Wasseroberfläche kommen, damit zwei der Piloten in ihr Fahrzeug einsteigen konnten (die beiden anderen »Kaiten« waren mit Luken ausgestattet). Danach tauchten die Unterseeboote wieder und die beiden über Wasser eingestiegenen »Kaiten«-Fahrer mußten fast drei Stunden in ihrem engen Fahrzeug warten, ehe die bemannten Torpedos ausgesetzt wurden.

Kurz nach 04.00 Uhr am 20. November lösten sich die »Kaiten«. Bei *I 47* ging das Loslösen aller vier Fahrzeuge glatt vonstatten. Eines von ihnen führte Oberleutnant zur See Sekio Nishina, einer der »geistigen Väter« des bemannten Torpedos. Doch bei *I 36* trat nur einer der vier »Kaiten« seine Fahrt an. Die drei anderen hatten Störungen: Zwei lösten sich nach dem Starten der Motoren nicht vom Träger-Unterseeboot, während beim dritten der Motor nicht ansprang, weil in das Fahrzeuginnere Seewasser eingedrungen war. Die drei zurückgebliebenen »Kaiten«-Piloten forderten vom U-Bootkommandanten, er solle auftauchen und dem speziellen »Kaiten«-Wartungskommando erlauben, die Defekte zu beheben und die Fahrzeuge auszusetzen. Der Kommandant weigerte sich klugerweise; denn sein Unterseeboot wäre außerordentlich verwundbar gewesen, wenn es an der Wasseroberfläche mit umherschwärmenden Technikern von Flugzeugen oder Schiffen überrascht worden wäre.

Einige Zeit nach 05.00 Uhr ortete das Unterwasserhorchgerat von *I 47* eine laute Detonation, wenige Sekunden später von einer weiteren gefolgt. *I 36* hörte um 05.45 Uhr und 06.05 Uhr ähnliche Detonationen. Die beiden Unterseeboote kehrten anschließend nach Japan zurück. Drei Tage später überflogen japanische Aufklärungsflugzeuge die Lagune des Ulithi-Atolls und die Ergebnisse dieser Aufklärung führten zusammen mit den Berichten der U-Bootkommandanten zu der erstaunlichen Schlußfolgerung, daß drei Flugzeugträger und zwei Schlachtschiffe versenkt worden waren!

Es gab natürlich keine Möglichkeit für die Kommandanten der Unterseeboote, um festzustellen, welche Erfolge erzielt wurden. Hierfür waren sie zu weit vom Ort des Angriffsgeschehens entfernt. Es war leichtfertig, eine Detonation, die nach dem Aussetzen der »Kaiten« zu hören gewesen war, als einen erfolgreichen Treffer zu klassifizieren – obwohl darauf hingewiesen werden sollte, daß dies eine Schwäche war, der sich die U-Bootkommandanten aller Marinen zu dem einen oder anderen Zeitpunkt schuldig machten. Die Nachrichten von dem Angriff wurden von den noch in Ausbildung befindlichen »Kaiten«-Piloten mit Jubel aufgenommen. Leutnant zur See Yutaka Yokuta war einer dieser Offiziere:

> »Die Versammlung löste sich in ein Tollhaus auf, alle schrien, beglückwünschten sich und ließen den »Kaiten«-Plan hochleben. ... Drei Flugzeugträger! Und zwei Schlachtschiffe! Das sollte dem Feind Anlaß zu einiger Besorgnis geben.
> Ich sprach ein kurzes Gebet und dankte für den Erfolg von Nishina und den anderen. Der »Kaiten« war nunmehr eine erprobte Waffe. Er hatte gezeigt, was er bewirken konnte. Wenn das Glück mir lächelte, würde auch ich dem Feind unserer Nation einen Schlag versetzen. Auch ich würde einen Flugzeugträger auf den Grund des Meeres schicken.«[12]

Was war nun wirklich mit dieser Unternehmung erreicht worden? Der im Ulithi-Atoll angerichtete tatsächliche Schaden war weitaus geringer, als die Japaner behauptet hatten. Ein »Kaiten«[13] traf den großen amerikanischen Flottentanker MISSISSINEWA (11 316 BRT), der als Ladung über 1,5 Millionen Liter (400 000 Gallonen) Flugbenzin an Bord hatte. Der Tanker flog brennend in die Luft und sank unter dem Verlust von 50 Mann seiner Besatzung. Es ist mit an Sicherheit grenzender Wahrscheinlichkeit anzunehmen, daß auch die anderen vier »Kaiten« in die Lagune einliefen. Sie griffen die Leichten Kreuzer USS MOBILE und BILOXI an, zwei sanken aber im Artilleriebeschuß der Schiffe, der dritte durch Wasserbomben eines Flugzeuges des USMC und der vierte durch Rammstoß des Flottenzerstörers USS CASE.

Was geschah mit I 37? Dieses Unterseeboot setzte seine vier »Kaiten« nie aus; denn bereits am 19. November orteten und versenkten es die Geleitzerstörer USS CONKLIN, McCOY und REYNOLDS nordwestlich der Kossol-Passage in den Palau-Inseln. Somit hatten die Japaner im Tausch für die Versenkung eines Flottentankers neun bemannte Torpedos und ein Flottenunterseeboot verloren. Dies war nicht gerade ein Start unter günstigen Auspizien.

Die Planung für die zweite »Kaiten«-Unternehmung schritt mit zunehmender Aktivität voran, als die Nachrichten über die »Erfolge« des ersten Angriffs bekannt wurden. Vizeadmiral Shigeyoshi Miwa, Oberbefehlshaber der Sechsten Flotte, entwarf Pläne für weitere ehrgeizige Unternehmen, während die Anzahl der in Ausbildung stehenden Offiziere und Mannschaften anstieg, wobei sich ihre Reihen mit Flugzeugführern füllten, für die keine Flugzeuge mehr zur Verfügung standen. Die zweite »Kaiten«-Operation unter dem Decknamen »Kongo«, ausgeführt von sechs Unterseebooten mit insgesamt 24 bemannten Torpedos an Bord, sollte ein Schlag gegen Ziele im Ulithi-Atoll, in Hollandia/Neuguinea (heute Jayapura), in der Kossol-Passage, in den Admiralitäts-Inseln und in Apra Harbor auf Guam werden. Die Verteilung der Unterseeboote auf die Angriffsziele zeigt die beigefügte Tabelle auf Seite 105.

Die »Kaiten« sollten planmäßig am 11. Januar 1945 ausgesetzt werden, ausgenommen jene von I 48, die neun Tage nach dem ersten Angriff von I 36 einen zweiten Angriff auf das Ulithi-Atoll zu beginnen hatten. Alle der Operation zugewiesenen Unterseeboote waren der Auffassung, trotz des Aufgebots der gegen sie eingesetzten amerikanischen U-Jagdstreitkräfte ihre Operationsgebiete erreicht zu haben. I 36, I 47 und I 58 setzten ihre »Kaiten« wie vorgesehen aus. I 53 erreichte die Kossol-Passage und begann, die bemannten Torpedos auszusetzen, aber nur zwei der vier Fahrzeuge kamen weg; denn eines ließ sich nicht vom Träger-Unterseeboot loslösen, während das andere kurze Zeit nach dem Aussetzen explodierte. I 56 näherte sich seinem Zielgebiet vor Manus in den Admiralitäts-Inseln, stellte aber fest, daß die Verteidigung des Ankerplatzes außerordentlich wachsam war, so daß das Unterseeboot das Unternehmen aufgab und mit den intakten »Kaiten« an Bord nach Japan zurückkehrte. Letztlich versenkten die Geleitzerstörer USS CONKLIN, CORBESIER und RABY 25 sm nordostwärts von Yap I 48 am 21. Januar 1945 in den Karolinen.

Verteilung der japanischen Unterseeboote für die Operation »Kongo«

Unterseeboot	Anzahl der »Kaiten«	Zielgebiet
I 36	4	Ulithi-Atoll
I 47	4	Hollandia/Neuguinea
I 48	4	Ulithi-Atoll
I 53	4	Kossol-Passage/Palau-Inseln
I 56	4	Admiralitäts-Inseln
I 58	4	Apra Harbor/Guam

In der sich anschließenden Einsatzbesprechung kam der Stab der Sechsten Flotte zur Schlußfolgerung, daß auf das Konto der »Kongo«-Gruppe nicht weniger als 18 Schiffe kamen, darunter ein im Ulithi-Atoll versenktes Schlachtschiff. Tatsächlich entsprachen diese Behauptungen auch nicht annähernd der Wahrheit. Erneut hatten sich die U-Bootkommandanten, der Stab der Sechsten Flotte und die Piloten der Aufklärungsflugzeuge einer haushohen Übertreibung schuldig gemacht. In Wahrheit gingen ein Flottenunterseeboot sowie 19 »Kaiten« verloren und nicht ein einziges amerikanisches Schiff wurde versenkt oder beschädigt.

In diesem Stadium begann der Stab der Sechsten Flotte, die Wirksamkeit der »Kaiten«-Operationen neu zu bewerten. Obwohl von den »Kikumizu«- und »Kongo«-Unternehmungen angenommen wurde, daß sie eindrucksvolle Erfolge ergeben hatten, rückten die amerikanischen Streitkräfte unbarmherzig in Richtung Japan vor. Zudem wurden die amerikanischen Ankerplätze, wie die Erfahrungen von I 56 vor Manus gezeigt hatten, stark verteidigt, und es wurde für ein Unterseeboot immer schwieriger, sich der Position für das Aussetzen der »Kaiten« zu nähern, ohne seine Vernichtung herauszufordern.

Infolgedessen verlagerte sich der Schwerpunkt der »Kaiten«-Angriffe von den Ankerplätzen weg auf in See stehende Schiffe, möglichst in Seegebieten, wo die Geleitsicherung noch schwach war. Für die dritte Operation wurde die amerikanische Nachschubroute nach Iwo Jima ausgewählt, ein Einsatzraum, der wahrscheinlich gute Ergebnisse liefern konnte. Diese Unternehmung erhielt den Decknamen »Chihaya« und zu dieser Gruppe gehörten die Unterseeboote I 368 und I 370 – jedes mit fünf »Kaiten« an Bord – sowie I 44, das sechs »Kaiten« mitführte. I 368 und I 370 liefen am 20. Februar 1945 aus (durch Zufall der Tag, an dem die Amerikaner auf Iwo Jima landeten), gefolgt von I 44 am 23. Februar. Falls die Japaner gehofft hatten, daß diese Operation leichter sein würde, so wurden sie grausam enttäuscht. Sowohl I 368 als auch I 370 wurden von amerikanischen Seestreitkräften geortet und versenkt; das letztere am 26. Februar durch den Geleitzerstörer USS FINNIGAN 120 sm südlich von Iwo Jima und das erstere am 27. Februar durch Trägerflugzeuge des Geleitträgers USS ANZIO 35 sm westlich von Iwo Jima. Nach japanischen Quellen gelang es I 370, seine bemannten Torpedos auszusetzen, aber es wurden keine Treffer verzeichnet.

I 44, das dritte Unterseeboot, blieb etwas über zwei Wochen in See, ehe es am 9. März mit seinen nicht eingesetzten »Kaiten« noch an Bord in den Hafen zurückkehrte. Der Kommandant des Unterseebootes, Kapitänleutnant Genbei Kawaguchi, KJM, erklärte dem erbosten Vizeadmiral Miwa (der ihn anschließend seines Kommandos enthob), daß die amerikanische U-Abwehr zu stark gewesen wäre. Jedesmal, wenn I 44 auftauchte, um seine »Kaiten« auszusetzen, wurde das Unterseeboot geortet. Die U-Abwehr war so ausgedehnt, daß I 44 nicht einmal zum Aufladen der Batterien auftauchen konnte, so daß Kawaguchi aufgab. Somit war die dritte Operation ebenfalls ein vollständiger Mißerfolg – zwei Unterseeboote und zehn »Kaiten« wurden für nichts und wieder nichts verschwendet.

Zwei Unterseeboote waren bis jetzt von einer Unternehmung mit ihren »Kaiten« zurückgekehrt, ohne sie einzusetzen – *I 56* von der Operation »Kongo« und *I 44* von der Operation »Chihaya«. Der durch ihre unerwartete Rückkehr auf die »Kaiten«-Piloten ausgeübte Druck war ungeheuer. Sie hatten sich bereits den zeremoniellen Riten eines japanischen Kriegers angesichts des Todes unterzogen und waren psychologisch darauf vorbereitet, ihr Leben zu opfern. Die durch den Abbruch der Unternehmung hervorgerufene Enttäuschung war schrecklich. Der Anblick der Männer, die drei Wochen später im Stützpunkt umhergingen und denen sie bereits »Lebewohl« gesagt hatten, wirkte sich auf die Moral der noch in der Ausbildung Stehenden spürbar aus.

Die vierte »Kaiten«-Operation unter dem Decknamen »Shimbu«[13a] war nicht erfolgreicher als ihre Vorgänger. *I 36* kehrte mit Maschinenstörungen um, nachdem das Unterseeboot nur bis zur Bungo-Straße gekommen war. Das andere Unterseeboot – *I 58* – erhielt im Verlaufe des Hinmarsches andere Befehle. Es sollte als Funkpeiler für die »Kamikaze«-Flugzeuge dienen, die im Begriff standen, am 11. März 1945 das Ulithi-Atoll anzugreifen. Als der Funkspruch einging, war *I 58* (Korvettenkapitän Mochitsura Hashimoto) gerade dabei, auf Angriffskurs zu gehen. Sein passiv arbeitendes Radarbeobachtungsgerät hatte Radarimpulse amerikanischer Kriegsschiffe aufgefangen und Hashimoto hielt auf sie zu. Seine »Kaiten« waren bemannt und aussetzbereit. Er beschrieb den Augenblick, als der Funkspruch einging, so:

> »Es ist zum Verrücktwerden, auf der Türschwelle des Feindes umzukehren. – Ich konnte es kaum glauben. Auf den Funkspruch zu antworten, stand außer Frage, da dies sofort zu unserer Entdeckung geführt hätte. Während ich noch die Möglichkeit abwog, die »Kaiten« doch auszusetzen, ehe ich den Funkspruch befolgte, kam eine persönliche Nachricht vom Chef des Stabes der Vereinigten Flotte: „Operation HA [der »Kamikaze«-Angriff auf Ulithi] ist sehr wichtig und Sie müssen Ihre Befehle unbedingt befolgen. Programm und erwarteten Zeitpunkt des Eintreffens vor Okinoshima melden." Da blieb nichts anderes übrig, als sich zu fügen.«[14]

Infolgedessen befahl Hashimoto, die »Kaiten« über Bord zu werfen, sehr zum Widerwillen ihrer Piloten, und lief mit hoher Fahrt im Überwassermarsch zur Peilposition. Erst am 16. März kehrte das Unterseeboot in den Hafen zurück. Als Hashimoto wieder zurück war, beschwerte er sich beim Stab. Doch dort wurde ihm lediglich mitgeteilt, der Stab hätte nicht erkannt, daß er bereits so weit vorangekommen war. Nach der Eroberung von Iwo Jima drängten die Amerikaner gegen ihr nächstes Ziel vor: die Ryukyu-Inseln südlich von Japan und nur 340 sm von der Insel Kyushu des japanischen Mutterlandes entfernt. Das für die Landung auf Okinawa, der Hauptinsel dieser Gruppe, festgesetzte Datum war der 1. April 1945. Doch zuvor wurden diese Inseln als Teil der Vorbereitungsmaßnahmen einer Reihe von Luftangriffen und Beschießungen von See her ausgesetzt, um die Verteidigung »aufzuweichen«.

Die japanische Führung war überzeugt, daß jeder bemannte Torpedo ein Schiff versenken würde. Daher konnte es nur noch eine Frage der Zeit sein, bis die »Kaiten«-Angriffe zusammen mit den Angriffen der Selbstmordflugzeuge den amerikanischen Vormarsch zum Stehen bringen würden. Die Schlacht um Okinawa erwies sich als eine der grimmigsten des Pazifischen Krieges. Die »Kamikaze«-Flugzeuge forderten schreckliche Opfer von den amerikanischen Schiffen.[15] Auf ihr Konto kamen 164 der 371 versenkten sowie 27 der 36 beschädigten amerikanischen Schiffe, ehe sich die Inseln sicher in amerikanischer Hand befanden. Auch die »Kaiten« kamen zum Einsatz, blieben aber infolge der umfassenden U-Abwehrmaßnahmen, die von der amerikanischen Führung ergriffen wurden, ohne jeden Erfolg.

Die vor Okinawa eingesetzten Unterseeboote waren *I 44*, *I 47*, *I 56* und *I 58* mit insgesamt zwanzig »Kaiten« an Bord. Die Operation erhielt den Decknamen »Tatara«. Zwischen dem 29. März und dem 3. April 1945 liefen die Unterseeboote aus ihren Stützpunkten aus. Doch sobald sie die verhältnismäßige Sicherheit der Inlandsee verlassen hatten, trafen sie auf die amerikanischen U-Abwehrstreitkräfte. Die Kombination aus Luftüberwachung und Überwasser-U-Jagdgruppen erwies sich als tödlich. Beim Versuch, die TF 58 anzugreifen, fiel *I 56* am 18. April 160 sm ostwärts von Okinawa den Geleitzerstörern USS COLLETT, HEERMAN, McCORD, MERTZ und UHLMANN zum Opfer, unterstützt von Trägerflugzeugen der USS BATAAN. *I 44* hielt bis zum 29. April durch, ehe das Unterseeboot von Trägerflugzeugen des Geleitträgers USS TULAGI versenkt wurde.[15a] *I 47* versuchte, einen Weg durch den U-Abwehrschirm zu finden, wurde aber mehrmals angegriffen und mußte schließlich mit seinen beschädigten und nicht eingesetzten »Kaiten« zum Stützpunkt zurückkehren. Das letzte Unterseeboot der Gruppe – *I 58* – erhielt den Befehl, zum Schlachtschiff YAMATO zu stoßen, daß bei seinem Selbstmordunternehmen mit Südkurs auf Okinawa zuhielt. Der japanische Plan sah vor, daß der Vorstoß des Schlachtschiffes zusammen mit koordinierten »Kamikaze«- und »Kaiten«-Schlägen zu einem einzigen massierten Angriff auf die Invasionsstreitkräfte führen sollte. Doch hierzu sollte es nicht kommen. Der lange Arm von Vice-Admiral[15b] Marc Mitchers *TF 58*, des schnellen Trägerkampfverbandes der amerikanischen Flotte,[15c] griff nach der YAMATO und versenkte sie am 7. April, noch ehe sie mit der Ausführung ihres Auftrages beginnen konnte. Korvettenkapitän Hashimoto, der Kommandant von *I 58*, ging auf einen südlichen Kurs und versuchte, den U-Abwehrschirm außen zu umgehen, hatte hierbei aber keinen Erfolg. Widerstrebend mußte Hashimoto nach Japan zurückkehren.

Keiner der von den Unterseebooten der »Tatara«-Gruppe mitgeführten zwanzig bemannten Torpedos gelangte gegen die Amerikaner zum Einsatz. Darüber hinaus fielen zwei der vier Träger-Unterseeboote dem Gegner zum Opfer. Der Versuch, von Okinawa aus landgestützte »Kaiten« einzusetzen, blieb ebenfalls erfolglos. Zu diesem Zweck sollten acht »Kaiten«, ihre Piloten und ihre Wartungsmannschaften nach Okinawa gebracht werden. Dieses Verfahren für den Einsatz bemannter Torpedos hätte durchgeführt werden können, wenn sie vor dem amerikanischen Angriff an Ort und Stelle gewesen wären. Doch wie die Dinge standen, versenkten amerikanische Trägerflugzeuge das Transportschiff mit den »Kaiten« auf dem Wege zur Insel.

Die bei den »Kaiten«-Trägern eingetretenen Verluste veranlaßten die japanische Führung, den Einsatz bemannter Torpedos neu zu überdenken. Dieser Sinneswandel traf mit dem Wechsel im Kommando zusammen; denn Vizeadmiral Tadashige Daigo löste Vizeadmiral Miwa als kommandierenden Flaggoffizier der Sechsten Flotte ab. Daigo faßte den Entschluß, die »Kaiten« gegen die weiter von der Kampfzone entfernt verlaufenden Nachschubrouten einzusetzen. Er hoffte, dort eine weniger starke U-Abwehr vorzufinden. Demgemäß lief die »Tembu«-Gruppe,[15d] bestehend aus den Unterseebooten *I 36* und *I 47* mit je sechs »Kaiten« an Bord, am 26. April 1945 aus Japan aus. *I 36* bereitete am 29. April das Aussetzen seiner sechs »Kaiten« vor, um einen Geleitzug anzugreifen. Doch nur vier der Fahrzeuge kamen weg und gingen auf Angriffskurs, weil die Lösevorrichtungen bei den beiden anderen defekt waren. Das Unterwasserhorchgerät von *I 36* ortete später das Geräusch von vier Detonationen. Die Meldung des Kommandanten berichtete diese vier Explosionen und machte die Versenkung von vier Schiffen geltend. In Wahrheit wurden bei diesem Angriff keine Schiffe versenkt, obwohl einer der Sicherungszerstörer am Geleitzug meldete, er hätte zwei »Kaiten« versenkt. Sehr wahrscheinlich rührten die von *I 36* gehörten Detonationen von Wasserbomben der Geleitsicherung her.

Auch *I 47* fand am 1. Mai einen Geleitzug. Doch der Kommandant des Unterseebootes, Kapitänleutnant Zenji Orita, KJM, entschloß sich, die traditionellen Waffen des Bootes einzusetzen. Er schoß vier Torpedos und hörte drei Detonationen. Wie beim Angriff von *I 36* wurden keine Schiffe versenkt. Die gehörten Explosionen stammten sehr wahrscheinlich vom Detonieren der Torpedos am Ende ihrer Laufstrecke. Am 2. Mai setzte *I 47* vier »Kaiten« gegen einen Geleitzug aus, Treffer wurden jedoch nicht erzielt.

Die siebente »Kaiten«-Operation unter dem Decknamen »Shimbu« führte das Unterseeboot *I 367* mit fünf bemannten Torpedos an Bord durch. Auch diese Unternehmung verlief nicht erfolgreicher als die früheren. Vor Okinawa kamen Ziele in Sicht, aber infolge mechanischer Defekte wurde nur einer der »Kaiten« ausgesetzt. Obwohl die Japaner behaupteten, am 27. Mai 1945 ein Schiff versenkt zu haben, verzeichnen die amerikanischen Akten keinen Verlust. An diesem Tage wurde jedoch der Geleitzerstörer USS GILLIGAN durch einen Torpedo beschädigt. Hierbei könnte es sich um einen »Kaiten«-Treffer gehandelt haben.

Die Japaner waren keineswegs entmutigt und führten weiterhin »Kaiten«-Operationen durch. Die »Todoroki«-Gruppe bestand aus den Unterseebooten *I 36, I 361, I 363* und *I 165* mit insgesamt achtzehn mitgeführten »Kaiten«. Nur *I 36* gelang es, am 22. und 28. Juni 1945 seine bemannten Torpedos auszusetzen, ohne allerdings einen Erfolg zu erzielen. Eine Reihe von Detonationen waren zu hören, und da die amerikanische ENDYMION, ein ARL, an diesem Tage in diesem Seegebiet beschädigt wurde, könnte ihre Beschädigung das Ergebnis dieses Angriffs gewesen sein. Von dieser Gruppe kehrten nur *I 36* und *I 363* zu ihrem Stützpunkt in Japan zurück; das erstere schwer beschädigt. Es war nur knapp der Versenkung durch einen Fächer aus vier Torpedos entgangen, den ein amerikanisches Unterseeboot am Eingang zur Inlandsee abgefeuert hatte. Was das Schicksal der beiden anderen Unterseeboote betrifft, so versenkten Trägerflugzeuge des Geleitträgers USS ANZIO – des erfolgreichsten amerikanischen U-Jagdträgers im Pazifik – *I 361* am 30. Mai, während zwei Bomber der US-Marineluftwaffe vom Typ PBV-1 (B-34) »Ventura« *I 165* ostwärts von Saipan in den Marianen vernichteten.

Mitte Juli 1945 kam unter dem Decknamen »Tamon« die letzte »Kaiten«-Operation vor dem Ende des Zweiten Weltkrieges in Gang – und irrsinnigerweise war sie die erfolgreichste. Gleichzeitig stellte sie auch die größte Unternehmung dar. Die mitgeführten »Kaiten« waren gerade noch rechtzeitig fertiggestellt worden. Die »Tamon«-Gruppe umfaßte sechs Unterseeboote mit insgesamt 33 mitgeführten »Kaiten«: *I 53, I 47, I 58, I 363, I 366* und *I 367*. Als erstes Unterseeboot lief *I 53* am 14. Juli 1945 aus. Ihm folgten in den nächsten drei Wochen die übrigen Unterseeboote. Maschinenstörungen verursachten die Rückkehr von *I 47, I 363* und *I 367*, aber die restlichen Boote setzten die Unternehmung fort. Am 21. Juli 1945 wurde vor Okinawa der Angriffstransporter MARATHON (7607 BRT) durch einen konventionellen Torpedo beschädigt. Sowohl *I 47* als auch *I 367* befanden sich zu dem Zeitpunkt in diesem Seegebiet. Ein konkreterer Erfolg stellte sich am 24. Juli ein, als *I 53* (Kapitänleutnant S. Oba, KJM) einen Geleitzug mit dem Geleitzerstörer USS UNDERHILL (Lieutenant Robert M. Newcomb, USN) als Sicherung angriff. Der Geleitzug bestand aus acht LST, die abgekämpfte Truppen der 96. Infanteriedivision von Okinawa nach Leyte brachten. An diesem Morgen hatte ein japanisches Aufklärungsflugzeug den Geleitzug gesichtet und die Amerikaner waren später der Auffassung, das Flugzeug hätte das Unterseeboot an den Geleitzug herangeführt. Um 15.00 Uhr desselben Tages wurde recht voraus des Geleitzug etwas gesichtet, das als Seemine identifiziert wurde. Während die LST ein schnelles 45°-Ausweichmanöver nach Backbord fuhren, hielt die UNDERHILL auf die »Mine« zu, um sie zu vernichten. Während des Anlaufens empfing das Sonar des Zerstörers mehrere Unterwasserkontakte, die vom Aussetzen aller sechs »Kaiten« durch *I 53* herrühren mußten. Die UNDERHILL begann, Wasserbomben zu werden, und wurde hierfür mit einer schrecklichen Explosion belohnt. Augenblicke später wurde ein Torpedo gesichtet, der direkt auf den Backbordbug der UN-

Klein-U-Boot »Koryu« Typ D (5 Mann Besatzung)

Verdrängung unter Wasser:	58,4 ts
Länge:	26,25 m
Breite:	2,04 m
Antriebsanlage:	1 Dieselmotor mit 500 PSe, 1 E-Motor mit 500 PS, 1 Welle (aber zwei gegenläufige Propeller)
Geschwindigkeit über Wasser:	8 kn
Geschwindigkeit unter Wasser:	16 kn
Fahrbereich über Wasser:	1000 sm bei 8 kn
Fahrbereich unter Wasser:	320 sm bei 16 kn
Bewaffnung:	Zwei 45,7-cm-Torpedos
Besatzung:	5 Mann
Abgelieferte Einheiten:	115

Bau: 540 Einheiten dieser Klasse wurden in Auftrag gegeben. Die erste – *Ha 77* – gelangte im Januar 1945 zur Fertigstellung. Fertigungsprobleme und die Auswirkungen der amerikanischen Luftangriffe ließen bis Kriegsende nur die Fertigstellung von 115 Booten zu. Keines kam mehr zum Einsatz und alle wurden in der Nachkriegszeit abgebrochen.

DERHILL zulief. Dem Torpedo wurde ausgewichen, aber gleichzeitig kam direkt voraus ein als Unterseeboot identifiziertes Objekt in Sicht. Für ein Ausweichmanöver blieb keine Zeit mehr, und so pflügte die UNDERHILL mit verheerenden Folgen direkt in das Unterseeboot hinein. Das gesamte Vorschiff des Zerstörers bis zum vorderen Kesselraumschott flog in die Luft. 10 Offiziere und 102 Mannschaftsdienstgrade des Zerstörers fielen dem Rammstoß zum Opfer. Der achtere Teil des Schiffes schwamm noch bis in die Abendstunden und wurde dann durch Artillerie versenkt.

Drei Tage später setzte *I 58* zwei »Kaiten« gegen einen Tanker aus und hörte etwa eine Stunde später Explosionen. Ein Tanker wurde nicht versenkt, aber der Flottenzerstörer USS LOWRY erlitt Beschädigungen, vermutlich als Ergebnis eines »Kaiten«-Angriffs. Am 30. Juli erzielte *I 58* (Korvettenkapitän Hashimoto) für die japanische Unterseebootswaffe den größten Einzelerfolg des Krieges, als es mit zwei konventionellen Torpedos des Typs 95 den Schweren Kreuzer USS INDIANAPOLIS ostwärts von Luzon versenkte.[15e]

Am 10. und 11. August 1945 setzten *I 58* und *I 366* zwei bzw. drei bemannte Torpedos aus, erzielten aber keine Erfolge. Der letzte »Kaiten«-Angriff des Zweiten Weltkrieges fand am 12. August statt, als *I 58* zwei Fahrzeuge gegen ein Schiff aussetzte, das KKpt. Hashimoto für einen Seeflugzeugträger hielt. Tatsächlich war es das Docklandungsschiff OAK HILL. Der erste »Kaiten« schrappte an der Bordwand des LSD entlang, detonierte aber nicht und wurde schließlich durch Wasserbomben des Geleitzerstörers USS THOMAS F. NICKEL versenkt. Danach verfehlte der zweite »Kaiten« die NICKEL, lief unter der Backbordseite durch und detonierte in einiger Entfernung. Hashimoto hörte die beiden Detonationen und machte den »Seeflugzeugträger« als versenkt geltend. Er und die Besatzung von *I 58* jubelten über ihren Erfolg. Doch der Jubel verwandelte sich am 15. August 1945 in Trauer, als ein verschlüsselt eingegangener Funkspruch die Kapitulation Japans verkündete. Hashimoto konnte diese Nachricht nicht glauben und hielt sie für eine »Zeitungsente« bzw. für eine alliierte Funktäuschungsmaßnahme. Er befahl die Vernichtung des Funkspruchs. Doch als *I 58* am

> ## Klein-U-Boot »Kairyu« (2 Mann Besatzung)
>
> | | |
> |---|---|
> | Verdrängung über Wasser: | 18,94 ts |
> | Verdrängung unter Wasser: | 19,25 ts |
> | Länge: | 17,28 m |
> | Breite: | 1,30 m |
> | Antriebsanlage: | 1 Dieselmotor mit 85 PSe, 1 E-Motor mit 80 PS, 1 Welle |
> | Geschwindigkeit über Wasser: | 7,5 kn |
> | Geschwindigkeit unter Wasser: | 10 kn |
> | Fahrbereich über Wasser: | 450 sm bei 5 kn |
> | Fahrbereich unter Wasser: | 36 sm bei 3 kn |
> | Bewaffnung: | Zwei 45.7-cm-Torpedorohre oder eine 600-kg-Sprengladung |
> | Besatzung: | 2 Mann |
> | Abgelieferte Einheiten: | 212 |
>
> **Bau:** Bis zum September 1945 sollten nach der Planung 760 Einheiten einsatzbereit sein, aber bis Kriegsende im August wurden nur 212 fertiggestellt; sämtlich nach der japanischen Kapitulation abgebrochen.

17. August in Kure einlief, bestand an der Wahrheit dieser Nachricht kein Zweifel mehr. Der Krieg war zu Ende. Die »Kaiten« hatten versagt und der Preis war hoch gewesen. Bei ihren Operationen waren 900 japanische Offiziere und Mannschaften ums Leben gekommen und acht Unterseeboote wurden vernichtet. Im Gegenzug fielen den bemannten Torpedos nur zwei Schiffe zum Opfer: der Flottentanker MISSISSINEWA bei der ersten und der Zerstörer UNDERHILL bei der letzten Operation. Ein amerikanischer Kommentator schrieb hierzu als die passendste Grabinschrift für das »Kaiten«-Programm: »Die Kaiserliche Marine vollbrachte Besseres mit ihren Torpedos, ehe das menschliche Lenksystem hinzukam.«[16]

Noch gegen Ende des Krieges arbeitete die japanische Marine an Entwürfen von Kleinunterseebooten. Hierbei handelte es sich um Selbstmordwaffen, in der vergeblichen Hoffnung ersonnen, daß Selbstaufopferung die gegen Japan vordringenden alliierten Streitkräfte zurückdrängen könnte. Diese Waffen gehörten in das Arsenal anderer japanischer Endkampferfindungen: wie die mit Sprengladungen bewaffneten Froschmänner und die mit Bambusspießen ausgerüsteten Schulkinder. Eine Weiterentwicklung des »Ko-Hyoteki« Typ C war der Typ D mit der Bezeichnung »Koryu« (Schuppendrache), ebenfalls mit zwei 45,7-cm-Torpedos bewaffnet. Die Knappheit an Torpedos führte jedoch zur Ausrüstung mit einer einzigen 585-kg-Sprengladung. Von den 540 in Auftrag gegebenen Einheiten waren bei Kriegsende lediglich 115 fertiggestellt. Die meisten von ihnen wurden in einem riesigen Trockendock der Marinewerft Kure vorgefunden, das in besseren Tagen die Schlachtschiffe der Kaiserlichen Marine gesehen hatte. Das »Kairyu« (Seedrache) war ein Selbstmordfahrzeug mit zwei Mann Besatzung, bewaffnet infolge der Torpedoknappheit mit einer Sprengladung als Gefechtskopf. Bis Kriegsende wurden über 200 Einheiten fertiggestellt, aber keines dieser Boote kam zum Einsatz.[16a]

Die Operationen der japanischen Kleinunterseeboote rechtfertigten zu keinem Zeitpunkt die hoch angesetzten Hoffnungen ihrer Verfechter. Warum leisteten die japanischen Kleinunterseeboote aller Art angesichts der großen Opfer so wenig? In Anbetracht der geringen Anzahl offizieller japanischer Unterlagen wird diese Frage wahrscheinlich für immer unbeantwortet bleiben. So gibt es nur eine einzige Antwort: die überwältigende amerikanische Überlegenheit über und unter Wasser. Dennoch war es, wie Saburo Akeida bewies, für entschlossene und hochmotivierte Männer möglich, zum Erfolg zu gelangen. Der wahrscheinlichere Grund ist daher mangelhafte Planung und Nichtbeachtung der Grenzen für die Einsatzmöglichkeiten dieser kleinen Fahrzeuge durch den Führungsstab. Die Besatzungen der japanischen Kleinunterseeboote waren eine Gruppe tapferer und hingebungsvoller Männer, gut ausgerüstet, aber schlecht ausgebildet und mangelhaft geführt.

Kapitel 9
»Jeeps« und »Chariots«

Gehen Sie hin und bauen Sie mir einen bemannten Torpedo. ... Ich bin beschäftigt, aber fangen Sie sofort damit an und berichten Sie mir, sobald Sie etwas haben.
— Vice-Admiral Max Horton an Commander W.R. »Tiny« Fell, RN.

Großbritannien war das Land, das wahrscheinlich das geringste Interesse an Kleinunterseebooten jeder Art hatte. Wenn auch die Royal Navy jetzt zahlenmäßig kleiner war als sie es auf dem Höhepunkt ihrer Größe 1914 gewesen war, so war Großbritannien noch immer die überragende Seemacht mit Schlachtflotten im Atlantik und im Mittelmeer sowie mit überall auf der Welt verteilten kleineren Geschwadern. Das Kleinunterseeboot war die Waffe der schwächeren Macht, entworfen für verdeckte Angriffe auf Ziele wie Großkampfschiffe, die sogar noch 1939 als der Inbegriff der Seemacht galten. Großbritannien hatte mehr von den Operationen solcher Fahrzeuge zu befürchten, als es durch ihre Entwicklung gewinnen konnte.

Die deutsche Besetzung Norwegens im Frühjahr 1940 stellte die Royal Navy vor eine neue und verwirrende Situation. Vom Februar 1942 an unterhielt die deutsche Kriegsmarine einen starken Überwasserkampfverband in verschiedenen norwegischen Fjorden, der sich um das Schlachtschiff TIRPITZ (42 900 t standard)[0a] gruppierte – oder »The Beast«, das Biest, wie das Schiff von Churchill bezeichnet wurde. Obwohl dieser Verband nur selten in See ging, übte er einen sehr unheilvollen Einfluß auf die Führung der gesamten britischen Operationen zur See aus.[0b] Die deutschen Schiffe wurden in diesen Gewässern stationiert, um in den Atlantik auszubrechen, und stellten eine ständige Bedrohung für die Geleitzüge dar, die in die sowjetischen Häfen Murmansk und Archangelsk Kriegsmaterial und Versorgungsgüter brachten.[1/1a] Ihre bloße Anwesenheit, sicher hinter den Netz- und Balkensperren ihrer norwegischen Liegeplätze vertäut, reichte aus, um eine große Anzahl britischer Schiffe in heimischen Gewässern zu binden, obwohl sie anderswo hätten vorteilhafter eingesetzt werden können. Kurzum, ein beträchtlicher Teil der Royal Navy war als Schutz gegen eine Bedrohung gebunden, die nie Wirklichkeit wurde. Außerdem lagen die deutschen Schiffe auf ihren norwegischen Ankerplätzen verhältnismäßig sicher. Sie konnten von konventionellen Schiffen nicht angegriffen werden und Unterseeboote hatten keine Chance, in die Fjorde einzudringen. Bis zur Entwicklung des Punktzielbombenwurfs durch die RAF hatten auch Luftangriffe keine Chance, diese Schiffe zu versenken. Sie schienen unverwundbar zu sein.

Es waren die bereits beschriebenen Taten der Italiener im Mittelmeer, die die Briten ermutigten, die Entwicklung von Kleinunterseebooten in Angriff zu nehmen. Nichts übertrifft den Erfolg, und die Aktivitäten der Italiener – natürlich mit dem Höhepunkt in der Beschädigung der Schlachtschiffe HMS VALIANT und QUEEN ELIZABETH in der Nacht vom 20./21. Dezember 1941 in Alexandria – hatte die Briten gründlich irritiert. Winston Churchill war bekannt dafür, daß er sein Denken nie auf konventionelle Grundsätze beschränkte, und so landete am 18. Januar 1942 der vertraute »Action this Day«-Vermerk[1b] auf dem Schreibtisch von General Sir Hastings Ismay, Sekretary beim Chiefs of Staff Committee:[1c]

> »Erbitte Bericht, was geschehen ist, um den Erfolgen der Italiener im Hafen von Alexandria nachzueifern sowie über ähnliche Methoden dieser Art. Bei Kriegsbeginn hatte Colonel Jefferis eine Anzahl kluger Vorstellungen zu diesem Thema, die sehr wenig Ermutigung gefunden

haben. Gibt es irgendeinen Grund, warum wir nicht zu dieser Art systematischer Angriffshandlungen fähig sein sollten, wie sie die Italiener gezeigt haben? Man sollte meinen, wir wären führend gewesen.«[2]

Im weiteren Verlaufe landete die Forderung auf dem Schreibtisch von Vice-Admiral Max Horton, des Befehlshabers der Unterseeboote (Flagg Officer Submarines). Horton ließ Commander W.R. Fell mit dem Spitznamen »Tiny« (Winzling) kommen, einen Unterseebootsfahrer und alten Bekannten, und befahl ihm:

»Gehen Sie hin und bauen Sie mir einen bemannten Torpedo. ... Ich bin beschäftigt, aber fangen Sie sofort damit an und berichten Sie mir, sobald Sie etwas haben.«[3]

Horton war ein Befehlshaber, der keinen Augenblick auf komplizierte Stabserfordernisse verschwendete. Die Aufgabe mußte erledigt werden, sie wurde delegiert und er erwartete Ergebnisse. Das Resultat war der »Chariot« (Streitwagen).

Fell war ein Unterseebootsfahrer, der geglaubt hatte, seine Tage auf Unterseebooten wären vorüber, als er im August 1939 das Kommando von *H 31* übergab. Doch nur kurze Zeit nach der Kriegserklärung erhielt er das Kommando über das Unterseeboot *H 43*, das zusammen mit dem Trawler TAMURA den Winter 1939/40 mit einer erfolglosen und unangenehmen Suche nach deutschen U-Booten verbrachte, die auf der Lauer liegend in irischen Hoheitsgewässern vermutet wurden.[4] Danach war er an verbundenen Operationen beteiligt gewesen und hatte die Vorstöße gegen Vaagsøy und Florø in den Lofoten mitgemacht.[4a] Obwohl er verbundene Operationen als aufregend empfand, sann er auf eine Rückkehr zu seiner geliebten Unterseebootswaffe, als ihn Horton rufen ließ.

Fell begab sich zu HMS »Dolphin« in Gosport, der Heimat der Unterseebootswaffe, wo er sich mit Commander Geoffrey Sladen traf, einem erfahrenen U-Bootkommandanten, der gerade nach einer sehr erfolgreichen Feindfahrt in arktischen Gewässern das Kommando über das Unterseeboot HMS TRIDENT abgegeben hatte.[4b] Sladen konzentrierte sich auf die Entwicklung eines elastischen Unterwasseranzugs mit Atemluftversorgung über einen Sauerstoffbeutel ähnlich dem Davis-Tauchretter für das Aussteigen aus einem Unterseeboot, der in der Marine allgemein in Gebrauch war. Der Atemapparat war ein geschlossenes Kreislaufsystem, das heißt die verbrauchte Atemluft wurde innerhalb der Ausrüstung gereinigt und nicht freigesetzt. So konnte an der Wasseroberfläche keine verräterische Blasenspur entstehen. Der Atembeutel enthielt einen Zylinder, der den Träger mit reinem Sauerstoff versorgte. Die ausgeatmete Luft wurde durch ein kristallines Absorptionsmittel geleitet, das den größten Teil des Kohlendioxids entfernte. Die beim Einatmen reinen Sauerstoffs bestehenden Gefahren hatten die Briten noch nicht voll erkannt, obwohl sich die Männer der italienischen »Decima MAS« dieser Probleme durchaus bewußt waren. Die britischen Verhöre der italienischen »Torpedoreiter« schrieben diese Vorsicht der schlechten Ausbildung zu.[5] Dies war jedoch nicht der Fall; als Ergebnis einiger Versuche von einzigartiger Grausamkeit kannten die Italiener die Gefahren des Einatmens reinen Sauerstoffs besser. Der Anzug wurde unter dem Namen »Clammy Death« (Klebriger Tod) bekannt und bestand aus einem einzigen Teil, gefertigt aus Gummistoff, das den gesamten Körper einschließlich Arme und Beine eng umschloß sowie aus einer hautengen Gummikappe. Frühere Modelle besaßen besondere Ausschnitte mit Gläsern für die Augen, aber spätere Versionen waren mit einer einzigen Sichtmaske ausgestattet, einer Art Visier, um den Gebrauch eines Nachtglases zu ermöglichen. Ein Problem, das gleich zu Beginn gelöst werden mußte, betraf die Art der zu tragenden Unterkleidung. Sie mußte den Träger warm halten, ohne ihn zu sehr zu behindern. Verschiedene Kombinationen wurden erprobt und am vorteilhaftesten erwies sich seidene Unterwäsche direkt am Körper, darüber wollene Unterkleidung und unter dem Gummianzug ein mit Kapok gefüttertes Wams und ebensolche lange Hosen. Keine zufriedenstellende Möglichkeit konnte gefunden werden, um die Hände der »Chariot«-Reiter warmzuhalten. Handschuhe schienen diese Aufgabe nicht zu erfüllen und schließlich überließ es Sladen jedem selbst, das Problem zu lösen.

Die meisten entschieden sich für bloße Hände, mit einer dicken Fettschicht überzogen. Trotz des offensichtlichen Zaubers, in einer Sondereinheit zu dienen, war »Chariot«-Fahren nie ein angenehmes Erlebnis:

»... wenn die von der Übung des Vortages rauhe und geschwollene Nase stundenlang eng zusammengepreßt wurde, die wunden und geschwollenen Gaumen unentwegt das Mundstück packen mußten, die vor Kälte fast gefühllosen Hände Schrunden und Schnitte aufwiesen. Setzte dann nach dem Auftauchen während des Entkleidens der Blutkreislauf wieder ein, so schmerzte alles derart, daß man meinte, die Hölle sei in einem losgebrochen.«[6]

Mittlerweile baute Fell aus einem 6 m langen Holzstamm den ersten Prototyp, vortrefflich von Engineer Commander[6a] Stan Kerry unterstützt, dem Ingenieuroffizier des Stützpunktes. Glücklicherweise standen Fell und Kerry Pläne und Fotografien eines italienischen »Maiale« zur Verfügung, daß bei Gibraltar erbeutet worden war. Einen »Chariot«[7] zu bauen, bot keine ernsthaften Konstruktionsprobleme und nach einer Reihe von Versuchen mit der hölzernen Attrappe im Schlepp eines Motorbootes – hochtrabend als »Cassidy« bezeichnet – wurde im Juni 1942 der richtiggehende Prototyp mit Eigenantrieb fertiggestellt. Das Fahrzeug war 7,65 m lang und glich einem standardmäßigen 53,3-cm-Torpedo, ausgenommen die auf der Oberseite eingebauten Positionen für die zweiköpfige Besatzung und die Vorrichtungen, um den abnehmbaren 272-kg-Gefechtskopf zu befestigen. Die 60-V-Bleibatterie enthielt 30 Chloridzellen und konnte den 2-PS-Motor vier Stunden lang mit 4 kn oder sechs Stunden lang mit fast 3 kn antreiben. In der Theorie ergab dies einen Fahrbereich von 18 sm. Die Batterie lieferte auch den elektrischen Strom für die Pumpenmotoren der Haupttauchzelle und der beiden Trimmzellen.

Der Pilot – die »Nummer 1« – saß vorn hinter einem brusthohen Schutzschirm, der die einfache Instrumentenausstattung schützte: Tiefenmesser, Kompaß und Uhr. Zwischen seinen Knien befand sich der Steuerknüppel, um das Seitenruder und die Tiefenruder (ein Paar achtern) zu bedienen. Rechts und links des Steuerknüppels lagen die Schalter für die Tauch- und Trimmzellenpumpen und dahinter der Schalter für den Hauptmotor. Die Rückenstütze für die Nummer 1 bildete die Haupttauchzelle, die zugleich als Schutz für den Taucher – die »Nummer 2« – diente, der rittlings auf dem achteren Teil des Fahrzeuges saß. Die Rückenstütze für die Nummer 2 bestand aus einem Werkzeugkasten, der Netzscheren, Leinen, Magnete und zwei Ersatz-Atemgeräte enthielt.

Die ersten Erprobungen in Portsmouth verliefen erfolgreich. Doch es war nicht einfach, das Fahrzeug in diesem überfüllten Hafen mit vielen interessierten Beobachtern (sowohl freundlich oder auch feindlich gesinnten) einzufahren. Infolgedessen wurden die »Chariots« und ihre Besatzungen nordwärts nach Schottland verlegt, zuerst nach Loch Erisart an der Ostseite der Insel Lewis in den Äußeren Hebriden, das sich als ungeeignet erwies, und anschließend nach Loch Cairnbawn an der schottischen Westküste südlich von Kap Wrath. Der veraltete Tender HMS TITANIA wurde der »Chariot«-Einheit zur Unterstützung zugewiesen, aber dessen Kommandant, Commander Robert Conway, RN, war von seinen neuen Schützlingen weniger beeindruckt; zurückzuführen auf die Nachricht, die »Chariot«-Fahrer hätten unter dem Eisenbahnzug eine Festivität veranstaltet, während sie in Euston auf die Abfahrt warteten. Ihn hatte nur das Eintreffen von Admiral Max Horton besänftigt, der zufällig (und bedauerlicher-

Bemannter Torpedo »Chariot« (2 Mann Besatzung)

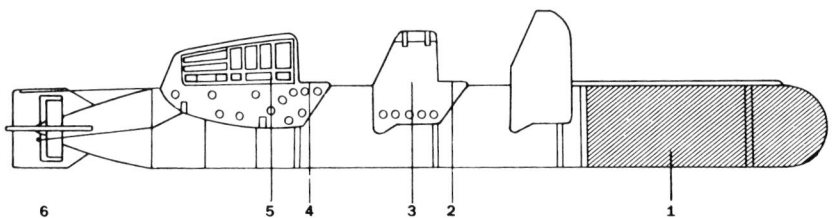

Wasserverdrängung: 1,5 ts
Länge: 7,65 m
Antriebsanlage: 1 E-Motor mit 2 PS,
1 60-V-Bleibatterie

Geschwindigkeit: 4 kn
Fahrbereich. 16 sm bei 16 kn,
17,4 sm bei 2,9 kn
Bewaffnung: Eine 272-kg-Sprengladung
Besatzung: 2 Mann

Legende zur Zeichnung:
1. Abnehmbarer 272-kg-Gefechtskopf (schraffiert).
2. Position des Piloten (Nummer 1).
3. Haupttauchzelle, zugleich Rückenstütze für die Nummer 1.
4. Position des Tauchers (Nummer 2).
5. Werkzeugkasten, enthaltend Netzscheren, Leinen, Magnete und zwei Ersatz-Atemgeräte, zugleich Rückenstütze für die Nummer 2.
6. Schwanzstück mit dem Propeller sowie einem Seiten- und zwei Tiefenrudern.

Kriegsverluste:
V   ? 06.44, berichtet als Unglücksfall vor der Westküste Schottlands.
VI 02.01.43, gesunken während der Operation »Title« (erfolgloser Angriff auf die TIRPITZ).
VIII Wie *VI*.
X   02.01.43, gesunken mit HMS/m *P 311* während der Operation »Principal« auf dem Anmarsch zum Angriff gegen Maddalena.
XI ? 06.44, berichtet als aufgegeben auf Malta.
XII 19.01.43, gesunken während der Operation »Welcome« (Versenkung der Blockschiffe im Hafen von Tripolis).
XIII Wie *XII*.
XIV Wie *XI*.
XV 03.01.43, gesunken während der Operation »Principal« beim Angriff auf Palermo.

XVI Wie *XV*.
XVIII Wie *X*.
XX Wie *XI*.
XXII Wie *XV*.
XXIV Wie *XI*.
XXIX Wie *XI*.
XXXIV Wie *XI*.
LII 22.11.43, über Bord gegangen infolge schweren Wetters beim Angriff auf deutsche Schiffe in norwegischen Fjorden.
LVII Wie *LII*.
LVIII 22.06.44, gesunken beim Angriff auf La Spezia.
LX Wie *LVIII*.
LXXIX 28.10.44, gesunken beim Angriff auf den Hafen von Phuket.
LXXX Wie *LXXIX*.

XVII Wie *XI*.
XIX Wie *XV*.
XXI Wie *XI*.
XXIII Wie *XV*.
XXV Wie *XI*.
XXXI Wie *XI*.

weise) den britischen Marineminister begleitete – den First Lord of the Admiralty, der Hon. A. V. Alexander[8] (bestenfalls ein einmalig humorloser Charakter) –, um die in Schottland stationierten Unterseebootsflottillen zu besuchen.

Sobald die »Chariot«-Fahrer in Schottland eingetroffen waren, begann die Ausbildung erst richtig. Das Amt für Hafensperren (Boom Defence Department) hatte verschiedene Arten von Netzsperren für sie verlegt, um an ihnen zu üben, und ihr Können vervollkommnete sich allmählich. Der von Sladen und Fell erstellte Lehrplan beschränkte sich keineswegs auf den im Wasser durchzuführenden Teil ihrer Aufgabe; es mußte stets die Notwendigkeit im Auge behalten werden, daß die Männer nach einer Operation gezwungen waren, über Land zu entkommen. Infolgedessen schlug Sladen dem verantwortlichen Offizier der örtlichen Heimwehr (Home Guard) die gemeinsame Durchführung einer entsprechenden Übung vor. Das Ergebnis bestand aus purem Schabernack. Den Höhepunkt bildete eine Kalziumfackel, die kurz ins Wasser getaucht in den Briefkasten der örtlichen Polizeiwache gesteckt wurde.

Doch der Höhepunkt der gesamten Ausbildung bestand aus einer Reihe von Übungsangriffen auf ein »lebendes« Ziel. Hierzu stellte die »Home Fleet«, die in Scapa Flow stationierte Schlachtflotte in Heimischen Gewässern, in entgegenkommender Weise das nagelneue Schlachtschiff HMS HOWE zur Verfügung. Sofort nach dem Eintreffen des Schiffes im Loch Cairnbawn wurde es von einem Netzkasten umgeben, bestehend aus mehreren Lagen Netze, ergänzt durch vom Schiff an Spieren ausgebrachte Unterwassermikrophone. Zudem patrouillierten zwischen den Netzen und dem Schiff Verkehrsboote der HOWE, ausgerüstet mit starken »Aldis«-Signallampen, die als Scheinwerfer dienten. In Abständen von je fünfzehn Minuten verließen sieben »Chariots« die TITANIA. Der von Sladen und Fell erteilte Befehl lautete schlicht: »Anbringen der Sprengladung unter der HOWE und unentdeckt ablaufen.« Dies war ein sehr anspruchsvoller Befehl; denn die Verteidigungsmaßnahmen waren weitaus schwieriger als alles, dem sich die »Chariot«-Besatzungen bisher gegenüber gesehen hatten. Außerdem waren im Seewasser des Loch »Süßwassertaschen« eingestreut und der Tiefgang der HOWE war – Sladen und Fell nicht bekannt – größer als die Sicherheitstiefe für Taucher, die komprimierten Sauerstoff atmeten.

Die Übung war ein vollständiger Erfolg. Drei der »Chariots« brachten ihre Sprengladungen an und kehrten zurück. Den vierten »Chariot« entdeckte das Motorboot beim Ablaufen. Die restlichen drei Fahrzeuge waren gezwungen, aus verschiedenen technischen Gründen den Rückmarsch anzutreten, aber keines von ihnen wurde entdeckt. Hätte dieser Angriff in Wirklichkeit stattgefunden, so wäre die HOWE zweifellos versenkt worden. Die Übung offenbarte jedoch auch einige Risiken des »Chariot«-Fahrens: Lieutenant S.F. Stretton-Smith, RNVR, und Leading Seaman[8a] Rickman stießen unerwartet auf eine »Süßwassertasche« und sackten etwa 21 m bis zum Meeresgrund durch. Sie mußten mehrere Tage ausruhen, damit sich ihre Ohren von diesem Martyrium wieder erholen konnten. In der folgenden Nacht wurde die Übung wiederholt. Hierbei kamen vier »Chariots« zum Einsatz, die alle ihre Sprengladungen anbrachten, wenn auch zwei der Fahrzeuge beim Ablaufen entdeckt wurden. Erneut hätten die »Chariots« die HOWE versenkt, wäre es ein echter Angriff gewesen. Die zweite Übung belebten Lieutenant D.C. Evans (Spitzname »Taffy«, d.h. ein Waliser), RNVR, und Petty Officer[8b] W.S. Smith, die ihre Sprengladung unter den wachsamen Augen des wachhabenden Offiziers direkt unterhalb des Fallreeps anbrachten, das zum Achterdeck hinaufführte.

Ehe die HOWE auslaufen mußte, um ihre üblichen Aufgaben wieder wahrzunehmen, gab es noch eine weitere Übung. Vor dieser letzten Übung liefen die »Chariots« an der Reihe der Unterwassermikrophone auf und ab, um Informationen über die Geräusche zu liefern, die sie erzeugten. Während dieser bei Tageslicht ausgeführten Versuche war das Oberdeck der HOWE von allen Besatzungsangehörigen geräumt, die keine mit dem Schiff oder den Versuchen zusammenhängenden Aufgaben zu erfüllen hatten. Bei diesem dritten Angriff ereignete sich eine Tragödie. Vielleicht war es zuviel des Guten gewesen, daß bisher ohne einen ernsthaften Unfall alles so glatt verlaufen war. Während Sub-Lieutenant Jack Grogan, SANVR, unter dem Schlachtschiff (35 000 ts Standard) seine Sprengladung befestigte, verlor er das Bewußtsein. Der Able Seaman »Geordie« Worthy, seine Nummer 2, handelte rasch, indem er ihn an den Armen packte und die Steuerung des »Chariot« übernahm. Er manövrierte das Fahrzeug unter dem Schiffskörper der HOWE hervor und brachte es an die Wasseroberfläche. Doch seine gesamten Anstregungen waren vergebens. Grogan war tot, vermutlich als Folge einer Sauerstoffvergiftung. In Anbetracht des gefährlichen und in der Erprobung stehenden »Chariot«-Fahrens mußte mit Tod und verschiedenen Materialdefekten gerechnet werden. Bei einer echten Unternehmung hätte es mit Sicherheit größere Verluste gegeben.

Die Entscheidung, »Chariots« gegen die TIRPITZ einzusetzen, traf die britische Admiralität am 26. Juni 1942 und gab der Operation den Decknamen »Title«. Die »Chariots« sollten zusammen mit ihren Besatzungen in einem kleinen Fischerboot bis zur Einfahrt in den Trondheimfjord gebracht werden. Nach dem Eintreffen vor dem Fjord mußten die bemannten Torpedos über die Bordwand gehievt und unter dem Fischerboot sicher befestigt werden. Danach sollte das Boot durch den Fjord laufen und unterwegs die verschiedenen deutschen Kontrollen passieren. Im Anschluß daran war vorgesehen, die »Chariots« und ihre Besatzungen auf ein örtliches Fischereifahrzeug zu bringen, vermutlich um für die letzte Annäherung an das Ziel weniger Aufmerksamkeit zu erregen. Dieser letztere Teil des Plans mußte jedoch geändert werden, denn dem örtlichen Vertreter der SOE[8c] in Trondheim war es nicht möglich, ein geeignetes örtliches Fischerboot zu bekommen. Aus dem neuen Plan wurde das Umsteigen auf ein örtliches Fahrzeug völlig herausgenommen, statt dessen sollte der Trawler den gesamten Weg durch den Fjord zurücklegen. Die Führung der Operation lag gemeinsam in den Händen von Admiral Sir Max Horton, dem Befehlshaber der Unterseeboote, der ausschließlich für den die Marine betreffenden Teil des Plans verantwortlich war, und von Lieutenant-Colonel[8d] J.S. Wilson, OBE, von der SOE, der den Täuschungsplan durchführte und auch die Vorkehrungen für das Entkommen der Besatzungen in die Sicherheit des neutralen Schweden traf, sobald der Angriff stattgefunden hatte. Inzwischen waren Maßnahmen ergriffen worden, um ein geeignetes Fischereifahrzeug für die Unternehmung zu finden. Schließlich wurde der norwegische Fischtrawler ARTHUR hierfür ausgewählt.

Das »Chariot«-Kommando führte Lieutenant Jack Brewster, RNVR, mit dem Able Seaman Jock Brown als seine Nummer 2. Die andere Besatzung bildeten Sergeant[8e] Donald Craig von den Königlichen Pionieren (Royal Engineers) und Able Seaman Bob Evans, während die Able Seamen Malcolm Causer und Bill Tebb die Ankleider und zugleich die Reservebesatzung waren. Die Besatzung der ARTHUR kommandierte Oberleutnant zur See Leif Larsen von der Königlich Norwegischen Marine, der ein Fachmann für das Einsickern durch die deutsche Küstenverteidigung war.[9] Der Maschineningenieur Bjørnøy und der Matrose Kalve waren die beiden anderen norwegischen Besatzungsangehörigen.

Am 26. Oktober 1942 verließ die ARTHUR die Shetland-Inseln, traf aber beim Durchqueren der Norwegensee auf sehr schweres Wetter. Wie vorgesehen, gelang es jedoch, am 29. Oktober Land in Sicht zu bekommen, und am folgenden Tag steuerte der Trawler einen Liegeplatz bei der Insel Hitra vor dem Eingang zum Trondheimfjord an. Dort wurden die Sturmschäden beseitigt und die »Chariots« außenbords gehievt und unter dem Bootskörper befestigt. Danach setzte die ARTHUR ihre Fahrt in den Trondheimfjord hinein fort und überwand erfolgreich die Sicherheitsüberprüfungen. Schließlich kam ein deutsches Wachboot längsseits der ARTHUR. Deutsche Seeleute studierten genau die Schiffspapiere und durchsuchten den Trawler selbst, fanden aber nichts. Die »Chariots«, schwerlastig getrimmt, hingen sicher unter seinem Bootskörper, während ihre Besatzungen sich hinter einem falschen Schott verbargen.[10] Die verschiedenartigen falschen Papiere, von den Fälschern der SOE in der Baker Street hergestellt, fanden die Zustimmung der Deutschen, denn sie stellten der ARTHUR eine Erlaubnis aus, in die Sicherheitszone rund um die TIRPITZ einzulaufen.

So weit, so gut. Doch als die ARTHUR Rodberget rundete und in den weiten Innenfjord einlief, geriet der Trawler in schwere See und es war zu hören, wie die »Chariots« gegen seinen Bootskörper stießen. Auf der ARTHUR konnte nichts unternommen werden. Erst als der Trawler in Lee der Insel Tautra lag, offenbarte eine schnelle Besichtigung, daß sich die beiden »Chariots« losgerissen hatten und gesunken waren. Lieutenant M.K. Brewster bekannte später:

> »Wohl kaum ist jemand so enttäuscht gewesen, wie wir es in dieser Nacht waren. Zehn Seemeilen vom Stolz der deutschen Flotte entfernt. Alle Schwierigkeiten lagen hinter uns, und doch hätten wir genauso gut am Nordpol sein können.
> An keinen einzigen Fluch kann ich mich erinnern. Sogar zum Fluchen fühlten wir uns viel zu unglücklich.«[11]

Nunmehr blieb für die »Chariot«-Fahrer und die Besatzung der ARTHUR nichts weiter übrig, als in die verhältnismäßige Sicherheit Schwedens zu gelangen. Am 1. November 1942 versenkten sie die ARTHUR vor der Insel Frosta und danach teilten sich Norweger und Briten in zwei Gruppen. Zu der einen gehörten Larsen, Craig, Evans, Tebb und Strand und zur anderen Brewster, Brown und Causer sowie die beiden Norweger Bjørnøy und Kalve.

Brewsters Gruppe gelang es, Schweden zu erreichen, obwohl die fünf Männer schlimm unter Erfrierungen litten und zum Schluß nur noch Benzedrin-Tabletten hatten, um sich wachzuhalten. In Schweden angekommen, stellten sie fest, daß Larsens Gruppe bereits eingetroffen war. Allerdings fehlte Evans. In einer Kleinstadt auf der norwegischen Seite der Grenze wurden die fünf Männer von zwei deutschen Soldaten angehalten (obwohl andere Quellen angeben, einer wäre ein norwegischer »Quisling«[11a] gewesen). Da sich die Fünf nicht hinreichend ausweisen konnten, wurde ihnen gesagt, sie würden unter Bewachung zur weiteren Vernehmung auf die nächste Polizeistation gebracht. In diesem Augenblick entschloß sich Tebb, der einzige aus der Gruppe, der noch seinen Revolver besaß, die beiden Deutschen auszuschalten. Als sie um eine Straßenecke gingen, wandte er sich um und erschoß die beiden. Doch zuvor hatte ein Feuerstoß aus einer Maschinenpistole bereits Evans niedergestreckt. Larsen und Craig versuchten, Evans mitzuschleppen, aber dieser war mit seinen fast 90 kg zu schwer. Wie es den Anschein hatte, war er tot und widerstrebend ließen sie ihn auf der Straße liegen, während sie mit den anderen die Flucht fortsetzten. Evans war jedoch nicht tot, sondern schwer verwundet. Er erhielt in einem Lazarett medizinische Versorgung, wurde verhört und später auf einen ausdrücklichen Befehl aus dem OKW erschossen.[12] Evans war der einzige Klein-U-Bootfahrer aus einer kriegführenden Nation, dessen Leben auf diese Weise endete – unter Verstoß gegen das Völkerrecht. Obwohl Evans keine Uniform anhatte, trug er zum Zeitpunkt seiner Gefangennahme seine Erkennungsmarke der Royal Navy. Der Mord an Evans[12a] war nur einer der Gründe, warum Generalfeldmarschall Wilhelm Keitel, Chef des Oberkommandos der Wehrmacht, gemäß dem Urteil des Nürnberger Gerichtshofes als Kriegsverbrecher am 16. Oktober 1946 gehenkt wurde.

Die Operation »Title« war der einzige »Chariot«-Einsatz in Heimischen Gewässern, obwohl es Ende 1943 ein kurzes Wiederaufleben des Interesses gab. Die ARTHUR hatte sich nicht als ein besonders wirkungsvolles Verfahren erwiesen, bemannte Torpedos in ihr Einsatzgebiet zu bringen. Daher wurde eine Reihe anderer Möglichkeiten untersucht, darunter auch das

Einfliegen der unter einem »Sunderland«-Flugboot aufgehängten »Chariots«. Diese Versuche – bekannt als Operation »Large Lumps« (Große Brocken) – bewiesen die Durchführbarkeit des Verfahrens, das allerdings nie einsatzmäßig angewendet wurde. Eine einfachere Methode bestand darin, zwei an Davits aufgehängte »Chariots« auf dem *MTB 675* mitzuführen, einem Motortorpedoboot des Typs »Fairmile D«. Im Oktober 1943 lief das *MTB 675* zur Insel Askvoll aus, 75 sm nördlich von Bergen, wo ein Agent an Land gesetzt werden sollte, um einen Beobachtungsposten einzurichten. Der Plan sah vor, daß MTB mit den beiden »Chariots« an einem verborgenen Ankerplatz unterzubringen. Wenn ein vielversprechend aussehendes Ziel erschien, sollten die bemannten Torpedos zum Angriff ausgesetzt werden. Bedauerlicherweise ging der Plan schief, als sich ein deutsches Vorpostenboot[13] zu sehr für die Insel interessierte. Daraufhin entschloß sich der Kommandant des *MTB 675*, das Unternehmen abzubrechen. Auf dem Rückmarsch durch die Nordsee wurden jedoch von der 44köpfigen Besatzung bei mehreren Luftangriffen 13 Mann getötet oder verwundet und auch das Motortorpedoboot erlitt schwere Schäden. Noch eine Anzahl weiterer derartiger Operationen befanden sich in der Planung, aber das schlechte Winterwetter verhinderte sie fortwährend, so daß sie schließlich aufgegeben werden mußten und auch nicht erneuert wurden. Die MTB's der Königlich Norwegischen Marine waren durchaus imstande, den deutschen Schiffen im Schärenfahrwasser vor der Küste Verluste zuzufügen, ohne daß es der zusätzlichen Last der »Chariots« bedurfte.

Letztlich war es das Unterseeboot, das die beste Möglichkeit bot, den »Chariot« an sein Ziel zu bringen. Drei Unterseeboote der T-Klasse – THUNDERBOLT, TROOPER und *P 311*[13a] – erhielten an Oberdeck druckfeste Behälter zum Mitführen der bemannten Torpedos. THUNDERBOLT und *P 311* konnten vor und hinter dem Kommandoturm insgesamt zwei »Chariots« an Bord nehmen, während TROOPER drei unterzubringen in der Lage war, einer vor und zwei hinter dem Kommandoturm, zwischen den außen gelegenen achteren Torpedorohren angeordnet.

Nach dem Ergreifen der üblichen Vorsichtsmaßnahmen, um sicher vor Überraschungen zu sein, mußte das Aussetzen vom Unterseeboot aufgetaucht erfolgen. Die bereits in ihren »Clammy Death«-Anzügen steckenden »Chariot«-Fahrer mußten in Begleitung ihrer Ankleider aus dem Bootsinneren auf den Kommandoturm und von da auf das Oberdeck hinunter klettern, um anschließend über das Oberdeck zu ihren Fahrzeugen zu gehen – angesichts der Behinderung durch die Anzüge keine leichte Aufgabe. Danach tauchte das Unterseeboot halb weg, bis die Behälter vom Wasser umspült wurden. Anschließend öffneten die Ankleider die Behälter und zogen die »Chariots« heraus. Wenn diese von den Behältern frei waren, kletterte die Besatzung auf ihre Sitze und fuhr davon. Ständig bestand das Risiko, daß das Unterseeboot mit offenen Behältern und einer Anzahl von Männern an Oberdeck an der Wasseroberfläche überrascht werden könnte.

Alles hing von der Wachsamkeit der Ausgucks ab; denn obwohl am Asdic ein Horchgast Wache hatte, war diese aktive Schallortungsanlage angesichts der von der See verursachten Hintergrundgeräusche nahezu nutzlos. Trotzdem Unterseeboote wie die THUNDERBOLT ein Luftraumüberwachungsradar vom Typ 291 W hatten,[13b] konnte sich der Kommandant nicht darauf verlassen, denn die Leistungsfähigkeit des Geräts war bestenfalls als mittelmäßig zu bezeichnen. Eine im Juni 1943 entwickelte Verbesserung der Aussetztechnik führte dazu, daß die Unterseeboote der T-Klasse Schleusenkammern für zwei Mann erhielten. So konnten die »Chariot«-Fahrer das Unterseeboot verlassen und wieder betreten, während es getaucht blieb. Somit entfiel für das Unterseeboot die Notwendigkeit zum Auftauchen. Obgleich dies eine sinnreiche Idee war, erwies sie sich bei den Erprobungen mit dem Unterseeboot HMS/m TRUANT als unpraktisch. In der Schleusenkammer war kaum genug Raum für zwei Personen mit normaler Kleidung, geschweige denn für einen »Chariot«-Fahrer und seinen Ankleider, die Tauchanzüge trugen. Dessenungeachtet ebneten die Versuche den Weg für die Entwicklung von Aus- bzw. Einstiegskammern, wie sie inzwischen bei modernen Unterseebooten üblich sind.[14]

Als nächstes lockte das Mittelmeer für weitere »Chariot«-Unternehmungen. Von den klimatischen Verhältnissen einmal abgesehen, die um einiges günstiger als in der Nordsee waren, bot dieser Kriegsschauplatz sehr viele Ziele in Gestalt der Schlachtschiffe und Kreuzer der »Regia Marina«, die sich nach ihrer Niederlage in der Seeschlacht bei Kap Matapan im März 1941 nicht mehr in See wagten.[14a] Bis zum Dezember 1942 standen acht »Chariots« mit ihren Besatzungen einsatzbereit zur Verfügung, um nach Malta verlegt zu werden. Das diesen bemannten Torpedos in einer Operation mit dem Decknamen «Principal» zugewiesene Ziel waren die in den Häfen von La Maddalena und Cagliari auf Sardinien sowie von Palermo/Sizilien versammelten Schiffe, obwohl im letzten Augenblick Cagliari zugunsten einer Konzentration auf Palermo fallengelassen wurde. Es mag seltsam erscheinen, daß die große italienische Schlachtflotte für einen Angriff nicht ausgewählt wurde. In seinen Nachkriegserinnerungen schrieb Commander G.W. Simpson (Spitzname »Shrimp«: Gartenzwerg), der damals Chef der 10. Unterseebootsflottille – Captain (S) 10 – auf Malta war, daß Geheimdienstberichte darauf hinwiesen, die italienische Schlachtflotte wäre infolge der Heizölknappheit weitgehend an ihre Häfen gebunden. Folglich fiel die Entscheidung, andere Ziele auszusuchen.

Auf Malta stießen die »Chariots« und ihre Besatzungen zu den Unterseebooten THUNDERBOLT, TROOPER und *P 311*. Letztere hatten die Straße von Gibraltar bei Nacht im Überwassermarsch passiert, so daß neugierige Beobachter die seltsamen, plumpen Behälter auf ihren Oberdecks nicht bemerken konnten. Die Unterseeboote verließen Malta vom 28. Dezember 1942 an in Abständen. *P 311* (Lieutenant R.D. Cayley, RN) nahm Kurs auf La Maddalena an der Nordspitze Sardiniens. Da jedoch die Passage der Straße von Sizilien für genauso gefährlich wie das Unternehmen selbst gehalten wurde, liefen TROOPER und THUNDERBOLT erst aus, als Cayley gemeldet hatte, daß er sicher durch war. Sein Funkspruch ging am 31. Dezember um 01.30 Uhr ein und gab seine Position mit 38°10'N 11°30'W an. Dies war das letzte Lebenszeichen, das von *P 311* und seinem bemerkenswerten Kommandanten gehört wurde, der vorher mit großer Auszeichnung HMS/m UNISON geführt hatte. Es gibt keinen Beweis, daß die »Chariots« ausgesetzt wurden. Sehr wahrscheinlich fiel das Unterseeboot in dem Labyrinth der Minensperren, die den Zugang nach La Maddalena bewachten, einem Minentreffer zum Opfer.

THUNDERBOLT und TROOPER hatten mehr Glück. Die beiden Unterseeboote setzten ihre fünf bemannten Torpedos in der Nacht vom 2./3. Januar 1943 außerhalb des Hafens von Palermo aus und traten den Rückmarsch an. Das Unterseeboot UNRUFFLED blieb zurück, um nach dem Einsatz die »Torpedoreiter« an Bord zu nehmen. Drei der Fahrzeuge gerieten fast sofort in Schwierigkeiten. Eines mußte infolge eines defekten Atemgerätes den Angriff abbrechen und seine Besatzung – Sub-Lieutenant H.L.H. Stevens, RNVR, und Leading Seaman Carter – wurde später von der UNRUFFLED aufgenommen. Bei einem weiteren Fahrzeug trat eine Batterie-Explosion ein. Ein Besatzungsangehöriger, Able Seaman W. Simpson, ertrank, aber der andere, Petty Officer Miln, schwamm an Land und geriet in Kriegsgefangenschaft. Der Steuermann des dritten Fahrzeuges, Lieutenant H.F. Cook, RNVR, wurde so schlimm von der Seekrankheit gewürgt, daß er sich seinen Tauchanzug an den Netzen aufriß. Seine Nummer 2, Able Seaman Worthy, fuhr den »Chariot« in Küstennähe, ließ Cook dort zurück und setzte dann den Angriff allein fort. Er stellte jedoch fest, daß die Steuerung des bemannten Torpedos zu schwierig war und versenkte das Fahrzeug in tiefem Wasser. Danach schwamm er dorthin zurück, wo er Cook verlassen hatte, aber es gelang ihm nicht, ihn zu finden. Vermutlich hatte Cook sein Visier geöffnet, während er sich noch zu weit von der Küste entfernt befand, hatte dann einen Schwindelanfall bekommen und war ertrunken. Wie Miln, so geriet auch Worthy in Kriegsgefangenschaft. Die verbliebenen zwei »Chariots« – *XXII* mit Lieutenant R. Greenland, RNVR, und Leading Seaman A. Ferrier sowie *XVI* mit Sub-Lieutenant R.G. Dove, RNVR, und Leading Seaman J. Freel – hatten mehr Glück.

Nach dem Verlassen der THUNDERBOLT hatte Greenland mit einer ziemlich rauhen See zu kämpfen, bis er in Lee von Land kam. Zwei Netze wurden ohne Schwierigkeit überwunden: das erste durch den einfachen Notbehelf, die Nase des bemannten Torpedos darunter zu schieben und dann Ballast abzulassen. Das Netz mit sich nehmend, stieg der »Chariot« und die beiden Männer konnten darunter hindurchgleiten. Nachdem das Fahrzeug auch unter dem zweiten Netz hindurch war, stieg es an die Wasseroberfläche und seine Besatzung sah sich der unverkennbaren Größe ihres Ziels gegenüber: dem nagelneuen Leichten Kreuzer ULPIO TRAIANO.[14b] Greenland und Ferrier brachten den 272-kg-Gefechtskopf am Schiffskörper an und machten sich anschließend daran, die vier 2,3-kg-Haftminen, die im Werkzeugkasten achtern verstaut waren, unter einer Gruppe von in der Nähe liegenden Handelsschiffen und Geleitfahrzeugen zu verteilen. Sich unentdeckt zwischen den Schiffen bewegend, verminten sie den Zerstörer GRECALE, das Torpedoboot CICLONE und das Handelsschiff GIMMA. Anschließend steuerte Greenland mit Höchstfahrt seewärts und kam vom ersten Netz frei, indem er es direkt anging. Danach begann alles schiefzulaufen. Der »Chariot« prallte auf ein abgedunkeltes Handelsschiff und der Kompaß, der schon zu Beginn der Einsatzfahrt Schwierigkeiten bereitet hatte, fiel jetzt endgültig aus. Zweifellos waren die beiden Männer zu diesem Zeitpunkt erschöpft und litten an einer Sauerstoffvergiftung. Sie atmeten seit längerer Zeit reinen Sauerstoff, auch in komprimierter Form, und ihr Urteilsvermögen muß beeinträchtigt gewesen sein. Greenland erkannte, daß er im Begriff stand, im Kreis zu fahren, und da es nach seiner Einschätzung gegen 04.30 Uhr war – der Zeitraum, in dem die UNRUFFLED auf sie warten sollte, war verstrichen –, entschloß er sich, den »Chariot« in tiefem Wasser zu versenken und an Land zu schwimmen. Die beiden Männer hatten mehr erreicht, als sie vermutlich erhofft hatten.

In der Zwischenzeit waren auch Dove und Freel in den Hafen eingedrungen und hatten ihre Sprengladung unter dem Schiffskörper des 8500 BRT großen Passagierschiffes VIMINALE angebracht, das jetzt als Truppentransporter diente. Auch sie litten unter Erschöpfung und waren infolgedessen nicht mehr in der Lage, ihre Haftminen zu befestigen, versenkten aber den »Chariot« und schwammen ebenfalls an Land. Die Italiener hatten keine Ahnung, daß ein Angriff stattgefunden hatte, und erst als in der Morgendämmerung die Sprengladung unter der VIMINALE detonierte, gaben sie Alarm. Sogar dann waren die italienischen Verantwortlichen noch außerordentlich saumig, den Befehl zum Absuchen der Schiffsböden bei den anderen im Hafen liegenden Schiffen zu erteilen, und um 08.00 Uhr ging die Sprengladung unter dem Bug der ULPIO TRAIANO hoch. Greenland und Ferrier waren zu diesem Zeitpunkt noch in Freiheit und konnten das Spektakel beobachten. Die von den beiden angebrachten Haftminen detonierten jedoch nicht, entweder weil sie von italienischen Räumtauchern gefunden und entschärft wurden oder – wie ein italienischer Bericht andeutete – weil es die beiden »Torpedoreiter« nach dem Anbringen am Schiffskörper unterlassen hatten, sie scharfzumachen.

Die vier »Chariot«-Fahrer wurden schließlich gefangengenommen und in ein Kriegsgefangenenlager gebracht. Kurze Zeit nach ihrer Gefangennahme sprach kein geringerer als Borghese mit ihnen. Er hielt nicht viel von ihrer Ausrüstung als Ganzes, war aber von den verschiedenen Gegenständen beeindruckt, die von ihnen für eine Flucht mitgeführt wurden: Miniatur-Kompasse, gefälschte Banknoten und dergleichen. Nach einer Äußerung von Borghese hätte sich einer der »Chariot«-Fahrer (seine Identität ist leider nicht bekannt) freiwillig zur »Decima MAS« gemeldet! Als Italien im September 1943 kapitulierte, wurden die Gefangenen in das deutsche Gefangenenlager »Marlag« in Westertimke nordostwärts von Bremen verlegt. Dort wurden sie im Mai 1945 befreit. Nach ihrer Freilassung stellten sie fest, daß ihr Sondersold für »Chariot«-Dienste vom Tage ihrer Gefangennahme an gesperrt worden war – ein Vorgang, der nur als gewollter Akt der Schäbigkeit durch eine knauserige Regierung beschrieben werden kann. Die übliche Praxis im Falle von U-Bootfahrern, Fliegern und anderen mit Anrecht auf einen Sondersold bestand in seiner Weiterzahlung, während der betreffende Offizier oder Mannschaftsdienstgrad Kriegsgefangener war. Diese schäbige Geste ersparte der Nation etwa £1300.

Die Ergebnisse der Operation »Principal« sind anfechtbar. Die Italiener verloren einen neuen Leichten Kreuzer (der vermutlich nie jemandem ein Leid zugefügt hätte) und ihnen war ein wertvolles Truppentransportschiff beschädigt worden. Hingegen verloren die Briten das Unterseeboot *P 311* mit seiner gesamten erfahrenen Besatzung und ein weiteres Unterseeboot der T-Klasse, die HMS/m TRAVELLER (Lieutenant-Commander D. St.Clair Ford, RN), die am oder um den 4. Dezember 1942 bei der Aufklärung des Marinestützpunktes Tarent einen Minentreffer erhielt. Diese Verluste konnten sich die Briten nicht zu einem Zeitpunkt leisten, an dem Admiral Sir Andrew Cunningham, der Oberbefehlshaber der Mittelmeerflotte, erklärt hatte: »Jedes Unterseeboot ist sein Gewicht in Gold wert.« Überdies trat gleichzeitig mit der Billigung der Operation »Principal« der Feldzug in Nordafrika in ein kritisches Stadium. Jedes verfügbare alliierte Schiff, Unterseeboot und Flugzeug war an der Versenkung von Schiffen beteiligt, die Nachschub heranbrachten, um die Streitkräfte der Achse in Nordafrika zu versorgen. Fünf Unterseeboote für ein Sonderunternehmen abzuziehen, war eine gefährliche Zersplitterung der Kräfte, die kaum einen Vorteil erbrachte. Hierzu kommentierte die »Naval Staff History« kurz und bündig:

> »... Das Abziehen von Unterseebooten für den Transport von »Chariots« und für Bergungsaufgaben unterbrach schwerwiegend ihre normalen Patrouillentätigkeiten zu einem Zeitpunkt, als es auf den Nachschubrouten der Achse nach Nordafrika viele wertvolle Ziele in See gab.«[15]

Auch Commander Simpson teilte diese Auffassung. Er war als Chef der 10. Unterseebootsflottille – der »Kämpfenden Zehnten« – für die Führung des U-Bootkrieges im zentralen Mittelmeer verantwortlich:

> »Wenn sie [die Operation „Principal"] nur die Versenkung eines noch nicht einmal in Dienst gestellten Leichten Kreuzers und eines 8500 BRT großen Truppentransportschiffes erbrachte, dann scheinen der ausgedehnte Einsatz von drei Unterseebooten der T-Klasse ausschließlich für den „Chariot"-Transport und der Verlust eines dieser Boote ein unverhältnismäßig hoher Preis gewesen zu sein.«[16]

Danach gab es im Mittelmeer noch zwei weitere »Chariot«-Unternehmungen. Am 18. Januar 1943 setzte das Unterseeboot THUNDERBOLT zwei bemannte Torpedos aus, die den Auftrag hatten, im Hafen von Tripolis an der nordafrikanischen Küste Handelsschiffe zu versenken. Auf britischer Seite bestand die Befürchtung, die Deutschen könnten diese Schiffe zum Blockieren des Hafens verwenden. Einer der bemannten Torpedos war defekt, aber der »Chariot« *XIII*, gesteuert von Sub-Lieutenant H. Stevens, RNVR, mit Chief ERA[16a] S. Buxton als Nummer 2, setzte zum Angriff an. Der »Chariot« traf gerade vor dem Hafeneingang ein, als die Deutschen das erste Schiff versenkten. Dessenungeachtet gelang es Stevens, sein zweites Ziel anzugreifen: das Handelsschiff GUILIO. Die beiden Männer gerieten anschließend in Gefangenschaft und suchten nach einer Reihe von Abenteuern Zuflucht im Vatikan. Dort führten sie ein zivilisiertes und ruhiges Leben, bis fünfzehn Monate später die 5. US-Armee in Rom eintraf und sie befreite.

Das zweite »Chariot«-Unternehmen im Mittelmeer stellte für bemannte Torpedos ein neues Aufgabenfeld dar: Durchführen von Aufklärung und Erkundung an den Landungsstellen im Mai und Juni 1943 vor der Invasion Siziliens.[16b] Für diese Einsätze führten drei Unterseeboote der U-Klasse an Oberdeck je ein »Chariot« mit: UNRIVALLED, UNSEEN und UNISON. Diese Einsätze erbrachten außerordentlich brauchbare hydrographische Daten; aber wie Captain G.C. Phillips, RN – Captain (S) 10 – hierzu bemerkte:

> »Es wird erhofft, daß die Aufklärungs- und Erkundungsergebnisse für die Planer von wirklichem Wert sind. Es ist aus früheren Erfahrungen deutlich geworden, daß zur Aufklärung und Erkundung eingesetzte Unterseeboote in der Leistungsfähigkeit beim offensiven Patrouillendienst nachlassen.«[17]

Die Erkundung der Landungsstellen vor der Invasion Siziliens markierte das Ende der »Chariot«-Operationen im Mittelmeer (mit Ausnahme der gemeinsamen britisch-italienischen Operation im Juni 1944, von der bereits im 4. Kapitel berichtet wurde). Erstaunlicherweise wurden neue »Chariots« und weiteres Personal ins Mittelmeer entsandt, selbst als bereits klar war, daß es für sie keine Verwendung dort gab. Viel Zeit wurde damit verbracht, grandiose Pläne für das Blockieren des Kanals von Korinth und für den Angriff auf die italienische Schlachtflotte in Tarent vorzubereiten, aber mit der italienischen Kapitulation im September 1943 nahmen diese Planungen ein Ende.

Im Zweiten Weltkrieg gab es nur noch eine einzige weitere »Chariot«-Operation. Sie fand im Fernen Osten gegen zwei italienische Passagierschiffe statt: die SUMATRA (4859 BRT) und die VOLPI (5292 BRT), die im thailändischen Hafen von Phuket in den Salanga-Inseln nördlich von Penang (heute Pinang) lagen.[17a] In der Nacht vom 27./28. Oktober 1944 setzte das Unterseeboot TRENCHANT (Lieutenant-Commander A.R. Hezlet, RN) erfolgreich zwei bemannte Torpedos aus. Hierbei handelte es sich um den »Chariot« mit der Bezeichnung Mk. II oder »Terry« (Plüsch). Die zweiköpfige Besatzung saß Rücken an Rücken mit den Beinen innerhalb einer Art Kockpit, das einen größeren Schutz vor den Elementen bot.[17b] Beide Besatzungen brachten ihre Sprengladungen an, kehrten zur TRENCHANT zurück und waren in der Lage, am nächsten Morgen die Ergebnisse ihrer Arbeit durch das Sehrohr zu beobachten. Potentiell bot der Ferne Osten angesichts der großen Kriegs- und Handelsflotte Japans beträchtliche Gelegenheiten für »Chariot«-Operationen. Doch nach eingehender Beurteilung entschied die britische Admiralität, daß die bemannten Torpedos von diesem Kriegsschauplatz abgezogen werden sollten, da

> »...trotz vorhandener Ziele eine angemessene Aussicht für das Entkommen der „Chariot"-Besatzungen nicht gewährleistet werden kann, die von wesentlicher Bedeutung ist, wenn man sich mit einem inhumanen Feind befaßt.«[18]

Nach der Phuket-Operation befaßte sich die Royal Navy nicht mehr mit bemannten Torpedos. Die Erfahrungen waren nicht gänzlich verschwendet, da das gewonnene Wissen mit gleichem Erfolg im rasch sich entwickelnden Bereich der Kampfschwimmer und des Freitauchens Anwendung fand. Es ist jedoch zweifelhaft, ob die »Chariots« die Hoffnungen ihrer Schöpfer oder das Investieren in das Material belohnten. Sie waren gebaut worden, um die TIRPITZ anzugreifen, und nach dem Fehlschlagen der einzigen gegen dieses Ziel gerichteten Operation mußten sie wohl oder übel gegen jedes sich bietende Ziel angesetzt werden. Die Taten der »Chariot«-Fahrer im Mittelmeer, so tapfer diese Männer zweifellos waren, hatten keine kriegsentscheidende Bedeutung und der Verlust von zwei konventionellen Unterseebooten bei der Unterstützung von »Chariot«-Unternehmungen war sicherlich kein akzeptabler Tausch. Die bemannten Torpedos waren eine einfallsreiche, aber fehlgeplante Antwort auf eine besondere Bedrohung.

Doch der Ausflug der Royal Navy in die Welt der Kleinunterseeboote endete nicht mit dem »Chariot«. Während die »Chariot«-Erprobungen im Gange waren, befand sich in abgelegenen schottischen Buchten versteckt ein neuartiges Fahrzeug: das »X-Craft« – ein Kleinunterseeboot mit vier Mann Besatzung und zweifellos eines der überzeugendsten und vielseitigsten Fahrzeuge, die je für die Royal Navy gebaut wurden.

Kapitel 10

Eine höchst wirksame Kriegswaffe

Zum erstenmal das Kommando über ein »X-Craft« zu erhalten,
war eher wie zu Weihnachten eine Spielzeugeisenbahn geschenkt zu bekommen.
– Commander Richard Compton-Hall, RN.

Zweifellos war das »X-Craft« das überzeugendste und leistungsfähigste aller Kleinunterseeboote, die während des Zweiten Weltkrieges zum Einsatz kamen. Obwohl es nicht die technische Kompliziertheit des japanischen »Ko-Hyoteki« und des italienischen CB-Typs aufwies, glich dies die Vielseitigkeit dieses Bootes mehr als ausreichend aus. Eine kurze Zusammenfassung soll die vielen Verwendungen aufzeigen, bei denen das »X-Craft« eingesetzt werden konnte: Angriffe gegen Ziele in verteidigten Häfen, Angriffe gegen die strategischen Verbindungen des Gegners, Aufklärung und Erkundung an Landungsstellen sowie Verwendung als Navigationsbake. Wer weiß, welche weiteren Verwendungen noch für dieses Boot gefunden worden wären, hätte der Krieg länger gedauert? Ehe wir mit der Behandlung der vielen und verschiedenartigen Operationen fortfahren, an welchen das «X-Craft« beteiligt war, wird das Darstellen seines Entwurfs, seines Baus und seiner Einsatztaktik von Interesse sein.

Im Gefolge der Entscheidung der britischen Admiralität bei einer Zusammenkunft mit dem Controller[0a] im Mai 1940, Entwurf und Fertigung eines Kleinunterseebootes vom Heer zu übernehmen,[1] stimmte das Heeresministerium zu – in einem seltenen Beispiel der Zusammenarbeit zwischen den Teilstreitkräften, die für die späteren Projekte des Heeres für Kleinunterseeboote nicht offensichtlich war –, Colonel Jefferis, der die ursprüngliche Idee gehabt hatte, an die Marine auszuleihen, um das Erarbeiten einer Stabsanforderung für das Boot zu unterstützen. Diese Anforderung definierte es als ein kleines Unterseeboot, das imstande wäre, eine Magnetmine in flachen und engen Gewässern zu legen, wo konventionellere Mittel des Minenlegens nicht geeignet seien. Zu Projektbeginn wurde ein wichtiger Grundsatz niedergelegt. Obwohl es sich um ein außerordentlich geheimes Projekt handelte, sollte das Boot unter der Oberaufsicht des Leiters der Marinekonstruktionsabteilung (Director of Naval Construction) gebaut werden, um sicherzustellen, daß es voll den Baustandards und den militärischen Anforderungen entsprach. Dies sollte kein getarntes, von Einzelpersonen durchgeführtes Projekt werden, deren Begeisterung den Vorrang vor der Realität hatte. Von Anfang an sollte das »X-Craft« Teil der Unterseebootswaffe der Royal Navy sein.

Anfangs trug das Projekt die Bezeichnung »Job 82« und die beiden ersten Prototypen erhielten für die Werften die Auftragsnummern D.235 und D.236. Das Projekt stand unter der Leitung von Commander C.H. Varley, DSC, RN, einem pensionierten U-Bootfahrer, der Zugang zu den technischen Einrichtungen seiner eigenen Varley-Marine-Werke in der Nähe von Southampton hatte, sowie von Commander T.I.S. Bell, RN. Varley hatte sich bereits seit langem für Kleinunterseeboote und bemannte Torpedos interessiert, so daß seine Berufung ein Glücksfall war. Er war eine herausragende Persönlichkeit, über die zu lesen stand:

> »'Crom' Varley war ein typischer Marineoffizier bester Schule und als solcher auch ohne die Hilfe der Uniform sofort durch seine Forschheit, Herzlichkeit und freundliche Rücksichtnahme

auf andere zu erkennen. Mühelos wurde er zum Mittelpunkt jeder Gesellschaft, in der er sich befand. Von seinem Ahnherrn, dem Lordprotektor [d.h. Oliver Cromwell], hatte er sehr viel von dessen Direktheit geerbt, während ihm die weniger anziehenden Charaktereigenschaften dieses großen Mannes in auffälliger Weise fehlten.«[2]

Mit dem Fortgang der Entwurfsarbeiten erhielt der neue Unterseebootstyp fast durch Zufall die Bezeichnung »X-Craft«. Da es in der Royal Navy bereits ein Unterseeboot *X 1* gegeben hatte,[2a] sollten die beiden Prototypen mit den Kennummern *X 3* und *X 4* bezeichnet werden.

Technische Daten des Klein-U-Bootes »X-Craft«

Angabe:	X 3:	X 4:	X 5 – X 10:
Länge:	13,26 m	13,72 m	15,74 m
Breite:*	1,68 m	1,68 m	1,75 m
Tiefgang (vorn):*	1,55 m	1,55 m	1,60 m
Tiefgang (achtern):*	2,13 m	2,13 m	2,26 m
Verdrängung über Wasser:*	22 ts	23 ts	27 ts
Verdrängung unter Wasser:*	24 ts	25 ts	29,7 ts
Gewicht der Seitenladung:	4 ts	4 ts	4 ts
Sprengstoff:	2032 kg	2032 kg	2032 kg
Max. Geschwindigkeit über Wasser:*	6 kn	6 kn	6,25 kn
Marschgeschwindigkeit über Wasser:	4,5 kn	4,5 kn	4 kn
Fahrbereich bei 4,5 kn:*	1400 sm	1300 sm	1860 sm
Max. Geschwindigkeit unter Wasser:*	5 kn	5 kn	5,75 kn
Marschgeschwindigkeit unter Wasser:	2 kn	2 kn	2 kn
Fahrbereich bei 2 kn:*	85 sm	85 sm	82 sm
Druckkörper:	3,6 kg	3,6 kg	4,5 kg S-Stahl
Betriebstauchtiefe:	61 m	61 m	91 m
Anzahl der Luks:	1	1	1
Bauwerft:	Varley-Marine	Marinewerft Portsmouth	Vickers, Barrow
Dieselmotor von:	Gardner	Gardner	Gardner
PSe bei 1800 U/m:	32	32	42
E-Motor von:	Keith/Blackman	Keith/Blackman	Keith/Blackman
PS bei 1650 U/m:	32	32	30
Batterietyp:	Ediswan	DP BSV/A	Exide 20.SP
Anzahl der Zellen:	96	106	112
Kapazität pro 5 Stunden:	350 A/h	370 A/h	440 A/h
Kreiselkompaß:	Browns A	Browns A	Browns A
Selbststeueranlage:	Browns	Browns	Browns
Magnetkompaß:	Keiner	ACO Mk.XX	ACO Mk.XX
Kursanzeiger:	Keiner	AFV 6A/602	AFV 6A/602
Besatzung:	3 Mann	3 Mann	4 Mann

* Ohne Seitenladungen.

Am Heeresentwurf wurden sehr viele Änderungen vorgenommen, aber im März 1942 stand *X 3* für die Erprobungsfahrten bereit, rasch von *X 4* gefolgt. Die allgemeinen technischen Daten des neuen Unterseebootstyps sind zusammen mit jenen der später gebauten sechs Einheiten der *X 5*-Gruppe aus der beigefügten Tabelle auf Seite 126 zu ersehen.

Vom allgemeinen äußeren Erscheinungsbild her betrachtet, erinnerte dieser Bootstyp an die frühen »Holland«-Boote;[2b] sie waren die ersten richtiggehenden Unterseeboote der Royal Navy gewesen. Infolge der Geheimhaltung, unter der diese Boote gebaut wurden, sowie verschiedener Bauwerften, die *X 3* und *X 4* fertigten, unterschieden sich die beiden Prototypen

Technische Daten der *X 20*-Gruppe sowie der XT- und der XE-Klasse

Angabe:	X 20-Gruppe:	XT-Klasse	XE-Klasse
Länge:	15,72 m	15,65 m	16,48 m
Breite:*	1,75 m	1,75 m	1,75 m
Tiefgang (vorn):*	1,60 m	1,80 m	1,78 m
Tiefgang (achtern):*	2,26 m	2,11 m	2,16 m
Verdrängung über Wasser:*	26,8 ts	26,5 ts	30,3 ts
Verdrängung unter Wasser:*	29,8 ts	29,6 ts	33,6 ts
Gewicht der Seitenladung:	4 ts	–	4,8 ts
Sprengstoff:	2132 kg	–	1678 kg
Max. Geschwindigkeit über Wasser:*	6,25 kn	6 kn	6,6 kn
Marschgeschwindigkeit:	4 kn	4 kn	4 kn
Fahrbereich bei 4 kn:*	1860 sm	500 sm	1350 sm
Max. Geschwindigkeit unter Wasser:*	5,75 kn	5 kn	6,09 kn
Marschgeschwindigkeit unter Wasser:	2 kn	2 kn	2,5 kn
Fahrbereich bei 2 kn:*	82 sm	80 sm	88 sm
Druckkörper:	4,5 kg	4,5 kg	4,5 kg
Betriebstauchtiefe:	91 m	91 m	91 m
Bauwerft:	Siehe Tabelle auf Seite 134		
Dieselmotor von:	Gardner	Gardner	Gardner
PSe bei 1800 U/m:	42	42	42
E-Motor von:	Keith/Blackman	Keith/Blackman	Keith/Metro-Vickers
PS bei 1650 U/m:	30	30	30
Batterietyp:	Exide J.380	Exide J.380	Exide J.418
Anzahl der Zellen:	112	112	112
Kapazität pro 5 Stunden:	440 A/h	440 A/h	484 A/h
Kreiselkompaß:	Browns A	–	Browns A
Selbststeueranlage:	–	–	–
Magnetkompaß:	ACO Mk.XX	ACO Mk.XXI	ACO Mk.XXII
Kursanzeiger:	AFV 6A/602	AFV 6A/602	AFV 6A/602
Besatzung:	4 Mann	3 Mann	4 Mann

* Ohne Seitenladungen.

geringfügig. Doch diese Unterschiede waren eher von kosmetischer Natur. Sowohl X 3 als auch X 4 fanden nie eine einsatzmäßige Verwendung. Statt dessen leisteten sie lange Zeit wertvolle Dienste für Erprobungen und Versuche jeder Art und sorgten gleichzeitig für die erste und grundlegende Ausbildung des Personals. Ende 1944 wurden ihre Bootskörper schließlich dem Schiffszielerprobungs-Ausschuß (Ship Target Trials Committee: STTC) für ein prometheisches Ende übergeben.

Die Ergebnisse der ersten Erprobungsfahrten mit X 3 und X 4 verliefen sehr ermutigend und die Arbeiten an den Entwurfsanforderungen für den Serientyp kamen jetzt zum Abschluß. Die Hauptanforderungen für die Folgebauten von X 3 lauteten auf eine Geschwindigkeit über Wasser von 6 kn, eine Geschwindigkeit unter Wasser von 5 kn und einen Fahrbereich von 80 sm bei 2 kn. Das »X-Craft« mußte imstande sein, zwei seitlich angebrachte Sprengladungen von je 2 ts zusammen mit ausreichend Proviant und Wasser mitzuführen, um für die Besatzung eine Seeausdauer von zehn Tagen zu gewährleisten. Darüber hinaus mußte der Bootstyp mit geeigneten Schleppvorrichtungen ausgerüstet werden, da Geheimdienstberichte darauf hinwiesen, daß infolge der deutschen See- und Luftüberwachung das ursprünglich vorgesehene Aussetzen der Boote durch einen Tender vor der norwegischen Küste unmöglich sein würde. Auf ein entsprechendes Ersuchen hin, auf der Grundlage dieser Anforderungen den Rohentwurf zu fertigen, ließ jedoch das Unterseeboots-Referat (Submarine Section) der Marinekonstruktionsabteilung (Directorate of Naval Construction) verlauten, daß es mit der Entwurfsarbeit für konventionelle Unterseeboote voll ausgelastet wäre. Daher wurde diese Arbeit an die Entwurfsabteilung der Werft Vickers-Armstrong Ltd. in Barrow-in-Furness vergeben. Im Juli 1942 billigte die britische Admiralität den endgültigen Entwurf und erteilte den Bauauftrag für die zwölf Einheiten der X 5-Gruppe.

Natürlich bestand die Absicht, das »X-Craft« gegen die TIRPITZ einzusetzen, die sicher an ihrem norwegischen Ankerplatz lag. Für einen erfolgreichen Angriff waren bestimmte Bedingungen erforderlich: eine entsprechende Mondphase und entsprechende Stunden der Dunkelheit – Bedingungen, die nur zweimal im Jahr gegeben waren. Da die britische Admiralität das »X-Craft« im März 1943 gegen die TIRPITZ einsetzen wollte, erhielt die Vickers-Werft die Aufforderung, ihr gesamtes Können sowie ihre gesamten Einrichtungen und Erfahrungen zur Verfügung zu stellen, um zu gewährleisten, daß so rasch wie möglich zumindest sechs Boote zur Ablieferung kämen. Mit ihnen sollte die bei HMS »Varbel«[3] in Port Bannatyne auf der Isle of Bute im schottischen Forth of Clyde stationierte 12. Unterseebootsflottille aufgebaut werden. Gleichzeitig erhielt den Kontrakt für die zweiten sechs Einheiten die aus Maschinenbaufirmen bestehende Broadbent-Gruppe.

Vickers-Armstrong machte seinem guten Ruf alle Ehre. X 5 wurde als erste Einheit im September 1942 auf Kiel gelegt und X 10 gelangte als letzte Einheit im Januar 1943 zur Ablieferung. Dies war in Anbetracht der angespannten Lage der britischen Kriegswirtschaft eine bemerkenswerte Leistung, insbesondere auch deshalb, weil die britische Admiralität zu diesem Zeitpunkt wegen der langen Ablieferungszeiten im Unterseebootsbau Vickers-Armstrong kritisiert hatte.[4] Die sechs Kleinunterseeboote gelangten im Eisenbahntransport von Barrow-in-Furness nach Faslane am Clyde. Von dort aus brachte sie ein Schwimmdock in einem Zug nach Port Bannatyne. Im Anschluß daran begann für die Besatzungen mit ihren Booten in diesem Stützpunkt eine Zeit intensiver Ausbildung. Der vorgesehene Zeitplan war jedoch einfach zu eng, um noch im März einen Angriff in Gang zu setzen. Daher wurde er bis zum September 1943 verschoben. Diese Operation mit dem Decknamen »Source« (Quelle) wird im nächsten Kapitel behandelt.

Die bei der Broadbent-Gruppe in Auftrag gegebenen sechs Einheiten erhielten die Kennungen X 20 bis X 25. Die beim Bau und den Erprobungen der X 5-Gruppe gewonnenen

Erfahrungen hatten Berücksichtigung gefunden. Hierdurch wurde ihre Fertigung etwas verzögert und erst im Herbst 1943 gelangte die erste Einheit dieser zweiten Gruppe zur Fertigstellung. Nachdem für die zwölf Frontboote die Bauaufträge erteilt waren, schlug Admiral Horton vor, einen nicht einsatzfähigen »X-Craft«-Typ ausschließlich für Ausbildungszwecke zu bauen, um die als Ziele für die U-Abwehrausbildung dienenden Unterseeboote von Ausbildungsaufgaben zu befreien und einer Frontverwendung zuzuführen. Ursprünglich als »Z-Craft« bezeichnet, wurde dieser Typ später in »XT-Craft« umklassifiziert. Im Mai 1943 erteilte die britische Admiralität die Bauaufträge für sechs Einheiten des XT-Typs an die Werft Vickers-Armstrong und für zwölf weitere an die Broadbent-Gruppe. Die Vickers-Boote – *XT 1* bis *XT 6* – wurden im März 1944 abgeliefert. Sie fanden als »Zielboote« bei den U-Abwehrübungen für Küstenstreitkräfte des Stützpunktes HMS »Seahawk« am schottischen Loch Fyne eine zweckmäßige Verwendung. Dort wurden über ein Jahr lang zwei XT-Boote gleichzeitig verwendet. XT-Boote waren aber auch in Campeltown, Portsmouth und Harwich stationiert. Die bei der Arbeit mit den XT-Booten gewonnenen Erfahrungen erwiesen sich von ungeheurem Wert, als sich die Royal Navy mit der durch die deutschen Kleinunterseeboote im Englischen Kanal nach den Normandie-Landungen verursachten Bedrohung befassen mußte. Die zwölf bei der Broadbent-Gruppe in Auftrag gegebenen Einheiten – *XT 7* bis *XT 19* (ohne *XT 13*) – wurden sämtlich annulliert. Sechs Einheiten erfuhren im März 1944 die Annullierung, um durch XE-Boote ersetzt zu werden, während die restlichen sechs Einheiten im September 1944 annulliert wurden, als deutlich zutage trat, daß die bereits in Dienst gestellten sechs XT-Boote für Ausbildungszwecke ausreichend waren. Das »XT-Craft« unterschied sich beträchtlich von den Frontbooten. Diese Boote waren weder mit Seitenladungen, ihren Lösevorrichtungen noch mit einem Nachtsehrohr ausgerüstet, während der Zuluftmast, der bei den Frontbooten eingefahren werden konnte, fest eingebaut war.

Das letzte Glied in der Entwicklungskette des »X-Craft«-Typs war die XE-Klasse. Deren Boote waren für Operationen im Fernen Osten vorgesehen und daher mußte der Wohnlichkeit im Bootsinneren eine beträchtliche Aufmerksamkeit geschenkt werden – ein Bereich, dem bei der X- und XT-Gruppe nur eine geringe Aufmerksamkeit zuteil geworden war. In Anbetracht der Tatsache, daß im Fernen Osten extreme Feuchtigkeitsbedingungen herrschen würden, mußte auch der elektrischen Anlage eine besondere Aufmerksamkeit gewidmet werden. Anfang 1944 vergab die britische Admiralität die Bauaufträge für 18 Einheiten der XE-Klasse: für *XE 1* bis *XE 6* an Vickers-Armstrong und für *XE 7* bis *XE 19* (wieder ohne *XE 13*) an die Broadbent-Gruppe. Gegen Ende des Jahres 1944 waren die sechs Vickers-Boote fertiggestellt; sie bildeten die 14. Unterseebootsflottille. Nach der Ausbildungs- und Einfahrzeit verlegte diese U-Flottille mit ihrem Tender HMS BONAVENTURE in den Fernen Osten. Ihre späteren Abenteuer werden im 14. Kapitel behandelt. Von der Broadbent-Gruppe gelangten nur fünf Einheiten zur Ablieferung: *XE 7*, *XE 8*, *XE 9*, *XE 11* und *XE 12*, ehe das Kriegsende für die Annullierung der restlichen Einheiten sorgte. Von diesen Einheiten mußte *XE 11*, nachdem das Boot von einem Sperrbewachungsfahrzeug gerammt worden war, zur Baufirma Markham in Chesterfield von der Broadbent-Gruppe zur Ausbesserung der erheblichen Schäden zurückkehren. *XE 11* wurde später abgebrochen. Die verbliebenen Einheiten verrichteten eine umfassende und verschiedenartige Friedensroutine, ehe sie durch die nach dem Kriege gebauten *X 51*-Klasse ersetzt wurden.

Nach der Beschreibung des Bauprogramms für das »X-Craft« und seiner verschiedenen Varianten erhebt sich noch eine andere Frage. Wie waren diese Boote gebaut und wie war ihre Funktionsweise? Die Frontboote und die XT-Boote waren unter Verwendung von 4,5-kg-S-Stahl in Ganzschweißbauweise gefertigt. Obwohl sie nominelle Tauchtiefe von 91 m hatten, zeigten Erprobungen nach dem Kriege mit einem Boot der *X 20*-Gruppe, daß der Druckkörper erst beim Erreichen einer Tauchtiefe von nahezu 183 m zerstört wurde.[5] Der Bootskörper wies drei Sektionen auf, innen miteinander durch Flanschbolzen verbunden Die Mittelsektion war zylindrisch, die Bug- und die Hecksektion liefen konisch zu. Dies bedeutete, daß das Fahrzeug anläßlich einer Großen Werftliegezeit oder beim Ersetzen eines Diesel- oder E-Motors zerlegt werden konnte. Tender und Landstützpunkte zur Unterstützung von X-Booten hatten zur schnellen Auswechslung eine komplette Hecksektion in Reserve zur Verfügung, während die defekte Sektion ausgebessert werden konnte. Andererseits bestand keine weitere Notwendigkeit, das Fahrzeug zu zerlegen, da die gesamte Ausrüstung unter Benutzung der vorhandenen Luken entfernt oder gewartet werden konnte.

In einem derart kleinen Boot war die leistungsfähige Funktion und Sicherheit der elektrischen Anlage von bedeutender Wichtigkeit. Angesichts eines derart beschränkten Raums ist die Möglichkeit weitaus eher gegeben, daß die Hauptbatterie eine gefährliche Wasserstoffmenge produziert als bei einem größeren Unterseeboot. Beim Prototyp bestand die Batterie aus 96 Einzelzellen, die in zwei Lagen verstaut waren und eine individuelle Belüftung erforderten. Das Chemische Laboratorium der Admiralität in Portsmouth hatte ein Katalysatorensystem entwickelt, das sich als so leistungsfähig erwies, daß alle späteren »X-Craft«-Varianten diese Ausrüstung erhielten. Die Batteriegase wurden zuerst durch einen Behälter mit Sodakalk und Holzkohle geleitet, um die Säure zu entfernen, und anschließend durch einen erhitzten Katalysator aus Asbestplatten. Spätere Erprobungen und die Einsatzerfahrungen ergaben, daß die Wasserstoffkonzentration nie über 0,8 % stieg – ein sehr sicherer Wert. Bei der *X 5*-Gruppe und den späteren Varianten erfolgte die Unterbringung der Batterie vorn in der Bugsektion, ausgestattet mit der allgemeinen Belüftungsanlage, wenn auch mit demselben Katalysatorensystem ausgerüstet. Die Boote der *X 5*- und der *X 20*-Gruppe sowie der XT-Klasse besaßen 112 Zellen des Typs Exide 20.SP bzw. J.380, während die der XE-Klasse dieselbe Anzahl Zellen des Typs Exide J.418 besaßen, entworfen für die im Fernen Osten zu erwartenden höheren Temperaturen.

Die ausgeatmete und verbrauchte Atemluft der Besatzung reinigte ein Absorptionssystem von Kohlendioxid. Bei den Prototypen befanden sich die Luftreinigungskästen einfach an Deck, aber bei den Booten der *X 5*-Gruppe und der XT-Klasse wurde die Luftreinigungssubstanz in 2,7-kg-Kanistern mitgeführt, die im Lüftungsschacht untergebracht waren. Die Einheiten der XE-Klasse hatten 4,5-kg-Kanister an Bord. Der Sauerstoff befand sich in Zylindern in der Zentrale – die XE-Boote besaßen davon drei mit einem Inhalt von insgesamt 0,128 m^3 –; falls erforderlich, strömte der Sauerstoff durch Betätigen eines Regelventils ins Boot.

Das »X-Craft« hatte einen Dieselmotor für Überwasser- und einen E-Motor für Unterwasserfahrt. Der Dieselmotor – ein Gardner mit 32 oder mit 42 PSe, auf einem geräuschisolierten Rost gelagert – erwies sich als außerordentlich zuverlässig. Der Motor war vom selben Modell wie die in den Londoner Bussen eingebauten und »lief genauso zuverlässig einen norwegischen Fjord entlang«, um einen Fachmann zu zitieren, »wie auf den Straßen der Metropole«.[6]

Natürlich mußte der Motor für die Verwendung auf diesen Booten angepaßt werden. Er war daher mit einem Süßwasserkühlsystem ausgestattet. Auf den XE-Booten konnte das Kühlwasser aus einem Freon-Destillattank – der Luftfeuchtigkeit entzogenes Wasser – nachgefüllt werden. Falls dieses Kühlsystem ausfiel, war es möglich, Seewasser aus der Taucherkammer (Naß-Trocken-Raum) zu verwenden. Die Frischluft für den Dieselmotor kam durch einen beiklappbaren Zuluftmast (Schnorchel), der bei den Booten der XT-Klasse fest eingebaut war, während die Abgase über einen schallgedämpften Auspuff entwichen. Der E-Motor war von konventionellem Entwurf, entwickelt aus dem offenen 32-PS-Keith/Blackman-Motor, eingebaut auf *X 3*, zum vollständig geschlossenen, wassergekühlten Modell, entworfen von Metro-Vickers für die XE-Klasse. Das Schaltgetriebe war vom Trommeltyp und besonders gegen Feuchtigkeit geschützt.

Die Steuersysteme entsprachen jenen eines konventionellen Unterseebootes, ausgenommen der Umstand, daß sie kleiner waren. Da das »X-Craft« nur eine kleine Besatzung fuhr, gab es lediglich am Heck ein Tiefenruderpaar, um Raum und Gewicht zu sparen. Die Erprobungsfahrten der Prototypen ergaben einige Probleme mit der Tiefensteuerung. Sie wurden im Admiralitäts-Versuchstank (Admiralty Experimental Tank) in Haslar untersucht. Diese Untersuchungen zeigten, daß es den Tiefenrudern bei einem Boot, das nur mit einem Propeller ausgerüstet war, an ausreichender Leistung fehlte, um das Fahrzeug zu steuern. Die Lösung bestand darin, die Oberfläche der Tiefenruder nach achtern zu vergrößern, so daß sich das Seitenruder in einen oberen und in einen unteren Sektor teilte, um beiden zu ermöglichen, aus dem Propellerstrom Nutzen zu ziehen. Ursprünglich hatte das »X-Craft« eine kraftangetriebene Steuerung mit einer handbedienten Notsteueranlage erhalten. Doch bei der X 20-Gruppe wurde die elektrische Steuerung aus Auftriebsgünden entfernt. Die handbediente Steueranlage hatte sich als so leistungsfähig erwiesen, daß sie allein beibehalten wurde.

Trotz der Einfachheit der Steuersysteme beim »X-Craft« ließen sich die Boote bei Tauchfahrt sehr gut handhaben. Hierzu stellte die »Technical Monograph« über das »X-Craft« fest:

»Während ein orthodoxes Unterseeboot nicht mehr tun kann, als unter bestimmten günstigen Umständen eine ausbalancierte Trimmlage zu halten, konnte das »X-Craft« durch eine geübte Besatzung ohne Schwierigkeit unter Wasser von achtern – vor und zurück und nach oben oder unten – auf der Stelle manövriert werden. Diese Eigenschaft war von größtem Vorteil, als das Verfahren entwickelt wurde, die Sprengladungen mit äußerster Genauigkeit unter dem Ziel abzulegen.«[7]

In Anbetracht seiner geringen Größe besaß das »X-Craft« Navigationsinstrumente von beträchtlicher Kompliziertheit. Das Fahrzeug hatte einen Kreiselkompaß erhalten, da es als unmöglich erachtet wurde, einen Magnetkompaß weit genug vom Bootskörper entfernt zu installieren, um eine ausreichende Genauigkeit zu gewährleisten. Die Kreiselkompasse verursachten endlose Schwierigkeiten: Drei der bei der Operation »Source« eingesetzten X-Boote litten unter Kompaßversagen, während der Kreiselkompaß auf X 24 bei beiden Operationen gegen Ziele in Bergen ausfiel. Bei der zweiten Unternehmung, der Operation »Heckle«, lief X 24 den Hjeltefjord entlang, während in der Zentrale der Kreiselkompaß auseinandergenommen war, den ein sehr zermürbter ERA wieder zusammenbaute. Später wurde ein Magnetkompaß außerhalb des Bootskörpers auf der Sehrohrspitze eingebaut; ein Bild seiner Skala wurde auf einen Schirm vor dem Rudergänger projiziert. Bei den Frontbooten der X-Klasse konnte das Kompaßgehäuse mit dem Magnetkompaß vom Typ ACO Mk.XX je nach Bedarf ein- und ausgefahren werden. Doch bei den Schulbooten der XT-Klasse war der Magnetkompaß vom Typ ACO Mk.XXI in der Position »Oben« fest eingebaut. Die Boote der XE-Klasse erhielten eine noch kompliziertere Version: den Mk.XXII, darunter kompensierende Vorkehrungen für die Entmagnetisierungsausstattung. Obwohl der Magnetkompaß unter normalen Bedingungen eine zufriedenstellende Unterstützung war, erwies er sich für die Angriffsart, auf die das »X-Craft« spezialisiert war, als vollkommen nutzlos: das Eindringen in Häfen. Das ausgefahrene Kompaßgehäuse konnte sich in Netze verwickeln, es dauerte zu lange, um es auszufahren und zu aktivieren, wenn der Kreiselkompaß ausfiel, und es war Beschädigungen ausgesetzt, während das »X-Craft« unter dem Ziel manövrierte. Selbst bei Ausschluß aller von Menschen verursachten Risiken, die den Kompaß ausfallen ließen, wurde festgestellt, daß die durch das Vorhandensein des Zieles gegebene Störung des Magnetfeldes der Erde ausreiche, um ihn verrückt spielen zu lassen. Daher war es erforderlich, für diese Angriffsphase ein nichtmagnetisches Navigationsmittel zu finden. Eine Vielzahl von Kursanzeigern wurde einer Prüfung unterzogen. Dies führte schließlich zur Einführung des Modells AFV 6A/602 des Luftfahrtministeriums (Air Ministry). Dieses Gerät konnte vorher entweder durch das Auge oder vom Kreiselkompaß eingestellt werden und hatte eine maximale »Abweichung« von 5 Grad nach jeder Seite des eingestellten Kurses innerhalb von zwanzig Minuten.

Daher war das Gerät nicht besonders genau, aber für den Zweck, für den es gebraucht wurde, reichte dies aus. Doch bei einer Gelegenheit, als es dringend erforderlich gewesen wäre, auf dieses Gerät zurückzugreifen, arbeitete es so fehlerhaft, daß dies möglicherweise verhängnisvolle Folgen hätte nach sich ziehen können. Als $X 10$ (Lieutenant K. Hudspeth, RANVR) während der Operation »Source« im Altafjord den Rückmarsch antrat, weil sein Kommandant sich entschlossen hatte, infolge von Abweichungen beim Kreisel- und beim Magnetkompaß den Angriff auf die SCHARNHORST aufzugeben, entschloß sich Hudspeth zu tauchen und den Kursanzeiger zu benutzen. Doch als er kurz auftauchte und routinemäßig einen »schnellen Blick« riskierte, stellte er fest, daß der Kursanzeiger sein Boot um 180° gewendet hatte. Es fuhr wieder in den Fjord hinein.

Während das »X-Craft« in Unterwasserfahrt auf das Ziel zulief, war es natürlich »blind«; denn eine Sehrohrbeobachtung war nicht möglich. Im Bemühen, die Navigation während dieses wichtigsten Teils des Unternehmens zu verbessern, wurden zwei indirekte Navigationsgeräte erprobt, aber letztlich wieder verworfen. Das erste war ein als »Kursweiser« bezeichnetes Gerät. Es bestand aus einem langen, beweglichen Arm, der längsseits des Kiels untergebracht war, aber abgesenkt werden konnte, so daß er auf Grund ruhte. In einem Gelenk sich bewegend und schwenkbar gelagert, konnte er die Abweichung von einer Mittschiffslinie auf einen Zeiger im Bootsinneren übertragen. Zweck dieser Erfindung war es, den wahren über Grund zurückgelegten Kurs anzuzeigen. Zu diesem Gerät passend, war eine Meßanlage, bestehend aus einem 32 km langen, dünnen Spezialdraht, der sich von einer Spule abwickelte und die tatsächlich über Grund zurückgelegte Entfernung anzeigte. Beide Geräte waren von der Theorie her ausgezeichnet, führten aber in der Praxis dazu, daß der Navigator weit mehr Arbeit leisten mußte, als es die Ergebnisse rechtfertigten. Obwohl $X 5$ bis $X 10$ mit diesen Anlagen ausgerüstet worden waren, wurden sie vor der Operation »Source« wieder entfernt. An weiteren Navigationshilfen waren ein Tschernikeff-Log (zum Messen der zurückgelegten Entfernung) und ein Echolot vorhanden; eine Beschreibung folgt an anderer Stelle. Außerdem war noch ein kleiner Kartentisch vorhanden, wenn auch die beengten Verhältnisse in einem »X-Craft« bedeuteten, daß die Seekarte stets entsprechend zusammengefaltet werden mußte. (Und es war unvermeidlich, daß sich der Falz immer an der Stelle befand, die gerade gebraucht wurde!)

Anfangs wurden die X-Boote mit Unterwasserhorchgeräten als Sicherheitsmaßnahme ausgerüstet, während sich die Boote in der Ausbildungszeit befanden, um vor sich nähernden Schiffen zu warnen, die unabsichtlich in das Ausbildungsgebiet einlaufen könnten. Hierbei handelte es sich um einen Mikrophonbehälter zum Schallempfang auf jeder Seite des Bugs, verbunden mit einer Schaltanlage, so daß der Horchgast entweder rundum oder alternativ mit den Unterwassermikrophonen an Backbord oder an Steuerbord horchen konnte. Während der Erprobungsfahrten wurde es jedoch nur allzu deutlich, daß eine etwas anspruchsvollere Horchanlage erforderlich war. Insbesondere bestand die Notwendigkeit von Richtmikrophonen, um die Bewegungen der Hafenbewachungsfahrzeuge zu verfolgen, damit Kontakte mit ihnen vermieden werden konnten. Die ausgewählte Ausrüstung glich schließlich dem Gerätetyp 129, der in konventionellen Unterseebooten Verwendung fand. Doch um dieselbe Leistungsfähigkeit zu erreichen, mußte der Durchmesser von 38 cm auf 12,7 cm verringert werden, während gleichzeitig die Frequenz von 10 kHz auf 30 kHz gesteigert wurde. Das Nachtsehrohr erhielt eine Kristallbasis, die sich mit ihm drehte, während ein einfacher batteriebetriebener Verstärker und Kopfhörer die Anlage vervollständigten. Bei den Erprobungsfahrten mit dem Prototyp X 3 im Loch Striven wurden trotz der ruckartigen Drehungen gute Peilungen erlangt, die nur bis zu 2 Grad Abweichung von den Ablesungen am Tagessehrohr aufwiesen. Im Verlaufe von Übungsangriffen wurde festgestellt, daß das von den Hilfsmaschinen des Zielschiffes ausgehende Niederfrequenzgeräusch – die stets in Betrieb sein mußten, ob sich das fragliche Schiff in Fahrt befand oder nicht – vom »X-Craft« als Möglichkeit zur Zielansteuerung genutzt werden könnte. An sich schien dies eine hervorragende Idee zu sein und ein Niederfrequenz-Unterwassermikrophon wurde zu diesem Zweck entwickelt. Versuche mit dieser Anlage zeigten jedoch, daß der Geräuschpegel nicht ausreiche, um als Navigationshilfe zu dienen, obwohl eine allgemeine Geräuschzunahme aus der vagen Richtung des Zielschiffes geortet wurde. Zudem waren diese Unterwassermikrophone für Geräusche von vorbeifahrenden kleinen Fahrzeugen außerordentlich empfindlich. Da dies jedoch genau den Bedingungen entsprach, unter denen das Horchgerät seine Leistungsfähigkeit in einem gegnerischen Hafen entfalten mußte, wurde das Projekt wieder aufgegeben.

Der relative Mißerfolg, von einem Ziel ausgehende Niederfrequenzgeräusche zu nutzen, führte zur Entwicklung eines Hochfrequenz-Unterwasserschallapparates, der den Augenblick anzeigen sollte, wenn sich das »X-Craft« direkt unter dem Ziel befand. Ursprünglich lautete der Vorschlag, ein Echolot einfach umgekehrt einzusetzen. Dieser Vorschlag wurde jedoch mit der Begründung zurückgewiesen, daß die ausgesandten Impulse leicht geortet werden könnten. Das Sperrwaffenamt (Mine Department) der britischen Admiralität griff dann ein und schlug die Verwendung eines magnetischen Ortungsgerätes vor. Doch bei Erprobungsfahrten mit X 3 ergab sich, daß der Magnetdetektor die genaue Position des Zieles nicht eindeutig genug angab. Daher wandte sich die Aufmerksamkeit wieder der aktiven Unterwasserschallortung zu.

Um das Risiko zu verringern, selbst geortet zu werden, mußten die vom Schallortungsgerät ausgehenden Impulse sehr hoch sein: 300 kHz. Diese Frequenz lag zehnmal höher als die Frequenz, auf der die bekannten gegnerischen Horchgeräte arbeiten konnten. Bei dieser Frequenz ergab sich ein scharfer, vertikaler Peilstrahl, dessen Auffangen höchst unwahrscheinlich erschien. Die Schallechos wurden auf einer Kathodenstrahlröhre angezeigt und dieses Verfahren hatte den zusätzlichen Vorteil, das es mit ihm möglich war, den Tiefgang des Zieles zu berechnen, so daß Fehler beim Angreifen von flachgehenden Schiffen vermieden werden konnten.

Die Entwicklung des Gerätes mit der Bezeichnung »Zielanzeiger Typ 151« erhielt eine hohe Priorität und die Versuche fanden im Juni 1943 mit X 8 statt. Bedauerlicherweise kollidierte X 8 nach dem Einbau des Gerätes kurze Zeit später mit dem Zielschiff und der Apparat wurde beschädigt. Anschließend auf X 5 eingebaut, erbrachte die Anlage sehr gute Ergebnisse. Bei den Erprobungsfahrten zeigte es sich, daß mit ihr nicht nur das Ziel sondern auch Netze und andere Hindernisse erkannt werden konnten. Die Aufträge ergingen für sechs Geräte, zur Ausrüstung der sechs X-Boote bestimmt, die die Operation »Source« durchführen sollten. Der Kristalloszillator als Schwingungserzeuger wurde an Oberdeck versenkt eingebaut, so das er sich mit diesem auf einer Ebene befand, und mit einem Schutzgitter versehen. Die gesamte Anlage – bestehend aus Sender, Empfänger, Kathodenstrahlröhre, Oszillator und Dichtungsstutzen im Druckkörper – wog nur 24 kg: eine Meisterleistung der Verkleinerung. Die Brauchbarkeit des Gerätetyps 151 wurde durch den Einbau eines nach unten gerichteten zweiten Oszillators im Kiel weiter gesteigert. Ein Wählschalter verband die beiden Oszillatoren mit dem Tiefenmesser. Dies bedeutete, daß »Peilungen« bis zu 30 m nach oben und nach unten erzielt werden konnten.

Baudaten und Schicksal der »X-Craft«

X 3, X 4	Gefertigt bei Varley-Marine (X 4 fertiggestellt auf der Königlichen Marinewerft Portsmouth); 1945 abgebrochen.
X 5	Vickers-Armstrong, Barrow-in-Furness, 1942; vermutlich am 22.09.43 bei der Operation »Source« versenkt.
X 6	Vickers-Armstrong, 1942; selbstversenkt am 22.09.43 bei der Operation »Source« nach Ablegen der Sprengladungen unter der TIRPITZ.
X 7	Wie X 6.
X 8	Vickers-Armstrong, 1942; aufgegeben am 16.09.43 während des Hinmarsches bei der Operation »Source«.
X 9	Vickers-Armstrong, 1943; Schleppverbindung gebrochen am 16.09.43 während des Hinmarsches bei der Operation »Source«, verschollen.
X 10	Vickers-Armstrong, 1943; selbstversenkt am 23.09.43 bei der Operation »Source«, nachdem mehrere Störungen das Erreichen des Einsatzgebietes verhinderten.
X 20	Broadbent, Huddersfield, 1943; vorhanden bis 10.45.
X 21	Broadbent, 1943; vorhanden bis 10.45.
X 22	Markham, Chesterfield, 1943; 07.02.44 von HMS/m SYRTIS im Pentland Firth gerammt und versenkt.
X 23	Markham, 1943; vorhanden bis 07.45.
X 24	Marshall, Gainsborough, 1943; aufbewahrt im Unterseebootsmuseum der Royal Navy.
X 25	Marshall, 1943; vorhanden bis 10.45.
XT 1 - XT 6	Vickers-Armstrong, 1943/44; XT 1, XT 2 geführt bis 10.45, tatsächlich vorhanden nur bis 07.45.
XT 7 – XT 19	(Ohne XT 13) Broadbent, annulliert 1944, in der Liste geführt bis 07.45.
XE 1 – XE 6	Vickers-Armstrong, 1943 – 1945; 1945 abgebrochen in Australien.
XE 7, XE 8	Broadbent, 1943 – 1945; XE 7 1952 abgebrochen; XE 8 aufbewahrt im Imperial War Museum.
XE 9, XE 10	Marshall, 1943 – 1945; XE 9 1952 abgebrochen; XE 10 noch während des Baus annulliert.
XE 11, XE 12	Markham, 1943 – 1945; XE 11 am 06.03.45 von Hafenbewachungsfahrzeug gerammt und versenkt, danach geborgen und abgebrochen;
XE 12	1952 abgebrochen.

Die bei der Operation »Source« und bei den späteren Operationen vor der norwegischen Küste gewonnenen Erfahrungen zeigten, daß die Erforderlichkeit eines Fernmeldesystems unter Wasser von kurzer Reichweite bestand, um während des Schleppvorgangs unter Wasser eine sichere Verbindung zwischen »X-Craft« und schleppendem Unterseeboot zu haben. Das seitherige Verfahren, ein Telefonkabel mit dem Schlepptau zu verbinden, hatte sich als unzuverlässig erwiesen. Darüber hinaus bestand auch die Notwendigkeit einer Fernmeldeverbindung zwischen dem Unterseeboot und dem »X-Craft«, nachdem das planmäßige Lösen der Schleppverbindung oder eine sonstige Trennung der beiden Boote – aus welchen Gründen auch immer – erfolgt war. Die unter der Bezeichnung »Hydrophon Typ 713« eingeführte Anlage beruhte auf dem Asdic vom Typ 129 für Unterseeboote. Hierbei wurde das Gerät auf Senden geschaltet, die Schallübertragung als Träger benutzt und durch die Stimme moduliert. Eine gute Verständigung war auf Entfernungen bis zu 900 m möglich. Befand sich jedoch das »X-Craft« direkt achteraus des Unterseebootes, so ergab sich, daß der Sonarstrahl von seinem Ballastkiel verschluckt wurde. Dieser Nachteil führte zur Entwicklung eines neuen Gerätes mit der Bezeichnung »Unterwassertelegraphie-Gerät Typ 156«. Das in der vorderen Tauchzelle untergebrachte Gerät bestand aus einem kombinierten Sender/Empfänger mit einem Oszillator und arbeitete auf der Frequenz 10 kHz. Das schleppende Unterseeboot benutzte sein Gerät vom Typ 129 auf die normale Art für Schiff-zu-Schiff-Verbindung. Diese Anlage erwies sich von immensem Nutzen, besonders im Fernen Osten, als bei einer Gelegenheit die Schleppverbindung brach und das Hilfsschlepptau übergeben werden mußte. X 20 und X 24 wurden mit einer speziellen Unterwasserortungsanlage ausgerüstet, da die beiden Kleinunterseeboote die Aufgabe hatten, die Landungsstellen an der Küste der Normandie vor den »D-Day«-Landungen im Juni 1944 zu erkunden. Diese beiden Fahrzeuge hatten ein standardmäßiges Echolot für kleine Boote zusammen mit einem chemischen Tonaufzeichnungsgerät an Bord. Das letztere mußte trotz seines beträchtlichen Umfangs mitgeführt werden, da es erforderlich war, für die Analyse durch die Invasionsplaner dauerhafte Aufzeichnungen zurückzubringen.

Die Beschreibung der Bewaffnung des »X-Craft« erfolgt an späterer Stelle. Doch eine andere Besonderheit war die Tauchkammer (bezeichnet als Naß- und Trocken-Raum). Durch diese Schleuse konnte ein Taucher das Kleinunterseeboot verlassen, um Sprengladungen anzubringen, Netze zu durchschneiden oder Hindernisse wegzuräumen, und anschließend wieder betreten. Die Taucherkammer befand sich in der Bootsmitte, umgeben von der Haupttauchzelle 2. Schottüren führten nach achtern in den Motorenraum und nach vorn in die Zentrale. Das Ausstiegsluk öffnete sich zum Oberdeck hin. Um das »X-Craft« unter Wasser zu verlassen, mußte der Taucher die Tauchkammer von der Zentrale her betreten, das Schott hinter sich schließen und über ein Telefon den I. Wachoffizier verständigen, daß er bereit wäre. Danach gab der letztere bei geschlossenen Flutventilen Niederdruckluft auf die Tauchzelle 2, so daß das Wasser in der Tauchkammer zu steigen begann. Die aus der Tauchkammer verdrängte Luft entwich in die Zentrale. Die Niederdruckluft wurde abgestellt, wenn die Kammer nahezu vollgelaufen war, und das Innenventil wurde geschlossen, wenn das Wasser überlief. Während des Flutens der Tauchkammer war der Taucher einem langsam ansteigenden Druck ausgesetzt, ein unangenehmes Gefühl und mit Galgenhumor als »Squeeze« (Klemme) bezeichnet. Inzwischen öffnete der Taucher das Ausgleichsventil im Luk und stieg aus. Hinter sich schlug er das Luk für den Fall wieder zu, daß es ihm nicht gelang zurückzukommen. Ehe der Taucher zurückkehrte, wurde die Tauchzelle 2 bereit für die Rückkehr des Tauchers binnenbords entlüftet.

Die Anordnung erwies sich als zufriedenstellend, aber schwerfällig. Insbesondere die Lage der Tauchkammer in der Mitte des Bootes gestaltete den Durchgang von der Zentrale zum Motorenraum schwierig, wenn die Tauchkammer trocken war, und machte ihn im gefluteten Zustand unmöglich. Infolgedessen wurde die Tauchkammer bei X 5 und allen späteren X-Booten vor die Zentrale verlegt, so daß nur der Batterie- und Vorratsraum isoliert blieb. Weitere Verbesserungen umfaßten die Ausrüstung mit einer geräuschisolierten Tauchkammer-Pumpe, um das ziemlich geräuschvolle Niederdruckluftgebläse zu ersetzen, querverbunden mit der Ausgleichspumpe für den Fall des Versagens. Bei den Prototypen des »X-Craft« mußten zahlreiche Kabelzüge, Lüftungsschächte, Verbindungsleitungen und Wasserrohre durch die Tauchkammer hindurch geführt werden und der sich ständig verändernde Luft- und Wasserdruck wirkte sich verheerend auf die Dichtungsstutzen aus. Bei den späteren X- und XE-Booten wurden die gesamten Leitungen, Schächte und Rohre über die Tauchkammer hinweg geführt. Eine Eigenschaft der Tauchkammer blieb von allen Veränderungen oder Modifizierungen unberührt:

Sie war der einzige Platz an Bord, wo das WC untergebracht werden konnte. Letzteres war eine beengte Unbequemlichkeit mit Handpumpenbetrieb und dem stets gegenwärtigem Risiko, »das alles wieder zurückkommt«.[8] Das letztere Phänomen war schon auf einem gewöhnlichen Unterseeboot schlimm; auf einem »X-Craft« war es geradezu eine Katastrophe.

Aufgabe des Tauchers war auch das Bereithalten von Netzschneidern, mit deren Hilfe er einen Weg durch die Netzsperren bahnen konnte. Die ersten Netzschneider waren einfache, von Hand zu bedienende Netzscheren aus dem Bestand der »Decima MAS«, erbeutet in Gibraltar. Diese Scheren wurden gegen den Drahtnetztyp, der die TIRPITZ schützte, als ungeeignet angesehen, so daß ein leistungsfähigeres Werkzeug erforderlich war. Hierzu wurde der Rat des Amtes für Hafensperren der britischen Admiralität eingeholt. Dessen Amtschef (Director of Boom Defence) ließ drei Versionen eines Preßluftschneiders anfertigen: Mk.I, II und III. Obwohl sie imstande waren, dicke Netzdrähte zu schneiden, waren sie schwerfällig zu handhaben. Sie erforderten zum Gebrauch beide Hände und hinterließen infolge des Preßluftantriebs an der Wasseroberfläche eine Luftblasenspur. Dieser Mißerfolg mit dem Preßluftschneider führte zur Entscheidung, daß die Firma Starkie Gardner (die den standardmäßigen Netzschneider für die Marine herstellte) darüber aufgeklärt werden sollte, warum starke Netzschneider erforderlich wären. Obwohl die Sicherheitsoffiziere dieses Vorgehen mißbilligten, erwies sich das als eine kluge Entscheidung. Starkie Gardner fertigte den Netzschneider Mk.IV an, der kaum mehr als ein verbesserter Mk.III war, mit der Ausnahme, daß er von einer Hand bedient werden konnte. Dann gelangte der Mk.V zur Vorstellung. Dieser stellte eine radikale Abkehr dar, weil er hydraulischen Antrieb besaß und keinen verräterischen Luftblasenstrom hinterließ. Weitere Verfeinerungen führten zum Netzschneider Mk.VI. Er war schließlich das Modell, das die britische Admiralität einführte. Seine Bedienung erfolgte mit einer Hand und sein Aussehen glich einem übergroßen Baumausholzer. Er konnte 8,8 cm dicke Stahltrossen durchschneiden und hatte für 22 Schnitte ausreichend Hydraulikflüssigkeit im Behälter. Jedes »X-Craft« führte – verstaut in Kästen im Oberdeck – zwei dieser Netzschneider mit. Entwurf und Entwicklung des Netzschneiders Mk. VI hatten derart viel Arbeit verschlungen, daß er sofort als »Geheim!« eingestuft wurde – und dies ist so geblieben.

Der Zeitpunkt für das Passieren einer Netzsperre wurde so festgelegt, daß das »X-Craft« gegen den Gezeitenstrom fahren sollte. Dies ermöglichte es dem Kommandanten, das Kleinunterseeboot in einer Tiefe von etwa 7,5 m in und durch das Netz zu manövrieren, während die volle Tiefensteuerung erhalten blieb. Der Taucher hatte dann mit der Schneidearbeit auf Höhe des Bootskieles zu beginnen, um in das Netz von unten nach oben durch Schneiden jedes aufeinanderfolgenden Strangs einen Schlitz zu machen, durch den sich das Boot allmählich hindurchschob. Es klingt einfach, aber in den kalten Gewässern eines schottischen Loch oder eines norwegischen Fjords konnte sich der Taucher leicht einen Finger amputieren, ohne es zu bemerken – und nicht nur in den kalten nördlichen Gewässern. Beim Durchschneiden des Unterwasser-Telefonkabels Hongkong-Singapur 1945 büßte der Taucher, Sub-Lieutenant B.G. Clarke, RNVR, hierbei unbeabsichtigt seinen Daumen ein. Während er versuchte, in die Taucherkammer einzusteigen, verwickelte er sich in eine »Portugiesische Galeere«, wobei ihn die Qualle sehr schlimm verbrannte (infolge der hohen Temperatur des Meerwassers trug er keinen Tauchanzug). Schließlich gelangte er zurück in die Tauchkammer. Als er dort herausgeholt worden war und auf dem Zentraledeck lag, leistete ihm der Kommandant von X 5, Lieutenant H.P. Westmacott, RN, tatkräftig Beistand, indem er ihm eine Morphiumspritze in den Hintern verabreichte. Doch ehe die schmerzstillende Wirkung eintrat, murmelte Clarke vor sich hin: »Mein Gott! Was kommt als nächstes!«[9]

In Anbetracht der Tatsache, daß die Royal Navy dem Bereich der »akustischen Sparsamkeit« wenig Aufmerksamkeit zuteil werden ließ, war die Aufmerksamkeit bemerkenswert, die in dieser Sache dem »X-Craft« gewidmet wurde. Anfangs herrschte der Glaube vor, daß die geringe Größe des Kleinunterseebootes sein bester Schutz sein würde, wenn auch die Raumknappheit jede Ausrüstung mit einer »defensiven« Waffe verbot. Doch bald zeigten die ersten Erprobungsfahrten mit den Prototypen, daß das Fahrzeug unglaublich geräuschvoll war. Die Folge war ein eilig aufgestelltes Programm für die Geräuschlosigkeit bzw. Geräuschverringerung bei der gesamten Maschinenanlage an Bord. Besondere Aufmerksamkeit erhielt der Entwurf der Propeller, um die Kavitation und ihr Schlagen bei Geschwindigkeiten unter 3 kn zu vermeiden, während ihr »Singen« durch Verdünnen der Propellerkanten verhindert wurde. Ähnliches wurde beim Untersetzungsgetriebe vorgenommen. Obwohl *X 21* mit einem vermeintlich geräuschlosen Kettengetriebe ausgerüstet wurde, erwies sich dieses gegenüber dem Rädergetriebe als noch geräuschvoller und wurde schnell wieder entfernt. Bei *XT 5* wurde der Bootskörper gegenüber den Schwesterbooten um 0,47 m verlängert, um den E-Motor und den Dieselmotor auf einem gemeinsamen, geräuschisolierten Rost, mit dem Bootskörper durch Spezialhalterungen verbunden, unterbringen zu können. Diese Aufstellung erwies sich als sehr gelungen und wurde später bei den Booten der XE-Klasse übernommen. Das anscheinend einzige unlösbare akustische Problem war die Übertragung des Pumpengeräusches durch das Wasser im System. Eim Befassen mit diesem Problem erwies sich als besonders schwierig und die Ausrüstung mit Spezialfiltern und beweglichen Rohrverbindungen konnte es nur teilweise lösen. Ein weiterer Aspekt der Geräuschverringerung umfaßte das Entfernen aller nicht erforderlichen Außenbeschläge.

Bei den auf Schallortungsreichweite unter Wasser durchgeführten Erprobungsfahrten im Loch Goil – günstig in der Nähe des »X-Craft«-Stützpunktes an der Kames-Bucht gelegen – wurde eine »feststellbare Entfernung« von 450 m vorgegeben und für alle bei einem Angriff zu benutzenden Maschinenanlagen erreicht. Eine Vorstellung von den erzielten Fortschritten kann aus der Tatsache abgelesen werden, daß bei *X 5* bis *X 10* aus Befürchtung vor Kavitations- und Schlaggeräuschen die Motorenleistung auf 1000 U/m bei einer Entfernung von weniger als 9100 m zum Ziel begrenzt werden mußte, während ein Jahr später *XE 5* mit einer Motorenleistung von 1000 U/m lief und erst auf eine Entfernung unter 910 m geortet wurde. Kreiselkompaß, Batteriegebläse, Tauchkammer-Pumpe und andere Maschinenanlagen konnten sorglos 450 m von den empfindlichen, bei diesen Versuchen verwendeten Unterwasserortungsanlagen entfernt in Betrieb sein.[10] Geräuschverringerung war ein ständig überwachter Prozeß. Jeder Tender, der dem Einsatz des »X-Craft« diente, hatte eine spezielle Überwachungsausrüstung an Bord. Hierzu gehörte auch ein Offizier, dessen besondere Verantwortlichkeit es war, sicherzustellen, daß jedes Kleinunterseeboot so geräuschlos wie möglich fuhr.

Es hatte den Anschein, als ob kein Aspekt des »X-Craft«-Einsatzes der Aufmerksamkeit der Marine entging. Das Erscheinen des Radars im Verlaufe des Zweiten Weltkrieges führte zur Besorgnis, ein »X-Craft« könnte auf diese Weise bei Überwasserfahrt geortet werden. Dementsprechend wurde seine Silhouette trotz der Nachteile, die dies mit sich brachte, so niedrig wie möglich gehalten – wenngleich frühere Pläne, das Fahrzeug mit einem zusammenklappbaren Kommandoturm auszurüsten, schnell beiseite geschoben worden waren. Die auf dem Oberdeck der X- und XT-Klasse vorhandene »Stufe« wurde bei der XE-Klasse entfernt, da sich herausstellte, daß sie bei Nacht gut unterscheidbar war. Außerdem erfuhren Bug und Heck bei der XE-Klasse nach unten eine Abrundung, damit sie noch schwieriger auszumachen waren. Tarnung war ein weiterer Bereich, dem beträchtliche Aufmerksamkeit zuteil wurde. Nachdem eine Reihe von Schemata, darunter der »Mountbatten Pink«, erprobt worden waren, wurde entschieden, das standardmäßige Tarnschema für Unterseeboote zu verwenden: graue Seiten und schwarze Oberflächen – ausgenommen die XE-Klasse, deren Boote insgesamt einen schwarzen Anstrich erhielten. Ansonsten gab es als einzige Ausnahme von dieser Regel nur die beiden X-Boote, die vor der Operation »Overlord« vor der französischen Küste operierten. Sie trugen einen Anstrich aus Ockergelb, Graubraun und Grün zum Schutz gegen Fliegersicht, wenn sie bei Tage dicht unter der Küste standen. Weitere passive Verteidigungsmaßnahmen umfaßten die Ausstattung mit magnetischem Eigenschutz und Netzanzeigern sowie ein antimagnetischer Farbanstrich als Gegenmaßnahme zu magnetischen Indikatornetzen.

Dem »X-Craft« fehlte der erforderliche Fahrbereich, um das Ziel aus eigener Kraft zu erreichen, so daß es üblicherweise einen Teil des Anmarschweges geschleppt wurde. Das »Schleppen« war nicht das zuerst ausgewählte Verfahren, wurde aber durch den Zwang der Umstände eingeführt, als sich die Erkenntnis durchsetzte, daß kein Tender sich bis auf eine Aussetzposition vor dem Ziel nähern konnte, ohne entdeckt zu werden. Hierdurch wäre der Vorteil der Überraschung verlorengegangen. Die danach bevorzugte Alternative war die Verwendung eines Fischkutters. Unter Einsatz der BERGHOLM wurden im Februar 1943 erfolgreich die Erprobungen durchgeführt. Als das beste Verfahren erwies sich jedoch das Schleppen des »X-Craft« durch ein anderes Unterseeboot und im März 1943 wurde HMS/m TUNA der T-Klasse für Erprobungsfahrten zugewiesen. Diese Versuche verliefen in gleicher Weise erfolgreich. Die TUNA schleppte ein »X-Craft« mit Fahrtstufen bis zu 10 kn in Über- und Unterwasserfahrt ohne wesentliche Steuerungsprobleme. Nach den Worten des Kommandanten der TUNA war das Kleinunterseeboot »folgsam wie ein Lamm«.[11]

Das Problem der Schlepptrosse erwies sich hingegen als ein widerspenstiges. Anfänglich wurde eine Manilatrosse gewählt: Sie hatte eine Länge von 183 m und eine Dicke von 11,4 cm mit einem eingeflochtenen Telefonkabel. Nach einem Gebrauch von 60 bis 80 Stunden neigten Manila-Schlepptrossen jedoch zum Brechen. Die Konsultationen von Bergungsfachleuten, die über das Projekt kurz unterrichtet werden mußten, um ihr Gutachten nutzbringend verwenden zu können, ergaben folgendes Bild: Häufige starke Beanspruchungen, die auf eine vollgesogene Schlepptrosse einwirkten, wie das bei den heftigen Schwankungen des »X-Craft« der Fall war, verursachten ein Zersetzen des Gefüges der Trosse, und wenn der kritische Zeitpunkt von 70 Stunden erreicht war, konnte die Schlepptrosse unter einer plötzlichen Beanspruchung brechen. Schleppversuche mit *X 20* in rauher See, aber bei schönem Wetter, ließen erkennen, daß das »X-Craft« vorwärts auf die Trosse zu drängte, die sich dann wie eine Peitschenschnur über das kleine Unterseeboot zurückringelte. Als die Spannung einsetzte, konnte die Trosse nicht beobachtet werden. Doch dies war zweifellos der Augenblick, in dem der Schaden eintrat.

Die Alternative hierzu war die Verwendung einer Schlepptrosse aus Nylon. Die Verwendung von Nylon für Schleppzwecke hatte das Luftfahrtministerium (Air Ministry) in Verbindung mit Lastenseglern entwickelt. Nach einigen Debatten – denn Nylon war ein wertvolles Material; eine Schlepptrosse für ein »X-Craft« verbrauchte genausoviel Nylon, wie zum Beispiel zur Herstellung von 20 000 Paar Damenstrümpfen erforderlich war – stimmte das Luftfahrtministerium einer Zuteilung von 272 kg zu. Die erste Versuchstrosse hielt über 3500 sm Schleppen ohne sichtbare Anzeichen eines Verschleißes aus. Lieutenant Donald Cameron, RNVR, war von der Nylontrosse derart beeindruckt, daß er darauf bestand, eine solche für *X 7* zur Operation »Source« zu bekommen. Sein Entschluß war durchaus begründet: Bei *X 9* brach unterwegs die Manila-Schlepptrosse und das Kleinunterseeboot versank, wahrscheinlich durch das Gewicht der vollgesogenen Trosse in die Tiefe gezogen. Die Nylontrosse war eine derart gelungene Entwicklung, daß ihre Details – wie beim Netzschneider auch – noch heute als »Geheim!« eingestuft sind.

Beim »X-Craft« gab es noch einen weiteren Aspekt, dem keine oder nur eine geringe Aufmerksamkeit geschenkt wurde, und dies war die Wohnlichkeit. Die Bedingungen für den Aufenthalt an Bord waren unglaublich erbärmlich und konnten nur von jemand ertragen werden, der sich gänzlich seiner Aufgabe verschrieben oder vorher das Leben auf einer britischen »Public School« (oder auf dem Royal Navy College HMS »Britannia« in Dartmouth)[11a] erfahren hatte. Jedes »X-Craft« hatte eine vierköpfige Besatzung: Kommandant, I. Wachoffizier, Bordingenieur und Taucher. Die Erprobungsfahrten mit dem Kleinunterseeboot ließen bald erkennen, daß es für eine einzige Besatzung jenseits des Erträglichen lag, die Nordsee zu überqueren, ein Angriffsunternehmen durchzuführen und anschließend auf demselben Weg zurückzukehren. Daher erhielt jedes Boot eine Überführungsbesatzung zugeteilt, die das »X-Craft« auf dem Hinmarsch fuhr und kurz vor dem Lösen der Schleppverbindung gegen die Einsatzbesatzung ausgetauscht wurde. Die Überführungsbesatzung wies dieselbe Zusammensetzung wie die Einsatzbesatzung auf; allerdings fehlte der Taucher. Die Aufgabe der Überführungsbesatzung war wenig beneidenswert:

> »Ihr Boot fuhr während des Schleppens zumeist getaucht. In dieser Zeit hatte sie für die Einsatzbesatzung, die naturgemäß die meiste Aufregung erfahren und den Großteil der Belohnungen einstecken würde, alles »tipptopp« in Ordnung zu bringen.«[12]

Ganz vorn im Boot war direkt über der Batterieabdeckung eine Schlafkoje vorhanden. Selbst wenn es dem Benutzer gelang, ein Gleiten mit schläfriger Hand über die Anschlußklemmen zu vermeiden, weckten ihn wahrscheinlich heftige Kopfschmerzen und die eingeatmeten Batteriegase wieder auf. Infolgedessen war der bevorzugte Schlafplatz auf der kurzen Liegebank in der Zentrale oder der Schläfer lag um das Sehrohr zusammengerollt. Es ist eigentlich überflüssig zu erwähnen, daß es an Bord keine Kombüse gab. Ein einziges Gefäß in der Zentrale diente als Kochtopf. Der Inhalt der ersten vier Büchsen, die zur Hand waren, wurde in den Topf geleert, umgerührt und erhitzt. Verständlicherweise verging schon nach etwa einem Tag »Viehfutter« auch der ärgste Hunger.

Die Bewaffnung eines »X-Craft« bestand aus zwei großen, seitlich angebrachten Sprengladungen, deren jede 2 ts Amatol enthielten. Versuche hatten ergeben, daß die ursprüngliche Amatol-Sprengladung nicht vollständig detonierte, obwohl dies bei einer aus Amatex bestehenden Sprengladung der Fall war. Zudem leckten die Gehäuse der Sprengladungen bei Tiefen von unter 60 m und mußten neu entworfen werden. Die endgültige Sprengladung Mk.XX – sie besaß durch zusätzliche, freiflutende Ballastkammern einen Untertrieb, so daß sie absank und nicht auf unangenehme Weise an die Wasseroberfläche stieg – hatte ein Gesamtgewicht von 5,5 ts. Hiervon betrug der Anteil des Sprengstoffs Minol 1678 kg mit einem zehnprozentigen Zusatz von Zyklonit. Die Sprengladungen sollten direkt unter dem Ziel abgelegt werden und waren mit einem einstellbaren Zeitzünder ausgestattet, damit das »X-Craft« aus der Gefahrenzone entkommen konnte. Das »X-Craft« konnte auch in der Oberdecksverkleidung verstaute Haftminen mitführen, die der Taucher am Schiffskörper des Zieles anzubringen hatte. Um das Kleinunterseeboot an Ort und Stelle zu halten, während der Taucher die Minen befestigte, waren alle Boote von der XE-Klasse an mit drei speziellen federbelasteten Klappantennen ausgerüstet, die vom Bootsinneren aus aufgerichtet werden konnten. Sobald sich das »X-Craft« unter dem Ziel befand, wurden die Antennen aufgerichtet und ein leichter Auftrieb sorgte dann dafür, daß das Fahrzeug sanft stieg, bis es sich sicher am Schiffskörper des Zieles anlehnte. Die Antennen ließen ausreichend Raum, damit der Taucher aus der Tauchkammer aussteigen und in sie wieder einsteigen konnte.

Nach dem Ablegen der Sprengladungen oder dem Anbringen der Minen sollte sich das »X-Craft« so schnell wie möglich entfernen. Das Risiko einer Ortung stieg mit der verstreichenden Zeit, und es war nicht ratsam zu verweilen, wenn die Seitenladungen oder die Minen detonierten. Danach mußte noch der lange Rückmarsch zum Treffpunkt mit dem »Mutterunterseeboot«

zurückgelegt werden, so daß der Austausch von Erkennungssignalen und das willkommene Erscheinen der Überführungsbesatzung folgen konnten.

Dies war das damalige »X-Craft« – eine höchst wirksame Kriegswaffe. Bei der Betrachtung seines Entwurfs ergeben sich zwei interessante Gesichtspunkte. Erstens war dieses Kleinunterseeboot ein integrierter Bestandteil der Unterseebootswaffe und sein Bau und seine Ausrüstung beruhten mehr auf solider Unterseebootspraxis als auf der Begeisterung eines aufgestellten Sonderverbandes. Zweitens war die britische Admiralität bereit, wie dies die Beispiele der Schlepptrosse und des Netzschneiders aufzeigten, eine Gefährdung des Programms zu riskieren, um die besten verfügbaren Ratschläge einzuholen – selbst von zivilen Unternehmern. Ein wichtiger Gesichtspunkt, der sich auf alle derartigen Fahrzeuge anwenden läßt und der nicht allgemein geschätzt wurde, ist der: Ihr Bau muß auf Tatsachen und Erfahrungen beruhen.

Kapitel 11
Kühler Wagemut und Entschlossenheit

»Hast du schon mal einen Engländer gesehen? Da steh'n im Moment vier draußen vor der Bude des Wachtmeisters!«
– Ein deutscher Seemann an Bord der TIRPITZ am Morgen des 22. September 1943.

Im Sommer 1943 war alles für das Unternehmen gegen die TIRPITZ bereit. Die Technik war erprobt und in Übungen gegen die von der *Home Fleet* »ausgeliehenen« Großkampfschiffe, geschützt durch die furchterregendsten Sperren, die das Amt für Hafensperren errichten konnte, vervollkommnet worden. Die Verantwortung für den Großteil dieser Ausbildung lag auf den Schultern von Commander D.C. Ingram, DSC, RN, einem hervorragenden U-Bootkommandanten, der am 20. Juni 1940 mit HSM/m CLYDE das deutsche Schlachtschiff GNEISENAU vor Trondheim torpediert hatte. Ausbildung ist der Schlüssel einer jeden Unternehmung und diejenigen, denen diese Ausbildung oblag, sind oft genug nicht beachtet worden, wenn die Belohnungen und Auszeichnungen verteilt wurden.

Nicht jedoch im Falle Ingrams; In seinem Abschlußbericht äußerte sich Rear-Admiral C.B. Barry[1/1a] wie folgt:

»Durch seine Führungseigenschaften und Fähigkeiten begeisterte Commander D.C. Ingram, DSC, RN, als der für die Ausbildung verantwortliche Offizier alle Offiziere und Mannschaften gleichermaßen und erzielte jenen hohen Standard von Befähigung, der von so wesentlicher Bedeutung war. Er war dafür verantwortlich, daß sich die Besatzungen zum Zeitpunkt des Beginns der Operation auf dem Höhepunkt ihrer Leistungsfähigkeit befanden.«[2]

Am Loch Cairnbawn traten besondere Sicherheitsmaßnahmen in Kraft. Vom 1. September 1943 an gab es keinen Heimaturlaub mehr und nur besonders ausgewählten Offizieren und Mannschaften war es gestattet, den Stützpunkt zu verlassen. Inzwischen hatte der Stab Barrys in London für das Unternehmen eine detaillierte Planung entworfen. Die Operation sollte vor dem Beginn des schlechten Winterwetters abgeschlossen sein – das eine Schleppfahrt quer über die Norwegensee unmöglich machen würde –, aber gleichzeitig mußte eine ausreichende winterliche Dunkelheit herrschen, um den X-Booten und den sie schleppenden Unterseebooten etwas Deckung zu verschaffen. Zudem war auch noch eine gewisse Mondhelligkeit erwünscht, um in den Fjorden den X-Booten die Navigation zu erleichtern. Unter Berücksichtigung dieser drei Faktoren wurde der Zeitraum vom 20. bis zum 25. September 1943 als der für die Operation geeignetste ausgewählt. Als »D-Day« – der Tag, an dem die Schleppverbindung zwischen den X-Booten und den schleppenden Unterseebooten gelöst werden sollte – wurde der 20. September festgesetzt.

Von der TIRPITZ war bekannt, daß sie im Kaafjord lag, einem Nebenarm des Altafjords in Nordnorwegen. Doch für den Fall ihrer Verlegung mußten alternative Operationsbefehle vorbereitet werden. Der Schlüssel für die Operation lag in der Luftaufklärung über dem Einsatzgebiet bis zum letztmöglichen Augenblick, so daß die neuesten Geheimdienstberichte ergänzt werden konnten. Der Altafjord lag außerhalb der Reichweite eines »Mosquito«-Aufklärungsflugzeuges, um von Großbritannien aus hin- und wieder zurückzufliegen. Daher mußten Vorkehrungen getroffen werden, daß die Aufklärer von Murmansk in Nordrußland aus starten, den Altafjord überfliegen und nach Großbritannien zurückkehren konnten. Für die Bildaufklärung in letzter Minute wurden für PR-Flüge ausgerüstete »Spitfire«-Maschinen nach Nordrußland verlegt: drei Maschinen vom Typ Mk.IX vom »A-Flight« der 543. RAF-Staffel, und zwar vom RAF-Flugplatz Benson zum sowjetischen Marinefliegerhorst Grasnaja. Schließlich fielen die Aufklärungsflüge der »Mosquito«-Maschinen infolge schlechten Wetters aus. Doch wie Rear-Admiral Barry in seinem Bericht vermerkte, machten die »Spitfire«-Aufklärer, die am 3. September in Vaenga eintrafen und 31 Einsatzflüge durchführten, den Ausfall der »Mosquito«-Maschinen mehr als wett:

> »Die später von dieser Einheit durchgeführten Aufklärungsflüge waren von unschätzbarem Wert. Alle Einzelheiten über die Verteilung der gegnerischen Schiffseinheiten und über die Netzsperren wurden von Rußland aus per Funk übermittelt und an das gesamte teilnehmende Personal weitergegeben, ehe es zur Unternehmung den Hafen verließ. Die ersten von dieser Einheit gemachten Luftaufnahmen trafen erst ein, nachdem die X-Boote wenige Stunden zuvor ausgelaufen waren. Doch dies spielte eigentlich keine Rolle mehr, denn der per Funk übermittelte Bericht umfaßte vollständig alle einschlägigen Informationen.«[3]

Der Operationsplan enthielt im wesentlichen folgendes: Sechs Frontunterseeboote mit je einem X-Boot im Schlepp sollten selbständig bis zu einer Position 75 sm westlich der Shetland-Inseln vormarschieren und danach den weiteren Vormarsch in Abständen von 20 sm antreten, bis sie eine Position erreichten, die etwa 150 sm vom Altafjord entfernt war. Von dort aus sollte eine Position angesteuert werden, um Land zu sichten. Der einige Zeit in Anspruch nehmende Austausch der Überführungs- gegen die Einsatzbesatzungen hatte von D minus 3 an stattzufinden, das heißt ab dem 17. September (3 Tage vor dem »D-Day«).

Jedem Unterseeboot war ein Sektor seewärts der ausgewiesenen Minensperre auf der Höhe des Sorøy-Sundes zugeteilt worden. Dort sollte das Unterseeboot verbleiben, nachdem es seinen Landfall gemacht hatte. Die Schleppverbindung zu den X-Booten war nach Einbrechen der Abenddämmerung am »D-Day« (20. September) auf Positionen zu lösen, die zwei bis fünf Seemeilen vor der Minensperre lagen. Danach hatten die X-Boote das Minenfeld in Überwasserfahrt zu durchqueren und den Weitermarsch zum Altafjord durch den Sterjn-Sund anzutreten. Am 21. September waren die Tageslichtstunden auf Grund liegend zu verbringen. Mit dem Anbrechen der Morgendämmerung am 22. September beabsichtigten die fünf X-Boote, vor dem Eingang zum Kaafjord zu stehen. Danach sollten sie, wie es die »Official History« stark vereinfachend beschrieb, »in den Flottenankerplatz eindringen und das Ziel angreifen, das ihnen zugewiesen worden war«. Die Zielzuweisung sollte auf der Grundlage der letzten nachrichtendienstlichen Erkenntnisse durch Funkspruch erfolgen, während die X-Boote unterwegs zum Einsatzraum waren, da sie nahezu zehn Tage brauchen würden, um ihn zu erreichen.

Während die X-Boote in der letzten Phase selbständig operierten, hatten die Schlepp-U-Boote in den ihnen zugeteilten Sektoren zu verbleiben. In jedem dieser Sektoren waren Positionen für das Aufnehmen der X-Boote festgelegt, sollten sie das Unternehmen überstehen. Gelang es einem X-Boot nicht, diesen Treffpunkt rechtzeitig zu erreichen, hatte es als einen alternativen Treffpunkt eine einsame Bucht an der Nordküste der Insel Sorøy anzusteuern, die in den Nächten vom 27./28. und 28./29. September von einem der Schlepp-U-Boote abgesucht werden würde. Als letzten Ausweg sollte jedes X-Boot, das nicht vor Sorøy aufgenommen werden konnte, den Eingang zum Kola-Inlet ansteuern. Dort hatte der SBNONR[4]

Vorkehrungen getroffen, vom 25. September bis zum 3. Oktober ein Minensuchboot am Eingang als Beobachtungsfahrzeug zu stationieren.

Die Einsatzpläne wurden erstellt und langsam fanden die Beteiligten zueinander. Am 30. August 1943 traf HMS TITANIA (Commander W.R. Fell, OBE, DSC, RN) im Loch Cairnbawn ein, um für die teilnehmenden Unterseeboote als Tender zu dienen. 48 Stunden später folgten ihr die Schlepp-U-Boote THRASHER, TRUCULENT, STUBBORN, SYRTIS, SCEPTRE und SEANYMPH.[4a] Alle Unterseeboote waren mit Schleppgeschirr ausgerüstet und für den Fall, daß bei einem von ihnen die Ausrüstung Mängel aufwies oder daß eines von ihnen durch Unglücksfall ausfiel, standen in Scapa Flow zwei weitere Unterseeboote – SATYR und SEADOG – mit ähnlicher Ausrüstung bereit.

Zwischen dem 1. und 5. September fanden Erprobungsfahrten für das Schleppen und Übungen mit dem Austauschen der Überführungs- gegen die Einsatzbesatzungen statt. Nach einer letzten Abstimmung der Kompasse wurde jedes X-Boot an Bord des Tenders BONAVENTURE geheißt, um mit den seitlichen Sprengladungen ausgerüstet zu werden.

Zu diesem Zeitpunkt war überhaupt noch nicht klar, wo sich der Ankerplatz der TIRPITZ befand. Am 3. September hatte sie ein sowjetisches Aufklärungsflugzeug zusammen mit dem Schlachtschiff SCHARNHORST und dem Schweren Kreuzer LÜTZOW[4b] im Altafjord festgestellt. Doch am 7. September fand der erste »Spitfire«-Aufklärungsflug von Vaenga aus nur noch die LÜTZOW vor. Tatsächlich standen TIRPITZ und SCHARNHORST an diesem Tag in See, ausgelaufen zu einer ziemlich zwecklosen Beschießung von Spitzbergen. Am 10. September kehrten die beiden schweren Einheiten in den Altafjord zurück. Obwohl der britische SIS einen Agenten am Altafjord hatte, war er zu diesem Zeitpunkt nicht imstande, Meldungen nach London durchzugeben.[4c] Erst aus einem entzifferten deutschen Marinefunkspruch[4d] vom 10. September ergab sich die Rückkehr der TIRPITZ – und wurde durch einen am selben Tag durchgeführten Aufklärungsflug bestätigt.

Die Anwesenheit der deutschen Kriegsschiffe im Kaafjord bedeutete, daß die Unterseeboote sofort auslaufen mußten, wenn sie den Altafjord bis zum 22. September 1943 – dem günstigsten Zeitpunkt für einen Angriff – erreichen sollten. Infolgedessen lief am Abend des 11. September HMS/m TRUCULENT mit $X\,6$ im Schlepp als erstes Boot aus, gefolgt von SYRTIS mit $X\,9$, THRASHER mit $X\,5$, SEANYMPH mit $X\,8$ und STUBBORN mit $X\,7$. SCEPTRE ging mit $X\,10$ im Schlepp erst um 13.00 Uhr am 13. September in See. Die auf Seite 144 beigefügte Tabelle listet die an der Operation »Source« beteiligten Offiziere und Mannschaften namentlich auf.

Vom 11. bis 14. September verlief der Hinmarsch ereignislos. Innerhalb des Zeitraums von jeweils 24 Stunden tauchten die X-Boote drei- bis viermal kurz auf, um durchzulüften und ein »Schwätzchen« zu halten. Der Vormarsch ging zügig voran; die beiden Unterseeboote der T-Klasse erreichten 10 kn und die kleineren der S-Klasse 8,5 kn. Am 14. September trafen die Luftbilder, aufgenommen von den »Spitfire«-Aufklärern der 543. RAF-Squadron, in Großbritannien ein. Die Luftaufnahmen zeigten die im Kaafjord vor Anker liegende TIRPITZ und die LÜTZOW, während die SCHARNHORST in einiger Entfernung im Altafjord lag. Für den Fall, daß die eine oder andere der schweren Einheiten nicht anwesend war oder daß alle drei an weit voneinander entfernten Ankerplätzen lagen, waren verschiedene Einsatzpläne erarbeitet worden. Der Einsatzplan, der für diese Verteilung der deutschen Schiffe am besten geeignet war, trug die Bezeichnung »Zielplan 4«. Ordnungsgemäß wurde er zusammen mit den letzten Informationen über die Netzsperren den Unterseebooten in See durch Funkspruch übermittelt. Der Schwerpunkt des Plans richtete sich gegen die TIRPITZ, die als Ziel den X-Booten $X\,5$, $X\,6$ und $X\,7$ zugewiesen wurde, während $X\,8$ die LÜTZOW und $X\,9$ und $X\,10$ die SCHARNHORST anzugreifen hatten.

Es war fast unvermeidlich, daß etwas schiefgehen mußte. In den frühen Morgenstunden des 15. September brach die Schlepptrosse zwischen der SEANYMPH und X 8. Die Überführungsbesatzung der X 8 tauchte fast sofort auf, konnte aber nichts mehr von der SEANYMPH sehen, obwohl die Sicht rund fünf Seemeilen betrug. Unverzagt steuerte Lieutenant Smart Kurs 029°. Der Bruch der Schlepptrosse war auf der SEANYMPH unbemerkt geblieben. Erst zwei Stunden später wurde er festgestellt, als das Unterseeboot auftauchte, um

Die an der Operation »Source« beteiligten Offiziere und Mannschaften

| X-Boot | Einsatzbesatzung | Überführungsbesatzung |

X 5 im Schlepp von HMS/m THRASHER (Lt. A.R. Hezlet, DSC, RN)
    Lt. H. Henty-Creer, RNVR   Lt. J.V. Terry Lloyd, SANF
    Mid. D.J. Malcolm, RNVR   Act.Ldg.Smn. B.W. Element
    Sub-Lt. T.J. Nelson, RNVR   Sto.1 N. Garrity
    ERA.4 J.J. Mortiboys

X 6 im Schlepp von HMS/m TRUCULENT (Lt. R.L. Alexander, DSO, RN)
    Lt. D. Cameron, RNR   Lt. A. Wilson, RNVR
    Sub-Lt. J.T. Lorimer, RNVR   Ldg.Smn. J.J. McGregor
    Sub-Lt. R.H. Kendall, RNVR   Sto.1 W. Oakley
    ERA.4 E. Goddard

X 7 im Schlepp von HMS/m STUBBORN (Lt. A.A. Duff, RN)
    Lt. B.C.G. Place, DSC, RN   Lt. P.H. Philip, SANF (V)
    Sub-Lt. L.B. Whittam, RNVR   AB. J. Magennis
    Sub-Lt. R. Aitken, RNVR   Sto.1 F. Luck
    ERA.4 M. Whitley

X 8 im Schlepp von HMS/m SEANYMPH (Lt. J.P.H. Oakley, DSC, RN)
    Lt. B.M. McFarlane, RAN   Lt. J. Smart, RNVR
    Lt. W.J. Marsden, RANVR   Act.Ldg.Smn. A.H. Harte
    Sub-Lt. R. Hindmarsh, RNVR   Sto.1 J.G. Robinson
    ERA.4 J.B. Nurray

X 9 im Schlepp von HMS/m SYRTIS (Lt. M.H. Jupp, DSC, RN)
    Lt. T.L. Martin, RN   Sub-Lt. E. Kearon, RNVR
    Sub-Lt. J. Brooks, RN   AB. A.H. Harte
    Lt. M. Shean, RANVR   Sto.1 G.H. Hollen
    ERA.4 V. Coles

X 10 im Schlepp von HMS/m SCEPTRE (Lt. I. McIntosh, RN)
    Lt. K. Hudspeth, RANVR   Sub-Lt. E.V. Page, RNVR
    Sub-Lt. B.E. Enzer, RNVR   ERA.4 H.J. Fishleigh
    Mid. G.G. Harding, RNVR   Act.PO. A. Brookes
    ERA.4 L. Tilley

X 8 zu durchlüften. Oakley machte sofort kehrt und verbrachte den Rest des Tages mit der erfolglosen Suche nach dem verlorengegangenen X-Boot.

Um 12.13 Uhr sichtete STUBBORN ein deutsches U-Boot, tauchte sofort und blieb über eine Stunde auf Tiefe. Um 15.50 Uhr brach die Schlepptrosse zwischen STUBBORN und X 7 und während mit der Ersatztrosse die Schleppverbindung wieder hergestellt wurde, kam X 8 in Sicht. Es war durchaus möglich, daß das zuvor gesichtete »U-Boot« X 8 gewesen war, das nach der SEANYMPH suchte. Die kunterbunte Flottille, bestehend aus STUBBORN mit X 7 im Schlepp und in Begleitung von X 8, begann nunmehr, nach der SEANYMPH zu suchen. Bei Einbruch der Abenddämmerung wurde die Situation an Rear-Admiral Barry gemeldet. Dieser war imstande, die Information an die SEANYMPH weiterzugeben.[5]

In der Nacht vom 15./16. September kam jedoch X 8 außer Sicht. Smart hatte den Befehl, Kurs 046° zu steuern, fehlerhaft über Funk aufgenommen und steuerte Kurs 146°. Um 03.00 Uhr am frühen Morgen des 16. September war X 8 erneut verschwunden, dafür kam aber die SEANYMPH in Sicht. Nachdem die STUBBORN alle diesbezüglichen Informationen an das Schwesterboot übermittelt hatte, setzte es seinen Marsch nach Norden fort und überließ es der SEANYMPH, nach ihrem umherirrenden Schützling zu suchen, den sie schließlich um 17.00 Uhr fand. Um 20.05 Uhr war die Schleppverbindung wieder hergestellt und da die Bedingungen günstig waren, fand auch der Austausch der Überführungs- gegen die Einsatzbesatzung statt. Danach nahm die SEANYMPH mit X 8 sicher im Schlepp den unterbrochenen Vormarsch wieder auf.

Doch die Unannehmlichkeiten für X 8 waren keineswegs vorüber. In den Morgenstunden des 17. September bekam das Boot Schwierigkeiten, den Trimmzustand aufrechtzuerhalten. Es war zu hören, wie aus der an Steuerbord angebrachten Seitenladung Luft entwich. Um 16.30 Uhr ließ McFarlane, um das Boot auf ebenen Kiel zu halten, sowohl die Regel- oder Ausgleichszelle als auch die Tauchzelle 2 voll ausblasen. Darüber hinaus entschloß er sich, die Steuerbordladung abzuwerfen. Die Sprengladung wurde auf »Sicher« eingestellt und kurz nach 16.35 Uhr auf 330 m Wassertiefe abgeworfen. Doch die Einstellung »Sicher« funktionierte nicht, denn fünfzehn Minuten später detonierte die Sprengladung rund 900 m achteraus von X 8. Danach zeigte auch die Backbordladung Anzeichen eines Lecks. Daher entschloß sich McFarlane, auch diese Sprengladung abzuwerfen. Diesmal stellte er den Zeitzünder der Sprengladung auf zwei Stunden Verzögerung nach dem Abwerfen ein, um X 8 und SEANYMPH ausreichend Zeit zum Ablaufen zu verschaffen. Um 16.55 Uhr erfolgte das Abwerfen der Sprengladung; sie detonierte um 18.40 Uhr mit ungeheurer Wucht. Auf X 8 lief die Tauchkammer voll und die Rohrleitungen erlitten beträchtliche Erschütterungsschäden. X 8 war nicht mehr in der Lage, die Fahrt fortzusetzen, und so wurde der Entschluß gefaßt, das Boot selbstzuversenken, um den weiteren Verlauf der Operation nicht zu gefährden.

Inzwischen hatte X 9 eine Katastrophe ereilt. Um 01.20 Uhr am 16. September tauchte das Boot nach einem routinemäßigen Aufenthalt an der Wasseroberfläche zur Durchlüftung des Bootes. Danach erhöhte die SYRTIS ihre Geschwindigkeit auf 8,5 kn. Um 08.55 Uhr verringerte das Unterseeboot seine Fahrt und gab X 9 durch das Zünden einer Reihe kleiner Unterwassersprengladungen den Befehl zum Auftauchen. Doch nach dem Auftauchen stellte Lieutenant Jupp den Bruch der Schlepptrosse fest. Die SYRTIS ging sofort auf Gegenkurs und um 15.45 Uhr wurde auf dem Kurs des Unterseebootes ein gut erkennbarer Ölfleck gesichtet. Jupp setzte die Suche bis um 01.45 Uhr am 17. September fort und brach sie dann widerstrebend ab. Das Unterseeboot ging wieder auf einen nördlichen Kurs, um den Verlust von X 9 nach London zu melden. Sein Funkspruch ging dort nie ein und erst am Abend des 2. Oktober erfuhr London vom Verschwinden des X-Bootes. Was war X 9 zugestoßen? Zweifellos hatte die Schlepptrosse, eine Manilatrosse, die Festigkeitsgrenze erreicht und war gebrochen. Das

Gewicht der vollgesogenen Trosse, das am Bug des X-Bootes hing, hatte dann das kleine Fahrzeug in die Tiefe gezogen, die es zerstörte.

Die beiden Unterseeboote der T-Klasse mit *X 6* und *X 5* im Schlepp sichteten am 17. September ohne jeden Zwischenfall Land auf der Höhe der Insel Sorøy, gefolgt von SCEPTRE und SYRTIS am 19. September, während STUBBORN aufgehalten wurde und erst am 20. Land in Sicht bekam. Zu diesem Zeitpunkt geriet STUBBORN in eine höchst besorgniserregende Lage. Um 01.05 Uhr am 20. September kam eine Treibmine in Sicht, die das Unterseeboot in einigem Abstand passierte, sich aber dann in die Schlepptrosse verhedderte und an ihr entlang trieb, bis sie sanft gegen den Bug von *X 7* stieß. Große Geistesgegenwart zeigend, drängte Lieutenant Place die Mine mit einigen kräftigen Fußtritten ab. Immer wieder gegen die Bordwand von *X 7* stoßend, glitt sie dann am Kleinunterseeboot entlang, bis sie schließlich achteraus trieb.[6] Einige Stunden später sichtete SYRTIS ein deutsches U-Boot in einer Entfernung von rund 1400 m, das sich für einen Angriff in einer ausgezeichneten Position befand. Aus der Besorgnis heraus, die Operation zu gefährden, verboten jedoch die Befehle, die Jupp erhalten hatte, einen Angriff, ausgenommen gegen ein deutsches Großkampfschiff. So mußte er zusehen, während der Aufdringling entschlüpfte.

Am frühen Nachmittag des »D-Day«, des 20. September 1943, waren die vier Unterseeboote, die noch ihre X-Boote bei sich hatten, bereit, die Schleppverbindungen zu lösen. Der Austausch der Überführungs- gegen die Einsatzbesatzungen hatte stattgefunden und zwischen 18.30 Uhr und 20.00 Uhr[6a] entfernten sich die winzigen Fahrzeuge selbständig in Richtung auf den Sorøy-Sund, während sich ihre »Mutterboote« seewärts zurückzogen. Lieutenant Cameron schrieb in sein Tagebuch:

> »Ich habe dieses bange Gefühl kurz vor dem großen Kampf. [Ich] frage mich, wie die Theorie beim erstenmal unter Beschuß standhalten wird und wie ich mich verhalten werde, obwohl ich nicht zum erstenmal unter Feuer gerate. ... Wenn ich ein echter Brite wäre, sollte die vor mir liegende Aufgabe die Sache sein; aber ich kann mir nicht helfen, daran zu denken, was meine nächsten Angehörigen fühlen werden, wenn ich sie verpfusche.«[7]

Die Überführungsbesatzungen müssen erleichtert gewesen sein, sich in die vergleichsweise Bequemlichkeit des Schlepp-U-Bootes zurückzuziehen. Die Erfüllung ihrer Aufgabe verlief sang- und klanglos, war aber für den Erfolg der Operation von wesentlicher Bedeutung. Die Unbequemlichkeiten, die diese Besatzungen ertrugen, waren ungeheuer. Von der Beengtheit einmal abgesehen, verursacht durch die Tatsache, wenn drei Menschen auf sehr engem Raum zehn Tage lang zusammenleben, bedeutete der Größenunterschied zwischen dem schleppenden Unterseeboot und dem X-Boot, daß das letztere stets über 18 m hinauf und hinunter mußte. Daneben gab es noch die unaufhörliche Routine der Wartung und der Vorbereitung durchzuführen, um das X-Boot in einem erstklassigen Zustand übergeben zu können.

In der Nacht vom 20./21. September durchquerten die X-Boote das verminte Gebiet vor der Insel Sorøy im Überwassermarsch. Anschließend tauchten sie bei Tagesanbruch am 21. und liefen tagsüber durch den Stjern-Sund, um in der Abenddämmerung den Altafjord zu erreichen. Nach dem Aufladen der Batterien auf einer Position südlich der Bratholme-Inselgruppe hatten die X-Boote nur noch vier Seemeilen zurückzulegen, ehe sie vor dem Eingang zum Kaafjord standen. Um zu gewährleisten, daß alle X-Boote reichlich Zeit zur Verfügung hatten, um den Kaafjord zu erreichen, und daß jeder vorzeitige Angriff unterblieb, der die gesamte Operation gefährden konnte, waren alle Angriffe vor 01.00 Uhr am 22. September untersagt. Danach hatte jeder Kommandant freie Hand. Formlos hatten sich die Kommandanten untereinander abgesprochen, ihre Angriffe zwischen 05.00 Uhr und 08.00 Uhr durchzuführen und die Zeitzünder ihrer Sprengladungen auf 08.30 Uhr als Detonationszeit einzustellen – in der Hoffnung, sich bis dahin aus dem Angriffsbereich zurückgezogen zu haben.

Die TIRPITZ lag durch mehrere Netzsperren geschützt im Kaafjord. Außerdem überwachten Patrouillenboote und Unterwassermikrophone den Bereich. Quer zum Eingang des Kaafjords verlief ein 48 m tiefes Netz, das sich von Auskarneset an der Nordseite bis nach Jemeluftneset an der Südseite erstreckte. Auf der Südseite des Netzes befand sich auch eine 400 m breite Sperrlücke, die durch eine bewegliche Sperre geschlossen werden konnte. Doch infolge der häufigen Bewegungen von örtlichen und von Marinefahrzeugen stand der Durchlaß stets offen und wurde nur im Falle eines U-Bootalarms geschlossen. Zusätzlich war an der Sperrlücke ein Wachboot postiert, das mit Unterwassermikrophonen ausgerüstet war und alle ein- und auslaufenden Fahrzeuge anhielt und überprüfte.

Im Inneren des Kaafjords lag die TIRPITZ bei Barbrudalen in einem Netzkasten. Der Netzkasten bestand zum einen aus einem 15 m tiefen Netz und zum anderen aus einem zweiten Netz von 36 m Tiefe. Die Informationen über die Netzsperren stammten von der Luftaufklärung der RAF sowie aus Beobachtungen der norwegischen Widerstandsbewegung, insbesondere von zwei sehr tapferen Männern: Torstein Raaby und Alfred Henningsen. Jedoch weder die Adleraugen der »Spitfire«-Aufklärer noch die Beobachtungen der Norweger aus der Nähe hatten ein drittes Netz bemerkt, das unterhalb des zweiten Netzes aufgehängt war. Somit reichte die Sperre insgesamt bis auf 72 m Tiefe. Eine 20 m breite Sperrlücke befand sich auf der Seite des Kastens, die dem Fjordeingang zugewandt war (etwa auf Höhe des Backbordbugs der TIRPITZ). Sie konnte durch einen Balken geschlossen werden, von dem ein 36 m langes Netz herabhing. Diese Balkensperre sollte bei Nacht geschlossen sein, aber in der Nacht vom 21./22. September war sie aus Nachlässigkeit offen geblieben, obwohl die Sperrlücke noch von einem Wachboot sowie durch Beobachtungsposten und Horchwachen auf der TIRPITZ kontrolliert wurde.[8] Häufige Übungen zur Überprüfung der Netzsperren waren durchgeführt worden, und es hat den Anschein, als ob diese bei der Besatzung des Schlachtschiffes einen Zustand übermäßigen Selbstvertrauens herbeigeführt hatten. Vorausgesetzt, die deutsche Seite wußte, daß die Briten Unterwasserwaffen einsetzen würden, um die TIRPITZ zu versenken (vermutlich kannten sie alle Einzelheiten der Operation »Title« vom unglücklichen Evans), so traf sie interessanterweise keine Vorkehrungen, um für eine rasche Verlegung des Schiffes ausreichend Dampf zur Verfügung zu haben – noch unternahm sie einfache Vorsichtsmaßnahmen, wie etwa die Propeller langsam drehen zu lassen, um einen Sog zu erzeugen, der für Taucher einen Angriff außerordentlich schwierig gemacht hätte.

Zwischen 01.45 Uhr und 02.15 Uhr am 21. September tauchten $X\,6$ und $X\,7$, um den Marsch entlang des Stjern-Sundes anzutreten. Die beiden X-Boote bekamen Schwierigkeiten mit dem Trimmzustand, als sie auf »Süßwassertaschen« stießen. Ansonsten begegneten ihnen während der Fahrt durch den Fjord keinerlei Probleme, obwohl gelegentlich Bewachungsfahrzeuge in Sicht kamen. Um 16.30 Uhr sichtete Lieutenant Place, der Kommandant von $X\,7$, die SCHARNHORST in Lee der Insel Aarøy. Er war versucht, das Schlachtschiff anzugreifen, hielt sich aber an seinen ursprünglichen Plan. In der Nacht vom 21./22. September lagen die beiden X-Boote vor der Insel Bratholme (obwohl sie keine Verbindung zueinander hatten) und um 00.45 Uhr am 22. September nahm Place Kurs auf den Kaafjord, etwa eine Stunde später gefolgt von Cameron mit seinem $X\,6$. Die Wetterverhältnisse waren für die beiden X-Boote günstig: ein trüber, bewölkter Himmel mit einem Wind, der ausreichte, um auf den Wellen Schaumköpfe zu erzeugen – ideal, um das von einem Sehrohr verursachte Kielwasser zu verbergen.

Um 04.00 Uhr passierte Place die Netzsperre am Eingang des Kaafjords, indem er die Tauchzellen des X-Bootes ausblies und über das Netz »kletterte«. Doch kurz danach war er gezwungen, auf Tiefe zu gehen, um einem Bewacher auszuweichen. Hierbei verhedderte sich das X-Boot in einem leeren Geviert des Torpedoabwehrnetzes, das einmal dem Schutz der LÜTZOW gedient hatte. Es dauerte mit Lenzen und Fluten der Tauchzellen fast eine Stunde, um *X 7* zu befreien. Hierbei durchbrach das Boot auch die Wasseroberfläche, wurde aber glücklicherweise nicht entdeckt. Nachdem sich das Sehrohr in einen weiteren Draht verwickelt hatte, steuerte *X 7* um 06.00 Uhr vorsichtig auf den Netzkasten bei Barbrudalen zu – vorsichtig, weil die Trimmpumpe und der Kreiselkompaß infolge des Verhedderns im Netz der LÜTZOW ausgefallen waren.

Auch *X 6* bekam mechanische Probleme. An seinem Sehrohr hatte sich ein Leck gebildet, wodurch es vollief und die optische Beobachtung außerordentlich erschwerte. Im Gegensatz zu Place plante Cameron, auf orthodoxere Weise durch das Netz am Eingang zum Kaafjord zu gelangen. Er befahl dem Taucher, Sub-Lieutenant R.H. Kendall, RNVR, sich zum Verlassen des Bootes bereitzuhalten, um eine Öffnung in das Netz zu schneiden. Doch als sich Kendall gerade in die Tauchkammer zwängte, hörte Cameron über dem X-Boot den Motor eines kleinen Schiffes blubbern. In einem sehr wagemutigen und entschlossenem Manöver brachte er *X 6* an die Wasseroberfläche und schlüpfte unentdeckt im Kielwasser des kleinen Küstenschiffes durch die Sperrlücke im Netz. *X 6* legte dann vor dem Weitermarsch eine Pause ein, während Cameron das Sehrohr in dem Versuch, es wieder brauchbar zu machen, zerlegte und reinigte. Als Cameron auf Sehrohrtiefe ging, stellte er fest, daß sein X-Boot gefährlich dicht an das Troßschiff NORDMARK[8a] herantrieb und nur eine rasche Kursänderung verhinderte eine Kollision mit dessen Ankerboje. Anschließend lief das Sehrohr wieder voll und – um das Maß vollzumachen – brannte auch noch die Bremse des Sehrohrmotors durch. Von nun an mußte das Sehrohr von Hand ein- und ausgefahren werden. Camerons Gefühle sind durchaus vorstellbar:

>»Wir hatten zwei Jahre lang auf diese Gelegenheit gewartet und trainiert und im letzten Augenblick tat eine fehlerhafte Werksarbeit ihr möglichstes, um uns um alles zu bringen. Meilenweit im Umkreis dürfte es kein weiteres »X-Craft« geben. Nach allem, was ich wußte, waren wir die einzigen im Rennen oder zumindest das einzig übriggebliebene »X-Craft«. Ich fühlte mich überaus schauderhaft und brachte das Boot auf seinen alten Kurs zurück. ... Es wäre kein gutes Unterfangen gewesen, wenn wir das Überraschungsmoment verdorben und zerstört hätten, wenn wir abgefangen und versenkt worden wären, ehe wir unser Ziel erreichten, aber wir standen im Begriff, einen sehr guten Schlag zu führen.«[9]

Cameron drängte vorwärts. Um 07.05 Uhr hatte *X 6* die Sperrlücke für den Bootsverkehr im Netzkasten bei Barbrudalen passiert und nun stand nichts mehr zwischen diesem Boot und der TIRPITZ.[9a]

An Bord des deutschen Schlachtschiffes gab es keine Anzeichen, daß etwas nicht stimmte. Der 22. September stand im Begriff, ein weiterer Routinetag zu werden. Um 06.00 Uhr trat die Wache im Horchraum ab, der die ganze Nacht besetzt gewesen war. Gleichzeitig zogen die normalen Tageswachen für Luft- und Sabotageabwehr auf. Der Durchlaß in der Netzsperre wurde für den routinemäßigen Bootsverkehr geöffnet. Dies alles hatte stattgefunden, als um 07.10 Uhr backbord querab des Schlachtschiffes etwas gesichtet wurde, das im Kriegstagebuch der TIRPITZ als ein »langer, schwarzer u-bootähnlicher Gegenstand« beschrieben wurde. Hierbei handelte es sich um *X 6*, das nach dem Passieren der Sperrlücke an der Nordseite der Netzsperre auf Grund geraten war. Da das gesichtete Objekt jedoch für einen Tümmler gehalten wurde, geschah zunächst nichts. *X 6* befand sich mittlerweile in einem bedauerlichen Zustand. Das Sehrohr war fast vollgelaufen und der Kreiselkompaß war bei der Grundberührung ebenfalls wieder ausgefallen. Cameron ertastete sich seinen Weg zur TIRPITZ blind. Er hoffte, seine Position nach dem Schatten des Schlachtschiffes bestimmen zu können. Fünf Minuten später verfing sich *X 6* in einem Hindernis, das wahrscheinlich zu einem der beiden Fahrzeuge gehörte, die an der Backbordseite des Vorschiffes längsseits lagen. Erneut kam das X-Boot nur etwa 25 m entfernt an die Wasseroberfläche und diesmal bestand kein Zweifel mehr daran, daß es sich um ein Unterseeboot handelte. Es wurde U-Bootalarm gegeben und mit Handfeuerwaffen ein lebhaftes Feuer eröffnet. Glücklicherweise befand sich *X 6* so dicht am Schiff, daß weder die Rohre der Leichten noch die der Schweren Flak soweit gesenkt werden konnten, um einzugreifen.

Cameron befreite *X 6* aus dem Hindernis und klar erkennend, daß es kein Entkommen mehr gab, ließ er das Boot achteraus sacken, bis es mit dem Heck auf der Höhe des Turms »Berta«[9b] am Schiffskörper der TIRPITZ entlang schrammte. Dort legte er die beiden Sprengladungen ab und versenkte das Boot nach der Vernichtung der Geheimsachen selbst. Als das winzige *X 6* sank, kam ein Verkehrsboot der TIRPITZ längsseits und fischte Cameron und die drei anderen Besatzungsangehörigen aus dem Wasser. Die Deutschen unternahmen noch den halbherzigen Versuch, das sinkende *X 6* in Schlepp zu nehmen, hatten aber damit keinen Erfolg. Als die Besatzung von *X 6* das Fallreep zum Achterdeck der TIRPITZ hinaufstieg, frug sich Sub-Lieutenant John Lorimer, RNVR (der I. Wachoffizier des X-Bootes), mit einer eigenartigen Empfindung der Gleichgültigkeit, ob er das Achterdeck und die Flagge eines fremden Kriegsschiffes salutieren sollte. Sub-Lieutenant Kendall erinnerte sich wie folgt:

> »Als wir das Achterdeck erreichten, drehte sich John [Lorimer] zu mir um, sich stets der Dienstvorschriften bewußt, und sagte: »Grüßen wir das Achterdeck?« Dies war der letzte Gedanke, der mir durch den Kopf ging, und außerdem trug ich keine Mütze. Ich glaube, John machte einen Witz.«[10]

Die vier Briten wurden gut behandelt, erhielten Kaffee und Schnaps und wurden danach getrennt. Unter Bewachung kamen Cameron und Lorimer in einen Raum, während Kendall und Goddard in einen anderen gebracht wurden.

An Bord der TIRPITZ versetzte der Alarm alles in höchste Betriebsamkeit. Taucher bereiteten sich darauf vor, hinunterzugehen und den Schiffskörper zu untersuchen. Dampf wurde aufgemacht und Vorbereitungen wurden getroffen, um den Netzkasten zu verlassen. In der Reaktion der Schiffsführung des Schlachtschiffes auf die Ereignisse, die sich rings um die TIRPITZ entwickelten, scheint ein gewisses Maß an Laxheit gewesen zu sein. Obwohl *X 6* zum erstenmal um 07.07 Uhr gesichtet wurde, dauerte die Auslösung des Alarms bis 07.21 Uhr und erst um 07.32 Uhr kam die Meldung, daß alle Gefechtsstationen besetzt und die Schotten geschlossen waren. Um 07.40 Uhr verursachte das Sichten eines zweiten Kleinunterseebootes – *X 7* unter Führung von Lieutenant Place – weitere Verwirrung. Eindeutig trieben sich im Kaafjord mehrere Kleinunterseeboote herum, die (mit den Worten der offiziellen britischen Darstellung) »den Deutschen eine Vorstellung vermittelten, die kaum nach ihrem Geschmack war«. Daher faßte der Kommandant der TIRPITZ den Entschluß, das Schiff weiterhin in der Sicherheit des Netzkastens zu belassen und lediglich den Versuch zu unternehmen, das Schiff so weit wie möglich von der Stelle wegzubringen, an der *X 6* gesunken war. Infolgedessen wurde die Backbordankerkette ausgesteckt, während die Steuerbordankerkette eingehievt wurde, um den Bug des Schlachtschiffes nach Steuerbord zu verholen.

Während des ganzen Durcheinanders fuhr *X 7* seinen Angriff. Place hatte sich entschlossen, unter dem Torpedoschutznetz hindurchzugehen, aber dieser Versuch schlug fehl, da das Netz sehr viel tiefer hing, als die nachrichtendienstlichen Einschätzungen es ihm vermittelt hatten. Place unternahm zwei Versuche, um durch das Netz zu kommen, blieb aber jedesmal stecken. Nur durch heftiges Manövrieren konnte sich X 7 aus dem Netz befreien. Hierbei fiel der Kreiselkompaß des Bootes aus. In einer Phase dieses Manövrierens durchbrach das Boot auch die Wasseroberfläche (07.10 Uhr), blieb aber unentdeckt, da sich die Aufmerksamkeit der TIRPITZ-Besatzung auf Camerons X 6 konzentrierte. Zu diesem Zeitpunkt war sich Place keineswegs sicher, wo er sich befand. Er ließ daher X 7 langsam an die Wasseroberfläche steigen, um optisch einen Rundblick zu nehmen. Die folgenden Ereignisse schildert am besten der spätere Bericht von Lieutenant Place:

> »Durch einen außergewöhnlich glücklichen Zufall müssen wir entweder unter dem Netz durchgekommen sein oder den Weg durch die Sperrlücke für den Bootsverkehr gefunden haben, denn beim Durchbrechen der Wasseroberfläche lag die TIRPITZ ohne dazwischenliegende Netze in einer Entfernung von nicht mehr als etwa 27 m direkt voraus. X 7 lief in 12 m Wassertiefe mit voller Fahrt auf die TIRPITZ zu, stieß in rund 6 m Wassertiefe gegen die Backbordseite des Schiffes etwa unterhalb von Turm B und glitt leise unter den Kiel. Dort wurde die Steuerbordladung im vollen Schatten des Schiffes abgelegt. Hier wurde das Boot auf 18 m Tiefe rasch ausbalanciert – beim Zusammenstoß war X 7 nach Backbord herumgeschwungen, so daß [wir] annähernd unter dem Kiel der TIRPITZ waren. Langsam achteraus gehend, wurde die Backbordladung etwa 45 – 60 m weiter achtern abgelegt – nach meiner Schätzung unter dem Turm X.«[11/11a]

Place versuchte nunmehr zu entkommen, wurde aber hierbei durch den ausgefallenen Kreiselkompaß behindert. X 7 schlitterte um 07.40 Uhr über das Torpedoschutznetz und bei dieser Gelegenheit wurde das Boot zum erstenmal von den Deutschen gesichtet, die mit Leichter Flak das Feuer eröffneten. Place brachte sein Boot in die Tiefe, aber das kleine Fahrzeug holte nach Steuerbord über und verfing sich etwa um 08.10 Uhr im Torpedoschutznetz, das es gerade erst überwunden hatte. Fast unmittelbar darauf, nachdem sich X 7 im Netz verheddert hatte, gab es eine furchtbare Detonation, die das kleine Fahrzeug aus dem Netz und an die Wasseroberfläche schleuderte. Zu diesem Augenblick bemerkte Place später: »Es war ermüdend zu sehen, daß die TIRPITZ immer noch schwamm.«

Das heftige Manövrieren inner- und außerhalb der Netzsperre hatte den Ausfall vieler Steuerungssysteme zur Folge. Das Boot hatte keinen Kreiselkompaß mehr, die Tiefensteuerung funktionierte ebenfalls nicht mehr und es hatte seinen Druckluftvorrat fast erschöpft. Place entschloß sich daher zum Auftauchen, um ihm und seiner Besatzung eine Möglichkeit zum Entkommen zu verschaffen. X 7 kam dicht an der Schleppscheibe für das Gefechtsschießen an die Wasseroberfläche und Place war imstande, ohne naß zu werden, mit einem Satz auf das Schleppfloß zu springen. Seine Besatzung hatte dieses Glück nicht. Als sich X 7 dem Scheibenfloß näherte, erkannte Place, daß der Bug beim Längsseitskommen untertauchen würde. Da X 7 sehr wenig Auftrieb besaß, schlug er das Luk mit dem Fuß zu, um einen Wassereinbruch zu verhindern. Sub-Lieutenant Aitken war sich jedoch dieser Situation nicht bewußt und öffnete das Luk wieder. Es kam zum Wassereinbruch in das Boot, das seinen Auftrieb verlor und versank. Von den drei im Bootsinneren eingeschlossenen Männern sollte nur Aitken überleben – und wie er dies schaffte, ist eine Geschichte kaltblütigen Heldentums:

> »Auf Grund diskutierten wir die Möglichkeiten eines Entkommens mit dem DSEA[12] oder des Aufsteigens an die Wasseroberfläche, falls wir mit X 7 abheben könnten. Um das letztere durchzuführen, müßten der Kompressor und die Pumpen eingeschaltet werden, und dies hätte bedeutet, daß ihr Geräusch die Wasserbomben heranführen würde. Daher wurde beschlossen, das gesamte Boot zu fluten. Der I. Wachoffizier sollte aus dem achteren Luk und der ERA aus

dem Tauchkammerluk aussteigen, während ich mich neben der Tauchkammer aufhielt und nach dem Aussteigen des ERA folgen sollte. Wir warteten ab, bis eine Zeitlang keine Wasserbomben mehr fielen, dann legten wir die DSEA an. Wir waren nicht in der Lage, einige der Flutventile zu öffnen, und so ging das Fluten sehr langsam vor sich. Als das Wasser die elektrische Anlage erreichte, brannte etwas durch, das Boot füllte sich mit Dämpfen und wir mußten zum Sauerstoff greifen. Danach stellten wir fest, daß es mit angelegtem DSEA unmöglich war, die Plätze zu tauschen. Doch der ERA signalisierte, daß es in Ordnung wäre, wo er sich befand. Als ich der Meinung war, das Boot wäre nahezu geflutet, stieg ich in die Tauchkammer und versuchte, das Luk zu öffnen. Doch es ließ sich nicht öffnen. Bei meiner Rückkehr in die Zentrale fand ich den ERA zusammengesackt an Deck. Die Überprüfung seines Atembeutels ergab, daß er flach war, und auch die beiden kleinen Notzylinder waren leer. Ohne Sauerstoff mußte er ertrinken. Ich kehrte in die Tauchkammer zurück und versuchte erneut, das Luk zu öffnen. Auch diesmal ließ es sich nicht öffnen. Anschließend war meine Sauerstoffflasche leer. Ich öffnete meine beiden Notzylinder, aber bei dieser Tiefe schienen sie mir nur ein paar Atemzüge zu geben. Doch dies reichte für einen weiteren Versuch aus, um das Luk zu öffnen. Es ging auf und auf dem in der Tauchkammer untergebrachten WC stehend, kletterte ich hinaus. Als ich im Wasser nach oben stieg, verringerte sich der Druck. Der Sauerstoff in meinen Lungen dehnte sich aus und ich konnte atmen. Mein Atembeutel blähte sich auf und lieferte den erforderlichen Auftrieb, um mich an die Wasseroberfläche schießen zu lassen. Als ich emporstieg, verringerte sich der Druck ständig, und das Ausatmen war von wesentlicher Bedeutung, um ein Bersten der Lunge zu vermeiden. Ich entfaltete den Schutz unter dem Atembeutel und hielt ihn auf Armeslänge von mir, damit er zur Verlangsamung des Aufstieges als Bremse diente. Ich erinnere mich, gedacht zu haben, wie froh mein Ausbilder gewesen wäre, wenn er die genaue Befolgung seines Drills gesehen hätte!

Die Freude, an die Wasseroberfläche zu kommen, währte nur kurz. Die TIRPITZ schwamm immer noch und vom I. Wachoffizier war nichts zu sehen. Ein Motorboot fischte mich auf und brachte mich an Bord der TIRPITZ. Dort erhielt ich nach dem Ablegen der nassen Kleidung eine Wolldecke und wurde zu einem ersten Verhör nach unten gebracht.«[13]

Sub-Lieutenant Robert Aitken, RNVR, hatte die Schule erst im Sommer 1940 verlassen. Es soll noch angemerkt werden, daß die Deutschen im Oktober 1943 die Mittschiffssektion von *X 7* hoben und die Leiche von Sub-Lieutenant Whittam fanden. Whittam wurde auf dem Friedhof von Tromsø mit vollen militärischen Ehren beigesetzt. Von ERA Whitley fand sich keine Spur.[13a]

Kehren wir an Bord der TIRPITZ zurück: Das Sichten von *X 7* verursachte eine beträchtliche Aufregung und das Kleinunterseeboot sowie alles, was sich im Fjord bewegte, geriet unter lebhaften Beschuß. Als um 08.12 Uhr die Sprengladungen detonierten, erbebte das gesamte Schiff heftig. Die elektrische Beleuchtung fiel vollkommen aus, alle nicht gesicherten Ausrüstungsgegenstände flogen umher und überall regnete es Glassplitter von zerbrochenen Bullaugen und Spiegeln. Jeden, der aufrecht stand, riß es von den Füßen. Das Kriegstagebuch der TIRPITZ verzeichnete, daß sich

»... um 10.12 Uhr [08.12 Uhr britischer Zeit] zwei schwere, dicht aufeinanderfolgende Detonationen im Abstand von einer Zehntelsekunde an Backbord [ereigneten]. Schiff erbebt stark in vertikaler Richtung und taumelt leicht zwischen den Ankern.«[14]

Ein Seemann, der später wieder auf die SCHARNHORST kam und den Untergang dieses Schlachtschiffes am 26. Dezember 1943 in der Barentssee auf der Höhe des Nordkaps überlebte, gestand seinen Verhöroffizieren ein:

»Wir hatten Torpedotreffer. Wir hatten Bombentreffer. Wir hatten im Kanal zwei Minentreffer. Aber das war nichts im Vergleich zu dieser Detonation!«[15/15a]

Eine Folge der Detonation betraf die Haltung der Deutschen gegenüber ihren britischen Gefangenen. Kapitän zur See Karl Topp ordnete an, alle vier sofort zu erschießen, eine Handlungsweise, von der ihm nachdrücklich abgeraten wurde. Dessenungeachtet war die Stimmung unangenehm und wäre nicht die durch das Erscheinen von X 7 verursachte »Verwirrung« gewesen, wie sich Sub-Lieutenant Lorimer erinnerte, hätte dies durchaus ein böses Ende nehmen können.[15b]

Es ist nicht bekannt, ob alle vier unter der TIRPITZ abgelegten Sprengladungen detonierten. Nach dem Kriege durchgeführte hydrographische Untersuchungen des ehemaligen Liegeplatzes führten nicht zum Auffinden einer der Sprengladungen; nicht einmal Spuren von Splittern konnten festgestellt werden. Daher muß angenommen werden, daß alle vier Sprengladungen gleichzeitig detonierten. Nur der Entschluß, das Schlachtschiff nach Steuerbord zu verholen, bewahrte es vor noch größeren Schäden. Durch das Verholen gelangte sein Bug weiter von den durch X 6 abgelegten zwei Sprengladungen sowie von der durch X 7 abgelegten Sprengladung unter Turm B weg. Hätten die Deutschen gewußt, daß ein zweites X-Boot Sprengladungen unter dem Schiffskörper der TIRPITZ abgelegt hatte, wäre das Schiff wahrscheinlich noch weiter nach Steuerbord verholt worden; denn die zweite Sprengladung von X 7 lag direkt unterhalb seines Maschinenraums.

Erst eine genaue Untersuchung der TIRPITZ ließ das volle Ausmaß der dem Schiff zugefügten Beschädigungen erkennen. Die Schäden waren erheblich. Obwohl der Schiffskörper selbst intakt blieb, gab es in den Maschinenräumen beträchtliche Erschütterungsschäden. Alle Turbinenlager, Propeller, Wellenlager und Drucklager sowie die Fundamente der Hilfsmaschinen wiesen Risse und Verformungen auf. Die Gehäuse der Backbordturbine und des Backbordkondensators waren geborsten. Die Propeller ließen sich nicht mehr drehen und infolge Wassereinbruchs durch die Stevenrohrstopfbuchse in den Rudermaschinenraum war auch das Backbordruder ausgefallen. Hinzu kamen neben dem Ausfall der gesamten Beleuchtung Wassereinbrüche in das E-Werk 2 und die achtere Artillerie-Schaltstelle. Die vier 38-cm-Türme der Schweren Artillerie hatte es aus ihren Rollenlagern gehoben, wenn auch die geringeren Schäden bei den Türmen B und C verhältnismäßig rasch behoben werden konnten. Alle optischen E-Meßgeräte mit Ausnahme der E-Meßbasen in Turm B und im Vormars waren nicht mehr einsatzbereit. Drei der vier Fla-Leitstände hatte die Detonation außer Gefecht gesetzt. Auch die Katapulte und zwei Bordflugzeuge hatten Schäden davongetragen. An Verlusten gab es einen Toten und etwa 40 Verwundete.

An sich konnten die Schäden der TIRPITZ nur in einer deutschen Werft behoben werden, aber die Verlegung des Schiffes nach Deutschland stand angesichts der zu erwartenden entschlossenen Luft-, Überwasser- und Unterwasserangriffe der Alliierten außer Frage. Die deutsche Luftwaffe konnte den massiven Luftschirm nicht bereitstellen, mit dem sie im Februar 1942 den Kanaldurchbruch der Brestgruppe – SCHARNHORST, GNEISENAU und PRINZ EUGEN – gesichert hatte. Außerdem waren auf deutscher Seite nur unzureichende Seestreitkräfte zur Sicherung der TIRPITZ gegen einen Angriff der *Home Fleet* vorhanden. Hitler stimmte einer Ausbesserung des Schlachtschiffes mit aus Deutschland herangeführten Werftarbeitern und Material an Ort und Stelle zu. Ein Eindocken kam nicht in Betracht, da die deutsche Kriegsmarine nur ein einziges Schwimmdock besaß, das groß genug war, um das Schiff aufzunehmen, und es war undenkbar, dieses Dock nach Norwegen zu verlegen. Taucher besserten die Risse im Schiffskörper mit Hilfe von Unterwasserzement aus, während ein Kofferdamm (d.h. ein Caisson) um das Backbordruder errichtet wurde, um die Stopfbuchse auszuwechseln.

Aus entzifferten deutschen Funksprüchen erfuhr die britische Seite die Ergebnisse des Angriffs. Eine Reihe von Funksprüchen, entziffert zwischen dem 22. September und dem 3. Oktober, machte deutlich, daß eine vollständige Überraschung gelungen und die TIRPITZ schwer beschädigt worden war. Den Inhalt der Funksprüche ergänzten Meldungen mit Beobachtungen des SIS-Agenten am Altafjord, der auch berichtete, das Schlachtschiff läge vorn tiefer und wäre von kleinen Fahrzeugen umgeben. Eine Anzahl weiterer Funksprüche ließ erkennen, daß die Reparaturen an Ort und Stelle durchgeführt wurden. Schließlich überzeugte ein Funkspruch, daß die Besatzung der TIRPITZ in drei Schichten Heimaturlaub bekäme, die britische Admiralität davon, daß »The Beast« fürs erste keine Bedrohung mehr darstellen würde.[15c]

Was geschah mit *X 5*? Dieses X-Boot war zuletzt am 20. September von *X 7* vor der Insel Sorøy gesichtet worden. Danach verlor sich seine Spur. Um 08.43 Uhr sichteten die Deutschen ein drittes X-Boot in etwa 500 m Entfernung außerhalb des Netzkastens. Ein Verkehrsboot des deutschen Zerstörers *Z 27* beschoß es und warf Wasserbomben. Vom Achterdeck der TIRPITZ aus bemerkte Sub-Lieutenant Lorimer etwas, das er für ein Sehrohr hielt, und er sah nach dem Angriff des deutschen Bootes eine Detonation, gefolgt von einem sich ausbreitenden Ölfleck. Es ist durchaus möglich, daß es sich bei dieser Sichtung um *X 5* gehandelt hatte, aber eine Anzahl hydrographischer Untersuchungen des Fjords führten nicht zur Entdeckung des Wracks von einem dritten X-Boot. Wenn auch die britische »Official History« darlegt, *X 5* wäre um 08.43 Uhr versenkt worden, so bleiben an dieser Analyse doch Zweifel bestehen.[15d]

X 10 hatte die unglücklichste Feindfahrt von allen durchzustehen. Nach dem Lösen der Schleppverbindung von SCEPTRE machte das X-Boot unter Führung von Lieutenant Hudspeth gute Fortschritte und um 23.20 Uhr am 21. September befand sich das Kleinunterseeboot auf dem letzten Abschnitt seines langen Anmarsches. Dann begann alles schiefzugehen. Zuerst fiel der Kreiselkompaß aus und danach versagte die Beleuchtung des Magnetkompasses (außerhalb des Bootskörpers). Schlimmeres sollte folgen: Um 01.50 Uhr am 22. September brannte der Sehrohrmotor durch und Hudspeth war gezwungen, zum Durchlüften des Bootes aufzutauchen. *X 10* hatte keinen Kompaß und kein Sehrohr mehr zur Verfügung; eine weitere Fortsetzung des Angriffs kam nicht in Frage. Daraufhin entschloß sich Hudspeth, den 22. auf dem Grund des Fjordes zu verbringen, um den Versuch zu unternehmen, danach die Defekte zu untersuchen. Während das X-Boot auf Grund lag, hörte Hudspeth die Detonation der Sprengladungen unter der TIRPITZ und erkannte, daß zumindest eines der X-Boote zugeschlagen hatte. Er machte sich aber auch klar, daß die Verteidigung jetzt sehr viel wachsamer sein würde. Als am Abend des 22. September die Dunkelheit hereinbrach, traf er infolgedessen widerstrebend die Entscheidung, den Rückmarsch anzutreten. Ein Autor beschrieb diese Handlungsweise als eine »mutige und selbstlose Entscheidung«.[16] Auch Roar-Admiral Barry billigte sie und führte hierzu aus:

> »Ich betrachte Lieutenant Hudspeths Entscheidung, den Angriff abzubrechen, in jeder Hinsicht als korrekt. Den Versuch ohne Kompaß und mit einem Sehrohr zu unternehmen, das nicht einsatzbereit war und in voll ausgefahrenem Zustand bleiben mußte, ließ jede Erfolgschance in weite Ferne rücken.«[17]

Wie es sich so ergab, befand sich die SCHARNHORST am 22. September nicht an ihrem Liegeplatz. Ihr neuer Kommandant, Kapitän zur See Fritz Hintze, war mit den Leistungen seiner neuen Besatzung nicht zufrieden und war mit dem Schiff in See gegangen, um ein Kaliberschießen durchzuführen.[17a] Die Abwesenheit der SCHARNHORST von ihrem Liegeplatz war der britischen Admiralität durch entzifferte deutsche Funksprüche bekannt, aber es hatte keine Möglichkeit bestanden, *X 10* in Kenntnis zu setzen. Wäre Hudspeth in der Lage gewesen, den Angriff fortzusetzen, hätte er im Altafjord einen leeren Netzkasten vorgefunden. *X 10* trat anschließend den Rückmarsch an und verbarg sich bei zunehmend schlechtem Wetter unter der Küste. Doch erst um 00.55 Uhr am 28. September kam die STUBBORN in Sicht und es dauerte nochmals 24 Stunden, bis sich die Bedingungen soweit gebessert hatten, daß der Austausch der Einsatzbesatzung gegen die Überführungsbesatzung durchgeführt werden konnte. Doch auch dann waren die Schwierigkeiten von *X 10* noch nicht zu Ende; denn die STUBBORN hatte Probleme mit der Schleppverbindung und das Wetter verschlechterte sich weiter. Lieutenant Duff, der Kommandant des großen Unterseebootes, und Hudspeth waren nicht bereit, das Kleinunterseeboot aufzugeben. Doch um 18.07 Uhr ging ein Funkspruch von Rear-Admiral Barry mit der Erlaubnis ein, das X-Boot angesichts des sich immer mehr verschlechternden Wetters aufzugeben und zu versenken. Um 20.40 Uhr nahm die STUBBORN die Überführungsbesatzung wieder an Bord und fünf Minuten später versank *X 10*. Der Untergang dieses Bootes markierte auch das Ende der Operation »Source«.

Von den beträchtlichen Schäden, die der TIRPITZ zugefügt worden waren, einmal abgesehen, waren die strategischen Auswirkungen dieser Operation ungeheuer. Mit der außer Gefecht gesetzten TIRPITZ und der zurück nach Deutschland verlegten LÜTZOW bestand die deutsche Kampfgruppe[17b] in Norwegen nur noch aus der SCHARNHORST, die am 26. Dezember 1943 auf der Höhe des Nordkaps im Gefecht mit dem Schlachtschiff HMS DUKE OF YORK und dessen Kampfverband versenkt wurde. Im Winter 1943/44 passierten 16 Geleitzüge auf dem Weg in die Sowjetunion bzw. auf dem Rückmarsch das Nordmeer, ohne daß die Drohung über ihnen hing, von der TIRPITZ abgefangen zu werden. Hierfür war der Verlust von fünf X-Booten mit insgesamt neun Offizieren und Mannschaften kein unangemessen hoher Preis.

Von den strategischen Konsequenzen abgesehen, war die Operation »Source« auch ein großartiges Beispiel kühlen Wagemutes und die britische Admiralität zeigte ihre Anerkennung mit der großzügigen Verleihung von Auszeichnungen: Place und Cameron erhielten das Viktoriakreuz, Lorimer, Kendall und Aitken den DSO, Hudspeth das DSC und Goddard die Kriegsverdienstmedaille (CGM). Zusammenfassend führte Rear-Admiral Barry in seinem Bericht aus:

> »Mir fehlen die Worte, um meine Bewunderung für die drei Kommandanten – Lt. H. Henty-Creer, RNVR, Lt. D. Cameron, RNR, und Lt. B.G. Place, RN – und die Besatzungen von *X 5, X 6* und *X 7* zum Ausdruck zu bringen, die ihren Angriff durchzogen und denen die Rückkehr versagt blieb. In voller Kenntnis der Risiken, auf die sie stoßen mußten, drangen diese tapferen Besatzungen in einen stark verteidigten Flottenankerplatz ein. Mit kühlem Wagemut und Entschlossenheit sowie trotz der vielen modernen Erfindungen, ersonnen zu ihrer Ortung und Vernichtung, führten sie ihren Angriff voll durch. ... Es ist offensichtlich, daß diese tapferen Gentlemen Mut und Unternehmungsgeist von höchstem Rang zeigten. Ihr wagemutiger Angriff wird mit Sicherheit als eine der tapfersten Taten aller Zeiten in die Geschichte eingehen.«[18]

Kapitel 12

Unglaubwürdige und undurchführbare Entwürfe

... Der Gegner setzt den Kleinkrieg mit immer neuen Ideen fort.
– Kriegstagebuch des deutschen Marinegruppenkommandos Nord, November 1943.

Der britische Sondereinsatzverband – »Special Operations Executive« (SOE) – wurde formell am 19. Juli 1940 aufgestellt und hatte den Auftrag, alle »Aktionen durch Subversion und Sabotage gegen den Feind in Übersee« zu koordinieren.[1] Im Verlaufe des Zweiten Weltkrieges operierte die SOE mit wechselndem Erfolg in ganz Europa sowie im Nahen, im Mittleren und im Fernen Osten. In der Ausführung ihres Auftrags richtete die SOE eine eigene Forschungs- und Entwicklungsorganisation ein, die eine Vielzahl von Waffen und anderen Hilfsmitteln für die Widerstandskämpfer in den von den Achsenstreitkräften besetzten Ländern fertigten. Die Forschung oblag der »Station IX« der SOE, untergebracht in einem ehemaligen Privathotel, dem »Fryth«, in der Nähe von Welwyn Garden City in Hertfordshire, während für die Fertigung die »Station XII« im Aston House in der Nähe von Stevenage verantwortlich war. Einige der Erfindungen, wie zum Beispiel das »S-Phone«, ein Sende- und Empfangsgerät von geringem Gewicht für Agenten im Einsatz, waren hervorragend gelungen; andere wiederum, wie zum Beispiel der »Explosivdung«,[2] zeigten nur, daß ihre Erfinder brav ihrer Arbeit nachgingen.

Das »Welman«-Einmann-Kleinunterseeboot fällt zweifelsohne unter die letztere Kategorie. Es war das Geistesprodukt eines Mannes mit dem treffenden Namen Colonel John Dolphin, eines Offiziers im Königlichen Pionierkorps (Royal Engineers), der das Fahrzeug zu Angriffen auf gegnerische Kriegsschiffe innerhalb verteidigter Häfen, für das Einschleusen von Agenten und Material in ein gegnerisches Land und zur Stranderkundung einzusetzen gedachte. Die Entwicklungsarbeit begann im Juni 1942 in Welwyn – daher der Name »Welman«: One-Man-Submarine, gefertigt in Welwyn – und die Erprobungen fanden im Versuchstank von Vickers in St. Albans, im Admiralty-Versuchstank in Haslar bei Portsmouth und im Laleham-Reservoir in der Nähe von Windsor statt.

Eigentlich war es ein seltsames Fahrzeug, das im Januar 1943 für die ersten Erprobungsfahrten zu Wasser gebracht wurde. Die ersten drei »Welman«-Boote wurden im »Fryth« gefertigt und ihr Bau spiegelte die amateurhafte Natur des Unternehmens wider. Das »Welman«-Fahrzeug war ein sehr einfaches Boot – so einfach, daß es das Äußerste darstellte, was mit einem Minimum an Ressourcen erreicht werden konnte. Es widersetzte sich allen Verbesserungsversuchen mit einer Eigensinnigkeit, die später einer seiner Piloten als »arrogant wie die Thatcher« beschrieb.[3] Rein äußerlich lag das Fahrzeug tief im Wasser und hatte ein zylindrisches Aussehen mit einem Kommandoturm, durchbrochen von vier mit Panzerglas versehenen Seitenöffnungen – ein Sehrohr war nicht vorhanden –, um es der einzigen Bedienungsperson zu ermöglichen, das Fahrzeug zu navigieren. Den Antrieb lieferten ein E-Motor mit 2,5 PS, der aus einem Londoner Bus stammte, sowie eine 40-V-Batterie mit einer Kapazität von 220 A/h, obwohl die ersten Batterien nur eine Kapazität von 180 A/h aufwiesen. Es gab zwei Tauchzellen, jeweils an Backbord und Steuerbord gelegen, die mit Druckluft ausgeblasen, aber durch einen handbedienten Hebel entlüftet wurden. Der Erhaltung der Trimmlage diente ein 136 kg schweres Gewicht, das je nach Erforderlichkeit von Hand nach

»Welman«-Einmann-Kleinunterseeboot

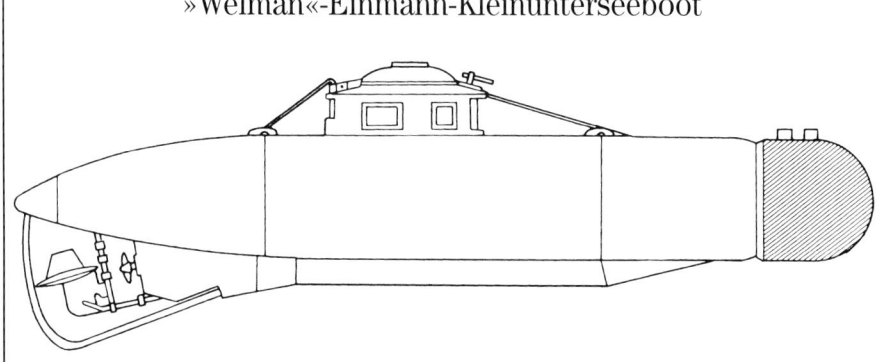

Wasserverdrängung:	2,5 ts (mit Sprengladung)
Länge:	6,08 m
Breite:	1,06 m
Antriebsanlage:	1 E-Motor mit 2,5 PS
Geschwindigkeit über Wasser:	3 kn
Fahrbereich unter Wasser:	36 sm bei 4 kn
Bewaffnung:	Eine 544-kg-Sprengladung
Besatzung:	1 Mann
Abgelieferte Einheiten:	100+

Schicksale: *W 10:* 09.09.43 Verlust durch Unglücksfall. *W 45, W 46, W 47* und *W 48:* 21./22.11.43 sämtlich beim erfolglosen Angriffsversuch auf Bergen verlorengegangen. Alle übrigen Einheiten wurden von 1944 an abgebrochen.

vorn oder achtern geschoben wurde, obgleich einige spätere Boote richtiggehende Ausgleichszellen mit Trimmpumpen besaßen. Als Tauchtiefe nahmen die Konstrukteure 90 m an. Doch nachdem ein »Welman-Craft« bei 30 m zusammengedrückt wurde, als es an einem Meßdrahtseil bei einem unbemannten Tauchversuch hinabgelassen worden war, berichtigten entsprechende Anordnungen die Höchsttauchtiefe dieser Boote.

Die einzige Bedienungsperson, der Pilot oder Steuermann, saß mittschiffs in einer sehr beengten Position auf einem Sitz, der aus einem Kraftfahrzeug vom Typ »Austin 7« stammte. Zu seiner Sauerstoffversorgung diente eine Gesichtsmaske mit einem Schlauch, der zu einem unter dem Armaturenbrett gelegenen Sauerstoffzylinder führte. Dort befand sich auch ein Behälter mit einem kristallinen CO_2-Absorptionsmittel, um die Atemluft zu reinigen.

Die Steuereinrichtungen waren von extremer Einfachheit. Der aus einer »Spitfire«-Jagdmaschine ausgebaute Steuerknüppel betätigte das Seitenruder und die Tiefenruder. Es gab nur einen Satz Tiefenruder; sie befanden sich beiderseits am Heck und verliehen dem Boot bei Tauchfahrt nur eine armselige Steuerfähigkeit. Die »Welman«-Boote hatten stets die Neigung, beim geringsten Trimmverlust nach oben zu steigen. Das Entleeren der Bilge sowie der Regelzellen, soweit vorhanden, besorgte eine mit dem Fuß zu bedienende Pumpe. Die sonstigen Hilfsmittel umfaßten einen Kompaß, ein Barometer, ein Ampéremeter, ein Voltmeter und einen Tiefenmesser.

Unglaubwürdige und undurchführbare Entwürfe

Die »Waffe« bestand aus einer 544-kg-Sprengladung mit 272 kg Amatol (Gefechtskopf), die mit einem Pleuelgetriebe vorn am Fahrzeug befestigt war. Der Pilot war bestrebt, sein Boot unter den Rumpf des von ihm angegriffenen Schiffes zu bringen. Im Anschluß daran ließ er Druckluft in den Bugtank strömen, wodurch sich der Bug hob, so daß der Gefechtskopf am Schiffskörper des Zieles anlag. Danach hielten am Gefechtskopf angebrachte Magnete das Fahrzeug am Schiffsrumpf fest. Anschließend löste der Pilot mit Hilfe des Pleuelgetriebes sein Boot vom Gefechtskopf, wobei sich die Pleuelstange zunächst nach vorn schob, um den Gefechtskopf scharfzumachen, ehe sie sich herausdrehte, um die Trennung zu vollziehen. Im Verlaufe der Ausbildung wurde festgestellt, daß das Getriebe sehr starr arbeitete und daß die Trennung nur nach einigen ziemlich heftigen Bewegungen des Piloten bewirkt werden konnte, die laute Geräusche verursachten. Gleichzeitig mußte der Pilot auch den durch das Lösen des Gefechtskopfes eingetretenen Gewichtsverlust ausgleichen, indem er das Trimmgewicht mit der Hand nach vorn schob. Ein Zeitzünder im Gefechtskopf ließ die Sprengladung fünf Stunden später hochgehen. In dieser Zeitspanne mußte sich das »Welman«-Boot ausreichend weit entfernt haben. Außerdem war der Gefechtskopf mit einer Vorrichtung ausgestattet, die ein vorzeitiges Detonieren der Sprengladung verursachte, sollte sie entdeckt und der Versuch unternommen werden, sie zu entfernen oder zu entschärfen.

Auch die dem Angriff dienenden Instrumente waren äußerst einfach. Eine Kombination aus Uhr und Stoppuhr gestattete es dem Piloten, die Zeit für seinen Anlauf bis zum Ziel zu messen – unter gleichzeitiger Benutzung eines ebenfalls aus einer »Spitfire« stammenden Blindflug-Kreiselkompasses, um den genauen Kurs einzuhalten. Da dem Piloten kein Sehrohr zur Verfügung stand, mußte er sich seinem Ziel nähern, indem entweder der überspülte Kommandoturm gerade noch mit der Wasseroberfläche abschnitt oder dieser bei Tauchfahrt »wellenförmig« nur für einen kurzen Augenblick häufig auftauchte, um den Kurs zu überprüfen. Harvey Bennette, ein im »Fryth« stationierter SBA,[4] war am »Welman«-Projekt beteiligt. Er erinnerte sich wie folgt:

> »Die ganze Sache ohne Sehrohr, die das Fahrzeug blind machte, war etwas, das niemand begreifen konnte. Niemand frug sich, warum es kein Sehrohr gab; [dies] machte alles so ungewöhnlich, weil sie blind waren.«[5]

Bennette schrieb dieses erstaunliche Versäumnis dem alles beherrschenden Einfluß von Colonel Dolphin auf das Projekt zu: Das »Welman-Craft« war seine ureigene Idee und alle von außen kommenden Vorschläge erfuhren eine heftige Ablehnung.

Offensichtlich war, daß ein »Welman«-Pilot während eines Angriffs ein sehr beschäftigter Mann sein würde, und dies war einer der größten Mängel des Entwurfs. Von der Ausrüstung mit einem Motor und etwas besseren Instrumenten einmal abgesehen, unterschied sich die Situation des Piloten eigentlich kaum von der Ezra Lees 1776 in seiner TURTLE. Um das Fahrzeug wirksam einzusetzen, gab es für einen einzelnen Mann einfach zuviel zu tun. Indem sich die Konstrukteure für das Einmannboot entschieden, verweigerten sie außerdem dem Piloten die moralische Unterstützung, die ihm ein weiterer Besatzungsangehöriger hätte geben können.

Die Ausbildung mit den »Welman«-Booten wurde anfänglich im Laleham-Staubecken in der Nähe von Windsor durchgeführt. Zu diesem Zeitpunkt bestand überhaupt keine Klarheit darüber, wie das Boot eingesetzt werden sollte, obwohl Admiral Louis Mountbatten, der Chef der Combined Operations (Verbundene Operationen),[5a] ein starkes Interesse zum Ausdruck brachte. Mountbatten ging sogar soweit, eines dieser Boote selbst zu »fahren«. Fast hätte es eine Katastrophe gegeben, als eine der verglasten Seitenöffnungen nachgab, während sich das

157

Boot in rund 9 m Tiefe befand. Nur durch das Lösen des abwerfbaren Kiels gelang es Mountbatten, an die Wasseroberfläche zu kommen. Nach dem Abschluß der Erprobungsfahrten im Laleham-Staubecken wurden 150 »Welman«-Boote am 23. Februar 1943 in Auftrag gegeben. Ihre Fertigung erfolgte im Morris-Automobilwerk in Cowley bei Oxford. Im Oktober 1944 wurde der Auftrag jedoch auf 20 Einheiten reduziert. Dennoch konnte die Produktion erst gestoppt werden, nachdem bereits 100 Einheiten fertiggestellt waren!

Zu diesem Zeitpunkt schien es, als ob die »Welman«-Boote für die Combined Operations vorgesehen wären, um zur Küstenaufklärung und -erkundung eingesetzt zu werden. Im Frühjahr 1943 wurden die Boote und ihre Besatzungen, die sich zu dieser Zeit weitgehend aus dem 2. Kommando (Command) des Sonderbootsverbandes der Königlichen Marineinfanterie (SBS: Spezial Boat Service der Royal Marines) rekrutierten, nach Schottland zur Absolvierung einer fortgeschritteneren Ausbildung verlegt. Ihr erstes Domizil war der Tender HMS TITANIA, der im Holy Loch vor Anker lag. Anschließend wurden sie nach Lochgair verlegt. Dort begann die Einsatzausbildung. Einige Wochen später überführte der Tender HMS BONAVENTURE, ausgerüstet mit Spezialeinrichtungen zur Anbordnahme von Kleinunterseebooten, die »Welman«-Boote nach »Port HHX« am Loch Cairnbawn, einer höchst geheimen Einrichtung zur Ausbildung des Personals für die Kleinunterseeboote der Royal Navy: die X-Boote und die bemannten Torpedos (»Chariots«). Während des Aufenthaltes am Clyde ging *W 10* bei der Ausbildung durch einen Unglücksfall verloren; der Bootskörper wurde in den 60er Jahren geborgen.

Auch beim »Welman«-Typ bestand das Problem, wie die Boote in das vorgesehene Zielgebiet zu bringen waren. Da ihnen eine ausreichende Seeausdauer fehlte, um den Anmarsch ohne Hilfe durchzuführen, mußten sie geschleppt oder transportiert werden. Schleppen stand außer Frage, da ein solches Verfahren für den Piloten eine unerträgliche Anstrengung bedeuten würde. Doch für den Transport wurden zwei Verfahren entwickelt. Zum einen ließe sich ein »Welman«-Boot auf dem Oberdeck eines Unterseebootes auf dieselbe Weise wie die »Chariots« der Royal Navy verstauen. Eine Zeichnung im Unterseebootsmuseum der Royal Navy zeigt HMS THRASHER, ein für diesen Zweck umgebautes Unterseeboot der Gruppe 1 der T-Klasse, obwohl nicht bekannt ist, ob es tatsächlich »Welman«-Boote bei Übungen mitführte. Zum anderen konnte ein Zerstörer oder ein MTB das in Davits aufgehängte »Welman-Craft« mitführen. Die Möglichkeit, das auf einem »Schlitten« befestigte Boot von einem MTB mit hoher Geschwindigkeit schleppen zu lassen, wurde ebenfalls untersucht, aber nicht weiterverfolgt – wahrscheinlich zur großen Erleichterung der Piloten von »Welman«-Fahrzeugen!

Im Herbst 1943 – das Datum ist ungewiß – entschied die Führung der Combined Operations, daß der »Welman«-Typ für ihre Zwecke nicht geeignet wäre. Diese Entscheidung fiel vermutlich, nachdem General Sir Robin Laycock Ende August den Befehl über die Combined Operations übernommen und Mountbatten abgelöst hatte, der als Oberster Alliierter Befehlshaber (Supreme Allied Commander) in Südostasien nach Indien ging. Laycock, ein Berufssoldat, hatte zweifellos für die »Welman«-Boote keine Verwendung, die bei Mountbatten einen so offensichtlichen Anklang gefunden hatten. Das SBS-Personal wurde einer anderen Verwendung zugeführt und die britische Admiralität fand sich in der Rolle als unfreiwilliger Verwalter dieser Fahrzeuge. Admiral Sir Lionel Wells, KCB, DSO, der den Seebefehlsbereich Orkney- und Shetland-Inseln kommandierende Flaggoffizier, hatte jedoch von den »Welman«-Booten gehört und war der Auffassung, daß sie für Angriffe auf die deutsche Schiffahrt innerhalb des Schärenfahrwassers im Bereich der norwegischen Küstengewässer nutzbringend eingesetzt werden könnten. MTB's der 30. (später 54.) MTB-Flottille, die von Lerwick/Shetlands aus operierten und aus Offizieren und Mannschaften der Königlich Norwegischen Marine bestehende Besatzungen hatten, waren bereits mit solchen Angriffsunternehmen befaßt. Hierbei sollten die »Welman«-Boote eine nützliche Ergänzung der verfügbaren Streitkräfte bilden. Die Motortorpedoboote hatten sie über die Nordsee an das Schärenfahrwasser zu bringen, den schmalen Wasserstreifen zwischen den äußeren Inseln und dem norwegischen Festland. Dort sollten die MTB's einen geeigneten Ort aussuchen, gewöhnlich hinter einer unbewohnten Insel, um sich zu verstecken, und einen Beobachtungsposten einrichten. Danach hatten die Besatzungen abzuwarten, bis sich ein geeignetes Ziel zeigte.

Demgemäß wurde in Lunna Voe in den Shetland-Inseln ein Stützpunkt eingerichtet, der aus Sicherheitsgründen die Bezeichnung »Vorgeschobener MTB-Stützpunkt« erhielt, und mit der Einsatzausbildung begonnen. Mitte November 1943 waren die Mond-, Gezeiten- und Wetterbedingungen für ein derartiges Unternehmen günstig. Am 20. November liefen die *MTB 635* und *MTB 625* aus Lunna Voe zur Operation »Barbara« aus. Sie führten die »Welman«-Boote *W 45* (Oberleutnant C. Johnsen, norwegisches Heer), *W 46* (Oberleutnant B. Pedersen, norwegisches Heer), *W 47* (Lieutenant B. Marris, RNVR) und *W 48* (Lieutenant J. Holmes, RN) mit. Als Angriffsziele waren die Schiffahrt und das riesige Laksevaag-Schwimmdock in Bergen vorgesehen. *W 47* und *W 48* hatten das Schwimmdock zu zerstören, während die beiden anderen Boote den Befehl erhielten, Schiffe im Puddefjord und den Dokkeskjær-Kai anzugreifen. Nach dem Anbringen ihrer Sprengladungen sollten die Piloten ihre »Welman«-Boote hinaus in den Dyrsviken bringen, um sie auf möglichst tiefem Wasser zu versenken. Danach blieben ihnen 48 Stunden Zeit, um zum Hindenæsfjord zu gelangen, wo ein MTB auf sie warten würde. Als alternativer Treffpunkt war Sordalen vorgesehen.[6]

Anfänglich verlief das Unternehmen gut. Die MTB's setzten die »Welman«-Boote in den frühen Morgenstunden des 21. November 1943 am Eingang zum Solvik-Sund nahe Bergen aus und kehrten anschließend zu den Shetland-Inseln zurück. Der Operationsplan sah für die vier Piloten vor, ihre Boote bei der kleinen Insel Hjelteholmen knapp außerhalb von Bergen zu tarnen und zu verstecken. Geheimdienstberichte hatten gemeldet, daß die Insel Hjelteholmen nur im Sommer benutzt wurde.[6a] Doch im Verlaufe des 21. November suchte die Insel eine große Anzahl örtlicher Fischer auf. Einige von ihnen entdeckten auch die »Welman«-Boote und kamen herüber, um mit den Piloten zu plaudern. Auf den Rat von Johnsen hin unternahm das Kommando keinen Versuch, die Norweger festzuhalten, die die Insel wieder verlassen konnten. Johnsen behauptete, daß er die Fischer kenne und ihnen vertraue und daß ihre Abwesenheit bemerkt werden würde, sollten sie nicht nach Hause zurückkehren. In dieser Phase wäre es das Vernünftigste gewesen, sich davonzumachen, da der Auftrag des Kommandos durch die Fischer hoffnungslos kompromittiert war. Es ist von Interesse anzumerken, daß die Deutschen einen Tag nach der Operation auf Hjelteholmen landeten und die Insel gründlich absuchten. Die Möglichkeit, daß die vier »Welman«-Piloten verraten worden waren, kann nicht ignoriert werden. Dennoch entschieden sich die Piloten, ihren Angriff in der Nacht vom 21./22. November durchzuführen – überzeugt davon, daß die Norweger, mit denen sie gesprochen hatten, hundertprozentig loyal waren.

Nachdem sie abgewartet hatten, bis ein einlaufender Geleitzug vorbeigelaufen war, verließen sie gegen 18.45 Uhr in Abständen von fünfzehn Minuten Hjelteholmen und begannen ihren Anmarsch ins Zielgebiet. Pedersen fuhr an der Spitze, gefolgt von Holmes, Marris und Johnsen. Im Westbyfjord stieß Pedersens *W 46* auf ein Netz und wurde zum Auftauchen gezwungen. Hierbei entdeckte das deutsche Wachboot *NB 59* das britische Kleinunterseeboot. Durch Scheinwerfer geblendet, versuchte Pedersen, sein Fahrzeug zu versenken. Der Versuch blieb aber erfolglos, und so geriet er mit seinem Boot in die Hände der Deutschen.

Holmes auf *W 48* stellte fest, daß sein Boot durch die Stevenrohrstopfbuchse Wasser machte, und entschloß sich daher, nach Hjelteholmen zurückzukehren, um den Schaden zu reparieren. Etwa um 01.30 Uhr am 22. November begann er seinen zweiten Anlaufversuch, aber sein Boot leckte weiterhin. Außerdem stellte er auch fest, daß die Hafenverteidigung außerordentlich wachsam war. Fortwährend suchten Scheinwerfer die Wasseroberfläche ab und ständig fuhren kleine Bewachungsfahrzeuge hin und her. Holmes traf daraufhin die Entscheidung, daß er unter diesen Umständen den Angriff nicht fortsetzen konnte. Er kehrte daher nach Hjelteholmen zurück, wo er hoffte, Marris oder Johnsen vorzufinden. Als er jedoch feststellte, daß er allein war, versenkte er sein Fahrzeug und unternahm einen erfolglosen Versuch, in einem entliehenen Ruderboot die Aufnahmeposition zu erreichen, um schließlich nach Hjelteholmen zurückzukehren und abzuwarten.

Auch Marris auf *W 47* stellte fest, daß die Scheinwerfer ihn daran hinderten, seine Position zu erkennen. Daher entschloß er sich ebenfalls, nahe Bratholm sein Fahrzeug aufzugeben. Johnsen auf *W 45* machte ähnliche Erfahrungen und versenkte sein Boot bei Vindnes. Danach versteckte sich Johnsen in Sordalen. Ein dort wohnender Junge weckte sein Interesse, als dieser ihm mitteilte, er hätte in den Vorbergen einen seltsam aussehenden Mann gesehen. Johnsen zeigte dem Jungen seinen »Ursula-Anzug«[7] und dieser nickte bestätigend. Johnsen hatte den Verdacht, daß es sich um einen der drei anderen Piloten handeln könnte. Er ließ ihm durch den Jungen eine Notiz zukommen, in der er ihm mitteilte, er solle nach Einbruch der Abenddämmerung zu Johnsens Versteck kommen. Tatsächlich traf ein erschöpfter Marris ein. Eine Woche später stieß auch noch Holmes zu den beiden und die drei Piloten ließen sich in einem Versteck in Sordalen häuslich nieder. Johnsen kannte dort die Tochter eines am Ort ansässigen Bauern sehr gut. Inzwischen waren jedoch die Vorbereitungen für das Aufnehmen nicht nach Plan verlaufen. Das *MTB 626*, das befehlsgemäß die Aufnahme durchführen sollte, war am 22. November 1943 in Lerwick durch eine Benzinexplosion so schwer beschädigt worden, daß es nicht mehr repariert werden konnte. Zudem verhinderte das herannahende schlechte Winterwetter jeden weiteren Versuch.

Eine eingehende Schilderung der Abenteuer dieser drei Männer in Norwegen fällt nicht mehr in den Rahmen dieser Abhandlung. Mit der Unterstützung der norwegischen Widerstandsbewegung war es ihnen möglich, London über Funk zu verständigen und um eine Evakuierung zu ersuchen. Doch es dauerte bis zum 5. Februar 1944, ehe hierfür die geeigneten Wetterbedingungen herrschten. Bis dahin mußten sich die drei Männer nach Norden begeben. Ihre norwegischen Gastgeber befürchteten Repressalien, sollten sie entdeckt werden. Schließlich nahm das *MTB 653* die drei Männer auf und brachte sie nach England. Pedersen überlebte den Krieg und war froh darüber, daß er nicht nach den Bestimmungen des berüchtigten »Kommando-Befehls« erschossen worden war.[8/8a] Obwohl ihn die deutsche Kriegsmarine nach seiner Gefangennahme an die Gestapo in Bergen übergab, wurde er schließlich in ein Kriegsgefangenenlager nach Deutschland verlegt. Er unternahm zwei erfolglose Fluchtversuche, ehe er im April 1945 von britischen Truppen befreit wurde – gerade als seine Pläne für einen dritten Fluchtversuch nahezu fertig waren.

W 46, nunmehr als Kriegsbeute in den Händen der deutschen Kriegsmarine, wurde zum Gegenstand eingehender Untersuchungen. Das Kriegstagebuch des Marinegruppenkommandos Nord[8b] enthielt die Bemerkung: »Der Gegner setzt den Kleinkrieg mit immer neuen Ideen fort.«[9] Das Erbeuten von *W 46* erfolgte zu einem Zeitpunkt, als sich die deutsche Seite immer ernsthafter für Kleinunterseeboote zu interessieren begann. Es ist schwierig, eine Verbindung nachzuweisen, aber zwischen dem »Welman-Craft« und dem deutschen Einmann-U-Boot »Biber«, das Anfang des Sommers 1944 der Front zulief, gibt es viele Ähnlichkeiten.

Das Angriffsunternehmen gegen Bergen blieb die einzige Gelegenheit, bei der »Welman«-Boote zum Einsatz gelangten. Zu Beginn des Jahres 1944 wurden sie im Vergleich zu den X-Booten der Royal Navy weitgehend als belanglos angesehen. Am 15. Februar 1944 teilte

Oben: Die X-Boote waren die am besten bekannten und die erfolgreichsten britischen Kleinunterseeboote. Das Foto zeigt im Bau befindliche »X-craft« 1944 in den Huddersfield-Werken von Thomas Broadbent.

Rechts: Sub-Lieutenant Robbie Robertson steht am Zuluftmast von X 24 (gleichzeitig als Sprachrohr konstruiert). Der Mast war mit einer Sicherheitsreling ausgestattet (nach Commander Arthur Hezlet als »Hezlet-Sicherheitsreling« bezeichnet), damit sich die Besatzungsangehörigen festhalten konnten. Vor dem Zuluftmast befindet sich das Luk für die Tauchkammer, während achteraus des Mastes das nicht ausfahrbare Nachtsehrohr eingebaut ist. Letzteres diente bei Nacht dazu, um an der Wasseroberfläche die Tätigkeit des Tauchers zu beobachten. (IWM A.22905)

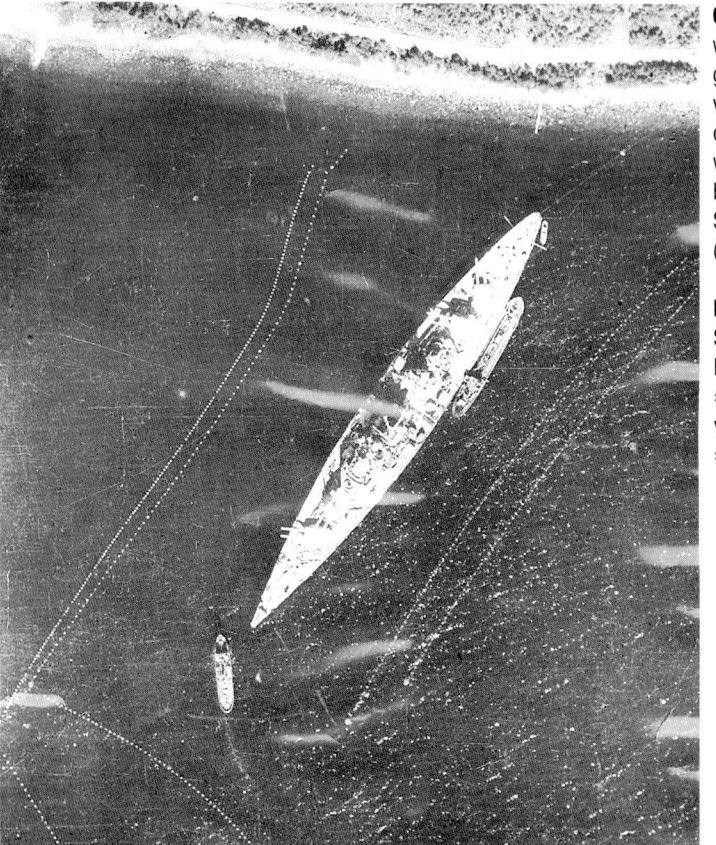

Oben: Robertson hat sich für ein weiteres Pressefoto in Positur gesetzt: diesmal in der Zentrale von X 24. Der Sitz vor ihm ist für den Steuermann bestimmt, während hinter ihm eines der beiden Auslöseräder für die Seitenladungen zu erkennen ist. (IWM A.26932)

Links: Das deutsche Schlachtschiff TIRPITZ in seinem Netzkasten im Kaafjord: die »Einsame Königin des Nordens« von Churchill vielleicht besser als »Das Biest« beschrieben.

Oben: Die Aufnahme zeigt fünf der sechs an der Operation »Source« beteiligten X-Boot-kommandanten. Von links nach rechts: Lieutenant T.L. Martin, RN, von *X 9*, Lieutenant K.R. Hudspeth, RANVR, von *X 10*, Lieutenant B.M. MacFarlane, RAN, von *X 8*, Lieutenant Godfrey Place, RN, von *X 7* und Lieutenant Donald Cameron, RNR, von *X 6*. Es fehlt Lieutenant H. Henty-Creer, RNVR, von *X 5*. (IWM A.21688)

Rechts: Lieutenant K.R. Hudspeth, RANVR, der an der Operation »Source«, an der Stranderkundung vor der Normandie und an den Normandie-Landungen teilnahm – alle Einsätze innerhalb von neun Monaten. (IWM A.19626)

Oben: Nach einem erfolgreich durchgeführten Unternehmen führt *X 24* in Loch Cairnbawn den »Jolly Roger«. Die Totenkopfflagge war der Siegeswimpel britischer Unterseeboote. Unter dem Kommando von Lieutenant Max Shean, RNVR, versenkte das Boot am 13. April 1944 in Bergen den 7500 BRT großen Frachter BÄRENFELS. Sheans Angriffsziel hätte jedoch das nahebei gelegene Schwimmdock sein sollen. Daher drang *X 24* unter Lieutenant Percy Westmacott, RN, im September 1944 noch einmal in den Hafen ein und versenkte das Dock.

Rechts: *X 23* kehrt unter Führung von Lieutenant George Honour, RNR, am 6. Juni 1944 zum HQ-Schiff HMS LARGS zurück, nachdem das Boot zusammen mit *X 20* (Lieutenant K. Hudspeth, RANVR) ca. 48 Stunden lang vor der Invasionsflotte im Angriffsraum anwesend war, um für die Gruppen der Landungsboote, die auf die Landungsabschnitte »Juno« und »Sword« zuhielten, als Navigationsbake zu dienen.

oben: *XE 6* im August 1944 in der Rothesay Bay bei Erprobungsfahrten. Das »XE-Craft« stellte eine Variante des ursprünglichen Entwurfs dar, entworfen für den Einsatz in Fernost. Beachte das Oberdeck als Glattdeck – rein äußerlich ein wesentliches Unterscheidungsmerkmal zum »X-Craft«.

unten: XE-Bootfahrer in Rothesay vor ihrer Verlegung in den Fernen Osten: (von links nach rechts) AB J. Magennis, Lieutenant Ian Fraser, Lieutenant B. Carey und ERA R. Maughan. Magennis und Fraser erhielten für den Angriff auf die TAKAO das Viktoria-Kreuz. Vor den beiden Kabelschneide-Unternehmen kam Carey bei einem Tauchunfall vor dem Großen Barrierriff ums Leben. (IWM A.26940)

Oben: Der japanische Schwere Kreuzer TAKAO, das Hauptziel für *XE 1* und *XE 3* bei der Operation »Struggle«. Der alliierte Nachrichtendienst hatte seine Einsatzbereitschaft überschätzt. (IWM MH.5935)
Unten: HMS/m SELENE bereitet sich darauf vor, *XE 5* im Juli 1945 in Subic Bay in Schlepp zu nehmen. Das Boot hatte den Auftrag, das Telegraphenkabel Hongkong-Singapur zu schneiden, nachdem *XE 4* mit dem erfolgreichen Schneiden der Kabel Saigon-Singapur-Hongkong am 31. Juli die Durchführbarkeit eines derartigen Unternehmens bewiesen hatte.

Oben: Ein »Welman«-Klein-U-Boot in Fryth Hotel nahe Welwyn Garden City. (IWM HU.56768)

Unten: Lieutenant Jimmy Holmes im kleinen Kommandoturm eines »Welman«. Die begrenzte Sicht des Piloten und seine äußerst beengte Lage sind gut zu erkennen. (IWM HU.56760)

Oben: *XE 7* in Fahrt während der gemeinsamen USN/RN-Übungen 1950 in Hampton Roads. Beachte am Steuerbordbug die nach achtern umgeklappte Sonde. In die Senkrechte aufgerichtet, erlaubte sie dem XE-Boot (mit einem geringen Auftrieb) unter dem Ziel mit ca. 90 cm Spielraum zwischen Oberdeck und Schiffskörper zu verweilen und gestattete dem Taucher das Aus- und Einsteigen.

Links: Ein Taucher in der Tauchkammeröffnung auf einem XE-Boot. Für den Taucher war das Verlassen des Bootes eine unbequeme Praxis. Er befand sich allein in der Tauchkammer, wenn diese aus einer Innenzelle geflutet wurde (um den Trimmzustand zu erhalten), und wußte, wenn sie voll geflutet war (und der Innendruck dem Außendruck entsprach), übte das nicht zusammendrückbare Wasser einen plötzlichen Druck auf ihn aus – ein unangenehmes Phänomen, bekannt als »The Squeeze« (Klemme).

Oben: *X 52* – HMS SHRIMP –, eines der vier in den 50er Jahren gebauten Boote der *X 51*-Klasse.

Rechts oben: Ein deutscher bemannter Torpedo: der »Neger«. Eine der ersten als Kleinkampfmittel bezeichneten Waffen dieser Art, welche die Kriegsmarine einsetzte.

Rechts unten: In dieser Position saß der Pilot im »Neger«, ausgestattet mit einem Dräger-Atemgerät, einem Kompaß am Handgelenk und mit nichts weiter als ein paar einfachsten Steuergeräten. Er saß zu niedrig über der Wasseroberfläche, um sein Ziel richtig zu sehen, und die Plexiglaskuppel war normalerweise ständig mit einem Ölfilm überzogen. Seine einzigen Hilfsmittel, um sein Ziel vor dem Auslösen des Torpedos anzuvisieren, bestanden aus einer in die vordere Innenseite der Kuppel eingravierten Gradskala und einem Zielstachel am Bug.

Oben; Der »Molch« war ebenfalls ein Einmann-Torpedoträger mit elektrischem Antrieb. Je ein Torpedo G 7e war am Gerät seitlich aufgehängt und der Pilot saß in einem kleinen Kommandoturm am Heck.

Links: Das Klein-U-Boot »Biber« war ein komplizierteres Einmanngerät mit einem Benzinmotor (für ein U-Boot nicht gerade ideal) für die Überwasser- und einem E-Motor für die Unterwasserfahrt Zwei Torpedos G 7e bildeten die Bewaffnung. Der »Biber« besaß ein richtiges Sehrohr. Hier mit einem »Nest« getarnt, um die verräterische »Schaumkrone« zu verbergen. Diese Tarnung war beim Einsatz gegen die Waal-Brücke erforderlich
(siehe Seite 200).

Rechts oben: Die Position des Piloten im Inneren eines »Biber« zeigt die dürftige Ausrüstung des Entwurfs. In der Mitte das Steuerrad mit dem Seitenruderanzeiger unten links und dem Tiefenruderanzeiger unten rechts. Darüber befinden sich von links nach rechts die Anzeiger für Öldruck, Sauerstoffdruck, Batteriespannung sowie für Nieder- und Hochdruckluft. Sichtbar sind auch die drei mit Panzerglas verschlossenen Öffnungen. Daneben stand dem Piloten ein fest eingebautes, nach vorn gerichtetes Sehrohr zur Verfügung.

Rechts Mitte: Der »Biber« wurde zum erstenmal in der Nacht vom 29. August 1944 vor der Invasionsküste der Normandie eingesetzt. Lediglich ein Unternehmen konnte durchgeführt werden, ehe der Stützpunkt in Fécamp überrannt wurde.
Hier ein am Strand aufgegebener »Biber«. Deutlich zu erkennen ist eine der seitlichen Einbuchtungen am Druckkörper für das Mitführen der Torpedos.

Rechts unten: Ein auf einem der am Unternehmen »Cäsar« beteiligten U-Boote an Oberdeck achteraus des Kommandoturms mitgeführter »Biber« – kein sehr gutes Foto, das aber historisch bedeutsam ist.

Oben: Klein-U-Boote des Typs XXVII B/5 – »Seehund« – bei der Germaniawerft Kiel in Serienfertigung.
Unten: 18 Klein-U-Boote vom Typ »Seehund« liegen im Sommer 1945 nach der deutschen Kapitulation festgemacht in Kiel. (IWM A.289973)
Rechts oben: Die Beschädigungen am Bug von HMS PUFFIN, ein konstrutiver Totalverlust, nachdem sie am 26. März 1945 vor Lowestoft einen »Seehund« gerammt hatte. Die Erschütterungen des Rammstoßes verursachten die Detonation eines der beiden Torpedos G 7e. (IWM A.27876)
Rechts unten: Ein primitives Modell des deutschen Entwurfs »Seeteufel«, ein Fahrzeug mit Torpedobewaffnung, das mit einem Raupenantrieb für die Fortbewegung an Land ausgestattet war. (Royal Navy Submarine Museum)

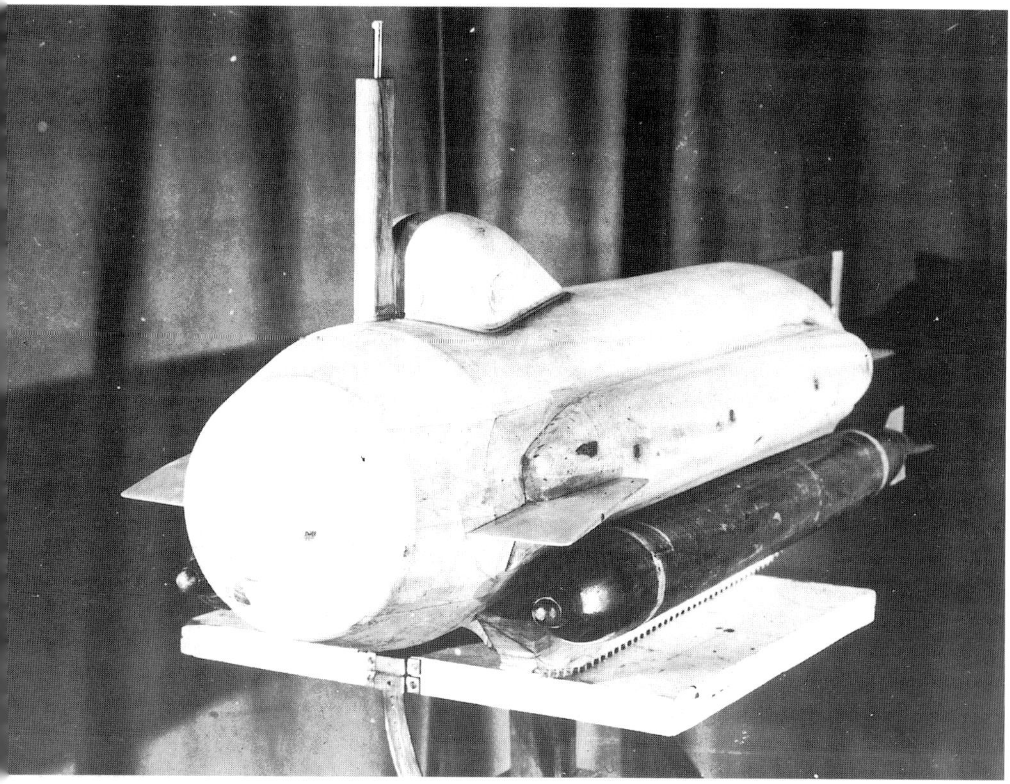

Links oben: Die *X 1*, der einzige amerikanische Entwurf für ein Kleinunterseeboot. Nach einer Reihe von Problemen mit der Wasserstoffsuperoxyd-Antriebsanlage wurde das Projekt aufgegeben.

Links Mitte: Ein Netzleger bringt während des Zweiten Weltkrieges ein Schutznetz aus. Solche Verteidigungssperren können Kleinunterseebooten das Dasein schwer machen, zudem die Verwendung moderner Sensoren die Wirksamkeit der Schutznetze sogar noch erhöhen können. Die für das Auslegen von Netzsperren zur Verteidigung von Häfen und Schiffen erforderlichen Fachkenntnisse sind heute weitgehend in Vergessenheit geraten

Links unten: Ein »Rettungs«-Unterseeboot der ex-sowjetische »India«-Klasse mit zwei DSRV's in Ausbuchtungen seiner achteren Decksverkleidung. Die militärische Verwendungsfähigkeit der Boote dieser Klasse ist offensichtlich.

Rechts oben: Rear-Admiral R.H. Bass, USN, der in der Nachkriegszeit innerhalb der US-Marine ein mutiger Verfechter der Kleinunterseeboote war. (U.S. National Archives)

Rechts Mitte: Das ex-jugoslawische Kleinunterseeboot SOCA nach der Fertigstellung. Das Boot gehört heute zur jungen kroatischen Marine.

Rechts unten: Eines der vielen bei der nordkoreanischen Marine in Dienst stehenden Kleinunterseeboote. Der ausgefahrene Mast am achteren Ende des Kommandoturms ist ein kombinierter Zuluft/Abluft-Schnorchelmast.

Oben und unten: Zwei Unterseeboote, durch nahezu fünfzig Jahre und eine technische Revolution voneinander getrennt und dennoch mit einem gemeinsamen Merkmal ausgestattet: An Oberdeck eingebaute Behälter zum Mitführen von Unterwasserfahrzeugen. HMS/m TROOPER (oben) war ein 1942 gebautes Unterseeboot der T-Klasse mit dieselelektrischem Antrieb, das britische »Chariots« transportierte, und die USS KAMEHAMEHA (SSN-642 – unten), ein nuklear angetriebenes ehemaliges SSBN der LAFAYETTE-Klasse, umgebaut, um in eingebauten Behältern an Oberdeck zwei SDV's mitzuführen. (Royal Navy Submarine Museum/USN)

Laycock der britischen Admiralität formell mit, daß das Direktorat der Verbundenen Operationen (Combined Operations Directorate) für das »Welman-Craft« keine weitere Verwendung hatte. Der Befehlshaber der Unterseeboote, Rear-Admiral Claude Barry, billigte diese Auffassung und fügte hinzu, daß kein weiterer Versuch unternommen werden sollte, alternative Verwendungsmöglichkeiten für diese Boote zu finden.

Das »Welman«-Konzept erfreute sich eines kurzen Wiederauflebens mit dem »Welfreighter«, ein Tauchboot mit vier Mann Besatzung, das eine Zuladung von bis zu 2 ts mitführen konnte. Ursprünglich hatte die Absicht bestanden, diese Boote in der Adria zur Versorgung der albanischen Partisanen einzusetzen, aber der Krieg ging zu Ende, ehe sie einsatzbereit waren. Statt dessen wurden acht »Welfreighter« in den Fernen Osten verbracht und in Port Moresby/Neuguinea stationiert. Von dort aus sollten sie, einen Teil des Weges im Schlepp von Küstenseglern der »Snake«-Klasse (20,1m-Ketsch) zurücklegend, Nachschub zur Malaienhalbinsel bringen, wo ein Partisanenkrieg gegen die Japaner im Gange war. Doch auch hier war der Krieg zu Ende gegangen, ehe diese Tauchboote eingesetzt werden konnten. Nach dem Krieg wurden die verbliebenen Boote einfach aufgegeben, im großen Nachkriegsverkauf der für überschüssig erklärten Marine- und Heeresausrüstung veräußert und abgebrochen. Ein Boot dieses Typs befindet sich noch im Unterseebootsmuseum der Royal Navy in Gosport.

Das »Welman-Craft« erfüllte nicht annähernd die enthusiastischen Hoffnungen seiner Konstrukteure. Insofern erlitt es dasselbe Schicksal wie so viele »Sonder-« oder »Geheimwaffen«, konstruiert durch begeisterte Amateure, die in der abgeschiedenen Atmosphäre einer Forschungseinrichtung für Sonderverbände arbeiteten. Das Fahrzeug wurde ohne nennenswertes Konsultieren der Fachleute in der Royal Navy entworfen, die bei Kleinunterseeboot-Operationen mit X-Booten und »Chariots« viel Erfahrung gesammelt hatten. Auch die mit seiner Verwendung verbundenen einsatzmäßigen Realitäten wurden nicht in Betracht gezogen. Das »Welman«-Boot war das Ergebnis einer Situation, in der die Begeisterung für unorthodoxe und ungewöhnliche Mittel, um den Gegner anzugreifen, jede Verbindung zu den Realitäten der Kriegführung verlorengehen ließ.

Kapitel 13

Von Bergen in die Normandie und wieder zurück

»*Was sind Sie doch für ein großer Bastard!*«
— Funkspruch von *X 24* an HMS DUKE OF YORK, Flaggschiff der *Home Fleet*.

Nach der Rückkehr der an der Operation »Source« beteiligten Schlepp-U-Boote und Überführungsbesatzungen sowie der Einsatzbesatzung von *X 10* zu HMS »Varbel« trat bis zur nächsten Unternehmung eine gewisse Pause ein, da zu diesem Zeitpunkt keine X-Boote mehr zur Verfügung standen.

Eine Folge der fünf X-Bootverluste im Verlaufe der Operation »Source« bestand darin, daß es den für die Beschaffung von Proviant und Ausrüstung Verantwortlichen gelang, eine erhebliche Menge an fehlender Ausrüstung durch das Eintragen des einen oder anderen der fünf X-Bootbezeichnungen als »Verlust durch Feindeinwirkung« zu beschaffen. Jedes X-Boot, das nur ein Zehntel der auf diese Weise beschafften Ausrüstung hätte mitführen müssen, wäre vermutlich wie ein Stein gesunken! Doch diese Pause währte nicht lange. Von den Bauwerften trafen XT-Boote – *XT 1* bis *XT 6* – ein, die besonders für Ausbildungszwecke entworfene X-Bootvariante, gefolgt von den Frontbooten der *X 20*-Klasse: *X 20* bis *X 25*. Über die XT-Serie schrieb Lieutenant H.P. Westmacott, RN, der *XT 5* und später bei der Operation »Heckle« *X 24* kommandierte:

> »Das »XT-Craft« war ein ideales Fahrzeug zum Zwecke der Ausbildung neuen Personals. Die Bootskörper glichen jenen der »X 20«-Klasse aufs Haar, den einzigen Frontbooten der Flottille, von denen sich noch einige im Bau befanden. Der Diesel- und der E-Motor waren standardmäßig; mit ihnen waren auch die Boote der anderen Klassen ausgerüstet – [und] das Pumpensystem entsprach jenem, das später die Boote der XE-Klasse erhielten. Tiefenruder und Steuerung waren identisch, aber sie hatten ein fest eingebautes Sehrohr und nur einen Magnetkompaß des Projektortyps anstelle eines Kreiselkompasses. Da ihnen die kompliziertere Ausrüstung fehlte, waren sie leichter instandzuhalten.«[1]

Mit den neuen X-Booten kam auch ein Zustrom neuer Freiwilliger von der Unterseebootswaffe, um den Platz jener einzunehmen, die bei der Operation »Source« gefallen oder gefangengenommen waren. Lieutenant Percy Westmacott, RN, war einer dieser Männer. Vorher war er Erster Wachoffizier auf dem britischen Unterseeboot UNSHAKEN gewesen. Ungewöhnlich war, daß Westmacott aus dem aktiven Dienst der Royal Navy zur 12. U-Flottille kam. Offensichtlich entsprach der formlose Umgang in der 12. U-Flottille überhaupt nicht seinem Geschmack:

> »Ich bin immer noch über mein Leben und meine Kameraden empört. Keiner meiner dienstälteren Offiziere verdiente den geringsten Anspruch meines Respektes und keiner meiner dienstaltersgleichen oder sogar noch jüngeren Offizierskameraden schien nicht einmal meine Sprache zu sprechen.«[2]

Westmacott ließ seine Anwesenheit bald fühlbar werden, indem er darauf bestand, daß seine Besatzung korrekt gekleidet war – und nicht umsonst erwarb er sich den Spitznamen »Pusser Percy«. Dessenungeachtet war er ein vollendeter Fachmann, der sehr viel Erfahrungen auf konventionellen Unterseebooten besaß. Auf diesen Erfahrungen beruhte auch sein sachverständiges Urteil über X-Boote. Schon bald, nachdem er im Stützpunkt HMS »Varbel« eingetroffen war, hatte er mit Lieutenant Max Shean, RANVR, den ersten vollständigen Leitfaden für die Handhabung des »X-Craft« zusammengestellt. Er war sich seiner eigenen Fähigkeiten offensichtlich sehr bewußt, denn in seinen unveröffentlichten Memoiren bemerkte er, daß er – ein aktiver Marineoffizier – nicht annähernd so lange wie seine Reserveoffizierskameraden brauchen würde, um die Grundsätze der »X-Craft«-Operationen zu beherrschen. Trotz seiner engstirnigen Art besaß er den Humor, um zuzugeben, daß nicht die gesamte Ausbildung in der 12. U-Flottille auf eine Art und Weise durchgeführt wurde, die ihre Lordschaften (d.h. die britische Admiralität) billigen würden:

»Unsere Ausbildung mit 'Nobby' Clarke, der uns stets hinausnahm, bestand darin, in das nächstgelegene Übungsgebiet abzuhauen, das er sich immer selbst zuteilte, die Hauptentlüftungen zu öffnen, das Boot ohne auszutrimmen auf Grund zu legen, den Kochkessel für den Vormittags- oder Nachmittagstee anzustellen und uns zu einer Spielrunde mit Würfeln niederzulassen; ... alles vollkommen falsch und unentschuldbar.«[3]

Die nächste Unternehmung sollte der Zerstörung des riesigen Schwimmdocks im Hafen von Bergen gelten. Die deutsche Seite benutzte zunehmend das 8000-ts-Laksevaag-Dock für die Reparatur von U-Booten. Zudem war die britische Admiralität der Auffassung, daß die Deutschen nach der Vornahme entsprechender Veränderungen durchaus imstande sein könnten, die TIRPITZ zu Ausbesserungsarbeiten in das Dock zu bringen. Darüber hinaus versorgte das E-Werk des Docks auch zwei kleinere Trockendocks mit elektrischem Strom. Ein Angriff auf das Laksevaag-Dock hätte deshalb beträchtliche Auswirkungen auf die Fähigkeit des Gegners, in norwegischen Gewässern Schiffe und Unterseeboote zu überholen und zu reparieren.

Einen erfolglosen Versuch zur Versenkung dieses Docks hatten bereits im Jahr zuvor Einmann-U-Boote vom »Welman«-Typ unternommen (siehe 12. Kapitel). Nunmehr sollten die X-Boote zurückkehren und den Auftrag ordentlich erledigen. Die Ausbildung für diesen Einsatz begann im Januar 1944 und sollte Ende April abgeschlossen werden. Zuvor hatten die Boote der *X 20*-Klasse jedoch noch eine Reihe anderer Aufgaben durchzuführen, deren wichtigste darin bestand, die Hafenverteidigungen in heimischen Gewässern zu überprüfen. Die britische Admiralität war sich bewußt, es lag durchaus nicht außerhalb der Möglichkeiten, daß die *Home Fleet* dasselbe Schicksal wie die Mittelmeerflotte und die TIRPITZ erleiden könnte, und sie wollte daher entsprechende Vorsichtsmaßnahmen ergreifen. Außerdem war nicht bekannt, ob die deutsche Seite eines der bei der Operation »Source« verlorengegangenen X-Boote erbeutet hatte. Die Überprüfung der Hafenverteidigungen sollte von nun an eine der Hauptaufgaben für die Boote der *X 20*-Klasse werden.

X 24 war vorgesehen, nordwärts nach Scapa Flow zu gehen, um die dortigen Hafenverteidigungen zu überprüfen, aber im letzten Augenblick fiel das Boot infolge technischer Defekte aus. Seinen Platz nahm das von Lieutenant B.M. McFarlane, RAN, geführte *X 22* ein.[4] Das Unterseeboot SYRTIS brachte *X 22* im Schlepp nordwärts nach Scapa. Beim Durchqueren des Pentland Firth am 7. Februar 1944 in schlechtem Wetter brach von achtern eine hohe See über das Unterseeboot herein und wusch den wachhabenden Offizier, Lieutenant C. Blyth, RNR, von der Brücke. SYRTIS machte kehrt, um nach Blyth zu suchen. Hierbei steuerte sie direkt auf *X 22* zu. Petty Officer Hugh Fowler, der Gefechtsrudergänger der SYRTIS, erinnerte sich:

> »Sah die Gestalt eines Mannes, dann erkannte ich, daß es das »X-Craft« war. Die See schmettert es direkt unter den Bug der SYRTIS: Knirschen, Knirschen, Knirschen. Es [das X-Boot] wird dreimal getroffen und der Kommandant riecht Heizöl.«[5]

So ging schließlich das von Lieutenant Max Shean, RANVR, geführte *X 24* nordwärts nach Scapa. Diese Übungen erwiesen sich überraschenderweise als erfolgreich – aus der Sicht von *X 24*, nicht unbedingt aus der des Amtes für Hafenverteidigung (Boom Defence Department). Die Anwesenheit von *X 24* in Scapa wurde geheimgehalten und seine täglichen Routinefahrten ins Übungsgebiet und zurück verliefen weit außerhalb des Großteils der vor Anker liegenden Flotte. Am letzten Tag der Überprüfungsfahrten kehrte das X-Boot jedoch quer durch den Hauptankerplatz zur BONAVENTURE zurück und wurde zur Quelle eines beträchtlichen Interesses. Shean und sein Erster Wachoffizier hielten es für sehr angebracht, vor dem Flaggschiff der *Home Fleet*, der HMS DUKE OF YORK, beim Passieren zu salutieren. Der Anblick von fast 1000 Mann an Oberdeck des Schlachtschiffes, die Haltung annahmen, als der Gruß erwidert wurde, amüsierte sie prächtig. Noch nicht zufrieden damit signalisierte Shean anschließend mit einer von Hand bedienten Aldis-Lampe dem Flaggschiff: »Was sind Sie doch für ein großer Bastard!« Der Empfang des Blinkspruches wurde mit der entsprechenden Codegruppe des Signalbuches bestätigt, ansonsten geschah weiter nichts. Zu seiner nicht geringen Bestürzung stellte Shean daher am nächsten Tag fest, daß er und sein Erster Wachoffizier von Admiral Sir Bruce Fraser, dem C-in-C der *Home Fleet*, die Aufforderung erhielten, an Bord des Flaggschiffes zu dinieren.

Diese Einladung begleitete ein Besuch Frasers auf dem X-Boot, wobei er bemerkte, wie naß es für die beiden Offiziere am Tag zuvor auf der Oberdecksverkleidung gewesen sein müsse. Den Blinkspruch erwähnte er jedoch nicht. Während des Essens am Abend saßen Shean und seine Nummer 1 in ziemlicher Besorgnis auf ihren Stühlen, bis ihnen Frasers Flaggleutnant, Lieutenant Vernon Merry, RNVR, mitteilte, daß der Admiral den Blinkspruch nicht gesehen hätte.

Der Plan für die Operation »Guidance«, wie der Deckname für den Angriff auf das Laksevaag-Schwimmdock lautete, brachte im Gegensatz zum vorherigen X-Booteinsatz Änderungen für den taktischen Ansatz von *X 24* mit sich, da Bergen ein beträchtliches Stück näher an den Britischen Inseln als der Altafjord lag. Das Unternehmen ging von »Port HHZ« am Loch Cairnbawn aus, von wo aus eine Überführungsbesatzung[6] *X 24* zum Burra Forth in den Shetlands zu bringen hatte. Dorthin war der Tender ALECTO bereits vorausgesandt worden, um die X-Bootsbesatzungen bei letzten Wartungsarbeiten zu unterstützen. Im Burra Forth sollte die Einsatzbesatzung *X 24* übernehmen und den Angriff durchführen. Inzwischen hatte die ALECTO in den Shetlands auf die Rückkehr des X-Bootes zu warten.

Das von Lieutenant Max Shean, RANVR,[7] geführte *X 24* verließ am 9. April 1944 im Schlepp des britischen Unterseebootes SCEPTRE (Lieutenant Ian McIntosh, RN) »Port HHZ«. Nach einer zweitägigen Fahrt bei schönem Wetter traf der Schleppverband im Burra Forth ein, wo die Besatzungen ausgewechselt wurden. Am 11. April verließ der Schleppverband wieder die Shetlands und sichtete nach einer ereignislosen Überfahrt Feje am Nordeingang zum Schärenfahrwasser nach Bergen. Am 12. April wurde um 20.50 Uhr die Schleppverbindung gelöst und *X 24* lief in Überwasserfahrt in den Fejeosen ein. SCEPTRE zog sich seewärts zurück und hatte Befehl, aus der Besorgnis heraus, das Unternehmen könnte gefährdet werden, keine gegnerischen Schiffe anzugreifen. Dies war eine notwendige Beschränkung, aber es muß für McIntosh bitter gewesen sein, am 13. April ein deutsches U-Boot zu beobachten, das in nur 500 m Entfernung vor seinem Bug vorbeizog.

Inzwischen lief X 24 völlig unbelästigt in Überwasserfahrt den Schärenweg entlang. Vor dem Unternehmen hatten Offiziere der Königlich Norwegischen Marine Lieutenant Shean über Leuchtfeuer, Landmarken und andere navigatorische Besonderheiten gut unterrichtet, so daß er mit dem Fahrwasser ausreichend vertraut war. Am 13. April tauchte das X-Boot um 02.30 Uhr auf der Höhe des Kalvenoes-Leuchtfeuers, als es noch etwa zwölf Seemeilen Weg vor sich hatte. Beim Einlaufen in den West Byfjord traf das Kleinunterseeboot auf sehr starken örtlichen Schiffsverkehr und es bestand ein beträchtliches Kollisionsrisiko. Um die Probleme noch zu vergrößern, interessierte sich ein deutsches Vorpostenboot auf gefährliche Weise für den Verbleib von X 24, aber glücklicherweise gelang es ihm trotz Empfang eines Schallortungsechos nicht, das kleine Unterseeboot zu finden.

Um 08.00 Uhr befand sich X 24 im eigentlichen Hafen und hatte das Ziel in Sicht. Das Dock lag in einer Entfernung von etwa 780 m und war geflutet. In der Einsatzbesprechung vor dem Unternehmen war Shean davor gewarnt worden, sein Sehrohr nicht allzu häufig zu benutzen. Als Folge davon lief er in einer Tiefe von 18 m blind an, wendete und ging auf Gegenkurs. Überzeugt davon, daß er das Ziel finden konnte, brachte er X 24 unter einen Schatten, den er für die Unterseite des Docks hielt, und legte seine Sprengladungen an beiden Enden ab. Nach dem Ablegen der Ladungen steuerte X 24 aus dem Fjord hinaus und hielt auf Feje zu, um auf die SCEPTRE zu warten. Erst um 21.30 Uhr am 13. April tauchte das Kleinunterseeboot wieder auf. Zu diesem Zeitpunkt war die Atemluft im Boot nach 19 Stunden Tauchfahrt bereits so schlecht, daß die vier Männer unter den Erscheinungen einer CO_2-Vergiftung litten. Nur kurze Zeit später kam die SCEPTRE in Sicht, die Schleppverbindung wurde hergestellt und die Einsatzbesatzung wurde abgelöst. Ohne Zwischenfall überquerten sowohl die SCEPTRE als auch X 24 die Nordsee und kehrten am 18. April 1944 wieder nach »Port HHZ« zurück, wo ihnen ein stürmischer Empfang zuteil wurde.

Die unmittelbar nach dem Angriff durchgeführte Luftbildaufklärung ließ jedoch erkennen, daß das Dock immer noch schwamm und unbeschädigt war. Während seines zweiten Anlaufs mußte X 24 von der Strömung abgetrieben worden sein; denn das X-Boot hatte seine Sprengladungen unter dem 7800 BRT großen Frachter BÄRENFELS abgelegt, der parallel zum Dock an der Kohlenpier lag. Die Detonation der Sprengladungen hatte das Schiff zusammen mit einem großen Teil der Kohlenpier und den Krangerüsten vollständig zerstört. Die Tatsache, daß das Dock unversehrt war, schmälerte den Erfolg des Unternehmens nicht; denn zum erstenmal war ein X-Boot in einen verteidigten Hafen eingedrungen, hatte seine Sprengladungen gelegt und war unentdeckt zurückgekehrt, die Deutschen in Unkenntnis hinsichtlich der Ursache der späteren Detonationen zurücklassend.[0]

Während sich X 24 für den Angriff auf das Schwimmdock vorbereitete, wurde X 20 südwärts nach Portsmouth zu einer völlig anderen Unternehmung entsandt. Die Vorbereitungen für die Invasion des europäischen Festlandes waren voll im Gange und die Seine-Bucht war bereits zum Invasionsraum bestimmt worden, wo die Truppen an Land gehen sollten. Als Teil dieser Vorbereitungen für die Landungen sollten Lotsenkommandos der Combined Operations (COPP: Combined Operations Pilotage Party) eine umfassende Vermessung der Normandie-Küste durchführen, um zu ermitteln, welche Strandabschnitte für einen amphibischen Angriff am geeignetsten wären. Diese Arbeit erforderte auch Taucher, die an Land gingen, die Strandverteidigungen und Unterwasserhindernisse erkundeten sowie Bodenproben entnahmen. Die erste Operation dieser Art war für den Neujahrstag 1944 vorgesehen und sollte die Strände auf der Höhe von Courselles erkunden. Doch der Seebefehlshaber Portsmouth (C-in-C Portsmouth), Admiral Sir Charles Little, legte gegen diesen Plan sein Veto ein. Nach seiner Auffassung war das Risiko, daß ein X-Boot auf dem Calvados-Riff stranden könnte, zu groß, und so führten die ersten Erkundungen schnelle Landungsboote durch. Für die Erkundungen der Strände am ostwärtigen Ende der Seine-Bucht gab es jedoch zum Einsatz der X-Boote keine Alternative. Die Entfernung zu diesen Stränden war für Landungsboote zu groß, um das Unternehmen im Zeitraum einer Nacht durchzuführen.

Am 17. Januar 1944 lief X 20 aus Portsmouth aus und traf sich mit seinem Schleppschiff, dem Trawler DARTHEMA, im Kanal. Kommandant von X 20 war Lieutenant Ken Hudspeth, DSC, RANVR, ein ruhiger, ernster Australier, dessen Einsatz mit X 10 bei der Operation »Source« so enttäuschend verlaufen war. Neben Hudspeth befanden sich noch Sub-Lieutenant Bruce Enzer, RNVR, als weiteres Besatzungsmitglied sowie drei Angehörige eines COPP-Kommandos an Bord: Lieutenant-Commander Nigel Willmott, DSO, DSC, RN, Major Logan Scott-Bowden, DSO, MC, und Sergeant Bruce Ogden-Smith, DCM, MM.

X 20 verbrachte im Rahmen der Operation »Postage Able« vier Tage vor der französischen Küste. Während der Tageszeit wurde die Küste durch das Sehrohr erkundet und mit Hilfe des eigens eingebauten Echolots wurden Tiefenlotungen vorgenommen. Gelegentlich bemerkte Hudspeth einen auf sein Sehrohr gerichteten Beschuß von Handfeuerwaffen und war der Auffassung, daß sein Boot entdeckt worden wäre. Doch wahrscheinlich vertrieben sich die deutschen Verteidiger nur die Langeweile damit, indem sie immer wieder routinemäßig schossen. In den deutschen Akten findet sich kein Anzeichen dafür, daß X 20 entdeckt worden war. Jede Nacht ging das Kleinunterseeboot dicht an den Strand heran und Scott-Bowden und Ogden-Smith schwammen an Land. Jeder der beiden hatte eine schwere Ausrüstung zu schleppen: Ballastbeutel, Feldflasche mit Brandy, Lotblei, Unterwasserschreibtafel mit Griffel, Kompaß, Garnspule mit Absteckpfahl zur Messung des Strandgefälles, Revolver vom Kaliber .45 (11,4 mm), Kelle, Erdbohrer, Fackel und Patronengurt. Zudem führte jeder noch einen Vorrat an Kondomen mit; nicht für den Fall eines glücklichen Zusammentreffens mit einer örtlichen Schönen an Land bestimmt, sondern als gut geeignetes Transportmittel für die an den Stränden gesammelten Bodenproben. Die Kondome mußten unverpackt und zu diesem Zweck besonders vorbereitet sein. Diese Arbeit führten hinsichtlich ihrer Umsicht und Korrektheit besonders ausgewählte Wrens[8a] unter Verwendung eines entsprechend angepaßten Besenstiels durch. Die Anforderungen der modernen Kriegsführung sind vielfach und mannigfaltig, aber diese Aufgabe war zweifellos eine der seltsamsten.

Zwei Nächte lang gingen die Taucher an Land, um die Strände bei Vierville-sur-Mer, Moulins St. Laurent und Colleville zu erkunden; sie sollten später der amerikanische Landeabschnitt »Omaha« werden. In der dritten Nacht sollten sie auf Höhe der Orne-Mündung an Land gehen, aber die zu diesem Zeitpunkt eingetretene Erschöpfung – die fünf Männer mußten mehr oder weniger von Benzedrin-Tabletten leben – und das sich verschlechternde Wetter veranlaßten Hudspeth dazu, das Unternehmen abzubrechen, und X 20 trat den Heimmarsch an. Nach dem Zusammentreffen mit der DARTHEMA machte das zurückgekehrte Kleinunterseeboot am 21. Januar 1944 an der Pier von HMS »Dolphin« fest. In seinem späteren Bericht an die britische Admiralität beschrieb der Seebefehlshaber Portsmouth das Unternehmen als eine »ausgedehnte und unverschämte Aufklärung und Erkundung direkt unter der Nase des Gegners«.[9] Hudspeth erhielt ein wohlverdientes Band zu seinem DSC, das er für seine Teilnahme an der Operation »Source« erhalten hatte.

Für X 20, zu dem bald auch das Schwesterboot X 23 stoßen sollte, waren noch weitere Unternehmen zur Stranderkundung geplant. Angesichts der immer länger werdenden Stunden an Tageslicht entschieden jedoch die Invasionsplaner, daß das Risiko einer Gefährdung der gesamten Operation durch ein vom Gegner erbeutetes X-Boot schwerer wog als das Defizit an nachrichtendienstlichen Erkenntnissen, das bei Nichtentsenden eines X-Bootes eintreten würde. Obwohl keine weiteren Strandaufklärungen und -erkundungen mehr stattfanden, war die Beteiligung von *X 20* und *X 23* an der bevorstehenden Invasion des europäischen Festlandes noch nicht zu Ende. Es bestand das Bedürfnis nach Schiffen, die vor den Invasionssträngen liegen und den Landungsbooten als Markierungen dienen sollten; denn die letzteren hatten nur eine minimale Navigationsausrüstung und ihr geringer Tiefgang führte dazu, daß sie außerordentlich empfindlich waren, durch Gezeiten und Strömungen vom Kurs abgetrieben zu werden. Zwei der den britisch-kanadischen Streitkräften zugewiesenen Strände, die Landeabschnitte »Sword« und »Juno«, waren in dieser Hinsicht Anlaß zu besonderer Besorgnis, da in diesen Abschnitten die Konturen der Küste nicht ausgeprägt waren.

Für diese Aufgabe mußten die beiden X-Boote eine umfangreiche zusätzliche Ausrüstung an Bord nehmen. Die wichtigsten dieser Gegenstände waren zwei kleine, transportable Radarbaken und drei 5,50 m hohe, ausziehbare Masten zusammen mit Leuchten und Batterien sowie Drahtmeßgeräten. Daneben gab es noch eine Menge weiterer Ausrüstungsgegenstände einschließlich Handfeuerwaffen und Munition. Das ungewöhnlichste Ausrüstungsstück für jedes Besatzungsmitglied war ein Satz Paßfotos für den Fall, daß sie ihr Boot aufgeben und an Land schwimmen mußten. Obwohl, wie Lieutenant George Honour hierzu kommentierte:

> »...wir, falls möglich, Kontakt zur französischen Widerstandsbewegung aufzunehmen hatten, die uns dann mit der Unterstützung durch uns unbekannte Möglichkeiten wegbringen würden. Persönlich war ich der Meinung, daß wir uns nicht weit vom Strand entfernen sollten.«[10]

Die gesamte zusätzliche Ausrüstung bedeutete auch zusätzliches Gewicht. Daher erhielten die beiden X-Boote an Steuerbord und an Backbord anstelle der Seitenladungen zusätzliche Auftriebskammern. Außerdem bekamen die Boote auch zwei CQR-Anker an Bord, um sicherzustellen, daß sie auf der vorgesehenen Position fest verankert werden konnten. Ferner wurden bei den Booten vorn und achtern Belegpoller angebracht. Der Zweck dieser zusätzlichen Ausrüstung bestand darin, die beiden X-Boote als mobile Leuchtfeuer für die Invasionsflotte einzusetzen, insbesondere um die Punkte zu markieren, an denen die DD-Panzer vom Typ »Sherman«[10a] sicher ins Wasser ausgesetzt werden konnten. Hierzu sollten an Bord der Boote Leuchtfeuer – so abgedunkelt, daß sie von der Landseite her nicht gesehen werden konnten – in Form von Baken (ausziehbaren Masten) zusammen mit einem Funkfeuer aufgerichtet werden. Außer dem Hauptleuchtfeuer hatten die COPP-Angehörigen an Bord in Schlauchbooten untergebrachte Nebenleuchtfeuer zu errichten – ein ziemlich gefährliches Unterfangen, obwohl das am Invasionstag herrschende schlechte Wetter bedeutete, daß dieser Teil des Plans nicht ausgeführt werden konnte. *X 23* erhielt seine Position vor dem Landeabschnitt »Sword« und *X 20* vor dem Abschnitt »Juno«. Der Sektor von *X 23* erstreckte sich von Langrune ostwärts bis zum Hafen von Ouistreham, während der von *X 20* markierte Sektor von Langrune aus nach Westen bis Ver-sur-Mer verlief. Jedes X-Boot hatte eine Position an der Außenkante seines Sektors einzunehmen, so daß der für den Abschnitt »Juno« bestimmte Landeverband sich links vom Leuchtfeuer und der für den Abschnitt »Sword« vorgesehene Invasionsverband sich rechts von ihm zu halten hatte.

In den Abendstunden des 2. Juni 1944 gingen die beiden X-Boote in See. *X 20* (Lieutenant K. Hudspeth, DSC mit Band, RANVR)[11] lief im Schlepp des Trawlers DARTHEMA, während der Trawler GRENADIER *X 23* (Lieutenant George Honour, RNVR)[12] schleppte. In den frühen Morgenstunden des 4. Juni hatten die beiden X-Boote ihre Positionen erreicht. Sobald das Tageslicht hierzu ausreichte, bestimmten sie genau ihre Position und legten sich anschließend auf Grund, um auf den Einbruch der Nacht zu warten. Präzise um 23.15 Uhr tauchten die beiden X-Boote auf und fuhren ihre Funkantennen aus, um eine verschlüsselte Botschaft aufzunehmen, die ihnen mitteilen sollte, ob die Invasion stattfand. Die am 5. Juni um 01.00 Uhr empfangene Botschaft lautete jedoch: »An Padfoot. Unwohlsein in Scarborough.« Dies bedeutete eine Verschiebung der Invasion um 24 Stunden. Die Funkantennen wurden eingefahren und die beiden X-Boote tauchten wieder, um einen weiteren langweiligen und unbequemen Tag auf dem Meeresgrund zu verbringen. Lieutenant George Honour von *X 23* erinnerte sich daran, wie er die deutschen Verteidiger an der Küste beobachtete, die einen trägen Sonntagnachmittag genossen:

> »Am interessantesten war der Umstand, daß sich die Deutschen hier der Entspannung eines Sonntagnachmittags erfreuten und nicht wußten, was sie am Montag erwartete.«[13]

Der Grund für diese Verschiebung lag natürlich im sich immer noch verschlechternden Wetter. General Eisenhower, der Oberste Befehlshaber, sah sich einer außerordentlich schwierigen Entscheidung gegenüber. Sollte die Invasion erneut aufgeschoben werden müssen, dann würde der sorgfältig durchdachte Zeitplan zusammenbrechen und die gesamte Operation hätte aufgegeben werden müssen. Zum Zeitpunkt der Verschiebung standen bereits einige Geleitzüge in See und um einen Geleitzug mit Landungsbooten zurückzurufen, mußte in aller Eile ein Flugzeug entsandt werden, um ihn zu finden. Nach Anhören seines Stabes und insbesondere des Chefmeteorologen, Group Captain[13a] J.M. Stagg, RAF, erteilte Eisenhower den endgültigen Befehl, daß die Invasion am Morgen des 6. Juni stattfände.

Als in den Abendstunden des 5. Juni die beiden X-Boote wieder auftauchten, hatte die BBC eine entgegengesetzt lautende Botschaft für »Padfoot«: Die Invasion fand statt! Lieutenant George Honour erinnerte sich so:

> »In der Nacht zum Montag tauchten wir wieder auf und empfingen die Botschaft, daß die Invasion stattfand. Daher gingen wir noch einmal nach unten und legten uns auf Grund. Gegen 04.30 Uhr am 6. Juni tauchten wir erneut auf und installierten unsere Navigationshilfen: den 5,50 m hohen, ausziehbaren Mast mit einem Leuchtfeuer, das seewärts leuchtete, eine Funkbake und ein Echolot, das unter Wasser ein Signal aussandte. Letzteres diente als Hilfe für die Navigations-ML's, die den Invasionsverband hereinführten.«[14]

Im Gefechtsbericht von *X 20* hieß es:

> »0500. Aufgetaucht und in der Morgendämmerung Position durch Küstenpeilung überprüft. Mast mit Leuchtfeuer und Radarbake aufgerichtet.«[15]

Auf diese Weise wurde die riesige, aus über 5000 Schiffen bestehende alliierte Invasionsflotte von zwei Kleinunterseebooten der Royal Navy zu den Landestränden geleitet.

Für die Besatzungen der X-Boote schien das Warten auf das, was geschehen sollte, endlos zu sein, obwohl ein ständiger Strom von Flugzeugen über sie hinwegflog. Sie hörten das Geräusch Tausender von Schiffsmaschinen, ehe sie die endlosen Wellen von Landungsbooten und Schiffen näherkommen und sie passieren sahen, ehe sich aus den Booten und Schiffen Panzer und Soldaten an die Strände ergossen. Für die beiden X-Boote war dies möglicherweise die gefährlichste Phase der Operation. Sie waren von geringer Größe und ihre Anwesenheit war nicht allgemein bekannt. Angesichts Tausender von Bewaffneten, die an ihnen vorbeiströmten, und Scharen sogenannter »befreundeter Flugzeuge«[16], die über sie hinwegflogen, waren die X-Boote gegenüber den eifrigen, aber unerwünschten Aufmerksamkeiten der eigenen Seite sehr verwundbar. Lieutenant Honour hatte in dieser Hinsicht besondere Vorsichtsmaßnahmen ergriffen. Unzufrieden mit der Größe der Kriegsflagge, des »White Ensigns«, die für *X 23* zur Ausrüstung gehörte, hatte er sich eine große Kriegsflagge besorgt, wie sie üblicherweise nur ein Großkampfschiff führte, um jedes Mißverständnis auszuschließen.

Nach der Beendigung ihrer Aufgabe begaben sich *X 20* und *X 23* zum Führungsschiff LARGS, ehe sie im Schlepp nach Portsmouth zurückkehrten. In der Bar der Offiziersmesse von HMS »Dolphin« stießen die Behauptungen von Hudspeth und Honour, sie hätten die Invasionsflotte geführt, auf Ungläubigkeit! Honour wurde mit dem DSC und Hudspeth mit einem zweiten Band zu seinem DSC ausgezeichnet. Das DSC und die beiden Bänder zum DSC, die Hudspeth innerhalb einer Zeitspanne von weniger als neun Monaten für seine Einsätze erhielt, mußten so etwas wie einen Rekord darstellen.[17]

Die Operation »Gambit«, wie der Deckname für die Markierung der Landestrände lautete, war insofern ein Erfolg, weil die Angriffsverbände für die Landeabschnitte »Sword« und »Juno« präzise an der richtigen Stelle an Land gingen. Darüber hinaus stellte das Unternehmen auch eine beträchtliche Leistung für die Besatzungen der X-Boote dar. Nach ihrem Auslaufen aus Portsmouth am 2. Juni hatten sie 64 Stunden unter Wasser verbracht. Admiral Ramsay, der Oberbefehlshaber der alliierten Seestreitkräfte vor der Invasionsküste, bemerkte hierzu:

> »Beachtlich waren das hohe fachliche Können und die Seeausdauer, welche die Besatzungen von *X 20* und *X 23* bewiesen. Ihre Gefechtsberichte, die Meisterwerke der Untertreibung waren, lesen sich wie das Logbuch eines Überwasserschiffes in Friedenszeiten und nicht wie der Bericht eines sehr kleinen und verwundbaren Unterseebootes, das in Kriegszeiten eine gefährliche Unternehmung durchführte.«

Die Operationen »Postage Able« und »Gambit« waren neue Wege für den Einsatz von X-Booten gewesen. Die Boote waren nicht ausgelaufen, um irgend etwas zu vernichten; statt dessen führten sie ohne Waffeneinsatz einen Auftrag durch, der für die Planung und Ausführung der Invasion Nordwesteuropas und für den erfolgreichen Ausgang dieser Operation von beträchtlicher Bedeutung gewesen war. Wie wichtig ihr Einsatz war, zeigten die amerikanischen Erfahrungen im Landeabschnitt »Utah«. Den Amerikanern war das Strandmarkierungsverfahren durch X-Boote demonstriert worden, aber sie hatten deren Unterstützung im Vertrauen auf die Genauigkeit ihrer Navigation abgelehnt. Am Morgen des 6. Juni war der den Landeabschnitt »Utah« ansteuernde amerikanische Angriffsverband durch die starken Gezeiten und Strömungen nach Westen versetzt worden und die Landung erfolgte an der falschen Stelle.

Nach dem erfolgreichen Abschluß der Operationen vor der Normandie-Küste wurden *X 24* und *X 20* nach Schottland verlegt, und zwar nach Rothesay am Clyde. Erneut richtete sich die Aufmerksamkeit auf das Laksevaag-Schwimmdock in Bergen, das Shean im Frühjahr verfehlt hatte. Bei diesem zweiten Versuch stand *X 24* unter dem Kommando von Lieutenant H.P. Westmacott.[18] Wie bei der früheren Unternehmung auch, waren die Vorbereitungen gründlich einschließlich der Unterrichtungen durch norwegische Offiziere, die sich in Bergen und dessen Umgebung auskannten.

Zwei norwegische Offiziere – Premierløitnant[18a] Kvinge und Secondløitnant[18b] Utne von der Königlich Norwegischen Marine – vermittelten viel Ortskenntnis und Westmacott anerkannte ihren Beitrag später mit den Worten:

> »Mit wenigen geringfügigen Ausnahmen, vermutlich der begrenzten Sicht durch das Sehrohr zuzuschreiben, war alles genauso, wie sie es beschrieben hatten. Ich möchte insbesondere meine große Anerkennung für die Mühe ausdrücken, die sie sich mit mir gaben.«[19]

Es gab auch Instruktionen für das Entkommen und die Fluchttaktik, falls die Besatzung von *X 24* ihr Fahrzeug aufgeben und an Land gehen mußte. Eine unschätzbare Gabe waren auch Namen und Adressen freundlich gesinnter Norweger, zu denen Kontakte hergestellt werden konnten. Ohne einen Namen zu nennen, anerkannte Westmacott auch die Wichtigkeit dieser Information:

>»Mein Dank gilt auch dem norwegischen Offizier, der uns über eine Flucht instruierte. Für das Vertrauen, das er in uns setzte, als er uns die Informationen gab, empfand ich sehr große Bewunderung.«[20]

Nach einer ereignislosen Überführungsfahrt zwischen dem 3. und dem 6. September 1944 von Rothesay zum Balta-Sund in den Shetland-Inseln verließ *X 24* in den Mittagsstunden des 7. September die Shetlands im Schlepp des britischen Unterseebootes SCEPTRE, das wieder unter der Führung von Lieutenant I.S. McIntosh, RN, stand. »Bring' sie lebend zurück!«, lautete der Abschiedswunsch. Über dieses Unternehmen unter dem Decknamen »Operation Heckle« schrieb Westmacott eine detaillierte Darstellung, die es wert ist, in voller Länge zitiert zu werden:

>»Unsere Bordroutine verlief wie folgt: Um 06.00 Uhr, am Mittag und um 18.00 Uhr tauchten wir für eine zehnminütige Durchlüftung auf und um 22.00 Uhr kamen wir für etwa zwei Stunden nach oben, um die Batterie aufzuladen. Jedes dieser routinemäßigen Auftauchmanöver erforderte alle Mann und das Geschirr der von der Wache zubereiteten und verzehrten Mahlzeit wurde abgespült. Nach dem Tauchen hauten sich die beiden vorhergehenden Wachgänger hin und für die nächsten sechs Stunden übernahmen die beiden anderen. Vom Auftauchen zur Durchlüftung abgesehen, war das Wachegehen sehr einfach. Die Tiefen- und das Seitenruder mußten überhaupt nicht bedient werden, so daß es dem Rudergänger möglich war, ein Buch zu lesen oder zu kochen, während der andere Wachgänger die Vorräte sichtete, den Wasserbehälter auffüllte und wischte und wischte und wischte. ... Die Kondensation und das Schwitzen waren unglaublich. Wir mußten die betriebsunklaren Stromkreise feststellen und praktisch wurde jeder innerhalb der sechstündigen Wache einmal mit dem Megohmmeter überprüft; bei zweien dieser Kreise – für Kreiselkompaß und Sehrohr – erfolgte die Isolationsmessung sogar alle drei Stunden. Fiel die Isolation eines Stromkreises auf etwa 200 000 – 300 000 Ohm ab, dann wurde sie mit Hilfe eines elektrisch betriebenen Föhns wieder auf etwa zwei Megohm gebracht. Diese Wartungen mußten erfolgen, sonst war die Motorenanlage unklar, wenn wir sie brauchten. Und wenn für den Augenblick alles soweit erledigt war, folgte wieder das endlose Abwischen der Decks und der Schotte. Zu viert konnten wir mühelos damit fertig werden. Dann kam das Auftauchen und die lediglich zehn Minuten machten Beadon, Davison und Purdy schwer zu schaffen. Selbst mir war eines Nachts während der zwei Stunden oben regelrecht übel. Der Hinmarsch sollte jedoch vier Tage dauern, da die SCEPTRE getaucht fahren mußte, und schließlich kam noch ein Tag an der Küste zum Auskundschaften hinzu. Doch am dritten Tag hatten wir soviel leere Konservendosen angesammelt – es war nicht möglich gewesen, sie loszuwerden, da das Wetter zu schlecht war, um an Oberdeck zu gelangen –, daß ich alle Mann Hand anlegen ließ, um zum Verringern des Umfangs die Dosen flachzuschlagen. Ich war darüber ziemlich verzweifelt und in der Annahme, das Wetter hätte sich gebessert, kleidete ich Purdy für den Notfall an, brachte ihn in die Tauchkammer und sagte ihm, er solle die leeren Büchsen loswerden. Gleichzeitig warnte ich ihn, daß wahrscheinlich eine Menge Wasser hereinkommen würde. Ihr Götter! Der erste Wellenschlag füllte die Tauchkammer und das Boot sank auf etwa 6 m Tiefe. Als es wieder nach oben kam – kein

Purdy zu sehen. Das Boot umkreisend, suchte die SCEPTRE nach ihm. Aber bei der Dunkelheit und in diesem Sturm muß es hoffnungslos gewesen sein.«[21]

Westmacotts Entschluß, ein »ordentliches Schiff« zu haben, ist lobenswert. Doch war dies den Verlust eines Besatzungsangehörigen wert, der unersetzbar war (Purdy war der Taucher)? Der Sturm hielt für rund achtzig Stunden an. Erst am 10. September konnte Sub-Lieutenant K. Robinson, RNVR, von der Überführungsbesatzung vom Unterseeboot auf X 24 umsteigen, um den Platz des bedauernswerten Purdy einzunehmen. Westmacott fährt fort:

»Gegen sechs Uhr nachmittags faßten alle mit an: Wir kochten eine kräftige Mahlzeit, aßen und wischten, so gut wir konnten, nahmen den Kreiselkompaß in Betrieb und bereiteten uns allgemein vor, so daß um 20.00 Uhr alles fertig war. In einer langen, öligen Dünung tauchten wir unter einem klaren Sternenhimmel ohne die SCEPTRE auf, während der schwarze Schatten der Küste ungebrochen vor mir lag. Wir lösten die Schlepptrosse und nahmen Fahrt auf. Kurz danach konnte ich die Lücke zwischen den beiden Inseln erkennen, durch die wir hindurch mußten. Sie sah wirklich lächerlich schmal aus. Die Kreiseltochter suchte sich diesen Augenblick aus, um überzukippen, aber dem hervorragenden Beadon gelang es nach ein paar Stunden, sie wieder in die richtige Stellung zu bringen – übrigens erst als wir den halben Weg durch das erste Minenfeld schon hinter uns hatten. Infolge des Maschinenlärms und der gebrüllten Unterhaltung zwischen Robby und Beadon beim Ausbau des Kreiselkompasses herrschte unten ein ziemlicher Aufruhr, aber im wesentlichen war alles in Ordnung. Insgesamt hatten wir einen fliegenden Start hingelegt, obwohl der Kompressor nicht arbeitete.[22] Ich hatte nur noch ausreichend Druckluft für ein zweimaliges Auftauchen. Für mich zählte jedoch nur das Nächstliegende! Ich hatte einen »Ursula-Anzug« an, ein Fernglas um den Hals und Seestiefel (voller Wasser) an den Füßen. Mein Kehle war staubtrocken, so daß ich mir ein Dutzend Dosen mit Orangensaft heraufbringen ließ, die ich an Deck aufreihte. Alle paar Minuten schlug ich in eine Löcher hinein und trank sie aus. Wir ließen das Feje-Leuchtfeuer an Backbord querab, glitten durch den Fejeosen und drehten dann nach Süden in den Schärenweg nach Bergen, das immer noch rund 30 sm entfernt lag. Innerhalb des Schärenweges war die Befeuerung wundervoll – ein System farbiger Sektoren wies den Fjord entlang. Man lief in den roten Sektor, bis er zu einem weißen wurde, und von da an im Strahl des weißen Sektors bis zu einem weiteren Leuchtfeuer und so fort.
Nunmehr liefen wir den Hjeltefjord entlang, der uns 15 sm voranbrachte, ehe er sich etwa auf eine Seemeile verengte, um danach in den West Byfjord hineinzudrehen. Als wir die Enge passierten, war es gerade ein Uhr morgens. Der Mond, der schon halb zugenommen hatte, schien hell wie eine Straßenlaterne, und ich konnte an der Küste Hütten ohne Fenster erkennen. Da die leichte Dünung aufhörte, die uns auf unserem Weg von Norden her vorangetrieben hatte, wurde die Wasseroberfläche aalglatt, und ich fühlte mich eher wie eine Fliege in der Mitte eines großen Fensters. Doch obwohl an der Ostseite der genannten Enge eine starke deutsche Besatzung lag, sah uns niemand. Nach einer weiteren Stunde fuhr ich 50 m vor einer unbewohnten Insel im Schatten der Küste entlang. Ich selbst stand in der Tauchkammer mit dem Finger an der Alarmhupe.
So weit, so gut. Als ich erkannte, daß ungefähr sieben Seemeilen voraus eine Ecke kam, die ich unter Wasser umfahren mußte, tauchte ich um 03.30 Uhr, obwohl es des Tageslichtes bedurft hätte, um durch das Sehrohr zu navigieren. Doch wir waren dem Zeitplan ein gutes Stück voraus und die Batterie brodelte voll aufgeladen fröhlich vor sich hin. Wir gingen auf 12 m Tiefe und dröhnten mit etwa drei Knoten vorwärts. ... Der Wasserweg wurde nunmehr enger und der Verkehr dichter. Die Wasseroberfläche war gläsern. Ich kroch auf den Flurplatten

umher, behandelte das Sehrohr wie ein Billard-Queue mit der erforderlichen Vorsicht, indem ich es nicht mehr als fünf Zentimeter ausfuhr und dies auch nur für jeweils rund zehn Sekunden. Dieser Kurs war der Moment, den die Firma „Practical Jokes Co-ordination Ltd." [Koordinierung nützlicher Scherze mit beschränkter Haftung] ausnutzte, denn das Sehrohr saß fest und fing an zu qualmen. Ich war jetzt ziemlich nahe am Dock. Netze waren keine zu sehen und – Oh, Schande! – auch nichts im Dock. Zwei kleine Schiffe lagen jedoch längsseits an ihm festgemacht.

Dann ragte der Mast von Maxie Sheans BÄRENFELS aus dem Wasser; an ihm hing ein Schild mit der Aufschrift: »Langsam fahren!« Das war in Ordnung; denn ich lief nur 2,5 kn. Ein letztes schnelles Ringen, ehe ich begann, unter das Dock zu gehen, jetzt noch etwa 100 m entfernt, während ein kleines Motorboot – da bin ich mir sicher – direkt über das Heck fuhr, und wir waren darunter. Puh! Es war gegen 09.30 Uhr, als wir achtern unter das Nordende des Docks gingen. Ich ließ das Boot auf Grund sinken, während wir die eine Sprengladung ablegten. Danach manövrierte ich das Boot etwa 60 m weiter unter das andere Ende und legte die zweite Sprengladung ab. Um 10.15 Uhr war alles vorüber. Ich ließ das Boot, das sich in meiner Hand wie ein kleiner Rennhund anfühlte, rund 1000 m ablaufen, stellte seine Position fest, verdrückte mich mit ihm nach unten und lief wie ein Rennpferd auf den Eingang des Byfjords zu. Nach dem Eindringen und in dem Wissen, daß wir zumindest unsere Arbeit geleistet hatten, war der Rückmarsch das reinste Vergnügen.«[23]

Das Treffen mit der SCEPTRE ging erfolgreich vonstatten und drei Tage später war *X 24* wieder in Rothesay. Die britische Admiralität beschrieb das Unternehmen als »ein prächtiges Beispiel einer perfekt geplanten und durchgeführten Operation«.[24] Luftbildaufnahmen ließen erkennen, daß vier der sechs Sektionen des Docks zusammen mit den beiden längsseits gelegenen Handelsschiffen – der 1820 BRT großen STEN und der 914 BRT großen KONG OSCAR II. – vollkommen vernichtet waren.

Die Operation »Heckle« war das letzte Unternehmen, das X-Boote in Heimischen Gewässern durchführten, nachdem die RAF am 12. November 1944 die TIRPITZ versenkt hatte und damit der Daseinszweck dieser Boote verschwunden war. Doch der fernöstliche Kriegsschauplatz lockte und mit dem neuen und leistungsfähigeren XE-Boot, das aus der Fertigung der Front zulief, sah die Zukunft hinsichtlich weiterer Operationen vielversprechend aus.

Kapitel 14

Kreuzer und Telefonkabel

...die kleinen Burschen mit großem Schneid! – Admiral James Fife, USN,
über die Operationen der britischen XE-Boote im Fernen Osten.

Mit der Beschädigung und der späteren Versenkung der TIRPITZ sowie dem Verschwinden der von der deutschen Kriegsmarine ausgegangenen Bedrohung gab es bis zum Ende des Jahres 1944 in Heimischen Gewässern nur noch sehr vereinzelte Zielgelegenheiten. Daher war es nur natürlich, daß sich die Gedanken des Chefs und des Stabes der 12. Unterseebootsflottille dem Fernen Osten zuwandten, wo es eine Fülle von Zielen gab und wo eine britische Flotte in der Entstehung begriffen war. Infolgedessen wurde HMS BONAVENTURE der Tender einer neuen Flottille, der 14. Unterseebootsflottille, die unter dem Kommando von Captain W.J.R. Fell, RN, aufgestellt wurde, eines hervorragenden U-Bootkommandanten, der an der Entwicklung der X-Boote von Anfang an beteiligt gewesen war. In diesem Stadium wurde noch kein Gedanke daran verschwendet, was die X-Boote in Fernost unternehmen sollten. Um es mit den Worten eines alten Liedes der Infanterie aus dem Ersten Weltkrieg auszudrücken: »Wir sind hier, weil wir hier sind, weil wir hier sind!«

Die BONAVENTURE lief am 21. Februar 1945 mit den Kleinunterseebooten *XE 1* bis *XE 6* an Bord aus Port Ballantyne in Schottland aus. Ihr Bestimmungsort war Pearl Harbor, das sie über die Karibik und den Panamakanal erreichen sollte. Während der Überfahrt wurde die Geheimhaltung außerordentlich groß geschrieben, so daß sich alle Hoffnungen auf einen Landurlaub in Westindien sehr schnell zerschlugen. Diese Geheimhaltung verkehrte sich jedoch ins Gegenteil. Die faktische Isolierung, in der sich die BONAVENTURE beim Transit durch den Panamakanal befand, weckte eine derartige Neugier, daß Gerüchte in Umlauf kamen, die Besatzung würde aufgrund einer stattgefundenen Meuterei an Bord festgehalten.[1] Erst als die BONAVENTURE in Pearl Harbor eintraf, wurde wieder Urlaub gewährt. Hier erreichte Captain Fell die Nachricht, daß die Dienste seiner Flottille überhaupt nicht gebraucht würden. Statt dessen sollte die BONAVENTURE zum Troß der britischen Pazifikflotte gehören. Einen derart weiten Weg für nichts und wieder nichts zurückzulegen, war eine bittere Enttäuschung:

»Die Moral verschlechterte sich schlagartig, aber ein wenig Hoffnung blieb immer noch, als wir nach Manus auf den Admiralitäts-Inseln beordert wurden. Ehe wir dort eintreffen konnten, wurden wir südwärts nach Brisbane umgeleitet, wo wir mit hängenden Ohren und völlig verzweifelt ankamen.«[2]

Die Gründe für die Weigerung der Amerikaner, XE-Boote einzusetzen, sind kompliziert und liegen nicht ausschließlich im nationalen Vorurteil, wie manche Historiker behauptet haben. Die Amerikaner standen im Begriff, den Krieg im Pazifik mit konventionellen Unterseebooten zu gewinnen und konnten für die kleinen XE-Boote kaum eine Verwendung erkennen. Ihr Standpunkt lautete: Welches Schiff konnte ein XE-Boot versenken, das nicht genauso einfach von Unterseebooten oder dem langen Arm der träger- oder landgestützten Flugzeuge versenkt werden könnte?

Fell hatte nicht die Absicht, kampflos aufzugeben; Nachschub im Pazifik überallhin zu befördern, würde die größte Demütigung bedeuten. Daher flog er nach einem ergebnislosen

173

Gespräch mit Admiral Sir Bruce Fraser, dem Oberbefehlshaber der britischen Pazifikflotte in Sydney, ohne jede formelle Priorität für die Benutzung eines Flugzeuges nordwärts auf die Philippinen. In Subic Bay gelang es ihm, mit Admiral James Fife, dem Befehlshaber der amerikanischen Unterseeboote der 7. US-Flotte, ins Gespräch zu kommen. Das war ein Glückstreffer; denn Fife kannte sich mit der britischen Unterseebootswaffe sehr gut aus. 1940/41 gehörte er als Beobachter zum Stab des Befehlshabers der Unterseeboote der Royal Navy und hatte im Mittelmeer an einer Reihe von Feindfahrten mit britischen Booten teilgenommen. Hierzu kommentierte die »Official Staff History«:

»Aus jedem Gesichtspunkt heraus hätte es keinen geeigneteren Offizier geben können, um einen Verband von Unterseebooten zu kommandieren, dem britische und niederländische Unterseeboote zugeteilt waren.«[3]

Captain Fell stellte dem amerikanischen Admiral die Fähigkeiten der XE-Boote nachdrücklich und überzeugend vor. Fife hörte zu:

»[Wir saßen auf seiner Veranda und tranken viele Tassen Kaffee. Stundenlang hörte er mir zu, während ich jedes Argument ins Feld führte, das ihn zu unserem Einsatz bewegen konnte.] Am Ende bewies er ein ganz erstaunliches Verständnis für meine Darlegungen. Aber in Worten, die den schweren Schlag etwas abmilderten, und mit Gründen, die so vernünftig klangen, [erklärte er, wir kämen zu spät. ... Unter derart unerfreulichen Begleitumständen begann unsere Freundschaft.] Je öfter ich diesen Mann in den nächsten Monaten sah, um so stärker wurde mein Eindruck, daß ich dem aufrichtigsten, zuverlässigsten und tüchtigsten Menschen begegnet war.«[4/4a]

In düsterer Stimmung flog Fell nach Sydney zurück. Dort erfuhr er am 31. Mai 1945 bei einer Stabsbesprechung, daß es noch eine Chance gab, die seiner Flottille statt der Auflösung noch eine Gnadenfrist gewährte. Es bestand eine dringende operative Notwendigkeit, die Unterwasser-Telefonkabel zu zerschneiden, welche die japanische Fernsprechverbindung von Singapur über Saigon nach Hongkong darstellten. Fernsprechverbindungen waren ein völlig sicheres Fernmeldemittel, da die Gespräche nicht aufgefangen werden konnten. Das Zerschneiden der Telefonkabel sollte die japanische Führung zwingen, auf den Funkverkehr auszuweichen, der – wie wir heute wissen – abgehört und analysiert werden konnte. Die Aufgabe war jedoch schwierig. Der Einsatz eines Kabellegers, um die Kabel zu finden und zu heben, würde zu einer größeren Flottenoperation in Gewässern führen, die dicht an der von den Japanern beherrschten Küste lagen. Außerdem würde eine derartige Operation die Japaner nicht im ungewissen lassen, was vor sich ginge.

An Fell erging die Frage, ob seine XE-Boote die Operation in Angriff nehmen könnten. Das war wie das Befragen einer Ente, ob sie schwimmen könnte. Fell war der Überzeugung, daß seine XE-Boote das ideale Mittel darstellten, um die Kabel zu zerschneiden. Es gelang ihm, Admiral Fraser zu überzeugen, der ihm grünes Licht gab, mit der Einsatzausbildung zu beginnen, um unter Beweis zu stellen, daß ein XE-Boot diese Aufgabe erfüllen konnte. Hierzu mußten zwei Probleme gelöst werden. Als erstes mußte das Kabel ausfindig gemacht werden. Die Positionen von Unterwasserkabeln waren auf Seekarten deutlich vermerkt. Obwohl diese Information brauchbar war, den allgemeinen Einsatzraum zu bestimmen, reichte sie nicht aus, um den genauen Ort zu finden, wo das Kabel verlief.

Die Lösung dieses Problems bestand darin, einen Suchdraggen (Greifhaken) hinter dem XE-Boot über den Meeresboden zu schleppen, in dem sich – so war die Erwartung – das Kabel verfangen sollte. Das Zerschneiden des Kabels stellte dann das kleinere Problem dar. XE-Boote hatten immer elektrisch betriebene Netzschneider an Bord und alle Taucher waren in ihrer Handhabung ausgebildet. Nachdem ihre Backen erweitert worden waren, konnten Netzschneider auch Unterwasserkabel schneiden. Hierzu verlegte die BONAVENTURE an einen versteckten Ankerplatz vor dem Großen Barrierriff an der australischen Ostküste, um mit den Erprobungen zu beginnen. Diese Versuche kosteten bedauerlicherweise zwei Angehörigen der Flottille das Leben: Lieutenant B. Enzer, RNVR, von XE 6 und Lieutenant D. Carey, RN, von XE 3. Als wahrscheinlichste Todesursache wurde Sauerstoffvergiftung angenommen. Von ihren Leichen wurde nie eine Spur gefunden.

Die Erprobungen verliefen erfolgreich und ein triumphierender Fell flog auf die Philippinen nach Subic Bay. Dort stellte er nicht nur fest, daß Admiral Fife seinen Plan akzeptiert hatte, sondern daß auch dessen Stab vom XE-Bootfieber ergriffen worden war und Pläne für eine Reihe von Unternehmen vorbereitet hatte, darunter einen Angriff auf die japanischen Schweren Kreuzer TAKAO und MYÔKÔ, die in der Johore-Straße/Singapur vor Anker lagen. Die TAKAO war im Februar 1945 durch Luftangriffe schwer beschädigt worden. Daraufhin wurde entschieden, sie und die MYÔKÔ in der Wasserstraße, die Singapur vom Festland trennte, als schwimmende Flakbatterien zu verankern.[4b] Nach alliierten Geheimdienstberichten waren die beiden Schiffe voll seetüchtig. Dies war auch der Grund für die Entscheidung, sie mit XE-Booten anzugreifen. Inzwischen war die BONAVENTURE mit den XE-Booten an Bord am 20. Juli 1945 in Subic Bay eingetroffen. Da die mit Schleppgeschirr ausgerüsteten britischen Unterseeboote der T-Klasse von Fremantle aus operierten, wurden Boote der S-Klasse von der 8. Unterseebootsflottille auf entsprechende Weise umgerüstet.

Mittlerweile waren auch die Einsatzpläne fertiggestellt worden. XE 1 (Lieutenant J.E. Smart, RNVR) und XE 3 (Lieutenant I.E. Fraser, RNVR), geschleppt von den britischen Unterseebooten SPARK (Lieutenant D.G. Kent, RN) bzw. STYGIAN (Lieutenant G.S.C. Clarabut, RN), sollten in der Nacht zum 31. Juli 1945 die beiden Schweren Kreuzer in der Johore-Straße angreifen (Operation »Struggle«). XE 4 (Lieutenant M.H. Shean, RANVR), geschleppt von HMS/m SPEARHEAD (Lieutenant-Commander R.E. Youngman, RNR), hatte die Unterwasserkabel Saigon–Singapur sowie Saigon–Hongkong zu schneiden, während XE 5 (Lieutenant P. Westmacott, RN), geschleppt von HMS/m SELENE (Lieutenant-Commander H.R.B. Newton, RN), das Kabel Hongkong–Singapur schneiden sollte. Welchem Unternehmen sie auch zugeteilt waren, jeder Besatzungsangehörige der XE-Boote führte eine »Fluchtausrüstung« mit – Gegenstände, die als nützlich erachtet wurden, sollten sie gezwungen sein, ihr Fahrzeug aufzugeben und an Land zu gehen. Lieutenant Ian Fraser erinnerte sich wie folgt:

»Zu allererst war da ein quadratisches Stück Seide mit einem aufgedruckten Union Jack, umgeben von mehreren einfachen Sätzen in drei oder vier verschiedenen Sprachen, wie zum Beispiel »Ich bin ein Freund!« oder »Ich habe Hunger!« oder »Bitte helfen Sie mir, britisches Territorium zu erreichen!« Ein weiteres rechteckiges Stück Seide zeigte entfaltet eine Karte der Malaienhalbinsel, markiert mit den besten Routen für eine Flucht oder mit dem schnellsten Weg zu einer Aufnahmeposition an der Küste. Kompasse waren als Knöpfe oder als Federspangen getarnt oder in das Futter eines Mützenabzeichens eingenäht. Eine Feile besaß ein Eisensägeblatt als Kante und einen Gummiüberzug, um sie mit beträchtlicher Unbequemlichkeit in den After einzuführen. Ein Paket enthielt 48-Stunden-Rationen, medizinische Ausrüstung, Benzedrin-Tabletten, Streichholzschachteln und verschiedene Dinge, die als nützlich gegen Moskitos, Blutegel und andere Dschungelplagen angesehen wurden. Zusätzlich hatte jeder noch eine Machete, Angelgerät und einen Revolver vom Kaliber .45, bei dem ich meine ganze Kraft brauchte, um ihn zu heben, geschweige denn zu schießen.«[5]

Was Fraser nicht erwähnte, war die Tatsache, daß die Fluchtausrüstung auch eine Selbstmordpille für den Fall enthielt, daß der Besatzungsangehörige den Japanern in die Hände fiel.

Mit ihren XE-Booten im Schlepp verließen STYGIAN und SPARK am 26. Juli 1945 zur Operation »Struggle« die Bucht von Brunei an der Nordwestküste von Borneo. Der Anmarsch verlief ereignislos und am 30. Juli fand der Austausch der Überführungs- gegen die Einsatzbesatzungen statt. Die Aufgabe der Überführungsbesatzungen war von wesentlicher Bedeutung, aber eintönig und verschwand oft hinter dem Ruhmesglanz, der die Unternehmung umgab. Captain Fell äußerte sich hierzu in seinem Gefechtsbericht wie folgt:

> »Es wird häufig nicht erkannt, wie groß der Anteil dieser Männer am Erfolg eines Unternehmens ist. Bei hoher Geschwindigkeit (manchmal mit bis zu elf Knoten) geschleppt zu werden, ist weit davon entfernt, eine leichte oder sogar besonders sichere Arbeit zu verrichten, und ist noch weiter davon entfernt, eine bequeme Arbeit zu leisten. ... In einem beträchtlichen Ausmaß hängt der Erfolg eines Unternehmens von der Verfassung ab, in der das Fahrzeug der Einsatzbesatzung übergeben wird. Keineswegs sind die Überführungsbesatzungen der XE-Boote »Wartungsbesatzungen«.«[6]

Um 06.00 Uhr am 30. Juli wurden die Überführungs- gegen die Einsatzbesatzungen ausgetauscht und um 23.00 Uhr fand das Lösen der Schleppverbindungen in der Nähe des Horsburgh-Leuchtfeuers vor dem Osteingang der Singapur-Straße statt, etwa 40 sm vom Liegeplatz der TAKAO entfernt. Die Schlepp-U-Boote zogen sich dann seewärts zurück, um auf das Zusammentreffen zur Wiederaufnahme zu warten.

Das von Lieutenant Fraser geführte *XE 3* fand die TAKAO ohne große Schwierigkeiten:

> »Wir liefen gegen 09.00 Uhr am Morgen des 31. Juli durch die Sperre am Eingang zum Hafen – ihr Tor stand offen – und suchten uns unseren Weg entlang des Fahrwassers, bis wir die TAKAO sahen. Auf einmal war sie vor mir. Sie war sehr gut unter Tarnnetzen versteckt und lag am Nordende der Singapur-Insel sehr dicht unter Land. Ihr Heck war der Insel zugekehrt.«[7]

Nachdem auch die drei anderen Mitglieder der Besatzung von *XE 3* einen Blick durch das Sehrohr auf ihr Ziel geworfen hatten, manövrierte Fraser sein Boot in eine geeignete Position unter ihren Schiffskörper, um die Seitenladung abzulegen. *XE 3* führte nur eine Seitenladung an seiner Steuerbordseite mit, während sich an seiner Backbordseite in einem Behälter sechs Haftminen befanden.

Danach begannen die Dinge schiefzugehen. Bei laufendem Ebbstrom fiel der Wasserstand und als der Taucher, Leading Seaman Magennis, versuchte, das Kleinunterseeboot zu verlassen, stellte er fest, daß sich das Luk nur zu einem Viertel öffnen ließ. Unbeindruckt entleerte er sein Atemgerät und wand sich hinaus. Seine Schwierigkeiten waren aber noch nicht zu Ende. Die Krümmung des Schiffskörpers der TAKAO und die Tatsache, daß ihr Schiffsboden sehr stark mit Entenmuscheln und anderem Bewuchs zugedeckt war, ließ das feste Anbringen der Haftminen zu einer schwierigen und ermüdenden Aufgabe werden – eine Aufgabe, die durch die Tatsache nicht erleichtert wurde, daß sein Atemgerät leckte und einen ständigen Blasenstrom erzeugte. Dessenungeachtet brachte er alle sechs Haftminen am Schiffskörper der TAKAO an, ehe er im Zustand eines fast völligen Zusammenbruchs in die Sicherheit der Tauchkammer zurückgelangte.

Fraser löste die Steuerbord-Seitenladung aus und versuchte dann, *XE 3* von seiner Position unter dem Kreuzer hervor zu manövrieren. Doch der Bilgenkiel der TAKAO, der sich mit dem fallenden Wasserstand herabgesenkt hatte, hielt das Boot gefangen:

»...wir konnten nicht hervorkommen, weil Ebbe eingetreten war. Wir befanden uns unter dem Dingsda in einem sehr schmalen Loch. Es gab kaum genug Raum zum Manövrieren und ich brauchte zwanzig Minuten, um herauszukommen. – Ich war dann tatsächlich etwas erschrocken und ein wenig verzweifelt: A.K. voraus, A.K. zurück, Tauchzellen ausblasen, Fluten der Tauchzellen, um ein Loch in den Meeresboden zu wühlen; denn nur so konnten wir herauskommen. Und schließlich schafften wir es.«[8]

Gerade als Fraser und seine Männer bereits dachten, sie würden noch immer festklemmen, wenn die Minen hochgingen, schoß XE 3 nach oben und durchbrach nur 50 m von der TAKAO entfernt fast die Wasseroberfläche. Binnen Sekunden war das Boot wieder unten auf Grund. Hierbei stellte Fraser fest, daß sich der Backbord-Seitenbehälter für die Haftminen nicht ausklinken ließ und daß hierdurch das kleine Boot schwierig zu manövrieren war. Trotz seines erschöpften Zustandes legte Magennis seinen Anzug an und nach mehreren Minuten Arbeit mit Brecheisen, Vorschlaghammer und Meißel (der Umfang der von einem XE-Boot mitgeführten Ausrüstung bot Vorsorge für alle Eventualitäten) gelang es ihm, den Behälter zu lösen. XE 3 zog sich danach in Richtung Horsburgh-Leuchtfeuer zurück und traf am 1. August 1945 um 03.30 Uhr wieder mit der STYGIAN zusammen. Es war ein episches Unternehmen gewesen. Vom Lösen der Schleppverbindung bis zum erneuten Zusammentreffen mit der STYGIAN hatte die Besatzung von XE 3 ohne Schlaf 52 Stunden auf ihren Posten verbracht und war über 16 Stunden unter Wasser gewesen. Der Rudergänger, ERA[9] C. Reed, hatte über 30 Stunden lang ohne Ablösung die Ruder bedient.

Was geschah mit XE 1? Smart hätte XE 3 vorausfahren sollen, da die MYÔKÔ weiter innen in der Straße lag. Seinen Anmarsch verzögerten jedoch der Ebbstrom und Bewachungsfahrzeuge, die alarmiert worden sein mußten, daß etwas im Gange war, als sich XE 3 mit dröhnenden Schlägen und Schrappen unter der TAKAO herauswühlte. Infolgedessen traf Smart vor dem Marinestützpunkt zu spät ein und auch erst zu einem Zeitpunkt, als Fraser seine Sprengladungen bereits gelegt haben mußte. Hierdurch befand er sich in einem Dilemma: Er konnte entweder mit dem Angriff auf die MYÔKÔ fortfahren und das Risiko von Beschädigungen auf sich nehmen, wenn die Ladungen der XE 3 detonierten, während er noch im Ablaufen war, oder seine Seitensprengladung ebenfalls unter der TAKAO zurücklassen und ihre Vernichtung sicherstellen. Er entschloß sich zu letzterem. Doch infolge der Ebbe mußte er sich damit zufriedengeben, die halbe Tonne Amatol längsseits des Kreuzers zurückzulassen. Wie XE 3 zog sich Smart anschließend zum Treffpunkt mit der SPARK zurück und wurde durch die Verzögerungen erst um 22.15 Uhr am 1. August aufgenommen.

Die Sprengladungen detonierten am Abend des 31. Juli um 21.30 Uhr. Unglücklicherweise ging die von XE 3 abgelegte Sprengladung nicht hoch, aber eine Anzahl Haftminen taten es. Die Sprengladungen rissen ein großes Loch in den Ausmaßen von 7 m x 3 m in die Steuerbordseite des Schiffskörpers und parallel hierzu in den Kiel zwischen Spant 113 und Spant 116. Mehrere Abteilungen unterhalb der Panzerdeckebene liefen voll. Das Schiff erlitt beträchtliche Erschütterungsschäden; unter anderem sprangen die Türme der Schweren Artillerie aus ihren Rollenlagern und die empfindlichen Feuerleiteinrichtungen fielen durch erhebliche Beschädigungen aus. Bedauerlich war, daß der Schwere Kreuzer auf ebenem Kiel in flachem Wasser sank, so daß das Oberdeck über der Wasserlinie blieb. Die Tage der TAKAO als einsatzfähige Einheit der Kaiserlich Japanischen Marine waren jedoch vorüber. Schließlich wurde sie am 27. Oktober 1945 von den Briten auf der Position 03°05'N 100°41'O in der Malakka-Straße versenkt.

Fraser und die anderen Männer hatten in Singapur eine Detonation gehört und angenommen, die TAKAO wäre vernichtet worden. Bei ihrer Rückkehr in die Bucht von Brunei erfuhren sie jedoch, daß die alles sehenden Augen der alliierten Luftaufklärung festgestellt hatten, die TAKAO befand sich noch an ihrem Liegeplatz und saß wahrscheinlich auf Grund, so daß sich das Oberdeck mit den Aufbauten noch über der Wasserlinie befand. Fraser war verärgert:

»[Fell sagte zu ihm:] »Nun, wir müssen noch etwas unternehmen. Sie werden zurückgehen müssen und einen weiteren Anlauf machen.« Wieder zurückgehen zu müssen, na das brachte mich tatsächlich aus der Fassung, nachdem ich geglaubt hatte, ich hätte einen wirklich erfolgreichen Angriff unternommen. Aber nichtsdestoweniger sagten wir OK und stellten uns darauf ein, in sieben oder acht Tagen wieder zurückzugehen.«[10]

Die beiden anderen XE-Boote erzielten einen gleichwertigen, wenn auch weniger spektakulären Erfolg. Die SPEARHEAD lief mit *XE 4* im Schlepp am 26. Juli 1945 aus der Bucht von Brunei aus und steuerte die Zugänge nach Saigon/Frz.-Indochina (heute Ho-Tschi-Minh-Stadt/Vietnam) an. Nach einem ereignislosen Anmarsch wurde am 30. Juli um 21.20 Uhr die Schleppverbindung gelöst und die SPEARHEAD zog sich seewärts zurück. Im Verlaufe der Nacht wurde Shean, während das Kleinunterseeboot aufgetaucht lief, über Bord gewaschen. Es gelang ihm aber, sich am Draht des Jackstags nahe dem Seitenruder anzuklammern und sich wieder an Bord zu ziehen.

Am 31. Juli wurden sowohl das Saigon-Hongkong- als auch das Saigon-Singapur-Kabel mit dem Greifhaken erfaßt. Den Tauchern war es möglich, beide Kabel erfolgreich zu schneiden. Von jedem brachten sie ein etwa 30 cm langes Stück als Souvenir herauf. *XE 4* lief danach seewärts ab, um wieder mit der SPEARHEAD zusammenzutreffen. Beide kehrten ohne Zwischenfall am 3. August in die Bucht von Brunei zurück.

XE 5 verließ am 27. Juli 1945 im Schlepp der SELENE Subic Bay, um im Westlichen Lamma-Kanal, einem Zugang zum Hafen von Hongkong westlich der Insel Lamma, das Hongkong-Singapur-Kabel zu schneiden. Die Einsatzbesatzung übernahm das XE-Boot in den Abendstunden des 30. Juli. Im Verlaufe der Schleppfahrt brach der Schäkel, der die Schlepptrosse zur SELENE sicherte, und ließ die Trosse vom Bug des XE-Bootes herabhängen. Schließlich fand die Besatzung von *XE 5* die SELENE wieder und die Ersatztrosse wurde angebracht, aber das Unternehmen mußte um 24 Stunden verschoben werden. Das Zusammentreffen war nur durch einen gewaltigen Verbrauch an Leuchtkugeln ermöglicht worden. Daß die beiden Unterseeboote unbelästigt blieben, war ein Beweis der Vorherrschaft, die die Amerikaner in dieser Endphase des Krieges über das Südchinesische Meer ausübten.

Die Aufgabe, das Hongkong-Singapur-Kabel zu schneiden, erschwerte die Tatsache, daß der Boden des Schelfes dort, wo das Kabel von der Hongkong-Insel her in die freie See überging, sehr steil abfiel. Es gab nur einen etwa 100 m breiten Streifen, in dem der Taucher arbeiten konnte; denn im flacheren Bereich konnte er von der Wasseroberfläche her gesehen werden, während er im tieferen Bereich einer Sauerstoffvergiftung erliegen würde. Sub-Lieutenant B.G. Clarke, DSC, RNVR, der Taucher von *XE 5*, verletzte sich schon bald beim Arbeiten mit dem Netzschneider. Daher lief Westmacott mit seinem Boot wieder ab, um sich mit der SELENE zu treffen und den verletzten Offizier an das große Unterseeboot zu übergeben. Danach kehrte das XE-Boot erneut in den Westlichen Lamma-Kanal zurück. Dort verbrachte der zweite Taucher des Bootes, Sub-Lieutenant D.V. Jarvis, RNVR, fast zwei Tage mit dem Versuch, das Kabel zu finden, um sich herum bis zu den Ellbogen in weißem Schlick wühlend. Obwohl er auf eine Anzahl Hindernisse stieß, die das Kabel hätten sein können, brach Westmacott am 3. August das Unternehmen ab.

Am 6. August 1945 traf die SELENE mit *XE 5* im Schlepp wieder in Subic Bay ein. Westmacott muß sehr enttäuscht gewesen sein, insbesondere, als er von den Erfolgen der anderen hörte. Als die britischen Streitkräfte einen Monat später Hongkong besetzten, stellten sie jedoch fest, daß das Umherwühlen von XE 5 im Schlamm das Kabel so schwer beschädigt hatte, daß es nicht mehr repariert werden konnte.

Eine dankbare britische Admiralität beeilte sich, die Erfolge dieser Unternehmen lobend anzuerkennen. Fraser und Magennis erhielten das Viktoriakreuz (VC), die höchste britische Tapferkeitsauszeichnung. Smart und Shean bekamen den Distinguished Service Order (DSO), während Westmacott mit dem Distinguished Service Cross (DSO) ausgezeichnet wurde. An weiteren Auszeichnungen wurden insgesamt verliehen: ein DSO, fünf DSC's, eine CGM, zwei DSM's, zwei OBE's sowie elf Erwähnungen in Kriegsberichten. Während sich noch weitere Unternehmen in der Planung befanden, ging der Krieg zu Ende. Zu dem Zeitpunkt, da sich Fraser darauf vorbereitete, in die Johore-Straße zurückzukehren, um die TAKAO endgültig zu vernichten, machten zwei Atombomben alle Planungen überflüssig. Die 14. Unterseebootsflottille wurde mit einer fast unanständigen Eile aufgelöst. Das Personal erhielt Abkommandierungen zu anderen Einheiten und die XE-Boote wurden einfach auf einer Pier in Sydney abgestellt, um bis zu ihrem Abtransport zum Verschrotten vor sich hin zu rosten. Es war ein trauriges Ende.

Als Fußnote zu diesen Unternehmungen sei folgendes angemerkt: Auf seinem Weg zurück nach Großbritannien, um aus der Hand des Königs das Viktoriakreuz in Empfang zu nehmen, hatte Fraser die einzigartige Gelegenheit, sich die TAKAO anzusehen. Die Japaner

> »...zeigten mir das gesamte Schiff. Ich stieg geradewegs bis zum Schiffsboden hinunter. Sie öffneten alle möglichen Luken und tatsächlich bekam ich ein wenig Angst. In der Kenntnis der japanischen Mentalität dachte ich: *Oh, Gott! Sie schmeißen mich in eines dieser Löcher und sperren mich ein.*«[11]

Fraser erfuhr auch, daß die TAKAO zum Zeitpunkt seines Angriffs keine Munition an Bord hatte und daß sich auf dem Schiff als einziges Personal nur ein Wach- und Wartungskommando befunden hatte. Infolgedessen setzte sich der Schwere Kreuzer einfach auf Grund, als die Haftminen hochgingen. Die von Fraser wahrgenommene Detonation war ein Flugzeugabsturz auf dem Fliegerhorst Changi zufällig zum selben Zeitpunkt, als die Sprengladungen hochgingen.

Was hatte die 14. Unterseebootsflottille erreicht? In einfacher Weise ausgedrückt, könnte argumentiert werden, sie brachte sehr wenig zustande. Im Vergleich zu den hohen Tonnagezahlen versenkten japanischen Schiffsraums durch die amerikanischen Unterseeboote hatte die Flottille überhaupt keine Schiffe versenkt. Doch von einer höheren Warte aus betrachtet, waren ihre Operationen eher von strategischer als von taktischer Natur. Das Schneiden der Unterwasserkabel unterbrach in einer kritischen Phase des Krieges weitgehend die japanischen Telefon- und Telegrafenverbindungen und zwang den Gegner, Funkverbindungen zu benutzen – mit allen Vorteilen für die alliierte Seite, die sich daraus ergaben. Aus Raumgründen muß auf eine Diskussion der nachrichtendienstlichen Erkenntnisse, die aufgrund dieser Unternehmen gewonnen wurden, verzichtet werden.

Doch in Anbetracht der Tatsache, daß die Alliierten zu diesem Zeitpunkt die endgültige Invasion Japans – die Operation »Coronet« – planten, war jede nachrichtendienstliche Erkenntnis über Pläne und Absichten der japanischen Führung wertvoll. Weder die Planer noch die Besatzungen der XE-Boote konnten wissen, daß die beiden Atombomben ihre Arbeit überflüssig machen würden. Im Rückblick auf die Unternehmungen dieser Kleinunterseeboote zog Captain S.W. Roskill, der offizielle britische Historiker des Krieges zur See, die Schlußfolgerung:

»Wenn es auch nicht möglich ist zu behaupten, daß die tapferen Anstrengungen materiell zur Niederlage Japans beigetragen hätten, so bestätigten sie doch die Richtigkeit der Erkenntnis, daß sich Kleinunterseeboote als sehr wertvolle Mittel erweisen, in stark überwachte gegnerische Gewässer einzudringen, um besonders wichtige Ziele anzugreifen.«[12]

Hierin liegt der wahre Wert dieser Unternehmungen. Die 14. Unterseebootsflottille gewährte der alliierten Führung die Möglichkeit, ausgewählte hochwertige Ziele geräuschlos und wirksam anzugreifen. Die Durchführung der Unternehmen bewies, daß die Besatzungen der XE-Boote Admiral Fifes Beurteilung mehr als verdienten: »Ihr seid die kleinen Burschen mit großem Schneid.«[12a]

Kapitel 15

Der K-Verband

...rasch einen ganz neuen Kampfverband mit neuartigen Kampfmitteln aufzustellen. – Großadmiral Karl Dönitz, März 1944.

Deutschland betrat als letzte der kriegführenden Seemächte das Feld der Kleinunterseeboote.[0a] Theoretisch gewährte dies der deutschen Marine eine vorteilhafte Position, denn sie konnte aus den Erfahrungen des italienischen und des japanischen Verbündeten sehr viel lernen. Hinzu kamen noch nachrichtendienstliche Erkenntnisse, die sie aus den britischen Einsatzverfahren und Kampfmitteln[1] gewonnen hatte. Trotz der Leistungen ihrer Verbündeten auf diesem Gebiet und der Kenntnis der Bedrohung, die von britischer Seite ausging, begann sich die deutsche Kriegsmarine erst Ende 1943 ernsthaft mit diesem Thema auseinanderzusetzen. Sogar dann war es noch eher die drohende Gefahr einer Invasion, die den Antrieb lieferte, als der Wunsch, die Offensive gegen die Royal Navy zu ergreifen.

Es hatte jedoch bereits vor 1943 zwei Versuche gegeben, die deutsche Kriegsmarine für Kleinunterseeboote zu interessieren. Im Oktober 1941 unterbreitete Dr. Heinrich Dräger, Inhaber der Dräger-Werke Lübeck, dem OKM[2] eine Denkschrift, in der er den Bau von Klein-U-Booten mit einer Wasserverdrängung zwischen 70 t und 120 t vorschlug. Nach Drägers Vorstellungen sollten diese Fahrzeuge zur Verteidigung der europäischen Küsten, um die VP-Boote[3] zu unterstützen, sowie als kleinerer Typ (25 t) überseeisch von Trägerschiffen (U-Kreuzern, Hilfskreuzern u.ä.) aus eingesetzt werden.[3a] Drägers Klein-U-Boot war ein Kaulquappen-ähnliches Fahrzeug, angetrieben durch einen Dieselmotor mit Stickstoffzusatz. Nach seiner Auffassung sollte ein solches Fahrzeug in den Gewässern um die Britischen Inseln sowie im Mittelmeer von beträchtlichem Wert sein, da seine geringe Größe eine Ortung erschweren würde. Die Begeisterung für seine Erfindung erwiderte das OKM jedoch nicht. Ende 1941 schien der Sieg für die Achsenmächte fast gesichert zu sein und zu diesem Zeitpunkt war Großbritannien mit Sicherheit nicht in der Lage, eine Invasion des europäischen Festlandes in Gang zu setzen. Daher schien es auch keine überzeugende Verwendung für die Art Fahrzeug zu geben, die Dräger vorgeschlagen hatte. Am 22. Januar 1942 teilte ihm der Staatsrat Rudolf Blohm aus dem OKM ablehnend mit:

»Wir halten das kleine U-Boot, selbst wenn es den technischen Erfordernissen entsprechend ausführbar wäre, nicht für frontverwendungsmöglich, weil es mit zwei Torpedos an Bord einen zu kleinen Waffenträger darstellt und weil sich bei schlechtem Wetter im Seegang eine Einsatzmöglichkeit für die kleinen Fahrzeuge kaum ergibt. Auch der Aktionsradius wird bei den großen und noch wachsenden Räumen, mit denen wir in diesem Krieg zu rechnen haben, nicht ausreichen.«[4]

Im Februar 1942 legte jedoch Dipl.-Ing. Adolf Schneeweiße vom OKM einen Vorschlag für Klein-U-Boote vor, die auf den großen U-Booten des Typs IX C oder X B[4a] mitgeführt werden konnten. Schneeweiße hatte die Kriegstagebücher der U-Boote hinsichtlich ihrer Feindfahrten erschöpfend ausgewertet und war zu der Schlußfolgerung gekommen, daß die Fähigkeit der U-Boote, die Geleitsicherung zu durchbrechen und die Handelsschiffe anzugreifen, zukünftig kaum mehr vorhanden wäre, da die Royal Navy in der U-Abwehrkriegsführung immer erfahrener würde. Dieses Argument zu einem Zeitpunkt vorzubringen, als sich die U-Boote einer zweiten »Glücklichen Zeit«[4b] vor der Ostküste der Vereinigten Staaten erfreuten, erforderte sehr viel Zivilcourage. Schneeweiße argumentierte, daß die beträchtlichen Versenkungserfolge vor der amerikanischen Küste nur von kurzer Dauer wären und daß die U-Boote schließlich zu den atlantischen Geleitzügen zurückkehren müßten. Als einzigen Weg mit den Geleitsicherungen fertig zu werden, schlug er vor, sie mit massierten Angriffen durch kleine Unterseeboote zu überwältigen. Er regte daher den Bau eines »Unterwassersturmbootes« von etwa 10 t Wasserverdrängung an, bewaffnet mit drei Torpedos vom Typ T 5 oder zwei bis drei Torpedos vom Typ G 7a bzw. G 7e, das imstande wäre, 30 kn zu laufen. Auf den großen U-Booten des Typs X B könnten drei bis vier und des Typs IX C zwei derartige Boote mitgeführt werden. Sein Rohentwurf glich ziemlich dem späteren »Biber«, einem Einmann-U-Boot.

Zufälligerweise zum selben Zeitpunkt, als Schneeweiße seine Vorstellungen unterbreitete, wurde der deutsche Marine-Attaché in Tokio, Konteradmiral Wennecker, aufgefordert, Einzelheiten über das japanische Kleinunterseeboot »Ko-Hyoteki« mit zwei Mann Besatzung herauszufinden. Hierzu erhielt er eine Liste mit 46 Fragen zum Entwurf dieses Bootes. Nach einigem Zögern bekamen Wennecker und der italienische Marine-Attaché von den japanischen Marinebehörden die Erlaubnis zur Besichtigung und besuchten am 3. April 1942 den Marinestützpunkt Kure. Dort konnten sie ein »Ko-Hyoteki« vom Typ A besichtigen. Wennecker wurden auch eine Reihe seiner Fragen – wenn auch nicht alle – beantwortet. Obwohl Wennecker das Ergebnis seines Besuches nach Berlin meldete, scheinen aus dieser Initiative keine Konsequenzen gezogen worden zu sein.

Die Vorschläge von Schneeweiße scheinen dasselbe Schicksal wie die von Dräger erlitten zu haben. Vielleicht mehr noch als die Royal Navy war die deutsche Kriegsmarine eine sehr traditionalistische Teilstreitkraft, geführt von Offizieren, die wenig oder gar keine Einsatz- bzw. See-Erfahrungen besaßen. Die Schwäche an der Spitze der Kriegsmarine spiegelte sich häufig in der ungeschickten Art wider, in der Operationen zur See geführt wurden. Ihre Kurzsichtigkeit, sich nicht mit Klein-U-Bootsentwürfen zu befassen, ist außerordentlich schwer zu begreifen. Sie ist sogar noch schwerer zu verstehen, wenn in Betracht gezogen wird, daß es jenseits der Nordsee, der deutschen Küste direkt gegenüber, eine Fülle von Zielen gab. In den Orkney-Inseln lag der große Flottenankerplatz von Scapa Flow, weiter südlich gab es den Marinestützpunkt Rosyth am Firth of Forth, während sogar noch dichter an der deutschen Küste die Hafenkomplexe an Tyne, Humber und Themse lagen. An der englischen Südküste – einen »Katzensprung« von der französischen Küste entfernt – befanden sich die großen Marinestützpunkte Portsmouth, Portland und Devonport. Selten sind einem kriegführenden Staat eine derartige Vielfalt von Zielen so nahe liegend dargeboten worden. Trotz der Ablehnung von Drägers und Schneeweißes Vorschlägen scheint die deutsche Kriegsmarine auf diesem Gebiet dennoch etwas Auftrieb erhalten zu haben. Im Sommer 1942 besuchte Capitano di Fregata J.V. Borghese, der respekteinflößende Kommandeur der italienischen *Decima MAS*, einen deutschen Standort in der Nähe von Brandenburg, um sich die Entwicklung und Ausbildung der deutschen Kampfschwimmer anzusehen. Borghese war nicht beeindruckt:

> »Aus dem Gesehenen erhielt ich die Überzeugung (und meine Meinung bestätigte die Art und Weise, wie die Deutschen diese besondere Kriegführung anpackten), daß sie kaum die Anfangsgründe der Unterwassergeheimwaffen erfaßt hatten. Sie besaßen noch nichts, das sich mit unseren bemannten Torpedos oder Haftladungen vergleichen ließ. Sie verschwendeten Zeit bei etwas primitiven und kindischen Versuchen, die wir seit langem aufgegeben hatten.
>
> Dagegen waren sie auf dem Gebiet der Sabotage zu Lande sehr weit fortgeschritten.«[5/5a]

Es war die Gefahr einer Invasion, die eine widerstrebende deutsche Kriegsmarine auf dem Gebiet der Entwicklung von Kleinunterseebooten vorantrieb. Als immer mehr Truppen für eine Invasion in England eintrafen, dämmerte dem Oberkommando der Kriegsmarine langsam die Erkenntnis, daß es einer von See her durchgeführten Landung fast nichts entgegenzusetzen hatte. Daher fällte die Seekriegsleitung um die Jahreswende 1943/44 die Entscheidung zur Aufstellung eines Sonderkommandos: des »Kleinkampfverbandes« (K-Verband) bzw. – spätere Bezeichnung – des »Kommandos der Kleinkampfverbände« (K.d.K.), offiziell direkt dem Ob.d.M. unterstellt, um die technischen Voraussetzungen und die Taktik für den Einsatz von Kleinkampfmitteln zu entwickeln, zu denen auch Kleinunterseeboote und bemannte Torpedos gehörten. Zum Kommandeur ernannte Großadmiral Dönitz, der Ob.d.M., den KAdm. Hellmuth Heye, der bis zu diesem Zeitpunkt Chef des Stabes beim Marinegruppenkommando Nord/Flottenkommando gewesen war. Heye war 1939/40 als KptzS. Kommandant des Schweren Kreuzers ADMIRAL HIPPER gewesen und hatte später verschiedene Stabskommandos innegehabt.[5b] Als »Admiral der Kleinkampfverbände« führte er das K.d.K. vom April 1944 – im August 1944 Beförderung zum VAdm. – bis Kriegsende. Dönitz wollte bereits im Februar 1943 Heye für diesen Posten haben, aber der Chef des Marinepersonalamtes überzeugte ihn von dessen Unabkömmlichkeit im Flottenkommando. An seiner Stelle wurde VAdm. Weichold zum Sonderbeauftragten des Ob.d.M. für Kleinkampfmittel ernannt. Weichold war in seiner neuen Aufgabe nicht erfolgreich. Anstatt zügig den K-Verband aufzustellen, beschränkte er sich auf dessen theoretische Grundlagen. Dies hatte seine baldige Ablösung durch Heye zur Folge, den Dönitz deshalb für geeigneter hielt, »weil er ideenreich war«.[6]

Heyes Ernennung war organisatorisch eine einzigartige Lösung insofern, weil er gleichzeitig Frontbefehlshaber und für seine Frontaufgabe auch Referent im OKM war. Somit vertrat er seinen Sonderverband im Oberkommando und war für die Beschaffung und Fertigung der Kampfmittel zuständig, die er als Frontbefehlshaber einzusetzen hatte. Dönitz nahm zu dieser Lösung wie folgt Stellung:

> »Diese Lösung war einmalig und widersprach an sich jedem organisatorischem Grundsatz. Es war aber in diesem Sonderfall notwendig, so zu verfahren, um im Kriege rasch einen ganz neuen Kampfverband mit neuartigen Kampfmitteln aufzustellen.«[7]

Der Einsatzstab des K-Verbandes (Deckname »Strandkoppel«) wurde in Timmendorfer Strand an der Lübecker Bucht eingerichtet.[7a] Dorthin wurden auch die erbeuteten Reste von X 6 und X 7 zusammen mit dem »Welman«-Boot gebracht. An die Ausbildung des Personals für sein neues Kommando ging Heye unkonventionell heran. Er glaubte an die hegende Moral als einen wesentlichen Bestandteil für den Erfolg und ließ seine Männer im Sinne einer verschworenen Gemeinschaft ausbilden. Seine Organisation erinnerte sehr an das Ethos von Nelsons »Band of Brothers«. Es gab wenig Formalausbildung, dem Papierkram der Kriegsmarine wurde nur Lippendienst erwiesen und auch Rangabzeichen wurden nicht getragen. Vom Geist her bestanden zwischen dem K-Verband und der *Decima MAS* beträchtliche Ähnlichkeiten, aber damit hatte es sich auch.

Für den Herstellung und die Erprobung der Waffen war schnelles Handeln wesentlich. Daher hatte Heye von Dönitz besondere Vollmachten erhalten. In seinen persönlichen Aufzeichnungen ist zu lesen:

> »Natürlich waren der Neuaufbau eines Verbandes und die Herstellung völlig neuartiger Waffen im 5. Kriegsjahr außerordentlich schwierig. Zudem sollte alles sehr schnell gehen. Lange Entwicklungszeiten und Erprobungen waren nicht möglich. Ich ließ mir vom Oberbefehlshaber

größere Vollmachten geben, um lange und bürokratische Wege zu vermeiden. So konnte ich unmittelbar mit allen Dienststellen der Seekriegsleitung und, was besonders wichtig war, mit der Industrie verkehren. Das habe ich auch ausgenutzt; sonst wäre die Aufstellung und Ausrüstung des Verbandes nicht möglich gewesen.«[8]

Heye gab sich keinen Illusionen über die Größenordnung der vor ihm liegenden Aufgabe hin:

»Wir selbst hatten keinerlei praktische Erfahrung in dieser Art Kriegführung. Wir wußten nur ganz allgemein, daß die Italiener verschiedene Kleinkampfmittel hatten, und wir kannten auch einige englische Unternehmen dieser Art. Von den japanischen Angriffen mit Kleinst-U-Booten erfuhren wir nicht die geringsten Einzelheiten.«[9/9a]

Wenn auch Heye Vollmachten erhalten hatte, die unter anderem bedeuteten, sein eigenes Bauprogramm zu entwerfen, behinderten ihn jedoch zwei Beschränkungen. Erstens wollte ihm Dönitz keine Männer aus der U-Bootwaffe überlassen; Heye sollte sich sein Personal aus anderen Waffengattungen der Marine zusammenholen.[10/10a] Er holte sich schließlich Soldaten aller Dienstgrade aus allen Waffengattungen der Marine und war offensichtlich auch nicht besonders wählerisch, woher diese kamen. Lieutenant Richard Hale, RNVR, vom Minensuchboot HMS ORESTES erinnerte sich an das Verhör eines »Marder«-Piloten, der am 8. Juli 1944 im Verlaufe der Operationen vor der Normandieküste gefangengenommen worden war:

»Bei dem Gefangenen stellte sich heraus, daß er achtzehn Jahre alt war. Er war wegen einer Straftat in Haft gewesen und entlassen worden, um seine Selbstmordaufgabe durchzuführen.«[11]

Zweitens bedeutete die Notwendigkeit, die neuartigen Waffen so schnell wie möglich herzustellen, daß nur sehr wenig Zeit für Forschung und Entwicklung zur Verfügung stehen würde. Die neuen Fahrzeuge mußten daher teilweise aus Bestandteilen vorhandener Fahrzeuge bzw. Waffen gefertigt werden.

Das erste neuartige deutsche Waffensystem beruhte auf dem Standardtorpedo vom Typ G 7e, entworfen vom Marinebaurat Stabs-Ing. Richard Mohr und von ihm bei der Torpedoversuchsanstalt (T.V.A.) entwickelt. Mohr hatte diese Idee seit Dezember 1943, da durch den Niedergang des U-Bootkrieges der G 7e in großer Stückzahl zur Verfügung stand. Er war die treibende Kraft des Projektes und führte viele Erprobungen selbst durch. Der Name »Neger« für das neue Fahrzeug war eine Verballhornung seines Namens. Das Waffensystem war außerordentlich einfach: ein Doppeltorpedo, bestehend aus Träger- und Gefechtstorpedo, beide vom Typ G 7e. Der Trägertorpedo hatte anstelle des Gefechtskopfes einen kleinen Steuerstand mit einer Plexiglaskuppel, in dem als einziges Besatzungsmitglied der Pilot saß. Den Antrieb lieferte ein E-Motor desselben Typs wie beim Gefechtstorpedo. In etwa 7 cm Abstand hing unter ihm ein normaler Gefechtstorpedo. Das 5-t-Fahrzeug hatte eine Geschwindigkeit von ca. 4 kn und einen Fahrbereich von etwa 30 sm bei 3,2 kn. Der »Neger« war nicht tauchfähig, sondern besaß lediglich einen ausreichenden Auftrieb, um den Gefechtstorpedo zu tragen. Eine vergrößerte Version des »Neger« mit der Bezeichnung »Marder« wies vor dem Fahrersitz eine Tauchzelle auf und konnte somit für kurze Zeit bis zu 10 m tauchen.

Dem »Neger«-Fahrer stand für die Handhabung nur eine sehr einfache Ausrüstung zur Verfügung: ein Handgelenkkompaß, ein unabhängiges Dräger-Atemgerät (Tauchretter) und eine primitive Zielvorrichtung, die aus einer Gradeinteilung auf der Plexiglaskuppel und einer

Bemannter Einmann-Torpedo »Neger/Marder«

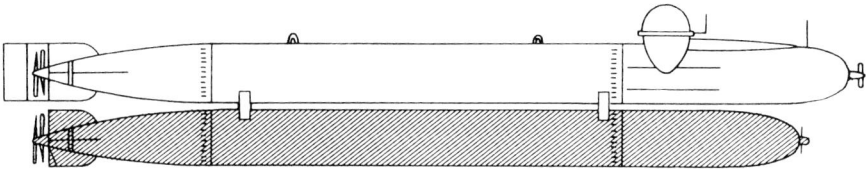

Wasserverdrängung:	»Neger«: 5 t (Trägertorpedo 2,7 t), »Marder«: 5,5 t (Trägertorpedo 3 t)
Länge:	»Neger«: 7,65 m, »Marder«: 8,30 m
Breite:	0,53 m
Antriebsanlage:	1 Torpedo-E-Motor AEG AV 76 mit 12 PS und 110-V-Batterie, 1 Welle
Geschwindigkeit über Wasser:	4 kn
Fahrbereich über Wasser:	30 sm bei 3,2 kn
Bewaffnung:	1 Torpedo G 7e
Besatzung:	1 Mann

Abgelieferte Einheiten: Ca. 200 »Neger« sowie ca. 300 »Marder«. Letzterer war mit dem »Neger« weitgehend identisch, hatte aber eine etwas größere Länge und war bis 40 m druckfest (Betriebstauchtiefe bis 10 m für kurze Zeit).
Schicksal: Ca. 140 »Neger« gingen durch Feindeinwirkung verloren. Die Anzahl der in Verlust geratenen »Marder« ist nicht bekannt. Etwa 150 Einheiten kamen in Nordwesteuropa zum Einsatz und der Rest im Mittelmeer.

Eisenspitze davor bestand.[11a] Ein Hebel im Steuerstand löste den Gefechtstorpedo aus, der dann selbsttätig seinen Lauf in der eingestellten Tiefe begann. Ein Nachteil des »Neger« bestand darin, daß gelegentlich der E-Motor des Gefechtstorpedos startete, ohne daß sich dieser vom Trägertorpedo gelöst hatte, und den Piloten mit seinem Fahrzeug ins Verderben führte.

Theoretisch – und besonders in den Augen der Planer an Land – war die Vision des Einsatzes einer großen Anzahl »Neger/Marder« zur Überwältigung der Invasionsflotte eine attraktive Vorstellung, aber in der Wirklichkeit sah die Situation völlig anders aus. Durch die niedrige Silhouette des Gerätes bedingt, hatte der Pilot nur ein eingeschränktes Sichtfeld, zumal ihm die Plexiglaskuppel durch Spritzwasser oder einen Ölfilm kaum noch Sicht ließ. Wenn er die Kuppel öffnete, um besser sehen zu können, riskierte er ein Vollaufen des Fahrzeuges. Diese Bedingungen bedeuteten, daß bei diesem bemannten Torpedotyp die zwischen 60 % und 80 % liegende Verlustrate im Einsatzfall erschreckend hoch war.

Ein Nachfolger der bemannten Torpedos vom Typ »Neger/Marder« war das Kleinst-U-Boot »Molch«. Auch dieses Gerät war im Grunde nicht viel mehr als ein langsames, torpedoähnliches Fahrzeug von 10,78 m Länge, an dem seitlich in Leitschienen zwei Torpedos vom Typ G 7e angebracht waren. Wie bei den vorherigen deutschen T.V.A.-Entwürfen auch, stand die

Verwendung möglichst vieler Torpedoteile und die einfache Fertigung im Vordergrund. Die vordere Sektion enthielt zwölf Tröge mit acht Batterien zu je 26 Zellen des Typs 13 T 210, die einen normalen Torpedo-E-Motor von 13 PS antrieben. Die Größe der Batterie bedeutete, daß der »Molch« ein verhältnismäßig großes Fahrzeug darstellte, das eine Wasserverdrängung von 8,4 t (ohne Torpedos) aufwies und einen beträchtlichen Fahrbereich unter Wasser hatte – 50 sm bei 5 kn waren beeindruckend. In der achteren Sektion hinter der Batterie befand sich der Steuerstand des Piloten. Er saß zwischen zwei Trimmzellen, deren Lage und geringe Größe sie ziemlich nutzlos werden ließen, um das Gewicht der Batterie auszugleichen. Als das erste Versuchsfahrzeug in die Erprobung ging, erwies es sich als unmöglich zu tauchen, und daher wurde später der größte Teil der »Molch«-Einsätze in halbgetauchtem Zustand durchgeführt.

Die Steuerungseinrichtungen waren von außerordentlicher Einfachheit. Außerhalb des Fahrzeuges befand sich am oberen Ende des Sehrohres ein Magnetkompaß mit Spiegelübertragung ins Innere. Einige Boote hatten zusätzlich eine automatische Kurssteuerungsanlage und ein einfaches Unterwasserhorchgerät. Das 1,5 m lange, vor der Plexiglaskuppel befindliche Sehrohr war in seinem Gebrauch eingeschränkt, da es nur bis zu 30° beiderseits der Mittschiffslinie gedreht werden konnte. Hinter dem Steuerstand lag der E-Motor. Trotz der mit der Handhabung des »Molch« verbundenen Probleme[11b] begann im Juni 1944 die weitgehend

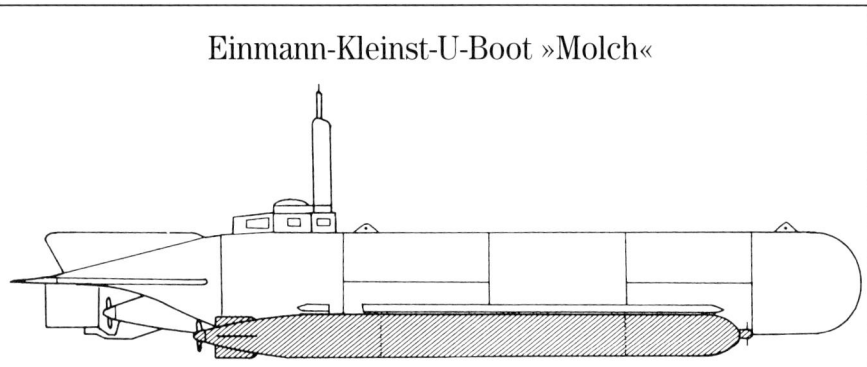

Einmann-Kleinst-U-Boot »Molch«

Wasserverdrängung:	11 t (mit Torpedos)
Länge:	10.78 m
Breite:	1,82 m
Antriebsanlage:	1 Torpedo-E-Motor mit 13 PS, eine Welle
Geschwindigkeit über Wasser:	4,3 kn maximal
Geschwindigkeit unter Wasser:	5 kn maximal
Fahrbereich über Wasser:	50 sm bei 4,3 kn
Fahrbereich unter Wasser:	50 sm bei 5 kn
Bewaffnung:	2 Torpedos G 7e
Besatzung:	1 Mann
Abgelieferte Einheiten:	Ca. 390

Schicksal: Genaue Zahlen für die durch Feindeinwirkung verlorengegangenen Klein-U-Boote »Molch« stehen nicht zur Verfügung.

bei der Deschimag A.G. »Weser« in Bremen konzentrierte Serienproduktion und bis Ende Januar 1945 gelangten ca. 390 Einheiten zur Fertigstellung.

Einen völlig anderen Entwurf stellte das Einmann-Klein-U-Boot »Biber« dar, das aus dem am 22. November 1943 in Bergen erbeuteten »Welman«-Boot *W 46* entwickelt wurde. Das »Welman«-Boot war ein Einmannfahrzeug, das für seinen Piloten äußerst gefährlich war, aber dennoch Korvettenkapitän Hans Bartels die Idee vermittelte, ein ähnliches Fahrzeug zu entwickeln. Obwohl in der Marine nicht als Exzentriker bekannt, ragte Bartels wie ein Leuchtfeuer aus ihr heraus. Im Verlaufe des Norwegenfeldzuges im Frühjahr 1940 hatte er die Kapitulation eines norwegischen Zerstörers und einer ganzen Torpedoboot-Flottille herbeigeführt.[11c] Danach entwarf und baute er ein Minensuchboot nach seinen eigenen Anforderungen, gefolgt von elf weiteren, um anschließend das OKM zu ersuchen, sie zu bezahlen. Als sich der damalige Ob.d.M., Großadmiral Erich Raeder, entrüstet weigerte, machte Bartels mit einem seiner Minensuchboote im Landwehrkanal am Tirpitzufer vor dem Sitz des OKM in Berlin fest, damit GAdm. Raeder das Boot besichtigen konnte. Der Ob.d.M. nahm diesen Vorgang übel und versetzte Bartels als I.O. auf den Zerstörer *Z 34*, um ihn in der »wirklichen« Marine schmoren zu lassen.

Offensichtlich inspirierte das »Welman«-Boot Bartels beträchtlich, denn am 4. Februar 1944 führte er erste Verhandlungen mit den Flender-Werken in Lübeck für den Bau eines ähnlichen Fahrzeuges. Am 15. März 1944 war der erste Prototyp unter der Bezeichnung »Adam« oder »Bunte-Boot« (nach Direktor Bunte von den Flender-Werken) fertiggestellt. Die Erprobungsfahrten wurden auf der Trave durchgeführt, wobei Bartels selbst einen großen Teil übernommen hatte, und am 29. März 1944 nahm die Marine das Boot ab. Als erstes Los gab das OKM vier Prototypen sowie 20 Schul- und 300 Einsatzboote in Auftrag. Ihre Ablieferung erfolgte 1944 wie folgt: drei Einheiten im Mai, sechs im Juni, 19 im Juli, 50 im August, 117 im September, 73 im Oktober und 56 im November. Obwohl Luftangriffe auf Kiel einiges an Bauteilen vernichteten, gelang es den alliierten Bombern nicht, den Serienbau in nennenswertem Maße zu stören.[11d]

Der »Biber« wies eine Wasserverdrängung von 6,3 t auf, wenn er als Bewaffnung die beiden Torpedos vom Typ G 7e mitführte. Seine Abmessungen waren wie folgt: Länge 9,03 m, Breite 1,57 m und Tiefgang 1,23 m. Den Überwasserantrieb lieferte ein 2,5-l-Ottomotor mit 32 PS, gefertigt für den Lastkraftwagen Opel »Blitz«. Er verlieh dem Boot einen Fahrbereich von 100 sm bei der Höchstgeschwindigkeit von 6,5 kn. Hinsichtlich der Sicherheit eines Benzinmotors in einem kleinen Fahrzeug hatte es Vorbehalte gegeben, aber Dr. Bunte hatte sie verworfen. Benzinmotoren waren billig zu fertigen und konnten in ausreichender Stückzahl geliefert werden. Zusätzlich hatten sie den Vorteil, daß sie leise liefen. Doch die Vorbehalte waren durchaus berechtigt. Wie bei allen Benzinmotoren enthielten auch die Auspuffgase des Opel-»Blitz«-Motors im »Biber« Kohlenmonoxyd. Daher umgab den Bootssteuerer eine potentiell tödliche Atmosphäre, wenn er den Motor bei geschlossener oberer Luke länger als 45 Minuten laufen ließ. Zwar stand dem Piloten ein für 20 Stunden ausgelegtes Atemgerät zur Verfügung, aber dennoch scheinen eine Reihe von ihnen an Kohlenmonoxyd-Vergiftungen bei Feindfahrten erlegen zu sein. Drei Tröge mit vier Batterien vom Typ 13 T 210 lieferten bei Unterwasserfahrt die Antriebsleistung für einen E-Motor mit 13 PS. Er verlieh dem »Biber« einen Fahrbereich von 8,6 sm bei 5,3 kn. Der Druckkörper bestand aus 3-mm-Stahlblech und gewährte eine Sicherheitstauchtiefe von 20 m. Da die Druckfestigkeitsgrenze bei 40 m lag, überschritten einzelne »Biber« im Einsatz auch die Betriebstauchtiefe. Vier Innenschotte und drei Längsrippen verstärkten die Druckkörper-Beplattung. Der »Biber« besaß keine Regel- und Trimmzellen, sondern lediglich eine Tauchzelle im Bug und eine weitere im Heck. Insofern handelte es sich bei diesem Fahrzeug nur bedingt um ein U-Boot. Bei Überwasserfahrt ließ sich

Einmann-Klein-U-Boot »Biber«

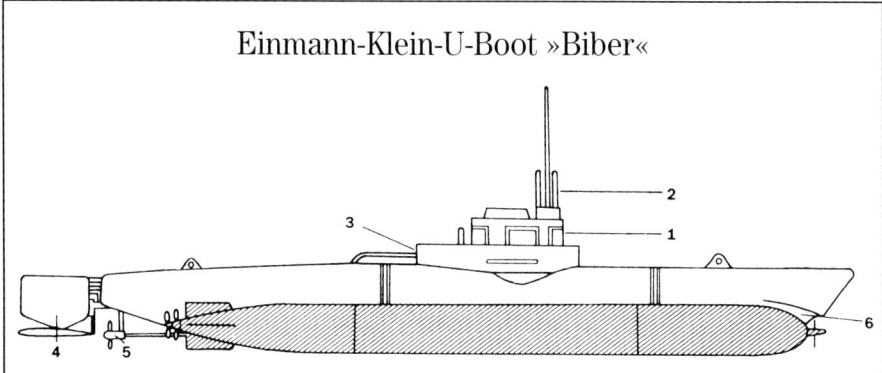

Wasserverdrängung:	6,3 t
Länge:	9,03 m
Breite:	1,57 m
Antriebsanlage:	1 2,5-l-Ottomotor mit 32 PS, gefertigt für den Lkw Opel »Blitz«, 1 Torpedo-E-Motor mit 13 PS, eine Welle
Brennstoffvorrat:	Ca. 225 l Benzin
Geschwindigkeit über Wasser:	6,5 kn maximal
Geschwindigkeit unter Wasser:	5,3 kn maximal
Fahrbereich über Wasser:	100 sm bei 6,5 kn
Fahrbereich unter Wasser:	8,6 sm bei 5 kn
Bewaffnung:	2 Torpedos G 7e
Besatzung:	1 Mann
Abgelieferte Einheiten:	324

Schicksal: Genaue Zahlen für die durch Feindeinwirkung verlorengegangenen »Biber« stehen nicht zur Verfügung.

Legende zur Zeichnung:
1. Kommandoturm mit verglasten Sichtöffnungen.
2. Masten (von vorn nach achtern): Lichtbildkompaß, Sehrohr mit Sicht nach vorn, Zuluftmast.
3. Auspuffsystem, bestehend aus Auspuffventil, Kondenstank und Auspuffrohr.
4. Seitenruder und Tiefenruder.
5. Einzelpropeller.
6. Aussparung für den Torpedo G 7e (eine ähnliche Aussparung an Backbord).

der »Biber« gut handhaben. Doch es erwies sich fast als unmöglich, das Boot bei Tauchfahrt zu steuern – hauptsächlich infolge des Fehlens jeglicher Möglichkeit zum Trimmen. Daher konnten nur Überwasserangriffe gefahren werden; das Tauchen diente nur der Abwehr von Angriffen.

Die Bauweise des »Biber« erfolgte in drei Sektionen, die miteinander durch Bolzen verbunden wurden. Die Bugsektion umfaßte im wesentlichen nur die Haupttauchzelle. Zwischen dem ersten und zweiten Schott lag die Hauptabteilung, in der sich der Pilot aufhielt, sitzend mit seinem Kopf im 0,71 m breiten Kommandoturm, dessen Oberkante im Schwimmzustand nur 0,52 m über Wasser war. Das Armaturenbrett – raumsparend und dürftig – befand sich direkt vor dem Sitz des Piloten. Der Kommandoturm war mit verglasten Sichtöffnungen ausgestattet. Sie stellten für den Piloten bei Überwasserfahrt die Hauptorientierungsmöglichkeit dar. Ein Sehrohr war vorhanden, konnte aber infolge des engen Raumes nur in Vorausrichtung benutzt werden. Infolge der fehlenden Trimmzellen war es fast unmöglich, den »Biber« auf Sehrohrtiefe zu halten. Hinter dem Steuerstand befand sich die Abteilung mit dem Motorenraum. Theoretisch war sie von der Hauptabteilung hermetisch abgedichtet, aber praktisch drangen die schleichenden Benzindämpfe in jeden Teil des Bootes vor. Die letzte Abteilung des Bootes umfaßte die achtere Tauchzelle. Für den Bootssteuerer gab es überhaupt keine Einrichtungen. Er bekam eine Ration Schokolade, die durch den Zusatz von Weckmitteln wie Koffein oder Kolanuß-Extrakt »verbessert« worden war, aber dies war auch alles.

Die beiden Torpedos vom Typ G 7e hingen an Schienen in zwei muldenförmigen Aussparungen beiderseits des Fahrzeuges. Die Schiene verlief von einem Beschlag am Kiel bis zu einem drehbaren Augbolzen oben. Ein Zylinder mit Druckluft diente dem Abfeuern des Torpedos. Der Kolben im Zylinder bewegte sich dann nach hinten, gab einen Klemmbolzen frei und drückte einen Auslösehebel am Torpedo zurück. Anschließend startete der Torpedomotor und der Torpedo begann aus eigener Kraft, sich vorwärts zu bewegen, von der Schiene durch zwei Laschen in Schwebe gehalten, bis er vom Fahrzeug frei war. Die Abfeuerungseinrichtung, wenn es denn eine sein sollte, war zu primitiv. Sie führte zu ernsten Vorfällen »unachtsamen Auslösens«, wobei eine Anzahl Boote zerstört und ihre Piloten getötet wurden. Statt mit Torpedos konnte der »Biber« alternativ auch mit Seeminen bewaffnet werden. Jedes Boot konnte zwei Grundminen mitführen, entweder mit Magnet/Akustik- oder mit Magnet/Wasserdruck-Zündung ausgestattet.

Captain W.O. Shelford, RN, ein Fachmann der Royal Navy auf dem Gebiet des Tauchens und des Entkommens aus Unterseebooten, war für die Begutachtung eines »Biber« zuständig, der nach den Normandie-Landungen aufgegeben an der französischen Küste gefunden wurde. In seinem Bericht[12] über den »Biber« verglich er das Fahrzeug mit dem britischen »Welman«-Boot – nicht gerade eine große Empfehlung – und hielt es in bezug auf das letztere in gewissen Punkten für überlegen. Er war auch der Auffassung, daß der Torpedo gegenüber den auf den britischen X-Booten mitgeführten Sprengladungen eine überlegene Bewaffnung darstellte; auch wenn der Einsatz des Torpedos bedeutete, daß das Boot eine Entdeckung riskieren mußte, um sein Ziel anzugreifen.

Eine Weiterentwicklung des »Biber« befand sich in der Planung: die Projekte »Biber II« und »Biber III« mit jeweils zwei Mann Besatzung. Sie blieben jedoch im Entwurfsstadium stecken. Die Einstellung aller Arbeiten an diesen Projekten war die Folge einer Weisung aus dem OKM Anfang 1945, wonach jegliche Arbeit an Bootsprojekten, die sich nicht in der Serienfertigung befanden, einzustellen waren; obwohl diese Weisung andererseits auch ignoriert wurde. Die Tatsache, daß Admiral Heye eine ziemlich unabhängige Position hatte, stellte sicher, daß die Arbeit an einer Reihe von Entwürfen bis Kriegsende weiterging. Einer der erfinderischsten Entwürfe war der für den »Seeteufel«: ein amphibisches Klein-U-Boot, das sowohl mit Propellerantrieb über eine einzige Welle als auch mit Gleiskettenantrieb ausgestattet war. Das Erfordernis eines Raupenfahrzeuges ergab sich aus den Schwierigkeiten, auf die das Zu-Wasser-Bringen von »Marder« und »Molch« in Gewässern ohne Hafeneinrichtungen gestoßen war; der »Seeteufel« konnte sich seinen Weg ins Wasser auf einfachste Weise selbst suchen. Der fertiggestellte Prototyp hatte zwei Mann Besatzung und war um einiges größer als die bisherigen Klein-U-Boottypen. Den Antrieb lieferte ein 80-PS-Ottomotor, der wahlweise entweder auf Propeller- oder auf Gleiskettenantrieb geschaltet werden konnte. Für die Unterwasserfahrt besaß das Fahrzeug einen E-Motor mit 30 PS,[12a] der ihm eine Geschwindigkeit von 8 kn verlieh – ein sehr gutes Ergebnis, wenn in Betracht gezogen wird, daß der »Seeteufel« einen größeren Unterwasserwiderstand als jedes andere deutsche Kleinunterseeboot zu überwwinden hatte. Der Ottomotor war im Bug unterhalb eines fest eingebauten Schnorchelmastes untergebracht. Dieser Mast umfaßte auch das Sehrohr, eine Stabantenne und den Magnetkompaß mit Spiegelübertragung nach innen. Hinter dem Benzinmotor befand sich der Raum für die Besatzung: die Zentrale. Alle Steuerungseinrichtungen waren wie bei einem Flugzeug in einer Steuersäule direkt vor dem Sitz des Piloten unter einer Plexiglaskuppel zusammengefaßt. Die Betriebstauchtiefe des Prototyps betrug 21 m. Seine Erprobungsfahrten verliefen zufriedenstellend; lediglich an Land erwies sich die Motorenleistung als zu gering und die Raupenketten waren zu schmal. Im Wasser zeigte sich jedoch der »Seeteufel« als außerordentlich manövrierfähig und gut zu handhaben. Heye war beeindruckt und nahm Verhandlungen mit dem Automobilhersteller Carl Borgward für die Serienfertigung auf. Das in Serie zu bauende Frontboot sollte einen Dieselmotor mit 250 PSe erhalten. Schließlich fiel die Serienfertigung der vom OKM angeordneten Typenbereinigung bei den Marinekleinkampfmitteln zum Opfer. Der Prototyp des »Seeteufel« wurde nach dem Abschluß der Erprobungen bei der T.V.A. in Eckernförde nach Lübeck-Schlutup (»Blaukoppel«) gebracht und bei Kriegsende gesprengt.

Amphibien-Kleinunterseeboot »Seeteufel«
(2 Mann Besatzung)

Wasserverdrängung:	20 t (Einsatzverdrängung)
Länge:	13,5 m
Breite:	2,0 m
Antriebsanlage:	1 80-PS-Ottomotor, gefertigt für den Personenkraftwagen Opel »Kapitän«, ein E-Motor mit 30 PS, eine Welle; ausgestattet mit Gleisketten, um ins Wasser und möglicherweise auf dem Meeresboden zu fahren.
Geschwindigkeit über Wasser:	10 kn
Geschwindigkeit unter Wasser:	8 kn
Fahrbereich über Wasser:	300 sm bei 10 kn
Fahrbereich unter Wasser:	80 sm bei 8 kn
Bewaffnung:	2 Torpedos G 7e[12b]
Besatzung:	2 Mann
Abgelieferte Einheiten:	1 Versuchsboot der T.V.A., bei Kriegsende in Lübeck-Schlutup (»Blaukoppel«) gesprengt.

Weitere Entwürfe wurden untersucht, gingen aber ebenfalls nicht in die Serienfertigung: »Delphin«, »Schwertwal« und »Manta«.

Der »Delphin« war ein kleines, stromlinienförmiges Fahrzeug mit einer 500-kg-Mine im Schlepp. Das Boot war für eine Schnorchelfahrt mit einer Unterwassergeschwindigkeit von 14 kn sehr schnell ausgelegt. Den Antrieb lieferte ein 2,5-l-Ottomotor mit 80 PS, gefertigt für den Personenkraftwagen Opel »Kapitän«, mit Luft- oder geschlossenem Kreislaufbetrieb. Die Erprobungen verliefen vielversprechend. Lediglich drei Prototypen wurden gebaut. Einer fiel bei den Versuchen einer Kollision zum Opfer und die beiden anderen wurden am 1. Mai 1945 in

Pötenitz an der Travemündung gesprengt, um sie den britischen Truppen nicht in die Hände fallen zu lassen.[12c]

Ein weiteres Kleinunterseeboot war der »Schwertwal«, ein Fahrzeug mit zwei Mann Besatzung und mit zwei Torpedos als Bewaffnung, das eine unangenehme Ähnlichkeit mit dem japanischen »Kaiten« aufwies. Der »Schwertwal« war eine Weiterentwicklung des Entwurfs für ein Kleinunterseeboot des Typs XXVII F, dessen Entwicklung im Herbst 1944 stillgelegt worden war. Den Antrieb beim Typ XXVII F lieferte eine Walter-Torpedoturbine[12d] Mit ihr konnte ein solches Boot eine Unterwassergeschwindigkeit mit untergehängtem Torpedo von 20,4 kn und ohne Bewaffnung von 22,6 kn erreichen. Die Verwendung des Kreislaufantriebs brachte zahlreiche Vorteile mit sich, unter anderem eine hohe Geschwindigkeit und die Fähigkeit, auf getrennte Systeme für Überwasser- und Unterwasserantrieb zu verzichten. Der »Schwertwal« sollte ein schnelles und manövrierfähiges Unterwasserfahrzeug mit einer Einsatzverdrängung von 17,5 t werden, vorgesehen für den Einsatz zur U-Abwehr wie auch zur Bekämpfung von Überwasserschiffen. An Bewaffnung sollte das Boot zwei Torpedos mitführen,[12e] aber auch an andere Waffen wurde gedacht, darunter an eine 500-kg-Schleppmine und an Unterwasserraketen zum Einsatz gegen verfolgende Schiffe. Die hohe Geschwindigkeit des Bootes ließ eine Ausrüstung mit einem Sehrohr nicht zu, und so war lediglich eine einfache Plexiglaskuppel für Sicht und Navigation bei Überwasserfahrt vorgesehen. Zur Orientierung diente eine Kurs- und Tiefensteuerungsanlage mit einem kreiselstabilisierten Flugzeug-Mutterkompaß; sie steuerte das Boot nach Seite und Tiefe automatisch über das Seitenruder am Heck und die beiden Tiefenruder vorn. Sie erbrachte bei den Erprobungen eine gute Leistung. Der Magnet-Mutterkompaß befand sich in einem stromlinienförmigen Behälter auf dem Seitenleitwerk.

Ende April 1945 war der Prototyp des »Schwertwal I« bis auf die praktische Erprobung fertiggestellt. Die Überprüfungen aller Systeme an Land sowie auch die Prüfstandserprobungen des Triebwerks waren abgeschlossen. Letztere hatten die geforderte Dauerleistung von 800 PS ergeben. Um das Boot jedoch nicht in britische Hand fallen zu lassen, erfolgte bei Kriegsende seine Versenkung bei Bosau im Plöner See. Zwei Monate später wurde es von der Royal Navy gehoben und nach einer kurzen Untersuchung in Kiel verschrottet. Ein verbesserter Entwurf mit der Bezeichnung »Schwertwal II« wurde Anfang 1945 projektiert. Seine Stromlinienform war sogar noch ausgeprägter und zusätzlich sollte ein kleiner E-Motor mit 25 PS für Schleichfahrt zum Einbau gelangen. Der »Schwertwal II« verließ allerdings nie das Zeichenbrett.

Trotz der Genialität des Entwurfes wäre der »Schwertwal« wahrscheinlich zur tödlichen Falle für seine Besatzung geworden. Die Probleme, mit hoher Unterwassergeschwindigkeit ein Fahrzeug zu steuern, sind beträchtlich – ein Augenblick der Unachtsamkeit und das Boot konnte bis zur Zerstörungstiefe absinken und vernichtet werden. Außerdem war eine Erprobung der Walterturbine unter Einsatzbedingungen bisher nicht erfolgt. Britische und amerikanische Nachkriegserfahrungen zeigten auf, daß dieses Antriebsverfahren für die Verwendung auf Unterseebooten überhaupt nicht geeignet war.

Ein letztes deutsches Projekt war das Kleinunterseeboot »Manta«, ein Hochgeschwindigkeitsfahrzeug mit einer Einsatzverdrängung von ca. 50 t und einem Trimaran-Bootskörper (»Untersee-Gleitflächen-Schnellboot«). Es sollte mit Dieselantrieb bei einer Geschwindigkeit von 50 kn über die Wasseroberfläche gleiten und mit zwei Walterturbinen eine Geschwindigkeit unter Wasser von 30 kn entwickeln können. Außerdem war der Einbau eines E-Motors für eine ziemlich geräuschlose Schleichfahrt unter Wasser vorgesehen. Der Mittelteil sollte als Zentrale dienen, von wo aus die zweiköpfige Besatzung das Boot führte, und den Dieselmotor aufnehmen, während die beiden Außenzylinder Treibstoffbunker sowie Regel- und Trimmzellen enthielten. Außerdem war beabsichtigt, in den Seitenkielen unter den Außenzylindern je eine

Walterturbine vom »Schwertwal II«-Typ sowie zwei Flugzeugräder unterzubringen. Letztere hatten es dem Boot zu ermöglichen, selbständig ins Wasser zu gelangen. Eine durchgehende Flügelfläche sollte die beiden Außenzylinder mit dem Mittelteil verbinden; sie war auch für die Aufnahme von vier Ablaufrohren für Torpedos oder Minen vorgesehen.

Der »Manta«-Entwurf kann nur als faszinierend beschrieben werden. Die gesamte Geschichte der Kleinunterseeboote ist voller Szenaria unter der Überschrift »Was geschieht wenn?« Das Szenarium für den »Manta«-Entwurf ist zweifellos eines der besten: Ein Klein-U-Boot stürmt als Gleitflächen-Schnellboot mit über 50 kn durch einen alliierten Geleitzug und feuert Torpedos oder schleppt eine 500-kg-Mine. Gemeinsam mit den Entwürfen für den »Delphin« und den »Schwertwal« war jedoch auch das »Manta«-Projekt kaum mehr als eine Reflexion der verzweifelten Lage, in der sich Hitlerdeutschland gegen das Kriegsende hin befand. Unter derartigen Umständen, die sehr jenen glichen, denen sich auch die Japaner gegenübersahen, suchten die deutschen Konstrukteure, die bis dahin den Wert von Kleinunterseebooten eher skeptisch beurteilt hatten, Zuflucht in jedem Entwurf, wie fantastisch er auch war.

Die erste vom K-Verband unternommene Operation richtete sich gegen die Ansammlung alliierter Schiffe vor dem Landekopf Anzio-Nettuno. Im Gefolge der alliierten Landungen bei Anzio in Mittelitalien am 22. Januar 1944 wurden 40 »Neger« nach Practica di Mare entsandt. Sie trafen dort am 13. April nach einem schwierigen Transport ein. Problematisch war das Finden einer geeigneten Stelle sowie das Heranschaffen und das Zu-Wasser-Bringen der Geräte, da die Strände alle sehr flach in die See abfielen, ehe eine größere Wassertiefe zu erreichen war. Hierzu mußten 500 widerstrebende Heeressoldaten zur Unterstützung eingesetzt werden. Daher konnte der Angriff erst in der Neumondnacht vom 20./21. April in Gang kommen. 23 »Neger« wurden zu Wasser gebracht, aber der nachfolgende Angriff erwies sich als Fiasko. Die alarmierte Verteidigung versenkte zumindest vier der bemannten Torpedos, ein weiterer wurde an den Strand getrieben und vom Gegner unbeschädigt erbeutet. Lediglich dreizehn »Neger« kehrten von diesem Einsatz zurück. Die Alliierten verloren nicht ein einziges Schiff. Dies war ein unheilvolles Vorzeichen für zukünftige Einsätze.

Kapitel 16

Verzweifelte Maßnahmen

Ich stand auf dem Achterdeck der COCKATRICE, als ich die Detonation hörte und sah, wie das Heck der PYLADES völlig aus dem Wasser gepustet wurde.
Im selben Augenblick neigte sich der vordere Teil des Schiffes und versank fast sofort.
– Able Seaman Fred Holmes von HMS COCKATRICE, 8. Juli 1944.

Die alliierten Landungen an der Küste der Normandie im Juni 1944 boten dem K-Verband eine hervorragende Gelegenheit, einen bedeutsamen Schlag gegen die britisch-amerikanischen Streitkräfte zu führen. Vor den Landestränden der Normandie lagen eingezwängt durch die »Mulberry«-Häfen und »Gooseberry«-Wellenbrecher[0a] über 5000 Kriegs- und Handelsschiffe. Obwohl diese Armada gut gesichert war, hatte die deutsche Seite den Vorteil, daß sie Stützpunkte besaß, die direkt vor der Haustüre des Gegners lagen. Deshalb war für die »Marder« und »Biber« die Zeitspanne sehr gering, die sie für den Anmarsch in ihren Einsatzraum brauchten.

Ein Marine-Einsatzkommando (M.E.K.) mit Sprengbooten des Typs »Linse«[0b] war bereits an der Normandieküste eingetroffen und setzte, beginnend in der Nacht vom 25./26. Juni, drei Angriffsunternehmen in Gang. Schlechtes Wetter und der unzureichende Ausbildungsstand des Personals führten jedoch dazu, daß keine Erfolge erzielt wurden und fast alle »Sprenglinsen« und ihre Kommandoboote verlorengingen. Am 30. Juni berichtete der Führer des M.E.K., Kapitän zur See Fritz Böhme, daß keine weiteren »Linsen«-Einsätze möglich wären, ehe nicht Ersatz an Booten und Personal zur Verfügung stünde, und daß künftig »Marder« zum Einsatz kommen sollten. Als nächste Einheit des K-Verbandes traf die K-Flottille 361 in der Normandie ein, die am 13. Juni mit 60 »Mardern« Deutschland verlassen hatte. Nach einem langwierigen Straßentransport, der viel Zeit kostete, um der Aufmerksamkeit der RAF zu entgehen, kam am 28. Juni die erste Gruppe mit 30 »Mardern« in Villers-sur-Mer an, wenige Kilometer westlich von Honfleur, gefolgt vom Eintreffen der zweiten Gruppe mit ebenfalls 30 »Mardern« am 5. Juli. Unter Tarnnetzen fanden sie im Favrol-Wald einen geeigneten Unterschlupf, während deutsche Heerespioniere die Startplätze am Strand herrichteten, von wo aus die »Marder« in tiefes Wasser gebracht werden konnten. »Marder«-Einsätze hatten sich nach dem Stand der Gezeiten zu richten. Die winzigen Fahrzeuge konnten nur nach dem Einbruch der Dunkelheit zu Wasser gebracht werden und es mußte Ebbe eingetreten sein, damit das ablaufende Wasser sie unterstützen konnte, den Angriffsraum zu erreichen. Anschließend hatten sie ihre Angriffe durchzuführen, um mit der Flut zu ihren Ausgangspunkten zurückzukehren. In jedem Monat gab es nur drei bis vier Tage, an denen diese Gezeitenbedingungen eintraten. Zum erstenmal war dies in der Nacht vom 5./6. Juli 1944 der Fall.

Die Alliierten hatten bereits einen Verteidigungsplan für die Ankerplätze der Invasionsflotte in die Tat umgesetzt. Dieser ging von einer ortsfesten Verteidigung aus, da die deutschen Minensperren und die überwältigende Luftherrschaft der Alliierten die Bewegungen der deutschen Schiffe und U-Boote stark einschränkten. Diese Art der Verteidigung verringerte nicht nur das Risiko von Kollisionen sondern beschränkte auch die Abnutzung der Schiffskörper und der Maschinenanlagen auf ein Minimum. Die seewärts gerichtete Überwachung unter dem Kommando von Captain A.F. Pugsley, RN, bestehend aus einer Linie von Minensuchbooten, die im Abstand von fünf Kabellängen[1] vor Anker lagen, erstreckte sich sechs Seemeilen von der Küste entfernt parallel zu ihr. Zwei bis drei MTB-Divisionen und eine Reihe von Zerstörern unterstützten die Minensucher.

Die Verteidigung gegen Angriffe, die von See her unternommen wurden, war nicht das eigentliche Problem. Die wirkliche Bedrohung ging von Angriffen aus, die von Land her – besonders vom Ostsektor des Invasionsraumes aus – in Gang gesetzt wurden. Die amerikanischen Ankerplätze im Westsektor des Invasionsraumes waren weniger gefährdet, da die Amerikaner die Ostküste der Cotentin-Halbinsel verhältnismäßig rasch besetzt hatten. Andererseits hielten im Ostsektor noch immer starke deutsche Kräfte den Küstenbereich ostwärts des Flusses Orne einschließlich des Hafens von Le Havre.

Daher ging von diesem Küstenabschnitt die Hauptbedrohung aus und die Verteidigung der Ankerplätze im Ostsektor verlangte wirksame Maßnahmen. Um dieser Gefahr zu begegnen, mußte die bestehende ortsfeste Überwachung verstärkt werden. Dies geschah durch die Schaffung des »Unterstützungsgeschwaders Ostflanke« (Support Squadron Eastern Flank) unter der Führung von Commander K.A. Sellar, RN. Dieses Geschwader bestand aus dem alten Flußkanonenboot HMS LOCUST, ehemals für die China-Station bestimmt, als Führerboot sowie aus 71 weiteren Booten, zumeist LCG's, LCF's, LCS's und ML's, bemannt mit insgesamt 240 Offizieren und 3000 Mannschaften.

Eine doppelte Bewacherlinie wurde eingerichtet; sie erstreckte sich von Ouistreham und der Orne-Mündung aus etwa sechs Seemeilen nach Norden und von da aus zwei Seemeilen in nordwestliche Richtung, bis sie an das Seegebiet stieß, in dem die Seeverteidigungspatrouillen operierten. Die erste Linie bildeten Landungsboote, die im Abstand von 3,5 Kabellängen (640 m) vor Anker lagen, während die zweite Linie aus je einer bewaffneten Motorbarkasse hinter je zwei Landungsbooten der ortsfesten Linie bestand. Blieb alles ruhig, dann sicherten die ML's einfach eines der Landungsboote. Wurde jedoch Alarm gegeben, dann lösten sie sich und überwachten die Lücke zwischen den beiden Landungsbooten, für die sie verantwortlich waren. Dieses Bewachungssystem wurde als »Trout Line« (Forellenfang-Linie) bezeichnet. Das nächtliche Einnehmen der »Trout Line« war eine Angelegenheit, die vom außerordentlich genauen Einhalten des Zeitplans abhing. Wurde die Linie zu früh eingenommen, dann wurden die Boote von der Küste aus mit Artillerie unter Beschuß genommen. Aus demselben Grund mußte das Auflösen der Linie kurz vor dem ersten Tageslicht erfolgen. Zum erstenmal wurde die »Trout Line« am 28. Juni 1944 eingenommen. Von da an bis zur Nacht vom 5./6. Juli erfreute sie sich eines ruhigen Vorhandenseins. Die erfolglosen Angriffe der »Linsen« sind nicht einmal in der »Naval Staff History« erwähnt.[2/2a]

Vom Favrol-Wald bei Villers-sur-Mer aus starteten in der Nacht vom 5./6. Juli 26 »Marder« zu ihrem ersten Einsatz. Zwei von ihnen mußten infolge Motorenstörung vorzeitig umkehren. Ihr Angriff auf die »Trout Line« begann am 6. Juli kurz nach 03.00 Uhr und dauerte bis 06.30 Uhr. Trotz des frühzeitigen Erbeutens eines »Marders« vor Anzio und der Veröffentlichung einer detaillierten Beschreibung im »Weekly Intelligence Report« (wöchentlicher Bericht der Nachrichtendienste) vom 9. Juni 1944 hatte keine dieser Informationen das Unterstützungsgeschwader Ostflanke erreicht. Infolgedessen kam die erste »Marder«-Sichtung etwas überraschend.

Die Erfahrungen von *ML 151* in diesen frühen Morgenstunden mögen in bezug auf die der übrigen Boote des Unterstützungsgeschwaders als typisch angesehen werden. *ML 151* hatte achteraus von *LCF 21* in der ortsfesten Verteidigungslinie festgemacht, als kurz nach 03.00 Uhr seine Aufmerksamkeit durch lautes Rufen auf ein Objekt gelenkt wurde, das sich achteraus des Landungsfahrzeuges bewegte. *ML 151* ging sofort achteraus, aber um 03.07 Uhr lief ein Torpedo unter der Motorbarkasse durch und steuerte weiter in Richtung auf *LCG(L) 681*. Anschließend setzte die Motorbarkasse zum Rammstoß an, wurde aber zum Abdrehen gezwungen, als von *LCF 21* und von *LCG(L) 681* her Geschützfeuer einsetzte. Um 03.15 Uhr tauchte der Gegner und *ML 151* beplasterte die Stelle mit 2,3-kg-Sprengpatronen, ehe das Boot ablief, um auf einer viel größeren Fläche ostwärts der »Trout Line« in ähnlicher Weise Sprengladungen zu werfen.

Diese Gefechtshandlung diente als Beispiel für zahlreiche weitere in dieser Nacht und am nächsten Morgen. Petty Officer Len Warland von HMS ORESTES erinnerte sich, daß

> »...Klarschiff zum Gefecht befohlen wurde, als diese seltsamen Objekte auftauchten. Eines lief an unserer Steuerbordseite entlang und drehte auf uns zu, wobei es knapp unser Heck verfehlte. Die Oerlikons wurden auf sie gerichtet und begannen zu schießen. Gewehre wurden an die Seeleute ausgegeben, die ebenfalls das Feuer eröffneten. ... Ein Torpedo rammte uns frontal und verschwand unter uns. Neben uns schwamm ein Pilot. Er wurde an Bord gehievt und im Lazarett unter Bewachung gestellt. Am nächsten Tag wurde er auf ein anderes Schiff gebracht. Ich erinnere mich, gehört zu haben, daß er seiner Bewachung erzählt hätte, er wäre vom deutschen Heer und kein Seemann. Sein Magen wäre dafür nicht geschaffen.«[3]

Die Briten wußten überhaupt nicht, worauf sie schossen und erst am nächsten Morgen, als die Ergebnisse der Nacht verglichen und die Gefangenen verhört werden konnten, ergaben die nächtlichen Ereignisse einen gewissen Sinn. Dreizehn der bemannten Torpedos wurden vernichtet und eine Anzahl ihrer Piloten geriet in Gefangenschaft. Andererseits waren jedoch die Minensuchboote HMS MAGIC und CATO in der nördlichen Verteidigungslinie vor dem Landekopf »Sword« um 03.53 Uhr bzw. um 05.11 Uhr torpediert und versenkt worden.[4] MAGIC war das als erstes angegriffene Boot und sank unter dem Verlust von 25 Angehörigen seiner Besatzung. Viele der Überlebenden nahm die CATO an Bord, die jedoch kurze Zeit später selbst angegriffen wurde. Auf ihr fielen 26 Angehörige ihrer Besatzung. Die deutsche Seite erhob den Anspruch, die Operation wäre ein großer Erfolg gewesen, aber der Verlust des halben Angriffsverbandes im Austausch gegen die Versenkung von zwei Minensuchbooten läßt sich kaum als einen vorteilhaften Wechselkurs bezeichnen.[4a]

Die Gefangenen erwiesen sich als bemerkenswert kooperativ und sagten im Verhör aus, daß ein weiterer Angriff unternommen werden würde, sobald die entsprechenden Bedingungen gegeben wären.[4b] In der Nacht vom 7./8. Juli 1944 starteten 21 »Marder« von Houlgate aus und liefen entlang der Küste nach Westen in Richtung Angriffsraum. Die erste »Marder«-Sichtung erfolgte um 03.07 Uhr und ein gewisses Anzeichen dafür, welche Verwirrung diese kleinen Fahrzeuge hervorrufen konnten, ist die Tatsache, daß zwischen diesem Zeitpunkt und 11.30 Uhr am 9. Juli immerhin 31 Sichtungen gemeldet wurden. Fünf »Marder« galten als mit Sicherheit versenkt, während neun weitere als »wahrscheinlich versenkt« angenommen wurden. Flugzeuge der RAF und des FAA sichteten eine Anzahl »Marder« und griffen sie an, einige von ihnen fünf Seemeilen westlich von Le Havre. In der Tat verzeichnete das Kriegstagebuch des Marinegruppenkommandos West, daß keiner der 21 »Marder« von diesem Angriffsunternehmen zurückkehrte. Andererseits hatte es auf britischer Seite nur geringe Verluste gegeben. In der nördlichen Verteidigungslinie sank lediglich das Minensuchboot PYLADES. Chief ERA Allan Smales von HMS PYLADES sagte später darüber aus:

> »Gegen 06.50 Uhr erhielten wir einen Treffer im Heck; wie wir später erfuhren durch einen »Neger«. Glücklicherweise war ich zum Zeitpunkt der Detonation wachhabender ERA im vorderen Maschinenraum und und daher imstande herauszukommen. Ich erinnere mich, gelacht zu haben, als ich aus dem Schiff herauskam und einen Seemann fröhlich auf einem der Oropesa-Flöße vorbeitreiben sah, nur mit seiner Schwimmweste bekleidet.«[5]

Able Seaman Fred Holmes von HMS COCKATRICE beobachtete den Untergang des Minensuchers:

»Ich stand auf dem Achterdeck der COCKATRICE, als ich die Detonation hörte und sah, wie das Heck der PYLADES völlig aus dem Wasser gepustet wurde. Im selben Augenblick neigte sich der vordere Teil des Schiffes und versank fast sofort.«[6]

Ein weiterer Verlust in dieser Nacht war der polnische (ex-britische) Leichte Kreuzer DRAGON, der so schwer beschädigt wurde, daß er – als CTL eingestuft[6a] – zur Verstärkung des »Gooseberry«-Wellenbrechers vor dem Landekopf »Sword« als Blockschiff versenkt wurde.

Aufgrund nachrichtendienstlicher Erkenntnisse, die aus Verhören deutscher Kriegsgefangener und aus Wetterbeobachtungen stammten, kamen die Briten zum Schluß, daß die nächste Nacht, in der die Bedingungen für einen »Neger«-Angriff am geeignetsten sein würden, die Nacht vom 1./2. August 1944 wäre. Doch in dieser Nacht blieb schließlich alles ruhig. In der nächsten Nacht war das Wetter so schlecht, daß ein Angriff unwahrscheinlich schien. Doch als sich die Wetterbedingungen im Laufe der Nacht verbesserten, wurde am 3. August um 02.00 Uhr Voralarm gegeben.

Der Angriff begann um 02.20 Uhr, als der alte Kreuzer DURBAN – versenkt als Blockschiff, um den östlichsten »Corncob«[7] (Eckpfeiler) des »Gooseberry«-Hafens in der Landezone »Sword« zu bilden – von einem Torpedo getroffen wurde. Alarm wurde jedoch nicht ausgelöst, da in der Befehlsstelle von Rear-Admiral J. Rivett-Carnac, Seebefehlshaber Britischer Angriffsraum (FOBAA: Flag Officer commanding the British Assault Area), keine Meldungen von diesem Angriff eingingen. Der Hauptangriff entwickelte sich von 02.51 Uhr an und nahezu alle Kampfhandlungen konzentrierten sich auf das nördliche Ende der »Trout Line«. Dies zeigte an, daß die Deutschen den Versuch unternahmen, die Bewacherlinie zu umgehen, statt sie zu durchbrechen – ein Beweis für die Wirksamkeit der Verteidigungsmaßnahmen.

Um 02.51 Uhr erhielt der Geleitzerstörer QUORN der »Hunt«-Klasse einen Torpedotreffer an der Steuerbordseite mittschiffs. Das Schiff bekam 40° Schlagseite nach Steuerbord und in weniger als einer Minute nach dem Treffer rollte der Zerstörer über und blieb auf der Seite liegen. Obwohl sich die QUORN zeitweilig aufrichtete, brach sie mittschiffs auseinander. Beide Teile sanken rasch, bis im flachen Wasser das Heck nur noch 9 m und der Bug 4,5 m über die Wasseroberfläche herausragten. Vier Offiziere und 126 Mannschaften fielen hierbei dem Angriff zum Opfer – ein sehr hoher Verlust an Menschenleben.[8/8a] Zehn Minuten später griffen *LCG 1* und *ML 131* erfolglos einen »Marder« an. Um 03.10 Uhr verfehlte ein Torpedo nur knapp den Zerstörer HMS DUFF und um 03.25 Uhr wurde der bewaffnete Trawler GAIRSAY torpediert und versenkt. Als die Meldungen von diesen Ereignissen bei der Befehlsstelle des FOBAA eingingen, wurde um 03.41 Uhr Vollalarm ausgelöst. Dies geschah gerade noch rechtzeitig, denn kurz nach 03.50 Uhr begann ein deutscher Angriff auf die »Trout Line« mit Sprengbooten vom Typ »Linse«.[8b] Im Verlaufe der nächsten zweieinhalb Stunden versuchten die »Linsen« erfolglos, die »Trout Line« zu durchbrechen. Die Landungsboote erwiesen sich als durchaus imstande, mit den kleinen »Linsen« fertig zu werden, während die durchgebrochenen Sprengboote von den Motorbarkassen vernichtet wurden. Um 06.15 Uhr zogen sich die Deutschen zurück. Ihnen war noch das *LCG 764* zum Opfer gefallen, während sie selbst 16 »Sprenglinsen« und zwei »Kommandolinsen« verloren.

Während im Zentrum der »Trout Line« dieses grimmige Gefecht tobte, versuchten die »Marder« immer noch, sich um die Nordflanke zu schleichen. Um 06.10 Uhr vernichtete *HDML 1049* einen der bemannten Torpedos, aber die Ortungen weiterer »Marder« hielten bis 07.30 Uhr an. Dann traten diese den Rückzug an. Der Flottenzerstörer HMS BLENCATHRA erbeute-

Verteilung des K-Verbandes am 1. September 1944

K-Flottille	K-Mittel	Örtlichkeit
K-Flottille 211	»Linsen«	Deutschland
K-Flottille 212	»Linsen«	Mecheln bei Brüssel
K-Flottille 261	»Biber«	von Fécamp unterwegs nach Lübeck
K-Flottille 361	»Marder«	Deutschland
K-Flottille 362	»Marder«	Deutschland
K-Flottille 363	»Marder«	aus Tournai unterwegs nach Genua
K-Flottille 364	»Marder«	aus Tournai unterwegs nach Genua
K-Flottille 365	»Marder«	Skagen
K-Flottille 411	»Molch«	aus Tournai unterwegs nach Genua
K-Flottille 412	»Molch«	Deutschland

te einen »Marder«, aber als das Gerät binnenbords gehievt wurde, detonierte der Torpedo und verursachte beträchtliche Schäden. Es wurde jedoch noch ein weiterer unbeschädigter »Marder« entdeckt und zur Untersuchung nach Großbritannien gebracht. Diejenigen »Marder«, die in dieser Nacht überlebt hatten, wurden auf ihrem Rückmarsch zum Stützpunkt von »Spitfire«-Jagdbombern der 132. RAF-Squadron unbarmherzig gejagt und zumindest sechs fielen den Flugzeugen zum Opfer.

Die nächtlichen Ereignisse waren für die deutsche Seite geradezu eine Katastrophe gewesen. Ihre Gesamtverluste beliefen sich auf sechs von 16 »Kommandolinsen«, 22 von 28 »Sprenglinsen« sowie 41 von 58 »Marder«-Geräten. Im Gegenzug hatte die deutsche Seite den Geleitzerstörer QUORN, den Trawler GAIRSAY und LCG 764 versenkt. Weitere Verluste in dieser Nacht umfaßten die Transportschiffe FORT LAC LA RONGE und SAMLONG,[8c] die beide schwer beschädigt wurden. Im Falle dieser beiden Schiffe ist es unmöglich festzustellen, woher ihre Beschädigungen rührten.[8d] Sie könnten durch einen »Marder« verursacht worden sein, aber genausogut käme als Ursache auch ein Treffer durch eine Mine oder durch einen Langstreckentorpedo »Dackel«[9/9a] in Frage.

Bis zur Nacht vom 15./16. August 1944 fanden keine weiteren »Marder«-Angriffe gegen die »Trout Line« statt, obwohl in dieser Zeit neben »Dackel«-Einsätzen der S-Boote auch der zweite und zugleich letzte »Linsen«-Einsatz erfolgte. In diesem Zeitraum gab es jedoch eine Reihe von Alarmen, welche die Anspannung im Unterstützungsgeschwader hochhielten. Die deutsche Seite setzte Attrappen zur Täuschung ein, um die durch den Einsatz von Minen (aller Arten und Größen) und von Langstreckentorpedos »Dackel« vorhandenen Risiken zu ergänzen. Diese Täuschungsmittel bestanden aus Zylindern verschiedener Form und Größe sowie aus »Marder-Attrappen«. Bei den letzteren waren Kopf und Schultern eines Mannes auf einem torpedoähnlichen Gegenstand aufgemalt.

Es war klar, daß auf britischer Seite Maßnahmen zur Freihaltung der Ankerplätze ergriffen werden mußten, um die durch diese Objekte verursachte Verwirrung zu verringern. Während der Tageslichtstunden wurde eine besondere ML-Patrouille eingerichtet und an alle Schiffe erging der Befehl, Beobachtungsposten aufzustellen, um solche Objekte durch Gewehrfeuer zu versenken. Gleichzeitig wurden Befehle erteilt, die Ankerplätze von allem Abfall zu räumen, der mit gefährlichen Objekten verwechselt werden oder zur Verwirrung führen konnte, wenn ihn nachts das Scheinwerferlicht oder andere Beleuchtungen erfaßten. Schließlich erhielten alle Schiffe große Mengen an Leuchtmunition und anderen Beleuchtungskörpern. Diese Maßnahmen scheinen erfolgreich gewesen zu sein, denn das Kriegstagebuch des FOBAA enthält nach dem 9. August keine weiteren Hinweise darauf.[10]

Die Vielzahl der in der Seine-Bucht eingesetzten deutschen Waffen erschwert jede Schätzung der durch »Marder«-Angriffe verursachten Verluste außerordentlich. Zwischen dem 7. und dem 11. August 1944 – ein Zeitraum, in dem keine »Marder«-Angriffe stattfanden – wurden sechs Schiffe durch Unterwasserdetonationen versenkt oder beschädigt. Als erstes Schiff erlitt das Motorschiff WILLIAM DARCY nahe dem Liegeplatz H-34 am 7. August entweder durch eine Treibmine oder durch einen »Dackel« Beschädigungen. Eineinhalb Stunden später sank das Lazarettschiff AMSTERDAM nahe der Boje L 7 unter schweren Verlusten an Menschenleben.[11] Am 8. August wurde das Motorschiff FORT VALE südlich der Boje 56 H beschädigt. Das Schiff hielt sich über Wasser und wurde sicher in den Ankerplatz vor dem Landekopf »Juno« eingebracht. Am 9. August erhielt der britische Leichte Kreuzer FROBISHER, der bereits am 18. Juli durch Bombentreffer beschädigt worden war, einen »Dackel«-Treffer, während er auf der Höhe von Courselles vor Anker lag. Am selben Tag mußte das Truppentransportschiff IDDESLEIGH in der Nähe des Liegeplatzes H-20 nach einer Unterwasserdetonation auf Strand gesetzt werden. Der sechste Verlust war der Seeflugzeugträger HMS ALBATROSS, den am 11. August ebenfalls eine Unterwasserdetonation schwer beschädigte. Hierbei verloren 55 Offiziere und Mannschaften ihr Leben. Zwischen dem 12. August und dem 11. September 1944 – mit Ausnahme der Nächte vom 15./16. und 16./17. August ein weiterer Zeitraum, in dem keine »Marder«-Angriffe stattfanden – versenkten oder beschädigten Unterwasserdetonationen nochmals fünf Schiffe. Als erstes Schiff fiel das Ballon-Schiff FRATTON einer solchen Unterwasserdetonation zum Opfer; es sank am Morgen des 18. August innerhalb von vier Minuten.[12] Der nächste Verlust betraf die SS HARPAGUS, gesunken nach Minentreffer am 19. August nahe der Fahrwasserrinne nach Arromanches. Am 23. August erhielt der kleine Tanker EMPIRE ROSEBURG drei Seemeilen nördlich von Arromanches im Bereich des Landesektors »Gold« einen Minentreffer. Das vierte Opfer war der Minensucher GLEANER, der am 27. August durch Minentreffer sank, und als letztes Schiff erlitt der bewaffnete Trawler CHERYSOBERYL der »Kingston«-Klasse am 2. September Beschädigungen durch eine Unterwasserdetonation, während er vor Anker lag.

Der nächste »Marder«-Angriff, durchgeführt in der Nacht vom 15./16. August 1944, war ein Mißerfolg. Von den 53 für den Einsatz ursprünglich vorgesehenen bemannten Torpedos starteten nur elf. Zwei von ihnen kehrten vorzeitig zurück und fünf fielen dem schlechten Wetter zum Opfer. Dieses »Marder«-Unternehmen wird in den britischen Aufzeichnungen nicht erwähnt. In der darauf folgenden Nacht – 16./17. August – kamen 42 »Marder« zum Einsatz. Um 06.32 Uhr erhielt das Unterstützungsboot *LCF 1* einen Torpedotreffer, während es vor Anker lag, und flog mit seiner gesamten, aus 70 Offizieren und Mannschaften bestehenden Besatzung in die Luft. Ein weiterer Torpedo traf erneut den Rumpf des Transportschiffes IDDESLEIGH, das bereits am 9. August durch eine Unterwasserdetonation beschädigt und auf Strand gesetzt worden war. Das Schiff wurde im Anschluß daran als Totalverlust abgeschrieben. Dies blieben die beiden einzigen deutschen Erfolge bei diesem Einsatz. Zwei Torpedos trafen den Rumpf des alten französischen Schlachtschiffes COURBET, das als Blockschiff für den »Gooseberry«-Wellenbrecher 5 versenkt worden war. Wie die »Official History« in trockenen Worten bemerkte:

»Dieses alte französische Schlachtschiff übte eine unwiderstehliche Anziehungskraft auf den Gegner aus. In flachem Wasser auf Grund liegend, führte es eine riesige Trikolore mit dem Lothringer Kreuz und bot ein völlig normales äußeres Erscheinungsbild. Diese Illusion nährte das Unterstützungsgeschwader bewußt, das häufig von einer Position hinter dem Schiff, verdeckt durch Rauchschleier, Beschießungen durchführte. Diese List erbrachte für die deutsche

Seite nicht den geringsten Erfolg; sie verschwendete eine Unmenge Granaten, Torpedos und Bomben in dem Bemühen, das Schlachtschiff zu vernichten, wobei sie in keiner Weise seine Leistungsfähigkeit als wirksames Blockschiff beeinträchtigte.«[13]

Im Verlaufe dieses weitgehend erfolglosen »Marder«-Angriffs erlitten die Deutschen schwere Verluste. Von den 42 eingesetzten Geräten fielen 25 der Vernichtung anheim. Ein weiterer »Marder« wurde erbeutet und nach vierstündigen Bergungsanstrengungen von LCS(L) 251 an Land gebracht. Sieben »Marder«-Fahrer gerieten in Gefangenschaft. Von da an riskierte die deutsche Seite keinen weiteren Angriffsvorstoß in solcher Stärke gegen die »Trout Line«.

Ende August 1944 erhielten die »Marder« einige Verstärkung in Form der K-Flottille 261 unter Führung von Korvettenkapitän Hans Bartels, ausgerüstet mit 25 Einmann-U-Booten »Biber«. Ursprünglich hatte die Absicht bestanden, mit dieser K-Flottille von Le Havre aus zu operieren, aber am 20. August brachen die britisch-amerikanischen Armeen endgültig aus dem Landekopf aus. Das deutsche Heer trat einen ungeordneten Rückzug an und Le Havre wurde eingeschlossen. Unverzagt machte Bartels weiter.[13a] Von ihrem Depot in Tournai an der Schelde nahe der französisch-belgischen Grenze brauchte die K-Flottille 261 fünf Tage, um den Hafen von Fécamp nördlich von Le Havre zu erreichen, der ihr neuer Stützpunkt sein sollte. Dort traf sie am 28. August ein.

In Fécamp eingetroffen, erteilte Bartels dem »Biber«-Personal den Befehl, in weniger als 20 Stunden zum Einsatz in See bereit zu sein. In der Nacht vom 29./30. August 1944 gingen 18 »Biber« in See und – im Gegensatz zu den »Marder«-Einsätzen – kehrten alle Geräte wieder sicher zurück. Der Einsatz wurde durch ungünstige Wetterbedingungen zum Mißerfolg. Von deutscher Seite wurde der Anspruch erhoben, ein Landungsschiff und ein »Liberty«-Schiff[13b] versenkt zu haben. Doch für diese Verluste findet sich in den alliierten Aufzeichnungen keine Bestätigung; tatsächlich gibt es in den offiziellen britischen Berichten nicht einmal einen Hinweis auf diesen Angriff. In Anbetracht des alliierten Vormarsches mußte die K-Flottille 261 am 31. August Fécamp räumen. Der größte Teil der »Biber« wurde zerstört und aufgegeben. Die wenigen Geräte, die weggebracht werden konnten, wurden später in einem nächtlichen Gefecht mit einer alliierten Panzerkolonne vernichtet. Mit dieser Episode endeten die Einsätze des K-Verbandes in der Normandie.

Diesen Angriffsunternehmen vor der Normandieküste war zweifellos kein großer Erfolg beschieden. Bei einem eigenen Verlust von 99 »Mardern« beliefen sich die den Briten zugefügten Verluste auf einen Zerstörer, drei Minensuchboote, zwei Handelsschiffe und einige Landungsboote – und dies in einem Seegebiet, in dem es von Transport- und Kriegsschiffen wimmelte. Das Ausbleiben bedeutsamer Erfolge spiegelt die Ungeeignetheit des »Marder« als Angriffswaffe wider. Das Gerät mag technisch zuverlässig gewesen sein, aber der einzelne Pilot war hoffnungslos überfordert. Er mußte sein Fahrzeug steuern, sich an einer wachsamen und aggressiven Verteidigung vorbeischleichen und dann ein Ziel auswählen, während er in einer außerordentlich unbequemen Position saß und nur um wenige Zentimeter überhöht das Wasser überblicken konnte, eine Wasseroberfläche, die durch Öl und sonstige Abfälle verunreinigt war. Die meisten »Marder«-Piloten machten wahrscheinlich ihren Torpedo auf den ersten Schatten los, der vor ihnen aufragte.

Mit dem Ende der Einsätze in der Normandie kam es auch zu einer Umorganisation und Neuverteilung des K-Verbandes. Die Verteilung der K-Flottillen am 1. September 1944 ist aus der auf Seite 197 beigefügten Tabelle zu ersehen. Zwischen Anfang September und Anfang Dezember 1944 gab es nur wenige Einsätze. Das war weitgehend dem stetigen Verlagern der Front zuzuschreiben. Unter diesen Umständen war es schwierig, einen Einsatzstützpunkt mit einem gewissen Maß an Sicherheit einzurichten. Doch dem Stab des Kommandos der

Kleinkampfverbände fehlte es nicht an Ideen für die zukünftige Verwendung ihrer Einsatzmittel. Als ein geeigneter Stützpunkt wurden die Kanalinseln vorgeschlagen, aber dieser Vorschlag wurde bald wieder fallengelassen, als sich die Erkenntnis durchsetzte, daß die Geräte mit Hilfe großer, langsamer Transportflugzeuge zu den Inseln gebracht werden müßten, und dies angesichts der alliierten Luftüberlegenheit mit der Wahrscheinlichkeit schrecklicher Verluste. Darüber hinaus förderte die Aussicht, daß die kleinen und seeuntüchtigen »Marder« und »Biber« mit den wohlbekannten Gezeiten und starken Strömungen rund um die Kanalinseln fertig werden müßten, diesen Vorschlag in keinster Weise. Ein Plan, der noch abenteuerlicher war, sah den Einsatz eines »Biber« im Suezkanal vor.[14] In einem Unternehmen ähnlich der britischen Operation »Large Lumps«,[15] ausgebrütet von einem Stabsoffizier, dessen Vorstellungskraft nach einem ausgedehnten Abendessen in ein sanftes Gleiten geraten war, sollte der »Biber« in ein Flugboot vom Typ BV 222 (das Flugzeug hätte entsprechend modifiziert werden müssen) verladen und im Suezkanal abgesetzt werden. Nach seinem Aussetzen hätte der »Biber« durch das Versenken eines Schiffes den Kanal blockieren sollen. Der Plan war erfindungsreich, aber hoffnungslos undurchführbar. Die sechsmotorige BV 222 war damals das größte einsatzfähige Flugboot der Welt mit einer Flügelspannweite von 46 m und sein Eintreffen über dem Suezkanal wäre kaum unbemerkt geblieben.

Ein weiterer »Biber«-Einsatz war ein mißlungener Versuch, die Straßenbrücke über den Waal, einem der Mündungsarme des Rheines, bei Nijmegen (Nimwegen) zu zerstören, die von der amerikanischen 82. Luftlandedivision im September 1944 erobert worden war. Kampfschwimmer hatten bereits erfolglos, wenn auch wagemutig, den Versuch unternommen, die Eisenbahnbrücke zu zerstören. Nach diesem Fehlschlag war jedoch die Verteidigung rund um die Brücken durch das Ausbringen von vier Netzsperren stromaufwärts der Brücke quer zum Fluß verstärkt worden. Das Unternehmen begann in der Nacht vom 12./13. Januar 1945, als die Deutschen 240 Minen in vier Wellen aussetzten. Sie sollten die Netzsperren zerstören. Ihnen folgten 20 »Biber«, deren Sehrohre als schwimmende Vogelnester getarnt waren. Diese »Biber« hatten die Aufgabe, mit Haken versehene Torpedos zu schießen, um sich in die Netze einzuhaken und Lücken zu sprengen. Schließlich hatten vier »Biber« je eine 272-kg-Sprengladung zu schleppen, die nach ihrem Freisetzen unter die Brücke treiben würden. Die Sprengladungen waren mit einer lichtelektrischen Zelle ausgestattet. Sobald die Ladungen unter die Brücke trieben, sollte der Lichtwechsel die Zündung der Sprengladungen auslösen und das nächtliche Vernichtungswerk vollenden. Das Unternehmen wurde ein Mißerfolg. Beide Ufer des Waal waren von alliierten Truppen stark besetzt und nach der Detonation der Minen lag der Fluß unter schwerem Artilleriebeschuß. Alle vier Sprengladungen wurden vernichtet, ehe sie die Netzsperren passieren konnten.

Mitte Dezember 1944 entwarf VAdm. Heye einen umfassenden Operationsplan für den Einsatz des K-Verbandes im Mündungsraum der Schelde.[15a] Dieser Raum schien für Einsätze sehr vielversprechend zu sein. Es gab zahlreiche Flußarme und Inseln, wo sich die K-Mittel verbergen konnten und die stetig wachsende Benutzung des Hafens von Antwerpen bedeutete, daß eine ausreichende Anzahl von Zielen zur Verfügung stünden. Die Nebenstelle des B-Dienstes[15b] der deutschen Marine auf der Insel Schouwen befand sich in einer ausgezeichneten Position, um Schiffsbewegungen zu melden. Allerdings würden die Wetterbedingungen und der Stand der Gezeiten die Einsätze stark beeinträchtigen. Erstens durften Wind und See die Stärke 4 der Beaufort- bzw. der Seegang-Skala nicht überschreiten – bei stärkerem Wind und Seegang war der »Biber« nicht mehr einsatzfähig – und zweitens mußte es eine mondlose Nacht sein. Die »Biber« müßten mit der Ebbe auslaufen, um die etwa 40 sm bis zur Westerschelde ziemlich rasch zurückzulegen, damit sie bei Einbruch der Abenddämmerung den Einsatzraum erreichten. Das völlig unzureichende Sehrohr des »Biber« bedeutete, daß

Nachtangriffe mit dem Sehrohr nicht möglich waren. Statt dessen mußten Überwasserangriffe gefahren werden.

In Poortershavn und in Hellevoetsluis an der gemeinsamen Mündung von Waal und Maas in die Nordsee wurden vorgeschobene Stützpunkte eingerichtet. Der Hauptstützpunkt war Rotterdam. Dorthin wurden 30 »Biber« der 261. K-Flottille und 30 »Molche« der 1/412. K-Flottille in Marsch gesetzt. Anschließend verlegten die »Biber« im Schlepp von Einheiten der Rheinflottille von Rotterdam nach Poortershavn und Hellevoetsluis, um von dort aus zu operieren. Auch die »Molche« sollten von Rotterdam aus durch Fahrzeuge der Rheinflottille in den Einsatzraum geschleppt werden. Weitere 60 »Molche der K-Flottille 413 wurden nach Assen in Nordholland in Marsch gesetzt und 30 »Biber« der K-Flottille 262 verlegten nach Groningen ebenfalls in Nordholland. Im Januar 1945 sollten im Westraum als Verstärkung weitere 60 »Biber« und 60 »Molche« eintreffen.

Doch diese gesamte Konzentration der Kräfte erreichte wenig. In der Nacht vom 22./23. Dezember 1944 liefen 18 »Biber« aus Poortershavn und Hellevoetsluis im Schlepp aus, aber das Unternehmen endete mit einem Fehlschlag. Britische MTB's überraschten die »Biber«, die vier von ihnen versenkten, während eiligst die Schleppleinen gekappt wurden. Ein weiterer »Biber« sank nach Minentreffer und ein sechster kehrte mit Beschädigungen durch die Minendetonation zurück. Die restlichen Boote verschwanden spurlos. Die Ursache ihres Verlustes wurde nie bekannt; aber Erstickungstod durch Benzindämpfe und unbeabsichtigtes Vollaufen des Bootes bei Überwasserfahrt sind die wahrscheinlichsten Gründe. Lediglich ein Erfolg wurde bekannt: die Versenkung des 4700 BRT großen Frachters ALAN-A-DALE.

Dieses Unternehmen setzte den Akzent für die anhaltenden Einsätze des K-Verbandes im Westraum innerhalb der nächsten vier Wochen. Nacht für Nacht liefen »Biber« und »Molche« zu Angriffen auf die alliierte Schiffahrt aus, ohne Erfolge zu erzielen, wobei der Großteil der Boote nicht mehr zurückkam. Der Ob.d.M., GAdm. Dönitz, führte zu diesem Zeitpunkt die Bezeichnung »Opferkämpfer« für die »Biber«-Fahrer ein, die buchstäblich zu »Selbstmord-Einsätzen« ausliefen.[15c] Dies sagt viel über die Moral der Männer des K-Verbandes aus, die bereit waren, diese Einsätze fortzusetzen – trotz der fast an Sicherheit grenzenden Wahrscheinlichkeit nicht zurückzukehren.

Einsätze in den Nächten vom 23./24. und 24./25. Dezember schlossen sich an. Von den elf bzw. drei ausgelaufenen »Bibern« kehrte keiner zurück. Bis zum Ende des Jahres 1944 gingen 52 »Biber« für ein im Gegenzug versenktes Handelsschiff verloren. Das war kaum ein anspornendes Verhältnis. Die Alliierten machten nur acht der Boote als versenkt geltend; der Rest der Verluste ging vermutlich auf das Konto von Pilotenfehlern und Seeunfällen infolge der schlechten Wetterbedingungen. Am Abend des 27. Dezember liefen die in Hellevoetsluis noch vorhandenen 14 »Biber« aus. Eines der Boote feuerte beim Ausschleusen versehentlich zwei Torpedos G 7e in der Schleuse ab. Als Folge dieses Unfalls sanken elf »Biber« und zwei Hafenschutzfahrzeuge. Davon unbeeindruckt gingen die verbliebenen drei Boote in See. Von ihnen kehrte keines zurück. Am 29. Dezember fand der Minensucher HMS READY einen dieser »Biber« mit der Kennummer 90 treibend auf der Höhe von Kap North Foreland mit seinem toten Fahrer an Bord. Die READY nahm den »Biber« in Schlepp. Später stieß ein Bergungsschlepper hinzu, der den Schlepp übernahm. Infolge des sich rasch verschlechternden Wetters brach die Schlepptrosse, während der Schlepper versuchte, nach Dover einzulaufen, und das Klein-U-Boot sank. Es wurde erst zehn Tage später geborgen. Die Obduktion seines Fahrers ergab, daß er an einer Kohlenmonoxydvergiftung gestorben war.[16] Diese düstere Bilanz veranlaßte das MOK Nord,[16a] die Einstellung der »Biber«-Einsätze als eine Verschwendung von Personal und Material zu empfehlen, aber der Ob.d.M. und die Skl. stimmten dem nicht zu. Dönitz hatte große Hoffnungen in den »Biber« gesetzt, besonders als Minenleger. Außerdem

201

begann das Klein-U-Boot »Seehund« mit zwei Mann Besatzung der Front zuzulaufen. Vom Admiral Nordsee kam jedoch die beißende Bemerkung, da seitdem kein »Biber« von einem Einsatz mehr zurückgekehrt wäre, könnte ihr Erfolg kaum beurteilt werden![17]

Zur Jahreswende 1944/45 standen dem K-Verband im Westraum nur noch 20 »Biber« und 12 »Molche« in Rotterdam sowie als Inlandsreserve 60 »Molche« in Amersfoort und 30 »Molche« in Assen zur Verfügung. Bei einem Einsatz in der Nacht vom 29./30. Januar 1945 wurden nahezu alle noch vorhandenen »Biber« aufgebraucht. In Eis und Kälte liefen 15 »Biber« aus Hoek van Holland aus. Fünf Boote kehrten mit Eisschäden, verursacht durch Kollisionen mit Eisschollen, vorzeitig zurück. Ein Boot sank nach einer derartigen Kollision. Ein weiteres Boot strandete bei Hellevoetsluis, nachdem der Pilot 64 Stunden lang nach einem Ziel Ausschau gehalten hatte, während die restlichen »Biber« spurlos verschwanden. Auch der K-Verband entging nicht dem alles sehenden Auge der Luftaufklärung. Am 3. Februar 1945 bombardierten »Spitfire«-Jagdbomber das »Molch«-Depot in Amersfoort, ohne große Schäden zu verursachen, während ebenfalls am selben Tag »Lancaster«-Bomber der 617. RAF-Squadron den »Biber«-Stützpunkt Poortershavn mit »Tallboy«-Bomben[17a] angriffen. Obwohl keiner der inzwischen wieder dort stationierten 20 »Biber« verlorenging, richteten die Bomben beträchtliche Schäden an den Hafeneinrichtungen an, die jeden weiteren »Biber«-Einsatz im Februar wirksam verhinderten. Zusammenfassend ergaben die »Biber/Molch«-Einsätze in den beiden ersten Monaten des Jahres 1945 folgendes Bild: Im Januar gingen zehn von 15 Booten und im Februar sechs von 14 Booten verloren. In keinem der beiden Monate gelang es, auch nur ein einziges alliiertes Schiff zu beschädigen oder zu versenken.[17b]

Am 6. März 1945 suchte die »Biber« eine weitere Katastrophe heim, als einer der »Biber«-Fahrer bei der Vorbereitung auf einen Einsatz im Hafenbecken von Rotterdam seine Torpedos auslöste. Ihre Detonationen versenkten 14 »Biber« und neun weitere wurden beschädigt. Dessenungeachtet liefen am Nachmittag des 6. März die elf unbeschädigt gebliebenen »Biber« im Schlepp nach Hellevoetsluis zum Einsatz in der Schelde-Mündung aus. Keines der Boote kehrte von diesem Einsatz zurück. Einen der »Biber« erbeutete am folgenden Tag eine britische ML auf der Höhe von Breskens und vier weitere wurden verlassen am Strand von Nordbeveland bei Domburg, Knokke und Zeebrügge gefunden. Ein Boot sank am 8. März durch Artilleriebeschuß von Land her auf der Höhe von Westkapelle, während die restlichen fünf Boote spurlos verschwanden. Im März kam es noch zu zwei weiteren Angriffsunternehmen. In der Nacht vom 11./12. März nahmen 15 »Biber« und 14 »Molche« zusammen mit S-Booten und »Linsen« an einer gemeinsamen Operation teil, die wiederum mit einem Desaster endete. 13 »Biber« und neun »Molche« kehrten von diesem Einsatz nicht zurück. An Ursachen für die Verluste wurden bekannt:

- 2 Boote durch »Swordfish«-Maschinen des RAF-Küstenkommandos am 11. März nachmittags auf der Höhe der Insel Schouwen;
- 4 Boote durch ML's am 12. März vormittags auf der Höhe von Westkapelle;
- 1 Boot durch einen »Spitfire«-Jagdbomber am 12. März nachmittags vor Walchern;
- 4 Boote durch Landbatterien bei Vlissingen und Breskens am 12. März nachmittags;
- 1 Boot durch die Fregatte HMS RETALICK am 13. März um 03.25 Uhr nordwestlich von Walcheren.

Die Ursachen für die restlichen Verluste sind nicht bekannt. In der Nacht vom 23./24. März liefen 16 »Biber« aus Poortershavn in Richtung Schelde-Zugänge aus. Wie die früheren Einsätze, so blieb auch dieser erfolglos und kein alliiertes Schiff wurde versenkt. Nur sieben Boote kehrten zurück. An Verlusten wurde bekannt: Vier der Boote versenkte die RETALICK auf der Höhe

Kräfteverteilung im Bereich der K-Einsatzstäbe Nord im November 1944

Nordnorwegen	Westfjord/Lofoten	60 »Biber«, 60 »Marder«
Südnorwegen	Oslo/Kristiansand-Süd	60 »Molche«
Dänemark	Århus/Osterburg	60 »Biber«
	Aså	60 »Marder«, 12 »Hechte«
Deutschland	Helgoland	30 »Molche«
	Borkum	30 »Molche«
	Ems-Mündung	30 »Biber«
	Fedderwardsiel	30 »Linsen«

von Ostende, ein Boot lag verlassen am Strand der Insel Schouwen und ein weiteres ging auf das Konto einer »Beaufighter« der 254. Squadron der RAF vor der Insel Goeree. Das Schicksal der restlichen Boote ist nicht bekannt. Somit gingen im März 1945 von 56 Klein-U-Booten »Biber/Molch« 42 ohne Erfolge verloren.[18]

Anfang April 1945 war der Schelde-Raum fast vollständig von britischen Truppen eingekreist und für das K.d.K. war es kaum mehr möglich, Ersatz nach Rotterdam zu bringen. Im Raum Holland standen zu diesem Zeitpunkt noch 24 »Biber« in Rotterdam und 60 »Molche« in Amersfoort zur Verfügung. Im April fanden die letzten vier Einsätze mit insgesamt 17 »Bibern« in holländischen Gewässern statt, wobei zehn der Boote verlorengingen. Hierbei wurde erneut kein alliiertes Schiff beschädigt oder versenkt.

Charakteristisch für die Einsätze des K-Verbandes im Schelde-Raum waren die beachtliche Tapferkeit und das Durchhaltevermögen der Männer. Doch diesen Tugenden stand ein einzigartiges Ausbleiben von Erfolgen gegenüber. Die Gründe hierfür sind zahlreich. Mangelhafte Ausrüstung und unzureichende Ausbildung sind für einen Teil der Mißerfolge verantwortlich. Andere Faktoren sind die schlechten Wetterbedingungen im Winterhalbjahr und ein sehr aggressiver Gegner, der nicht nur eine überwältigende Materialüberlegenheit sondern auch die vollständige Luftherrschaft besaß.

Einheiten des K-Verbandes kamen auch in Dänemark und Norwegen zum Einsatz. Auf deutscher Seite bestand die Befürchtung, die Alliierten könnten das südliche Norwegen oder Dänemark als Sprungbrett für ein Vordringen in die Ostsee und zur deutschen Nordküste benutzen. Infolgedessen wurden in größerem Umfange K-Mittel in diesen Raum verlegt. KptzS. Fritz Böhme übernahm Ende September 1944 den in Århus/Jütland stationierten K-Einsatzstab Nord, zuständig für Norwegen und Dänemark. Mit seinem Weggang zum Einsatzstab Süd in Italien kam es im November 1944 zu einer organisatorischen Neugliederung: KptzS. Düwel übernahm den K-Einsatzstab Dänemark in Århus und KptzS. Beck den K-Einsatzstab Norwegen in Oslo. Die nach Norwegen und Dänemark verlegten Streitkräfte des K-Verbandes waren von beträchtlichem Umfang. Die Anfang November 1944 vorgesehene Kräfteaufstellung und -verteilung sollte den in der beigefügten Tabelle wiedergegebenen Umfang erreichen (siehe oben).

Am 22. November 1944 traf die K-Flottille 265 mit 30 »Bibern« als erste K-Einheit in Harstad ein. Doch den Vorschlag, eine zweite Flottille mit weiteren 30 »Bibern« nach Nordnorwegen zu verlegen, billigte Dönitz nicht, da sie zur Verstärkung der Verteidigung des Skagerrak erforderlich wäre. Die Organisation der K-Verbände erfuhr im März 1945 eine weitere Verfeinerung.[18a] Hierbei löste FKpt. Brandi in Århus KptzS. Düwel ab. Die K-Kräfte in

Norwegen umfaßten nunmehr eine »Biber«-Flottille in Kristiansand-Süd sowie eine »Marder«-Flottille an der norwegischen Westküste. In Narvik waren zehn »Biber« verblieben, während die restlichen 20 Boote der K-Flottille 265 ebenfalls nach Südnorwegen verlegt worden waren. Hinzu kamen als einstweilige Verstärkung eine neu aufgestellte und eine aus Jütland abgezogene »Marder«-Flottille. Doch die gesamten Vorbereitungen waren letztlich vergebens, denn für die Alliierten bestand überhaupt keine Notwendigkeit, in Norwegen oder Dänemark zu landen.

Es hatte jedoch einen interessanten Plan gegeben, die in Nordnorwegen stationierten »Biber« zu einem Angriffsunternehmen einzusetzen. Es war geplant, mit diesen Kleinunterseebooten die Geleitsicherungsfahrzeuge und Handelsschiffe der Rußland-Geleitzüge anzugreifen, während sie in der Vaenga Bay im Kola-Inlet vor Anker lagen. Wie bereits oben erwähnt, wurde im November 1944 die K-Flottille 265 aufgestellt und nach Harstad in Nordnorwegen verlegt, obwohl die tatsächliche Planung dieses Unternehmens bereits einige Zeit vorher begonnen hatte. Wie die Japaner, Briten und Italiener planten nunmehr auch die Deutschen, die »Biber« auf den Oberdecks ausgewählter U-Boote in den Einsatzraum zu verbringen. In der Ostsee waren bereits entsprechende Erprobungen durchgeführt worden, die zu einem brauchbaren Verfahren geführt hatten. Doch in einer Hinsicht hatten es die Deutschen versäumt, aus den Erfahrungen ihrer Verbündeten zu lernen. Die Italiener transportierten ihre »Maiale« stets in druckfesten Behältern, die an Oberdeck fest verankert waren, um die Fahrzeuge vor Wetterschäden zu schützen und sie bis zu einem gewissen Grad auch von den Vibrationen der Antriebsanlage des Träger-U-Bootes zu isolieren. Die Kriegsmarine traf keine derartigen Vorkehrungen; die »Biber sollten auf einfachen, mit dem Oberdeck verbundenen Klampen – direkt über den beiden großen, im darunter befindlichen Dieselraum hämmernden Motoren – mitgeführt werden.

Wie dies erwartet werden konnte, waren die deutschen Vorbereitungen gründlich. Hinsichtlich des Einsatzraumes standen reichlich Luftaufnahmen aus Aufklärungsflügen zur Verfügung. Doch um genauere Angaben zu erlangen, wurden einige örtliche Fischer gefangengenommen. Ihre späteren Verhöre erbrachten viele Informationen über die Verteidigungsmaßnahmen im Kola-Inlet, die sehr umfangreich waren und hauptsächlich aus Patrouillen örtlicher U-Jagdfahrzeuge bestanden. Die Bucht selbst war jedoch durch eine Balken-Netzsperre beiderseits der Insel Salnij geschützt. Der Zeitpunkt für das Unternehmen hing von der Mondphase ab. Es sollte ausreichend Mondschein herrschen, damit die »Biber«-Fahrer Sicht auf das Ziel hatten, ohne sich notwendigerweise einer Entdeckung aussetzen zu müssen. Für den 8. Januar 1945, dem von der Planung begünstigten Zeitpunkt, ergaben die Berechnungen das Aufgehen des Halbmondes um Mitternacht, der bis 03.00 Uhr genug Licht spenden würde. Diese Zeitspanne wurde als ausreichend für die »Biber« angesehen, den Anlauf und den sich anschließenden Angriff durchzuführen.

Das voraussichtliche Ziel des gesamten Unternehmens sollte das sowjetische Schlachtschiff ARCHANGELSK (ex-HMS ROYAL SOVEREIGN)[18b] sein. Doch die deutsche Seite erhoffte sich auch, daß eine Anzahl britischer Kriegsschiffe anwesend sein würden. Dies setzte voraus, daß der Angriff mit dem Eintreffen oder Abgehen eines Geleitzuges zusammenfallen mußte. Umgekehrt bedeutete dies auch, daß das Unternehmen in Gang gesetzt werden mußte, während sich der Rußland-Geleitzug auf seinem Weg nach Murmansk noch in See befand. Durch die Luftaufklärung mußten die Deutschen erkannt haben, daß sich die Geleitsicherungsfahrzeuge nie für längere Zeit im Kola-Inlet aufhielten – in der Regel dauerte ihr Aufenthalt nur so lange, wie dies zur Übernahme von Munition und Brennstoff erforderlich war. Es gibt keinen Anhaltspunkt dafür, daß die Deutschen das Unternehmen tatsächlich mit Geleitzugoperationen koordiniert hatten. Dies hätte eine Zusammenarbeit zwischen Luftwaffe und Kriegsmarine in einem Maße bedeutet, die ungewohnt gewesen wäre, ganz abgesehen davon, daß sie auch das Unternehmen selbst hätte gefährden können. Es wäre den Alliierten verdächtig vorgekommen, wenn sich die Kriegsmarine plötzlich für die Bewegungen von Kriegsschiffen um das Kola-Inlet interessiert hätte.

Nach dem Operationsplan müßten die Träger-U-Boote X-3 Tage (d.h. drei Tage vor dem X-Tag) aus Harstad auslaufen und die »Biber« um X-12 Stunden aussetzen. Den Kleinunterseebooten stünden dann zwölf Stunden zur Verfügung, um in Angriffsposition zu gelangen – in Anbetracht ihrer Geschwindigkeit unter Wasser kein langer Zeitraum. Nach dem Angriff hatten die »Biber« einen festgelegten Treffpunkt seewärts von Sjet Navolok anzusteuern und sich auf Grund zu legen, bis sie mit ihrem Träger-U-Boot über SST Verbindung aufnehmen konnten. Anschließend sollten die Klein-U-Boote aufgegeben und versenkt sowie ihre Fahrer an Bord der Träger-U-Boote genommen werden. Ein alternativer Treffpunkt war für X+1 Tag auf der Höhe der Fischerhalbinsel vorgesehen. Dies wäre sehr wahrscheinlich der tatsächliche Aufnahmepunkt gewesen, denn die Planung sah für die Annäherung zum Ziel zwölf Stunden vor, aber nur vier Stunden, um zum Treffpunkt zu gelangen. Sollte ein »Biber«-Fahrer beide Treffpunkte verfehlen, so hatte er den Persfjord anzusteuern, sein Boot zu versenken und den Versuch zu unternehmen, sich zu Fuß nach Schweden durchzuschlagen.

Nach Plan liefen am 5. Januar 1945 die drei U-Boote – *U 295, U 318* und *U 716* – aus Harstad aus und traten zumeist in Überwasserfahrt den Hinmarsch an. Dies führte zum Fehlschlagen der gesamten Unternehmung. Bei den regelmäßigen Überprüfungen stellte sich heraus, daß die Vibrationen der Dieselmotoren bei zwei »Bibern« Lecks in den Benzinleitungen verursacht hatten. Die Schäden wurden vom Maschinenpersonal der U-Boote behoben und der Marsch wurde fortgesetzt, wenn auch mit herabgesetzter Geschwindigkeit. Eine spätere Überprüfung der »Biber«, als sich der Verband bereits ostwärts des Nordkaps befand, ergab jedoch, daß weitere Lecks in den Benzinleitungen zusammen mit Lecks an den achteren Stopfbuchsdeckeln entstanden waren. Als Folge drang in die Motorenräume einiger »Biber« Wasser ein. Widerstrebend mußte das Unternehmen abgebrochen werden und der Verband kehrte nach Harstad zurück. Wäre der Angriff am 8. Januar durchgeführt worden, hätten die »Biber«-Fahrer den Ankerplatz bis auf die Bewachungsfahrzeuge verlassen vorgefunden. Der Geleitzug *RA 62* war am 10. Dezember 1944 ausgelaufen und der nächste Geleitzug, der *JW 63*, sollte erst in den Abendstunden des 8. Januar eintreffen. Die ARCHANGELSK befand sich im Weißen Meer in Sicherheit.

Der einzige andere Kriegsschauplatz, auf dem K-Mittel zum Einsatz kamen, war das Mittelmeer. Dort nahmen eine Reihe von »Mardern« und »Molchen« Ende 1944 an erfolglosen Angriffen auf alliierte Schiffe vor Villefranche teil. Die damals auf diesem Kriegsschauplatz herrschende verwirrte politische Lage gefährdete hoffnungslos die Operationen des K-Verbandes.

Kapitel 17

»Götterdämmerung«

Zum Glück für uns kamen diese verdammten Boote im Krieg zu spät, um noch irgendeinen Schaden anzurichten.
– Admiral Sir Charles Little, Commander-in-Chief Portsmouth.

Insgesamt betrachtet, waren die deutschen Kleinunterseebootsentwürfe mehr der verzweifelten Lage zuzuschreiben als einer ordnungsgemäßen Entwurfspraxis der Marine. Es gab jedoch einen deutschen Entwurf, der wesentlich besser als die übrigen abschnitt und der auf den Verlauf des Krieges hätte Auswirkungen haben können, wäre das riesige Aufgebot an Gegenmaßnahmen nicht vorhanden gewesen, das sich gegen seine einsatzmäßige Verwendung richtete. Dieser ausgereifte Entwurf war der »Seehund« bzw. der Typ XXVII B/5 – später als Typ 127 bezeichnet –, ein Kleinunterseeboot mit zwei Mann Besatzung, bewaffnet mit zwei Torpedos und zu ausgedehnten Operationen imstande.

Die Entstehung des »Seehund«-Entwurfes ergab sich aus dem Angriff der britischen Kleinunterseeboote *X 6* und *X 7* am 23. September 1943 auf die TIRPITZ und der Bergung von X-Bootwracks aus den Tiefen des Kaafjords. Daraufhin fertigte das Hauptamt Kriegsschiffbau (K) im OKM[1/1a] einen Entwurf für ein Kleinunterseeboot mit zwei Mann Besatzung unter der Bezeichnung Typ XXVII A »Hecht«. Wie das britische X-Boot war der »Hecht« entworfen worden, um an den Schiffskörpern feindlicher Schiffe, die vor Anker lagen, Haftminen anzubringen. Das deutsche Klein-U-Boot war jedoch erheblich kleiner als das britische X-Boot und unterschied sich von ihm in wesentlicher Hinsicht. Zunächst einmal hatten die Konstrukteure des »Hecht« keine Notwendigkeit gesehen, das Klein-U-Boot mit einem diesel-elektrischen Antriebssystem auszurüsten. Sie gingen davon aus, daß es ausschließlich unter Wasser operieren würde. Daher wäre keine Dieselmotorenanlage erforderlich. Somit bestand die Antriebsanlage aus der Batterie mit der Bezeichnung 8 MAL 210 in fünf Torpedotrögen 17 T und einem AEG-Torpedomotor mit 12 PS Leistung. Trotzdem betrug die Seeausdauer des »Hecht« nur armselige 69 sm bei 4 kn. Da das Klein-U-Boot Netzsperren und andere Hindernisse überwinden sollte, war es ursprünglich weder mit Tiefenrudern noch mit Stabilisierungsflossen ausgerüstet. Statt dessen waren im Bootsinneren verschiebbare Gewichte auf Spindeln vorgesehen. Dieses System erwies sich als völlig unzureichend, da die Gewichte bei einem Notfall nicht schnell genug verschoben werden konnten, um das Boot auszutrimmen. Schließlich wurden sie durch Tiefenruder und Stabilisierungsflossen ersetzt. Dennoch blieb die Unterwassersteuerung mangelhaft. Da der »Hecht« nur unter Wasser operieren sollte, besaß das Boot auch keine Tauchzellen. Lediglich zwei Ausgleichszellen verliehen ihm einen ausreichenden Auftrieb, um mit der Wasseroberfläche abschneidend zu liegen.

Obgleich der »Hecht« entworfen worden war, um eine Sprengladung (Minenkopf) mitzuführen, bestanden Dönitz und die Skl. auf einer Torpedobewaffnung, so daß Angriffe gegen Schiffe in Küstengewässern durchgeführt werden könnten. Der Mangel an Auftrieb angesichts der geringen Bootsgröße (12,25 t) bedeutete, daß lediglich ein Torpedo ohne Untertrieb, der zudem nur eine verhältnismäßig geringe Reichweite hatte, unter dem Kiel mitgeführt werden konnte. Daher war es möglich, den »Hecht« entweder mit einem von innen lösbaren Haftminenkopf oder mit einem Torpedo auszurüsten. In letzterem Fall wurde der Minenkopf durch einen Batteriekopf mit weiteren drei Batterietrögen ersetzt. Vom äußeren Erscheinungs-

Klein-U-Boot »Seehund« mit zwei Mann Besatzung

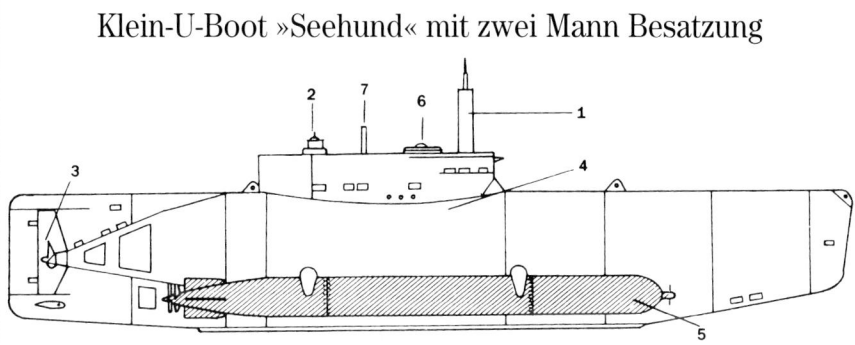

Wasserverdrängung:	14,9 t über, 17,0 t unter Wasser
Länge:	11,86 m
Breite:	1,84 m
Antriebsanlage:	1 Dieselmotor mit 60 PSe sowie ein E-Motor mit 25 PS
Brennstoffvorrat:	0,5 t
Geschwindigkeit über Wasser:	7,7 kn
Geschwindigkeit unter Wasser:	6 kn
Fahrbereich über Wasser:	270 sm bei 7 kn
Fahrbereich unter Wasser:	63 sm bei 3 kn
Bewaffnung:	2 53,3-cm-Torpedos G 7e
Besatzung:	2 Mann
Abgelieferte Einheiten:	285

Schicksal: Nach Schätzungen sind ca. 35 »Seehunde« auf Feindfahrt verlorengegangen, entweder durch Feindeinwirkung oder als Folge schlechten Wetters und/oder Unfalls.

Legende zur Zeichnung:
1. Sehrohrgehäuse
2. Zuluftmast
3. Einzelpropeller und Tiefenruder
4. Seitliche Regelzellen, Mitführen zusätzlicher Außentanks für Treibstoff möglich
5. Torpedo G 7e, gesichert durch zwei Schutzarme (ebenso an Backbord)
6. Turmluk für Ein- und Ausstieg (später als Plexiglaskuppel)
7. Lichtbild-Magnetkompaß

bild her erinnerte der »Hecht« an das britische »Welman«-Boot. Die Nase des Bootes bildete der abnehmbare Minenkopf. In der vorderen Sektion befanden sich die Batterie und der Kreiselkompaß. Der »Hecht« war das erste deutsche Klein-U-Boot, das mit einem Kreiselkompaß ausgerüstet war. Er wurde für die Navigation als wesentlich erachtet, da das Boot weitgehend getaucht fahren sollte. Hinter der Batterie befand sich die Abteilung mit dem Steuerstand und den Sitzen für die zweiköpfige Besatzung. Eine aus zwei Mann bestehende Besatzung war auf deutscher Seite eine weitere Neuerung. Sie konnten sich gegenseitig unterstützen und die Bürde des Wachegehens und der routinemäßigen Wartung teilen. Die Besatzung saß in Sitzen, die auf der Mittschiffslinie hintereinander angeordnet waren, wobei der Kommandant achtern und der Maschinist vorn seinen Platz hatte. Dem ersteren stand ein einfaches Sehrohr zur Verfügung. Eine Plexiglaskuppel diente Navigationszwecken. Achtern befand sich der E-Motor.

Am 18. Januar 1944 trug GAdm. Dönitz, der Ob.d.M., Hitler den neuen Entwurf und seine Absicht vor, 50 dieser Boote bauen zu lassen. Dieser stimmte dem Plan zu. Am 9. März erhielt die Germaniawerft in Kiel den Auftrag, drei Prototypen zu bauen. Am 28. März folgte dann der Auftrag für den Serienbau von 50 Booten, die zwischen Mai und August 1944 fertiggestellt wurden. Keines dieser Boote kam zum Fronteinsatz; sie fanden ausschließlich als Schulboote für die »Seehund«-Besatzungen Verwendung.

Parallel zur Auftragserteilung für den »Hecht« erarbeitete das K-Amt unter der Typbezeichnung XXVII B eine Reihe von Entwürfen, die einen größeren Fahrbereich, mit zwei Torpedos eine stärkere Bewaffnung und eine diesel-elektrische Antriebsanlage besaßen. Ein erster Entwurf, fertiggestellt im Juni 1944, wies noch eine starke Ähnlichkeit mit dem »Hecht« auf. Der torpedoförmige Bootskörper hatte jedoch ein Vorschiff für ein verbessertes Seeverhalten bei Überwasserfahrt und seitliche Tauchzellen (Satteltanks) erhalten. Durch die Vergrößerung des Kiels für die Unterbringung der Batterietröge stand im Bootsinneren mehr Raum zur Verfügung. Die beiden Torpedos hingen in Aussparungen des Bootskörpers außerhalb von ihm. Ein Dieselmotor mit 22 PS diente der Überwasserfahrt. Es wurde mit einer Geschwindigkeit von 5,5 kn über und 6,9 kn unter Wasser gerechnet.

Eine weitere Variante des Typs XXVII B war das »Klein-U-Boot K«, entworfen für den Kreislaufantrieb. Der Entwurf stammte von Marineoberbaurat Kurzak, dem Beauftragten des OKM für die Kreislaufentwicklung bei der Germaniawerft in Kiel. Für den Antrieb war ein Dieselmotor von 95 PS vorgesehen, der üblicherweise bei den Beibooten der Kriegsmarine Verwendung fand und daher in größerer Stückzahl zur Verfügung stand. Den Sauerstoff für den Betrieb sollte in Gasform eine große Druckflasche im Kiel mit 1250 l Inhalt bei 400 atü liefern. Im Kreislaufbetrieb wurde mit diesem Motor unter Wasser bei einer Höchstgeschwindigkeit von 11 – 12 kn ein Fahrbereich von 70 sm und bei 7 kn Marschfahrt ein Fahrbereich von 150 sm erwartet. Der Entwurf wurde am 25. Mai 1944 in einer Sitzung im OKM unter dem Vorsitz des A.d.K., VAdm. Heye, diskutiert und MOBR Kurzak erhielt den Auftrag, einen Kreislaufmotor für ein solches Klein-U-Boot zu entwickeln.

Kurzaks Entwurf für das »Klein-U-Boot K« übte beträchtlichen Einfluß auf den endgültigen Entwurf für den Typ XXVII aus. Dieser Entwurf entstand unter der Leitung von Marinebaurat Grim und führte die Bezeichnung XXVII B/5 »Seehund«, später Typ 127. Der Bootskörper des »Seehund« hatte mittschiffs eine kleine, erhöhte Plattform mit Zuluftmast, Lichtbild-Magnetkompaß, Sehrohr, Turmluk für den Ein- und Ausstieg und Seitenfenster. Spätere Boote erhielten für Navigationszwecke eine Plexiglaskuppel, die bis zu einer Tiefe von 45 m druckfest war. Das freiflutende Vorschiff enthielt die Tauchzellen, während der unter dem Druckkörper befindliche Tunnel vorn den Treibstoffbunker und hinten die achtere Tauchzelle mit zwei Batterietrögen 8 MAL 210 (zu je 32 Zellen) dazwischen enthielt. Im Inneren des Druckkörpers hatte die Anordnung viel Ähnlichkeit mit der des »Hecht«. Im vorderen Teil befand sich der Batterieraum mit sechs Trögen (6 Batterien zu je 32 Zellen) des Typs 8 MAL 210. In der Mitte lag die Zentrale mit dem Fahrstand und den hintereinander angeordneten Sitzen für Kommandant und Maschinist. Letzterer hatte das Fahrstandpult vor sich und löste auch auf Befehl des Kommandanten die Torpedos aus ihrer Aufhängung. Während des Angriffs steuerte das Boot auf Sehrohrtiefe. Das 2 m (später 3 m) lange, drehbare Sehrohr war fest eingebaut und von ausgezeichneter Konstruktion. Sein optisches System erlaubte es dem Kommandanten, vor dem Auftauchen den Himmel abzusuchen. Die Bewaffnung des »Seehund« bestand aus zwei standardmäßigen Torpedos G 7e, die sich an einer Schiene aufgehängt und durch zwei Schutzarme gesichert seitlich neben dem Kiel befanden. Diese Anordnung bedeutete, daß das Boot aus dem Wasser gehoben und an Land aufgebockt werden mußte, um die Torpedos einzuführen – auch unter günstigen Umständen ein ermüdendes Verfahren.[2/2a]

Im achteren Teil des Druckkörpers befanden sich der Dieselmotor und der E-Motor. Für den Überwasserantrieb diente ein Lkw-Motor der Fa. Büssing mit 60 PSe, während den Unterwasserantrieb ein E-Motor der AEG mit 25 PS lieferte. Dies verlieh dem »Seehund« über Wasser einen Fahrbereich von 270 sm bei 7 kn. Wurden zusätzliche Außentanks für Treibstoff mitgeführt, so konnte der Fahrbereich auf 500 sm gesteigert werden – obwohl eine anhaltende physische Leistungsfähigkeit der Besatzung während einer derart langen Feindfahrt sehr fraglich sein würde. Bei Tauchfahrt betrug die Seeausdauer 63 sm bei 3 kn. Diese Werte waren eher enttäuschend und es war offensichtlich, daß der Bootskörpers bei diesem Entwurf, insbesondere wenn Torpedos mitgeführt wurden, einen beträchtlichen Wasserwiderstand ausübte.

Der Bauauftrag für drei Prototypen des »Seehund« erging am 30. Juni 1944 an die Howaldtswerke in Kiel. Die Begeisterung für das Klein-U-Boot war so groß, daß die Aufträge und Kennummern für den Serienbau (*U 5001 – U 6531*) bereits im April 1944 vergeben wurden, noch ehe der Typentwurf vorlag. Das Ministerprogramm vom Juni 1944 sah den Bau von insgesamt 1000 Booten vom Typ XXVII vor. Hierbei sollten die Schichauwerft in Elbing und die Germaniawerft in Kiel pro Monat 45 bzw. 25 Boote abliefern. Als weitere Zentren für den Serienbau waren CRDA Monfalcone/Triest an der Adriaküste und Klöckner-Humboldt-Deutz in Ulm/Donau geplant. Wie bei so vielen anderen im »Dritten Reich« geschmiedeten Plänen blieb die Realität weit hinter den Erwartungen zurück. Dönitz wollte den Serienbau der U-Boote vom Typ XXIII nicht zugunsten der Fertigung des »Seehundes« zurückfahren, während gleichzeitig Rohstoffverknappungen, Facharbeitermangel, Transportprobleme und Prioritätskonflikte in der verfallenden deutschen Kriegswirtschaft zusammenwirkten, um das Bauprogramm für den »Seehund« zu verringern. Schließlich konzentrierte sich der Serienbau auf die Germaniawerft und den von ihr belegten Bunker »Konrad« in Kiel, der für den Bau der U-Boote vom Typ XXI und XXIII nicht mehr gebraucht wurde. Insgesamt 285 Einheiten des Typs XXVII B/5 gelangten tatsächlich zur Fertigstellung. Ihre monatliche Ablieferung verteilte sich wie folgt: 3 Boote im September 1944, 35 im Oktober, 61 im November, 70 im Dezember, 35 im Januar 1945, 27 im Februar, 46 im März und 8 im April.

Während die Entwurfsarbeit für den »Seehund« voranschritt, schlug MOBR Kurzak die Aufnahme eines Kreislaufantriebes unter Verwendung von flüssigem Sauerstoff in den Entwurf vor, um eine bedeutende Volumen- und Gewichtseinsparung zu erzielen. Dieser neue Entwurf entsprach bei leicht vergrößerten Abmessungen in der Form dem oben beschriebenen »Klein-U-Boot K«. Als Dieselmotor wurde der Daimler-Benz-Motor OM 67/4 von 100 PSe ausgewählt. Die Maschinenanlage (mit einem E-Motor für Schleichfahrt) sollte auf einem gemeinsamen Rahmen fertig montiert werden, der dann in den Heckschuß eingefahren und dort mit wenigen, verhältnismäßig leicht zugänglichen Schrauben befestigt werden konnte. Besondere Aufmerksamkeit wurde der Dämpfung der Schallübertragung gewidmet; durch eine elastische Lagerung des Rahmens sollte sie soweit wie möglich verringert werden. Hierzu dienten vier Gummipuffer an den Ecken des Rahmens. Es wurde erhofft, daß die Maßnahmen zur Geräuschdämpfung so wirksam sein würden, um auf die elektrische Schleichfahrtanlage verzichten zu können. Das Ergebnis wäre eine äußerst leichte und einfache Antriebsanlage. Für den »Kreislauf-Seehund« wurde ein Fahrbereich unter Wasser von 69 sm bei 11,5 kn oder 150 sm bei 7,25 kn errechnet.

Das Durchkonstruieren des »Kreislauf-Seehund« erfolgte beim Ingenieurbüro »Glückauf« in Blankenburg/Harz und der Bezeichnung »Typ 227«. Bauaufträge für Prototypen ergingen an die Germaniawerft in Kiel und an die Schichauwerft in Elbing. Bis Kriegsende wurde auf der

Vergleich von Typ XXVII, »Seehund« und Typ 227

Technische Daten	Typ XXVII	»Seehund«	Typ 227
Wasserverdrängung:	11,8 t	14,9 t	17 t
Länge:	10,4 m	11,9 m	13,6 m
Breite:	1,7 m	1,7 m	1,7 m
Antriebsanlage:	1 12-PS-Torpedo-E-Motor	1 Dieselmotor von 60 PSe, 1 E-Motor von 25 PS	1 Dieselmotor von 100 PSe, 1 E-Motor von 25 PS
Brennstoffvorrat:	–	0,5 t	0,6 t + 0,72 t O_2
Geschwindigkeit über/unter Wasser:	-/6 kn	7,7/6 kn	8/10,3 kn
Fahrbereich über Wasser:	–	270 sm bei 7 kn	340 sm bei 8 kn
Fahrbereich unter Wasser:	38 sm bei 4 kn	63 sm bei 3 kn	71 sm bei 10 kn
Torpedos:	1 G 7e	2 G 7e	2 G 7e
Minen:	1 Sprengladung	–	–
Besatzung:	2 Mann	2 Mann	2 Mann

Germaniawerft noch der Bau von drei Booten – U 5188 – U 5190 – begonnen. Diese Boote sollten für den Kreislaufbetrieb umgebaute »Seehund«-Dieselmotoren (Büssing NAG-LD 6) erhalten, da Daimler-Benz-Motoren nicht in ausreichender Stückzahl zur Verfügung standen. Die Prüfstandversuche erwiesen, daß der Büssing-Dieselmotor erfolgreich für den Kreislaufbetrieb umgebaut werden konnte, aber der Krieg endete, bevor der Typ 227 in die Fertigung gehen konnte. Die beigefügte Tabelle (siehe oben)[3] vergleicht den ursprünglichen Typ XXVII (Typ XXVII A: »Hecht«) mit dem »Seehund« (Typ XXVII B bzw. Typ 127) und dem Typ 227 (»Kreislauf-Seehund«).

Der »Seehund« war das komplizierteste der Kleinunterseeboote, die für die deutsche Kriegsmarine in die Serienfertigung gingen. Aus Sicht der Alliierten machte es sein kleiner Bootskörper fast unmöglich, für die Ortung mit dem Asdic ein Echo des ausgesandten Schallimpulses zu erhalten, während der sehr leise laufende E-Motor bei seinen langsamen Fahrtstufen auch durch Unterwasserhorchgeräte fast nicht zu orten war.

Oberfähnrich zur See Klaus Goetsch besuchte die Marineschule in Flensburg-Mürwik, als im Oktober 1944 seine Ausbildung zum Seeoffizier ein jähes Ende fand. Er wurde zum K-Verband abkommandiert. Die Art seines neuen Kommandos war ihm ein Geheimnis. Später bekannte er: »Als ich zum K-Verband kam, war der den Engländern besser bekannt als mir!«[4] Als zweites Besatzungsmitglied für seinen »Seehund« erhielt Goetsch einen jungen Maschinenmaat,[4a] einen erstklassigen Mechaniker, der vor seiner Einberufung in die Marine Schlosser bei der Deutschen Reichsbahn gewesen war. Die »Seehund«-Ausbildung dauerte acht Wochen mit einer zweieinhalb Tage dauernden Übungsfahrt in der Ostsee als Höhepunkt. Die Ausbildung selbst war hart und Goetsch schätzte, daß im Verlaufe seiner Zeit in Neustadt/Holstein etwa zwanzig »Seehund«-Besatzungen durch Unglücksfälle verlorengingen. Goetsch und sein Maschinenmaat gerieten ebenfalls beinahe auf die Gefallenenliste, als ihr »Seehund« das Auftauchen verweigerte. Die Batterie des Bootes war so schwach, daß die beiden Männer, in völliger Dunkelheit arbeitend, die Abgasleitung des Dieselmotors mit den Tauchzellen verbanden, und den Dieselmotor anwarfen, um das Boot nach oben zu bringen. Es war ein verzweifeltes Unterfangen; denn der Dieselmotor mußte ausreichend Abgase in die Zellen abgeben, um das Boot zu heben, ehe die gesamte Luft im Bootsinneren verbraucht war. Sobald das Turmluk eben mit der Wasseroberfläche war, kletterten die beiden Männer nach draußen in Sicherheit. Nach der Beendigung seiner Ausbildung wurde Goetsch auf der Insel Helgoland stationiert, von wo aus er zu seinem Verdruß bis zur Kapitulation Deutschlands überhaupt nicht zum Einsatz kam.

Erst im Dezember 1944 gingen die ersten Klein-U-Boote »Seehund« an die Front. Sechs dieser Boote verlegten am 24. Dezember im Straßentransport nach Ijmuiden/Velsen in den Niederlanden, gefolgt von weiteren achtzehn Einheiten, so daß Ende Dezember in Ijmuiden 24 »Seehunde« zur Verfügung standen. Am Neujahrstag 1945 gaben sie ihr Einsatzdebüt, als 17 Boote ausliefen, um einen alliierten Geleitzug auf Höhe der Kwinte-Bank anzugreifen. Von diesem Einsatz kehrten lediglich zwei der Klein-U-Boote zum Stützpunkt zurück. Sieben Boote hatten sich an der Küste selbst auf Strand gesetzt. Von den restlichen acht Booten versenkten der Zerstörer HMS COWDRAY und die Fregatte HMS EKINS je eines, ein weiteres Boot strandete bei Dromberg, während ein MTB ein viertes in verlassenem Zustand treibend fand. Die übrigen vier »Seehunde« verschwanden einfach. Vermutlich fielen sie dem schlechten Wetter zum Opfer. Der einzige Erfolg des Einsatzes bestand in der Versenkung des bewaffneten Trawlers HAYBURN WYKE. Dies war kein verheißungsvoller Beginn, aber er war besser als alles andere, was der K-Verband erreicht hatte. Den ganzen Januar 1945 hindurch beeinträchtigte schlechtes Wetter die weiteren Einsätze. Am 3. Januar mußte aus diesem Grunde ein Unternehmen abgebrochen werden. Dies geschah auch bei einem weiteren am 6. Januar. Jedoch am 10. Januar liefen fünf »Seehunde« zum Vorstoß an die Küste von Kent auf die Höhe von Margate aus. Nur eines der Boote erreichte tatsächlich den Einsatzraum, kehrte aber später mit seinen nicht losgemachten Torpedos zum Stützpunkt zurück. Zwei Tage danach wurden sämtliche Einsätze infolge des schlechten Wetters abgesagt.

Bis zum 20. Januar 1945 erhöhten herangebrachte Verstärkungen die Anzahl der in Ijmuiden zur Verfügung stehenden »Seehunde« auf 26 Einheiten. Am 21. Januar liefen zehn »Seehunde« in drei Gruppen zum Einsatz aus: vier in das Seegebiet von Ramsgate, drei auf die Höhe von Kap North Foreland und drei in die geräumte Fahrrinne vor Lowestoft. Von diesen Booten kehrten sieben vorzeitig mit Schäden zurück, während zwei weitere Boote wieder in den Stützpunkt einliefen, ohne einen Gegner gesichtet zu haben. Die Feindfahrt des zehnten Bootes erinnert an ein Epos. Dieser »Seehund« hatte eine Kompaßstörung und wurde, nachdem er am 22. Januar in der Themse-Mündung erfolglos ein Schiff angegriffen hatte, von den Gezeitenströmen nach Norden versetzt. Am 24. Januar befand sich das Boot – der Besatzung unbekannt – auf der Höhe von Lowestoft. Dort wurde es von *ML 153* geortet und angegriffen, aber es gelang ihm zu entkommen. Wieder war der Besatzung nicht bewußt, daß die Strömungen bei diesem Bestreben das Boot erneut weit nach Norden bis auf die Höhe von Great Yarmouth versetzt hatten. Infolgedessen lief der »Seehund«, konsequent Heimatkurs nach Osten steuernd, auf den Scorby-Sänden auf Grund. Nach zweieinhalbtägigen Anstrengungen, wieder freizukommen, war die erschöpfte Besatzung gezwungen, Notsignale zu schießen. Schließlich rettete sie die BEACON, ein Tender von Trinity House.[4b] Diese Episode veranschaulicht das beträchtliche Maß an Mut und Glück, das die »Seehund«-Besatzungen brauchten. Die Tatsache, daß dieser »Seehund« so weit von seinem Stützpunkt entfernt angetroffen wurde, nahm auch die britische Admiralität zur Kenntnis. Zum letzten »Seehund«-Einsatz im Januar 1945 liefen am 29. zehn Boote in zwei Gruppen aus Ijmuiden aus. Der Einsatzraum der ersteren sollte auf der Höhe von Margate und der der zweiten vor South Falls sein. Nur zwei der Klein-U-Boote erreichten ihren Einsatzraum, während die restlichen Boote aus verschiedenen Gründen vorzeitig umkehrten.

Im Februar 1945 war den »Seehund«-Einsätzen etwas mehr Glück beschieden. Die Einsätze am 5. und am 10. Februar blieben erfolglos, aber die am 12. auf die Höhe von Kap North Foreland ausgelaufenen fünf Boote beschädigten am 15. Februar den 2628 BRT großen niederländischen Tanker LISETA aus dem Geleitzug TAM 80. Bei diesen Unternehmen gingen zumindest zwei Boote verloren und mehrere wurden auf Strand gesetzt, aber wieder geborgen. Ein neues Gebiet für die »Seehunde« war der Versuch, sie in einem kombinierten Unternehmen zusammen mit Sprengbooten vom Typ »Linse« in der Schelde-Mündung einzusetzen. Am 16. Februar liefen vier »Seehunde« aus Ijmuiden in den Schelderaum aus. Ihnen folgten in der Nacht 15 »Linsen«. Das Unternehmen endete mit einem Mißerfolg. Von den Klein-U-Booten verschwanden zwei spurlos, eines griff erfolglos einen kleinen Geleitzug aus Landungsbooten an und setzte sich dann beim Rückmarsch auf Strand, während das letzte Boot kein Ziel in Sicht bekam und ebenfalls bei der Rückkehr strandete. Da auch die »Seehunde« in den Binnengewässern des Schelderaums nicht erfolgreicher als »Biber« und »Molch« waren, kehrte der K-Verband zum Konzept des Einsatzes auf offener See zurück. Am 20. Februar 1945 liefen drei »Seehunde« in den Raum Ramsgate und vier am 21. in den Raum South Falls aus, gefolgt von einem weiteren am 23. Februar. Alle Boote erreichten ihre Einsatzräume und versenkten am 22. Februar aus dem Geleitzug TAM 87 das *LST 364* und am 24. Februar ostwärts von Ramsgate den Kabelleger ALERT (941 BRT). Die Boote kehrten alle sicher zurück, obwohl eines von ihnen ostwärts von Orfordness von der »Beaufighter« J der 254. Squadron der RAF angegriffen wurde. Eine Zusammenfassung der »Seehund«-Einsätze im Januar und Februar 1945 ergibt folgendes Bild: Im Januar gingen von 44 eingesetzten Booten zehn verloren und ein Schiff mit 324 BRT wurde versenkt. Im Februar gerieten von 33 eingesetzten Booten vier in Verlust, während zwei Schiffe mit insgesamt 3691 BRT versenkt und eines mit 2628 BRT beschädigt wurden.

Im März 1945 kehrten von insgesamt 29 eingesetzten »Seehunden« neun Boote nicht zurück. MTB's versenkten zwei Boote, ein weiteres die Fregatte TORRINGTON, drei gingen auf das Konto von Flugzeugen der RAF, ein weiteres Boot versenkte die Korvette HMS PUFFIN und das Schicksal der restlichen beiden Boote ist nicht bekannt.[4c] Die Versenkung des »Seehundes« durch die PUFFIN war ein Pyrrhus-Sieg: Die Korvette rammte am 26. März das Klein-U-Boot auf der Höhe von Lowestoft. Bei der Kollision detonierten jedoch die beiden Torpedos des »Seehundes« und beschädigten das britische Geleitsicherungsfahrzeug so schwer, daß es als nicht mehr reparaturfähig zum »kontruktiven Totalverlust« erklärt werden mußte. Den Klein-U-Booten fielen jedoch drei Schiffe mit insgesamt 5267 BRT zum Opfer: der 2878 BRT große Frachter TABER PARK am 13. März aus dem Geleitzug FS 1753 auf der Höhe von Southwold, der 833 BRT große Küstendampfer JIM am 30. März südostwärts von Orfordness und am 26. März der 1556 BRT große Frachter NEWLANDS vor Kap North Foreland.

Anfang April 1945 waren die »Seehunde« die einzigen Einheiten des K-Verbandes, die in das fast vollständig von den alliierten Streitkräften eingekreiste Holland gebracht werden konnten. Sie besaßen eine ausreichende Seefähigkeit, um den Verlegungsmarsch von Wilhelmshaven nach Ijmuiden durchzuführen. Am 8. April standen in Ijmuiden 29 »Seehunde« zur Verfügung. Von ihnen war allerdings nur die Hälfte einsatzbereit. An weiteren Verstärkungen trafen ein: vier »Seehunde« am 20. April und 14 weitere am 1. Mai aus Wilhelmshaven sowie noch zwei Boote von Helgoland. Im April kamen insgesamt 36 »Seehunde« zum Einsatz. Im Seegebiet nördlich der Themse-Mündung fiel den Klein-U-Booten am 16. April vor Orfordness der Kabelleger MONARCH (1150 BRT) zum Opfer, während dort gleichzeitig drei Boote verlorengingen. Neun »Seehunde« operierten in der Schelde-Mündung; sie versenkten den kleinen Tanker *Y 17* (800 BRT) der US-Marine. Auch hier gerieten drei dieser Boote in Verlust. Vom

7. April an stießen 17 »Seehunde« in den Raum Dover–Dungeness vor. Sie versenkten am 9. April aus dem Geleitzug TBC 123 den 7219 BRT großen Frachter SAMIDA und beschädigten den Frachter SOLOMON JUNEAU (7116 BRT). Doch die *ML 102* versenkte eines dieser Klein-U-Boote auf der Höhe von Dover, ein weiteres geriet ostwärts von Calais auf Grund und ein drittes versenkte die »Beaufighter« W der 254. Squadron. Am 11. April griff ein weiterer »Seehund« den Geleitzug UC 63B ostwärts von Dungeness an und beschädigte den Frachter PORT WYNDHAM (8580 BRT), aber noch am selben Tag versenkte das *MTB 632* dieses Boot. Ein weiterer »Seehund« fiel am 12. April vor Hoek van Holland einem Luftangriff zum Opfer und am Tag darauf versenkte die »Barracuda« L der 810. Squadron des FAA ein weiteres Boot im selben Seegebiet. Am 28. April 1945 hörten die »Seehund«-Einsätze gegen die alliierte Schiffahrt auf, aber diese Klein-U-Boote wurden weiterhin zu Nachschubfahrten nach Dünkirchen eingesetzt. Vier »Seehunde« führten die zunehmend gefährlicher werdenden Fahrten durch und erreichten noch vor der deutschen Kapitulation ihren Bestimmungsort.

Die Einsätze der »Seehunde« lassen sich hinsichtlich der Verluste und Erfolge im Einsatzraum Nordsee wie folgt zusammenfassen: 142 Boote gelangten insgesamt zum Einsatz. Sie versenkten neun Schiffe mit insgesamt 18 451 BRT und beschädigten drei Schiffe mit 18 354 BRT. 35 »Seehunde« gerieten hierbei in Verlust. Dies ist eine verhältnismäßig geringe Anzahl, insbesondere wenn in Betracht gezogen wird, daß eine größere Anzahl dieser Verluste dem schlechten Wetter zuzuschreiben war. Wären diese Besatzungen besser ausgebildet und erfahrener gewesen, hätten ihnen weit mehr Schiffe zum Opfer fallen können. Ein Kommentator zog die folgende Schlußfolgerung:

> »Zum Glück für die Alliierten kam der Typ XXVII B zu spät. Ein wenig früher und die alliierten Schiffe und Landungsfahrzeuge hätten durch den »Seehund« verhängnisvolle Verluste erleiden können. Die U-Bootabwehr wäre überwältigt worden, wenn größere Gruppen imstande gewesen wären, koordinierte Angriffe durchzuführen. Es muß sich die Frage stellen, ob die Situation heute merklich anders sein würde.«[5]

Im Nachhinein muß festgestellt werden, daß die von deutscher Seite für den K-Verband aufgewendeten Anstrengungen verschwendet waren. In Anbetracht der erzielten Ergebnisse waren sie nicht gerechtfertigt. Die reinen Verluste an Menschenleben können nur noch mit jenen der japanischen »Kamikaze« verglichen werden. Angesichts der Eile, mit der die verschiedenen Bootsentwürfe erarbeitet wurden, der überhasteten Ausbildung ihrer Fahrer und der Natur der alliierten Gegenmaßnahmen konnten kaum bessere Ergebnisse erwartet werden. Der einzige Erfolg des K-Verbandes – wenn ein solcher Ausdruck gebraucht werden kann – bestand in der Bindung umfangreicher alliierter Luft- und Seestreitkräfte, die eingesetzt werden mußten, um die von den deutschen Kleinkampfverbänden ausgehende Bedrohung abzuwehren. Schätzungen zufolge waren es über 500 Schiffe und Boote sowie mehr als 1000 Flugzeuge, die den besonderen Auftrag hatten, die deutschen Kleinunterseeboote zu jagen.[6] Es leuchtet ein, daß dieses Potential an Menschen und Material an anderer Stelle gefehlt hat. Das Übernehmen der Rolle einer »Fleet in being« war jedoch kein Ersatz für das Versenken alliierter Schiffe. Die folgenden kritischen Bemerkungen über den »Biber« von einem scharfsinnigen Beobachter sind ein Epitaph für alle Sonderwaffen des K-Verbandes:

> »Der Mißerfolg des »Biber« und – trotz der bewiesenen Tapferkeit – des K-Verbandes spiegelt das Versagen der deutschen Kriegsmarine und letztlich auch Hitlerdeutschlands wider, einen erfolgreichen Seekrieg zu führen. Die Aufstellung des K-Verbandes erfolgte zu einem Zeitpunkt, als sich das »Dritte Reich« durch seine fehlerhafte Strategie an drei Fronten – in

Italien, in Rußland und aus der Luft – durch ein Bündnis der mächtigsten Staaten der Erde einem Ansturm ausgesetzt sah. Dem K-Verband und den noch vorhandenen Einheiten der Kriegsmarine gelang es nicht, die Invasion der Normandie im Juni 1944 und die Eröffnung einer vierten Front aufzuhalten.

Die Schaffung des K-Verbandes war ein verzweifelter und erfolgloser Versuch, die britisch-amerikanische Invasionsflotte herauszufordern. ... Der Fehlschlag des »Biber«-Programms und der übrigen Klein-U-Bootsprojekte Hitlerdeutschlands reflektiert das Versagen der Seestrategie des »Dritten Reiches«.«[7]

Kapitel 18

Die Zukunft

*Mehr als jeder andere Berufsstand, ist der des Soldaten gezwungen,
sich auf kluge Interpretationen der Vergangenheit zu verlassen,
um Wegweiser in die Zukunft zu entwerfen.* – General MacArthur.

Welchen Platz nahm das Kleinunterseeboot in den Seestreitkräften der Nachkriegszeit ein? Die Marinen der großen Seemächte – Großbritannien, die Vereinigten Staaten, Frankreich und die Sowjetunion – haben alle seit 1945 derartige Boote untersucht und verwendet, wenn auch heute nur noch von Rußland (ex-UdSSR) angenommen wird, daß es auf diesem Gebiet aktiv ist. Beträchtliches Interesse an Kleinunterseebooten haben jedoch auch eine Reihe von Staaten der »Zweiten Welt« bekundet, darunter das frühere Jugoslawien, Taiwan, Schweden, Kolumbien, Pakistan, Iran, der Irak, Libyen und Nordkorea. Die vier zuletzt genannten Regime sind besonders widerwärtig und ihr Besitz von Kleinunterseebooten könnte als eine Bedrohung der Freien Welt erachtet werden.

Eine Form von Kleinunterseebooten, die überlebt hat, sind die Nachfolger von »Maiale« und »Chariot«, heute als »Unterwasserfahrzeuge zum Absetzen von Kampfschwimmern« (DSV: Swimmer Delivery Vehicle) bezeichnet. Diese sind heute weitaus komplizierter als die Geräte, mit denen Greenland und Visintini in den Krieg zogen, aber das Grundprinzip ist dasselbe geblieben. Sie können an Bord von Unterseebooten mitgeführt werden: Eine Reihe von ehemaligen SSBN's, im Rahmen der SALT- und START-Verträge »abgerüstet« (d.h. Ausbau der ballistischen Flugkörper) und als SSN's klassifiziert, führen heute ein neues Dasein als Transport-U-Schiffe für Kampfschwimmer.[0a] Als weitere Einheiten[0b] wurden USS SAM HOUSTON (SSBN-609) und JOHN MARSHALL (SSBN-611) der ETHAN ALLEN-Klasse umgebaut, als es sich herausstellte, daß es unmöglich war, ihre »Polaris«-SLBM durch das größere »Poseidon«-System zu ersetzen. Sie konnten 67 SEAL-Kampfschwimmer in druckfesten Doppel-Trockendockbehältern unterbringen, die achteraus des Kommandoturms in die Decksverkleidung stufenförmig fest eingebaut waren. Ihr Umbau ging 1984 vor sich, aber diese U-Schiffe wurden bereits im September bzw. November 1991 außer Dienst gestellt und durch die ehemaligen SSBN der LAFAYETTE-Klasse USS KAMEHAMEHA (SSN-642) und JAMES K. POLK (SSN-645) ersetzt.[0c] Auf sowjetischer Seite sind eine Reihe von U-Schiffen des »Projektes 667 A« (im Westen besser als SSBN der »Yankee«-Klasse bekannt) für andere Aufgaben umgebaut worden. Hierbei wurden die Mittelsektionen entfernt, in denen vorher die 16 SLBM vom Typ SS-N-6 untergebracht waren, und die beiden Schiffshälften wieder zusammengeschweißt. Nahezu alle modernen Unterseeboote bzw. -schiffe weisen Rettungskammern auf, die sehr leicht in Aus- und Einstiegskammern für das Aus- und Einschleusen von Kampfschwimmern umgewandelt werden können. Auch einige »konventionelle« Unterseeboote, wie zum Beispiel die britischen OTUS und OPOSSUM, sind mit Aus- und Einstiegskammern für fünf Personen ausgerüstet, eingebaut in den Kommandoturm. Was die modernen Unterseeboote auch immer an Vervollkommnung erfahren haben, die Prinzipien, nach denen die *Decima MAS* so erfolgreich operierte, sind dieselben geblieben. Auf dem Gebiet der Kleinunterseeboote gibt es nichts wirklich Neues, das nicht bereits früher Anwendung gefunden hätte.

1945 besaß Großbritannien die größte »Flotte« an Kleinunterseebooten: fünf Einheiten vom Typ *X 20*, sechs Schulboote vom Typ XT und zehn Einheiten vom Typ XE. Infolge der drastischen Verringerung der Royal Navy in der unmittelbaren Nachkriegszeit blieben hiervon nur noch vier XE-Boote übrig: *XE 7, XE 8, XE 9* und *XE 12*. Sie standen bis 1953 im aktiven Dienst und wurden anschließend zum Abbruch verkauft. Den Großteil dieses Zeitraums verbrachten sie mit der Erprobung von Hafenverteidigungen und mit der Teilnahme an Angriffsübungen, die sich gegen Schiffe der *Home Fleet* richteten. 1950 ging *XE 7* über den Atlantik in die Vereinigten Staaten, um seine Fähigkeiten unter Beweis zu stellen; seine Leistungsfähigkeit war weitgehend für Amerikas verspäteten Eintritt in diesen Bereich verantwortlich. Die vier XE-Boote hatten sich als so brauchbar erwiesen, daß im September 1951 die Aufträge für vier Ersatzbauten ergingen, die als *X 51*-Klasse bezeichnet wurden. Die Boote dieser Klasse waren etwas größer als der XE-Typ (und weniger manövrierfähig), waren aber hinsichtlich ihrer wesentlichen Merkmale weitgehend identisch. Zum erstenmal erhielten Kleinunterseeboote Namen: *X 51*: STICKLEBACK, *X 52*: SHRIMP, *X 53*: SPRAT und *X 54*: MINNOW.

Die Verwendung der Einheiten der *X 51*-Klasse war im wesentlichen dieselbe wie die der XE-Boote: Eindringen in Häfen zur Erprobung ihrer Verteidigung und Angriffsübungen. Es gab jedoch eine für sie vorgesehene Aufgabe, die diese kleinen Fahrzeuge in den Bereich der strategischen Streikräfte führte. Die Briten waren sich bereits der potentiellen Bedrohung bewußt, die von sowjetischen Kleinunterseebooten ausging; denn nach allem, was bekannt war, hatten die Sowjets eine Anzahl deutscher und italienischer Fahrzeuge dieses Typs erbeutet. Daher mußten die Briten vor einer derartigen Gefahr auf der Hut sein. Sie entwarfen und bauten deshalb die Küstenverteidigungsboote der »Ford«-Klasse,[1] ausgestattet mit einer starken U-Abwehrbewaffnung und einer Sonarausrüstung für kleine Boote. Nunmehr trachtete die britische Seite danach, dasselbe Waffensystem auch gegen die Sowjets einzusetzen.

1954 war die Royal Navy von der Vorstellung überzeugt, daß ein Kleinunterseeboot der *X 51*-Klasse eine Nuklearwaffe in den Zugängen zu sowjetischen Marinebasen, wie zum Beispiel nach Kronstadt in der Ostsee oder zum Kola-Inlet, ablegen konnte. Die atomare Waffe beruhte auf der Nutzlast für die Flugzeuge der RAF: der 4536 kg schweren 20-kT-Bombe Mk.1 »Blue Danube« (Blaue Donau). Doch bereits ein Jahr später wurde sie durch die kleinere 907 kg schwere »Red Beard« (Rotbart) ersetzt. Diese Atomwaffe erhielt den faszinierenden Namen »Cudgel« (Keule) und konnte in Tiefen bis zu 90 m abgelegt werden. Der Zeitschalter gestattete Einstellungen in 30-Minuten-Intervallen von 30 Minuten bis zu 12 Stunden oder in 12-Stunden-Intervallen von 12 Stunden bis zu 7 Tagen nach dem Ablegen. Eine kleine Atomwaffe, die im Kola-Inlet detonierte, konnte die gesamte Marinebasis zerstören. Ein derartiger Angriff war eine attraktive Form der U-Abwehrkriegsführung – ein sogenannter »Angriff an der Quelle«. Diese Alternative fand insbesondere angesichts der Tatsache Anklang, daß eine gesamte neue Generation sowjetischer Unterseeboote, wie die »Whiskey«-Klasse, auf dem deutschen Kriegsentwurf »Typ XXI« beruhte. Von ihnen ging die Gefahr aus, die konventionelleren Formen der U-Abwehrkriegsführung unwirksam zu machen. Schließlich erwies sich das »Cudgel«-Projekt infolge der Knappheit an spaltbarem Material als undurchführbar und irgendwann zwischen Ende 1955 und Ende 1956 wurde es annulliert. Als Waffensystem war es ein sinnreiches Konzept, jedoch eines, daß durch die Entwicklung der von U-Schiffen gestarteten ballistischen Flugkörper verdrängt wurde. Dieses neue Waffensystem bot die Möglichkeit zu massiver Zerstörung, ohne hierbei eigene Streitkräfte aufs Spiel zu setzen.

Der größte Teil der Aktivitäten von Kleinunterseebooten der *X 51*-Klasse unterliegt noch immer nach den Vorschriften des »Official Secrets Act« der Geheimhaltung. Doch es gibt eine Reihe von Hinweisen[2] auf eine 1955 durchgeführte Operation, als ein »X-Craft« an dem Versuch beteiligt war, den Durchmesser der Propeller des neuen sowjetischen Schweren Kreuzers ORDŻONIKIDZE zu vermessen. Ihr Entwurf war für den geheimen Marinenachrichtendienst von außerordentlichem Interesse; denn die auf diese Weise erlangte Information konnte zum

Identifizieren von Zielen durch das neu auf dem Meeresboden fest verlegte Sonar-Überwachungssystem (SOSUS: Sound Surveillance System) zur Ortung von U-Booten und Schiffen Verwendung finden.[2a] Die Einzelheiten dieser ungewöhnlichen Operation sind noch von Geheimhaltung umgeben, aber zumindest ein »X-Craft« wurde nach Kronstadt entsandt, um einen Taucher zur Vermessung der Propeller des Kreuzers auszusetzen. Der Taucher stellte jedoch eine zu starke Hafenverteidigung fest, um einzudringen, und die Operation endete erfolglos. Ein Jahr später verschwand Commander »Buster« Crabbe bei einem erneuten Versuch, als die ORDŽONIKIDSE anläßlich des Besuches von Nikita Chruschtschow in Großbritannien im Hafen von Portsmouth lag. Ein Kommandant eines Kleinunterseebootes der X 51-Klasse schrieb erläuternd zu diesem Gerücht:

»Ein X-Boot durch den engen (und flachen) Zugang zur Ostsee heimlich nach Kronstadt zu bringen (d.h. im Schlepp), wäre heikel gewesen, um es gelinde auszudrücken. Außerdem hätte der Schleppvorgang außerordentlich lange gedauert. Die Risiken einer sehr, sehr zweifelhaften Operation im Friedenszustand des Kalten Krieges wären meines Erachtens nicht hinnehmbar gewesen.«[3]

In Anbetracht des Propagandaerfolges, dessen sich die Sowjets erfreuten, als ihnen Gary Powers und die Reste seines »U-2«-Spionageflugzeuges in die Hände fielen, hätte das Erbeuten eines X-Bootes unvorstellbare politische Auswirkungen gehabt. Eine Gelegenheit für die Boote der X 51-Klasse, um am Kampfgeschehen teilzunehmen, wäre die Suez-Krise 1956 gewesen, als der Vorschlag gemacht wurde, X-Boote sollten zur Zerstörung der Blockschiffe eingesetzt werden, mit denen Oberst Nasser den Kanal hatte sperren lassen. Die damalige Regierung weigerte sich jedoch, die Teilnahme von X-Booten am Suez-Feldzug zu billigen, und zwar mit der Begründung, dies hätte »zu sehr nach wirklichem Krieg« ausgesehen[4] – eine seltsame Beurteilung angesichts der militärischen Stärke, die Großbritannien und Frankreich damals einsetzten.

1958 wurde die britische X-Booteinheit aufgelöst. Zyniker gaben zu verstehen, der Befehlshaber der Unterseeboote (Flagg Officer Submarines) hätte den Befehl erhalten, die U-Bootwaffe um vier Boote zu verkleinern, und das Streichen der vier X 51-Einheiten wäre der leichteste Weg gewesen, dem nachzukommen. In Wirklichkeit ist der Vorgang komplizierter: X-Boote gingen bei ihrer friedensmäßigen Ausbildung beträchtliche Risiken ein, die die U-Bootführung mit Schrecken erfüllten. Der Kommandant eines X-Bootes erläuterte hierzu:

»Es mag noch einen weiteren Grund für ihr plötzliches Verschwinden gegeben haben. Die Übungen von Kleinunterseebooten und ihre Bewertungen neigten dazu, ziemlich unangenehm zu sein – glücklicherweise nur unangenehm, aber nichtsdestoweniger unangehm. Die Art der Ausbildung, die zwangsläufig unternommen werden mußte, um in Friedenszeiten eine realistische kriegsmäßige Leistungsfähigkeit aufrechtzuerhalten, war dazu angetan, jene Publizität auf sich zu ziehen, die mit der Öffentlichkeitsarbeit befaßte Marineoffiziere stets versuchten zu vermeiden.«[5]

Damals waren die Führungspositionen der Royal Navy weitgehend mit Offizieren besetzt, die in den letzten Kriegstagen in Flugzeugträgerkampfgruppen der britischen Pazifikflotte gedient hatten. Sie waren von dem vergeblichen und schrecklich kostspieligen Versuch besessen, Flugzeugträger zu bauen und zu unterhalten, um mit Großbritanniens Verbündetem jenseits des Atlantiks Schritt zu halten. Diese Handlungsweise konnte sich das Land nicht leisten und 1966 traf schließlich die Labour-Regierung die mutige Entscheidung, das Flugzeugträger-

Programm zu annullieren. In der Zwischenzeit waren vier nützliche und außerordentlich leistungsfähige Einheiten aus der Flottenliste der Royal Navy gestrichen worden.[6] Das Verschrotten dieser vier Boote der *X 51*-Klasse ging ziemlich unbemerkt vor sich und die Zeit der Kleinunterseeboote in der Royal Navy war vorüber. Dennoch gab es einen Überlebenden: *X 51*; die STICKLEBACK wurde an Schweden verkauft und in SPIGGEN umbenannt. Unter schwedischer Flagge spielte sie die Rolle eines »loyalen Gegners« zu einem Zeitpunkt, als sich die Schweden mit dem sowjetischen Eindringen in ihre Gewässer befassen mußten. Das Boot wurde 1970 aus der Flottenliste gestrichen und kehrte 1977 nach Großbritannien zur Konservierung und Ausstellung zurück.

Nach dem Kriege war auch Frankreich in kleinerem Umfange im Bereich der Kleinunterseeboote beteiligt. Die französische Marine hatte bei Kriegsende vier »Seehunde« übernommen, die bis 1955 in Dienst blieben. Es ist zweifelhaft, ob die Franzosen ernsthaft an Kleinunterseebooten interessiert waren; wahrscheinlicher ist es, daß sie die vier Boote als eine sichtbare Mahnung betrachteten, daß Frankreich aus dem Zweiten Weltkrieg auf der Seite der Sieger hervorgegangen war.

Auf der anderen Seite des Atlantiks zeigte die US-Marine erst in den 50er Jahren Interesse an Kleinunterseebooten. Im Zweiten Weltkrieg hatten sich die Amerikaner zwar kurz für die britischen »Chariots« und X-Boote interessiert, selbst aber nichts auf diesem Gebiet unternommen. Die von Natur aus konservative Haltung der amerikanischen Marine ist einer der Gründe, warum den Kleinunterseebooten keine größere Aufmerksamkeit zuteil wurde. Doch ein weit wichtigerer Grund ist die Tatsache, daß die Amerikaner keinen Bedarf an derartigen Fahrzeugen hatten. Die gewaltige Materialüberlegenheit, welche die Vereinigten Staaten gegenüber Japan besaßen, bedeutete, daß das Land nicht auf verdeckt einzusetzende Waffen zurückgreifen mußte, um seine Ziele zu erreichen.

Es war ein von außen kommender Ansporn, nämlich die im Kalten Krieg von der sowjetischen Marine ausgehende Bedrohung, die die Amerikaner in die Entwicklung des Kleinunterseebootes trieb. Hierbei ist ebenfalls die Tatsache von Bedeutung, daß in den Vereinigten Staaten der Nachkriegszeit die Marine vom Heer die Hafenverteidigung übernahm. Die Sowjets hatten eine Anzahl deutscher und italienischer Boote erbeutet und waren vermutlich auch durch ruchlosere Methoden hinsichtlich der britischen Entwicklungen auf dem laufenden. 1949 gab es zuverlässige Berichte, daß die sowjetische Marine regelmäßig Kleinunterseeboote bei Flottenübungen verwendete. Diese Entwicklungen verursachten im Westen einige Besorgnis. Über die Vision einer Horde von sowjetischen Kleinunterseebooten, die die US-Flotte in ihren Stützpunkten angriff oder die Geleitzughäfen auf beiden Seiten des Atlantiks verminte, wollten die westlichen Planungsfachleute nicht nachdenken. Außerdem fügte die Entwicklung von Nuklearwaffen diesem Szenario eine unerfreuliche Dimension hinzu. Um vor einer derartigen Gefahr auf der Hut zu sein, baute die Royal Navy die Küstenverteidigungsboote der »Ford«-Klasse, ausgestattet mit einer sehr starken U-Abwehrbewaffnung und Sonarausrüstung.

Daher brauchte die US-Marine aus zweierlei Gründen ein Kleinunterseeboot: erstens, um die Hafenverteidigung zu überprüfen und Methoden zu ihrer Verbesserung aufzuzeigen, und zweitens als Angriffswaffe. Kleinunterseeboote besaßen die Fähigkeiten, die sowjetischen Unterseeboote in ihren Stützpunkten wie Seweromorsk und Poljarnyj im Kola-Inlet anzugreifen. Im Frühjahr 1949 wurde auf Befehl von Rear-Admiral C.B. Momsen, des ACNO (Unterwasserkriegsführung), eine Arbeitsgruppe eingesetzt, um die Entwicklung eines Kleinunterseebootes zu untersuchen. Der erste amerikanische Vorschlag stammte von Commander R.H. Bass, USN, aus dem Stab von SUBLANT, der U-Bootführung Atlantik. Hierbei handelte es sich um ein Kleinunterseeboot, das billig und in ausreichender Stückzahl gebaut werden konnte, um eine Sperre an einer geeigneten Engstelle, einem »Chock Point«, zu errichten, wie zum Beispiel der GIUK-Enge zwischen Grönland, Island und Großbritannien. Das Boot könnte als »Jagd«-Typ eingesetzt werden, d.h. es konnte ein sowjetisches Unterseeboot beim Passieren der Sperre verfolgen, oder es könnte als »Hinterhalt«-Typ fungieren, d.h. geräuschlos auf der Lauer liegen. Nach langen Diskussionen einschließlich einer Erläuterung durch den »Vater« des X-Bootes, Commander »Crom« Varley, RN, ergaben die amerikanischen Anforderungen zwei verschiedene Bootstypen. Der erste Typ sollte ein »Angriffs«-Klein-U-Boot sein, ähnlich dem von Commander Bass vorgeschlagenen, und der zweite Typ sollte für das Eindringen in Häfen und mit UDT-Einrichtungen ausgerüstet entworfen werden. Sie erhielten die Bezeichnungen *Typ I* bzw. *Typ II*, wobei der erstere Entwurf Priorität erhielt. Vernünftigerweise lehnten die Amerikaner eine Weiterentwicklung von Entwürfen des bemannten Torpedos wie des unseligen »Neger« und ähnlicher Geräte ab.

Der *Typ I* sollte eine konventionelle diesel-elektrische Antriebsanlage erhalten, wenn auch mit einem sehr geräuscharmen Dieselmotor ausgestattet. Mit einer passiven Sonar-Anlage (Unterwasserhorchgerät) ausgerüstet und mit Torpedos vom Typ Mk.27 Mod.4 bewaffnet, wurde eine Seeausdauer von mindestens sieben Tagen und eine mögliche Tauchtiefe von mindestens 90 m erwartet. Der Marsch in den Einsatzraum und der Rückmarsch sollten mit einem Träger-U-Boot erfolgen. Dies alles entsprach herkömmlicher Praxis. Bass war jedoch versessen darauf, bei der Entwicklung seines Unterseebootes neue Techniken nutzbar zu machen. Zum selben Zeitpunkt, da der Entwurf für den *Typ I* erarbeitet wurde, experimentierte die US-Marine mit einer neuen Rumpfform für Unterseeboote, der »Tropfenform«, die zuerst für die USS ALBACORE entwickelt wurde.[6a] Es kam der Vorschlag, diese neue Form des Bootskörpers mit seinem geringen Widerstand auch für das neue Kleinunterseeboot zu nutzen. Bass war auch bestrebt, für den Bootskörper absorbierende Beschichtungen gegen Radar- und Sonarortung zu verwenden und die Benutzung eines Kreislauf-Antriebssystems für höhere Geschwindigkeit und tiefere Tauchfähigkeit zu untersuchen. Darüber hinaus stellte er sich neue Aufgaben für das Boot vor, insbesondere auf dem Gebiet der Flugkörperlenkung, entweder direkt oder durch Auslegen einer Radarbake. Er faßte sogar den Einsatz des Bootes für Rettungszwecke ins Auge, wenn ein Unterseeboot in sehr großer Tiefe in Schwierigkeiten geriet. Von allen Erwartungen, die Bass hegte, war es die letztere, die verwirklicht wurde; unbewußt hatte er das ersonnen, was schließlich als Tieftauchrettungsboot (DSRV) für havarierte Unterseeboote in Erscheinung treten sollte.

Am 29. Juli 1949 berichtete das Konstruktionsamt (BuShips: Bureau of Ships) im US-Marineministerium, daß der Entwurf brauchbar wäre und mit Sicherheit eine Neuerung darstellte. Einzelheiten der fertiggestellten Entwurfsskizze sind aus der beigefügten Tabelle zu ersehen (siehe Seite 220). Um den Bau durch Firmen zu erleichtern, die noch nie zuvor Unterseebootskontrakte erfüllt hatten, sollte der Bootskörper aus 9,5 mm dickem Hochfestigkeitsstahl in Sektionsbauweise gefertigt werden. Der Bootskörper enthielt eine einzige Bedienungszentrale und einen Ausstiegsschacht, der gleichzeitig zwei Mann aufnehmen konnte. Alle Treibstoff- und Tauchzellen befanden sich im Inneren des Druckkörpers. Einfachheit war der Grundgedanke des Entwurfs, um so viele handelsüblich verfügbare Bestandteile wie nur möglich zu nutzen, so daß das Fahrzeug in großen Stückzahlen gebaut werden konnte. Der Dieselmotor, die Batterien und die Hydraulikanlage waren sämtlich handelsüblich; der E-Motor war dies nicht, aber sein Entwurf war nicht spezieller Natur. Die Schnorchelanlage stammte aus einem vorhandenen Entwurf und wurde angepaßt. Die Sehrohre sollten jenen entsprechen, die im deutschen »Seehund« Verwendung gefunden hatten.[7]

Die Verwendung des tropfenförmigen Bootskörpers hätte bedeutet, daß der *Typ I* das erste amerikanische Unterseeboot gewesen wäre, das unter Wasser schneller als über Wasser war.

Technische Daten des US-Klein-U-Bootes *Typ I* (Entwurfsskizze)

Länge:	16,76 m
Breite:	3,05 m
Mittlerer Tiefgang:	2,59 m
Wasserverdrängung:	73 ts über, 84 ts unter Wasser
Antriebsanlage:	1 Dieselmotor 6-71 mit 180 PSe,
	1 E-Motor mit 110/125 WPS
Batterie:	Lkw-Modell mit 64 Zellen vom Typ MKH 33
Geschwindigkeit über Wasser:	7 kn (8,5 kn bei Schnorchelfahrt)
Geschwindigkeit unter Wasser:	14 kn bei 30 Minuten Fahrt
Fahrbereich über Wasser:	1900 sm bei 6 kn
Fahrbereich bei Schnorchelfahrt:	2000 sm bei 7 kn
Fahrbereich unter Wasser mit E-Motor:	100 sm bei 3 kn
Tauchtiefe:	Ca. 70 m
Besatzung:	3 Offiziere und Mannschaften

Die Form des Bootskörpers wurde später modifiziert, um zwei Torpedorohre unterzubringen. Wie beim japanischen »Ko-Hyoteki« mußten die Rohre von außen geladen werden. Über jedem der Rohre befand sich der WRT-Tank[8] in einer Position, so daß die Rohre nach dem Gesetz der Schwerkraft geflutet werden konnten. Der die Bewaffnung bildende Torpedo Mk.27 Mod.4 wäre gegen Ziele mit einer Geschwindigkeit zwischen 7 kn und 15 kn in Entfernungen bis zu 4100 m wirksam gewesen. Da es sich um einen zielsuchenden Torpedo handelte, entfiel die Erforderlichkeit eines komplizierten Feuerleitsystems im Unterseeboot und vereinfachte auf diese Weise den Gesamtentwurf. Der Hauptsensor sollte ein richtfähiges Niederfrequenz-Passivsonar sein, untergebracht in der stromlinienförmigen Turmverkleidung des Bootes. Beim »Führen durch Peilung« konnte das Fahrzeug dicht an der Zielpeilung manövrieren, anschließend einen Spurt mit hoher Geschwindigkeit einlegen, um die Entfernung zu verringern, und dann schießen. Eine einfache Weg-Zeit-Berechnung konnte sogar einen direkten Winkelschuß erlauben. Die Ausmaße des Bootes waren zu groß, um es auf einem Träger-U-Boot mitzuführen, wie dies Bass vorgeschlagen hatte. Statt dessen folgten die Amerikaner der britischen Praxis, das Kleinunterseeboot in den Einsatzraum zu schleppen, und für jedes Boot zwei Besatzungen zu verwenden: eine Überführungs- und eine Einsatzbesatzung. Es wurde angenommen, daß die Einsatzbesatzung zehn Tage auf Feindfahrt zubringen konnte, ehe sie abgelöst wurde. Die oben erwähnte Arbeitsgruppe empfahl, in das Neubauprogramm des Haushaltsjahres 1952 vier derartige Boote aufzunehmen, und im November 1949 schlug BuShips vor, sechs Einheiten (zusammen mit sechs weiteren des *Typs II*) mit 5,6 Millionen Dollar Gesamtkosten zu bauen. Die formellen Anforderungen für den *Typ I* wurden im Februar 1950 ausgegeben, aber bereits im April wurde der *Typ I* annulliert.

Der *Typ I* war ein innovativer, beinahe aufregender Entwurf. Die Vorstellung, einen Schwarm dieser Boote in einer Engstelle (Chock Point) loszulassen, ist sicherlich eines der interessanteren »Was wäre, wenn ?«-Szenarien der modernen Marinegeschichte. Obwohl dieses Fahrzeug technisch solide war, muß jedoch erwähnt werden, daß die Bedingungen für eine aus drei Mann bestehende Besatzung außerordentlich hart gewesen wären. Schon bei den britischen X-Booten waren die Bedingungen abscheulich gewesen, und diese Boote waren nur zu verhältnismäßig kurzen Unternehmungen eingesetzt worden. Eine zehn Tage dauernde Feindfahrt in einigen der härtesten Umgebungen der Welt, wie zum Beispiel der GIUK-Enge, hätte die Ausdauer der Besatzung bis an die Grenzen beansprucht. Nach nur wenigen Tagen hätte sich die einsatzmäßige Leistungsfähigkeit mit Sicherheit verringert.

Die Annullierung des *Typs I* beließ nur den *Typ II* im Programm. Dieser war kleiner als der *Typ I* und lehnte sich enger an das Konzept des britischen »X-Craft« an. Der *Typ II* bedurfte der komplizierten Sensoren nicht, wie sie beim *Typ I* vorgesehen waren. Die Ausrüstung mit lediglich einem Sonar, vergleichbar dem des »X-Craft«, reichte aus, um gegnerische Schiffe zu orten und ihnen auszuweichen. Dieser Entwurf erschien im Bauprogramm des Etats FY52 unter der Bezeichnung »SCB 65« und erhielt die Kennung *X 1*. Der ursprüngliche Entwurf forderte einen standardmäßigen diesel-elektrischen Antrieb in einem Boot, das geringfügig kleiner und etwas langsamer als das britische »X-Craft« war. Als der Entwurf nahezu fertiggestellt war, übergab BuShips den Entwurfsauftrag an die Fairchild-Motorenabteilung der Fairchild Airplane and Engine Corporation, Long Island/New York, um eine Alternative zu entwickeln.

Fairchild schlug einen Entwurf unter Verwendung eines Zweikreis-Dieselmotors vor, der bei Überwasserfahrt normal funktionieren, aber bei Tauchfahrt eine Mischung aus Dieselkraftstoff und Wasserstoffsuperoxyd verbrennen würde. Ein kleiner Motorgenerator und eine Batterie sollten den elektrischen Strom für den Bootsbetrieb sowie für die Bootssteuerung bei Unterwasser-Schleppfahrt liefern. Fairchild unterbreitete seinen Vorschlag im Oktober 1952. Im Vergleich zum ursprünglichen BuShips-Entwurf bot das Fairchild-Fahrzeug eine höhere Unterwassergeschwindigkeit und eine größere Seeausdauer bei Tauchfahrt. Schließlich fiel die Entscheidung zugunsten des Fairchild-Entwurfs.

Die *X 1* wurde am 8. Juni 1954 in Oyster Bay, Long Island, auf Kiel gelegt und lief am 7. September 1955 vom Stapel. Am 7. Oktober 1955 übernahm die US-Marine das Boot vorläufig. Zu den technischen Daten des *X 1*-Entwurfs siehe die auf Seite 222). beigefügte Tabelle.[9] Von der Bauweise her bestand der Bootskörper hauptsächlich aus drei Sektionen: Bug, Mittelteil und Schwanzstück. Die Bugsektion umfaßte den Bootskörper bis Spant 7 und enthielt die vordere Trimmzelle, die Haupttauchzelle, die Ausklinkvorrichtung für die Schlepptrosse und den Vorratstank für das Wasserstoffsuperoxyd. Die sich von Spant 7 bis Spant 28 erstreckende Mittelsektion beherbergte die Zentrale sowie in einer Kapsel dahinter die Antriebsanlage. Im achteren Teil der Zentrale befanden sich zwei Sitze für die Bedienung des Bootes mit dem Instrumentenbrett für die Antriebsanlage auf der Backbordseite und dem für die Bootssteuerung auf der Steuerbordseite. Die Steuerung für Tiefen- und Seitenruder war zweifach vorhanden, so daß die *X 1* von jedem der beiden Sitze aus gesteuert werden konnte. Die Mittelsektion enthielt außerdem noch die Tauchzelle 2, die gleichzeitig als Ein- und Ausstiegskammer diente. Achteraus der Zentrale befand sich die Kapsel mit der Antriebsanlage, aufgehängt an vier freitragenden Doppelträgern, direkt vor dem achteren Bolzenring. Nahezu die gesamte Maschinenanlage des Bootes war in dieser Kapsel zusammengefaßt, ausgenommen die Batterie, das Lüftungssystem, das Vorrats- und Abgabesystem für Wasserstoffsuperoxyd sowie das Dieselkraftstoffsystem.

Das Schwanzstück enthielt die Hauptwelle mit dem Propeller, die achtere Trimmzelle, die Haupttauchzelle 3 und die achteren Tiefenruder. Zwischen Bug- und Mittelsektion eingefügt, befand sich in einer zusätzlichen Sektion von 1,22 m die 771 kg schwere Mine XT-20A, ausgestattet entweder mit einer Magnetzündung oder mit einem Zeitzünder. Die Mine ruhte auf Tragstützen über einer Luke im Boden des Fahrzeuges. Die Tragarme waren mit dem Öffnungsmechanismus der Luke verbunden, so daß sich beim Öffnen der Luke die Arme zur Seite drehten und die Mine frei herausfallen konnte. Das Mitführen der Mine im Bootsinneren war gegenüber dem britischen System mit den außen angebrachten Sprengladungen ein großer

221

Entwurfsmerkmale des Klein-U-Bootes *X 1* der US-Marine

Länge über alles:	15,11 m (plus Minensektion von 1,22 m)
Breite:	2,13 m maximal
Tiefgang vorn:	1,75 m
Tiefgang achtern:	2,06 m
Wasserverdrängung (trocken):	26,3 ts
Verdrängung über Wasser (Tauchtrimm):	31,5 ts
Verdrängung unter Wasser:	36,3 ts
Bewaffnung:	771-kg-Sprengladung XT-20A
Besatzung:	4 Mann

Vorteil. Ein Vollaufen der Sprengladungen, wie dies bei *X 8* während der Operation »Source« der Fall gewesen war, konnte nicht eintreten. Die X-Bezeichnung für das amerikanische Kleinunterseeboot wies jedoch darauf hin, daß es sich nur um ein Versuchsfahrzeug handelte. Es gibt weder über das H_2O_2-Abgabesystem noch über durchgeführte Erprobungen mit einer Waffenattrappe Aufzeichnungen.

Kaum war die *X 1* fertiggestellt worden, da wurde sie bereits wieder in den Zustand beschränkter Verfügbarkeit zur Beseitigung von Mängeln versetzt, die das Board of Inspection and Survey (Amt für Inspektion und Bauaufsicht) herausgefunden hatte. Diese Zeitspanne erstreckte sich vom 24. Mai 1956 bis zum 2. Dezember 1957. Danach wurde das Kleinunterseeboot »Außer Dienst! – In Reserve!« gestellt. Die Probleme drehten sich hauptsächlich um die Antriebsanlage.[10] Richard Boyle, der verantwortliche Sachbearbeiter für die *X 1*, schrieb später:

> »Ich verbrachte viel Zeit damit, mir Gedanken über eine Kurbelgehäuse-Explosion und das weggerissene Vorderteil zu machen. Die Kupplung arbeitete so unzuverlässig, daß wir nicht sicher waren, ob wir nicht eine Verstärkungsschelle anbringen sollten, um eine feste Verbindung zu erhalten. Die Abgas-Kompressoren und die Wasserstoffsuperoxyd-Pumpe waren mangelhaft entworfen.«[11]

Als die *X 1* in der Marinewerft Portsmouth, New Hampshire, längsseits lag, wurde durch eine Explosion die Bugsektion auf eine Länge von etwa 4,5 m weggerissen und sank, während sich der restliche Bootskörper über Wasser hielt.

Dieser Vorgang markierte das Ende des Wasserstoffsuperoxyd-Dieselantriebs in der US-Marine. Wie Richard Boyle später bemerkte: »Hoch konzentriertes Wasserstoffsuperoxyd hat auf einem Kampfschiff nichts zu suchen.«[12] *X 1* wurde später auf eine standardmäßige dieselelektrische Antriebsanlage umgerüstet und fand als Versuchsboot zur Unterstützung von verschiedenen Forschungs- und Entwicklungsprojekten Verwendung. Als Kampfboot war von ihm nie wieder die Rede und mit seiner Ausmusterung ging auch das amerikanische Kleinunterseeboot-Programm dahin. Sogar noch vor der Explosion war die Begeisterung in der US-Marine für Kleinunterseeboote bereits abgeklungen; das Erscheinen des Unterseebootes mit Nuklearantrieb und seinen fast unbegrenzten Einsatzfähigkeiten war für die amerikanische U-Bootwaffe weitaus attraktiver.

In den 60er Jahren gab es ein plötzlich aufflammendes Interesse für den Entwurf und die Erprobung der MORAY – im Grunde ein bemannter Torpedo –, das nur kurze Zeit anhielt. Ein

Gerät mit der Bezeichnung «TV-1A» wurde gebaut, aber danach wurde die Idee wieder fallengelassen. Es stellte sich heraus, daß die MORAY nur ein Teil eines außerordentlich komplizierten Waffensystems war und beträchtliche Unterstützung von anderen Faktoren, insbesondere auf dem Gebiet der Zielerfassung, erfordern würde, um wirklich leistungsfähig zu sein. Im wesentlichen war die MORAY kaum mehr als eine bemannte und kostspieligere Version des Torpedos Mk.48, der gerade der Front zugelaufen war, und als solcher im Vergleich zum »unbemannten« Modell ungünstig abschnitt.

Auf dem Gebiet der Kleinunterseeboote ist die Sowjetunion die aktivste Seemacht gewesen. 1945 kamen die Sowjets in den Besitz einer Unmenge erbeuteten deutschen und italienischen Materials sowie entsprechender technischer Unterlagen, die durch Informationen aus Großbritannien und den Vereinigten Staaten, erlangt auf geheimdienstlichem Wege, ergänzt werden mußten. Hinsichtlich der Entwicklung und der Typen sowjetischer Kleinunterseeboote ist fast nichts bekannt – mit Ausnahme der Tatsache, daß Anfang der 90er Jahre verläßliche Schätzungen die Anzahl derartiger, im Dienst befindlicher Fahrzeuge mit rund 200 Einheiten angaben. Einer der besten Wege nach vorn zu blicken, besteht darin, sich der Erfahrungen in der Vergangenheit zu erinnern und zu sehen, welche Lehren gezogen werden können. Die sowjetischen bzw. die russischen Militärs sind beharrliche Studenten der Geschichte, und sie haben mit Sicherheit die Entwicklung und die Operationen der Kleinunterseeboote im Zweiten Weltkrieg studiert. Daher ist es sehr wahrscheinlich, daß alles, was die Sowjets unternommen haben und die Russen heute unternehmen, bereits zuvor ausgeführt worden ist. Die gegenwärtigen sowjetisch/russischen Entwürfe dürften auf dem erfolgreichsten Kleinunterseeboot des Krieges beruhen: dem britischen »X-Craft«.[13] Ein solches Fahrzeug hätte die Fähigkeit, Sprengladungen unter seine Ziele zu legen. Es wäre auch eine Tauchkammer vorhanden, um einem Taucher oder Kampfschwimmern zu gestatten, aus dem Kleinunterseeboot auszusteigen und wieder zurückzukehren. Ein neueres Fahrzeug kann jedoch durchaus mit einem Roboterarm ausgerüstet sein, um die ermüdenderen Arbeiten zu erledigen, die üblicherweise von einem Taucher ausgeführt werden. Das Antriebssystem dürfte mit einer an Sicherheit grenzenden Wahrscheinlichkeit aus einer der gegenwärtigen Entwicklungen einer luftunabhängigen Antriebsanlage wie dem Stirlingmotor[13a] bestehen oder sogar nuklearer Art sein. Mit Sicherheit hatte die sowjetisch/russische Seite die Idee, einen Minireaktor zu entwerfen, und auch die Skrupellosigkeit, ein auf diese Weise angetriebenes Boot in See zu schicken. Elektronische Entwicklungen, sorgfältig und eifrig im Westen beschafft, würden eine umfassende Ausrüstung mit Sensoren und Fernmeldesystemen ermöglichen. Die Außenhaut des Bootskörpers dürfte mit schallabsorbierenden Fliesen beschichtet sein, um die Wirksamkeit des gegnerischen Sonars zu verringern.

Vorhandene Beweise deuten auf das Vorhandensein eines weiteren Typs eines sowjetisch/russischen Kleinunterseebootes hin. Verdächtige Raupenspuren in schwedischen, amerikanischen, brasilianischen, britischen und japanischen Küstengewässern lassen erkennen, daß die sowjetische bzw. russische Marine im Besitz eines Fahrzeuges sein dürfte, das dem deutschen »Seeteufel« gleicht und ebenfalls einen kombinierten Raupen/Propellerantrieb aufweist. Eine Reihe von Fällen jüngsten Eindringens in die Hoheitsgewässer seines Landes kommentierend, erklärte ein schwedischer Offizier:

> »Wir fanden zum Beispiel in diesem Sommer frische Bodenspuren in den östlichen Küstengewässern inmitten einer exponierten militärischen Anlage. Die Russen wollen uns glauben machen, daß wir hier gigantische prähistorische Hundertfüßer hätten, aber sie verursachen eigentümliche Geräusche, die mit den Geräuschmustern sowjetischer Unterseeboote in unseren Archiven übereinstimmen.«[14]

Bemannte Torpedos und Klein-U-Boote im Einsatz

Als Mittel zur Beförderung und zum Aussetzen besitzt die Sowjetunion bzw. Rußland eine riesige Handelsflotte, die nicht nur unter ziviler Aufsicht steht, sondern sich auch unter der Kontrolle der Marine befindet. Die Annahme ist mehr als berechtigt, daß die Sowjets eine moderne OLTERRA-Version schufen, ausgestattet mit Luken unter der Wasserlinie für das Aussetzen und Wiederaufnehmen von Kleinunterseebooten. Es ist oft festgestellt worden, daß einige sowjetische Handelsschiffe anscheinend Laderäume haben, die sich weit unterhalb des Tiefganges befinden, der auf den Tiefgangsmarken angegeben ist. Einige sowjetische Kapitäne zogen es vor, selbst in Tiefwasser-Fahrrinnen aufzulaufen, obwohl der angegebene Tiefgang ihrer Schiffe es ihnen erlaubt hätte, ein flacheres Fahrwasser zu benutzen. Daher sollte die Vermutung als berechtigt angesehen werden, daß jedes russische Handelsschiff, das sich vor einem neuralgischen Seegebiet – wie zum Beispiel vor dem Clyde, der Ile de Longue oder King's Bay/Georgia (alles SSBN-Stützpunkte) – herumtreibt, dies »mit Absicht« unternehmen könnte. Die sowjetische Marine entwickelte ebenfalls die beiden Rettungs-U-Schiffe der »India«-Klasse.[14a] Diese U-Schiffe, je eines bei der Nordflotte und bei der Pazifikflotte stationiert, besitzen auf einer erhöhten Plattform achteraus des Turms Mulden, um in ihnen halbversenkt zwei DSRV's des »Projektes 1837« bzw. des »Projektes 1837K« mitzuführen. Die Russen haben zwölf dieser 35 ts großen Fahrzeuge (*APS 5, APS 11* und *APS 18 – APS 27*), die imstande sind, bis zu 2000 m Tiefe zu tauchen, und elf Mann an Bord unterbringen können. Offiziell dienen diese U-Schiffe zu Bergungs- und Rettungseinsätzen, aber die Möglichkeiten zu militärischen Operationen sind offensichtlich.

Wahrscheinliche Ziele für russische Kleinunterseeboote könnten Marinewerften, vor allem auch strategische SSBN-Stützpunkte, strategische Fernmeldezentren sowie das Einschleusen und Wiederaufnehmen von Agenten sein. Die Geräuschlosigkeit moderner Atomunterseeboote führt dazu, daß sie in See kaum zu orten sind. Daher bestünde die wahrscheinlich beste Möglichkeit für einen Angriff dann, wenn sie sich längsseits eines Depotschiffes oder einer Pier befänden. Hierbei könnten russische Kleinunterseeboote einen verheerenden Beitrag leisten. Wahrscheinlich wäre auch eine Zusammenarbeit mit »Osnaz«-Fernmeldefachleuten, um die auf dem Meeresgrund verlegten Fernmeldeleitungen bzw. -kabel der SOSUS-Sensorenketten anzuzapfen, zu schneiden oder in sie falsche Daten einzugeben. Die Möglichkeiten für einen Einsatz sind unendlich.

Der Zerfall der UdSSR und das neu geschaffene Rußland bedeuten nicht, daß die Russen die Errungenschaften auf diesem Gebiet aufgeben werden. Historisch gesehen, gehören sie zu den Pionieren in der Entwicklung des Unterseebootes; daher bedeutet ihr Interesse auf diesem Gebiet lediglich die Fortsetzung einer langen Tradition. Der Besitz von Kleinunterseebooten hilft der russischen Regierung, der Sammlung zahlreicher nachrichtendienstlicher Daten nachzukommen. Es gibt keinen Grund zur Annahme, daß die Unterwasser-Angriffseinheiten abgeschafft werden, weil sich die ehemaligen sowjetischen Streitkräfte zahlenmäßig verringern. Im Gegenteil, jedes Bestreben der russischen Marine, Qualität über Quantität zu stellen, dient voraussichtlich dazu, ihre Position zu erhalten und sogar zu verbessern.

Anfang 1991 lüftete der Kapitän 3. Ranges[14b] A.S. Šahov den Vorhang, der die sowjetischen Entwicklungen auf diesem Gebiet umgab, indem er enthüllte, daß die Marine 1986 zwei Kleinunterseeboote unter der Bezeichnung »Projekt 865« bei der Admiralitätswerft in Leningrad (heute St. Petersburg) in Auftrag gegeben hatte. An technischen Daten wurde bekannt: Wasserverdrängung 219 ts, Länge 28 m, Breite 4 m, Fahrbereich ca. 1000 km, Seeausdauer zehn Tage und eine Höchstgeschwindigkeit von 6 kn. Außerdem könnte ein solches Boot zwei 530-mm-Torpedos mitführen und drei Taucher an Bord nehmen. Die Fertigstellung der Boote erfolgte Ende 1988; sie wiesen aber zahlreiche Probleme auf. Inbesondere könnten die Boote den Trimmzustand nicht aufrechterhalten, während die Taucher die Ein- und Ausstiegskammer benutzten. Auch die elektrische Anlage und das Druckluftsystem entsprächen nicht den Erfordernissen der Boote. Šahov meldete seinen Protest an, daß die Fahrzeuge nicht einsatzbereit wären, wurde aber von jenen überstimmt, die darauf bestanden, die Boote am 31. Dezember 1988 in Dienst zu stellen. Im Anschluß daran beschäftigten sich mit ihnen zwei Untersuchungskommissionen, da die Gesamtausgaben für das Projekt von 1982 bis 1990 über 40 Millionen Rubel betrugen. Schließlich verkündete am 5. September 1990 Vizeadmiral A. Kuzmin, Chef des Stabes und Chef der Gefechtsausbildung, daß diese Kleinunterseeboote nicht in Dienst gestellt werden sollten. Zum selben Zeitpunkt unternahmen die russischen Marinebehörden einen ungewöhnlichen Schritt, indem sie bekanntgaben, daß die Gliederung der Ostseeflotte niemals Kleinunterseeboote noch tauchfähige Raupenfahrzeuge umfaßt hätte. Diese wortkarge Erklärung erstreckte sich jedoch nicht auf Fahrzeuge, die zum früheren KGB oder zu den »Spetznaz«-Einheiten gehörten.

Der Zeitraum nach dem Zweiten Weltkrieg hat eine Ausbreitung der Kleinunterseeboote gebracht: Jugoslawien, Kroatien, Kolumbien, Libyen, Schweden, Nordkorea, Taiwan, Iran und Pakistan besitzen derartige Boote und halten sie im aktiven Dienst. Italien ist ein Haupthersteller von Kleinunterseebooten, obwohl die Flottenliste der italienischen Marine keine Boote dieser Art ausweist. Die Italiener haben Kleinunterseeboote an Kolumbien und Pakistan geliefert, und es wird auch angenommen, daß sie einige Boote nach Nordkorea exportiert haben. Die italienische Erfindungsgabe auf diesem Gebiet resultierte im Hervorbringen einer Reihe von interessanten Entwürfen. Maritalia S.P.A. fertigte ein Sortiment aus drei außerordentlich modernen Kleinunterseebootstypen von 80, 100 und 120 ts Wasserverdrängung. Diese Fahrzeuge haben einen »tropfenförmigen« Bootskörper mit einem einzelnen Propeller am Heck und besitzen Tiefenruder, die an einem kleinen Kommandoturm angebracht sind. Die ringförmige Stauraum-Konstruktion und eine schallabsorbierende Beschichtung verringern wirksam die Geräuschausbreitung. Die Automatisierung stellt sicher, daß ein einziger Mann das Boot bedienen kann, aber bis zu 16 Mann können an Bord genommen werden. Diese Fahrzeuge haben zwei einzigartige Eigenschaften: Erstens besitzen sie ein luftunabhängiges Antriebssystem mit gasförmigem Sauerstoff, gespeichert in einem ringförmigen Druckkörper, für einen anaërobischen Dieselmotor. Dieses System verleiht bei Tauchfahrt – ohne Schnorchelbenutzung – eine Seeausdauer von 14 Tagen. Das zweite einzigartige Charakteristikum des Entwurfs ist die Vielfalt an Waffen, die mitgeführt werden können. An Optionen ergibt sich die folgende Bandbreite:

- vier Leichtgewichtstorpedos;
- zwei Schwergewichtstorpedos;
- zwölf 150-kg-Grundminen in den Torpedorohren;
- zwei Minenverteiler für das Legen von insgesamt zwanzig 600-kg-Grundminen;
- zwei SDV's mit je einer 600-kg-Sprengladung;
- zwei SDV's mit je einer 300-kg-Sprengladung und vier Haftminen;
- zwei MDV's mit insgesamt zehn 600-kg-Grundminen;
- zwei CDV's für je 16 Mann Kommandotruppen;
- zwei 7,62-mm-Maschinengewehre in einziehbaren, druckfesten Lafetten oder
- ein 20-mm-Geschütz in einziehbarer, druckfester Lafette.

Durch die Vielfalt in der Waffenausrüstung wird das Maritalia-Kleinunterseeboot in den Einsatzmöglichkeiten außerordentlich vielseitig und wirkungsvoll.

Auch Großbritannien hat den Versuch unternommen, in das Exportgeschäft für Kleinunterseeboote einzusteigen. Vickers fertigte einen Entwurf für ein Boot unter der Bezeichnung

»Piranha«, das zwei DSV's oder eine entsprechende Anzahl Minen mitführen konnte. Diesem attraktiven Fahrzeug gelang es jedoch nicht, das Interesse potentieller Käufer zu erwecken.

In den 70er Jahren kaufte Kolumbien vier 70 ts große Kleinunterseeboote des Typs SX 404 von der italienischen Firma Construzioni Motoscafi Sottomarini (Cosmos) in Livorno. Sie erhielten die Namen RONCADOR, INTREPIDO, QUITO SUEÑO und INDOMABLE. Mit einer Länge von 23 m können sie acht Taucher, zwei SDV's und 2 ts an Sprengladungen mitführen. RONCADOR und QUITO SUEÑO wurden 1981 aus der Flottenliste gestrichen, aber die beiden anderen sind noch im aktiven Dienst. Was die kolumbianische Regierung mit diesen Fahrzeugen eigentlich vorhatte, ist ungewiß; sie sollten aber vermutlich in einer der immer wieder aufflammenden Grenzstreitigkeiten eingesetzt werden, die ständig die politische Lage Lateinamerikas verwirren.

Auch Pakistan hat Kleinunterseeboote von Italien gekauft. Die drei pakistanischen Kleinunterseeboote sind vom Entwurf MG 100 und wurden in Pakistan in Lizenz unter der Aufsicht von Cosmos/Livorno gebaut. Sie stellen eine größere Version des Cosmos-Entwurfs SX 756 dar und ersetzten die 1972 erworbenen neun Boote vom Typ SX 404. Wahrscheinlich sind sie von allen weltweit im Dienst befindlichen Kleinunterseebooten die leistungsstärksten; sie führen eine gemischte Bewaffnung aus Torpedos und Minen mit und können ein Kontingent Kampfschwimmer an Bord nehmen. Die beiden Torpedos sind vom drahtgelenkten AEG-Typ SUT und mit einem 250-kg-Gefechtskopf ausgestattet. Sie besitzen eine aktive Zielsuchfähigkeit bis zu einer Entfernung von 12 km bei 35 kn sowie eine passive Zielsuchfähigkeit bis zu einer Entfernung von 28 km bei 23 kn. Die Besatzung besteht aus sechs Mann und an Bord des Kleinunterseebootes können acht Kampfschwimmer zusammen mit acht Haftminen vom Typ 414 und zwei SDV's vom Typ CF2 FX50 untergebracht werden.

Seit der Teilung 1947 sind Pakistan und Indien einander feindlich gesinnte Nachbarn und seitdem haben zwischen den beiden Ländern drei Kriege stattgefunden. Für den Ausbau ihrer Marinen haben die beiden Staaten inzwischen beträchtliche Mittel aufgewendet. Indien wählte hierfür ein zweigleisiges Vorgehen, indem es Kriegsmaterial in gleichen Mengen sowohl vom Westen als auch von der UdSSR kaufte, während das Land gleichzeitig die Basis einer einheimischen Rüstungsindustrie entwickelte. Hingegen verließ sich Pakistan ausschließlich auf das Kaufen und Überlassen vom Westen. Die Inder nehmen die von den pakistanischen Kleinunterseebooten ausgehende Bedrohung ernst. Ihre Hauptsorge gilt insbesondere drei Bereichen: dem Schutz ihrer beiden Flugzeugträger VIKRANT und VIRAAT gegen einen Präventivangriff, dem Schutz ihrer küstennahen Öl- und Erdgas-Einrichtungen sowie dem Schutz ihrer atomindustriellen Anlage bei Bhabha in der Nähe von Bombay.[15] Obwohl Indien und Pakistan ein Abkommen unterzeichnet haben, wonach beide Länder die nuklearen Anlagen des jeweiligen anderen Landes in einem Krieg in Ruhe lassen werden, gibt es keine Garantie, daß dieses Abkommen in einem wirklichen Konflikt beachtet werden würde. Die pakistanischen Kleinunterseeboote wären außerordentlich geeignet, für einen Präventivschlag gegen eine solche Anlage Froschmänner an Land zu setzen.

In der Nachkriegszeit ist das ehemalige Jugoslawien der Hauptexporteur von Kleinunterseebooten gewesen. Das Tito-Regime entwickelte eine am Export orientierte Waffenindustrie als ein Mittel, um Devisen zu erhalten. Die hauptsächlichen Kunden der Jugoslawen waren Länder, deren finanzielle oder politische Referenzen sie zur *Persona non grata* bei den Hauptlieferanten im Westen bzw. im Ostblock machten. Die Jugoslawen entwickelten drei verschiedene Typen: das Ein-Mann-SDV vom Typ R 1, das Zwei-Mann-SDV vom Typ R 2 der »Mala«-Klasse und das Kleinunterseeboot der UNA-Klasse.

Der Typ R 1 ist ein einsitziges Unterwasserfahrzeug für einen Froschmann, das zur Aufklärung und Erkundung unter Wasser sowie zur Überwachung von Minensperren eingesetzt werden kann. Es weist Einhüllenbauweise mit Tauchzellen an Bug und Heck auf und kann in einem standardmäßigen Torpedorohr transportiert werden. Sein Einsatz ist sowohl im Süßwasser als auch im Salzwasser mit einem spezifischen Gewicht von 1000 – 1030 t/m³ ohne Reserveauftrieb möglich. Das Fahrzeug kann bis zu einer Tiefe von 60 m tauchen und seine Antriebsanlage besteht aus einem E-Motor mit 1 kW und einer 24-V-Gleichstrom-Zink-Silber-Batterie. Sein Fahrbereich beträgt 6 sm bei 3 kn oder 8 sm bei 2,5 kn. Der Fahrer liegt mehr auf dem Fahrzeug, statt auf ihm wie beim italienischen »Maiale« der Kriegszeit zu reiten. Seine Ausrüstung umfaßt einen Kreisel- und Magnetkompaß, Sonar, Echolot, elektrische Uhr und andere Instrumente.

Der Typ R 2 der »Mala«-Klasse, ein spindelförmiges Fahrzeug mit zwei nebeneinander sitzenden Tauchern, ist für dieselbe Verwendung wie der Typ R 1 vorgesehen, führt aber zwei 50-kg-Haftminen mit. Der Bootskörper besteht aus einer Aluminiumlegierung, die gegen Korrosion durch Seewasser widerstandsfähig ist. Die Steuerung bei Tauchfahrt erfolgt durch vordere und achtere Tiefenruder und das Schwanzstück weist eine konventionelle Kreuzform mit einem Seitenruder achteraus des Drei-Blatt-Propellers auf. Das vordere Oberteil des Fahrzeuges besteht aus einem Plexiglas-Schutzschild. Der Bootskörper kann vollständig geflutet werden, ausgenommen die Zylinder mit der 24-V-Akkumulatorenbatterie, dem E-Motor mit 4,5 kW, den Navigationsinstrumenten und den Tauchzellen. Die Navigationsausrüstung ist in einem wasserdichten Gehäuse untergebracht und besteht aus einem Kreisel- und Magnetkompaß, Tiefenmesser, Echolot, Sonar und zwei Scheinwerfern. Das Fahrzeug kann an Oberdeck eines Unterseebootes oder als Deckslading auf jedem Schiff mit einem 25-ts-Kran mitgeführt werden. Boote der »Mala«-Klasse wurden an Schweden, die UdSSR und an Libyen verkauft. Die schwedische Marine verwendete sie bei der Ausbildung ihres U-Abwehrpersonals zur Gegnerdarstellung. Libyen kaufte sechs Einheiten dieses Typs, die bei seiner Marine noch im Dienst sind. Obwohl die libysche Marine kein Schiff besitzt, um ein Unterwasserfahrzeug der »Mala«-Klasse zu transportieren, spricht nichts gegen die Annahme, daß Schiffe der libyschen Handelsmarine[16] für ihren Transport umgebaut worden sein könnten.

Der dritte jugoslawische Fahrzeugtyp sind die 90 ts großen Kleinunterseeboote der UNA-Klasse. Sie sind in Einhüllen-Bauweise mit einem stählernen Druckkörper und einer verstärkten Polyester-Verkleidung gefertigt. Ihre Antriebsanlage besteht aus zwei Gleichstrom-E-Motoren sowie aus zwei Akkumulatorenbatterien mit je 129 Zellen. Zu ihrer umfassenden Elektronik- und Fernmeldeausrüstung gehören Kurzwellenempfänger, Funksprechgerät, Unterwassertelefon, Kreiselkompaß, elektromagnetisches Log, Echolot, aktives und passives Sonar der Fa. Atlas-Elektronik sowie ein einzelnes Sehrohr. Der Fahrbereich über Wasser beläuft sich auf 100 sm bei 6 kn, während der Fahrbereich bei Tauchfahrt 80 sm bei 8 kn oder 200 sm bei 4 kn beträgt.

Die normale Besatzungsstärke umfaßt sechs Mann; werden jedoch Taucher an Bord genommen, so kann die Besatzung auf vier Mann verringert werden, so daß sechs Taucher untergebracht werden können. Es ist eine Aus- und Einstiegskammer für einen Taucher vorhanden. In nach vorn zeigenden Rohren werden vier SDV's vom Typ R 1 mitgeführt, die auch für das Mitführen von akustischen bzw. Induktions-Grundminen genutzt werden können.[17] Für die jugoslawische Bundesmarine wurden sechs Einheiten der UNA-Klasse gebaut: TISA, UNA, SOCA, ZETA, KUPA und VARDAR. Die Indienststellungen erfolgten 1985 mit der ersten und 1989 mit der letzten Einheit. 1991 übernahm der neu geschaffene Staat Kroatien die SOCA. Seitdem wurde das Boot durch das Einfügen einer Mittelsektion mit Einbau eines Dieselgenerators beträchtlich modifiziert. Von der kroatischen Marine – *Hrvatska Ratna Mornarica* – wird gemeldet, daß sie ein 120 ts großes Kleinunterseeboot in Auftrag gegeben hätte, bewaffnet mit vier kurzen Torpedorohren und imstande, vier SDV's mitzuführen.

Auf der anderen Seite der Erde hat die Demokratische Volksrepublik Korea (Nordkorea) über 60 Kleinunterseeboote im aktiven Dienst. Nordkorea begann dieses Bauprogramm Anfang der 60er Jahre auf der Schiffswerft Yukdaeso-ri und seine Marine verfügt über mehr als nur einen Bootstyp, da die in den See-Erprobungen gewonnenen Erfahrungen sofort in das Fertigungsprogramm übernommen wurden. Nordkorea ist das letzte verstockte kommunistische Regime auf der Welt, und so stehen hinsichtlich der Typen und der Anzahl der im Dienst befindlichen Boote nur wenige Einzelheiten zur Verfügung.[17a] Die nordkoreanischen Kleinunterseeboote können eine gemischte Bewaffnung führen; einige haben Minen an Bord, während von anderen angenommen wird, sie seien mit Torpedorohren ausgerüstet. Es gibt auch Meldungen über eine kleine, primitive Kernwaffe, die zur Verfügung stünde. Es läge nicht außerhalb der Kapazität Nordkoreas, eine derartige Waffe zu bauen, und die kommunistische Führung des Landes ist sicherlich skrupellos genug, sie einzusetzen. Diese Kleinunterseeboote sind bisher ausschließlich bei Operationen gegen die Republik Korea (Südkorea) zum Einsatz gekommen. Hierbei sind einige verlorengegangen. Berichten zufolge ist 1965 oder 1966 eines der Boote erbeutet worden. Sie können auf acht umgebauten Schiffen der nordkoreanischen Handelsmarine transportiert werden. Außerdem hat Nordkorea auch einige Boote der UNA-Klasse von Jugoslawien und einige Zwei-Mann-Tauchfahrzeuge von Italien gekauft. Die nordkoreanische Marine richtete ihren Blick auch auf andere ausländische Staaten. Erst vor kurzem wurde das Angebot, ein in Deutschland gebautes Kleinunterseeboot zu erwerben, in letzter Minute durchkreuzt.[17b]

Neben den Kleinunterseebooten besitzt Nordkorea auch acht Unterwasserfahrzeuge eines »Chariot«-ähnlichen Typs, die zum Aussetzen von Kampfschwimmern geeignet sind. Mit 8,5 m Länge und vermutlich imstande, über Wasser 50 kn zu laufen, nähern sich diese Fahrzeuge ihrem Ziel mit hoher Geschwindigkeit, ehe sie zum Aussetzen der Kampfschwimmer tauchen. Ein solches Fahrzeug kann bis zu sechs Kampfschwimmer transportieren. Am 20. Dezember 1985 wurde eines dieser Fahrzeuge vor dem südkoreanischen Hafen Pusan gesichtet.

Direkt gegenüber auf der anderen Seite des Ostchinesischen Meeres war auch Taiwan für kurze Zeit Mitglied im Klub der Klein-U-Bootsbesitzer. Die Marine Taiwans hatte vier in Italien gebaute Kleinunterseeboote des Typs SX 404 erworben und in Dienst gestellt. Die Boote fanden ausschließlich für das Einschleusen von Angehörigen eines Sonderverbandes oder von Agenten in die Volksrepublik China Verwendung und wurden 1974 aus der Flottenliste gestrichen.

Nordkorea übermittelte auch technisches Fachwissen an den Iran für dessen Kleinunterseeboots-Bauprogramm. Deutsche und japanische Entwürfe aus der Zeit des Zweiten Weltkrieges als Anregung benutzend, bauten die Iraner ihre eigenen Kleinunterseeboote in Bandar Abbas. 1987 wurden zwei dieser 30 ts großen Fahrzeuge fertiggestellt. Als jedoch die Erprobungen nicht erfolgreich verliefen, wurden sie zur Modifizierung nach Teheran gebracht. Die Iraner ließen später das Bauprogramm durch das Angebot Nordkoreas fallen, Kleinunterseeboote zu liefern. Das erste dieser Boote wurde im Juni 1988 abgeliefert und Berichten zufolge sollen insgesamt 24 Einheiten geliefert werden, die auf dieselbe Art wie die britischen X-Boote im Zweiten Weltkrieg mit seitlich angebrachten Sprengladungen ausgestattet sind. Zu den wahrscheinlichen Angriffszielen iranischer Kleinunterseeboote dürften irakische Ölanlagen vor der Küste oder Ölanlagen der Anrainerstaaten auf der anderen Seite des Persischen Golfes gehören. Weitere Einsatzmöglichkeiten für iranische Kleinunterseeboote könnten Angriffe auf die westliche Schiffahrt im Persischen Golf und das Einschleusen von Agenten und religiösen Lockspitzeln nach Saudiarabien sein.

Der Irak war der bisher letzte Anwärter für den Beitritt zum Klub der Klein-U-Bootsbesitzer. Im Sommer 1990 befand sich Saddam Husseins Regierung im Endstadium der Verhandlungen, um von Maritalia ein Kleinunterseeboot zu kaufen. Glücklicherweise wurde der Kauf im letzten Augenblick blockiert; denn Saddam plante, das Fahrzeug mit einer Kernwaffe auszurüsten.

Der Besitz von Kleinunterseebooten durch Staaten wie Libyen, Nordkorea und dem Iran ist eine Angelegenheit, die Besorgnis hervorruft. Diese drei Länder weisen äußerst abscheuliche Regierungssysteme auf und haben starke Bindungen an den internationalen Terrorismus, dem sie auch Unterstützung gewähren. Sie haben Bereitwilligkeit erkennen lassen, zur Verfolgung ihrer eigenen Ziele die Normen internationaler Beziehungen zu verhöhnen. Außerdem besteht die schreckliche Gefahr, daß sie durch einen Angriff mit Kleinunterseebooten biologische oder chemische Waffen in einem Bevölkerungszentrum einsetzen. Sowohl der Iran als auch der Irak verwendeten chemische Mittel im Krieg zwischen ihren beiden Ländern und auch die Nordkoreaner hätten keine Bedenken, derartige Waffen einzusetzen. Wie wirksam könnte der Einsatz von Kleinunterseebooten sein? Infolge des Mangels an Ausbildung weisen konventionelle Nachschlagewerke auf ein niedriges Niveau an Leistungsfähigkeit hin. Obwohl es sicherlich richtig ist, daß die Besatzungen dieser modernen Kleinunterseeboote nicht denselben Ausbildungsstand wie ihre britischen und italienischen Vorgänger im Zweiten Weltkrieg aufweisen, so haben sie doch drei Vorteile auf ihrer Seite. Ersten besitzen sie den Vorteil der Überraschung; sie können Ort und Zeit eines Angriffes frei wählen. Zweitens müßten sie auf Netzsperren und dergleichen keine Rücksicht nehmen; denn seit 1945 ist jegliche Form einer Hafenverteidigung als ein Aspekt von Seekriegsoperationen ziemlich vernachlässigt worden. Drittens bestehen die Besatzungen dieser Fahrzeuge aus Fanatikern, ob es sich nun um kommunistische Funktionäre oder muslimische Eiferer handelt. Der Glaube daran, daß der Tod im Kampf ins marxistische oder islamische Nirwana führen wird, kann ein ziemliches Defizit an Ausbildung wettmachen. Es genügt, wenn nur ein Kleinunterseeboot mit seiner Waffenzuladung durchkommt, um den Auftrag zu erfüllen. Hinsichtlich des Ergebnisses einer solchen Operation sind nur Spekulationen möglich: eine zerstörte Offshore-Ölanlage im Persischen Golf, Minentreffer auf einem im Golf von Neapel vor Anker liegenden amerikanischen Flugzeugträger oder die Detonation einer biologischen, chemischen bzw. nuklearen Waffe in einem israelischen Hafen und ähnliches.

Die aufregendsten und vielversprechendsten Entwicklungen konzentrieren sich auf das Gebiet der automatisierten, unbemannten Fahrzeuge, die eher zielsuchenden Torpedos gleichen, aber selbst mit passiver bzw. aktiver Suchfähigkeit ausgestattet sind. Die britische Firma »Scion« hat den patrouillierenden Unterwasser-Roboter »Spur« (Scion's Patrolling Unsersea Roboter) entwickelt, während die Amerikaner kleine, bewegliche Sensorenplattformen (SMSP: Small Mobile Sensor Platform) untersuchten, die aus Torpedorohren eingesetzt werden können. Im März 1990 begann das amerikanische Amt für moderne Forschungsprojekte zur Verteidigung (DARPA: Defense Advanced Research Projects Agency) mit den Erprobungen von zwei Prototypen unbemannter Unterwasserfahrzeuge (UUV: Unmanned Unsersea Vehicle). Zu diesem Zweck wurde ein SSN – die USS MEMPHIS (SSN-691) der LOS ANGELES-Klasse – umgebaut, um von 1995 an als Plattform für die See-Erprobungen von Projekten moderner Unterwassertechnologie einschließlich des Aussetzens und der Wiederanbordnahme von UUV's zu dienen. Das UUV wird als ein taktisches System bezeichnet, das von Unterseebooten, von Überwasserschiffen oder direkt von der Küste aus eingesetzt werden und eine Reihe von Funktionen erfüllen kann, darunter Ortung von Minen, Überwachung unter Wasser (einschließlich U-Abwehr) und Fernmeldeverkehr. Der Schlüssel zur Erfüllung dieser Funktionen sind moderne Elektroniksysteme, zu denen auch methodische Rechenverfahren (Algorithmen) für »künstliche Intelligenz« gehören, die auf dieselbe Weise wie menschliche Denkprozesse arbeiten. Um sich gegen Computerfehler zu schützen, soll das Fahrzeug drei zusätzliche Computer erhalten, die ein »Abstimmungs«-Verfahren mit dem Systemmanagement an Bord des Fahrzeuges durchführen. Diese drei Komputer müssen dem Operieren des Fahrzeuges »zustimmen«. Stimmen nur zwei zu, dann operiert das Fahrzeug weiter, aber in herabgesetzter Funktion.

Das UUV ist 10.97 m lang und hat einen Durchmesser von 1,12 m. Beträchtliche Aufmerksamkeit wurde durch die Verwendung moderner Techniken dem Veringern der Abmessungen des Fahrzeuges sowie der Größe der Antriebsanlage gewidmet. Ein innerer Druckkörper wird die Nutzlast für den Einsatz in einer 1,52 m langen Sektion aufnehmen. Diese soll aus der entsprechenden Software und den erforderlichen Komponenten für die Überwachungs-, Fernmelde- und Minenortungsaufgaben bestehen. Zur Durchführung der letzteren umfaßt die Gerätegruppe ein sehr dünnes, aus einem fiber-optischen Fernmeldeglied bestehendes Kabel, das für die Übermittlung der Befehle aus einem Überwasserschiff oder Unterseeboot erforderlich ist. Das Antriebssystem, bestehend aus einem E-Motor mit 12 PS und einem Motorkontrollinstrument, wird die achteren 3,66 m des Fahrzeuges einnehmen. Der Motor ist so gebaut, daß er auch dann noch funktioniert, wenn das Fahrzeug vollständig mit Seewasser vollgelaufen ist. Die Lager sind aus einer nichtrostenden Speziallegierung gefertigt und die Kupferspulen, die dem Motor den Strom zuführen, sind gegen Nässe unempfindlich. Bei normalem Betrieb ist der Innenraum des Motors mit Öl gefüllt, um den Druck zwischen der Innen- und der Außenseite des Motorgehäuses auszugleichen. Dies ermöglicht die Verwendung eines dünneren und leichteren Gehäuses. Unbemannte Fahrzeuge wie die SMSP's und die UUV's würden es einer verhältnismäßig kleinen Anzahl von SSN's ermöglichen, einen ausgedehnten Seeraum zu »kontrollieren«, den gegnerische Streitkräfte zu passieren hätten. Sie bieten auch beträchtliche Vorteile auf dem Gebiet der Minenortung und der elektronischen Überwachung. Außerdem besitzen sie die Fähigkeit, auf unbegrenzte Zeit unter dem Polareis zu operieren – eine Möglichkeit, die bemannten Kleinunterseebooten verwehrt ist.

Hinsichtlich der Operationen von Kleinunterseebooten können eine Reihe von Schlußfolgerungen gezogen werden, die heute von außerordentlichem Belang sind. Erstens fordern derartige Operationen, wenn sie erfolgreich sein sollen, eine gründliche und realistische Ausbildung. Die britischen und italienischen Besatzungen waren gut ausgebildet und dies spiegelte sich auch in ihren Leistungen wider. Die deutschen Klein-U-Bootfahrer wurden fast ohne jede Ausbildung in den Kampf geschickt und erreichten infolgedessen wenig. Die Fähigkeit von Fanatikern, einen entscheidenden Schlag auf Kosten des eigenen Lebens zu führen, kann nicht ignoriert werden. Zweitens können Kleinunterseeboote schnell, billig und in großen Stückzahlen gebaut werden. Sie sind überdies außerordentlich leicht zu verbergen. Drittens kann fast jedes Handelsschiff oder Unterseeboot umgerüstet werden, um ein Kleinunterseeboot mitzuführen. Viertens haben Verteidigungsmaßnahmen noch nie einen Angriff von Kleinunterseebooten aufgehalten. Diese Maßnahmen sind ein Hindernis gewesen und haben Angreifer abgeschreckt, aber eine kleine Anzahl von Kleinunterseebooten ist stets durchgekommen. Gegen diese Art eines Angriffs sind moderne Marinestützpunkte nahezu verteidigungslos, insbesondere weil die aus dem Kriege stammenden Fähigkeiten auf dem Gebiet der Sperrmaßnahmen seit langem verschwunden sind. Mit der Bedrohung durch Kleinunterseeboote konfrontiert, können einfache Verzweiflungsmaßnahmen, wie zum Beispiel das Ablassen von Heizöl auf die Wasseroberfläche, den Gebrauch eines kleinen Sehrohres verhindern. Die »Grünen« würden eine derartige Maßnahme nicht mögen, aber gegen ein einfach gebautes Fahrzeug, das von der Sehrohrbeobachtung des Zieles abhängig ist, wäre sie höchst wirksam. Fünftens sind Einmann-Fahrzeuge zum Scheitern verurteilt. Ein auf sich allein gestellter Fahrer hat zu viel zu tun und verliert den Mut. Die Besatzung sollte zumindest aus zwei Mann bestehen und bei Operationen von längerer Dauer sind mindestens vier Mann erforderlich. Sechstens und letztens ist die Qualität der Besatzungen, die »menschlichen Ressourcen«, von ausschlaggebender Bedeutung. Die am besten geeigneten Soldaten für Operationen von Kleinunterseebooten sind jene, die sich vermutlich am wenigstens in die Friedensroutine der Marine einfügen. Es ist aus britischer Sicht interessant anzumerken, daß aus den Reihen der Australier, Neuseeländer und Südafrikaner, deren Antipathie gegen die Marinedisziplinarordnung legendär war, außerordentlich fähiges X-Bootpersonal kam. Die einer Ausbildung für Operationen mit Kleinunterseebooten innewohnenden Risiken bedeuten, daß diese Soldaten einen für ihre Einheit einzigartigen Gruppengeist entwickeln müssen – dies ist es, was die *Decima MAS* vom Rest der *Regina Marina* unterschied und was das Personal der russischen Sondereinheiten von den mittelmäßigen Wehrdienstpflichtigen unterscheidet.

1907 schrieb der amerikanische Marinehistoriker Alfred Thayer Mahan in seinem Werk »From Sail to Steam«:

»Heute wird von den Angehörigen der Marine und des Heeres, die ihren Beruf gelernt haben, akzeptiert, daß die Geschichte das Rohmaterial liefert, aus dem sie ihre Lehren ziehen und aus dem sie zu den Schlußfolgerungen für ihre Arbeit gelangen. Die Lehren der Geschichte sind in Wirklichkeit keine pedantischen Präzidenzfälle; sie sind aber die Veranschaulichung lebendiger Prinzipien.«[18]

Es gibt keinen Zweifel darüber, daß Kleinunterseeboote noch immer eine Waffe sind, mit der gerechnet werden muß. Die Entwicklung neuer Techniken wird sie sogar noch leistungsfähiger machen. Kleinunterseeboote sind eine erprobte Kriegswaffe und es wäre für uns höchst unklug, die Leistungen von Männern wie Visintini, De la Penne, Cameron, Fraser und Saburo Akeida zu vergessen.

Anhang

Von Klein-Booten und bemannten Torpedos versenkte oder beschädigte Kriegs- und Handelsschiffe

Schiff:	Typ:	Land:	Ort:	Datum:	K-Mittel:
VIRIBUS UNITIS	BB	Öster.-Ung.	Pola	01.11.18	*Mignatta*
FIONA SHELL	MV	GB	Gibraltar	20.09.41	*Maiale*
DENBYDALE[1]	RFA	GB	Gibraltar	20.09.41	*Maiale*
DURHAM	MV	GB	Gibraltar	20.09.41	*Maiale*
SAGONA[1]	Tkr	GB	Alexandria	19.12.41	*Maiale*
JERVIS[1]	DD	GB	Alexandria	19.12.41	*Maiale*
QUEEN ELIZABETH[1]	BB	GB	Alexandria	19.12.41	*Maiale*
VALIANT[1]	BB	GB	Alexandria	19.12.41	*Maiale*
RAMILLIES[1]	BB	GB	Diégo Suarez	30.05.42	*Ko-Hyoteki*
BRITISH LOYALTY	Tkr	GB	Diégo Suarez	30.05.42	*Ko-Hyoteki*
S 32	SM	UdSSR	Schwarzes Meer	15.06.42	*CB 3*
ŠČ 213	SM	UdSSR	Schwarzes Meer	18.06.42	*CB 2*
ULPIO TRAIANO	CL	I	Palermo	2./3.01.43	*Chariot XXII*
VIMINALE	MV	I	Palermo	2./3.01.43	*Chariot XVI*
CAMERATA[1]	MV	GB	Gibraltar	08.05.43	*Maiale*
MAHSUD[1]	MV	GB	Gibraltar	08.05.43	*Maiale*
PAT HARRISON[1]	MV	GB	Gibraltar	08.05.43	*Maiale*
THORSHOVDI[1]	Tkr	N	Gibraltar	08.05.43	*Maiale*
H.G.OTIS[1]	MV	USA	Gibraltar	08.05.43	*Maiale*
STANRIDGE[1]	MV	GB	Gibraltar	04.08.43	*Maiale*
ŠČ 207	SM	UdSSR	Schwarzes Meer	26.08.43	*CB 4*
TIRPITZ[1]	BB	D	Kaafjord	22.09.43	*X 6, X 7*
BÄRENFELS	MV	D	Bergen	13.04.44	*X 24*
BOLZANO	CA	I	La Spezia	21./22.06.44	*Chariots LVIII/LX*
CATO	MS	GB	Normandie	06.07.44	*Neger/Marder*
MAGIC	MS	GB	Normandie	06.07.44	*Neger/Marder*
DRAGON[1]	CL	Polen	Normandie	07.07.44	*Neger*
PYLADES	MS	GB	Normandie	07.07.44	*Neger/Marder*
ISIS[2]	DD	GB	Normandie	20.07.44	*Neger/Marder*
GAIRSAY	TW	GB	Normandie	03.08.44	*Neger/Marder*
SAMLONG[1]	MV	GB	Normandie	03.08.44	*Neger/Marder*
FORT LAC LA RONGE	MV	GB	Normandie	03.08.44	*Neger/Marder*
BLENCATHRA[1]	DD	GB	Normandie	03.08.44	*Neger/Marder*
QUORN	DD	GB	Normandie	03.08.44	*Neger/Marder*
IDDESLEIGH	MV	GB	Normandie	17.08.44	*Neger/Marder*
LCF 1	LCF	GB	Normandie	18.08.44	*Neger/Marder*
FRATTON	AUX	GB	Normandie	18.08.44	*Neger/Marder*
Schwimmdock	–	D	Bergen	11.09.44	*X 24*
STEN[3]	MV	N	Bergen	11.09.44	*X 24*

KONG OSCAR II[3]	MV	N	Bergen	11.09.44	*X 24*
VOLPI	MV	Japan	Phuket	27.10.44	*Chariots LXXIX/LXXX*
SUMATRA	MV	Japan	Phuket	27.10.44	*Chariots LXXIX/LXXX*
MISSISSINEWA	Tkr	USA	Ulithi	20.11.44	*Kaiten*
ALAN A. DALE	MV	GB	vor Vlissingen	23.12.44	*Biber*
HEYBOURNE WICK	AUX	GB	NNW Ostende	02.01.45	*Biber?*
LST 364	LST	GB	Kanal	22.02.45	*Biber?*
ALERT	AUX	GB	Kanal	24.02.45	*Biber?*
TABER PARK	MV	GB	Nordsee	13.03.45	*Seehund*[4]
NEWLANDS	MV	GB	Nordsee	26.03.45	*Seehund*[4]
JIM	MV	GB	Nordsee	30.03.45	*Seehund*[4]
YT 17	Tkr	USA	Ostende	09.04.45	*Seehund*[4]
SAMIDA	MV	GB	Kanal	09.04.45	*Seehund*[4]
SOLOMON JUNEAU	MV	USA	Kanal	09.04.45	*Seehund*
FORT WYNDHAM	MV	GB	Kanal	11.04.45	*Seehund*[4]
UNDERHILL	DD	USA	O von Okinawa	24.07.45	*Kaiten*
TAKAO	CA	Japan	Singapur	31.7.45	*XE 3*

Abkürzungen:
BB = Schlachtschiff, CA = Schwerer Kreuzer, CL = Leichter Kreuzer,
SM = Unterseeboot, LST = Panzerlandungsschiff, AUX = Hilfsfahrzeug der Marine,
RFA = Flottenunterstützungsschiff, Tkr = Tanker, TW = bewaffneter Trawler,
MV = Handelsschiff, MS = Minensuchboot, D = Deutschland, I = Italien, N = Norwegen

Anmerkungen:
1 Das Schiff wurde beschädigt, aber nicht versenkt.
2 Es bestehen Zweifel, ob HMS ISIS einem Minentreffer oder einem »Neger«-Angriff zum Opfer fiel.
3 Zusammen mit dem Schwimmdock wurden auch diese beiden Handelsschiffe bei der Detonation der von *X 24* gelegten Sprengladungen vernichtet.
4 Es ist nicht eindeutig klar, ob diese Verluste durch einen »Biber«- oder »Seehund«-Angriff eintraten.

Anmerkungen

Vorbemerkung des Übersetzers: Die *Anmerkungen des Verfassers* sind nach Kapiteln geordnet; sie werden mit einer Zahl (ohne angefügten Buchstaben) angegeben.

Die *Anmerkungen des Übersetzers*, ebenfalls nach Kapiteln geordnet, sind dazwischen eingefügt; ihre Angabe erfolgt durch Hinzufügen eines Buchstabens an die vorausgegangene Anmerkung des Verfassers (z.B. 2a, 5a) oder an eine Null (z.B. 0a, 0b), wenn zu Beginn eines Kapitels noch keine Anmerkung des Verfassers vorausgegangen ist.

Bei deutschen Werken, die der Verfasser zitiert, erfolgt die Quellenangabe nach dem deutschen Originalwerk, nicht nach der englischen Übersetzung. Zitiert der Verfasser ausländische Werke, die auch in deutscher Übersetzung vorliegen, erfolgt die Quellenangabe nach dem Originalwerk und *zusätzlich* nach der deutschen Übersetzung.

1. Kapitel

1 *Naval Chronicle*, Juli 1802: Monatliches Register der Marinevorkommnisse.

2 Sitzungsberichte der *Amerikanischen Philosophischen Gesellschaft zur Förderung nützlichen Wissens*: »Allgemeine Grundsätze und Konstruktionsprinzipien eines Unterwasserfahrzeuges, mitgeteilt vom Erfinder, D. Bushnell aus Connecticut, in einem Brief vom 13. Oktober 1787 an Thomas Jefferson, seinerzeit Gesandter der Vereinigten Staaten in Paris«, Bd.IV, 1799, S.303.

2a Innerhalb der Sprengladung gab es ein Uhrwerk, das bis zu 12 Stunden eingestellt werden konnte. Nach Ablauf der eingestellten Zeit wurde eine Säure freigegeben, die eine Zündung in einem Feuersteinschloß auslöste, wodurch die Detonation der Sprengladung herbeigeführt wurde.

3 PRO: »Journal of the Proceedings of His Majesties [sic] Ship EAGLE, by Captain Henry Duncan, between [sic] 10 February 1776 and 28 February 1777«.

4 R. Compton-Hall: *Monsters and Midgets*, S.93

5 Lt.-Cdr. J. Wilkinson: »Sneak Attack Craft in the Pacific«, *USNI Proceedings*, Bd.73, März 1947.

5a Bereits in der Mitte des 19. Jahrhunderts wurde die Idee eines Unterwasserfahrzeuges wieder aufgegriffen. Mit dem 1. Bayerischen Artillerie-Regiment »Prinz Luitpold« nahm der Korporal Wilhelm Bauer 1849 am Krieg des Deutschen Bundes gegen das Königreich Dänemark um den Besitz Schleswigs teil. Bei Düppel erlebte er die unbehinderten Beschießungen der deutschen Bundestruppen durch die dänische Flotte, die eine uneingeschränkte Seeherrschaft ausübte. Hier kam ihm die Idee zum Bau eines Unterwasserfahrzeuges nach dem Vorbild eines Seehundes. Er schied aus der bayerischen Armee aus und trat am 29. November 1850 als Artillerie-Unteroffizier in die schleswig-holsteinische Armee ein. Sein Vorschlag für den Bau eines solchen Fahrzeuges wurde akzeptiert. Bereits am 18. Dezember 1850 wurde das von Bauer als »Brandtaucher« bezeichnete Fahrzeug – ein richtiggehendes Kleinunterseeboot – zu Wasser gebracht. Einsprüche der Marinekommission und Geldmangel führten zu Baumängeln, die schließlich den »Brandtaucher« (Wasserverdrängung unter Wasser: 30,95 t, Abmessungen: 8,07 m x 2,01 m x 3,51 m, Antrieb: 2 Treträder, Besatzung: 3 Mann) am 1. Februar 1851 bei der Abnahmefahrt im Kieler Hafen ohne Verluste an Menschenleben sinken ließen. Nach einem wechselvollen Schicksal steht der »Brandtaucher« heute im Wehrgeschichtlichen Museum (ehemals Armeemuseum) der Bundeswehr in Dresden.

Das vom Krimkrieg bedrängte Rußland holte den enttäuschten Wilhelm Bauer kurze Zeit später nach St. Petersburg. Dort baute er unter strenger Geheimhaltung den »Seeteufel« (Abmessungen: 16 m x 3,45 m x 3,80 m, Besatzung: 1 Kommandant und 13 Mann), der 45 m tauchen konnte und 133 Tauchfahrten durchführte.

6 Haus an Kailer, 14. Dezember 1914; Kailer-Papiere, Kriegsarchiv Wien.

6a Lieutenant de Vaisseau = Kapitänleutnant.

6b 1887 hatte Italien mit Deutschland und Österreich-Ungarn den Dreibund geschlossen, den es 1912 erneuerte. Bei Kriegsausbruch 1914 blieb Italien jedoch neutral. Am 4. Mai 1915 kündigte es den Dreibund, trat der Entente bei und erklärte am 23. Mai Österreich-Ungarn und am 27. August 1916 auch dem Deutschen Reich den Krieg.

Die »Entente cordiale« (herzliches Einvernehmen), das 1904 zwischen Frankreich und Großbritannien geschlossene Bündnis, führte über den Bündnisvertrag Frankreichs mit Rußland zur »Entente«, der späteren Gruppierung der alliierten und assoziierten Staaten gegen die verbündeten »Mittelmächte« – Deutsches Reich, Österreich-Ungarn, Bulgarien und die Türkei – im Ersten Weltkrieg.

7 Raffaele Rossetti: *Contro la VIRIBUS UNITIS*, Libreria Politica Moderna, Rom 1925. Siehe auch den Aufsatz in *Marine: Gestern – Heute*, 1978, Nr. 1, von Edgar Tomicich.

7a Colonello del Genio Navale = Kapitän z.S. (Ing.).

7b Capitano di Corvetta = Korvettenkapitän.

7c Capitano di Vascello = Kapitän zur See.

8 National Maritime Museum, Papiere von Admiral Sir Howard Kelly, KEL/4, autobiographisches Fragment.

8a Das Verdrängungsvolumen des Schiffes, multipliziert mit dem spezifischen Gewicht des Wassers (1,015) ergibt den Auftrieb = Schiffsgewicht/Deplacement/Wasserverdrängung. Bei den Überwasserkriegsschiffen ist daher zu unterscheiden zwischen:

a) *leeres Schiff*, d.h. das Gewicht des leeren, betriebsklaren Schiffes mit Waffen, Geräten, Ausrüstung sowie Wasser und Brennstoff in den Leitungen;

b) *Typ- oder Standardverdrängung*: wie a), jedoch mit Munition, Besatzung mit Effekten, Proviant, Verbrauchsstoffen und Frischwasser, angegeben in »ts standard« (begrifflich im Washingtoner Abkommen von 1922 festgelegt und seit 1927 auch bei der deutschen Marine in Gebrauch);

c) *Konstruktionsverdrängung* oder »t/ts auf CWL«: wie b), jedoch mit 50% der Brennstoff-, Schmieröl- und Reservespeisewasservorräte (seit 1882 als normale Deplacementsangabe bei der deutschen Marine verwendet); und der

d) *größten Wasserverdrängung* oder *Einsatzverdrängung*, angegeben in »t/ts maximal«: jedoch mit sämtlichen Brennstoff-, Schmieröl- und Speisewasservorräten sowie ggf. Spezialausrüstung.

Bei deutschen Schiffen wurde das Verdrängungsvolumen in »t« – metrischen Tonnen (mt) zu 1000 kg – angegeben, während bei ausländischen Schiffen die Maßeinheit »ts« – engl. »long ton« zu 1016 kg – Anwendung findet. Letztere Angabe ist heute allgemein in Gebrauch.

Bei Unterseebooten wird das Verdrängungsvolumen in t oder ts »über Wasser« (aufgetaucht) und »unter Wasser« (getaucht) angegeben.

9 Siehe hinsichtlich weiterer Einzelheiten zu diesen Booten A. Turrini: »I Sommergibili Tasdcabile della Regia Marina« in *Storia Militare*, 3. Jahrgang, Nr. 16, S. 34 – 43.

2. Kapitel

1 Die *Decima MAS* setzte bei ihren Operationen auch schnelle Motorboote ein, ausgestattet mit Sprengladungen (»Sprengboote«), wie zum Beispiel zur Versenkung des Schweren Kreuzers HMS YORK am 26. März 1941 in der Suda-Bucht/Kreta. Die Aktivitäten dieser Boote liegen jedoch außerhalb dieser Studie.

1a Der Brutto- und Nettoraumgehalt bei Kauffahrteischiffen (Handelsschiffen) wird von den nationalen Vermessungsbehörden (in der Bundesrepublik Deutschland der seit 1867 existierende Germanische Lloyd) nach internationalen Vermessungsvorschriften in Registertonnen (eine BRT/NRT = 100 Kubikfuß = 2,83 m³) festgelegt und angegeben:

– *Bruttoraumgehalt* ist der gesamte umbaute Raum einschl. der Aufbauten, gemessen in Bruttoregistertonnen (BRT);

– *Nettoraumgehalt* ist der Bruttoraumgehalt abzüglich der dem Schiffsbetrieb dienenden Räume (wie z.B. Maschinen-, Kessel-, Proviantraume, Brennstoffbunker, Wohnräume für die Besatzung) = Räume für Ladung einschl. Fahrgäste, gemessen in Nettoregistertonnen (NRT). Hiernach richten sich die Abgaben (Hafen- und Kanalgebühren).

2 Dieser Offizier war Tenente di Vascello (Kptlt.) Gino Birindelli. Viele Jahre später erfuhr Birindelli von einem seiner ehemaligen Entführer, die Briten hätten ihn eher getötet als repatriiert. IWM Department of Sound Records, Interview mit Admiral Gino Birindelli.

2a Irrtum des Verfassers: 1938 wurde Fregattenkapitän Paolo Aloisi zum Chef der I. S-Flottille in La Spezia ernannt und im Juli 1939 mit der Weiterentwicklung der Sonderangriffsmittel beauftragt. Diese bildeten eine Abteilung innerhalb der I. S-Flottille, aus der im März 1941 die *Decima MAS* entstand (siehe oben Seite 22).

Der Herzog Amedeo von Aosta war General der italienischen Luftwaffe und hatte zum Zeitpunkt der Sanktionen gegen Italien wegen des Abessinien-Krieges einen ähnlichen Gedanken wie Tesei und Toschi: von Flugzeugen aus kleine, schnelle Motorboote mit Sprengladung gegen feindliche Schiffe im Hafen einzusetzen. Diesen Plan gab er an seinen Bruder, den Herzog Aimone von Spoleto, weiter, der als Admiral der Königlichen Marine die Entwicklung der Sprengboote in Gang setzte, die später ebenfalls zur *Decima MAS* gehörten. Vgl. hierzu J. Valerio Borghese *Teufel der Tiefe*, Verlag Harald Bolt, Boppard am Rhein 1961, S.15ff.

3 Diese Auffassung äußerte Admiral Gino Birindelli am 25. Mai 1994 gegenüber dem Verfasser.

3a 1935/36 eroberte Italien das Kaiserreich Abessinien (heute Äthiopien) und wurde hierfür vom Völkerbund mit Sanktionen belegt, die sich jedoch als wirkungslos erwiesen. Nach dem Einmarsch britischer Truppen in die Hauptstadt Addis-Abeba erhielt Kaiser Haile Selassie im Mai 1941 sein Land zurück.

4 Elios Toschi: *Escape over the Himalayas* (Originaltitel *In fuga oltre l'Himalaya*), Verlag »Europee« in Mailand, S.32f.

4a Capitano di Fregata = Fregattenkapitän. Siehe ferner oben Anm. 2a im 2. Kapitel. Die Weisung Admiral Cavagnaris, des Chefs des Admiralstabes der italienischen Marine, stammte vom Juli 1939. Vgl. hierzu J. Valerio Borghese: *Teufel der Tiefe*, aaO, S.17.

5 J. Valerio Borghese: *Sea Devils*, Andrew Melrose, London 1952, S.19. Dt. Übersetzung: *Teufel der Tiefe*, Verlag Harald Bolt, Boppard am Rhein 1961, S.17. Admiral Goiran war der italienische Seebefehlshaber für das nördliche Tyrrhenische Meer.

6 Wörtlich »Langsam laufender Torpedo«.

7 Die beste Beschreibung eines SLC findet sich bei E. Bagnasco und M. Spertini: *I Mezzi d'Assalto della Xa Flottiglia MAS, 1940-1945*, Albertelli Editore 1991, S.129 – 146. Dieses Buch enthält eine hervorragende Darstellung der italienischen Sonderangriffswaffen und ihrer Technik.

8 Tenente di Vascello = Kapitänleutnant.

8a In dem in 15 m Wassertiefe auf Grund liegenden Wrack hatten eingeschlossen im hinteren Torpedoraum sieben Mann überlebt. In einer 20 Stunden dauernden Rettungsaktion gelang es, sie lebend zu bergen, nachdem das verklemmte Luk des Notausstiegs geöffnet werden konnte. Den letzten mußte ObltzS. de la Penne, der noch einmal in den Torpedoraum der IRIDÉ eingedrungen war, buchstäblich gegen dessen Willen aus seinem Grab befreien.

9 Kapitänleutnant Fürst J. Valerio Borghese wurde im Spätsommer 1940 zum Kommandanten der SCIRÉ ernannt und mit seinem Unterseeboot der I. S-Flottille für den SLC-Transport zugeteilt. Am 15. März 1941 erhielt er mit der Aufstellung der *Decima MAS* unter Fregattenkapitän Moccagatta das Kommando über die Unterwasser-Abteilung dieser Flottille. Nach dem Tod von Moccagatta beim Malta-Einsatz Ende Juli 1941 erhielt der inzwischen zum Korvettenkapitän beförderte Borghese vorübergehend das Kommando über die *Decima MAS*, ehe ihn wenige Wochen später Fregattenkapitän Ernesto Forza als neuer Flottillenchef ablöste. Anfang April 1942 wurde Borghese als Kommandant der SCIRÉ durch KKpt. Zelich ersetzt. Die Hauptaufgabe von Borghese blieb jedoch die Leitung der Unterwasser-Abteilung der *Decima MAS*. Am 1. Mai 1943 erfolgte die Abkommandierung von FKpt. Forza und Fregattenkapitän Borghese wurde zum letzten Chef der *Decima MAS* ernannt.

10 Capo Palombaro I = Obertauchmeister (Oberfeldwebel-Rang).
11 Capitano Genio Navale = Kapitänleutnant (Ing.).
12 Sottocapo Palombaro = Tauchmaat (Unteroffiziers-Rang ohne Portepee).
13 Capitano Armi Navale = Hauptmann der Marineinfanterie.
13a Alle folgenden Uhrzeitangaben entsprechen der Ortszeit, d.h. eine Stunde vor MEZ (= italienische Zeit).
14 Das in Alexandria liegende Schlachtschiff LORRAINE gehörte zusammen mit den Schweren Kreuzern DUQUESNE, TOURVILLE und SUFFREN, dem Leichten Kreuzer DUGUAY-TROUIN, den Zerstörern BASQUE, LE FORTUNÉ, FORBIN und dem U-Boot PROTÉE zur *Gruppe X*. Nach dem Zusammenbruch Frankreichs schloß VAdm. Godfroy, ihr Befehlshaber, am 7. Juli 1940 mit dem Oberbefehlshaber der britischen Mittelmeerflotte, Admiral Cunningham, ein Abkommen über die Internierung und Demobilisierung des vichy-frz. Geschwaders in Alexandria. Im Mai 1943 ging VAdm. Godfroy mit seinem Geschwader zu den freifranzösischen und damit zu den alliierten Streitkräften über.
14a Engineer-Lieutenant = Oberleutnant (Ing.).
15 Vice-Admiral Sir Louis le Bailly: *The Man Around the Engine*, Kenneth Mason 1990, S.98f. In der Royal Navy ist der »Second Engineer« der Stellvertreter des Leitenden Ingenieurs (Engineer Officer).
15a Midshipman = Fähnrich/Oberfähnrich zur See (Seeoffiziersanwärter im Unteroffiziers-Rang ohne Portepee).
16 Streng genommen ein Bruch der Genfer Konvention, wonach Kriegsgefangene keiner Gefahr ausgesetzt werden dürfen.
16a Captain = (am./brit.) Kapitän zur See.
17 Adrian Holloway: *From Dartmouth to War*, Buckland Publications 1993, S.198f.
18 Borghese, aaO, S.21; dt. Übersetzung, aaO, S.162.
18a Commander = (am./brit.) Fregattenkapitän; zur Zeit des 2. Weltkrieges als Korvettenkapitän eingestuft, da beim Captain noch zwischen »Full Captain« (Kapitän z.S.) über drei Dienstjahre) und »Junior Captain« (Fregattenkapitän) unterschieden wurde.

19 Holloway, aaO, S.204.
20 Le Bailly, aaO, S.99.
21 Admiral Sir Andrew Cunningham: *A Sailor's Odyssey*, Hutchinson, London 1951, S.433.
21a Rear-Admiral = (am./brit.) Konteradmiral.
21b »ABC« ist der Spitzname von Admiral Sir **A**ndrew **B**rowne **C**unningham.
22 1938 – 1943 Erster Seelord (First Sea Lord) der britischen Admiralität und Chef der Seekriegsleitung (Naval Staff).
23 Cunningham, aaO, S.434.
23a Das Schreiben Cunninghams an Admiral Sir Dudley Pound wenige Tage nach der Beschädigung der beiden Schlachtschiffe lautet vollständig wie folgt:
»Wir haben hier draußen Schock auf Schock erlitten. Die Beschädigung der Schlachtschiffe zu diesem Zeitpunkt ist eine Katastrophe und meine hauptsächliche Besorgnis gilt der Tatsache, daß sie Ihrer Bürde und Ihren Sorgen noch mehr hinzugefügt hat. Das Schlimmste daran ist, daß wir nicht wissen, wie sie durch die Netzsperren eingedrungen sind. Die Gefangenen sagen aus, sie seien durch die Sperrlücke gekommen, als deren Tor für einlaufende Zerstörer geöffnet wurde. Dies ist sicherlich sehr gut möglich; aber sie müssen darauf vorbereitet gewesen sein, unter, durch oder über das Netz zu gelangen. Wasserbomben wurden geworfen, aber diese scheinen sie nicht abgeschreckt zu haben. Das bestärkt die Vermutung, daß sie durchkamen, als das Tor offen stand. Wir sind jetzt dabei, quer zur Hafeneinfahrt Betonblöcke auf Grund zu legen. Sie haben oben aufgesetzt »Spanische Reiter« bis hinauf in eine Wassertiefe von 12 m, die das Netz um 0,30 cm überlappen. Dies kostet eine Menge, aber wir müssen diesen Hafen wirklich sicher machen. In den letzten paar Tagen haben alle eine Heidenangst gehabt; ständig wurden bei Nacht schwimmende Objekte gesichtet und Bewegungen an den Schiffsböden gehört. Das muß aufhören.«
Cunningham, aaO, S.434.
24 Die am 19. Dezember 1941 erlittenen Verluste umfaßten den Leichten Kreuzer NEPTUNE und den Zerstörer KANDAHAR, während die Leichten Kreuzer AURORA und PENELOPE beschädigt wurden. Fünf Tage zuvor war bereits der Leichte Kreuzer GALATEA versenkt worden.

24a Am 18. Dezember 1941 wurde die *Force K*, bestehend aus den Leichten Kreuzern NEPTUNE, AURORA und PENELOPE sowie den Zerstörern KANDAHAR, LANCE, LIVELY und HAVOCK auf einen italienischen Nachschubgeleitzug für Nordafrika vor Tripolis angesetzt. Hierbei geriet der britische Verband in die am 1. Mai 1941 von den Italienern als Schutz gegen Beschießungen von Tripolis ausgelegte Minensperre T. NEPTUNE sank nach vier Minentreffern mit 550 Mann seiner Besatzung (ein Überlebender), desgleichen der Zerstörer Kandahar. Durch weitere Minentreffer erlitten AURORA schwere und PENELOPE leichte Beschädigungen. Die beiden Kreuzer konnten jedoch sicher nach Malta eingebracht werden.

An diesem Vorstoß, der am 17. Dezember zur ersten Schlacht in der Syrte geführt hatte, war auch die *Force B* aus Alexandria beteiligt gewesen. Ihre Rückkehr nach Alexandria am 19. Dezember nutzten die italienischen SLC's aus, um in den Hafen einzudringen.

Bereits einige Tage vorher hatte die *Force B* an einem Vorstoß gegen italienische Geleitzüge teilgenommen. Auf dem Rückmarsch versenkte das deutsche U-Boot *U 557* (Kptlt. Paulshen) den Leichten Kreuzer GALATEA vor Alexandria.

25 Ein Schwesterschiff der QUEEN ELIZABETH und der VALIANT, das jedoch im Gegensatz zu diesen beiden Schlachtschiffen keine wesentliche Modernisierung erfahren hatte.

26 Diese Auffassung brachte Admiral Gino Birindelli gegenüber dem Verfasser zum Ausdruck, 25. Mai 1994.

26a Während des 2. Weltkrieges mußte die deutsche Kriegsmarine aus ihrer knappen Heizölzuteilung auch noch die italienische Flotte versorgen. Als einzige Ressource standen nur die rumänischen Ölfelder zur Verfügung. Daher wurde die Treibstoffversorgung mit zunehmender Kriegsdauer immer knapper.

Zum Thema Ölverknappung wird auf Wilhelm Meier-Dörnberg *Ölversorgung der Kriegsmarine 1935 – 1945*, Bd.11 der Einzelschriften zur militärischen Geschichte des 2. Weltkrieges, herausgegeben vom Militärgeschichtlichen Forschungsamt der Bundeswehr (Verlag Rombach, Freiburg i.Br. 1973), verwiesen.

27 Guardiamarina = Leutnant zur See.

28 Sotto Tenente Medicale = Marineassistenzarzt.

29 Tenente Genio Navale = Oberleutnant (Ing.).

3. Kapitel

1 Auf dem Höhepunkt ihrer Operationen bestand die *Force H* üblicherweise aus dem Schlachtkreuzer RENOWN, dem Flugzeugträger ARK ROYAL und dem Leichten Kreuzer SHEFFIELD und wurde von dem hervorragenden Vice-Admiral Sir James Somerville geführt.

1a Lieutenant = (am./brit.) Oberleutnant zur See; in der heutigen US-Marine Kapitänleutnant, während der Oberleutnant z.S. als Lieutenant Junior Grade bezeichnet wird.

2 *Sunday Express*, 25. Dezember 1949.

3 Imperial War Museum: Department of Sound Records, Interview mit Admiral Gino Birindelli, SR 14236/2.

3a 2o Capo Palombaro = Tauchmeister (im Feldwebel-Rang).

3b Sergente Palombaro = Obertauchmaat (Unteroffiziers-Rang ohne Portepee).

3c Sottotenente di Vascello = Oberleutnant zur See.

4 Siehe Anm. 3: Ebenda.

5 Siehe Anm. 3: Ebenda.

5a Die Sperren bestanden aus großen, viereckigen Schwimmern im Abstand von 5 m und mit Eisenstangen verbunden. Auf den Eisenstangen befanden sich drei Eisenstacheln von ca. 20 cm Höhe im Abstand von je 1,5 m. Birindelli befand sich nach dem Überwinden der zweiten Sperre etwa 50 m querab der BARHAM und blieb noch eine kurze Zeit über Wasser, um mit dem Kompaß den genauen Kurs festzustellen. Anschließend tauchte er mit seinem »Maiale« und ging bei 14 m auf Grund. J. Valerio Borghese, aaO, S.65f.

6 Siehe Anm. 3: Ebenda. Birindellis »Maiale« wurde später geborgen und diente den Briten als Anregung für den Bau des »Chariot«.

7 Siehe Anm. 3: Ebenda.

7a Birindellis Nachricht über seinen Brief an die Familie lautete: »Sagt meinem Bruder, daß er die Schlußprüfung nachholen soll. Wenn er sich immer wieder Mühe gibt, wird es ihm gelingen; wenn er gut vorbereitet ist, so wird er auf keine unüberwindlichen Schwierigkeiten stoßen.« J. Valerio Borghese, aaO, S.69f.

7b Die SCIRÉ gehörte zur 2. Gruppe der ADUA-Klasse, erbaut 1936/37 bei CRDA in Monfalcone. Die Wasserverdrängung betrug über Wasser 698 ts und unter Wasser 866 ts. Sie hatte folgende Abmessungen: 60,18 m x 6,45 m x 4,70 m. Die Antriebsanlage bestand aus zwei Fiat-Dieselmotoren mit einer Leistung von 1400 PSe für eine Höchstgeschwindigkeit von 14 kn sowie aus zwei Marelli-E-Motoren mit einer Leistung von 800 PS für eine Höchstgeschwindigkeit von 7,5 kn. Der Fahrbereich betrug über Wasser 2200 sm bei 14 kn bzw. unter Wasser 74 sm bei 4 kn. An Bewaffnung führte die SCIRÉ sechs 53,3-cm-Torpedorohre (davon zwei achtern) mit insgesamt 12 Torpedos und ein 10-cm-Decksgeschütz vorn sowie zwei 13,2-mm-Fla-MG's. Ihre Tauchtiefe lag bei 80 m maximal. Sie hatte eine Besatzungsstärke von ca. 45 Mann.

Der 1940/41 durchgeführte Umbau zum SLC-Transporter führte zur Entfernung des Decksgeschützes und zum Einbau von drei wasserdichten und druckfesten Behältern: einer vor und zwei nebeneinander hinter dem Kommandoturm. Die ebenfalls zur *Decima MAS* gehörende GONDAR gehörte zur selben Gruppe und Klasse. Siehe auch Erminio Bagnasco: *UBoote im 2. Weltkrieg*, Motorbuch-Verlag, Stuttgart 1988.

8 J. Valerio Borghese: *Sea Devils*, Andrew Melrose, London 1952, S.128.

8a Borghese spricht in *Teufel der Tiefe*, S.222, von Bordigioni als italienischem Konsul in Algeciras.

9 Viele Informationen über die von der OLTERRA aus durchgeführten Angriffsunternehmen stammen aus Dokumenten im Archiv des Royal Navy Submarine Museum. Ich bin Commander P.R. Compton-Hall außerordentlich dankbar, daß er mich darauf aufmerksam gemacht hat. Die Dokumentensammlung enthält einen vollständigen Satz an Zusammenfassungen geheimdienstlicher Informationen durch Colonel H.C. Medlam, DSO, dem Sicherheitsoffizier für die Hafenverteidigung (Defence Security Officer) in Gibraltar, die Nachkriegsverhöre von Denegri und anderen beteiligten Personen sowie die Berichte britischer Agenten in Spanien. In der Folge wird auf diese Sammlung unter der Bezeichnung »RNSM OLTERRA-Dokumente« verwiesen.

10 RNSM OLTERRA-Dokumente: »Report on Spanish Complicity in Italian Sabotage Attacks against British and Allied Shipping in Gibraltar« von Captain D.J. Scher vom Gibraltar Defence Security Office, 17. November 1943.

10a Sommozzatore Palembaro = Tauchobergefreiter.

11 Secret Intelligence Service [Geheimer Nachrichtendienst/Ausland], besser bekannt als MI 6 [Military Intelligence = Abteilung Geheimer Nachrichtendienst im Heeresministerium]. Das Referat 6 war zuständig für die nachrichtendienstliche Tätigkeit außerhalb von Großbritannien.

12 RNSM OLTERRA-Dokumente: »Report on Spanish Complicity...«.

12a Kurze Zeit nach dem Verlassen der OLTERRA mußten die drei »Maiali« zurückkehren, weil die Steuerungen falsch angebracht waren. Nach der Behebung des Schadens folgte ein erneutes Auslaufen. Daher war es bereits 23.30 Uhr geworden. J. Valerio Borghese, aaO, S.232.

12b Sottotenente Genio Navale = Leutnant (Ing.).

13 Prof. Carlo di Risio: *La Marina Italiana Nella Seconda Guerra Mondiale*, Bd.XIV: *I Mezzi d'Assalto*, Uffizio Storico della Marina Militari, 1964 (revidierte Auflage 1992), S.167. »Meine ... zurückgelassene Familie« ist ein Verweis auf Visintinis Vater, gefallen im 1. Weltkrieg, und auf seinen Bruder, gefallen im 2. Weltkrieg. Visintinis Tochter Valeria starb kurze Zeit später. Seine Witwe litt bei Kriegsende Not, wurde aber in einer großzügigen Geste durch frühere Angehörige des Unterwasser-Sicherungskommandos Gibraltar, die in Italien mit der Räumung verschiedener Häfen beschäftigt waren, als Sekretärin beschäftigt.

13a Visintini und Magro wurden am 12. Dezember 1942, in Segeltuch eingehüllt und mit Blei beschwert, unter Erweisung aller militärischen Ehren der See übergeben. Crabbe und Lieutenant W. Baily, RN, die sich für diese Art der Bestattung eingesetzt hatten, ihr beiwohnten und einen Kranz in die See warfen, bekamen danach einigen Ärger mit ihren Vorgesetzten, die diese Handlungsweise falsch verstanden. (Goldsworthy im »Sunday Express«, 25. Dezember 1949.). Vgl. hierzu J. Valerio Borghese, aaO, S.234, und Martin Grabatsch: *Torpedoreiter, Sturmschwimmer, Sprengbootfahrer*, Verlag Welsermühl, Wels 1979, S.183.

13b Der amerikanische Reeder und Werftbesitzer Kaiser ließ nach Norm vorgefertigte Sektionen bauen, die dann zusammengesetzt wurden und einen vollständig geschweißten Schiffskörper bildeten. Im 2. Weltkrieg entstanden in dieser Sektionsbauweise 2770 Handelsschiffe. Später wandte Kaiser dieses Verfahren auch auf den Bau der Geleitträger (CVE) an.

14 Admiralty Monthly Intelligence Report (MIR), Juni 1943.

14a Das italienische Klein-Sprengboot mit der Bezeichnung »Motoscafo Turismo Ridotto« (MTR) war für den Transport in Oberdecksbehältern von Unterseebooten konstruiert. Seine technischen Daten waren: 6,11 m x 1,4 m x 0,4 m, 1 t, 29 kn, 80 sm bei 29 kn, 330-kg-Sprengladung, 1 Mann Besatzung. Näheres siehe bei Harald Fock: *Marine-Kleinkampfmittel*, Koehlers-Verlags-GmbH, Hamburg 1982, S.111.

14b Der bemannte Torpedo vom Typ SSB war ein verbesserter SLC mit größerer Tauchtiefe, Reichweite und Geschwindigkeit, der bis zur Kapitulation Italiens nicht mehr zum Einsatz kam.

14c Colonel = Oberst (Heer).

15 RNSM OLTERRA-Dokumente: Medlam an SO(I) Gibraltar, 26. August 1943.

16 Imperial War Museum: Department of Sound Records, Interview mit Frank Goldsworthy, SR 11245/11.

16a Der aus Castellamare kommende Zerstörer VIVALDI soll am 9. September 1943 in der Straße von Bonifacio zwischen Korsika und Sardinien von deutschen Küstenbatterien versenkt worden sein. Seine Besatzung rettete das britische Unterseeboot SPORTSMAN. Vielleicht stammte das Arbeitskommando von einem der in Port Mahon/Balearen internierten italienischen Kriegsschiffe. Siehe hierzu auch J. Rohwer und G. Hümmelchen: *Chronology of the War at Sea, 1939-1945*, Greenhill Books, London 1992, S.231.

17 Siehe oben Anm. 16: Ebenda.

4. Kapitel

0a Maggiore Genio Navale = Korvettenkapitän (Ing.).

0b Costa versuchte dennoch, mit seinem SLC in Marsa Muscetto einzudringen, um die Unterseeboote anzugreifen, aber mit seinem beschädigten Gerät und infolge des inzwischen alarmierten Gegners gelang ihm dies nicht. Er wurde zusammen mit Barla gefangengenommen. Nach der Rückkehr aus Kriegsgefangenschaft schrieb Costa einen Bericht, in dem er die letzten Worte Teseis wörtlich wiedergibt:»Ich habe wahrscheinlich gerade nur so viel Zeit, mein SLC bis an das Sperrnetz zu bringen. Um 04.30 Uhr muß das Netz gesprengt werden – und es wird gesprengt. Wenn es zu spät ist, stelle ich einfach auf ganz kurze Zündung ein.« Vgl. J. Valerio Borghese, aaO, S.107 und S.110.

0c Die beiden erhielten den Befehl, das Netz nur zu sprengen, falls es noch die Durchfahrt versperrt. Vgl. J. Valerio Borghese, aaO, S. 109.

0d Giobbe gelang es, mit seinem MTS-Boot das Schnellboot *MAS 452* einzuholen, das es in Schlepp nahm. Giobbe selbst ging zur Berichterstattung an Bord des Schnellbootes. Nach dem Luftangriff retteten sich elf Überlebende auf das MTS-Boot von Giobbe, das unbeschädigt geblieben war. Mit diesem Boot konnten sie noch an den entkommenen Aviso DIANA heranschließen. Vgl. J. Valerio Borghese, aaO, S. 110.

1 J. Valerio Borghese: *Sea Devils*, aaO, S.113; dt. Übersetzung, aaO, S.114.

1a Aspirante = Fähnrich zur See.

2 Siehe Anm.1: Ebenda, S.231; dt. Übersetzung S.239.

2a Nach der italienischen Kapitulation lag *CA 2* in Bordeaux, wurde von der deutschen Kriegsmarine übernommen und gegen Kriegsende schließlich selbstversenkt. Die übrigen drei Boote fanden bei der *Decima MAS* in La Spezia nur zu Übungen Verwendung. Bei der Kapitulation versenkten sie sich selbst, wurden jedoch später geborgen und wieder in Dienst gestellt. Ihr weiteres Schicksal ist nicht bekannt. Vgl. Harald Fock: *Marine-Kleinkampfmittel*, aaO, S.44f.

2b Der Umbau – beendet bei *CA 2* im November 1941 und bei *CA 1* im Februar 1942 –

sah statt der beiden Torpedos das Mitführen von acht 100-kg-Sprengladungen und von zwanzig 2-kg-Sprengladungen vor. Im übrigen glichen die beiden Boote nach dem Umbau den Booten der 2. Gruppe des Typs CA; technische Daten wie unten.

2c Nach Rohwer/Hümmelchen: *Chronology of the War at Sea, 1939-1945*, aaO, S.138 und S.162, sank ŠČ 208 am 8. September 1942 durch Minentreffer, nachdem es Mitte Juni zwei Nachschubfahrten nach Sewastopol durchgeführt hatte. Hinsichtlich *CB 2* geben Rohwer/Hümmelchen an, daß die italienische Seite die Versenkung eines weiteren (unbekannten) sowjetischen Unterseebootes am 18. Juni 1942 geltend gemacht hätte. Diese Aussagen von Rohwer/Hümmelchen in der 2. Auflage (1992) stellen gegenüber der 1. Auflage (1972) eine Korrektur dar.

2d Anfang April 1943 war die LEONARDO DA VINCI (Kptlt. Gazzana-Priroggia) zu einer Feindfahrt in den Südatlantik ausgelaufen, in derem Verlauf sie sechs Handelsschiffe mit insgesamt 58 973 BRT versenkte, darunter den britischen Truppentransporter EMPRESS OF CANADA (21 517 BRT). Auf dem Rückmarsch nach Bordeaux fiel sie auf der Höhe von Kap Finisterre am 24. Mai den beiden britischen Kriegsschiffen zum Opfer, die zur Sicherung des Geleitzuges WS 30/KMF 15 gehörten.

3 Siehe Anm.1: Ebenda, S.261; dt. Übersetzung S.271.

3a Hinsichtlich der beiden Schweren Kreuzer siehe Näheres in Mike J. Whitley: *Kreuzer im Zweiten Weltkrieg*, Motorbuch-Verlag, Stuttgart 1997, S.172ff. und 176ff.

3b Sub-Lieutenant = (brit.) Leutnant zur See.

3c Petty Officer Cook = (brit.) Kochsmaat (Unteroffizier der Schiffskoch-Laufbahn).

3d Able Seaman = (brit.) Matrosengefreiter.

3e Stoker = (brit.) Matrose (ursprüngl. »Heizer«) der Maschinen-Laufbahn.

3f 1943 wurden die italienischen Schnellboote *MS 74* und *MS 75* zu »Canguri« (Känguruh) umgebaut, um sowohl SLC's als auch Sprengboote verschiedener Typen transportieren zu können. Näheres siehe bei Harald Fock: *Marine-Kleinkampfmittel*, aaO, S.22ff.

3g Die von Ende 1941 an gebauten Kleinschnellboote vom Typ MTSM (3 t Einsatzverdrängung) führten als Bewaffnung ein 45-cm-Hecktorpedorohr sowie beiderseits der Brücke je eine 50-kg-Wasserbombe zur Bekämpfung verfolgender Überwasserschiffe. Näheres siehe bei Harald Fock: *Marine-Kleinkampfmittel*, aaO, S.115ff.

4 C.E.T. Warren und James Benson: *Above Us the Waves: The Story of Midget Submarines and Human Torpedoes*, Harrap & Co., London 1953, S.180f.; dt. Übersetzung: *...Und über uns die Wogen. Geschichte der britischen Torpedoreiter und Kleinst-U-Boote 1942 – 1945*, Koehlers Verlagsgesellschaft, Jugenheim/Bergstraße (ohne Datum), S.160f.

5 FOWIT an C-in-C Med, 26. Juni 1944. Korrespondenz zur Operation »QWZ« in der Seekriegshistorischen Abteilung des britischen Verteidigungsministeriums.

6 Heathfield an C-in-C Med, 26. Juni 1944. Korrespondenz zur Operation »QWZ« in der Seekriegshistorischen Abteilung des britischen Verteidigungsministeriums.

7 »Special Operations Executive« (SOE): die mit Sabotage und Subversion im besetzten Europa beauftragte britische Organisation.

8 Für eine brauchbare und lebendige Diskussion zur Operation gegen die AQUILA siehe zwei Aufsätze in der ausgezeichneten Zeitschrift *Warship International*: A. Rastelli und E. Bagnasco »The Sinking of the Italian Aircraft Carrier AQUILA – A Controversial Question«, Nr. 1/1990, S.55 – 69, und Mark Grossman »The Allied Assault on AQUILA – Operation »Toast««, Nr. 2/1990, S.166 – 173.

9 Ihr Vermächtnis lebt weiter: Im Sommer 1995 teilte ein dienstälterer und sehr erfahrener Minentaucher der Royal Navy dem Verfasser mit, daß die italienische Marine in der Kampfschwimmer-Technik noch immer »die Nase vorn hat«. Eine dem Verfasser persönlich zugegangene Information.

5. Kapitel

0a Beim »Long Lance«-Torpedo (am. Kodename »Lange Lanze«) handelte es sich um den japanischen Typ 93 vom Kaliber 61 cm mit einer 500-kg-Sprengladung im Gefechtskopf. (Er entsprach der Unterseebootsversion vom Typ 95 mit Kaliber 53,3 cm.) Dieser mit Sauerstoff angetriebene und blasenbahnfreie Torpedo konnte mit der außergewöhnlichen Geschwindigkeit von 50 kn 20 000 m oder mit 26 kn 37 000 m zurücklegen.

0b Entgegen der japanischen Gepflogenheit, den Familiennamen an erster Stelle mit nachgestellten Vornamen (z.b. Yokoo Takeyoshi) zu gebrauchen, hat der Übersetzer die allgemein übliche europäische Schreibweise (z.b. Takeyoshi Yokoo) gewählt.

0c In der Royal Navy bestand und besteht die Gewohnheit, auch Landdienststellen der Marine mit Schiffsnamen zu bezeichnen, wie zum Beispiel HMS»Dolphin«, der Unterseebootsstützpunkt mit Schule und Museum in Gosport.

0d Admiral Sir Max Horton, ein ehemaliger U-Bootkommandant des Ersten Weltkrieges, war in der Zwischenkriegszeit u.a. als Captain (S) Chef einer U-Bootflottille gewesen. Bei Kriegsbeginn übernahm er die »Northern Patrol« und war anschließend vom 9. Januar 1940 bis zum 9. November 1942 »Flag Officer Submarines« (Befehlshaber der Unterseeboote) auf HMS »Dolphin« in Gosport.
Am 17. November 1942 bis Kriegsende hatte er als »C-in-C Western Approaches« mit HQ im Derby House in Liverpool den Oberbefehl über die Verteidigung im westlichen Nordatlantik. Als Gegenspieler von Admiral Dönitz, dem deutschen Befehlshaber der Unterseeboote, führte er von Liverpool aus die »Schlacht im Atlantik«.

0e In der KJM wurde in der Kapitänleutnants-Ebene zwischen dem »Taii« (»Großer Ritter«: zwei goldene Ringe – entsprach dem Kapitänleutnant) und dem »Syosa« (»Kleiner Beistand«: zweieinhalb goldene Ringe – entsprach dem Korvettenkapitän) unterschieden, während die nächste Rangebene »Tyusa« (»Mittlerer Beistand«: drei goldene Ringe wie der Commander in der RN) dem Fregattenkapitän entsprach. Wie in der RN so fehlte auch in der KJM entgegen deutscher Gepflogenheit der Fregattenkapitän mit dreieinhalb goldenen Ringen. Es ist daher im westlichen Schrifttum sehr schwierig, den richtigen Dienstgrad zu erkennen.

1 Das Werk *Kaigun Zosen Gijitsu Gaiyo* (Grundriß der Marineschiffbautechnik), Bd.3, S.540, läßt erkennen, daß das Fahrzeug imstande gewesen sein könnte, mit 27,6 kn eine höhere Geschwindigkeit zu laufen. Allerdings scheint dies für ein 41-ts-Fahrzeug, angetrieben durch einen E-Motor mit 600 PS, sehr unwahrscheinlich.

1a Die CHITOSE und CHIYODA (11 023 ts standard, 29 kn, 1938 in Dienst gestellt) konnten als Seeflugzeugtender bis zu 24 Seeflugzeuge an Bord nehmen. Nach dem Umbau 1941 waren sie imstande, neben 12 Flugzeugen noch 12 Kleinunterseeboote an Bord zu nehmen. Dem Ein- und Aussetzen der Boote diente eine portalähnliche Öffnung im Heck, durch die eine Aufschleppe – ähnlich wie bei einem Walfangmutterschiff – direkt in das Hangardeck führte. Die Öffnung konnte durch ein zweiflügeliges Tor verschlossen werden. Die im Februar 1939 in Dienst gestellte MIZUHO (10 929 ts standard, 22 kn) glich den beiden ersten Einheiten. Sie war jedoch von Anfang an für den Transport von 12 Kleinunterseebooten eingerichtet. Auch die erst im Februar 1942 in Dienst gestellte NISSHIN (11 317 ts standard, 28 kn) wies eine ähnliche Bauweise auf. Sie konnte allerdings als Flugzeugmutterschiff 20 Seeflugzeuge oder als Minenleger 12 Flugzeuge und 700 Minen oder als Klein-U-Boottransporter neben 12 Flugzeugen noch 12 Kleinunterseeboote mitführen. Die NISSHIN hatte mit sechs 14-cm-Geschützen und achtzehn 2,5-cm-Fla-Geschützen eine sehr starke artilleristische Bewaffnung. Näheres siehe bei Siegfried Breyer: *Flugzeugkreuzer, Flugzeugmutterschiffe und Flugzeugtender bis 1945*, Marine-Arsenal, Sonderband 9, S.22 – 28, Podzun-Pallas-Verlag, Wölfersheim-Berstadt 1994.

2 Fregattenkapitän Tanashi Takaichi an den Verfasser, 3. März 1994.

3 Die TOMOZURU kenterte am 12. März 1934 in schwerem Wetter, wurde aber in den Hafen eingeschleppt und wieder aufgerichtet. Eine anschließende Untersuchung stellte fest, daß das Torpedoboot in gefährlicher Weise topplastig war, und es mußten fast 60 ts ständiger Ballast eingebaut werden.

3a In der Aufbauphase der japanischen Flotte kam es in den 20er und 30er Jahren zu mehreren »Flotten-Zwischenfällen«, wobei die Ursache für den Verlust oder die Beschädigung von Schiffen in

Stabilitäts- und Festigkeitsschwächen zu suchen waren:
- Bei den Manövern im August 1927 vor Maizuru Verlust des Zerstörers WARABI und Beschädigung des Zerstörers ASHI bei Kollisionen mit Kreuzern.
- Untergang des Zerstörers SAWARABI am 5. Dezember 1932 im schweren Sturm in der Taiwan-Straße.
- Kentern des nagelneuen Torpedobootes TOMOZURU am 12. März 1934 in schwerem Wetter bei einer Probefahrt vor Sasebo.
- Beschädigung von zwei Flugzeugträgern, zwei Schweren Kreuzern und fünf Zerstörern (zweien wurde der Bug bis in Höhe der Brücke abgerissen) der 4. Flotte während der Herbstmanöver am 27. September 1935 in einem Taifun nordostwärts von Japan (Vierter Flotten-Zwischenfall).

M.J. Whitley: *Kreuzer im Zweiten Weltkrieg*, Motorbuch-Verlag, Stuttgart 1997, S.193, bemerkt hierzu:»Zu dieser Zeit wurden im Kaiserreich Japan die alten Maßeinheiten auf das metrische System umgestellt, d.h. es kam zu Überlagerungen. Im Falle des Panzerschutzes waren beide Maßeinheiten oft vermischt. Einige in Millimetern ausgedrückte Maßangaben stellten offensichtlich direkte Umwandlungen alter Maßeinheiten dar. ... Diese Sachlage vermischte sich noch mit der Praxis, Panzerplatten durch Gewicht zu spezifizieren.«

4 Oberleutnant z.S. Yoshimitsu Sekido, zitiert in *Nihon No Kaigun*, Nr.4, Tokio 1978, S.28.

6. Kapitel

0a Bei Kriegsbeginn im Dezember 1941 wies die japanische Flotte die folgende Gliederung auf:
Vereinigte Flotte (Oberbefehlshaber: Admiral Yamamoto, Chef des Stabes: KAdm. Ugaki), bestehend aus 10 Schlachtschiffen, 6 Flottenflugzeugträgern, 4 Leichten Flugzeugträgern, 6 Seeflugzeugtendern, 18 Schweren Kreuzern, 20 Leichten Kreuzern, 113 Zerstörern, 65 Unterseebooten:
- Schlachtflotte (1. Flotte): VAdm. Takasu,
- Trägerflotte: VAdm. Nagumo,
- Süd-Verband (2. und 3. Flotte): VAdm. Kondo,
- Südsee-Verband (4. Flotte): VAdm. Inoue,
- Nord-Verband (5. Flotte): VAdm. Hosokaya,
- U-Boot-Flotte (6. Flotte): VAdm. Shimizu,
- China-Flotte: VAdm. Koga,
- Seeluftstreitkräfte: 2100 bord- und landgestützte Einsatzflugzeuge.

Näheres zur japanischen Spitzengliederung in Boog/Rahn/Stumpf/Wegner: *Die Welt im Krieg 1941 – 1943*, Bd.I: Von Pearl Harbor zum Bombenkrieg in Europa, Fischer-Taschenbuch-Verlag, Frankfurt a.M. 1992, S.274.

1 Die zwischen 1937 und 1941 gebauten japanischen Unterseeboote des Typs C in der Variante C/I wiesen folgende technische Daten auf:
Verdrängung über Wasser: 2554 ts
Verdrängung unter Wasser: 3561 ts
Abmessungen: 103,8 m (zwischen den Loten), 106,95 m (CWL), 109,30 m (über alles) x 9,10 m x 5,35 m
Antriebsanlage: 2 Dieselmotoren, 2 E-Motoren, 2 Wellen
Antriebsleistung: 12 400 PSe über und 2000 PSe unter Wasser
Höchstgeschwindigkeit: 23,6 kn über und 8 kn unter Wasser
Fahrbereich: 14 000 sm bei 16 kn über und 60 sm bei 3 kn unter Wasser
Bewaffnung: Acht 53,3-cm-Torpedorohre vorn mit insgesamt 20 Torpedos, ein 14-cm-Deckgeschütz L/50, vier 2,5-cm-Flak (2 x 2)
Besatzungsstärke: 101 Offiziere und Mannschaften
Anzahl der Einheiten: 5 (I 16, I 18, I 20, I 22, I 24)

1a Siehe hierzu auch E. Bagnasco: *UBoote im 2. Weltkrieg*, Motorbuch-Verlag, Stuttgart 1988, S.214f.

2 Persönliche Korrespondenz mit dem Verfasser, Januar 1994.

2a Ensign = (am.) Leutnant zur See.

2b Seaman = (am.) Matrosenobergefreiter.

3 Zeugenaussage von Captain William Outerbridge, USN, vor dem Hewitt-Untersuchungsausschuß, US-Marineministerium, 21. Mai 1945.

3a Chief Torpedoman = (am.) Torpedo-Obermechaniker (Oberfeldwebel-Rang).

3b Corporal = (am.) Hauptgefreiter (Heer).

7. Kapitel

1 Treffend bezeichneter Ort, vor der die Kaiserlich Russische Flotte 1904 auf ihrem Weg zur Vernichtung in der Seeschlacht von Tsushima monatelang schmachtete.
Zusatz des Übersetzers: Übersetzt lautet der Name der Stadt »Höllendorf«. Hellville liegt an der Südseite der Insel Nossi Bé direkt gegenüber der Pasindava-Bay, dem Ankerplatz der russischen Flotte, an der Nordwestspitze Madagaskars. Der deutsche Leser wird sich an das hierzulande häufig gesungene russische Seemannslied erinnern, das damals entstanden ist: »Wir lagen vor Madagaskar und hatten die Pest an Bord. In den Kesseln, da faulte das Wasser und täglich ging einer über Bord...«
1a Die Bezeichnungen der Türme der Schweren Artillerie auf deutschen Kriegsschiffen lauten: Turm A und B vorn sowie C und D achtern, während auf britischen Kriegsschiffen die Bezeichnungen Turm A und B vorn sowie Turm X und Y achtern gelten.
1b Constructor Captain = (brit.) Kapitän zur See (Ing.).
1c Fleet Constructor Officer Eastern Fleet = (brit.) Flotteningenieur im Stabe des C-in-C der Eastern Fleet. Mit der Verlagerung des Kampfgeschehens aus dem Indischen Ozean in den Pazifik wurde diese Flotte später in »Pazifikflotte« umbenannt.
2 Britische Admiralität »Battle Summary No 16: Naval Operations at the Capture of Diego Suarez (Operation Ironclad), May 1942«, S.53.
3 PRO ADM199/3527: »East Indies War Diary«, 2. Juni 1942.
4 Einige Berichte sprechen davon, daß die Uniformen und die Effekten der drei Männer auf dem Achterdeck der RAMILLIES ausgelegt und fotografiert worden wären. Doch dafür findet sich in den britischen Akten kein Beweis.
4a Lieutenant-Commander = (brit.) Kapitänleutnant, (am.) Korvettenkapitän.
5 Pilot und Beobachter des Seeflugzeuges von *I 29* verfielen der Sünde der Übertreibung, wie sie bei Seefliegern nicht selten ist. In Wirklichkeit bestanden die alliierten Seestreitkräfte in Sydney aus dem amerikanischen Schweren Kreuzer CHICAGO, dem US-Zerstörer PERKINS, dem Zerstörer-Tender DOBBINS, dem Schweren Kreuzer HMAS AUSTRALIA, zwei Hilfskreuzern, dem freifranzösischen Großzerstörer LE TRIOMPHANT sowie aus einer Anzahl kleinerer Schiffe.
5a Eine »Duckdalbe« ist ein im Wasser stehendes Pfahlbündel zum Festmachen, aber auch zum Schutz von Einfahrten. Sie ist vermutlich nach dem spanischen Herzog Duc d'Alba benannt, 1576 – 1573 Statthalter in den Niederlanden, der sie häufig aufstellen ließ. (Gustav-Adolf Wolter: *See und Seefahrt*, Koehlers Verlagsgesellschaft, Herford 1968.)
5b Warrant Officer = (brit.) Deckoffizier im Rang eines Stabsbootsmanns (Zwitterstellung zwischen Unteroffizier mit Portepee und Offizier.
5c Zur CHCAGO siehe Mike J. Whitley: *Kreuzer im 2. Weltkrieg*, Motorbuch-Verlag, Stuttgart 1997, 271ff.
6 *Sydney Morning Herald*, 2. Juni 1942.
7 Persönliche Information für den Verfasser.
8 ABC-Rundfunksendung, 9. Juni 1942.
9 G.H. Gill: *Royal Australian Navy, 1939-1945*, Australian War Memorial (1985).

8. Kapitel

0a Ein »konstruktiver Totalverlust« (KTV) liegt vor, wenn ein Schiff – aufgrund welcher Ursache auch immer – so schwer beschädigt wurde, daß eine vollständige Reparatur nicht mehr möglich ist oder so aufwendig wäre, daß sie einem Neubau gleichkäme.
1 P. Warner und S. Sadao *The Coffin Boats: Japanese Midget Submarine Operations in the Second World War*, Leo Cooper 1986, S.166.
2 J. Itani, H. Lengerer und T. Rehm-Takahara »Japanese Midget Submarines: Ko-Hyoteki Types A to C«, *Warship 1993*, Conway Maritime Press, London 1993, S.122. Diescr Aufsatz ist zweifellos die maßgeblichste Quelle über das »Ko-Hyoteki« in englischer Sprache.
2a Die Maschinen-Laufbahn zur Zeit des 2. Weltkrieges umfaßte den Maschinenmaat und den Obermaschinenmaat (Unteroffiziere ohne Portepee) sowie den Maschinisten und den Ober-

maschinisten (Unteroffiziere mit Portepee im Feldwebel- bzw. Oberfeldwebel-Rang).

3 Die tatsächliche Anzahl der gebauten »Ko-Hyoteki« ist strittig. Polmar und Carpenter geben in *Submarines of the Imperial Japanese Navy* folgende Zahlen an: 62 vom Typ A, 1 vom Typ B und 15 vom Typ C. Diese Zahlen bestätigt auch Erminio Bagnasco in *Submarines of World War Two* (dt. Übersetzung: »UBoote im 2. Weltkrieg«, Motorbuch-Verlag, Stuttgart 1988, S.225). Itani u.a. (siehe oben) geben jedoch an: 52 vom Typ A, 1 vom Typ B und 36 vom Typ C. Ihre abweichende Auffassung rechtfertigen sie damit, daß ein Foto existiert, auf dem ein Boot mit der Kennnummer »89« zu sehen ist, obwohl die Einsatzberichte zeigen, daß kein Boot mit einer Nummer »85« Verwendung fand.

3a Im Herbst 1943 entwarfen die Japaner den Schnelltransporter vom Typ LST I (1800 ts, 22 kn) als Überwasserschiff für den Transport von Nachschub ins Kampfgebiet oder von Kleinunterseebooten, der auch 1944/45 in den Philippinen und bei Okinawa zum Einsatz kam. Näheres hierzu siehe Harald Fock: *Marine-Kleinkampfmittel*, aaO, S.47.

3b Hinsichtlich der 6. Flotte siehe Gliederung in Anm. 0a zum 4. Kapitel.

4 Kennosuke Torisu »Japanese Submarine Tactics and the Kaiten« in D.C. Evans (Hrsg.) *The Japanese Navy in World War II in the Words of Former Japanese Naval Officers*, USNI, Annapolis 1986, S.444.

5 Hinsichtlich der Einzelheiten zum »Long Lance«-Torpedo siehe Dr. J.R. Bullen »The Japanese Long Lance Torpedo and its Place in Naval History« in *Review*, IWM, London 1988, S.69 – 79.

6 R. Chesneau (Hrsg.): *Conway's All the World's Fighting Ships 1922-1946*, Conway Maritime Press, London 1980, S.217.

6a Als »Kaiten«-Transporter kamen weiterhin in Frage:
– der bereits oben in der Anm. 3a erwähnte Schnelltransporter vom Typ LST I, der sechs »Kaiten« an Bord nehmen konnte, sowie
– die im Herbst 1944 bzw. im Januar 1945 nach schweren Beschädigungen umgebauten Zerstörer NAMIKAZE und SHIOKAZE. Näheres hierzu siehe in M.J. Whitley: *Zerstörer im 2. Welt-*

krieg, Motorbuch-Verlag, Stuttgart 1991, S. 182f. unter MINEKAZE-Klasse.

6b Hierzu siehe auch M.J. Whitley: *Kreuzer im 2. Weltkrieg*, Motorbuch-Verlag, Stuttgart 1997.

7 Torisu, aaO, S.446.

8 P. Kemp »Only Three Submarine Campaigns?« in *The Submarine Review*, Juli 1990, S. 98f.

9 Bullen, aaO, S.71.

9a Diese Tabelle stimmt mit anderen Quellen nicht überein. *I 60* wurde bereits am 17. Januar 1942 in der Sunda-Straße durch den Zerstörer HMS JUPITER versenkt (Rohwer/Hümmelchen, aaO, S.115). Die Kennung *I 160* ist unrichtig; denn eine Anzahl der bis zum 20. Mai 1942 gebauten U-Boote mit einer I-Kennung erhielten erst ab diesem Tag, soweit sie noch vorhanden waren, vor ihre Kennnummer eine »1«. Das U-Boot mit der Kennung *I 118* ist bei Bagnasco nicht feststellbar (*I 18* erhielt nicht die Kennnummer »118«), aber in der Tabelle fehlt das ebenfalls zum »Kaiten«-Träger umgebaute *I 158* des Typs KD 3B. Ebenfalls nicht in der Tabelle ist der Umbau von 8 Einheiten des Typs D 2 zum Transport von je 5 »Kaiten« enthalten: *I 361, I 363, I 366 – I 370, I 372*, den sowohl Fock als auch Bagnasco erwähnen. Im übrigen siehe hierzu Harald Fock: *Marine-Kleinkampfmittel*, aaO, und Erminio Bagnasco: *UBoote im 2. Weltkrieg*, aaO.

9b Das in den Palau-Inseln liegende Ulithi-Atoll wurde am 23. September 1944 von den Amerikanern kampflos besetzt. Bis zum Ende des Krieges war dieses Atoll die wichtigste alliierte Flottenbasis im Zentralpazifik. Allein im März 1945 lagen 617 Schiffe aller Art in der großen Lagune.

10 M. Hashimoto: *Sunk! The story of the Japanese Submarine Fleet, 1942-1945*, Cassell, London 1954, S. 126.

11 Torisu, aaO, S.446.

11a Bei Rohwer/Hümmelchen, *Chronology of the War at Sea, 1939-1945*, aaO, S. 314, lautet der Deckname »Kikusui«.

12 Yutaka Yokuta und J.D. Harrington: *The Kaiten Weapon*, Ballantine Books, New York 1962, S.53.

13 Einige Quellen – Carpenter und Polmar, Compton-Hall u.a. – besagen, daß dieser »Kaiten«

245

von Nishina gesteuert wurde, obwohl dies nur eine Vermutung sein kann.

13a Bei Rohwer/Hümmelchen, *Chronology of the War at Sea, 1939-1945*, aaO, S.335, lautet der Deckname »Kamitake«.

14 Hashimoto, aaO, S.143.

15 Hinsichtlich Einzelheiten siehe S. Foster: *Okinawa: Final Assault on the Empire*, Arms & Armour Press, London 1994, S.76 – 94.

15a Nach Rohwer/Hümmelchen, *Chronology of the War at Sea, 1939-1945*, aaO, S. 347, soll *I 44* am 10. April 1945 durch den US-Geleitzerstörer FIEBERLING versenkt worden sein.

15b Vice-Admiral = Vizeadmiral.

15c Um dem Leser einen Begriff vom Umfang dieses Trägerkampfverbandes zu geben, wird die Gliederung der *TF 58* Anfang April 1945 hier wiedergegeben. Er bestand aus:
– der *TG 58.1* (Rear-Admiral Clark) mit den Trägern HORNET, BENNINGTON, BELLEAU WOOD und SAN JACINTO, den Schlachtschiffen MASSACHUSETTS und INDIANA, den Kreuzern VINCENNES, MIAMI, VICKSBURGH und SAN JUAN sowie zwei Zerstörergeschwadern;
– der *TG 58.2* (Rear-Admiral Bogan) mit den Trägern RANDOLPH, ENTERPRISE und INDEPENDENCE, den Schlachtschiffen WASHINGTON und NORTH CAROLINA, den Kreuzern BALTIMORE, PITTSBURGH, FLINT und OAKLAND sowie einem Zerstörergeschwader;
– der *TG 58.3* (Rear-Admiral Sherman) mit den Trägern ESSEX, BUNKER HILL und BATAAN, den Schlachtschiffen JERSEY und NORTH DAKOTA, den Kreuzern PASADENA, SPRINGFIELD, ASTORIA und WILKES-BARRE sowie drei Zerstörergeschwadern;
– der *TG 58.4* (Rear-Admiral Radford) mit den Trägern YORKTOWN, INTREPID und LANGLEY, den Schlachtschiffen WISCONSIN und MISSOURI, den Schlachtkreuzern ALASKA und GUAM, dem Kreuzer SAN DIEGO und zwei Zerstörergeschwadern.

15d Bei Rohwer/Hümmelchen *Chronology of the War at Sea, 1939-1945*, aaO, S.349, lautet der Deckname »Amatake«.

15e Die INDIANAPOLIS hatte Bestandteile für die ersten Atombomben von San Francisco nach Tinian gebracht. Anschließend setzte sie am 26. Juli 1945 ihren Marsch über Guam ohne Sicherung und ohne Zickzackkurs in Richtung des Golfes von Leyte/Philippinen fort. Drei der sechs von Hashimoto geschossenen Torpedos trafen den Kreuzer so schwer, daß er kurze Zeit später unter schweren Verlusten an Menschenleben sank. Da der Kreuzer mehrere Tage lang nicht als überfällig gemeldet wurde, konnten zwischen dem 2. und dem 8. August von amerikanischen Flugbooten und Zerstörern nur noch 316 Überlebende aus der 1199 Mann starken Besatzung gerettet werden. Da es nur wenige unbeschädigt gebliebene Rettungsmittel gab, forderten der Durst und die Haie einen hohen Tribut.

16 Rear-Admiral Bruce McCandless »Commentary on Kaiten – Japan's Human Torpedoes« in *Proceedings*, US Naval Institute, Juli 1962, S.120.

16a Zum »Kairyu«-Typ findet sich eine erschöpfende Darstellung mit zahlreichen Bildern und Schnittzeichnungen in H. Lengerer »Japans letzte Einsatzmittel zur See: Einige Angaben zum Klein-U-Boot »Kairyu«« in *Marine-Rundschau*, 1979, S.696.

Ende 1944 wurden noch drei weitere Klein-U-Boottypen entwickelt:
– der Typ »U-Kanamono« mit 14 fertiggestellten Einheiten, die nicht mehr zum Einsatz kamen;
– der Typ »Maru-Se« des Heeres mit einem Versuchsboot;
– der Typ »Shin Kai« mit einem Versuchsboot.

Näheres hierzu siehe bei Harald Fock *Marine-Kleinkampfmittel*, aaO, S.51.

9. Kapitel

0a Einige technischen Daten der TIRPITZ: Standardverdrängung 42 958 t, Einsatzverdrängung 52 600 t, Abmessungen 251 m x 36 m x 10,6 m, 30,8 kn, Fahrbereich 10 200 sm bei 16 kn, Bewaffnung 8 x 38 cm (4 x 2), 12 x 15 cm (6 x 2), 16 x 10,5 cm (8 x 2), 16 x 3,7 cm (8 x 2), 20 x 2 cm (12 x 1, 2 x 4). Im übrigen siehe Mike J. Whitley: *Deutsche Großkampfschiffe*, Motorbuch-Verlag, Stuttgart 1997.

0b Dieser Verband und besonders die TIRPITZ wirkten als »Fleet in being«. Diese Strategie geht auf das Handeln des britischen Admirals Herbert im Jahre 1690 während des Pfälzischen Erbfolgekrieges zurück. Es ist eine Art strategische Defensive, die sich wie folgt definieren läßt: Einem an Zahl überlegenen Gegner, der für die Durchführung seiner Pläne auf den Besitz der unbestrittenen Seeherrschaft angewiesen ist, ihre Erringung durch die Entscheidungsschlacht zu verweigern, indem die eigene Flotte sich zwar defensiv verhält, aber doch jede Gelegenheit ausnutzt, um ihm in fortgesetzten Gegenstößen Schaden zuzufügen.

1 Der Geleitzug PQ 17 wurde im Juli 1942 infolge einer fehlerhaften nachrichtendienstlichen Einschätzung, daß die TIRPITZ und ihr Kampfverband in See stehen könnten, mit verhängnisvollen Folgen aufgelöst.

1a Diese Aussage ist nur bedingt richtig. Die Stationierung erfolgte in erster Linie aufgrund von Hitlers Besorgnis vor einem alliierten Angriff auf Norwegen.

1b Churchill hatte die Gewohnheit, alle Vorgänge, die er vorrangig erledigt wissen wollte, mit diesem Vermerk (etwa »Noch heute zu erledigen!«) zu versehen. Sie konnten zu einer Flut anwachsen und erzeugten bei den Betroffenen eine hektische Betriebsamkeit.

1c Hierbei handelte es sich um den »Ständigen Ausschuß der Stabschefs«, ein Gremium, dem unter dem Vorsitz von General Ismay (wenn der Premierminister als Oberbefehlshaber der Streitkräfte nicht anwesend war) die Stabschefs der drei Teilstreitkräfte – d.h. die fachlichen Spitzen von Marine, Heer und Luftwaffe – mit ihren Beratern angehörten. Dieser Ausschuß trat laufend zusammen und erarbeitete die militärisch-fachlichen Richtlinien der Kriegsführung, über die dann die politische Führung entschied. Hier kommt als Grundprinzip der Demokratie das Primat der politischen Führung vor der militärischen zum Ausdruck.

2 PRO PREM23/3561, Churchill an Ismay, 18. Januar 1942. Colonel R. Jefferis, KBE, MC, war ein Heeresoffizier, der später der SOE angehörte und auf dem Gebiet der Entwicklung von Kleinunterseebooten Pionierarbeit leistete.

3 W.R. Fell: *The Sea Our Shield*, Cassell & Co., London 1966, S.76.

4 Hinsichtlich weiterer Einzelheiten zu dieser ungewöhnlichen und wenig bekannten Operation siehe R. Fisk: *In Time of War: Ireland, Ulster and the Price of Neutrality, 1939-1945*, Paladin Books (1985), S.132 – 140.

4a »Verbundene Operationen« sind Unternehmen mit verbundenen Waffen d.h. unter Beteiligung mehrerer Waffengattungen bzw. von mindestens zwei Teilstreitkräften.

Die beiden Vorstöße in die Lofoten waren Kommando-Unternehmen, ausgeführt von Kampfverbänden der Royal Navy (Kreuzer, Zerstörer, Minensucher, Landungsschiffe, Tanker, Hilfsschiffe, Unterseeboote) mit 260 bzw. 485 Mann Kommandotruppen an Bord:
– am 22. – 28. Dezember 1941 die Operation »Anklet« im Vestfjord und
– am 24. – 31. Dezember 1941 die Operation »Archery« im Vaagsfjord. Bei diesem Unternehmen führte Fell das Landungsschiff PRINCE CHARLES.

4b Sladen torpedierte mit der TRIDENT in den Morgenstunden des 23. Februar 1942 den Schweren Kreuzer PRINZ EUGEN vor Trondheim und beschädigte ihn erheblich. Näheres siehe hierzu in M.J. Whitley: *Deutsche Kreuzer im 2. Weltkrieg*, Motorbuch-Verlag, Stuttgart 1988.

5 Der betreffende britische Fachmann war Captain W.O. Shelford, der bekannte Experte für das Entkommen aus Unterseebooten und ihre Bergung.

6 C.E.T. Warren und J. Benson: *Above Us the Waves: The Story of Midget Submarines and Human Torpedoes*, Harrap, London 1953, S.31; dt. Übersetzung: *...Und über uns die Wogen. Geschichte der britischen Torpedoreiter und Kleinst-U-Boote 1942 – 1945*, Koehlers Verlagsgesellschaft, Jugenheim/Bergstraße (ohne Datum), S.22f.

6a Engineer Commander = (brit.) Fregattenkapitän (Ing.).

7 Der Ursprung des Namens »Chariot« ist unklar. U-Bootfahrer, die sie in den Einsatzraum transportierten, bezeichneten sie als »Jeeps« nach dem einem Nagetier gleichenden Geschöpf aus dem Zeichentrickfilm »Popeye«, das eine Reihe von »Jeep-jeep«-Lauten von sich gab.

8 Die zivile, politische Führung der Royal Navy, ernannt vom Premierminister mit einem Sitz im

Kabinett; nicht zu verwechseln mit dem »First Sea Lord« (Erster Seelord), der militärischen Führungsspitze der Royal Navy (= Stabschef, siehe auch oben Anm. 1c zum 9. Kapitel). In der heutigen deutschen Marine ist hierzu der »Inspekteur der Marine« vergleichbar.

8a Leading Seaman = (brit.) Matrosenobergefreiter.

8b Petty Officer = (brit.) Bootsmannsmaat (in Verbindung mit der Bootsmanns-Laufbahn; Unteroffiers-Rang ohne Portepee).

8c Die »Special Operations Executive« (SOE) wurde am 19. Juli 1940 aufgestellt und hatte den Auftrag, alle Aktionen durch Subversion und Sabotage gegen den Feind in Übersee zu koordinieren (siehe Seite 155).

8d Lieutenant-Colonel = Oberstleutnant (Heer).

8e Sergeant = (brit.) Feldwebel (Unteroffizier mit Portepee im Heer).

9 Siehe Larsens Buch »The Shetland Bus« mit weiteren Informationen über die bemerkenswerten Taten dieses Mannes.

10 Der britische Film »We Dive at Dawn« vermittelt eine ausgezeichnete Darstellung dieses Vorfalls.

11 Warren und Benson, aaO, S.64; dt. Übersetzung, aaO, S.54.

11a Quislinge war im 2. Weltkrieg die Bezeichnung für die Kollaborateure, die in Norwegen mit der deutschen Besatzungsmacht zusammenarbeiteten. Benannt nach Vidkun Quisling, einem norwegischen Offizier und Politiker, der 1933 eine faschistische Partei gründete, während der deutschen Besetzung 1942 – 1945 Ministerpräsident war und 1945 als Landesverräter erschossen wurde.

12 Oberkommando der Wehrmacht, das Hitler als Oberbefehlshaber der Wehrmacht nachgeordnet war.

12a Nach Leonce Peillard: *Versenkt die Tirpitz!*, Verlag Paul Neff, Wien 1965, Anm.17 im Anhang, wurde Evans am 19. Januar 1943 als Spion erschossen (Nürnberger Prozeß, Bd.V, S.45 und Dokument D 864).

13 Vorpostenboote waren meist zum Küstenschutz umgebaute Fischdampfer, die mit einem 8,8-cm-Geschütz und leichten Fla-Geschützen bewaffnet waren. Sie waren in Norwegen zusammen mit Minensuch-, Räum- und U-Jagdbooten in Küstenschutzverbänden zusammengefaßt.

13a Diese drei Unterseeboote der T-Klasse gehörten zur Gruppe 1 (THUNDERBOLT, TROOPER) bzw. 2 (P 311):
Wasserverdrängung: 1327 ts (Gruppe 1) bzw. 1422 ts (Gruppe 2) über und 1575 ts bzw. 1571 ts unter Wasser
Abmessungen: 83,60 m bzw. 83,10 m x 8,10 m x 3,60 m bzw. 4,80 m
Antriebsanlage: 2 Dieselmotoren mit 2500 PSe, 2 E-Motoren mit 1450 PSe, 2 Wellen
Höchstgeschwindigkeit: 15,25 kn über und 9 kn unter Wasser
Fahrbereich: 8000 sm bei 10 kn über Wasser
Bewaffnung: 10 bzw. 11 x 53,3-cm-Torpedorohre mit insgesamt 16 bzw. 17 Torpedos, 1 x 10,2-cm-Deckgeschütz, 1 x 2 cm, bis zu drei 7,69-mm-MG's
Besatzungsstärke: 56 bzw. 61 Offiziere und Mannschaften.

13b Der Typ 291 W war ein für Unterseeboote entwickeltes kombiniertes See- und Luftraumüberwachungsradar auf 1,5 m Wellenlänge und der Frequenz 214 MHz, eingeführt 1943.

14 Die modernen dieselelektrischen U-Jagdunterseeboote der britischen OBERON-Klasse weisen im Kommandoturm Aus- und Einstiegskammern für fünf Personen auf.

14a In der Seeschlacht bei Kap Matapan/Peleponnes am 28./29 März 1941 zwischen der italienischen Flotte und der britischen Mittelmeerflotte verloren die Italiener – ohne Radar fast blind in der Dunkelheit – die Schweren Kreuzer ZARA, FIUME und POLA sowie die Zerstörer ALFIERI und CARDUCCI. Das Flottenflaggschiff VITTORIO VENETO (Admiral Iachino) erhielt einen Lufttorpedotreffer. Auf italienischer Seite betrugen die Verluste ca. 3000 Mann, während von den mit Radar ausgerüsteten britischen Schiffen keines verlorenging.

14b Zum Leichten Kreuzer ULPIO TRAIANO siehe Mike J. Whitley: *Kreuzer im 2. Weltkrieg*, Motorbuch-Verlag, Stuttgart 1997, S.165ff. unter »Capitani Romani«-Klasse.

15 Naval Staff History: *Submarines*: Bd.2: »Operations in the Mediterranean«, Admiralty 1956, S.118f.

16 Rear-Admiral G.W.G. Simpson: *Periscope View: a Professional Autobiography*, Macmillan, London 1972, S.281.

16a Chief ERA (Chief Engine-Room Artificer) = (brit.) Obermaschinist (Oberfeldwebel-Rang, siehe auch Anm.2a im 8. Kapitel). Vgl. hierzu Anm.9 im 14. Kapitel.

16b Zur Durchführung dieser Erkundung legten sich die »Chariots« in fünf Meter Wassertiefe auf Grund. Der Pilot blieb am Fahrzeug und behielt die Leine mit den 5-m-Markierungen in der Hand, während seine Nummer 2 mit dem Leinenende in Richtung Strand ging. Waren jeweils 5 m durchlaufen, zog der Pilot an der Leine und die Nummer 2 stellte die Wassertiefe fest.

17 Naval Staff History, aaO, S.123.

17a Nach Rohwer/Hümmelchen: *Chronology of the War at Sea, 1939-1945*, aaO, S.314, wurde lediglich das Marinehilfsschiff SUMATRA MARU (984 ts) versenkt.

17b Später folgte noch der »Chariot« Mk. III: 4,5 kn und über 30 sm Fahrbereich unter Wasser sowie Mitführen einer 1-ts-Sprengladung. Sie Harald Fock: *Marine-Kleinkampfmittel*, aaO. S.24.

18 G. Cruikshank: *SOE in the Far East*, OUP (1983), S.30.

10. Kapitel

0a Der »Controller« war in der britischen Admiralität für die Erprobung und Abnahme der Kriegsschiffneubauten zuständig.

1 Diese und viele weitere Einzelheiten zum »X-Craft«-Bau stammen aus »War History and War Experience, 1939-1945: Technical Staff Monograph on X-Craft«, TS-Kopie ist in der Marinehistorischen Abteilung des britischen Verteidigungsministeriums erhalten.

2 Commander C.H. Varley, DSC, MIMechE, RN, 1890 – 1949. Nachruf in *The Times*, 4. September 1949.

2a Die *X 1* war der erste britische Unterseebootsneubau nach dem 1. Weltkrieg, ein Versuchsunterseeboot (3600 ts Verdrängung unter Wasser, 110 m Länge) nach dem Vorbild der deutschen U-Kreuzer des Ersten Weltkrieges, 1936 außer Dienst gestellt. Die Bezeichnung *X 2* hatte das erbeutete deutsche U-Boot *U 570* erhalten, ehe es in HMS GRAPH umbenannt wurde. Zu den X-, XT- und XE-Booten siehe Näheres bei E. Bagnasco: *UBoote des 2. Weltkrieges*, aaO, S. 138f.

2b Die um 1900 für die Royal Navy gebauten ersten Unterseeboote des irisch-amerikanischen Erfinders John B. Holland besaßen bereits ein zweifaches Antriebssystem.

Sie wiesen eine sehr niedrige Silhouette auf, hatten kaum Freibord und besaßen statt eines Kommandoturms nur eine erhöhte Kuppel mit dem Einstiegsluk.

3 Ein Akronym, gebildet aus den Familiennamen der beiden Konstrukteure Varley und Bell. HMS »Varbel« war die Bezeichnung für das oberhalb von Port Bannatyne am Hang eines Hügels gelegene Bute-Hotel.

4 Bezüglich der Diskussion hinsichtlich der Vickers-Probleme siehe P.J. Kemp: *The T Class Submarine*, Arms & Armour Press, London 1990, S.14f.

5 »War History and War Experience, 1939-1945«.

6 Captain J.E. Moore und Commander P.R. Compton-Hall: *Submarine Warfare Today and Tomorrow*, Michael Jospeh, London 1986, S.215.

7 »War History and War Experience, 1939-1945«.

8 Ein ekelhaftes Phänomen, das in der britischen U-Bootwaffe einzigartig war. Durch die untaugliche Betriebsweise der WC-Wasserspülung verursacht, öffnete sich das Klosett zur See hin mit der Folge, daß die »Einlage« eines Benutzers mit großer Geschwindigkeit aus der Schüssel heraus und quer durch die Tauchkammer geschleudert wurde – von den Bordkameraden ohne Mitgefühl mit Beifall begleitet.

9 Nachlaß von Commander H.P. Westmacott, DSO, DSC mit Band, RN, IWM, Department of Documents, 95/5/1.

10 »War History and War Experience, 1939-1945«, Abschnitt 76.

11 Commander R.P. Raikes, RN, an den Verfasser, 10. Juli 1989.

11a Eine britische »Public School« ist eine

249

höhere, reichdotierte Privatschule, zu der meist ein Internat gehört.
HMS »Britannia« ist die Königliche Marineschule für die Ausbildung der Seekadetten zu Seeoffizieren.
12 Commander P.R. Compton-Hall: *The Underwater War*, Blandford Press, London 1983, S.136f.

11. Kapitel

1 Rear-Admiral (Submarines) und Befehlshaber der U-Bootwaffe der Royal Navy.
1a Nachfolger von Admiral Max Horton, der zum »C-in-C Western Approaches« ernannt worden war (siehe auch Anm.0d zum 5. Kapitel).
2 Admiralty »Battle Summary No 29: The Attack on the TIRPITZ by Midget Submarines (Operation Source), 22. September 1943«, BR.1736(22)(48), London 1948, S.6, Anm.2.
3 Ebenda, S.7, Anm.1
4 SBNONR (Senior British Naval Officer North Russia) = Dienstältester britischer Seeoffizier Nordrußland.
4a TRASHER gehörte zur Gruppe 1 und TRUCULENT zur Gruppe 2 der T-Klasse (siehe Anm.13a zum 9. Kapitel).
Die genannten vier Unterseeboote der S-Klasse gehörten zu der ab 1940 gebauten Gruppe 3 dieser Klasse. Hierzu einige technische Daten:
Wasserverdrängung: 872 ts über und 990 ts unter Wasser
Abmessungen: 66,10 m x 7,20 m x 3,40 m
Antriebsanlage. 2 Dieselmotoren mit 1900 PSe, 2 E-Motoren mit 1300 PSe, 2 Wellen
Höchstgeschwindigkeit: 15 kn über und 10 kn unter Wasser
Bewaffnung: Sechs 53,3-cm-Torpedorohre mit insgesamt 12 Torpedos sowie 1 x 7,6-cm-Deckgeschütz L/50
Besatzungsstärke: 48 Offiziere und Mannschaften.
Vgl. hierzu E. Bagnasco: *UBoote im 2. Weltkrieg*, aaO, S.120ff.
Hinsichtlich des Ablaufes der Operation »Source« siehe auch Mike J. Whitley: *Deutsche Großkampfschiffe*, Motorbuch-Verlag, Stuttgart 1997.

4b Beim Schweren Kreuzer LÜTZOW handelte es sich um das ehemalige Panzerschiff DEUTSCHLAND.
4c Nach dem Ersten Weltkrieg wurden in Großbritannien als interministerielle Einrichtungen für die Beschaffung, Analyse und Auswertung nachrichtendienstlicher Informationen der »Special (oder Secret) Intelligence Service« (SIS), oft auch nur als »Secret Service« bezeichnet, und die »Government Code & Cypher School« (GC & CS) geschaffen. Daneben besaßen die Ministerien der drei Teilstreitkräfte (Admiralty, War Office und Air Ministry) noch ihre eigenen Nachrichtendienste. Seit 1936 existierte auf höchster Ebene das »Joint Intelligence Sub-Committee« als Unterausschuß des Chiefs of Staff Committee (siehe oben Anm.1c zum 9. Kapitel).
Während der Zeit der deutschen Besetzung unterhielt der SIS an den norwegischen Küsten ein Agentennetz zur Beobachtung des deutschen Schiffsverkehrs. Einer dieser Agenten berichtete bis zum Sommer 1944 regelmäßig aus dem Altafjord, konnte aber zu den Vorbereitungen der Operation »Source« nichts beitragen. Vgl. hierzu F.A. Hinsley u.a.: *British Intelligence in the Second World War*, HMSO, London 1984, Bd.3, Teil 1, S.259.
4d Der Funkaufklärung auf alliierter Seite gelangen während des 2. Weltkrieges – von deutscher Seite unbemerkt und bis 1974 unbekannt – Einbrüche in die Funkschlüssel der obersten Reichsbehörden sowie von Heer, Luftwaffe und Marine. Die Weitergabe der Auswertungen erfolgte auf britischer Seite unter der Geheimhaltungsstufe »Ultra« und war durch raffinierte Maßnahmen abgeschirmt.
Die Grundlage der deutschen Funkschlüsselung bildete die Schlüsselmaschine »Enigma«. Hierbei umfaßte z.B. der »Marinefunkschlüssel M« (M 3) drei Schlüsselwalzen zu je 26 Buchstaben – später vier (M 4) – aus einem Vorrat von acht, wobei die inneren Einstellungen (Walzenlage und Ringstellung) nur alle 48 Stunden, die äußeren Einstellungen (Steckverbindungen und Grundstellungen) alle 24 Stunden wechselten.
Eine Vielzahl von aufgefangenen deutschen Funksprüchen bildete für die Briten (nach Vorarbeit durch den polnischen Geheimdienst) in der

»Government Code & Cipher School« (siehe oben Anm.4c) in Bletchley Park bei London die Grundlage, um mit Hilfe von besonders entwickelten Entzifferungshilfsmaschinen (Komputern) – den sog. »Bombs« – den Großteil der deutschen Funkschlüssel zu lösen. Hierbei leisteten erbeutetes Schlüsselmaterial und lasche Funkdisziplin (besonders bei der Luftwaffe) einen wesentlichen Beitrag. Damit war es möglich geworden, die deutschen Funksprüche ab 1941 anfänglich mit langer Zeitversetzung, später in immer kürzeren Zeitabständen und schließlich zeitgleich mitzulesen.

Zur weiteren Vertiefung siehe Rohwer/Jäckel: *Die Funkaufklärung und ihre Rolle im 2. Weltkrieg*, Motorbuch-Verlag, Stuttgart 1979.

5 Die Funkverbindungen waren gegen einen Einbruch sicher, da alle Funksprüche zwischen den Unterseebooten und Admiral Barry mit »Einweg-Schlüsseln« (d.h. nur einmal in Gebrauch) verschlüsselt wurden.

6 Dieser Vorgang wurde innerhalb der U-Bootwaffe zu einer Legende, aber Place wies immer sehr schnell darauf hin, er hätte bemerkt, daß eine der Minenstoßkappen verbogen gewesen wäre. Daher wäre sein Handeln ziemlich ungefährlich gewesen.

6a Alle Uhrzeiten für den Angriffsablauf entsprechen britischer Zeit, d.h. zwei Stunden hinter der deutschen Uhrzeit zurück.

7 Persönliches Tagebuch von Lieutenant Donald Cameron, RNR.

8 LÜTZOW und SCHARNHORST waren durch ähnliche Sperren geschützt.

8a Die am 16. Januar 1939 in Dienst gestellte NORDMARK (10 848 BRT oder 20 858 t maximal, 21,1 kn) war ein großer, zweckgebauter Flottenversorger, der als Ladung 9400 t Öl, 790 t Proviant, 972 t Munition und 208 t sonstige Ausrüstung mitführen konnte.

9 Tagebuch von Cameron.

9a An sich stand die Sperrlücke nur tagsüber unter Bewachung offen, war aber in der Nacht zum 22. September durch Zufall nicht geschlossen worden. Adalbert Brünner: *Schlachtschiff TIRPITZ IM Einsatz. Ein Seeoffizier berichtet*, Marine-Arsenal, Verlag Podzun-Pallas, Friedberg 1993, Sonderband 6, S.16.

9b Turmverteilung auf deutschen Kriegsschiffen: Turm A (Anton) und B (Berta) vorn sowie Turm C (Cäsar) und D (Dora) achtern.

10 Pamela Mitchell *The Tip of the Spear*, Richard Netherwood (1993), S.99.

11 Admiralty »Battle SummaryNo 29«, S.15. Entgegen britischer Gewohnheit, auf die sich Place hier bezog, handelte es sich bei dem Turm X der TRIPITZ nach deutscher Praxis um den Turm Cäsar.

11a Siehe Anm.1a zum 7. Kapitel und oben Anm.9b.

12 DSEA: Davis Submarine Escape Apparatus = Davis-Tauchretter.

13 M. Downes: *Oundle's War*, The Nene Press, S.147.

13a »Eines der Kleinst-U-Boote wurde von uns geborgen (*X 7*), an Land gesetzt und die darin gefundenen Unterlagen nach Berlin zum OKM geflogen. Die im Boot gefundenen Toten wurden in Alta von uns beigesetzt.« Adalbert Brünner: *Schlachtschiff TIRPITZ im Einsatz*, aaO, S.16.

14 Admiralty »Battle Summary No 29«, S.17.

15 Ebenda.

15a »Leute vom Personal der Bootsmannsgruppe, die an Anker und Spills zu tun hatten, erlitten Knochenbrüche im Oberschenkel. Man hatte das Gefühl, als bekäme man vom Oberdeck her einen Schlag, der sämtliche Knochen zusammenstauchte.« Adalbert Brünner: *Schlachtschiff TIRPITZ im Einsatz*, aaO, S.16.

15b Zu diesem Zeitpunkt war nicht mehr KptzS. Karl Topp der Kommandant der TIRPITZ sondern seit Februar 1943 KptzS. Hans Meyer. Nach Warren/Benson: *...Und über uns die Wogen*, aaO, S. 125, wurden die sechs Überlebenden, deren Schneid bewundert wurde, an Bord sehr gut behandelt und schließlich am 28. November 1943 ins Kriegsgefangenenlager Marlag-Milag Nord gebracht. Auch Leonce Peillard: *Versenkt die TIRPITZ!*, aaO, S. 286ff., bestätigt die gute Behandlung.

15c Infolge der entzifferten deutschen Funksprüche und der Agentenmeldungen aus dem Altafjord wußte die britische Seite über den Zustand der TIRPITZ sehr gut Bescheid, wie der folgende nachrichtendienstliche Bericht (PRO ADM 223/171) zeigt:

»TIRPITZ – Zustand der Einsatzbereitschaft

OIC/SI 840
27. Januar 1944

1. Vor dem 22. September [1943] hatte die TIRPITZ die Erlaubnis erhalten, den Zustand der Kriegsbereitschaft für einen längeren Zeitraum zu unterbrechen und großzügig Urlaub zu gewähren, wenn auch nur für Nordnorwegen.
2. Am 22. September wurde die zu diesem Zeitpunkt im Kaafjord liegende TIRPITZ durch einen Angriff britischer Kleinunterseeboote beschädigt. Ihr erster Bericht, eineinhalb Stunden nach dem Angriff abgegeben, meldete 500 ts Wasser im Schiff. Ein Kommission wurde eingesetzt, um den Schaden zu untersuchen. Die ersten Ergebnisse der Untersuchung sollten am 14. Oktober per Fernschreiber nach Deutschland übermittelt werden und am 16. Oktober flog die Kommission nach Deutschland zurück. In der Zwischenzeit hatte ein Werkmeister von Brown, Boveri und Cie., Hersteller der elektrischen Einrichtungen und Dieselgeneratoren, das Schiff besichtigt und der für den 3. Oktober angeforderte Bericht hinsichtlich der erforderlichen Facharbeiter und Ersatzteile war mit ihm abgestimmt worden.
3. Am 15. Oktober war die Meldung abgegangen, daß die elektrische Anlage des Schiffes nicht mehr betriebsfähig wäre, aber der Schutz des Schiffes sichergestellt sei. Für die Dauer der Reparaturzeit könnte möglicherweise nur ein E-Werk betriebsklar gemacht werden. Dies würde jedoch für den Schutz des Schiffes und die Erhaltung der Einsatzbereitschaft der Geschütze ausreichend sein. Von der Schweren und der Mittelartillerie stünde je ein vorderer Turm jederzeit gefechtsbereit zur Verfügung und auch 50 % der Flak wären einsatzbereit. Hinsichtlich der Besatzung war einvernehmlich festgelegt worden, sie in drei Schichten zu je 600 Mann auf Urlaub zu schicken, beginnend am 1. November 1943.
4. Am 17. Oktober forderte die TIRPITZ 3 Schiffe für die Stromversorgung der TIRPITZ und der SCHARNHORST an, da die TIRPITZ nur über einen betriebsklaren Generator verfügte, der nur für kurze Zeit betrieben werden konnte.
5. Die Luftbildaufklärung hatte festgestellt, daß sich das Werkstattschiff NEUMARK zum Zeitpunkt des Angriffs im Altafjord befand und am 23. September längsseits der TIRPITZ gegangen war. Offensichtlich war beabsichtigt, das Werkstattschiff HUASCARAN in Narvik Ende Oktober in den Kaafjord zu verlegen. Doch infolge der Notreparaturen, darunter auch Unterwasserschweißarbeiten, die bei dem durch Luftangriff vor Bodø am 4. Oktober beschädigten Tanker SCHLESWIG durchgeführt werden mußten, verzögerte sich sein Auslaufen. Die HUASCARAN traf schließlich um den 26. November im Altafjord ein.
6. Die MONTE ROSA (14 000 BRT), vorher zum Truppentransport zwischen Deutschland und Oslo eingesetzt, verlegte um den 28. November mit Facharbeitern und Spezialausrüstung zur Reparatur der TIRPITZ an Bord in den Altafjord.
7. Am 19. Dezember forderte die TIRPITZ in einem Funkspruch an die Marinewerft Kiel, die Entsendung artilleristischen Materials betreffend, daß dieses »unabhängig von dem Caisson (oder Kofferdamm)« entsandt werden sollte. Letzterer sollte in Sektionen zum Altafjord gebracht werden, wo er zusammengeschweißt werden könnte.
8. Seit Anfang Oktober hatte die TIRPITZ eine große Anzahl von Funksprüchen nach Kiel übermittelt und darin zur Durchführung der Reparaturen um Zulieferung von Material der verschiedensten Art ersucht, unter anderem auch um 20 ts Karbid zum Azetylenschweißen.

> 9. In einem vom 30. Dezember datierten Funkspruch drückte die TIRPITZ ernste Besorgnis hinsichtlich des nicht zur Verfügung stehenden 100-t-Krans aus, der am 25. Dezember Trondheim in Richtung Altafjord verlassen hatte. Darin kam zum Ausdruck: Selbst wenn die verfügbaren Arbeitskräfte so leistungsfähig wie nur möglich eingesetzt werden würden, hinge die pünktliche Ausführung der erforderlichen artillerietechnischen Reparaturen vollkommen von der rechtzeitigen Bereitstellung eines Krans mit entsprechendem Hebevermögen ab. Ohne einen derartigen Kran könnte das Artillerieprogramm nicht planmäßig fortschreiten.
> 10. Das in den gewechselten Funksprüchen erwähnte Datum des 15. März soll offensichtlich der Zeitpunkt für den Abschluß aller im Altafjord durchzuführenden Arbeiten sein. Es wurde darauf hingewiesen, daß dieser Zeitpunkt, was die artillerietechnischen Reparaturen anginge, nur eingehalten werden könnte, wenn der 100-t-Kran spätestens bis zum 10. Januar einträfe. Es wurde darauf gedrängt, daß ein 20-t-Kran bereitgestellt werden sollte, solange der große Kran nicht verfügbar wäre, um »den Stillstand der artillerietechnischen Reparaturen, die für Leben und Tod von Bedeutung sind,« auf ein Mindestmaß zu begrenzen.
> 11. Es wurde hinzugefügt, daß sich diese Umstände in keiner Weise auf die Fertigstellung der »schiffs-, maschinen- und elektrotechnischen Arbeiten« bis zum 15. März auswirkten.
> 12. Anfang Januar [1944] traf aus Narvik ein 20-t-Kran im Altafjord ein, aber kurze Zeit nach dem Verlassen von Trondheim erlitt der 100-t-Kran völligen Schiffbruch und der Kranponton mußte mit den Trümmern des Krans gegen Mitte Januar nach Trondheim zurückgebracht werden.
>
> *Schlußfolgerung:*
> Die schiffs-, maschinen- und elektrotechnischen Reparaturen bei der TIRPITZ werden erwartungsgemäß bis zum 15. März abgeschlossen sein. Doch der Abschluß der artillerietechnischen Reparaturen wird sich vermutlich noch auf einige Zeit nach diesem Datum verzögern und bis dahin wird die TIRPITZ für die Verwendung in See nicht einsatzbereit sein. Doch auch dann, wenn alle Reparaturen abgeschlossen sein werden, kann die TIRPITZ nicht für längere Zeiträume in See als ausreichend einsatzbereit angesehen werden, da sie seit zweieinhalb Jahren keine Werftüberholung mehr erfahren hat.«

Vgl. hierzu F.H. Hinsley *British Intillegence in the Second World War*, aaO, Bd.3, Teil 1, S.534f.

Ende März 1944 befand sich die TIRPITZ nach Abschluß der Erprobungsfahrten wieder in einem vollkommen kriegsbereiten Zustand.

15d *X 5* könnte auch in einer Minensperre am Fjordeingang gesunken sein. Vgl. hierzu Rohwer/Hümmelchen: *Chronology of the War at Sea, 1939-1945*, aaO, S.236.

16 Commander P.R. Compton-Hall: *The Underwater War*, Blandford Press, London 1982, S.140.

17 Admiralty: »Battle Summary No 29«, S.19, Anm.3.

17a Zu diesem Zeitpunkt war KptzS. Friedrich Hüffmeier noch Kommandant der SCHARNHORST; Hintze übernahm erst am 14. Oktober 1943 das Kommando über das Schiff. Die SCHARNHORST ankerte nach dem Übungsschießen vor der Insel Arøy.

17b Die im Februar 1943 gebildete »Kampfgruppe«, ab Sommer 1944 »1. Kampfgruppe«, umfaßte die in Norwegen stationierten schweren Einheiten der Kriegsmarine. Ihre Führung oblag dem »Befehlshaber der Kampfgruppe« (B.d.K.), bis zum Februar 1944 Adm. Kummetz, hervorgegangen aus der Dienststelle des Befehlshabers der Kreuzer.

18 Ebenda, S.24f.

12. Kapitel

1 M.R.D. Foot: *Special Operations Executive*, BBC Books (1984), S.20f.

2 Diese »kriegsentscheidende« Erfindung bestand aus einer Plastiksprengstoff-Ladung in Form von Kuh-, Pferde-, Schafs- oder Ziegendung, ausgestattet mit einem Druckzünder. Hinter der Waffe stand die Gewohnheit von Kraftfahrern der Achse, daß sie nicht widerstehen konnten, über ein Häufchen Kot zu fahren. Die verursachte Detonation sollte zumindest die Reifen zerfetzen, vielleicht sogar sie selbst.

3 Harvey Bennette an den Verfasser, 30. Mai 1991.

4 SBA (Sick Berth Attendant) = ein Mannschaftsdienstgrad in der RN mit einer Sanitätsausbildung, vergleichbar mit einem deutschen Sanitätsunteroffizier.

5 IWM, Department of Sound Records, Interview mit Haevey Bennette, 13244.

5a Die alle Waffengattungen umfassende Organisation unter der Bezeichnung »Combined Operations« (Verbundene oder Kombinierte Operationen) mit Hauptquartier im »Richmond Terrace« in London wurde 1940 von Churchill geschaffen. Zum Nachfolger von Admiral Sir Roger Keyes als »Director of Combined Operations« ernannte er im Oktober 1941 den damaligen Captain Lord Louis Mountbatten. Aufgabe dieser Organisation war die Planung und Durchführung von Angriffsunternehmen gegen die Küsten des Gegners vom Nordkap bis zu den Pyrenäen.

6 Diese und andere Einzelheiten der Operation »Barbara« stammen aus der Sammlung von Einsatzbefehlen aus dem Nachlaß von R.J. Holmes, aufbewahrt im IWM, Department of Documents.

6a Auch entzifferte deutsche Funksprüche trugen wesentlich zur Planung dieser Operation bei. Vgl. hierzu F.H. Hinsley *British Intelligence in the Second World War*, aaO, Bd.3, Teil 1, S. 281.

7 Der »Ursula-Anzug« war ein Schutzanzug aus gummiertem Stoff, entworfen von Captain G.C. Phillips, RN, als er Kommandant des Unterseebootes HMS URSULA war.

8 Der »Kommando-Befehl« vom 18. Oktober 1942 galt für die sofortige Erschießung jeglichen Personals alliierter Sonderverbände.

8a Bei diesem Befehl handelte es sich um Hitlers »Weisung Nr. 46«: Bei Kommando-Unternehmen in Europa oder Afrika sind alle »von deutschen Truppen gestellten Gegner, auch wenn es sich äußerlich um Soldaten in Uniform oder Zerstörertrupps mit und ohne Waffen handelt, im Kampf oder auf der Flucht bis auf den letzten Mann niederzumachen«. Siehe Hillgruber/Hümmelchen *Chronik des 2. Weltkrieges*, S.146.

8b Operative Führungsstelle unterhalb der Ebene der Skl. für den Ostseeraum, die Deutsche Bucht, Nordsee, Dänemark und Norwegen. Im März 1943 Zusammenlegung mit dem Flottenkommando. Oberbefehlshaber zum angeführten Zeitpunkt war GenAdm. Schniewind.

13. Kapitel

1 Nachlaß von Commander H.P. Westmacott, DSO, DSC mit Band, RN, IWM, Department of Documents, 95/5/1.

2 Ebenda.

3 Ebenda.

4 Die übrigen Besatzungsangehörigen von *X 22* waren Lieutenant W.S. Marsden, RANVR, ERA C. Ludbrooke und AB John Pretty.

5 P. Mitchell: *The Tip of the Spear*, Richard Netherwood (1993), S.120.

6 Die Überführungsbesatzung bestand aus Sub-Lieutenant J. Britnell, RNVR (Kommandant), LTO »Lofty« Ellement und Stoker William Guard.

7 Die übrigen Angehörigen der Einsatzbesatzung waren Sub-Lieutenant J. Brooks, SC, RN, Sub-Lieutenant F. Ogen, MBE, RNVR, und ERA v. Coles, DSM.

8 Im Falle des Verlustes der BÄRENFELS vermutete die deutsche Seite Sabotage – eine Auffassung, in der sie wenige Tage später durch Explosion sorglos verstauter Benzinkanister und unverpackter Munition bestärkt wurde, die einen großen Teil der Hafenanlagen zerstörte.

8a Wren (Women's Royal Naval Service): Marinehelferin.

9 S. Roskill: *The War at Sea, 1939-1945; Vol.III Pt.II: The Offensive*, HMSO, London 1961, S.12.

10 IWM, Department of Sound Records, Interview mit Lieutenant-Commander G. Honour, 9709/2.

10a Der amerikanische Panzer M 4 »Sherman« DD war mit einem Schwimmrahmen ausgestattet und wurde im Wasser über den Motor von zwei Propellern angetrieben, die an der Rückseite der Wanne angebracht waren. In der Alltagssprache oft als »Schwimmpanzer« bezeichnet.
11 Die übrigen Angehörigen seiner Besatzung waren Sub-Lieutenant B. Enzer, RNVR, und ERA L. Tilley. Das COPP-Kommando bestand aus Lieutenant Paul Harbud, RN, und Sub-Lieutenant R. Harbud, RNVR.
12 Die übrigen Angehörigen seiner Besatzung waren Sub-Lieutenant J.H. Hodges, RNVR, ERA George Vause; COPP-Kommando: Lieutenant G. Lyne, DSC, RN, und Lieutenant J.G.M. Both, RNVR.
13 Interview mit Honour.
13a Group Captain = Oberst der RAF.
14 Interview mit Honour.
15 ANCXF Misc. Papers, M.013034/44.
16 Die Anzahl der Vorfälle, wobei die RAF im Zweiten Weltkrieg britische Unterseeboote angegriffen hatte, war unerfreulich hoch. Hinsichtlich weiterer Einzelheiten siehe P. Kemp: *Friend or Foe: Friendly Fire at Sea during the Second World War*, Leo Cooper, 1995.
17 Hudspeth' DSC für »Source« wurde am 11. Januar 1944, das Band für »Postage Able« am 4. April 1944 und das Band für »Gambit« am 28. November 1944 bekanntgegeben. Siehe *Seedie's List of Submarine Awards for World War II*, Ripley Registers (1990), S.88f.
18 Die übrigen Angehörigen seiner Besatzung waren Sub-Lieutenant D.N. Purdy, RNZNVR, und ERA B.C. Davison. Die Überführungsbesatzung kommandierte Sub-Lieutenant K. Robinson, RNVR.
18a Premierløitnant = Oberleutnant zur See der KNM.
18b Secondløitnant = Leutnant zur See der KNM.
19 Westmacott-Papiere.
20 Ebenda.
21 Ebenda.
22 Infolge eines in die Bilge gefallenen Ventils.
23 Westmacott-Papiere.
24 Admiralty: »Naval Staff History of the Second World War: Submarines. Vol.I: Operations in Home, Northern and Atlantic Waters«, London 1953, S.220.

14. Kapitel

1 Die amerikanischen Besorgnisse waren nicht so weit hergeholt. Seeleute an Bord des britischen LSI HMS LOTHIAN hatten in Panama aus Protest gegen die Lebensbedingungen an Bord gemeutert und der Vorfall war vermutlich noch frisch im Gedächtnis der Leute.
2 Nachlaß von Captain W.R. Fell, RN, Churchill College Cambridge, FELL/1.
3 Admiralty: »Naval Staff History of the Second World War: Submarines. Vol.III: Operations in Far Eastern Waters«, London 1956, S. 14.
4 Fell-Nachlaß.
4a Text in eckiger Klammer durch den Übersetzer erweitert. Vgl. hierzu Warren/Benson: *...Und über uns die Wogen*, aaO, S. 196f.
4b Zu den beiden japanischen Kreuzern siehe Mike J. Whitley: *Kreuzer im 2. Weltkrieg*, Motorbuch-Verlag, Stuttgart 1997.
5 RNSM-Archiv: Mit Schreibmaschine verfaßter Bericht von Lieutenant-Commander Ian Fraser, VC, DSC, RNR.
6 PRO ADM199/237: »Report of Proceedings of Captain (S), 14th Submarine Flotilla.
7 IWM, Department of Sound Records, Interview mit Lieutenant-Commander Ian Fraser, VC, DSC, RNR, SR9822/3/2. Die erwähnte Sperre war die alte britische, seit 1942 mit geringer Wartung an ihrem Platz belassen.
8 Fraser-Interview.
9 ERA (Engine Room Artificer = Maschinist im Feldwebel-Rang) ist ein hochqualifizierter Unteroffizier mit Portepee der Maschinen-Laufbahn, der in der Royal Navy einen einzigartigen Status innehatte.
10 Fraser-Interview.
11 Ebenda.
12 Captain S.W. Roskill: *The War at Sea. Vol.III, Part II: The Offensive 1944-45*, HMSO, London 1961, S.377.
12a Schlußworte der Ansprache von Admiral Fife vor den Besatzungen der XE-Boote am 26. Juli 1945 im Stützpunkt Labuan/Borneo. Vgl. Warren/Benson: *...Und über uns die Wogen*, aaO, S.199.

15. Kapitel

0a Zum Thema der deutschen Klein-U-Boote und bemannten Torpedos im 15. – 17. Kapitel siehe auch Harald Fock: *Marine-Kleinkampfmittel*, Koehlers VerlagsGmbH, Hamburg 1982, sowie Gerhard Bracke: *Die Einzelkämpfer der Kriegsmarine. Einmanntorpedo- und Sprengbootfahrer im Einsatz*, Mike J. Whitley: *Deutsche Seestreitkräfte 1939 – 1945: Einsatz im Küstenvorfeld* und E. Bagnosco: *UBoote im 2. Weltkrieg*, alle Motorbuch-Verlag, Stuttgart 1981, 1995 bzw. 1988, sowie Eberhard Rössler: *Geschichte des deutschen UBootbaus*, Bd.2, S.456ff., Verlag Bernard & Graefe, Koblenz 1987.

1 Die Deutschen hatten Teile von *X 6* und *X 7* sowie das »Welman«-Boot *W 46* geborgen.

2 Das Oberkommando der Kriegsmarine (OKM) wurde am 1. Juni 1935 geschaffen und bis Kriegsende mehrfach umgebildet. Von 1938 an war das OKM auch »Seekriegsleitung« (Skl.) und der Oberbefehlshaber der Kriegsmarine (Ob.d.M.) auch Chef der Skl. (bis zum 1.5.1944). Die Neugliederung im Mai 1944 schuf innerhalb der Skl. ein neues Referat: das »Generalreferat Sonderkampfmittel« (Skl./S) mit KAdm. Heye an der Spitze, der seit April 1944 auch »Admiral der Kleinkampfverbände« war (Personalunion zwischen Referent im OKM/Skl. und Frontbefehlshaber).

3 Die Vorpostenboote, meist umgebaute Fischdampfer, dienten neben anderen Einheiten zur Sicherung des Küstenvorfeldes im Bereich der Befehlshaber der Sicherungen West sowie der Nordsee und der Ostsee. Hinsichtlich Norwegen siehe Anm.13 zum 9. Kapitel.

3a Dräger war der Auffassung, daß sich die hierzu erforderlichen riesigen Mengen von U-Booten durch den Bau sehr kleiner Boote sowie durch die Einführung besonderer Herstellungsverfahren (z.B. dezentralisierte Sektionsbauweise) erreichen ließen.

4 Eberhard Rössler: *The UBoat. The Evolution and Technical History of German Submarines*, Arms & Armour Press, London 1981, S.235; dt. Originalwerk: *Geschichte des deutschen U-Bootbaus*, 2. überarbeitete Auflage, Verlag Bernard & Graefe, Koblenz 1987, Bd.2, S.458.

4a Die großen U-Boote des Typs IX C (Verdrängung 1540 t max. unter Wasser, 5000 sm bei 18,3 kn) und des Typs X B (Verdrängung 2710 t max. unter Wasser, 6750 sm bei 16,9 kn) waren für eine ozeanische Verwendung entworfen.

4b Die Zeitspanne vom Juni 1940 bis zum März 1941 wird als die »Glückliche Zeit« der U-Boote bezeichnet. Der U-Bootkrieg im Nordatlantik konnte jetzt von den französischen Atlantikhäfen aus gegen eine verhältnismäßig schwache alliierte U-Abwehr geführt werden. Eine zweite »Glückliche Zeit« unter ähnlichen Bedingungen war der U-Bootkrieg in den amerikanischen Gewässern vom Januar bis Juli 1942.

5 J. Valerio Borghese: *The Sea Devils*, aaO, S.194; dt. Übersetzung: *Teufel der Tiefe*, aaO, S.206.

5a Auf seiner Deutschlandreise besuchte Borghese das Gut Quintzsee bei Brandenburg a.d. Havel, die Ausbildungsstätte des Sonderverbandes »Brandenburg«. Dieser Sonderverband gehörte zur Abteilung »Abwehr II« (Insurgierung und Sabotage) des direkt dem OKW unterstehenden Amtes »Ausland/Abwehr« (Chef: Admiral Canaris), dem militärischen Geheimdienst des Heeres. Unterwasserkriegsführung war nicht die Aufgabe der »Brandenburger«, wie diese Truppe allgemein bezeichnet wurde.

5b Der damalige FKpt. Hellmuth Heye, la in der 1. Skl. (Operationsabteilung), erarbeitete den Entwurf der Denkschrift, die das grundsätzliche Fundament der Flottenbauplanung (Z-Plan) ab Herbst 1938 bildete: »Seekriegführung gegen England und die sich daraus ergebenden Forderungen für die strategische Zielsetzung und den Aufbau der Kriegsmarine« (Endfassung 25. Oktober 1938: Salewski: »Die deutsche Seekriegsleitung 1935 – 1945«, Verlag Bernard & Graefe, Frankfurt/M. 1970, Bd.3, S.27ff.). Von 1961 bis 1964 war Heye Wehrbeauftragter des Deutschen Bundestages.

6 K. Dönitz: *My Memoirs: Ten Years and Twenty Days*, Greenhill Books, London 1990, S.369; dt. Originalwerk: *10 Jahre und 20 Tage*, Verlag Bernard & Graefe, München 1975, 5.Aufl., S.361.

7 Dönitz, aaO, S.370; dt. Originalwerk, aaO, S.362.

7a Ausbildungslager befanden sich in Heiligenhafen und Kolberg sowie am Müritzsee (»Grünkoppel«: Sprengboote) und in Lübeck-Schlutup (»Blaukoppel«: bemannte Torpedos).

8 Cajus Bekker: *K-Men: The Story of the German Frogmen and Midget Submarines*, William Kimber (1955), S.18f.; dt. Originalwerk: *Einzelkämpfer auf See. Die deutschen Torpedoreiter, Froschmänner und Sprengbootpiloten im 2. Weltkrieg*, Verlag Gerhard Stalling, Oldenburg 1968, S.16f.

9 Bekker, aaO, S.19; dt. Originalwerk, aaO, S.17.

9a Heye führte an derselben Stelle weiter aus: »Kommando-Unternehmungen, die, genau wie von englischer Seite, auch von unserem Flottenkommando zum Beispiel gegen feindliche Wetterstationen geplant worden waren, scheiterten stets am Mangel an Fahrzeugen und geeigneten Soldaten.

Unsere Absichten waren zunächst folgende:
1. Entwicklung, Bau und Ausbildung von Spezial-Kleinst-U-Booten nach britischem Muster; Einsatz für Einzel-Unternehmungen, z.B. Eindringen in feindliche Häfen etc.
2. Ausbildung von Marine-Einsatz-Kommandos (Stoßtrupps), ebenfalls nach englischem Vorbild, um mit ihnen von kleinen Schiffen und U-Booten aus Angriffe auf feindliche Küsten, gegen wichtige Punkte (Radar-Stationen, Geschützstellungen etc.) durchführen zu können.«

10 Erst Ende 1944 wurde es jungen Offizieren der U-Bootwaffe gestattet, sich freiwillig zum K-Verband zu melden. Das Verbot der freiwilligen Meldung von U-Bootkommandanten blieb bestehen.

10a Dönitz: (*10 Jahre und 20 Tage*, aaO, S.362) führte hierzu aus:»Verdiente Offiziere, hauptsächlich bisherige U-Bootkommandanten, wurden als Flottillenchefs Admiral Heye zugeteilt. Das Personal bestand nur aus Freiwilligen aller Dienstgrade und Waffengattungen der Marine und vom Ende des Jahres 1944 an zu einem erheblichen Teil aus jungen Offizieren der U-Bootwaffe.«

In seinen persönlichen Aufzeichnungen hielt Heye fest (Bekker: *Die Einzelkämpfer der Kriegsmarine* , aaO, S.16):»Zu meiner Unterstützung in diesem Beginnen wurde, zunächst noch zum Flottenkommando, der KKpt. Frauenheim kommandiert. Ich holte noch den Kptlt.d.R. Obladen und kurz darauf den KKpt. Bartels zu mir.«

11 Lieutenant Richard Hale, Interview in J. Williams: *They Led the War: The Fleet Minesweepers at Normandy*, J. Williams (1994), S.116.

11a Im Kockpit waren ferner vorhanden: Knüppelsteuerung für Seiten- und Tiefenruder und ein Fahrhebel zur Bedienung des Antriebs.

11b Die Ballastzellen stellten eine Mischung aus Tauch-, Regel- und Trimmzellen dar. Daher mußten Ballast und Trimm vor der Fahrt genau überprüft werden. Traten während der Fahrt Gewichts- und Trimmänderungen ein, mußten diese entweder dynamisch oder durch teilweises Fluten der Zellen ausgeglichen werden. Wie bei allen Einmann-Geräten war auch beim »Molch« der Pilot letztlich überfordert. Das für den Fronteinsatz nur bedingt verwendungsfähige Fahrzeug erwies sich schließlich als brauchbares Ausbildungsgerät.

11c Im Norwegeneinsatz war der damalige Kptlt. Bartels Kommandant des Minensuchbootes *M 1*, der »Tiger der Fjorde«, und erhielt am 16. Mai 1940 das Ritterkreuz. Seiner Initiative entsprang der Aufbau der ersten Sicherungskräfte zum Schutz des norwegischen Küstenvorfeldes. Kurz nach Kriegsende verunglückte Bartels am 31. Juli 1945 tödlich.

11d Die Fertigung der Bootskörper erfolgte zum einen bei den Flender-Werken in Lübeck einschl. ihrer Ausrüstung und zum anderen bei der italienischen Ansaldo-Werft in Genua. Die letzteren wurden im Landtransport zur Ausrüstung bei den Klöckner-Humboldt-Deutz-Werken nach Ulm gebracht.

12 IWM, Department of Exhibits and Firearms: Commander W.O. Shelford, RN, 25. September 1944: Bericht über die Untersuchung eines erbeuteten deutschen Kleinunterseebootes in der Marinewerft Portsmouth.

12a Nach Fock: *Marine-Kleinkampfmittel*, aaO, S.80, soll es sich um den E-Motor mit 25 PS für den »Seehund« gehandelt haben.

12b Zusätzlich ein MG und alternativ zu den Torpedos vier Minen.

12c Einzelheiten zum »Delphin« siehe bei Rössler: *Geschichte des deutschen UBootbaus*, aaO, S.475ff. und Fock: *Marine-Kleinkampfmittel*, aaO, S.85ff.

12d Das von Prof. Walter entwickelte luftunabhängige Antriebsverfahren, das nie zur Serienreife gelangte, verwendete als Treibstoff Wasserstoffsuperoxyd (Tarnbezeichnung »Ingolin«). Bei dem von der Marine bevorzugten »heißen« Verfahren wurde in das heiße Sauerstoff-Gemisch ein normaler Brennstoff eingespritzt, der sofort verbrannte und Temperaturen bis zu 2500° C erzeugte. Eingespritztes Frisch- oder Seewasser verringerte die Temperatur soweit, bis sie für eine Wärmekraftmaschine nutzbar war. Vier Versuchsboote mit Walter-Turbinen waren bis Kriegsende gebaut worden: *V 80* und *V 300* sowie Wa 201 (*U 792*) und Wk 202 (*U 794*).

Die Walterturbine wurde auch für den Torpedoantrieb nutzbar gemacht: die sog. Ingolin-Torpedos, die noch zur Serienfertigung gelangten.

12e Hierbei handelt es sich um den Walter-Torpedo »K-Butt« (T 13: 45 kn, 3000 m Laufstrecke), der nicht aus Rohren verschossen wurde, sondern bei Klein-U-Booten außenbords an Befestigungen hing. Kurz vor Kriegsende wurde eine »Seehund«-Flottille noch mit diesem Torpedotyp ausgerüstet.

16. Kapitel

0a Da den Alliierten im Landungsraum an der Normandieküste über längere Zeit hinweg kein Hafen zur Verfügung stehen würde, faßten sie von vornherein den Bau künstlicher Häfen ins Auge. So entstanden unter der Bezeichnung »Mulberry« (Maulbeere) zwei Häfen, jeder in der Größe des Hafens von Dover: »Mulberry A« für die Amerikaner und »Mulberry B« für die Briten und Kanadier. Außerdem wurden im Landeabschnitt jeder Division unter der Bezeichnung »Gooseberry« (Stachelbeere) Wellenbrecher für geschützte Ankerplätze angelegt: insgesamt fünf mit einer Gesamtlänge von 7200 m. Hierfür mußten 60 Blockschiffe versenkt werden.

0b Technische Daten des Sprengbootes »Linse«: ca. 1,2 t, 5,75 m Länge, ein Ford-Ottomotor V 8 mit 90 PS für 31 kn maximal, 80 sm Fahrbereich bei 15 kn sowie einer Sprengladung von 300 kg (später 480 kg) im Heck. Die Angriffseinheit war die Rotte, bestehend aus einem Kommandoboot (Rottenführer und zwei Mann) und zwei Sprengbooten (je ein Mann). Sobald sich die Bootssteuerer mit Beginn der Angriffsphase aus dem Boot fallen ließen, wurden die beiden Sprengboote vom Kommandoboot aus über Funkfernsteuerung ins Ziel gelenkt. Vgl. hierzu Whitley: *Deutsche Seestreitkräfte 1939 – 1945. Einsatz im Küstenvorfeld*, Motorbuch-Verlag, Stuttgart 1995, S.122.

1 Die »Kabellänge« ist eine nautische Maßeinheit von 1/10 sm Länge: 185 m (britische und deutsche Marine). 5 Kabellängen (1/2 sm) sind demnach 925 m.

2 Admiralty: »Naval Staff History of the Second World War. Battle Summary No 49: The Campaign in NW Europe 1944-1945«, London 1952.

2a Die »Linsen kamen überhaupt nicht in die Nähe der alliierten Schiffe, wie die Meldung des M.E.K. Böhme am 30. Juni 1944 darlegt:

»Erster Einsatz erfolgte in der Nacht zum 26.6. mit 8 Kommando- und 9 Ladungslinsen. 4. Räumflottille war zu anfänglicher navigatorischer Führung mit Schleppen der Geräte abgestellt. Infolge Bedienungsfehler detonierte eine Ladungslinse längsseit *R 46*. Dieses Boot, 2 Kommando- und eine Ladungslinse sind gesunken. Personalverluste sind eingetreten. Der Einsatz wurde wegen Unklarkommens der Schleppverbindungen für die übrigen noch klaren Kampfmittel aufgegeben.

Bei erneutem Einsatzversuch in der Nacht zum 30.6. waren 2 Ladungslinsen vor Aufgabe unklar. Auf Anmarsch haben sich 2 Linsen gerammt und sind gesunken. Von übrigen 4 Kommando- und 5 Ladungslinsen hat eine Linse Anschluß verloren, eine weitere ist gesunken. Eine Linse ist wegen aufkommenden Seegangs in Orne-Mündung gesunken. Wegen technischen Versagens der beiden übrigen Linsen hat auch der Rest kehrtgemacht und ist in Trouville eingelaufen.« BA/MA – RM 7/61, KTB der Skl. vom 30.6.44.

3 Petty Officer Len Warland, Interview in J. Williams *They Led the War: The Fleet Minesweepers at Normandy*, Williams (1994), S.113f.

4 Nach J. Rohwer und G. Hümmelchen in *Chronology of the War at Sea, 1939-1945*, Greenhill Books, London 1992, S.288, wurde der

Geleitzerstörer HMS TROLLOPE bei diesem Angriff beschädigt, obwohl dies in den britischen Akten nicht erwähnt wird.

4a Nach der Rückkehr vom Einsatz meldete ein »Marder«-Pilot – der Schreibstubenobergefreite Walther Gerhold – den polnischen Leichten Kreuzer DRAGON als versenkt. Tatsächlich hatte er mit seinem Torpedo den Zerstörer HMS TROLLOPE getroffen, der entgegen der obigen Anm.4 nicht nur beschädigt sondern versenkt wurde. Dies wird durch britische Aufzeichnungen belegt:
- Bericht von Lieutenant Richard Pitt, des überlebenden Ersten Offiziers der TROLLOPE: PRO ADM 199/1651, S.147ff., und
- Bericht des Kommandanten des Zerstörers HMS STEVENSTONE, der die Überlebenden aufnahm: PRO ADM 199/1651, S.327f.

Eine genaue Darstellung findet sich bei Bracke: *Die Einzelkämpfer der Kriegsmarine*, Motorbuch-Verlag, Stuttgart 1981, S.138 – 177.

4b Die Absichten der deutschen Seite waren den Aliierten ohnehin bekannt. Die GC & CS in Bletchley Park hatte auch den Funkschlüssel »Eichendorff« (brit. Codename »Bonito«) gebrochen, den der K-Verband seit März 1944 benutzte. Allerdings hatten die »Ultra«-Meldungen mehr den Charakter allgemeiner Warnungen; sie enthielten nur gelegentlich präzise Angaben. Näheres siehe bei F.H. Hinsley: *British Intelligence in the Second World War*, HMSO, Bd.3, Teil 2, S.453ff (insbes. S.458).

5 Chief ERA Allan Smith, Interview in Williams, aaO, S.116.

6 AB Fred Holmes in Williams, aaO, S.116.

6a Siehe Anm. 0a zum 8. Kapitel.

7 Einen Teil des »Mulberry«-Hafens bildete ein Wellenbrecher aus versenkten Blockschiffen.

8 Alle Standardquellen weisen die QUORN als Opfer eines »Marder«-Angriffs aus. Nach David English in *The Hunts*, WSS (1987), S.93, soll sie einer »Linse« zum Opfer gefallen sein.

8a Bracke: *Die Einzelkämpfer der Kriegsmarine*, aaO, S.203f., zitiert aus »Ships of the Royal Navy, Historical Index«, Bd.1, unter QUORN: »Sunk 3.8.44 by explosive motor boat off Normandy.« Nach seinen Angaben versenkte diesen Zerstörer der Oberbootsmannsmaat Frank Gorges mit seiner »Linsen«-Rotte.

8b Dieser Angriff in der Nacht vom 2./3. August 1944 war – verbunden mit einem Luftangriff – ein kombinierter Einsatz, bestehend aus einer Gruppe mit 16 Kommando- und 28 Sprengbooten sowie aus einer zweiten Gruppe mit 58 »Mardern«. Der zusätzlich noch in der Morgendämmerung vorgesehene S-Bootangriff mit Torpedos vom Typ »Dackel« fand nicht statt.

8c Nach Rohwer/Hümmelchen: *Chronology of the War at Sea, 1939-1945*, aaO, S.288, handelte es sich nicht um die SAMLONG sondern um das »Liberty«-Schiff SAMTUCKY (7219 BRT).

8d In einem Fernschreiben zur Beurteilung der »Dackel«-Einsätze von S-Booten aus, stellte der F.d.S., Kommodore und KptzS. R. Petersen, zutreffend fest, daß sich infolge gleichzeitiger »Marder«- und »Linsen«-Einsätze die Erfolge oft nicht zuordnen lassen (BA/MA – RM 7/148). In diesem Falle kam sogar noch ein »Dackel«-Einsatz der Luftwaffe hinzu.

9 Ein elektrisch angetriebener Lufttorpedo mit einer Geschwindigkeit von 6 – 9 kn. Nach dem Abwurf ging er bis zu zehn Stunden in Schleifenbewegungen über. Danach wurde er zur Treibmine. Es war fast nicht möglich, den »Dackel« zu orten.

9a Der Torpedo vom Typ »Dackel« (T 3d) war nicht nur ein Abwurftorpedo aus der Luft, sondern wurde auch aus Torpedorohren – z.B. der S-Boote – verschossen. Er war die Langstreckenversion des Torpedos G 7e mit LUT-Einrichtung (d.h. ein lagenunabhängiger Torpedo, der nach vorherigem Gradlauf in vorprogrammierte Schleifenbewegungen zur Erhöhung der Treffermöglichkeit übergeht): Länge 10 m, Geschwindigkeit 9 kn, Laufstrecke 57 km, Laufzeit 3,5 Stunden.

10 Naval Historical Branch, RO Case 8796.

11 Von den 394 an Bord in Listen erfaßten Verwundeten wurden 74 vermißt, vermutlich ertrunken.

12 Der Verlust der FRATTON wird in vielen Sekundärquellen einem »Marder«-Angriff zugeschrieben. Doch sowohl die »Naval Staff History: The Campaign in NW Europe 1944-45« wie auch *Ships of the Royal Navy: Statement of Losses during the Second World War*, London 1947, geben als Verlustursache Minentreffer oder versenkt durch Überwasserfahrzeug an. Ein Minen-

oder »Dackel«-Treffer ist wahrscheinlicher, da weder Tag noch Zeitpunkt des Verlustes mit einem »Linsen«- oder »Marder«-Angriff übereinstimmt.

13 »Battle Summary No 49. The Campaign in NW Europe 1944-1945«, S.10.

13a Am 24. August 1944 meldete die Skl. nach Rücksprache mit dem Einsatzstab Böhme folgende Lage:

»1. Biber-Flottille 261 mit 25 Geräten unter Befehl K.Kapt. Bartels auf Marsch von Tournai nach Fécamp. Absicht: 28./29.8. Ausladen der Geräte im Hafen. Nacht 29./30.8. Einsatz gegen Landungsstellen in Seine-Bucht. Rückkehr nach Le Havre. Nach Rücksprache mit Admiral Kanalküste Le Havre nur noch wenige Tage benutzbar. ...« (BA/MA – RM 7/63, KTB der Skl. vom 24.8.44.

13b Siehe oben Anm.13b zum 3. Kapitel.

14 C. Bekker: *K-Men: The Story of German Frogmen and Midget Submarines*, aaO, S.198f,; dt. Originalwerk *Einzelkämpfer auf See*, aaO, S.204.

15 Die Operation »Large Lumps« sah das Absetzen von zweisitzigen »Chariots« aus der Luft durch ein besonders hierfür ausgerüstetes »Sunderland«-Flugboot vor.

15a Am 19. Dezember 1944 meldete das K.d.K. die folgende Zeiteinsatzplanung im Westraum an die Skl. (KTB der Skl. vom 19.12.44, S.477f. – BA/MA – RM 7/67):

»A) Bereitgestellt für Einsatz Schelde (1. Welle):
1. K-Flottille 261 mit 30 Bibern in Portershavn. Einsatz bei günstiger Wetterlage mit Torpedos und Minen in Verbindung mit Rheinflottille beabsichtigt.
2. Sondergruppe Bastian mit 27 Linsen in Hellevoetsluis. Einsatz nach Behebung Kühlwasserschäden bei günstiger Wetterlage in Verbindung mit Rheinflottille beabsichtigt.
3. K-Flottille 1/412 mit 30 Molchen auf Marsch nach Rotterdam. Dort Kompensieren und Herstellung Gefechtsbereitschaft. Anschließend Einsatz bei günstiger Wetterlage in Verbindung mit Rheinflottille beabsichtigt.

B) Bereitstellung im Holland-Raum (2. Welle):
1. K-Flottille 262 mit 30 Bibern in Groningen klar zum Einsatz gegen Scheldeverkehr nach erfolgtem Einsatz K-Flottille 261.
2. a) K-Flottille 212 mit 3 Gruppen in Hellevoetsluis und 2 Gruppen in Scheveningen.
   b) K-Flottille 214 mit 3 Gruppen in Den Helder klar zum Einsatz gegen Geleitverkehr Schelde nach Durchführung erforderlicher Umbauten. Herstellung Gefechtsbereitschaft voraussichtlich Ende Dezember.
   c) 48 Linsen als Materialreserve in Groningen.
3. K-Flottille 413 mit 60 Molchen wird 22.12. nach Assen/Nordholland in Marsch gesetzt und bleibt dort klar zum Einsatz Geleitverkehr Schelde nach erfolgtem Einsatz 1/412.

C) Bereitstellung in Heimat (3. Welle):
1. a) K-Flottille 211 mit 60 Linsen in Fedderwardersiel. Wegen Abzug der Fahrer für Sonderunternehmen zunächst a.K.B. Wiederherstellung Gefechtsbereitschaft voraussichtlich Anfang Januar.
   b) Materialreserve nach Bedarf in Plön.
2. a) K-Flottille 264 mit 30 Bibern in Norden.
   b) K-Flottille 268 in Aufstellung in Lübeck. K.B. voraussichtlich erste Hälfte Januar. Bauprogramm Biber damit beendet.
3. a) K-Flottille 2/412 mit 30 Molchen in Helgoland. Flottille z.Zt. a.K.B. wegen Beschädigungen infolge ungünstiger Lagerung. Anfang Januar klar zur Verlegung.
   b) K-Flottille 414 mit 60 Molchen in W'haven. K.B. voraussichtlich Anfang Januar.
4. a) K-Flottille 361 mit 60 Mardern 2 auf dem Marsch zum Frontabschnitt Bereich OB West, dort Sofortbereitschaft.
   b) K-Flottille 365 mit 60 Mardern 2 in Suhrendorf. Voraussichtlich Anfang Januar K.B.

D) Zusatz für Einsatz Seehund: Fester Stützpunkt Ijmuiden, Ausweiche Den Helder, laufender Einsatz und laufender Nachschub ab Ende Dezember vorgesehen. Kein Nachschub festgelegter Flottillen, sondern laufende Geräte- und Personalergänzung.«

15b Die 2. Abteilung der Skl. (2./Skl.) umfaßte den Marinenachrichtendienst (MND) und dessen III. Abteilung (MND III) bildete die Funkaufklärung. Die Nachrichtenauswertung gehörte zur 3./Skl. Dem zu MND III gehörenden Marine-Funkentzifferungsdienst (B-Dienst, richtiger xB-Dienst) gelangen beachtliche Einbrüche in den alliierten Funkverkehr.

ANMERKUNGEN

Zur Vertiefung siehe Heinz Bonatz: *Seekrieg im Äther. Die Leistungen der Marine-Funkaufklärung 1939 – 1945*, Verlag E.S. Mittler & Sohn GmbH, Herford 1981.

15c Fernschreiben des Ob.d.M. vom 23. Dezember 1944 an den A.d.K.: »...für die unter vollem Einsatz ähnlich den japanischen Kamikaze-Verbänden« kämpfenden »Biber«-Fahrern eine besondere Bezeichnung einzuführen. Der A.d.K. hielt den Ausdruck »Opferkämpfer« jedoch »nicht für günstig«.

16 Dieser »Biber« ist im Imperial War Museum in London ausgestellt.

16a Das Marineoberkommando (MOK) Nord ging am 1. Februar 1943 aus der Marinestation der Nordsee hervor. Zum Befehlsbereich des MOK Nord gehörten auch Holland und die Schelde-Mündung.

17 M. Whitley: *German Coastal Forces of World War II*, Arms & Armour Press, London 1992, S.127; dt. Übersetzung: *Deutsche Seestreitkräfte 1939 – 1945. Einsatz im Küstenvorfeld*, Motorbuch-Verlag, Stuttgart 1995, S.127.

17a Die »Tallboy«-Bombe war eine 5400-kg-Bombe von 6,4 m Länge mit einem Sprengstoffgewicht von 2430 kg.

17b Einsätze des K-Verbandes im Januar und Februar 1945

Monat:	K-Mittel:	Einsätze:	Verluste:	Erfolge:
Januar	»Seehund«	44 Boote	10 Boote	1 Schiff versenkt (324 BRT)
	»Biber/Molch«	15 Boote	10 Boote	keine
	»Linsen«	15 Boote	7 Boote	keine
Februar	»Seehund«	33 Boote	4 Boote	2 Schiffe versenkt (3691 BRT), 1 Schiff beschädigt (2628 BRT)
	»Biber/Molch«	14 Boote	6 Boote	keine
	»Linsen«	24 Boote	3 Boote	keine

18 Whitley, aaO, legt dar, daß bei diesen Angriffen drei alliierte Schiffe versenkt worden wären, aber dies ist durch offizielle Quellen nicht belegt.

18a Spitzengliederung der K-Verbände am 8. März 1945
Admiral der Kleinkampfverbände (A.d.K.): VAdm. Hellmuth Heye;
Chef des Stabes: FKpt. Frauenheim;
1. K-Stab (West) mit Gefechtsstand in Sengwarder: FKpt. Musenberg; vorgeschobener Gefechtsstand in Rotterdam mit Depots in Groningen und Utrecht sowie 5. K-Division in Ijmuiden;
2. K-Stab (Nord) mit Gefechtsstand in Oslo: KptzS. Beck;
1. K-Division in Narvik;
3. K-Stab (Skagerrak) mit Gefechtsstand in Århus: FKpt. Brandi;
4. K-Stab (Süd) mit Gefechtsstand in Levico: KptzS. Böhme;
6. K-Division in Pola;
5. K-Stab (Sonderaufgaben) mit Gefechtsstand in Kammer am Attersee: KptzS. Düwel;
Einsatz auf den Flüssen Europas.

18b Während des Krieges konnten die der Sowjetunion zustehenden italienischen Kriegsschiffe nach der Kapitulation Italiens im September 1943 aus verschiedenen Gründen nicht ausgeliefert werden. Als jedoch die Sowjets auf ihren Anteil aus der Kriegsbeute bestanden, wurden als Notbehelf mehrere alliierte Kriegsschiffe, darunter auch die HMS ROYAL SOVEREIGN, der Sowjetunion leihweise überlassen.

17. Kapitel

1 Das Amt Kriegsschiffbau – kurz als »K« oder »K-Amt« bezeichnet – war die für die Konstruktion von Kriegsschiffen im OKM zuständige Abteilung.

1a Das K-Amt ging aus der Marinekonstruktionsabteilung in der Marineleitung der Reichsmarine bzw. des 1935 geschaffenen OKM hervor, 1939 in Amt Kriegsschiffbau umbenannt.

2 Die im Herbst 1944 erstellte Projektstudie des Kleinunterseebootes Typ XXXII sah die Unterbringung von zwei Torpedos oberhalb des Bootskörpers zu beiden Seiten des Turms vor. Sie konnten daher ohne großen Aufwand beim schwimmenden Boot angebracht werden.

2a Nach Harald Fock: *Marine-Kleinkampfmittel*, aaO, S.72, fanden die durch ihre Heck-Krananlagen hierfür besonders geeigneten Flugsicherungsschiffe eine neue Verwendung als »Mutterschiffe«, als in den letzten Kriegsmonaten Kranlagen für das Aus-dem-Wasser-Heben der »Seehunde« nicht immer zur Verfügung standen.

3 Bundesarchiv/Militärarchiv Potsdam: »Hauptangaben Klein-U-Boote«, Stand 25.7.44; Potsdam WO4-12359.

4 IWM, Department of Sound Records, Interview mit Klaus Goetsch, 12591/4.

4a Maschinenmaat = Unteroffizier ohne Portepee in der Maschinen-Laufbahn der Kriegsmarine.

4b »Trinity House« ist der in Großbritannien zuständige Verband zur Aufsicht über Lotsen, Leuchtfeuer, See- und Lotsenzeichen.

4c Mike J. Whitley, aaO, S. 130, führt hiervon abweichende Ursachen an: drei durch MTB's, zwei durch die TORRINGTON, zwei durch RAF-Flugzeuge, einen durch die PUFFIN und einer unbekannt.

5 R. Compton-Hall: *Monsters and Midgets*, Blandford Press, London 1985, S.144.

6 In BR 1738 »Preliminary Narrative of the War at Sea« wird das Ausmaß der Anstrengungen deutlich.

7 J. Bullen: »The German Biber Submarine« in *Review*, Nr.4, IWM, London 1989, S.85f.

18. Kapitel

0a Näheres zu diesen Transport-U-Booten siehe in David Miller und John Jordan: *Moderne Unterseeboote* (Band 1) sowie David Miller: *Unterseeboote. Geschichte und technische Entwicklung* (Band 2), beide im Verlag Stocker-Schmid/Motorbuch-Verlag, Dietikon-Zürich/Stuttgart 1991 bzw. 1992.

0b Das erste für den Transport von Sondereinheiten umgebaute Unterseeboot der US-Marine war die TUNNY (LPSS-282 ex SS-282), ein Flottenunterseeboot der GATO-Klasse. 1969 wurde die TUNNY aus der Flottenliste gestrichen und durch das Schwesterboot GRAYBACK (LPSS-574 ex SS-574) ersetzt. Nach der Außerdienststellung der GRAYBACK 1984 folgten die beiden genannten SSBN der ETHAN ALLEN-Klasse.

0c Darüber hinaus können die folgenden SSN der STURGEON-Klasse SDV's und Kampfschwimmer mitführen: ARCHERFISH (SSN-678), WILLIAM H. BATES (SSN-680), TUNNY (SSN-682) und L. MENDEL RIVERS (SSN-686).

1 Die Küstenverteidigungsboote der »Ford«-Klasse wiesen folgende technische Daten auf: Wasserverdrängung: 120 ts, Abmessungen: 33,53 m x 6,10 m x 1,52 m, Antriebsanlage: zwei 12-Zylinder-Paxman-Dieselmotoren plus ein Foden-Dieselmotor mit 3-Wellen-Anordnung, Antriebsleistung: 1100 + 100 PSe, Höchstgeschwindigkeit: 18 kn. Die Bewaffnung bestand aus einer 40-mm-Bofors L/40 und zwei Wasserbombenwerfern. An Sensoren waren Radar vom Typ 978 und Sonar vom Typ 144 vorhanden. Die Besatzungsstärke betrug 19 Offiziere und Mannschaften.

2 N. West (Hrsg.): *The Faber Book of Espionage*, Faber & Faber (1993), S.544f.

2a Das auf dem Meeresgrund verlegte strategische Unterwasserortungs-System SOSUS erfaßt den nördlichen Pazifik von den Philippinen und Japan bis an die Westküsten der USA und Kanadas und nach Norden bis zur Bering-Straße hin, Teile der Karibik und des Mittelatlantik nördlich der Linie Yucatán-Halbinsel – Kuba – Freetown/Westafrika, den gesamten Nordatlantik (einschl. des Mittelmeeres) bis zum Eingang der Davis-Straße sowie das Nordmeer von Grönland bis zur Packeisgrenze (einschl. der Gewässer um Spitzbergen) und bis vor Franz-Josef-Land und Nowaja Semlja.

3 Persönliche Information für den Verfasser.

4 Commander R. Compton-Hall an den Verfasser, 25. Februar 1995.

5 Ebenda.

6 Diese Situation ähnelt der heutigen: Die vier SSK's der UPHOLDER-Klasse stehen vor dem Verkauf, während riesige Summen in die SSBN's mit »Trident«-FK's und in die drei Flugzeugträger der INVINCIBLE-Klasse investiert werden – in dem vergeblichen und kostspieligen Versuch, einen Platz »oben an der Tafel« beizubehalten, den die wirtschaftliche Leistungsfähigkeit Großbritanniens nicht rechtfertigt.

6a Zur ALBACORE siehe oben in Anm.0a Bd.1, S.50ff., und Bd.2, S.38f.

7 N. Friedman weist in *US Submarines since 1945*, Naval Institute Press, Annapolis 1994, darauf hin, daß die ersten Sehrohre, mit denen die Prototypen ausgestattet wurden, durchaus deutscher Herkunft gewesen sein können.

8 Der WRT-Tank (Water Round Torpedo Tank) diente dazu, das Torpedorohr vor dem Schuß zu bewässern.

9 R. Boyle: »USS X-1 Power Plant 1956-57« in *Naval Engineers' Journal*, April 1972, S.43. Dies sind die einzigen verläßlichen technischen Daten zur *X 1*.

10 Siehe Boyle, aaO, zu den Problemen mit der Antriebsanlage der *X 1*.

11 Richard Boyle an den Verfasser, 10. Januar 1996.

12 Richard Boyle an den Verfasser, 25. August 1995. Die britische Marine hatte ähnliche Probleme mit der EXPLORER und der EXCALIBUR, ihren beiden mit Wasserstoffsuperoxyd angetriebenen Unterseebooten. Infolge der Entzündlichkeit ihres Antriebssystems führten sie in der gesamten Flotte die Spitznamen »Exploder« (Explodierer) und »Excruciator« (Folterer).

13 Zwei jüngere Veröffentlichungen befassen sich bereits mit einer vorgeschlagenen Spezifizierung für ein Kleinunterseeboot: R. Compton-Hall: *Submarine vs Submarine*, David & Charles (1989), S.95 – 97, sowie Compton-Hall/John Moore: *Submarine Warfare Today and Tomorrow*, Michael Joseph (1986), S.223 – 229.

13a Der Stirling-Heißgasmotor verbrennt Heizöl und Sauerstoff in einer externen Verbrennungskammer unabhängig vom Luftsauerstoff. Die Wärme wird durch Übertragung auf ein Gas von hoher Wärmeleitfähigkeit, eingeschlossen in einem Erhitzer/Regenerator/Kühlungs-Kreislauf, abgegeben.

14 Persönliche Information an den Verfasser.

14a Technische Daten zur »India«-Klasse siehe oben Anm.0a, Bd.2, S.120f.

14b Kapitän 3. Ranges (Kapitan 3. ranga) = Korvettenkapitän.

15 R.R. Chaudhury: *Sea Power and Indian Security*, Brasseys, London 1995, S. 126f.

16 148 Schiffe mit insgesamt 721 152 BRT nach *Jane's Fighting Ships 1994-95*.

17 Einzelheiten zur UNA und zu anderen jugoslawischen Kleinunterseebooten stellte das Bundesdirektorat für Nachschub und Beschaffung, Belgrad, zur Verfügung.

17a Nach *Weyers Flottentaschenbuch 1994/96*, Verlag Bernard & Graefe, Bonn, hat Nordkorea 50 Kleinunterseeboote in Dienst. Die folgenden technischen Daten sind mit Vorsicht aufzunehmen: Wasserverdrängung: 75 ts über und 85 ts unter Wasser, Abmessungen: 20 m x 2 m x 1,6 m, Bewaffnung: zwei 53,3-cm-Bugtorpedorohre, Geschwindigkeit: 10 kn über und 4 kn unter Wasser, Fahrbereich: 50 sm über und 4 sm unter Wasser, Besatzungsstärke: 2 Mann + 6 Kampfschwimmer.

17b Der Verfasser hat leider keine Quelle angegeben. Da Kleinunterseeboote in der Bundesrepublik Deutschland dem Gesetz über die Kontrolle von Kriegswaffen unterliegen und der Bundessicherheitsrat einem Export zustimmen muß, scheint diese Aussage angesichts der scharfen Überwachung – wie die jüngste Vergangenheit im Falle des Irak zeigt – nicht stichhaltig zu sein.

18 A.T. Mahan *From Sail to Steam*, 1907, S.179.

Bibliographie

Bücher

Admiralty: »Naval Staff History of the Second World War. Battle Summaries Nos 15 and 16: Naval Operations off Ceylon, 29 March to 10 April 1942,« und »Naval Operations at the Capture of Diego Suarez (Operation Ironclad), May 1942«, London 1943.
- »Naval Staff History of the Second World War. Battle Summary No 29: The Attack on the TIRPITZ by Midget Submarines, 23 September 1943, Operation Source«, London 1948.
- »Naval Staff History of the Second World War. Battle Summary No 49: The Campaign in North West Europe, June 1944 – May 1945«, London 1952.
- Naval Staff History of the Second World War. Submarines. Volume 1: Operations in Home, Northern and Atlantic Waters«, London 1953.
- Naval Staff History of the Second World War. Submarines. Volume 2: Operations in the Mediterranean«, London 1955.

Bagnasco, E., und Rastelli, A.: *Sommergibile in Guerre*, Albertelli Editore, Parma 1989.
Bagnasco, E., und Spertinim, M.: *I Mezzi d'Assalto Della X^a Flottiglia MAS*, Albertelli Editore, Parma 1991.
Bekker, Cajus: *K-Men: The Story of the German Frogmen and Midget Submarines*, William Kimber, London 1955; dt. Originalwerk: *Einzelkämpfer auf See. Die deutschen Torpedoreiter, Froschmänner und Sprengbootpiloten im Zweiten Weltkrieg*, Verlag Gerhard Stalling, Oldenburg 1968.
Borghese, J. Valerio: *The Sea Devils*, Andrew Melrose, London 1952; dt. Übersetzung: *Teufel der Tiefe*, Verlag Harald Boldt, Boppard am Rhein 1961.
Brown, D.: *Warship Losses of World War Two*, Arms & Armour Press, London 1990.
Campbell, J.: *Naval Weapons of WW II*, Conway Maritime Press, London 1985.
Chaudhury, Rahul R.: *Sea Power and Indian Security*, Brasseys, London 1995.
Compton-Hall, Commander P.R.: *Monsters and Midgets*, Blandford Press, 1985.
- *Submarine vs Submarine*, David & Charles, 1988.
- *The Underwater War*, Blandford Press, 1982.

Compton-Hall, Commander P.R., und Moore, Captain J.: *Submarine Warfare Today and Tomorrow*, Michael Joseph, London 1986.
Cruikshank, G.: *SOE in the Far East*, Oxford University Press, Oxford 1983.
Dönitz, K.: *Memoirs: Ten Years and Twenty Days*, Greenhill Books, London 1990; dt. Originalwerk: *10 Jahre und 20 Tage*, 5. Auflage, Bernard & Graefe Verlag für Wehrwissen, München 1975.
Friedman, N.: *US Submarines since 1945*, Nanal Institute Press, Annapolis 1994.
Hashimoto, Mochitsura: *Sunk!*, Henry Holt & Co., New York 1954.
Holloway, A.: *From Dartmouth to War: A Midshipman's Journal*, Buckland Press, 1993.
Japanisches Amt für die Selbstverteidigung zur See: *Kaigun Zosen Gijutsu Gaiyo*.
- *Nihon no Kaigun*.

Jenkins, David: *Battle Surface! Japan's Submarines War Against Australia 1942-1944*, Random House, 1992.
Kemp, Paul: *The T Class Submarine*, Arms & Armour Press, London 1990.
- *Midget Submarines*, Arms & Armour Press, London 1990.

Le Bailly, Vice-Admiral Sir Louis: *The Man Around the Engine*, Kenneth Mason, 1990.
Morison, Samuel Eliot: *History of the United States Naval Operations in World War II. Vol.III: The Rising Sun in the Pacific*, Little & Brown, Boston 1948.

O'Neill, Richard: *Suicide Squads*, Salamander Books, London 1978.
Padfield, P.: *Dönitz: The Last Führer*, Gollancz, London 1984; dt. Übersetzung: *Dönitz. Des Teufels Admiral*, Verlag Ullstein GmbH, Berlin 1984.
Polmar, N., und Carpenter, D.: *Submarines of the Imperial Japanese Navy*, Conway Maritime Press, London 1986.
Polmar, N., und Noot, J.: *Submarines of the Russian and Soviet Navies 1718-1990*, Naval Institute Press, Annapolis 1991.
Rastelli, A.: *Le Navi del Re*, Sugar Co Se Edizione, 1988.
Rohwer, J.: *Axis Submarine Successes*, PSL, Cambridge 1983; dt. Originalwerk: *Die U-Booterfolge der Achsenmächte 1939 – 1945*, J.F. Lehmanns Verlag, München 1968.
Rohwer, J., und Hümmelchen, G.: *Chronology of the War at Sea 1939-1945*, Greenhill Books, London 1992; von dieser überarbeiteten und erweiterten 2. Auflage gibt es leider keine deutsche Originalausgabe.
Rössler, E.: *The U-Boat: The Evolution and Technical History of German Submarines*, Arms & Armour Press, London 1981; dt. Originalwerk: *Geschichte des deutschen Ubootbaus*, 2 Bde., 1. Auflage, J.F. Lehmanns Verlag, München 1975, 2. überarbeitete und erweiterte Auflage, Bernard & Graefe Verlag, Koblenz 1986.
Simpson, Rear-Admiral G.W.G.: *Periscope View*, Macmillan, London 1972.
Strutton, B., und Pearson, M.: *The Secret Invaders*, Hodder & Stoughton, London 1958.
Toschi, Elios: *Ninth Time Lucky*, William Kimber, London 1955.
US-Technische Mission nach Japan. Die folgenden Schriften gehören zu einer großen Anzahl von Beurteilungen, angefertigt von dem britischen und amerikanischen Personal, das japanische Offiziere verhörte und japanische Ausrüstungen untersuchte:
– Nr.0-01-1: *Ordnance Targets, Japanese Torpedoes and Tubes, Ship and Kaiten Torpedoes*, April 1946;
– Nr.S-01-6 und 7: *Ship and Related Targets, Characteristics of Japanese Naval Vessels*, Ergänzungen 1 und 2, Januar 1946.
Waldron, T.J., und Gleeson, J.: *The Frogmen: The Story of Wartime Underwater Operations*, Evans Bros., London 1950.
Warner, Peggy, und Sadao, Seno: *The Coffin Boats*, Pen & Sword Books, London 1986.
Warren, C.E.T., und Benson, J.: *Above Us the Waves*, Harrap & Co, London 1953; dt. Übersetzung: *...Und über uns die Wogen. Geschichte der britischen Torpedoreiter und Kleinst-U-Boote 1942 – 1945*, Köhlers Verlagsgesellschaft mbH, Jugenheim/Bergstraße ohne Datum.
Whitley, M.J.: *German Coastal Forces of WW II*, Arms & Armour Press, London 1992; dt. Übersetzung: *Deutsche Seestreitkräfte 1939 – 1945. Einsatz im Küstenvorfeld*, Motorbuch-Verlag, Stuttgart 1995.
Ufficio Storico Della Marina: *La Marina Italiana Nella Seconda Guerra Mondiale*:
– Bd.II: *Navi Miliare Perduti*, 5. Auflage, Rom 1975;
– Bd.XIV: *I Mezzi d'Assalto*, 4. Auflage, Rom 1992.
Williams, J.: *They Led the Way: The Fleet Minesweepers at Normandy, June 1944*, J. Williams, 1994.
Winton, J.: *The Forgotten Fleet*, Michael Joseph, London 1969.
Yutaka, Yokota, und Harrington, J.D.: *The Kaiten Weapon*, Pan Ballantyne, New York 1962.

Aufsätze

Bullen, J.: »The Japanese Long Lance Torpedo and its Place in Naval History«, *Review*, Nr.3, IWM, London 1988.
– »The German Biber Submarine«, *Review*, Nr.4, IWM, London 1989.
Compton-Hall, Commander R.: »Minitruders«, *The Submarine Review*, Oktober 1988.
– »Menace of the Midgets«, *The Submarine Review*, April 1989.
Fukaya, Hajime: »Three Japanese Developments«, *Proceedings*, United States Naval Institute, August 1952.
Galwey, G.V.: »Life in a Midget Submarine», *Proceedings*, United States Naval Institute, April 1947.
Itani, J., Lengerer, H. und Rehm-Takahara, T.: »Japanese Midget Submarines«, *Warship*, Conway Maritime Press, London 1993.
McCandless, Rear-Admiral Bruce: »Commentary on Kaiten: Japan's Human Torpedoes«, *Proceedings*, United States Naval Institute, Juli 1962.
Torisu, Kennusoke, und Masataka, Chihaya: »Japanese Submarine Tactics'«, *Proceedings*, United States Naval Institute, Februar 1961. Das Juli-Heft 1962 der *Proceedings* enthält zu diesem Aufsatz einen interessanten Kommentar.
Walsh, E.J.: »DARPA's Unmanned Underwater Vehicle«, *The Submarine Review*, April 1990.

Abkürzungsverzeichnis

AB (Able Seaman) — (brit.) Matrosengefreiter
ACNO (Assistant Chief of Naval Operations) — (am.) Admiralstabsoffizier im Stab des Chefs der Seekriegsleitung
Act.Ldg.Smn (Acting Leading Seaman) — (brit.) diensttuender Matrosenobergefreiter
Act.PO (Acting Petty Officer) — (brit.) diensttuender Bootsmann
A.d.K. — Admiral der Kleinkampfverbände
AEG — Allgemeine Elektrizitätsgesellschaft
A.G. — Aktiengesellschaft
A/h — Ampérestunde
A.K. — Äußerste Kraft
a.K.B. — außer Kriegsbereitschaft
ARL (Auxiliary, Repair Landing Ship) — (am.) Werkstattschiff für Landungsschiffe
Asdic (Allied Submarine Devices Investigation Committee) — (brit.) Synonym für akustisches U-Bootortungsgerät (am.: Sonar)
atü — Atmosphärenüberdruck: 1 kg/cm^2
BA/MA — (dt.) Bundesarchiv/Militärarchiv
B-Dienst — (dt.) Funkbeobachtungsdienst (auch xB-Dienst)
B.d.U. — Befehlshaber der U-Boote
BRT — Bruttoregistertonne (Maßeinheit zur Vermessung von Handelsschiffen)
BuShip (Bureau of Ships) — (am.) Konstruktionsamt im Marineministerium
BV 222 — Flugboot der Flugzeugwerke Blohm & Voss
Captain (S) 10 — (brit.) Chef – im Range eines Captain – der 10. U-Flottille
CB (Companion of the Order of the Bath) — (brit.) Ritter des Bathordens (hoher Orden und Titel)
Cdr. (Commander) — (am./brit.) Fregattenkapitän
CDV (Commando Delivery Vehicle) — Unterwasserfahrzeug zum Aussetzen von Kommandotruppen
CGM (Conspicious Gallantry Medal) — (brit.) Verdienstmedaille für hervorragende Tapferkeit (für Mannschaftsdienstgrade der RN)
C-in-C (Commander-in-Chief) — (brit.) Oberbcfchlshaber
C-in-C Med (Commander-in-Chief Mediterreanean) — (brit.) Oberbefehlshaber Mittelmeer
COPP (Combined Operations Pilotage Party) — (brit.) Lotsenkommando der Combined Operations
Cpt./Capt. (Captain) — (am./brit.) Kapitän zur See
CQR-Anker (Coastal Quick Release) — Pflugschar-Anker (auch Danforth-Anker) zum schnellen Ankerlichten in Küstennähe
CRDA (Cantieri Riuniti dell' Adriatico S.A.) — (ital.) Schiffswerften in Ancona und Palermo
CTL (Construktive Total Loss) — Konstruktiver Totalverlust (KTL)
CWL/KWL — Konstruktionswasserlinie
DARPA (Defense Advanced Research Projects Agency) — (am.) Amt für moderne Forschungsprojekte zu Verteidigungszwecken
DCM (Distinguished Conduct Medal) — (brit.) Verdienstmedaille für hervorragende Tapferkeit (für Mannschaftsdienstgrade des Heeres)

D-Day	(am./brit.) Tag des Beginns einer Operation (dt. X-Tag); oft nur auf den 4. Juni 1944 (Landung in der Normandie) bezogen
DD-Tank (Duplex Drive Tank)	Panzer mit 2fachem Antrieb (Schwimmpanzer mit Raupen- und Propellerantrieb)
Deschimag	Deutsche Schiffs- und Maschinenbau AG
DSC (Distinguished Service Cross)	(brit.) Verdienstkreuz für hervorragende Tapferkeit (für Offiziere)
DSEA (Davis Submarine Escape Apparatus)	(brit.) Davis-Tauchretter
DSM (Distinguished Service Medal)	(brit.) Verdienstmedaille für hervorragende Tapferkeit (für Mannschaftsdienstgrade der RN)
DSO (Distinguished Service Order)	(brit.) Verdienstorden für hervorragende Tapferkeit (für Offiziere)
DSRV (Deep Submergence Rescue Vehicle)	Tieftauch-Rettungsfahrzeug
E-Meß..	Entferungs-Meß...
E-Motor	Elektromotor
E-Werk	Elektrizitätswerk (Generatorraum) auf Schiffen
ERA (Engine-Room Artificer)	(brit.) Maschinist
Fa.	Firma
FAA (Fleet Air Arm)	(brit.) Marineluftwaffe
F.d.S.	Führer der Schnellboote
FK	Flugkörper
FKpt.	Fregattenkapitän
Fla-Waffen	Fliegerabwehrwaffen
Flak	Fliegerabwehrkanone
FOBAA (Flagg Officer Commanding the British Assault Area)	(brit.) Seebefehlshaber Britischer Angriffsraum (bei der Normandie-Landung)
FOWIT (Flagg Officer Western Italy)	Alliierter Seebefehlshaber Westitalien
FY52 (Fiscal Year 1952)	(am.) Haushaltsjahr 1952
G7a, G7e	dt. Torpedobezeichnung (G = Kaliber 53,3 cm, 7 = 7 m Länge, a = Preßluftantrieb, e = Elektroantrieb)
GAdm.	Großadmiral
GenAdm.	Generaladmiral
Gestapo	Geheime Staatspolizei
GIUK (Greenland-Iceland-United Kingdom)	Grönland-Island-Großbritannien-Enge
GOC (General Officer Commanding)	(brit.) befehlsführender Offizier des Heeres
HDML (Harbour Defence Motor Launch)	(brit.) bewaffnete Motorbarkasse zur Hafenverteidigung
HMAS (Her/His Majesty Australian Ship)	(brit.) Ihrer/Seiner Majestät Australisches Schiff
HMS (Her/His Majesty Ship)	(brit.) Ihrer/Seiner Majestät Schiff
HMS/m (Her/His Majesty Submarine)	(brit.) Ihrer/Seiner Majestät Unterseeboot
Hon. (Honourable)	(brit.) der/die Ehrenwerte (Titel der jüngeren Kinder der Earls, aller Kinder der Viscounts und Baronets, der Ehrendamen des Hofes, der Mitglieder des Unterhauses, bestimmter höherer

ABKÜRZUNGSVERZEICHNIS

	Richter, aller Bürgermeister; in den USA: der Mitglieder des Kongresses, hoher Regierungsbeamter, Richter, Bürgermeister)
HQ (Headquarters)	Hauptquartier
Ing.	(dt.) hinter dem Dienstgrad Ingenieuroffizier-Laufbahn, z.B. Kptlt.(Ing.)
IWM (Imperial War Museum)	brit. Kriegsmuseum in London
Job	(brit.) Auftrag
JW-Geleitzug	(brit.) Bezeichnung für Geleitzüge nach Nordrußland
KAdm.	Konteradmiral
K-Amt	Amt Kriegsschiffbau im OKW
K.B.	Kriegsbereitschaft
KCB (Knight Commander of the Order of the Bath)	(brit.) Komtur des Bath-Ordens (hoher Orden und Titel)
K.d.K.	Kommando der Kleinkampfverbände
K-Flottille	Kleinkampfflottille
kHz	Kilohertz
KJM	Kaiserlich Japanische Marine
KKpt.	Korvettenkapitän
K-Mittel	Kleinkampfmittel
kn	Knoten: Seemeile (1853 m) pro Stunde
KNM	Königlich Norwegische Marine
Kptlt.	Kapitänleutnant
Kptlt.d.R.	Kapitänleutnant der Reserve
KptzS.	Kapitän zur See
K-Stab	Kleinkampfstab
kT	Kilotonne
KTB	Kriegstagebuch
k.u.k	(österr.-ung.) königlich und kaiserlich
K-Verband	Kleinkampfverband
kW	Kilowatt
L/...	Länge des Rohres nach Anzahl der Kaliber
LCF (Landing Craft, Flak)	(am.) Landungsboot mit Flakbewaffnung
LCG (Landing Craft, Gun)	(am.) Landungsboot mit Geschützbewaffnung
LCG(L) (Landing Craft, Gun, Large)	(am.) großes LCG
LCS (Landing Craft, Support)	(am.) Landungsboot zur Unterstützung
Ldg.Smn. (Leading Seaman)	(brit.) Matrosenobergefreiter
LPSS (Landing Personal Submarine)	(am.) Transport-U-Boot für amphibische Truppen
LSD (Landing Ship, Dock)	(am.) Docklandungsschiff
LSI (Landing Ship, Infantery)	(am.) Infanterie-Landungsschiff
LST (Landing Ship, Tank)	Panzer-Landungsschiff
Lt. (Lieutenant)	(brit.) Oberleutnant zur See, (am.)Kapitänleutnant
Lt.-Cdr. (Lieutenant-Commander)	(brit.) Kapitänleutnant, (am.)Korvettenkapitän
LTO (Leading Torpedoman)	(brit.) Obergefreiter der Torpedomechaniker-Laufbahn
LtzS.	Leutnant zur See
MAN	Maschinenfabrik Augsburg-Nürnberg

Marlag.	Marinelager für Kriegsgefangene
MAS (Motoscafo Anti-Sommergibili)	(ital. U-Jagdmotorboot) kleines Schnellboot, auch Kennung
MC (Military Cross)	(brit.) Verdienstkreuz für Tapferkeit (für Offiziere des Heeres)
MDV (Mine Delivery Vehicle)	(am./brit.) Unterwasserfahrzeug zum Legen von Minen
Megohm	Maßeinheit des elektrischen Widerstandes: 1 000 000 Ohm
M.E.K.	Marine-Einsatzkommando
MEZ	Mitteleuropäische Zeit
MFP	Marinefährprahm
MG	Maschinengewehr
MHz	Megahertz
Mid. (Midshipman)	(brit.) Fähnrich zur See
Mk. (Mark)	(am./brit.) Modell
ML (Motor Launch)	(brit.) bewaffnete Motorbarkasse
MM (Military Medal)	(brit.) Verdienstmedaille für Tapferkeit (für Mannschaftsdienstgrade des Heeres)
MND	Marine-Nachrichtendienst (2./Skl.)
MOBR	Marineoberbaurat
Mod.	Modell
MOK	Marineoberkommando
MS (Motoscafo Silurante)	(ital.) großes Motortorpedoboot, auch Kennung
MT (Motoscafo Turismo)	(ital.) Sprengboottyp
MTB (Motor Torpedo Boat)	(brit.) Motortorpedoboot
MTL (Motoscafo Turismo Lento)	(ital.) Sprengboottyp
MTR (Motoscafo Turismo Ridotto)	(ital.) Sprengboottyp
MTS (Motoscafo Turismo Silurante)	(ital.) kleines Motortorpedoboot
MTSM (Motoscafo Turismo Silurante Modificato)	(ital.) kleines Motortorpedoboot (modifiziert)
N	nördliche Breite
I.O.	Erster Offizier
OB West	Oberbefehlshaber West
Ob.d.M.	Oberbefehlshaber der Kriegsmarine
OBE (Officer/Order of the British Empire)	(brit.) Auszeichnung
Oblt.(Ing.)	Oberleutnant (Ing.): Ingenieuroffizier
ObltzS.	Oberleutnant zur See: Seeoffizier
OIC (Operational Intelligence Centre)	(brit.) Feindlagezentrum in der Admiralität
OKM	Oberkommando der Marine
OKW	Oberkommando der Wehrmacht
PR-Flüge (Photographic Reconnaissance)	Luftbildaufklärungsflüge
PRO (Public Records Office)	(brit.) Staatsarchiv
PSe	effektive PS, Maßeinheit für Motorenleistung
R	(dt.) Kennung für Räumboot
R-Boot	(dt.) Räumboot (kleiner Minensucher)
Radar (Radio Detecting and Ranging)	(brit.) Funkortung und E-Messung (dt. Funkmeß)
RAF (Royal Air Force)	(brit.) Königliche Luftwaffe
RAN (Royal Australian Navy)	(brit.) Königlich Australische Marine

ABKÜRZUNGSVERZEICHNIS

RANVR (Royal Australian Naval Volunteer Reserve) — (brit.) Freiwilligenreserve der RAN
RCNC (Royal Constructor Naval Corps) — (brit.) Königliches Marinebaubeamtenkorps
RFA (Royal Fleet Auxiliary) — (brit.) Flottenunterstützungsschiff
RN (Royal Navy) — (brit.) Königliche Marine
RNR (Royal Naval Reserve) — (brit.) Reserve der RN
RNSM (Royal Navy Submarine Museum) — (brit.) Unterseebootsmuseum der RN
RNVR (Royal Naval Volunteer Reserve) — (brit.) Freiwilligenreserve der RN
RNZNVR (Royal New Zealand Naval Volunteer Reserve) — (brit.) Freiwilligenreserve der Königlich Neuseeländischen Marine
SALT (Strategic Arms Limitation Talks) — (am.) am.-sowj. Gespräche über Begrenzung strategischer Kernwaffen

SANF (South Africa Naval Force) — Südafrikanische Marine
SANF(V) (South Africa Naval Force (Volunteer)) — Freiwillige der SANF
SANVR (South Africa Naval Volunteer Reserve) — (brit.) im 2. Weltkrieg Freiwilligenreserve der Südafrikanischen Marine

SBA (Sick Berth Attendant) — (brit.) Sanitätsdienstgrad in der RN
SBNONR (Senior British Naval Officer North Russia) — (brit.) Dienstältester britischer Seeoffizier Nordrußland
S-Boot — (dt.) Schnellboot
SBS (Special Boat Squadron) — (brit.) Sondereinsatzverband der RN
SC — (sowj.) Kennung für die U-Boote der SC-Klasse
SC (Service Cross) — (brit.) Verdienstkreuz für Tapferkeit (für Offiziere der RN)
SDV (Swimmer Delivery Vehicle) — (am./brit.) Unterwasserfahrzeug zum Absetzen von Kampfschwimmern
SEAL (Sea-Air-Land) — (am.) Sondereinsatzverband der US-Marine
SIS (Secret Intelligence Service) — (brit.) geheimer Nachrichtendienst (Ausland) des Heeres (M I 6)
SLBM (Submarine-Launched Ballistic Missile) — (am.) unter Wasser abzuschießender ballistischer Flugkörper
SLC (Siluro a Lenta Corsa) — (ital. Langsam laufender Torpedo) bemannter Torpedo (»Maiale«)
SO (I) (Staff Officer, Intelligence) — (brit.) Feindlageoffizier im Stab
SOE (Special Operations Executive) — (brit.) Sondereinsatzverband
Sonar (Sound, Navigation and Ranging) — (am.) Schallortungsgerät
SS (Steam Ship) — (am./brit.) Dampfschiff
SSBN (Submarine Ballistic Nuclear) — (am.) Atom-Unterseeboot mit ballistischen Flugkörpern

SSK — (brit.) dieselelektrisches U-Jagd-Unterseeboot
SSN (Submarine Nuclear) — (am.) nuklear angetriebenes Angriffs-U-Boot
SST (Special Surface Target) — dt. Seezieltorpedo
START (Strategic Arms Reduction Talks) — (am.) am.-sowj. Gespräche zur Verringerung strategischer Waffen

Sto 1 (Stoker 1st Class) — (brit.) Heizer 1. Klasse
STTC (Ship Target Trial Committee) — (brit.) Schiffszielerprobungs-Ausschuß
SUBLANT (Submarine Atlantic) — (am.) Unterseeboote Atlantik
Sub-Lt. (Sub-Lieutenant) — (brit.) Leutnant zur See
t — metrische Tonne (1000 kg)

T 5	dt. Torpedotyp (Horchtorpedo »Zaunkönig«)
TF (Task Force)	(am.) Kampfverband
TG (Task Group)	(am.) Kampfgruppe einer TF
TNT	Trinitrotoluol (Sprengstoff)
ts	brit. »long ton« zu 1016 kg
T.V.A.	Torpedoversuchsanstalt
U	(dt.) Untersee..., Kennung für U-Boot
UdSSR	Union der Sozialistischen Sowjetrepubliken (Sowjetunion)
UDT (Underwater Demolition Team)	(brit.) Unterwasser-Sprengkommando
U-Flottille	Unterseebootsflottille
UHF (Ultra High Frequency)	(am./brit.) Ultrahochfrequenz
U/m	Umdrehungen pro Minute
US (United States)	(am.) Vereinigte Staaten
USMC United States Marine Corps)	(am.) Marineinfanteriekorps der US
USN (United States Navy)	(am.) US-Marine
USNI (Unites States Naval Institute)	(am.) US-Marineinstitut
USS (United States Ship/Submarine)	(am.) Schiff/Unterseeboot der US
UUV (Unmanned Undersea Vehicle)	(am./brit.) unbemanntes Unterwasserfahrzeug
V	Volt
VAdm.	Vizeadmiral
VC (Victoria Cross)	Viktoria-Kreuz: höchste brit. Tapferkeitsauszeichnung
Vp./VP	Vorposten...
W	westliche Länge
WPS	Wellen-PS, Maßeinheit für Dampfturbinen
WRT-Tank (Water Round Tube Tank)	(brit.) Tank zum Bewässern des Torpedorohres
X-Zeit	(dt.) Zeitpunkt des Beginns einer Operation
xB-Dienst	siehe B-Dienst

Sachregister

AIKOKU MARU: 83
Aitken, Sub-Lt. R: Entkommen aus *X 7*, 150f.
Akeida, ObltzS. Saburo: 82
- greift HMS RAMILLIES an: 84f.
- Tod von: 86
ALCHIBA: 96
Alexandrette, *Decima MAS*-Operationen in: 51
Alexandria,
- *Decima MAS*-Operationen gegen: 25-30
- strategische Folgen der Operationen gegen: 30f.
Algier, *Decima MAS*-Operationen in: 48ff.
AMBRA (ital. Unterseeboot): 24
- Angriff auf Alexandria: 31f.
- Angriff auf Algier: 48f.
- erfolgloser Angriff auf die Invasionsflotte: 52
Anderson, Warrant Officer Herbert:
- greift »Ko-Hyoteki« in Sydney an: 89
Andrew, Lt. R. (Kommandant der SEA MIST): 92
Anzio, »Neger«-Operationen vor: 192
AQUILA (ital. Flugzeugträger): 61f.
Arillo, Kptlt. Mario: 31f.
ARTHUR (norweg. Trawler) und die Operation »Turtle«: 117f.
Asama, KptzS. Toshihide, und die japanische Entwicklung von Kleinunterseebooten: 65

Baily, Lt. W., und die Überwachung der ital. Einrichtungen in Spanien: 44
Ban, ObltzS Katsuhira: 87
- greift Sydney an: 88, 90f., 93
- Tod von: 92
»Barbara«, Operation: 159f.
BÄRENFELS, versenkt in Bergen: 165
Barla, OTauchmt. L.: 47
BARON DOUGLAS, beschädigt in Gibraltar: 39
Barry, Rear-Admiral C., und die Würdigung der X-Bootbesatzungen bei der Operation »Source«: 154
Bartels, KKpt. Hans: 187, 199
Bass, Cdr. R.H., und die amerikanische Entwicklung von Kleinunterseebooten nach 1945: 218f.
Berey, PO Cook C.: 59f.

Bergen, Angriff auf das Schwimmdock:
- durch »Welman«-Boote: 159f.
- durch X-Boote: 163f., 169-172
BERTO, beschädigt in Algier: 50
Bianchi, OTauchmstr. Emilio: 26
- Angriff auf HMS VALIANT: 27f.
»Biber«:
- Entwicklung des: 187ff.
- Operationen vor der Normandieküste: 199
- geplanter Angriff auf den Suezkanal: 200
- Operationen in der Schelde-Mündung: 200-203
- Operationen von Norwegen aus: 203f.
- geplanter Angriff auf Schiffe im Kola-Inlet: 204f.
Birindelli, Kptlt. Gino:
- Operation »GA 1«: 25f.
- Operationen gegen Gibraltar: 33
- Operation »BG 2«: 34f.
- Gefangennahme von: 35
- Briten verweigern Repatriierung von: 20f.
BLENCATHRA, HMS, beschädigt durch »Neger/Marder«: 196f.
BLOSSOM: 44
BOLZANO (ital. Schwerer Kreuzer), angegriffen in La Spezia: 59f.
BONAVENTURE, HMS: 173f.
Borghese, FKpt. J. Valerio: 26, 33, 34
- übernimmt das Kommando der Unterwasser-Abteilung der *Decima MAS*: 22
- und der *Decima MAS*: 48, 56
- Pläne für den Angriff auf New York: 56f.
- und der Waffenstillstand Italiens: 56f.
- ungünstige Beurteilung zur Entwicklung deutscher Klein-U-Boote: 182
»Bottom«, Operation: 58
Boyle, Richard, und Erfahrungen mit der USS *X 1*: 222
BRITISH LOYALTY, torpediert vor Madagaskar: 85
Bushnell, David, und die Entwicklung der TURTLE: 10ff.
Bushnell, Ezra: 10ff.

CA-Typ (ital. Kleinunterseeboot):
- Beschreibung des: 52f.

273

- geplanter Angriff auf New York: 56f.
»Caesar«, Operation: 204f.
CAMERATA, versenkt in Gibraltar: 43
Cameron, Lt. D.: 144
- greift deutsches Schlachtschiff TIRPITZ an: 146
Cargill, James: 89
CATO, HMS, versenkt: 195
Causer, Sub-Lt. M.R.:
- und der Angriff auf die BOLZANO: 59f.
CB-Typ (ital. Kleinunterseeboot):
- Beschreibung des: 53ff.
- sein Einsatz im Schwarzen Meer: 53f.
- Schicksale des: 55
Cella, ObltzS. Vittorio: 41, 43
- versenkt die THORSHOVDI in Gibraltar: 43
CENTAUR, beschädigt in Algier: 50
»Chariot«:
- Beschreibung des: 113ff.
- Operation »Title«: 117f.
- Operationen im Mittelmeer: 120ff.
- Kritik an: 122
- Operationen in Fernost: 123
- ihre Einstellung: 123
- Kritik an: 123f.
CHEW, USS: 78
CHICAGO, USS, angegriffen durch »Ko-Hyoteki« in Sydney: 50f.
CHIYODA (jap. Seeflugzeugträger), Umbau zum Transport von »Ko-Hyoteki«: 66, 68f.
Chuman, ObltzS. Kenshi: 87
- seine Rolle beim »K-Hyoteki«-Angriff auf Sydney: 89f.
- Tod von: 90
- Begräbnis von: 93
Churchill, Winston, und seine Begeisterung für die Entwicklung britischer Kleinunterseeboote: 112f.
CONDOR, USS: 77
Conte, LtzS. Nicola: 61
Costa, Kptlt. Franco, und der Angriff auf Malta: 47
COURBET (frz. Schlachtschiff): 198
Crabbe, Lt. Lionel »Buster«: 42, 217
- Vorschlag für einen Angriff auf die OLTERRA: 44
CROSSBILL, USS:
- sichtet »Ko-Hyoteki« außerhalb von Pearl Harbor: 77

»Cudgel« (brit. Atomwaffe für die Boote der Klasse $X\ 51$: 216
CUGNOT (frz. Unterseeboot) dringt in Cattaro ein: 15
Cunningham, Admiral Sir Andrew: 20, 29ff.

De la Penne, Kptlt., Luigi Durand: 26
- bei der Operation »BG 1«: 34
- Angriff auf HMS VALIANT: 27ff.
- bei der Operation »QWZ« gegen La Spezia: 59
De Podkapelski, Linienschiffskapitän Janko Vunkovic, und der Verlust der VIRIBUS UNITIS: 17f.
Decima MAS:
- Leistungen: 20
- Ethos: 21
- Organisation: 22
- und der Waffenstillstand Italiens: 56ff.
»Delphin«, dt. Klein-U-Boot-Projekt: 190
DENBYDALE, versenkt in Gibraltar: 38
Denegri, Paolo: 39
- verrät OLTERRA-Geheimnis den Briten: 45
Deutsche Marine und die frühen Klein-U-Bootsprojekte: 181ff.
DEVASTATOR (brit. Kleinunterseebootsprojekt): 64f.
Di Reval, Admiral Thaon, und die »Mignatta«: 16f.
DIANA (ital. Aviso) und der Angriff auf Malta: 47
Dove, Sub-Lt. R.G.: 121
DRAGON (poln. Leichter Kreuzer), beschädigt vor der Normandie: 196
DURHAM, versenkt in Gibraltar: 38

EAGLE, HMS: 10
- Angriff im Hudson River durch die TURTLE: 12f.
EMPIRE SNIPE, beschädigt in Gibraltar: 39
Evans, AB R., bei der Operation »Title« Mord an: 118
»Explosivdung«: 155
Eyres, Sub-Lt. H.C., und die Hafenverteidigung von Sydney: 89

Fell, Capt. W.R. (»Tiny«):
- und die Entwicklung des »Chariot«: 113
- und die XE-Boote in Fernost: 173ff.
FERNPLANT, Minentreffer in Alexandrette: 51
Ferraro, ObltzS., und die Operationen in Alexandrette: 51f.

SACHREGISTER

Ferrier, Ldg.Smn. A.: 121f.
Fife, Admiral J.: 174
- Würdigung der XE-Bootbesatzungen: 180
FIONA SHELL, versenkt in Gibraltar: 37
FORT LAC LA RONGE, versenkt vor der Normandie: 197
Forza, FKpt. Ernesto:
- Chef der *Decima MAS*: 48
- proalliierte Ansichten von: 58
- Zusammenarbeit mit der Royal Navy: 58, 62
Fraser, Lt. I.E.:
- Angriff auf die TAKAO: 176ff.
- Auszeichnung mit dem Viktoria-Kreuz: 179
FRATTON, HMS, versenkt vor der Normandie: 198
Freel, Ldg.Smn.J.: 121
FULGOR: 36f., 39
Fulton. Robert: 10
Fushimi, Admiral Prinz no-miya-Hiroyasu: 65

GAIRSAY, HMS, Verlust von: 196, 197
»Gambit«, Operation: 169
»Gamma«-Kampfschwimmer (ital.): 25
- ihre Operationen von der Villa Carmela aus: 38ff.
Gibraltar,
- Bedeutung von: 33
- Operationen der *Decima MAS* gegen: 33ff.
- geplante Operationen gegen: 44
Gibraltar, Unterwasser-Sicherungskommando: 42
Goetsch, Oberfähnrich z.S. K., und die »Seehund«-Ausbildung: 210f.
Goldsworthy, Lt. F.:
- Beurteilung der italienischen Operationen gegen Gibraltar: 33, 44, 45
- Ergebnisse der Operation »Toast«: 62
GONDAR (ital. Unterseeboot): 24
- Verlust der: 25f.
GRECALE (ital. Zerstörer) und die Operation »QWZ«: 59
Greenland, Sub-Lt. R.: 121
GRILLO (ital. Angriffsfahrzeug): 16
»Guidance«, Operation: 164f.

Harada, KptzS. Kaku, 69
HARMATTAN, beschädigt in Algier: 50
HARRSISON GREY OTIS, versenkt in Gibraltar: 44

»Hecht« (dt. Klein-U-Boot), Beschreibung des: 206f.
»Heckle«, Operation: 170ff.
Heye, KAdm. Hellmuth: 183ff.
HOKOKU MARU: 83
Holland, John P.: 13f.
»Holland«-Typ, Unterseeboote vom: 14
Holloway, Midshipman Adrian, und der italienische Angriff auf HMS VALIANT: 28f.
Honour, Lt. G., und die Operation »Gambit«: 167ff.
Hori, Oblt. (Ing.) Toshio, und die See-Erprobungen des »Ko-Hyoteki«: 68
Horthy, Admiral Miklos: 17
Horton, Admiral Sir Max:
- und die Erprobung der DEVASTATOR: 64f.
- und die Entwicklung des »Chariot«: 113, 114, 117
HOWE, HMS, Angriffsübungen der »Chariots« gegen: 116f.
Hudspeth, Lt. K.: 144
- und *X 10*: 153
- und die Operation »Postage Able«: 166f.
- und die Operation »Gambit«: 167f.

Inagaki, Bootsmann Kiyoshi: 76
- Angriff auf Pearl Harbor: 80
- Tod von: 80
Iran, Besitz von Kleinunterseebooten durch den: 228
Irak, Besitz von Kleinunterseebooten durch den: 228f.
IRIDE (ital. Unterseeboot): 24
- Verlust der: 25
Ishizaki, KAdm. Noboru: 82f.
Ito, Stab.Btsm. Susumo, und die Luftaufklärung über Sydney: 88
Iwasa, LtzS. Naoji:
- und die Verwendung des »Ko-Hyoteki«: 74, 76
- Tod von: 79

Jackson, Zweiter Offizier P.J., und die Versenkung der MAHSUD: 43
Japan und der Einsatz von Kleinunterseebooten: 63f.
JERVIS, HMS, angegriffen in Alexandria: 27
Jugoslawien, Besitz von Kleinunterseebooten durch: 226f.

275

Kabelschneiden:
- Operationen in Fernost zum: 178f.
- Bedeutung des: 179

»Kaiten« (jap. bemannter Torpedo):
- Entwicklung der: 99
- Beschreibung der: 100f.
- Verwendung der: 102
- Probleme mit den: 102
- Angriff auf Ulithi durch: 103f.
- Operationen von:105-110
- und die Versenkung von USS UNDERHILL: 108f.

KAITUNA, Minentreffer vor Alexandrette: 51
Kishemoto, Kanji, KptzS. und die Entwicklung japanischer Kleinunterseeboote: 64f.

»Ko-Hyoteki« (jap. Kleinunterseeboot):
- Entwicklung des: 64f.
- Verwendung des: 65f.
- Unterbrechung der Entwicklung: 66f.
- Aufträge für Versuchsboote: 68
- Beschreibung des: 69-73
- Aufgabe bei Hafenangriffen: 74f., 96
- Aussetzen von Unterseebooten aus: 75
- und der Angriff auf Pearl Harbour: 76-81
- Modifizierung des: 96
- Typ B und Typ C: 96f.
- Minenlege-Variante: 97
- Versagen des: 98

Kola-Inlet, der geplante deutsche Angriff auf Schiffe im: 204f.
Kolumbien, Kleinunterseeboote im Dienst bei der Marine von: 225f.
Kondome, bei der Stranderkundung Verwendung von: 166
KONG OSCAR II, versenkt in Bergen: 172
»Koryu« (jap. Kleinunterseeboot), Beschreibung des: 109, 110
Kroatien, Kleinunterseeboote im Dienst bei der Marine von: 227
Kunihiro, LtzS. Nobuharu: 95
KUTTABUL, versenkt in Sydney: 91

K-Verband:
- Aufstellung: 183ff.
- Rekrutierung des Personals: 184
- Versagen: 213f.

La Spezia: Ziel für die Operation »QWZ«: 59
Lawrence, Matrose K.: 59f.
LCG 764, Verlust von: 196, 197

LEONARDO DA VINCI (ital. Unterseeboot):
- und der geplante Angriff auf New York: 56f.
- Verlust der: 57

Leone, Serg. Salvatore: 41f.
LOLITA (Hafenverteidigungsfahrzeug in Sydney): 89f.
Londoner Flottenvertrag: 63

Madagaskar:
- britische Landungen auf: 83f.
- »Ko-Hyoteki«-Operationen gegen: 82-86

Magenniss, Ldg.Smn. J.:
- und der Angriff auf die TAKAO: 176ff.
- ausgezeichnet mit dem Viktoria-Kreuz: 179

MAGIC, HMS, versenkt vor der Normandie: 195
Magro, OTauchmt. Giovanni:
- Tod beim Angriff auf Gibraltar: 41f.
- Bestattung in See: 42

MAHSUD, versenkt in Gibraltar: 43
»Maiale«, siehe SLC

Malta:
- *Decima MAS*-Operationen gegen: 46f.
- Fehlschlag des *Decima MAS*-Angriffs auf: 48

Manisco, Kptlt. Girolamo: 41f.
- und die Operation »Toast«: 61f.

»Manta«, dt. Klein-U-Bootentwurf: 191f.
Marceglia, Kptlt.(Ing.) Antonio: 26
- und der Angriff auf HMS QUEEN ELIZABETH: 27f.

»Marder« siehe »Neger«
Marino, OTauchmt. Mario: 26
- und der Angriff auf den Tanker SAGONA: 27f.

Maritalia: 225
Martellotta, Hptm.d.Mar.Inf. Vincenzo: 26
- und der Angriff auf den Tanker SAGONA: 27f.

Martignoni, Oberbootsmann Luigi, und die Entwicklung der »Mignatta«: 15, 19
Matsuo, OblzS. Keiu: 76
- und der Angriff auf Sydney: 87, 88, 92f.
- Tod von: 92
- Bestattung von: 93
- Besuch der Mutter von: 94

Medlam, Col. H.C., und der Verdacht gegen den italienischen Tanker OLTERRA: 44f.
META, beschädigt in Gibraltar: 39

»Mignatta«:
- Entwicklung der: 15f.
- Angriff auf die VIRIBUS UNITIS: 17f.

MISSISSINEWA, versenkt durch »Kaiten«
   in Ulithi: 104
Mohr, Stabsing.: 184f.
»Molch« (dt. Klein-U-Boot), Entwicklung und
   Beschreibung des: 185f.
MONAGHAN, USS, greift »Ko-Hyoteki« in
   Pearl Harbor an und versenkt es: 78f.
Morgan, Capt. C.: 28
Mountbatten, Admiral Lord Louis, und das
   »Welman«-Boot: 157f.

»Neger« (dt. bemannter Torpedo):
- Entwicklung und Beschreibung des: 184f.
- Operationen vor Anzio: 192
- Operationen vor der Normandie: 193-199
New York, italienische Angriffspläne auf: 56
Nordkorea, Besitz von Kleinunterseebooten
   durch: 228
Normandie:
- Stranderkundung durch X-Boote: 166f.
- Landemarkierung durch X-Boote: 167ff.
- deutsche Klein-U-Boot-Operationen
   vor der: 193-199
Notari, KKpt. Ernesto:
- führt italienisches Einsatzkommando auf der
   OLTERRA: 42f.
- versenkt die HARRISON GREY OTIS: 44

OCEAN VANQUISHER, beschädigt in Algier: 50
OLTERRA: 38
- eingerichtet als SLC-Basis: 39f.
- britischer Verdacht gegen die: 44
- Operationen von der: 40ff.
- britische Vorschläge zum Angriff auf die: 44
- Einstellung der Operationen und Übergabe
   an die Royal Navy: 45
ORION, Minentreffer vor Alexandrette: 51

P 311 (brit. Unterseeboot), Verlust der: 120
Pakistan:
- Besitz von Kleinunterseebooten: 226
- potentieller Konflikt mit Indien: 226
Paolucci, M.Ass.Arzt R.:
- und die Entwicklung der »Mignatta«: 15, 16
- und der Angriff auf Pola: 17f.
PAT HARRISON, versenkt in Gibraltar: 43
Pearl Harbor, japanischer Angriff auf: 76ff.
Pedretti, Tauchmstr. Alcide: 47

Pengelly, Constr.Capt. H.S.: 85f.
Pistono, G. (ital. Konsul in Algeciras): 36, 38
Place, Lt. B.G., und der Angriff auf die
   TIRPITZ: 144, 147ff.
Pola, »Mignatta«-Angriff auf: 17f.
»Postage Able«, Operation: 166ff.
»Principle«, Operation: 120ff.
PYLADES, HMS, versenkt vor der
   Normandie: 195f.

QUEEN ELIZABETH, HMS, beschädigt in
   Alexandria: 26ff.
QUORN, HMS, Verlust der: 196f.
»QWZ«, Operation: 59

RAMILLIES, HMS:
- beschädigt in Diégo Suarez: 84f.
Ramognino, Antonio, und der Kauf der Villa
   Carmela: 38
RAVENSPOINT, versenkt in Gibraltar: 41
REDBIRD, USS: 77
Rosetti, Kptlt.(Ing.) R.:
- und die Entwicklung der »Mignatta«: 15f.
- und der Angriff auf Pola: 17f.

SAGONA, angegriffen in Alexandria: 27
Sakamaki, LtzS. Kazuo: 76
- und der Angriff auf Pearl Harbor: 80
- Gefangennahme von: 80
Salomonen, »Ko-Hyoteki«-Operationen
   in den: 95f.
SAMLONG: 197
Sasaki, KptzS. Hanku: 76
Schergat, OTauchmt. Spartaco: 26
- und der Angriff auf die
   HMS QUEEN ELIZABETH: 27
»Schwertwal«, dt. Klein-U-Bootentwurf: 190f.
SCIRÉ (ital. Unterseeboot): 24, 26, 33f. 37
- Verlust der: 32
SEA MIST, HMAS: 92
Seeflugzeugträger: Einsatz durch Japan als
   Klein-U-Bootträger: 66
»Seehund« (dt. Klein-U-Boot):
- Entwicklung des: 206ff.
- Beschreibung des: 208
- Kreislauf-Antrieb des: 209
- Verluste bei der Ausbildung: 210
- Operationen: 211ff.

»Seeteufel«, dt. Entwurf für ein amphibisches
   Klein-U-Boot, Beschreibung des: 191f.
Sekido, ObltzS. Yoshimitsu: 68
Shean, Lt. Max:
- Angriff in Bergen mit *X 24*: 163ff.
- Kabelschneide-Operationen: 178f.
SHUMA, beschädigt in Gibraltar: 39
SICILIAN PRINCE, angegriffen in Alexandrette: 51
Sladen, Cdr. G., und die Entwicklung des
   »Chariot«: 113
Sladens »Clammy Death«-Anzug: 113
SLC (»Maiale«):
- Beschreibung des: 23f.
- Absetzen der: 24
Smith, AB Harry:
- Angriff auf die BOLZANO: 59
SMSP (Small Mobile Sensor Platform): 229
SOE (Special Operations Executive): 155
»Source«, Operation:
- Planung der: 141f.
- zugeteilte britische Streitkräfte: 143f.
- Durchführung der: 144-151
- Folgen der: 152
Sowjetische Marine, Entwicklung von
   Klein-U-Booten in der: 223ff.
Spanien, Haltung der Regierung zu den
   italienischen Operationen: 35f.
SSBN's, Einsatz als SDV-Träger: 215
STANBRIDGE, versenkt in Gibraltar: 43
Straulino, ObltzS. Agostino, und
   »Gamma«-Operationen gegen Gibraltar: 38ff.
STEN, versenkt in Bergen: 172
STICKLEBACK, HMS: 216, 218
Suezkanal:
- vorgeschlagener »Biber«-Angriff
   auf den: 200
- Einsatz von X-Booten des Typs *X 51*: 217
SUMATRA: 123
Sydney:
- Hafenverteidigung von: 87f.
- Luftaufklärung über: 88
- Angriff auf den Hafen von: 88ff.
Syfret, Rear-Admiral E.N.: 83f.

TAKAO (jap. Schwerer Kreuzer), Angriff durch
   XE-Boote auf die: 175-177
Tesei, Kptlt.(Ing.) Teseo: 22, 34, 47
- und sein Tod beim Angriff auf Malta: 48

TIRPITZ (dt. Schlachtschiff): 112
- »Chariot«-Angriff auf die: 117f.
- Netzschutz der: 147f.
- X-Bootangriff auf die: 144-151
- Beschädigungen der: 152
- Verlust der: 172
»Title«, Operation: 117f.
»Toast«, Operation: 61f.
Toschi, ObltzS. Elios: 21f.
- Gefangennahme von: 26
»Trout Line«: 194
TURTLE:
- Beschreibung der: 11
- greift HMS EAGLE an: 12f.

Ulithi, »Kaiten«-Angriff auf: 103ff.
ULPIO TRAIANO (ital. Leichter Kreuzer),
   beschädigt in Palermo: 121
UNDERHILL, USS, versenkt durch
   »Kaiten«: 108f.
US-Marine:
- Einstellung zu den XE-Booten: 171
- Entwicklung von Kleinunterseebooten
   nach 1945: 218-222
UUV (Unmanned Underwater Vehicle): 229f.

VALIANT, HMS:
- angegriffen in Alexandria: 26f.
- Beschädigungen der: 29f.
Varini, Tauchm. Dino: 41f., 61f.
Varley, Cdr. »Crom«:
- und die Entwicklung des »Chariot«: 125f.
- und US-Entwicklungen nach 1945: 219
Villa Carmela:
- als »Gamma«-Basis: 38
- Operationen aus der: 38ff.
VIMINALE, beschädigt in Palermo: 121
VIRIBUS UNITIS (österr.-ung. Schlachtschiff),
   versenkt in Pola: 17ff.
Visintini, Kptlt. Licio: 36f.
- Beschreibung des: 37
- versenkt die DENBYDALE: 38
- und die Einrichtung der OLTERRA: 39f.
- Planung von Operationen: 41ff.
- letztes Testament von: 41
- Tod von: 42
- Bestattung auf See von: 42
VOLPI: 123

SACHREGISTER

WARD, USS: 78, 80
Washingtoner Flottenvertrag: 63
»Welman« (brit. Klein-U-Boot):
- Beschreibung des: 155ff.
- Ausbildung am: 157f.
- Verwendung des: 158
- und Operation »Barbara«: 159f.
- Versagen des: 161
Westmacott, Lt. H.P.:162f.
- und der Angriff auf Bergen: 169-172
- und Kabelschneiden in Fernost: 178

X 1 (US-Klein-U-Boot): 221f.
X 5:
- Besatzung für die Operation »Source«: 144
- Verlust der: 153
X 6:
- Besatzung für die Operation »Source«: 144
- greift TIRPITZ an: 147ff.
X 7:
- Besatzung für die Operation »Source«: 144
- greift TIRPITZ an: 147ff.
X 8:
- Besatzung für die Operation »Source«: 144
- Verlust der: 145
X 9:
- Besatzung für die Operation »Source«: 144
- Verlust der: 145f.
X 10:
- Besatzung für die Operation »Source«: 144
- gibt Angriff auf: 153f.

- Würdigung des Kommandanten: 153
X 20:
- Stranderkundung vor der Normandie: 166f.
- Landeraum-Markierung: 167ff.
X 22, Verlust der: 163f.
X 23 und Landeraum-Markierung vor der Normandie: 167ff.
X 24 greift Schwimmdock in Bergen an: 164f.
X 51-Klasse: 216f.
»X-Craft«:
- Entwicklung und Beschreibung des: 125-140
- Angriff auf die TIRPITZ durch: 141-154
- und Angriff auf Bergen durch: 164f., 169-172
- Operationen vor der Normandie durch: 165-169
XE 1 und der Angriff auf die MYÔKÔ: 175, 177
XE 3 und der Angriff auf die TAKAO:, 175, 176f.
»XE-Craft«:
- Beschreibung des: 129
- Operationen der: 175ff.
- Würdigung der: 179
»XT-Craft«, Entwicklung des: 129

Yamaki, ObltzS.: 87
Yamamoto, Admiral Isoroku: 73
- Pläne für den Krieg mit den USA: 74f.
- billigt den Einsatz der »Ko-Hyoteki« in Pearl Harbor: 75
- und gegen Madagaskar und Sydney: 82
YARROMA, HMAS: 89f.
Yokoo, KptzS. Takeyoshi: 64

Unter Wasser lauert die Gefahr

J.-P. Philippe Dallies-Labourdette
U-Boote 1935–1945
U-Boote der Kriegsmarine waren gefürchtete Gegner auf den Weltmeeren. Doch Mitte 1943 wendete sich das Blatt. Die Alliierten knackten den Funkcode, verstärkten die Luftaufklärung. Das war der Anfang vom Ende. Das Buch bietet eine Gesamtschau des U-Boot-Krieges
144 Seiten, 283 Bilder, davon 78 in Farbe, 30 Zeichnungen
Bestell-Nr. 01899
DM 49,80

Alexandre Korganoff
Prien gegen Scapa Flow
Der spektakuläre Nachtangriff des deutschen U-Bootes »U47« unter dem Kommando von Kapitänleutnant Günter Prien am 14. Oktober 1939 war für die englische Royal Navy ein Schock. Hier der authentische Bericht, spannend wie ein Krimi geschrieben und voll den Tatsachen entsprechend.
232 Seiten, 70 Bilder
Bestell-Nr. 10497
DM 29,80

Michael Welham, **Kampfschwimmer**
Ihre Geschichte, Einsätze und Ausrüstung. Eingehend auf die Einsätze und Erfolge der Torpedoreiter, Froschmänner und Sprengbootfahrer des 2. Weltkrieges beschreibt er die Aufgaben der Kampfschmimmer und -taucher von heute, die sich von ihren Vorgängern nur durch modernere Ausrüstung und ausgeklügeltere Abwehrmethoden unterscheiden. Längst haben sich die Einzelkämpfer der See zu eigemausert, die auch per Hubschrauber, Fallschirm oder auf dem Landwege ihre Einsatzorte erreicht. Diese Gesamtdarstellung beleuchtet aus allen Perspektiven ihre spektakulären Aufgaben.
230 Seiten, 203 Bilder, davon 33 in Farbe
Bestell-Nr. 01730   **DM 59,–**

Jordan Vause
Der U-Boot-Kommandant Wolfgang Lüth
Auf sein Konto gehen die Versenkung von 47 alliierten Handelsschiffen und eines Unterseebootes – eine Leistung, die im II. Weltkrieg nur der berühmte Otto Kretschmer übertraf. Ein Porträt mit Fakten, Anekdoten und Mutmaßungen über den legendären Brillantenträger.
272 Seiten, 56 Bilder
Bestell-Nr. 01937
DM 49,80

Hartmut Schauer
US Navy SEALS
Ihr Element ist das Wasser. Doch auch am Fallschirm und bei Kommandounternehmen an Land machen die Seals eine gute Figur. Das Buch schildert Geschichte, Ausbildung und die Operationen dieser Truppe, die zu härtesten Spezialeinheiten der Welt gehört.
224 Seiten, 71 Bilder, davon 17 in Farbe
Bestell-Nr. 01864
DM 49,80

IHR VERLAG FÜR ZEITGESCHICHTE

Postfach 10 37 43 · 70032 Stuttgart
Telefon (0711) 21 08 0 65
Telefax (0711) 21 08 0 70

Stand Februar 1999 – Änderungen in Preis und Lieferfähigkeit vorbehalten